科学出版社“十三五”普通高等教育本科规划教材

恢复生态学

彭少麟　周　婷　廖慧璇　张海杰　陈宝明　编著

科学出版社

北　京

内 容 简 介

恢复生态学是具有重大社会需求的前沿学科。有效地恢复/修复业已退化与被破坏的生态系统，维护社会、经济与生态的可持续发展，建设生态文明，依赖于恢复生态学理论和技术的不断发展，以及生态恢复人才的成长。本书以原作者编著的普通高等教育“十一五”国家级规划教材《恢复生态学》为基础，以学科最新进展为补充，系统性地总结了生态系统退化的特征与机制、生态恢复的理论框架与技术方法，并按照不同的生态恢复对象、不同的退化程度和不同的空间尺度分别介绍了生态恢复实践的指导思想、恢复模式和成功案例。最后，本书专门阐述了恢复生态学与社会、经济和文化的关系，从更高层次阐明恢复生态学对于人类社会发展的重要意义。

本书主要作为生态学专业的本科生和研究生学习掌握恢复生态学原理、技术和模式的教材，亦可为从事生态恢复、社会发展规划和城市建设的管理人员和相关科研工作者提供参考指导。

图书在版编目（CIP）数据

恢复生态学 / 彭少麟等编著. —北京：科学出版社，2020.6

科学出版社“十三五”普通高等教育本科规划教材

ISBN 978-7-03-065032-0

Ⅰ. ①恢…　Ⅱ. ①彭…　Ⅲ. ①生态系生态学-高等学校-教材

Ⅳ. ①Q148

中国版本图书馆 CIP 数据核字（2020）第 074502 号

责任编辑：席　慧　马程迪/责任校对：严　娜

责任印制：赵　博/封面设计：铭轩堂

科学出版社出版

北京东黄城根北街 16 号

邮政编码：100717

http://www.sciencep.com

北京凌奇印刷有限责任公司印刷

科学出版社发行　各地新华书店经销

*

2020 年 12 月第　一　版　开本：787×1092　1/16

2025 年　1　月第五次印刷　印张：22 3/4

字数：554 000

定价：88.00 元

（如有印装质量问题，我社负责调换）

目　录

1 绪　　论

随着科学技术的不断发展，工业化和城市化进程的不断加速，人类社会文明进入了新的阶段。但与此同时，人类对自然生态系统的压力也空前增加。一方面，由于世界人口的不断增加，人类对自然资源的需求量剧增，过度索取资源超越生态系统的生产力，过量排泄污染废物超越生态系统的恢复力，致使自然生态系统不断退化；另一方面，人类追求高水平的生活和高质量的生存空间，导致过度开发和改变自然环境，从而破坏自然生态系统。其结果是植被减少、水土流失、荒漠化、环境污染等问题日益严重，自然生态系统全面退化。能否恢复与重建业已退化的生态系统，关系民生民居，是社会能否可持续发展的关键问题。恢复生态学在重大的社会需求下应运而生，其是具有重大社会需求的前沿学科，这已成为生态学界和全社会的共识。国内外均将恢复生态学作为优先考虑的生态学学科，许多国家还设专门的生态恢复管理机构，如中国自然资源部专设国土空间生态修复司，管理与控制生态退化，保护自然生态系统，开展生态修复与重建。正如《科学》（*Science*）杂志在恢复生态学专刊上的导言“恢复生态学的兴起”中指出：在艺术中，恢复包括重新获得某个物体的美学价值。而在生态学中，赌注则要大得多，我们星球的未来可能要依赖于生态恢复学这门年轻学科的成熟（Roberts et al.，2009）。恢复生态学的学科基础理论需要不断地深化与创新，其技术方法需要不断地发展与完善，以满足生态恢复的社会重大需求。

1.1 恢复生态学的定义

恢复生态学（restoration ecology）这个科学术语是英国学者 J. D. Aber 和 W. R. Jordan Ⅲ于 1985 年提出的，它是一门关于生态恢复（ecological restoration）的学科，属于应用生态学的一个分支学科。由于恢复生态学具有高度的综合性及理论和实践的双重特性，因此从不同的角度看，人们会有不同的理解。国内外学者对恢复生态学及生态恢复的定义也不尽相同，主要有如下三方面的学术观点。

1.1.1 强调恢复到干扰前的理想状态

其代表性定义有美国自然资源修复委员会的定义，他们认为使一个生态系统恢复到较接近其受干扰前的状态即为生态恢复（Cairns，1995）。此外，还有许多类似的定义。Jordan Ⅲ（1994）认为，使生态系统恢复到先前或历史上（自然的或非自然的）的状态即为生态恢复；Cairns（1995）认为，生态恢复是使受损生态系统的结构和功能恢复到受干扰前状态的过程；Egan（1996）认为，生态恢复是重建某区域历史上就有的植物和动物群落，而且保持生态系统和人类的传统文化功能（culture function）的持续性的过程。但许多学者认为，由于缺乏对生态系统历史的了解、恢复时间太长、生态系统中关键种的消失、费用高昂等现实条件的限制，这类定义下的理想状态很难达到（Suding et al.，2015；Bowman et al.，2017）。

1.1.2 强调其应用生态学过程

其代表性定义有我国学者彭少麟等提出的定义，他们指出恢复生态学是研究生态系统退化的原因与过程、退化生态系统恢复的机理与模式、生态恢复与重建的技术和方法的科学（彭少麟，1995，2003；余作岳和彭少麟，1996）。此外，还有许多类似的定义。Bradshaw（1997）认为，生态恢复是有关理论的一种“酸性试验”（“acid test”或译为“严密验证”），它研究生态系统自身的性质、受损或退化机理（mechanism of degradation）及修复过程（restoring process）；Diamond（1987）认为，生态恢复就是再造一个自然群落，或再造一个自我维持并保持后代具持续性（durative）的群落；Harper（1987）认为，生态恢复是关于组装并试验群落和生态系统如何工作的过程。

1.1.3 强调生态整合性恢复

其代表性定义有国际恢复生态学会（Society for Ecological Restoration，SER）先后提出的 3 个定义，即生态恢复是修复被人类损害的原生生态系统（primary ecosystem）的多样性及动态的过程（1994 年）；生态恢复是维持生态系统健康（ecosystem health）及更新的过程（1995 年）；生态恢复是帮助研究生态整合性（ecological integration）恢复和管理过程（management process）的科学，生态整合性包括生物多样性（biodiversity）、生态过程（ecological process）和结构、区域及其历史情况、可持续的社会实践等（1995 年）。第 3 个定义是国际恢复生态学会的最终定义。

上述三个方面的定义虽然有不同之处，但其相同点就是，恢复生态学是研究退化或受损的生态系统的恢复或重建，是关于生态恢复的一门科学，属于应用生态学的一个分支。而其不同点则反映了恢复生态学具有的主观特征，不同学者的着眼点不同，造成他们在恢复生态学研究中的过程和目标也各有差异。应该说，恢复生态学是研究生态系统退化的过程与原因、退化生态系统恢复的过程与机理、生态恢复与重建的技术和方法的科学。这一定义较为准确完整，也较为通俗易懂，可作为一般性的概念。

与生态恢复相关的概念

生境修复（rehabilitation）：去除干扰并使生态系统恢复原有的利用方式。

重建（reconstruction）：对退化生态系统进行重新构建。

改良（reclamation）：改良立地条件以便使原有的生物生存，一般指原有景观彻底破坏后的恢复。

改进（enhancement）：对原有的受损生态系统进行改进，提高生态系统某方面的结构与功能。

修补（remedy）：修复部分受损的结构。

减缓（mitigation）：减缓生态系统的退化，改善退化生态系统的状况，常用于湿生退化生态系统。

重造（creation）：对整个没有植被的退化生态系统进行重建，常用于陆生退化生态系统。

更新（renewal）：生态系统的发育及更新。

再植（revegetation）：通过重植原先的特定物种，恢复生态系统的部分结构和功能或先前的土地利用方式。

生态工程（ecological engineering）：常把生态恢复过程归为生态工程的内容。

这些概念可以看作广义的生态恢复概念，一般恢复生态学中所说的“恢复”实际上包括了这些内容（彭少麟，2003）。它们泛指改良和重建被毁坏或被破坏的土地，恢复其生物学潜力和重新有益于利用（Bradshaw et al.，1980）

1.2 恢复生态学的形成与发展

1.2.1 恢复生态学早期阶段

恢复生态学研究起源于100多年前人们对山地、草原、森林和野生生物等自然资源管理的研究。18世纪至20世纪初，以欧美为代表，人类先后完成了两次工业革命，科学技术和产业得到了飞速发展，但是也产生了严重的环境问题。如何恢复破坏了的自然生态系统成了人们首先关注的问题。Phipps于1883年出版的《森林再造》，是最早具代表性的生态恢复专著，较为系统地阐述了如何重建被破坏了的森林。

Leopold与他的助手一起于1935年在美国威斯康星大学的植物园恢复了一个24hm^{2}的草场，他认为一个生态系统保持整体性、稳定性和生物群体的美丽时就是好的，据此他于1941年提出土地健康（land health）的概念。

Clements（1935）发表了《公共服务中的实验生态学》一文，阐述了生态学可用于包括土地恢复在内的广泛领域。

1962年Carson的著作《寂静的春天》引起人们对生态环境问题的关注与强烈反响，人们也更注意被破坏了的退化生态系统如何恢复。自20世纪中期起，世界各地尤其是欧洲、北美洲和中国都注意到了各自的环境问题，开展了一些工程措施（engineering measure）与生物措施（biological measure）相结合的矿山、水体等环境恢复和治理工程，并取得了一些成效。从20世纪70年代开始，欧美一些发达国家开始开展水体恢复的研究。在此期间，虽有部分国家开始定位观测和研究，但没有关于生态恢复机理（restoring mechanism）的研究。Farnworth和Golley（1973）提出了热带雨林（tropical rain forest）恢复的研究方向。1975年在美国召开的“受损生态系统的恢复”国际研讨会探讨了受损生态系统恢复的一些机理和方法，并号召科学家注意搜集受损生态系统的科学资料，开展技术措施研究，制订国家间的研究计划。

1.2.2 恢复生态学建立阶段

恢复生态学作为应对人类干扰破坏导致的全球性的严重生态退化的一门学科，始于20世纪80年代左右，迅速兴起，成为现代生态学的热点之一。

Cairns在1977年出版了《受损生态系统的恢复与重建》一书，从不同角度探讨了受损生态系统恢复过程中的重要生态学理论和应用问题。20世纪80年代初，Brandshaw和Chdwick出版了《土地恢复——受损与退化土地的修复与生态学》，系统地阐述了废弃地问题，探讨了有关剥离露天矿、深井矿、采石场等地的植被恢复与重建的技术和方法。1983年在美国召开的“干扰与生态系统”国际研讨会，探讨了干扰对生态系统各个层面的影响。1984年美国威斯康星大学召开了恢复生态学研讨会，会后出版了《恢复生态学论文集》，虽然没有系统全面地阐述恢复生态学的基本理论和基本内容，也没有进一步明确恢复生态学的定义，但明确指出恢复生态学的环境技术和生态技术是一门综合科学，是在群落和生态系统水平上的恢复科学和技术，强调了恢复生态学中理论与实践的统一性，并提出恢复生态学在保护与开发中起重要的桥梁作用。1985年美国成立了“恢复地球”组织，该组织先后开展了森林（forest）、草地（grassland）、海岸带（coast zone）、矿山（mine）、流域（drainage basin）、湿地（swamp land）等生态系统的恢复实践，并出版了一系列生态恢复实例专著。Aber 和 Jordan Ⅲ（1985）提出了恢复生态学的术语，1987 年他们还出版了《恢复生态学：一种综合的生态研究方法》论文集。

1988 年国际恢复生态学会（Society for Ecological Restoration，SER）在美国成立，标志着恢复生态学学科已经形成。1988 年，国际恢复生态学会将其办公室设立在美国威斯康星大学的植物园。SER 的使命就是发展恢复生态学的理论与技术，推动保护生物多样性，重建生态健康的自然文化关系，实现可持续发展。

1.2.3 恢复生态学发展阶段

随着全球生态系统的严重退化，重大的社会需求极大地推动了恢复生态学研究的深入开展，该学科也得以不断发展（彭少麟和陆宏芳，2003a）。20 世纪 90 年代左右至今，恢复生态学进入快速发展阶段，受到越来越多的关注。1989 年在意大利召开的第 5 次欧洲生态学研讨会，将“生态系统恢复”作为讨论主题之一；同年，Bradshaw 发表“Restoration ecology as a science”一文，确定了恢复生态学作为一门科学的理论指导意义。1991 年相关科学家在澳大利亚举行了“热带退化林地的恢复”国际研讨会；1993 年在香港举行的“华南退化坡地恢复与利用”国际研讨会，系统探讨了中国华南地区退化坡地的形成及恢复问题（Parham et al.，1993；Ren et al.，2002）；1996 年在瑞士召开的第一届世界恢复生态学大会，强调了恢复生态学在生态学中的地位，恢复技术与生态学理论相结合，恢复过程中经济与社会内容的重要性。随后国际恢复生态学会定期召开国际研讨会（年会），至 2005 年举办了 17 届年会。从第 17 届年会起改名为第一届国际恢复生态学大会，至 2017 年共举办了 7 届国际恢复生态学大会。恢复生态学者基于这些学术交流平台得以良好交流，促进了恢复生态学的发展。

1993 年恢复生态学学科杂志 *Restoration Ecology* 创刊。现国际上主要的恢复生态学相关期刊有 *Restoration and Management Notes*（1999 年开始更名为 *Ecological Restoration*）、*Restoration and Reclamation Review*、*Land Degradation & Development*、*Ecological Engineering*、*Ecological Management and Restoration*、*Journal of Biodiversity Management & Forestry*、*The Journal of Nature Conservation* 等。这些期刊报道了恢复生态学的理论、各种生态系统恢复的实验与观测、土地退化与管理等各方面的研究。*Ecology* 等国际期刊也开辟专栏，转载恢复生态学方面的研究成果。国际恢复生态学会还增加了丛书系列“The Science and Practice of Ecological Restoration”(《生态恢复科学与实践》)，目前已出版 28 本系列专著。一些综合性期刊也不时出版恢复生态学专刊，如国际著名杂志《科学》（*Science*）在 1997 年和 2009 年分别设立专栏，在同一期上发表了多篇恢复生态学的论文，表明了科学界对恢复生态学研究的高度关注。

生态恢复的领域涉及陆地草原、森林、废弃地和湿地、海洋等各种类型的生态系统，在种群、群落、生态系统和景观不同层次都有理论探讨，并成为指导生态恢复实践的基本理论。生态恢复理论与实践正在极大地改变着被人类干扰和破坏了的生态系统，改善人类居住环境的质量。美国生态学会在 1997 年年会上，提出恢复生态学是生态学五大优先领域之一；1998 年年会上，有 3 个特邀报告为恢复生态学的内容。中国国家自然科学基金委员会和中国生态学学会于 1998 年组织生态学家对生态学优先资助的领域进行研讨，提出恢复生态学是中国生态学学科中必须予以第一优先资助的领域。恢复生态学已成为生态科学的学科前沿，也是具重大社会需求的学科。

1.2.4 恢复生态学的发展趋势

国际恢复生态学会定期召开全球范围内的恢复生态学研讨会，着力于研究当前恢复生态学的重大和热点问题（彭少麟，2005）。对2000年以来国际恢复生态学年会和大会的主题进行整合分析，可以看出近期恢复生态学研究主要有6个方面的发展趋势。

1）强调生态恢复与社会、经济、文化耦合的实践特性 通过生态恢复解决人类面临的生态环境问题，这是恢复生态学的根本目标，也是学科实践属性的体现，多届国际恢复生态学大会均是这一主题。

2000年在英国召开的第12届国际恢复生态学年会，主题是“以创新理论深入推进恢复生态学的自然与社会实践”（彭少麟和赵平，2000）。会议认为，恢复生态是全球性的，不只是自然的过程，应得到全社会的支持，包括政治、经济和人文的介入。恢复生态学的主要任务是解决实践中的强烈需求，通过理论创新推动社会生态恢复的进展。生态恢复实践必须遵循生态学规则，必须应用恢复生态学理论来指导生态恢复实践，而恢复生态学理论的创新将是成功进行生态恢复的基础。

2011年在墨西哥召开的第4届国际恢复生态学大会，主题是“恢复与重建自然与文化的和谐”（彭少麟等，2011）。理解自然与文化的关系对生态恢复至关重要，它不仅会恢复生态系统，更重要的是会改变人们的行为和对自然的认识，从而创造新的价值观。应该从生态伦理学的视角审视和研究人与自然的关系，把保护生物、自然，恢复被破坏的和已退化的生态系统作为人类的道德责任或道德义务。通过生态系统管理实现可持续发展。

2017年在巴西召开的第7届国际恢复生态学大会，主题是“科学与实践的融合构建更美好的世界”。生态恢复过程中两种参与模式之间的差距，即生态学家的观点和实地管理人员经验之间的差距，是恢复退化生态系统工作的长期挑战。随着世界日益接受生态恢复的必要性，进行大规模的项目，促进富有成效的双向交流比以往任何时候都更为重要。

2019年在南非开普敦召开的第8届国际恢复生态学大会，主题是“恢复土地、水和社区弹性”。会上发布了《国际生态恢复实践原则和标准》（第二版），该标准于2016年推出，主要为生态恢复工作提供清晰、连贯和多效能的方法，旨在规范指导全球生态恢复项目的发展和实施。

2）强调学科的交叉无论是在地域上还是在理论上都要跨越边界 恢复生态学涉及多学科多专业，只有学科交叉与多专业整合才能更好地取得生态恢复成效，这是恢复生态学的发展趋势之一，也是学科综合属性的体现（Young et al.，2005；Li et al.，2020）。

2001年在加拿大召开的第13届国际恢复生态学年会，主题是“跨越边界的生态恢复”（彭少麟和赵平，2001）。有效的生态恢复实践在地域上是以自然生态系统为边界的，常常要求多个行政地区甚至多个国家的合作；恢复生态学在理论上要求多学科的整合，而生态恢复的过程和机理研究，必须从不同的空间组织层次上来进行，包括从宏观水平到微观水平，这表明生态恢复的研究需要跨越学科边界的学术交叉与耦合（Ghazoul and Chazdon，2017；Martin，2017）。

2004年在加拿大召开的第16届国际恢复生态学年会，主题是“边缘的生态恢复”（彭少麟和陆宏芳，2004）。生态系统的边缘在生态系统的恢复中有明显的意义，它因其本身的边缘效应而对生态系统的动态发展具有重要影响。但会议的主题远远超出其自然科学的含义，文化、艺术、教育、历史、管理、社会等学科相对于生态恢复来说属于边缘学科，但事实上正是这些生态科学的“边缘学科”，对生态恢复的理论和实践产生了很大的影响。

3）强调以生态系统尺度为研究基点并在景观尺度上表达　生态系统是具有生产者、消费者和分解者结构与能量流动、物质循环和生态服务功能的基本单元，生态恢复就是要恢复业已退化的生态系统的结构与功能，因而生态系统尺度是研究的基点。而生态恢复的成效往往需要通过景观效果来评估。

2002 年在美国召开的第 87 届美国生态学学会年会暨第 14 届国际恢复生态学年会，主题是“了解与恢复生态系统”（彭少麟等，2002）。随着环境和经济问题的全球化，生态系统和景观尺度的恢复生态学研究引起了人们越来越多的关注。只有以生态系统为基点了解生态系统，才能研究并恢复它。了解生态系统不仅仅是科学家的任务，也是全社会的任务，只有得到全社会的支持才能更好地进行生态恢复。而成功的生态恢复，总是以景观来表达的。

4）强调生态恢复的规划与设计　恢复生态学发展的两个重要理论为“自我设计理论”和“人为设计理论”，无论是自然演替的恢复还是人类效益的恢复，均涉及生态与社会的诸多因素，需要很好地进行规划与设计。

2003 年在美国召开的第 15 届国际恢复生态学年会，主题是“生态恢复、设计与景观生态学”（彭少麟和陆宏芳，2003b）。会议强调生态恢复应该归类于设计的领域，它类似于景观建筑和工程建筑，已有漫长历史。它与其他建筑设计要求一样，是人类有意识地改变景观的决定，必须考虑人类的需求、美学原则等；它又与其他建筑设计要求不同，不仅要考虑物理设计，所考虑的物理设计还要不违背基本生态学原则。生态恢复的规划与设计还必须考虑恢复的方向与景观。

5）强调生态恢复与全球变化的相互作用　全球变化在生态学研究领域上主要包括大气化学成分变化、气候变化、生物多样性减少和土地利用格局变化等，这些都涉及恢复生态学的主要方向。

2005 年 9 月在西班牙召开的首届国际恢复生态学大会（第 17 届年会）与第 4 届欧洲恢复生态学大会合办，主题为“生态恢复的全球性挑战”（Peng et al.，2005）。由于全球性生态系统退化与破坏的加剧，生态恢复影响全球碳库动态、物质生物地球循环和人类的生存环境等，成为具全球挑战性的科学前沿，其理论研究和实践对于人类乃至全球变化都至关重要。全球气候变化对生态系统的影响使原定的恢复目标出现不确定性，以及生态系统本身处于动态发展中，这也是恢复生态学面临的挑战之一（Harris et al.，2006）。

2007 年在美国召开的第 92 届美国生态学会年会暨第 18 届国际恢复生态学年会，主题是“变化世界中的生态恢复”。人类活动产生的生态退化已对地球的大气循环和能量流动产生了严重的影响，持续的、与日俱增的反常天气和人类长期的土地利用使生态系统进一步复杂化，这需要通过生态学的研究来阐明和评估保护及恢复自然生态系统的目标和标准，通过生态恢复改变全球变化（彭少麟和侯玉平，2007）。

2009 年在澳大利亚召开的第 94 届美国生态学会年会暨第 19 届国际恢复生态学年会，主题是“改变正在变化的世界”（彭少麟和周婷，2009）。如何应对全球变化是当前科学界、民众以至各国政府关注的焦点，围绕恢复地球逐渐降低的生物多样性和退化生态系统这一当前人们关注的科学与社会问题形成各议题。人类的大部分活动都在加剧地球环境的恶化，而恢复生态过程却是人类改善地球环境的努力。大会主席 Dixon 教授指出：“恢复生态学或许是变化世界的唯一未来”。

6）提高生态系统快速恢复能力　通过恢复生态学理论指导和生态恢复技术进步来提高生态系统快速恢复能力，是恢复生态学的发展趋势之一。

2013 年在美国召开的第 5 届国际恢复生态学大会，主题是“回顾过去，引领未来”（彭少麟等，2013），一方面见证了国际恢复生态学会正式成立 25 周年，另一方面突出了会议主题所表达的思想，即对恢复生态学历史的回顾与反思，以及对未来更好地开展生态恢复的憧憬。

2015 年在英国召开的第 6 届国际恢复生态学大会，主题是“提高生态系统快速恢复能力；恢复城市、乡村和原野”（彭少麟和吴可可，2015）。要有效地恢复各类退化生态系统，关键是提高生态系统快速恢复的能力，即提高生态系统弹性（resilience of ecosystem）。未来退化生态系统的恢复，更看重的是恢复的可持续性。

1.2.5 我国恢复生态学的发展概况

我国的恢复生态学研究始于 20 世纪 50 年代。代表性的工作有：广东热带沿海侵蚀台地上开展的退化生态系统的植被恢复技术（restoration technique）与机理研究；沙漠（desert）治理与植被固沙研究；黄土高原（loess plateau）水土流失区（erosion area）的治理与综合利用示范研究；湖泊（lake）生态系统恢复研究；高原退化草甸（meadow）的恢复与重建研究；南方红壤（southern red soil）的恢复与综合利用试验；红树林（mangrove）的恢复重建试验；羊草草原的恢复演替研究；海南岛热带林地（tropical forest）的植被恢复；废弃矿山土地（abolished mining land）和垃圾场（landfill）的恢复对策研究等（陈灵芝和陈伟烈，1995；赵桂久等，1995；Ren and Peng，2003；彭少麟，2003）。

20 世纪末至今是我国恢复生态学的大发展时期。自 20 世纪 90 年代中期以来，先后有多部专著出版，如《黄河皇甫川流域土壤侵蚀系统模型和治理模式》（金争平等，1992）、《中国退化生态系统研究》（陈灵芝和陈伟烈，1995）、《热带亚热带退化生态系统植被恢复生态学研究》（余作岳和彭少麟，1996）、《工矿区土地复垦与生态重建》（白中科等，2000）、《恢复生态学：生态恢复的原理与方法》（赵晓英等，2001）、《热带亚热带恢复生态学研究与实践》（彭少麟，2003）、《草地植被恢复与重建》（王堃，2004）、《河流生态修复的理论与技术》（杨海军和李永祥，2005）等。还有许多相关的论文集，如《广东省水土保持研究》（中国-加拿大水土保持协作组，1989）、《生态环境综合整治与恢复技术研究》（赵桂久等，1995）、《广东省退化坡地农业综合利用与绿色食品生产》（彭少麟，2001）、《我国区域农业环境问题及其综合治理》（万洪富，2005）、《恢复生态学》（彭少麟，2007）、《恢复生态学导论》（任海和彭少麟，2001）等。这些专著和论文集提出了适合中国国情的恢复生态学研究理论和方法体系。

我国经济在高速发展的同时，对自然生态系统造成的压力也在增加，退化生态系统面积不断扩大。近年来，在国内的恢复生态学领域，无论是研究项目、科研队伍，还是每年发表的论文数量都大大增加了。但更明显的进展是生态恢复的实践不断深化，取得长足的进展，代表性的是中国的十大生态工程，分别为：西北、华北北部和东北西部的“三北”防护林体系工程（three-north shelterbelt program）、长江中上游防护林体系建设工程（shelterbelt program for upper and middle reaches of Yangtze River）、沿海防护林体系建设工程（coastal shelterbelt program）、平原绿化工程（plain greening program）、防沙治沙工程（program for preventing and controlling desertification）、淮河太湖流域综合治理防护林体系建设工程（shelterbelt program for Huaihe River and Taihu Lake）、辽河流域综合治理防护林体系建设工程（shelterbelt program for Liaohe River）、珠江流域综合治理防护林体系建设工程（shelterbelt program for Pearl River）、黄河中游防护林工程（shelterbelt program for middle reaches of Yellow River）和滇池生态恢复工程（ecological restoration program in Dianchi Lake）。十大生态工程的实施，大大恢复了我国的生态环境，增强了系统抵御自然灾害的能力，改善了人民的生存环境（十大工程的详细介绍见本书 6.8）。可以说，国家的重大需求极大地推动了我国恢复生态学的发展，而学科的发展又有效地指导了生态恢复的社会实践。

1.3　恢复生态学的综合性与应用特征

1.3.1　恢复生态学的社会实践性

社会实践性是恢复生态学的主要应用特征，它表现在整个恢复生态学是以社会现实的退化生态系统为研究对象，并以解决实际的生态环境问题为主要目的。

人类对生态系统资源的过度利用，强烈地干扰甚至破坏了生态系统的平衡，造成全球性的生态系统退化，目前世界上大部分地区都是由退化生态系统所覆盖着。恢复生态学之所以成为国际科学界乃至政治家关注的焦点，也正是在于大面积退化生态系统的恢复与重建关系到人类的生存与社会的发展，而这需要恢复生态学的理论指导。

显然，人类进行生态恢复是非常必要的和非常紧迫的，这主要基于以下四个方面的原因（Cairns，1995）：①需要提高生态系统的功能以增加作物产量，满足人类自身的需求；②人类活动产生的生态退化已对地球的大气循环和能量流动产生了严重的影响；③生物多样性的保护依赖于人类对生境的保护和恢复；④土地退化限制了国民经济的发展。

当前，伴随着经济的高速发展，中国存在着大面积的退化生态系统，生态保护与环境建设的现状十分严峻。进行综合整治，防治土壤退化，恢复和重建退化资源，保证资源的可持续利用和保护生态环境，是提高区域生产力、改善生态环境、使资源得以持续利用、经济得以持续发展的关键。中国在实施西部大开发和东部沿海率先基本实现社会主义现代化的战略中，生态环境的恢复与重建无疑也具有举足轻重的地位。

1.3.2　恢复生态学的综合性

恢复生态学的综合性首先体现在学科的自然属性上。生态系统的结构和功能是只有自然边界而没有政治边界的，自然地理区域的统一性决定了生态恢复行动跨越行政边界的必要性，有效的区域或流域的生态恢复往往需要多个行政区以至多个国家的共同参与。但是，当行政边界穿越重要的生态系统时，生态恢复计划将会面临非常多的社会人文因素的挑战。例如，当同一个流域包括不同的行政区域（有时甚至是不同国家）时，只有其中的某一行政区域进行生态恢复是很难产生显著效果的；而不同的行政区域采用不同的生态恢复计划，也不会有理想的效果。因此，生态恢复应致力于在更大的空间尺度上研究有应用意义的生态恢复问题，建立协作关系并发挥其作用，从而使不同尺度的生态系统实现成功的生态恢复。

恢复生态学由于涉及多学科多专业，因而研究具有很强的综合性特征。生态恢复实践是一项十分复杂的系统工程，许多生态学理论均可以在这个过程中得到检验和完善。恢复生态学的学科理论和方法很多来源于生物学、地学、经济学、社会学、数学等自然科学，以及工程学、林学、农学、环境学等应用性科学。作为生态学的重要分支，恢复生态学是生态学的重要组成部分，可以成为生态学的二级学科（Davis and Slobodkin，2004；Palmer et al.，2016）。它与一级学科生态学一样，都以生态系统为基本单位，且有许多共同的理论和方法（Palmer et al.，1997；Wainwright et al.，2018；Moreno-Mateos et al.，2020）；而作为生态学次级分支学科的特色在于，恢复生态学在强调自然性与理论性的同时，更加注重学科理论的应用性，尤其是对人为或自然对生态系统的干扰破坏的恢复与管理。具体地讲，恢复生态学与生态系统健康、保护生物学、景观生态学、生态系统生态学、环境生态学、胁迫（干扰）生态学、生态系统管理学、生态工程学、生态经济学等生态学的分支学科有密切的关系（Mitsch and Jørgensen，2003；Laughlin，2014；Garris et al.，2016；Chazdon et al.，2017；Gilby et al.，2018）。

生态恢复的过程和机理研究，必须从不同的空间组织层次上来进行，从宏观的景观水平到微观的分子水平；生态恢复的技术也包括宏观的“3S”［地理信息系统（GIS）、遥感（RS）和全球定位系统（GPS）］技术到微观的生物技术。生态恢复本身涉及植物学、动物学、微生物学、土壤学、环境学等，而生态恢复的外延又涉及社会学、经济学和资源学等，研究生态恢复需要跨学科的交叉和合作（Perring et al.，2015）。

1.3.3 恢复生态学的学科交叉

恢复生态学的综合性首先表现在多学科的交叉与综合上，形成了诸多令人广泛关注又有重大社会需求背景的交叉学科。

生态工程学是恢复生态学与系统工程学交叉形成的学科，是将生态系统中生物结构原理和功能过程原理与系统工程的优化方法相结合，通过分析、设计、规划和调整，来恢复、重建和管理生态系统，以使生态系统资源得以多层次和循环利用，从而在具有可持续性的同时，获得尽可能大的经济效益和生态效益。生态工程学以复合生态工程技术为标志，按工程尺度大小，生态工程可分为小尺度生态工程、中尺度生态工程和大尺度生态工程。小尺度生态工程是针对不同类型的具体生态系统，如农田生态系统、桑基鱼塘生态系统等，将生态系统内不同物种共生、物质与能量多级利用、环境自净和物质循环再生等原理与系统工程技术结合，达到生态系统可持续发展，并产生良好的经济效益和生态效益。中尺度生态工程是针对不同类型的复合生态系统，如海湾海岸复合生态系统、河流河岸复合生态系统等，将生态系统内不同物种共生、物质与能量多级利用、环境自净和物质循环再生等原理与系统工程技术结合，达到复合生态系统可持续发展，并产生良好的经济效益和生态效益。大尺度生态工程主要是针对大尺度生态系统生产过程的工程设计，一般来说是流域甚至跨流域的生态工程，如珠江流域、“三北”地区等，针对解决某个或多个生态环境问题进行生态环境设计，使大尺度生态系统可持续发展，并产生良好的经济效益和生态效益。

恢复生态学与修复生态学的概念及其相互关联是近期非常受关注的热点问题。事实上，修复生态学是恢复生态学的特定内容或者说其中的一部分内容。恢复生态学在学科发展过程中产生了两个理论：自我设计理论与人为设计理论（参阅第 3 章中图 3.1）。自我设计理论指出，只要有足够的时间，随着时间的推移，退化生态系统将根据环境条件合理地组织自己，并最终形成结构与功能相对稳定良好的生态系统，而生态恢复的任务就是使退化生态系统能进入自身的演替进程进行自我恢复。人为设计理论则是按照人为设计的恢复目标，通过工程方法修复和重建生态系统，直接恢复退化生态系统，其恢复的类型是多样的，而且不一定是自然顶极生态系统类型，但一定是对人类具有不同生态系统服务功能需求的；这其中的许多类型是利用生态工程和环境工程等学科原理与技术进行生态修复，可以明显看出与自我设计理论下的生态恢复类型有明显的不同，但这应该是恢复生态学的两方面内容。

恢复生态学的重要交叉学科还涉及许多领域，如污染生态学、环境工程学、生态恢复经济学等。

思考题

1. 说明恢复生态学的含义。
2. 简述恢复生态学的形成历史与发展趋势。
3. 试从恢复生态学的发展历程论述恢复生态学的实践性。
4. 如何理解恢复生态学的综合性与学科交叉的相互关系？

参考文献

白中科，赵景逵，段永红. 2000. 工矿区土地复垦与生态重建. 北京：中国农业科技出版社.

陈灵芝，陈伟烈. 1995. 中国退化生态系统研究. 北京：中国科学技术出版社.

金争平，史培军，侯福昌. 1992. 黄河皇甫川流域土壤侵蚀系统模型和治理模式. 北京：海洋出版社.

彭少麟，陈宝明，周婷. 2013. 回顾过去，引领未来：2013 年第 5 届国际生态恢复学会大会(SER 2013)简介. 生态学报，33: 6744-6745.

彭少麟，陈蕾伊，侯玉平，等. 2011. 恢复与重建自然与文化的和谐：2011 生态恢复学会国际会议简介. 生态学报, 31: 5105-5106.

彭少麟，侯玉平. 2007. 变化世界中的生态恢复：第 92 届美国生态学会年会与第 18 届国际恢复生态学联合大会. 生态学报: 3536-3537.

彭少麟，陆宏芳. 2003a. 恢复生态学焦点问题. 生态学报, 7: 1249-1257.

彭少麟，陆宏芳. 2003b. 生态恢复、设计与景观生态学：第十五届国际恢复生态学大会综述. 生态学报, 23(12): 2747.

彭少麟，陆宏芳. 2004. 边缘的生态恢复：第 16 届国际恢复生态学大会综述. 生态学报, 24: 2086.

彭少麟，吴可可. 2015. 提高生态系统快速恢复能力：恢复城市、乡村和原野：第六届国际恢复生态学大会(SER 2015)综述. 生态学报, 35: 5570-5572.

彭少麟，赵平，申卫军. 2002. 了解和恢复生态系统：第 87 届美国生态学学会年会暨第 14 届国际恢复生态学大会. 热带亚热带植物学报, 10: 293-294.

彭少麟，赵平. 2000. 以创新理论深入推进恢复生态学的自然与社会实践：2000 年恢复生态学会国际大会综述. 应用生态学报, 11(5): 799-800.

彭少麟，赵平. 2001. 跨越边界的生态恢复：第十三届国际恢复生态学大会综述. 生态学报, 12: 2173.

彭少麟，周婷. 2009. 通过生态恢复改变全球变化：第 19 届国际恢复生态学大会综述. 生态学报, 29: 5161-5162.

彭少麟. 1995. 中国南亚热带退化生态系统的恢复及其生态效应. 应用与环境生物学报, 1(04): 403-414.

彭少麟. 2001. 广东省退化坡地农业综合利用与绿色食品生产. 广州：广东科技出版社.

彭少麟. 2003. 热带亚热带恢复生态学研究与实践. 北京：科学出版社.

彭少麟. 2005. 恢复生态学研究的热点与趋势. 生态科学进展, 1: 411-415.

彭少麟. 2007. 恢复生态学. 北京：气象出版社.

任海，彭少麟. 2001. 恢复生态学导论. 北京：科学出版社.

万洪富. 2005. 我国区域农业环境问题及其综合治理. 北京：中国环境科学出版社.

王堃. 2004. 草地植被恢复与重建. 北京：化学工业出版社.

杨海军，李永祥. 2005. 河流生态修复的理论与技术. 长春：吉林科学技术出版社.

余作岳，彭少麟. 1996. 热带亚热带退化生态系统植被恢复生态学研究. 广州：广东科技出版社: 36-53.

赵桂久，刘燕华，赵名茶. 1995. 生态环境综合整治和恢复技术研究. 北京：北京科学技术出版社.

赵晓英，陈怀顺，孙成权. 2001. 恢复生态学：生态恢复的原理与方法. 北京：中国环境科学出版社.

中国-加拿大水土保持协作组. 1989. 广东省水土保持研究. 北京：科学出版社.

Bowman D, Garnett ST, Barlow S, et al. 2017. Renewal ecology: conservation for the Anthropocene. Restoration Ecology, 25: 674-680.

Bradshaw AD. 1997. Restoration: An acid test for ecology. *In*: Jordon Ⅲ WR, Aber J. Restoration Ecology: A Synthetic Approach to Ecological Research. Cambridge: Cambridge University Press: 23-29.

Cairns JJ. 1995. Restoration Ecology: Protecting Our National and Global Life Support Systems. London: CRC Press.

Chazdon RL, Brancalion PHS, Lamb D, et al. 2017. A Policy-driven knowledge agenda for global forest and landscape restoration. Conservation Letters, 10: 125-132.

Clements FE. 1935. Experimental ecology in the public service. Ecology, 16: 342-363.

Davis MA, Slobodkin LB. 2004. The science and values of restoration ecology. Restoration Ecology, 12:1-3.

Diamond J. 1987. Reflections on goals and on the relationship between theory and practice. *In*: Jordan Ⅲ WR, Gil ME. Sunflower Forest': Ecological Restoration as the Basis for a New Environmental Paradigm. Cambridge: Cambridge University Press: 329-336.

Egan TB. 1996. An approach to site restoration and maintenance for saltcedar control. *In*: Tomaso JD, Bell CE. Proceedings of the Saltcedar Management Workshop. Holtville: University of California Cooperative Extension Service : 46-49.

Farnworth E, Golley F. 1973. Fragile Ecosystems. A Report of the Institute of Ecology. New York: Springer-Verlag: 258.

Garris HW, Baldwin SA, van Hamme JD, et al. 2016. Genomics to assist mine reclamation: A review. Restoration Ecology, 24: 165-173.

Ghazoul J, Chazdon R. 2017. Degradation and recovery in changing forest landscapes: A multiscale conceptual framework. *In*: Gadgil A,Tomich TP. Annual Review of Environment and Resources. Palo Alto: Annual Reviews.

Gilby B, Olds AD, Connolly RM, et al. 2018. Spatial restoration ecology: placing restoration in a landscape context. Bioscience, 68:1007-1019.

Harper JL. 1987. Self-effacing art: Restoration as imitation of nature. *In*: Jordon Ⅲ WR, Aber J. Restoration Ecology: A Synthetic Approach to Ecological Research. Cambridge: Cambridge University Press: 35-45.

Harris JA, Hobbs RJ, Higgs E, et al. 2006. Ecological restoration and global climate change. Restoration Ecology, 14: 170-176.

Jordan Ⅲ WR. 1994. Sunflower forest': Ecological restoration as the basis for a new environmental paradigm. *In* : Baldwin AD, de Luce JJ, Pletsch C. Beyond Preservation: Restoring and Inventing Landscapes. Minneapolis: University of Minnesota Press:17-34.

Laughlin DC. 2014. Applying trait-based models to achieve functional targets for theory-driven ecological restoration. Ecology Letters, 17: 771-784.

Leopold A. 1941. Wilderness as a land laboratory. Living Wilderness, 6: 3.

Li T, Dong Y, Liu Z. 2020. A review of social-ecological system resilience: Mechanism, assessment and management. Science of The Total Environment, 723:138113.

Martin DM. 2017. Ecological restoration should be redefined for the twenty-first century. Restoration Ecology, 25: 668-673.

Mitsch WJ, Jørgensen SE. 2003. Ecological Engineering and Ecosystem Restoration. New York: John Wiley & Sons.

Moreno-Mateos D, Alberdi A, Morrien E, et al. 2020. The long-term restoration of ecosystem complexity. Nature Ecology & Evolution,1: 10.

Palmer MA, Ambrose RF, Poff NL. 1997. Ecological theory and community restoration ecology. Restoration Ecology, 5: 291-300.

Palmer MA, Zedler JB, Falk DA. 2016. Foundations of Restoration Ecology. Washington DC: Island Press.

Parham W, Durana PJ, Hess AL. 1993. Improving Degraded Lands: Promising Experiences From South China. Hawaii: Bishop Museum Press.

Peng SL, Ren H, Zhou XF, et al. 2005. Interaction Between Major Agricultural Ecosystems and Global Change in Eastern China. Beijing : Science Publishers Inc.

Perring MP, Standish RJ, Price JN, et al. 2015. Advances in restoration ecology: rising to the challenges of the coming decades. Ecosphere, 1: 6.

Ren H, Peng S. 2003. The practice of ecological restoration in China: a brief history and conference report. Ecological Restoration, 21: 122-125.

Ren H, Peng S, Wu J. 2002. Ecosystem Degradation and Restoration Ecology in China. The Restoration and Management of Derelict Land. New Jersey: World Scientific: 190-210.

Roberts L, Stone R, Sugden A. 2009. The rise of restoration ecology introduction. Science, 325: 555.

Suding K, Higgs E, Palmer M, et al. 2015. Committing to ecological restoration. Science, 348: 638-640.

Wainwright CE, Staples TL, Charles LS, et al. 2018. Links between community ecology theory and ecological restoration are on the rise. Journal of Applied Ecology, 55: 570-581.

Young TP, Petersen DA, Clary JJ. 2005. The ecology of restoration: historical links, emerging issues and unexplored realms. Ecology Letters, 8: 662-673.

2　生态系统的退化及其机制

由于人类的过度干扰与破坏，全球自然生态系统退化十分严重。退化生态系统（degraded ecosystem）是相对于正常生态系统而言的。正常生态系统是随着生态演替的过程而发展，随着生物群落的演替而变化的，它是与自然环境处于一种动态平衡状态下的正常自然发展。自然生态系统是典型的自组织系统，自然生态系统与环境进行连续的能量、物质和信息交换，系统不断进行自适应演化（杨彦和林德宏，1990；常杰和葛滢，2001）。退化生态系统则是指生态系统的正常状态在干扰的作用下失衡，生态系统的结构发生负向变化，相应的功能也比原正常生态系统低下，退化生态系统可以说是受损的正常生态系统，因此又称为受害生态系统（damaged ecosystem）。退化生态系统可从生态系统的自然景观、结构特征、功能过程（包括能量流动、物质循环、信息传递等生态过程）和生物的生理生态学特征等方面表现出其退化特征。

2.1　生态系统退化的现状

2.1.1　陆地生态系统退化的现状

随着人口的持续增长，人类对自然资源的需求也在不断增加。人类对资源的过度利用，增加了对自然生态系统的胁迫，导致气候变化、环境污染、植被破坏、生物多样性丧失等，生态系统的退化日益严重。现在，由联合国环境规划署资助的“人类导致的土壤退化的全球评估”（Global Assessment of Human-induced Soil Degradation，GLASOD）绘制的地图显示全球大面积的土地被退化生态系统所覆盖。目前，地球表面只剩下不到 1/4 的区域没有受到人类活动的重大影响。到 2050 年，估计这一比例将下降到不足 10%，这些区域主要集中在不适合人类使用或居住的沙漠、山区、苔原和极地地区（Prince et al.，2018）。这些土地主要包括水蚀、风蚀、化学和物理因子导致的退化类型。GLASOD 也绘制了人类引起的土壤退化世界地图，其是由国际土地调查中心在 1990 年绘制的第一张人类引起的土壤退化世界地图。尽管存在一定的局限性，GLASOD 仍然是关于土地退化的唯一完整的、全球一致的信息来源（Sonneveld and Dent，2009），至今仍然在使用。

有大量研究试图精确估算土地退化的面积，如根据 GLASOD 的研究估计，自 20 世纪中叶以来近 20 亿 hm^2 土地出现退化，也有研究提出有超过 60 亿 hm^2，也就是超过世界土地 66% 的面积受到退化的影响。全球荒漠化土地有 35.62 亿 hm^2，严重退化的有 10 亿多公顷，极度退化的有 0.72 亿 hm^2。近年来，全球平均每年有 500 万 hm^2 土地由于极度破坏、侵蚀、盐渍化、污染等，已不能再生产粮食。全世界估计有 20 亿 hm^2 森林退化，大约一半在热带国家。国际上也在努力恢复退化生态系统，并设定了目标，如到 2020 年恢复 15%（CBD，2010）的退化生态系统或 1.5 亿 hm^2（WRI，2012）的采伐森林和退化森林。除了人为干扰导致的变化之外，全球气候变化的预期影响表明，未来生态恢复的需求将更大。未来可能需要将创新的卫星数据分析和广泛的实地调查结合起来获取更为准确的评估。

陆地生态系统在破坏和干扰下，主要形成如下 6 种退化类型。

1）裸地　裸地（bare land）又称为光板地（barren），通常其环境条件较为极端，或较为潮湿，或较为干旱，或盐渍化程度较深，或有机质缺乏甚至已是无机质，或基质移动性强等。裸地可分为原生裸地（primary barren）和次生裸地（secondary barren）两种。原生裸地主要是自然干扰形成的，而次生裸地则多是人为干扰造成。

2）*森林采伐迹地*　森林采伐迹地（logging slash）是人为干扰形成的一种退化类型，其退化状态因采伐的强度和频度而异。与这一类型同质的退化生态系统包括过度干扰破坏形成的草原迹地和灌丛迹地。

3）*弃耕地*　弃耕地（abandoned farmland）是人为干扰形成的一种退化类型，其退化状态因弃耕的时间而异。

4）*荒漠化地*　荒漠化地（desertification）由自然干扰或人为干扰形成。最严重的荒漠化地即不长植物的荒漠化、石漠化裸地。目前荒漠化现象日趋严重，未来20年内全世界约有1/3的耕地将会因荒漠化而消失。

5）*矿山废弃地*　矿山废弃地（derelict mine）是指被采矿活动破坏的、未经治理而无法使用的土地。这种退化土地主要分为4类：①废石堆废弃地（derelict strip mine），即由剥离表土、开采的废石及低品位矿石堆积而形成的废弃地。②开采坑废弃地（derelict deep mine），即随着矿物的开采而形成的大量采空区域而形成的废弃地。③尾矿废弃地（derelict tailing），即利用各种分选方法分选出精矿物后，剩余废物排放而形成的废弃地。④采石矿废弃地（derelict quarry），即因开采石料而形成的废弃地。

6）*垃圾堆放场*　垃圾堆放场（dump of refuse）又称为垃圾填埋场（landfill），是人为干扰形成的堆积废弃物（包括家庭废弃物、城市废弃物、工业废弃物等）的地方。

我国退化土壤面积约占国土陆地面积的41.7%，是世界上土壤退化较严重的国家之一（陈军和周青，2007）。在我国，由于不合理的开发利用方式（与自然因素共同作用）所造成的土地资源退化面积高达80.88亿亩[①]，占全国土地总面积的56.2%。其中，水土流失面积为27亿亩，荒漠化土地面积为5.01亿亩，土壤盐碱化面积为14.87亿亩，草场退化面积为30亿亩，土壤污染面积为4亿亩。考虑到重复计算，如以10%扣除后，则我国土地资源退化面积为73亿亩，占全国土地总面积的50.7%。国土资源部2014年《全国土壤污染状况调查公报》显示，全国土壤环境状况总体不容乐观，总的污染物超标率为16.1%，其中轻微、轻度、中度和重度污染点位比例分别为11.2%、2.3%、1.5%和1.1%。污染类型以无机型为主，有机型次之，复合型污染比例较小，无机污染物超标点位数占全部超标点位的82.8%。从污染分布情况来看，南方土壤污染重于北方的；长江三角洲、珠江三角洲、东北老工业基地等区域土壤污染问题较为突出，西南、中南地区土壤重金属超标范围较大；镉、汞、砷、铅4种无机污染物含量分布呈现从西北到东南、从东北到西南方向逐渐升高的态势。李贵春等（2009）研究发现，农田污染、功能降低及肥力下降等退化类型价值损失量分别为440.51亿元、316.39亿元和468.55亿元。全国农田退化价值损失总量为1225.45亿元，分别相当于2004年GDP和农业国民生产总值的0.89%和6.20%。据农业部（现为农业农村部）种植业管理司2014年《关于全国耕地质量等级情况的公报》报道，全国18.26亿亩耕地中5.10亿亩评级较差，占比为27.9%。这些退化过程所涉及的耕地有10多亿亩，占耕地总面积的一半以上。

我国的森林生态系统退化也很严重，根据第八次全国森林资源清查（2009～2013年），

① 1亩≈666.67m^2

我国的森林面积占国土陆地面积的 21.63%，1995 年的数据显示有 25%的森林生态系统已严重退化，近年来人们虽然在退化林修复方面做了很多工作，但仍然有很大比例的退化森林。我国的草地资源非常丰富，草地总面积约为 4 亿 hm^2，占国土陆地总面积的 41%，是耕地的 3 倍，林地的 4 倍。其中西部 6 省区（西藏、青海、新疆、甘肃、宁夏和内蒙古）的草地面积约为 2.7 亿 hm^2，占全国草地总面积的 70%，是我国天然草地的主体（中华人民共和国国家统计局，2014）。

近二三十年来，由于人口大量增加和粗放的增长方式，我国土地资源的退化状况愈趋严重。

2.1.2　湿地生态系统退化的现状

全球湿地退化特别严重，过去 300 年来全球有 87%的湿地损失，自 1900 年以来全球有 54%的湿地损失（Prince et al.，2018）。在 20 世纪的前 50 年，北温带的许多湿地已经迅速丧失；而且自 20 世纪 50 年代以来，热带和亚热带的许多湿地（如沼泽林地）也已急剧减少和退化（张永民等，2008）。全球至少 35%的红树林、30%的珊瑚礁和 29%的海草床已消失或退化（王丽荣等，2018）。Davidson（2014）对全球研究湿地退化的文章进行综述，估算 20 世纪末到 21 世纪初，全球湿地退化速度为以往退化速度的 3.7 倍，相比 20 世纪初退化湿地的面积增加 64%～71%。

美国自殖民时期以来，已经有 50%的湿地消失。为了保护湿地，美国于 1977 年颁布了第一部专门的湿地保护法规。美国国家委员会、环境保护局、农业部和水域生态系统恢复委员会于 1990 年和 1991 年提出了在 2010 年前恢复受损河流 64 万 km^2、湖泊 67 万 hm^2、湿地 400 万 hm^2 的庞大生态恢复计划。加拿大湿地面积为 12 700 万 hm^2，占世界湿地资源的 24%，居世界第一位。为了有效地保护湿地资源，加拿大政府于 1992 年颁布了联邦湿地保护政策。英国的莱茵河流域是欧洲人口最稠密、污染最严重的流域。19 世纪下半叶，莱茵河及其沿岸地区的开发利用造成了严重的环境与生态问题。从 1987 年开始，流域各国先后制定了《莱茵河保护公约》《莱茵河行动计划》《洪水行动计划》等，对莱茵河的水质进行恢复，又要保证莱茵河能够作为安全的饮用水源，又要提高流域生态质量，使高营养级物种（如鲑鱼等）重返原来的栖息地，将河流、沿岸及所有与河流有关的区域进行综合考虑，保护全流域生态系统的健康和可持续性（王思凯等，2018）。

根据国家林业局 2014 年公布的第二次全国湿地资源调查结果，中国湿地总面积为 5360.26 万 hm^2，湿地率为 5.58%。与第一次调查同口径比较，湿地面积减少了 339.63 万 hm^2。自然湿地面积为 4667.47 万 hm^2，占全国湿地总面积的 87.08%。与第一次调查同口径比较，自然湿地面积减少了 337.62 万 hm^2。第二次全国湿地资源调查的湿地是针对面积大于 8hm^2 的沼泽湿地、湖泊湿地、近海岸湿地、人工湿地及宽度大于 10m、长度大于 5km 的河流湿地。调查范围之外的小微湿地面积目前尚未见报道（安树青等，2019）。

同 20 世纪 50 年代相比，我国湖泊总面积约减少 14 767km^2，占湖泊总面积的 14%，其中淡水湖泊萎缩面积占萎缩总面积的 82%，咸水湖和盐湖萎缩面积分别占 12%和 6%。据统计，干涸湖泊有 417 个，面积达 5280km^2，占湖泊减少总面积的 36%。全国因湖泊面积萎缩问题减少储水量约 517 亿 m^3，占 20 世纪 50 年代湖泊储水量的 21%。湖底盐漠化问题随着湖盆枯竭而日趋严重，特别是西北部盐漠化湖底达 500km^2（裘知等，2015）。纵观我国主要淡水流域（巢湖、洪泽湖、太湖、洞庭湖和鄱阳湖），水质均不容乐观，整体上已处于富营养化水平，形势相当严峻（裘知等，2015）。我国近海海域水质污染严重，并呈继续恶化的趋势，近海湿地生态系统破坏严重。近海海域中水质重度富营养化海域主要集中在辽东湾、长江口、杭州湾、珠江口的近岸区域；磷酸盐的污染主要分布在大连近岸、长江口、杭州湾、珠江口的局部海域；无机氮的污染主要分布在辽东湾、渤海湾、莱州湾、长江口、杭州湾、浙江沿岸、珠江口等近岸海域；石油的污染主要分布在大连近岸、辽东湾、渤海湾、莱州湾、珠江口的局部海域；重金属的污染主要分布在长江口、闽江、珠江口、南海等近岸海域（刘淼，2016）。

从全国湿地资源调查的最新数据来看，近期中国的自然湿地面积减少了 337.62 万 hm^2，减少率为 9.33%，表明中国自然湿地受到的威胁加剧，其主要体现在湿地生物多样性降低、生态功能退化、不合理利用等方面（国家林业局，2014）。根据调查到的中国国际重要湿地状况，湿地威胁的主要因素已从 10 年前的围垦、环境污染和非法狩猎转为环境污染、人类生产生活过度干扰、旅游活动和建设开发、气候变化及外来物种入侵等（中华人民共和国国际湿地公约履约办公室，2019）。中国湿地退化的主要原因包括水土流失、无序占用、污染与侵蚀严重、资源利用过度、生物入侵等。例如，2011～2015 年，崇明东滩自然保护区景观破碎化程度加大；1973～2013 年，黄河三角洲湿地景观破碎化趋势严重；辽河三角洲湿地景观格局呈现破碎化，且具有增强趋势，芦苇沼泽破碎化程度最为显著；莱州湾南岸滨海湿地景观破碎化严重；张掖黑河湿地国家级自然保护区湿地逐渐由大面积斑块体连续分布的格局趋于破碎化（刘峰等，2018）。1960 年以来，毁林围海造田、毁林围塘养殖等不合理开发活动致使红树林面积剧减，红树林湿地资源的数量和质量明显降低。化石记录表明，我国红树林面积曾达 25 万 hm^2，至 20 世纪 50 年代红树林尚有 4 万多公顷，至 80 年代则只余 1.7 万～2.3 万 hm^2；而据 20 世纪 90 年代出版物记载，全国红树林面积已降至 13 646～16 209hm^2；2001 年进行全国湿地调查时，科学家采用“3S”等手段得出中国红树林面积为 22 680.9hm^2；由于严格的保护和大规模的人工造林，2009 年全国红树林面积增加至 24 500hm^2；此外，通过 Landsat 遥感数据得出，2013 年全国红树林面积为 32 077hm^2。不难看出，尽管我国现存的红树林仍面临诸多问题，但中国已成为世界上少数几个红树林面积净增长的国家之一，红树林面积以每年 1%的速度在平稳增加（杨盛昌等，2017）。

根据湿地生态系统类型，湿地主要有以下几种退化类型。

1）退化滨海湿地　退化滨海湿地是指海岸、浅海水域、潮下水生层、珊瑚礁、红树林等位于海岸边的咸水湿地生态系统遭受破坏和干扰后形成的退化湿地。其中最为典型的是红树林，由于围海造地、围海养殖、砍伐等人为因素和团水虱等天敌的影响，面积锐减。

2）退化河流湿地　退化河流湿地是指永久性河流、季节性河流、洪泛湿地和喀斯特溶洞湿地等遭受破坏和干扰后形成的退化湿地。

3）退化湖泊湿地　退化湖泊湿地是指季节性和永久性的淡水湖、咸水湖遭受破坏和干扰后形成的退化湿地。

4）退化沼泽湿地　退化沼泽湿地是指苔藓沼泽、草本沼泽、灌丛沼泽、森林沼泽、内陆盐沼、沼泽化草甸、地热湿地和绿洲湿地等遭受破坏和干扰后形成的退化湿地。

2.1.3 海洋生态系统退化的现状

海洋面积约占地球表面积的 71%，除了提供 13 亿 km^3 的水资源外，海洋作为地球上最大的生态系统，承担着支撑地球所有生命系统的重要作用（张晓，2017）。海洋生态系统是海洋中生物群落及其环境相互作用所构成的自然系统。广义而言，全球海洋是一个大生态系统，其中包含许多不同等级的次级生态系。每个次级生态系占据一定的空间，由相互作用的生物和非生物，通过能量流和物质流，形成具有一定结构和功能的生态系统。对于海洋生态系统的分类，目前无定论。若按海区划分，一般分为海岸带生态系统、大洋生态系统、上升流生态系统等；按生物群落划分，一般分为红树林生态系统、珊瑚礁生态系统、海草床类生态系统等（蒋高明，2018）。近半个世纪以来，随着经济的飞速发展和人口的快速增长，城市化和城市建设对海洋生态系统的直接围垦和占用、不合理的旅游休闲活动、对海洋资源的过度开发利用、未经处理的污染物排放入海以及极端天气增多等因素导致世界范围的海洋生态系统都发生了不同程度的退化（王丽荣等，2018）。

海岸带是陆域生态系统和海洋生态系统间的缓冲带，是我国开发活动最为集中、经济活动最为活跃的地带。受岸线自然属性制约和海岸带地质灾害及陆源排污、围填海等的影响，我国海岸带生态系统十分脆弱。根据岸线自然属性及围填海、海岸带人口密度、外来物种入侵状况、排污口污染物排放状况等指标，岸线脆弱性评价结果表明，2009 年我国脆弱岸线总长度达 14 344km，占岸线总长度的 76.5%，杭州湾以北大部分岸段处于海岸带高脆弱区和中脆弱区（厉丞烜等，2014）。

珊瑚礁生态系统从 2004 年开始出现了严重的退化现象。连续 6 年的监测与评价结果表明，雷州半岛西南沿岸珊瑚礁逐年退化，珊瑚群落结构发生改变。2009 年，徐闻珊瑚礁平均盖度为 12.1%，放坡和水尾角活珊瑚平均死亡率分别为 60.2%和 16.3%，为 2008 年的 1.5 倍和 2.6 倍；放坡和水尾角活珊瑚的平均盖度基本呈逐年下降趋势，2009 年比 2004 年分别下降 45.5%和 65.5%；2004～2006 年，秘密角蜂珊瑚为主要优势种，然而 2008 年以来其被对沉积物具有较强耐受能力的二异角孔珊瑚取代。受破坏性捕鱼等人为活动的影响，2007 年以来西沙群岛的永兴岛、石岛、西沙洲、赵述岛、北岛 5 个区域均出现不同程度的退化，其中最严重的区域是西沙洲、北岛和赵述岛，活珊瑚盖度仅分别为 1.8%、2.3%和 2.5%。2008 年上述 5 个珊瑚礁分布区域活珊瑚礁的平均盖度仅为 16.8%，半年内平均死亡率为 2.1%，1～2 年的近期死亡率达到 27.5%。2009 年活珊瑚礁平均盖度仅为 7.9%，比 2008 年减少约 53%，硬珊瑚补充量平均值为 0.05 个/m^2，比 2008 年减少 1/3。珊瑚礁鱼类平均密度逐年减少，2009 年为每百平方米 106 尾，比 2005 年减少 65.8%（厉丞烜等，2014）。

海草床生态系统的衰退也很严重，但由于缺乏连续的监测数据，无法准确推测出我国海草床退化的面积和速度，但一些区域的海草床的退化还是很明显的，如广西北海市合浦英罗港附近的海草床，面积由 1994 年的 267hm^2 减少到 2001 年的 0.1hm^2，面临完全消失的危险（王丽荣等，2018）。

随着人口剧增和陆地资源的日益衰竭，人类的生存与发展将越来越依赖海洋。我国是传统海洋大国，拥有丰富的海洋生物资源，已经鉴定的海洋生物约占全世界海洋生物物种的 1/7，是海洋生物多样性特别丰富的国家之一。然而，近年来我国的海洋生物资源面临严重威胁。陆源及其他来源污染物进入海洋环境，直接导致海洋水体、沉积物和生物质量下降，海域水质状况与入海污染物总量呈同步变化。陆源营养盐对我国近岸海域的贡献占 70%以上，是我国近岸赤潮、绿潮灾害频发的主要原因之一。海洋污染会对海洋渔业、滨海旅游和人群健康等方面造成巨大损失，以海洋渔业为例，历年因污染造成的经济损失平均达其总产值的 2.3%，2007 年损失达到 35 亿元。海洋污染还会造成重要生境退化、生物多样性减少和生态系统服务功能丧失等更多难以量化的经济和生态损失（厉丞烜等，2014）。

污染、大规模填海造地、外来物种入侵等导致我国滨海湿地大量丧失，生物多样性降低，近岸海洋生态系统严重退化。2009 年监测结果表明：中国近岸海洋生态系统亚健康和不健康的比例为 76%；岸线人工化近 40%，海岸带生态脆弱区占 80%以上；河口海湾普遍受到营养盐污染。据初步估算，与 20 世纪 50 年代相比，中国累计丧失滨海湿地 57%，红树林面积丧失 73%，珊瑚礁面积减少 80%，2/3 以上的海岸遭受侵蚀，沙质海岸侵蚀岸线已逾 2500km；外来物种入侵已产生危害，海洋生物多样性和珍稀濒危物种日趋减少。随着捕捞船只数和马力数不断增大和渔具现代化，对近海渔业资源进行掠夺式捕捞导致资源衰退；捕捞对象由 20 世纪 60 年代的大型底层和近底层种类转变为目前以鳀鱼、黄鲫、鲐鲹类等小型中上层鱼类为主，传统渔业对象如大黄鱼绝迹，带鱼、小黄鱼等渔获量以幼鱼和 1 龄鱼为主，占渔获总量的 60%以上，经济价值大幅度降低。渔业资源已进入严重衰退期（厉丞烜等，2014）。

2.2 生态系统退化的原因

2.2.1 植被的破坏与减少

自然植被在维持生态系统平衡中有极为重要的意义，自然森林植被的破坏与减少是陆地生态系统退化的主要原因之一。由于过度利用与破坏，世界天然森林的面积正在不断减少，尽管世界人工林面积有所增加，但世界总森林面积仍在减少。

联合国环境规划署的调查表明，人类活动的干扰已导致全球超过 50 亿 hm^2 的植被土地发生退化，这使全球 43%的陆地植物生态系统的服务功能受到影响；全球有植被覆盖（包括人工植被）的土地中有约 20 亿 hm^2 发生退化（占全球有植被分布的土地面积的 17%），其中轻度退化的（农业生产力稍微下降，恢复潜力很大）有 7.5 亿 hm^2，中度退化的（农业生产力下降更多，要通过一定的经济和技术投资才能恢复）有 9.1 亿 hm^2，严重退化的（没有进行农业生产，要依靠国际援助才能进行改良）有 3 亿 hm^2，极度退化的（不能进行农业生产和改良）有 900 万 hm^2；全球荒漠化土地或受荒漠化影响的土地超过 36 亿 hm^2（占全球干旱土地面积的 70%），其中轻微退化的有 12.23 亿 hm^2，中度退化的有 12.67 亿 hm^2，严重退化的超过 10 亿 hm^2，极度退化的有 0.72 亿 hm^2。此外，弃耕的旱地还以每年 900 万～1100 万 hm^2 的速度递增；全球退化的热带雨林面积有 4.27 亿 hm^2，而且还在继续快速地退化（任海等，2004）。

联合国粮食及农业组织（FAO）发表的《1997 年世界森林状况》报告提供了关于全球森林覆盖的情况和森林覆盖率的变化情况。报告显示，1995 年世界森林覆盖面积大约为 34.54 亿 hm^2，约占世界总土地面积（格陵兰岛和北冰洋除外）的 26.6%，这一数字包括未受干扰的森林（天然林）、被人类利用和管理过的森林（半天然林）及人工绿化造林或重新造林创造的人工林（造林地）。报告显示，1980～1995 年，世界森林面积减少约 1.8 亿 hm^2，大约相当于印度尼西亚或墨西哥的国土面积。据联合国、欧洲、芬兰有关机构联合调查，1990～2025 年，全球森林每年将以 1600 万～2000 万 hm^2 的速度消失。至 1998 年，与最后一季冰川期结束后相比，亚太地区原始森林覆盖面积减少了 88%；欧洲、非洲、拉丁美洲、北美洲分别减少了 62%、45%、41%和 39%。

联合国粮食及农业组织（FAO）发布的《2018 年世界森林状况》报告指出，尽管森林损失仍在继续，但森林面积减少的速度已经放缓，而且在世界上的一些地区已经开始出现逆转。联合国粮食及农业组织对全球森林资源进行评估发现，1990~2015 年，世界森林面积从占土地总面积的 31.6%减少到 30.6%。森林损失的速度确实正在减缓，如根据全球森林监察网站的数据显示，

2015 年全球森林面积减少 4900 万英亩（1 英亩≈4046.86m^2），略低于 2014 年的森林面积减少量（6000万英亩）。森林面积的减少不仅由于发展中国家的乱砍滥伐，也因为加拿大、美国、俄罗斯等国频发森林大火。《2018 年世界森林状况》报告指出，在全球范围内，森林面积的净损失已从 20 世纪 90 年代的 0.18%，下降到过去 5 年的 0.08%。不过，情况好坏参半，虽然欧洲的森林覆盖率有所增加，但东南亚的情况不容乐观。这一结论与世界自然基金会 2015 年发布的报告相吻合，该报告发现，2010～2030 年，超过 80%的森林砍伐很可能发生在 11 个地方，包括加里曼丹岛、大湄公河地区和亚马孙在内的"毁林前线"。世界自然基金会发现，如果亚马孙的森林砍伐速率持续不变，到 2030 年，该区域超过 1/4 的森林将丧失殆尽。

然而，FAO 的报告也强调，巴西的一些良好的实践可以在整个区域推广。例如，里约热内卢的蒂朱卡国家公园（Tijuca National Park）是世界上最大的城市雨林之一，在这座国家公园里，政府在为当地人和游客建设娱乐基础设施的同时，开始了一项植树造林项目，这样可以让人们进行体验，并最终参与到森林的保护中来。在 FAO 进行和发布评估报告的 70 年中，人们关心的问题已从木材供应转向森林的可持续利用；森林保护与更新可以帮助实现国际社会在 2015 年确定的 17 项可持续发展目标中至少 10 项目标。

以中国为例，第八次全国森林资源清查（2009～2013 年）的结果显示，全国森林面积为 2.08 亿 hm^2，森林覆盖率为 21.63%。活立木总蓄积为 164.33 亿 m^3，森林蓄积为 151.37 亿 m^3。天然林面积为 1.22 亿 hm^2，蓄积 122.96 亿 m^3；人工林面积为 0.69 亿 hm^2，蓄积 24.83 亿 m^3。森林面积和森林蓄积分别位居世界第 5 位和第 6 位，人工林面积仍居世界首位。相较于上一次森林清查，我国森林资源变化体现出总量持续增长、质量不断提高、天然林稳步增加、人工林快速发展的特点。但同时，我国仍然是一个缺林少绿、生态脆弱的国家，森林覆盖率远低于全球 31%的平均水平，人均森林面积仅为世界人均水平的 1/4，人均森林蓄积只有世界人均水平的 1/7，森林资源总量相对不足、质量不高、分布不均的状况仍未得到根本改变，林业发展还面临着巨大的压力和挑战。

森林面积的缩小导致降水减少，而降水时又容易发生洪灾和水土流失，使土地日益贫瘠退化。生态系统的各种退化原因，如侵蚀化退化、荒漠化退化、石质化退化、土壤贫瘠化退化和污染化退化等，均直接或间接地与植被的破坏及减少有关。

2.2.2　侵　　蚀

侵蚀（erosion）一词很早就用于地学研究，而把土壤侵蚀（soil erosion）用于水土保持方面则最早见于 1909 年出版的俄国学者科兹敏科（A. C. Kozminhock）的著作，其后为各国广泛采用。《中国大百科全书 · 水利卷》对土壤侵蚀所下的定义是：土壤及其母质在水力、风力、冻融、重力等外营力作用下，被破坏、剥蚀、搬运和沉积的过程。"水土流失"作为专门术语起源于中国，我国多数人把土壤侵蚀或土壤流失称为水土流失。土壤侵蚀是土地退化的主要原因，也是导致生态环境恶化的最严重的问题，联合国粮食及农业组织将其列为世界土地退化的首要问题，是严重的世界性问题。

全世界每年因土壤侵蚀而损失的土地面积为 700 万 hm^2，全球每年流失的表土为 750 亿 t，每年为此多支出 4000 亿美元。失去的土壤无法补偿，1cm 厚的土层要花 500 年甚至更长的时间才能形成，但会在 1 年内流失。在非洲和南美洲，由于农民耕作不当或其他原因，土地损失表土每年为 30～40t/hm^2，其中一部分扬入空中，另一部分进了排水沟；在欧洲和美国，土地损失表土每年为 17t/hm^2。以美国为例，其损失表土为每年 17t/hm^2，这还意味着每年每公顷土地损失 75mm 的降雨，而这些降水本来是可以储存起来的。因此，美国每年就损失 40 亿 t 土壤和 13 000 亿 t 水，所损失的营养元素、水资源等加起来总价值为 270 亿美元。据美国农业部资料显示，因侵蚀而造成的土壤损失威胁着美国 1/3 的农田生产力，而用于美国农业的所有肥料中有 10%是用来弥补因土壤侵蚀而造成的损失的。水土流失进入河流造成的损失更大，1hm^2 土地在一场风暴中损失 15t 土壤，即减少表土 1mm，每秒钟大约有 1000t 泥沙从密西西比河流入墨西哥湾。

我国是世界上水土流失最为严重的国家之一，几乎所有的大流域都存在严重的水土流失问题。北方的黄土、南方的花岗岩风化壳红土，是中国境内侵蚀最严重的地质-地貌单元；华南的丘陵红壤区、北方的土石山区、东北的黑土区和西部的黄土区，都是水土流失较强烈的地区。根据第一次全国水利普查成果，全国土壤侵蚀总面积为 294.9 万 km^2，占普查总面积的 31.1%。其中，水力侵蚀面积为 129.3 万 km^2，风力侵蚀面积为 165.6 万 km^2。监测显示，在 20 世纪 80 年代末至 2010 年，我国土壤侵蚀变化呈现出先增强后减弱的趋势。而在区域变化上，南北差异明显。不同的流域在各个时段也呈现出截然不同的变化特点，在整个监测期内，松辽流域土壤侵蚀变化面积最多。在不同时段中，如 2000～2005 年，土壤侵蚀变化面积最大的流域是黄河流域，而 2005～2010 年则是长江流域。松辽流域土壤侵蚀类型中，水力侵蚀面积最大，占 77.51%，是该流域的主导土壤侵蚀类型；风力侵蚀次之，占 17.54%；冻融侵蚀面积较小，占 4.96%。

水土流失还造成水库、湖泊和河道淤塞，增加下游平原的洪涝威胁。由于水土流失严重，黄河下游河床平均每年抬高达 10cm，长江的河床也不断地抬高，导致黄河流域和长江流域的旱涝灾害发生频率增高。

2.2.3　荒　漠　化

荒漠化可由自然干扰或人为干扰形成。全球荒漠化土地面积达 3600 万 km^2，占全球陆地面积的 1/4，现在全球荒漠化土地正以 15 万 km^2/年的惊人速度扩展（一年所增加的面积比整个美国纽约州还大）。全球 100 多个国家和地区受到荒漠化的威胁，36 亿 hm^2 土地受到荒漠化的影响。据联合国环境规划署估计，1978～1991 年全球土地荒漠化造成的损失达 3000 亿～6000 亿美元，20 世纪 90 年代以来，每年的损失更是高达约 500 亿美元，人类面临着合理恢复、保护和开发自然资源的挑战。1993 年联合国通过了《关于在发生严重干旱和/或荒漠化的国家特别是在非洲防治荒漠化的公约》；1994 年联合国决定，从 1995 年起，将每年 12 月 19 日定为“世界防治荒漠化和干旱日”；1999 年 11 月 27 日多国在巴西就防治荒漠化达成了共识，签署了《累西腓倡议》。现在，全球每年因进行荒漠化生态恢复而投入的经费达 100 亿～224 亿美元。

根据第五次全国荒漠化和沙化土地监测数据显示，截至 2014 年，我国荒漠化土地面积为 261.16 万 km^2，占国土面积的 27.20%；沙化土地面积为 172.12 万 km^2，占国土面积的 17.93%；遍布东经 74°～东经 119°、北纬 19°～北纬 49°的广阔空间，涉及 18 个省区、471 个县（尤以西北及内蒙古 6 省区最为严重，占全国荒漠化面积的 71.1%）。受荒漠化影响，全国 40%的耕地在不同程度地退化，其中 800 万 hm^2 危在旦夕，1.07 亿 hm^2 草场也是命若游丝，荒漠化形势十分严峻（王守华等，2017）。

植被破坏后严重的水土流失是引起荒漠化的重要原因。地表径流带走土体中的黏粒，使表土层砂粒和砾石相对增多，土壤质地逐渐沙质化。人为的滥樵、滥垦、滥牧、滥建，铲草皮作燃料或积肥，挖掘根用药材不回填土坑，破坏天然植被等，造成荒漠化土地面积继续扩大。其中，因滥樵引起的荒漠化土地占 27.8%；因滥垦引起的占 24.5%；因滥牧引起的占 19.6%；因开垦后水系改变引起的占 15.9%；因工矿、交通建设用地引起的占 8.9%；固定和半固定沙丘前移引起的占 3.3%。以上数据说明，96%以上的荒漠化是由人类对土地的不合理利用造成的。

荒漠化过程因岩性而异，在南方第四纪红土区，随着侵蚀的发展，表层质地由中壤土变成轻壤土，侵蚀至心土层时，质地变成黏-重壤土或轻黏土。当土壤层和红土母质层被完全侵蚀光后，可出现砾石层，发生砾质化现象，形成“红色沙漠”。花岗岩风化物深厚，上、下层质地差异显著，土壤侵蚀导致土壤沙质化，这是土壤退化最重要的特点，它与质地均匀的黄土母质有着明显的差异。随着侵蚀由轻度、中度向强侵蚀加深发展，土壤质地变黏。但至剧烈侵蚀程度时，质地突然变砂，成为砂壤土甚至松砂土。土壤沙质化使土壤抗蚀性能变差，保水、保肥能力降低，加剧了土壤侵蚀的发展和土壤肥力的衰竭，并导致严重的崩岗侵蚀，常形成“白沙岗”等劣地景观。

总体来看，我国土地退化，特别是大面积的土壤侵蚀和不断加剧的土地荒漠化（二者合计面积已接近全国土地总面积的 1/4），严重制约着土地生产力的提高，也是土地质量下降的重要原因。

2.2.4　石　漠　化

石漠化（石质化）（rocky desertification）是指在自然干扰或人为干扰或二者同时干扰的作用下，原来连续覆盖着土壤的土地因植被遭受破坏、土壤严重流失而造成大片基岩裸露的一种土地退化过程，是土壤退化的最后阶段。引起石漠化的自然干扰往往是特别重大的灾害事件，而引起石漠化的人为干扰可以是重大的破坏或是反复的干扰。在我国许多侵蚀区，特别是南方山丘地，植被破坏后严重的水土流失可使石漠化过程不断加剧，最终导致土地完全失去生产力和承载能力。

第五次全国荒漠化和沙化土地监测中岩溶地区第三次石漠化监测结果显示，全国岩溶地区现有石漠化土地面积为 10.07 万 km^2。我国石漠化的自然地理分布主要有 3 个区域：①喀斯特强烈发育的区域，如贵州的水城和惠水，广西的大化等；②构造活动强烈的河流上游及河谷地带，如乌江流域的纳雍、织金、黔西等，红水河流域的贵州兴义、兴仁，广西南丹等，南盘江流域的西畴、广南、砚山等；③经济较为落后、人口增长过快、森林植被覆盖率较低的区域，如湖南的湘西，贵州的黔西、黔南等，广西的大化、凤山等。据资料统计，我国严重石漠化面积达 4.63 万 km^2，短期内有潜在石漠化趋势的土地达 8.76 万 km^2。石漠化区域共涉及 429 个县，总人口 12 893.56 万人。以贵州省为例，1975 年的石山、半石山面积为 98 万 hm^2，而 1980 年达到 134.66 万 hm^2，2011 年贵州第一次石漠化监测显示，其现有石漠化面积为 302.38 万 hm^2，占全省土地面积的 17.16%，主要分布在南部和西部地区，以毕节、黔南、黔西南、安顺、六盘水等地为主（刘振露，2019）。而第三次岩溶地区石漠化监测结果显示，2012～2016 年岩溶地区石漠化土地总面积净减少 193.2 万 hm^2，减少了 16.1%，年均减少 38.6 万 hm^2，年均缩减率为 3.45%。

在石漠化地区中，南方喀斯特山地的石漠化最为严重也最为典型，由于自然植被遭到破坏，浅薄的土层遭到侵蚀，有些山地表层的土壤有机质甚至丧失殆尽，地表以裸露的石山、半石山表现出喀斯特山地特有的一种景观，而土地基本上不能利用，形成石质荒漠化土地，又称为喀斯特荒漠。当前，石漠化土地面积在逐年增加，平均增长速度约为2500km²/年，与荒漠化扩展速度相当。大片的石山和石头地完全失去了生产力，使这些偏远落后山区的经济更加困难，人民生活更加贫穷，已威胁到人们的生存，成为我国南方山区的心腹之患（贺庆棠和陆佩玲，2006）。

我国西南喀斯特地区土壤侵蚀与其他类型区显著不同，叠加了化学溶蚀、重力侵蚀和流水侵蚀的耦合作用，呈现地面流失和地下漏失的混合侵蚀机制。自21世纪初至今，我国研究者在西南喀斯特地区应用径流小区、侵蚀划线法及核素示踪方法等技术手段，分别研究了中低山峡谷、高原、沟谷盆地、峰丛洼地等不同喀斯特地貌类型的土壤地表侵蚀产沙特征，取得了一定的研究成果（表2.1）。

表2.1 西南喀斯特地区土壤地表侵蚀产沙研究汇总（陈洪松等，2018）

地理位置	地貌类型	研究地区	研究面积	岩性	估算方法	研究年份	年均降雨量/mm	土地侵蚀模数/[t/（km²·年）]
贵州花江大峡谷	中低山峡谷	牛场坡	0.263km²	纯碳酸盐岩	沉沙池	1999～2000	844	1.654～24.558
贵州关岭县	中低山峡谷	板贵坡	—	部分碳酸盐岩	谷坝	1999～2003	—	174.5～813.6
		查尔岩小区	10m×20m	碳酸盐岩为主	侵蚀划线法为主	2003～2005	—	17.54～23.57
贵州清镇市	高原	坡面	5m×10m	碳酸盐岩为主	径流小区	2002	1091	78.4～185.7
贵州遵义县	沟谷盆地	龙坝坡面	5m×20m	碳酸盐岩及砂页岩	径流小区	2006	1036	47.4
贵州沿河县	低山沟谷	沿河梨子坡面	10m×20m	碳酸盐岩及碎屑岩	侵蚀划线	2006	1136	318.6
贵州毕节市	中低山地	石桥坡面	5m×20m	碳酸盐岩及砂页岩	径流小区	2006	836	604.5
广西龙河屯	峰丛洼地	坡面各部位	—	纯石灰岩	侵蚀划线法	2006～2007	—	4.02～1441.29
广西环江县	峰丛洼地	坡面中下部	约20m×100m	白云岩	径流小区	2006～2010	1507	<77.8
贵州普定县	峰丛洼地	坡面中上部	2900m²	纯灰岩	径流小区	2007～2008	988	0.05～62.25
贵州龙里	中低山丘陵	坡面	5m×20m	—	径流小区	2008～2010	1158	—
贵州茂兰县	峰丛洼地	工程碑小流域	0.154km²	石灰岩夹少量白云岩	^{137}Cs洼地推算	1963～2007	—	45.95
贵州普定县	峰丛洼地	冲头小流域	0.47km²	石灰岩	^{137}Cs洼地推算	1963～2008	—	20.27
广西环江县	峰丛洼地	成义小流域	0.418km²	石灰岩、白云岩	^{137}Cs洼地推算	1963～2008	—	57.1
贵州普定县	峰丛洼地	石人寨小流域	0.054km²	石灰岩	^{137}Cs洼地推算	1963～2007	1397	1570
贵州普定县	峰丛洼地	马官小流域	0.44km²	石灰岩、白云岩	^{137}Cs洼地推算	1963～2007	—	20
广西环江县	峰丛洼地	古周小流域	0.31km²，0.804km²	石灰岩	^{137}Cs洼地推算	1963～2011	1499	20.6，12.3

注："—"表示文献中没有统计

在石漠化地区，岩石裸露，岩层漏水性强，储水力低或无储水能力，降雨时水无阻挡地顺坡而下，极易发生山洪、滑坡和泥石流，给人民生命财产带来严重灾害，雨过天晴则立即出现缺水干旱，水旱灾害频繁发生，几乎连年旱涝相伴，是我国山洪、泥石流多发地带。此外，这些地区位于江河的上游，严重的土壤侵蚀还导致河床淤高、中道淤塞，危及江河沿岸及下游人民群众生命财产安全（贺庆棠和陆佩玲，2006）。可见，石漠化正在使生态系统的稳定性减弱、敏感性增强、自然灾害频繁、耕地面积不断减少、土地生产力趋于枯竭、井泉干涸，从而使部分人口完全丧失最基本的生存条件，成为生态难民，同时也影响着当地的经济发展。

2.2.5　土壤贫瘠化

土壤贫瘠化（impoverishment of soil）即指土壤肥力减退，是土地退化的又一种方式。引起土壤贫瘠化的因素不少，但主要是水土流失（water and soil loss）及土地的过度利用（soil excess use）和不合理利用。

严重水土流失是加剧生态系统退化的主要原因。水土流失使我国每年流失土壤 50 亿 t，并带走大量的氮（N）、磷（P）、钾（K）等营养元素，流失量大大高于进入土壤中的物质量，使物质循环得不偿失，从而造成土壤严重贫瘠化。在南方红壤区，水土流失使 2/3 以上的耕地土壤养分贫瘠，土壤普遍缺乏氮素和有机质，78%的土壤缺磷，58%的土壤缺钾，缺乏的程度尤以侵蚀坡地为重。在水土流失严重的坡地，氮、磷、钾元素的积累量仅为无明显水土流失地段（密林下）的 1/40，而氮、磷、钾的流失量却为无明显水土流失坡地的 35 倍。土壤退化已成为制约区域农业和国民经济发展的主要因素，全国 200 多个贫困县有 87%属于水土流失严重的地区。

对土壤的过度利用也会导致土壤贫瘠化。部分地区重用轻养，土壤负荷过度，有机肥投入减少，加上肥料结构不合理，氮、磷、钾比例失调，严重缺磷、缺钾，导致土壤肥力下降，地力衰退。20 世纪 80 年代末全国土壤普查结果表明，在我国耕地中，缺磷土壤面积占 59.1%，缺钾土壤面积占 22.9%，有机质低于 0.6%的土壤面积占 13.8%，中低产田面积占 79.2%。例如，福建山地丘陵地区农地土壤中有机质普遍不高，利用类型为果园的土壤有机质多呈贫瘠化；全氮和全钾贫瘠化最为严重；全磷、有效磷在熟化度较低的土壤（如新果园土壤）呈明显贫瘠化，有效钾在闽北、闽东南都未呈贫瘠化（谢映勤和陈志强，2005）。

此外，对耕地的管理利用不当，也会导致土壤贫瘠化。在我国黄淮海平原，施肥制度、轮作制度、收割制度等的不合理，使一些地方出现了大面积的土壤肥力衰退现象。特别是该区的姜黑土区，面积为 4 万 hm^2，占黄淮海平原面积的近 60%，其土壤肥力下降已相当严重，其中土壤中的两大类养分——有机肥和无机肥均已出现严重的赤字。在该地区，有半数以上的土地缺乏有机质，有 1/3 以上的土地缺钾，还有不少土地缺少农作物生长所必需的微量元素，如锌、锰、硼等。

土壤次生盐渍化

对农田的不合理灌溉，如大水漫灌，有灌无排，洼淀、平原水库、河渠蓄水位高，而周边又无截渗排水设施，水稻与旱作插花种植以及农业技术管理粗放等，都会导致盐分在土壤表层积累，使土壤次生盐渍化面积不断扩大。据《中国盐渍土地资源分布图》资料统计，我国盐渍土地总面积为 0.99 亿 hm^2，其中现代盐渍土壤为 0.369 亿 hm^2、潜在盐渍化土壤为 0.173 亿 hm^2。根据《中国 1∶1 000 000 土地资源图》的统计，全国耕地中存在盐碱限制因素的面积约为 690 万 hm^2。

水稻土次生潜育化

对水稻田灌排不当，排灌不分开，渠系不配套，串灌、漫灌、深水久灌，都会使水稻土耕作层下部和作物长期遭受渍害；如果再加上不合理的耕作制度和耕作技术，则会促使土壤经常处于还原状态，导致次生潜育化的发展，使土地生产能力降低，水稻产量比正常产量可低一半以上。据调查，当前在我国南方诸省区，潜育化水稻土地面积占水田面积的 20%～40%，超过 400 万 hm^2，东起浙江、福建，西抵云南、贵州、四川，南到广东、广西、海南，往北一直延伸到湖北和河南的南阳盆地，均有相当大的潜育化面积分布。

2.2.6 污　　染

污染物质主要来源于工业和城市的废弃物（废水、废气和固体废弃物，也称为“三废”）、农药和化肥，以及放射性物质等。未经处理的“三废”不但破坏了环境，也造成了严重的土地污染、水域污染和大气污染，其恶果之一就是导致生态系统的退化。

工业排放的废气及烟尘中，汞、铅、铬等重金属造成的土地污染，工业废水和城市生活污水进入农田，不但污染了土壤，还污染了农产品。20 世纪 80 年代初，我国耕地受工业“三废”污染的面积已达 400 万 hm^2。此外，农业生产中化肥、农药施用量的增加和使用不当，也对许多地方造成了严重的危害，如土壤结构受到破坏、农药残毒污染土地。据 1990 年统计，我国耕地受过量化肥与农药污染的面积已超过 130 万 hm^2。据农业部（现为农业农村部）种植业管理司 2014 年《关于全国耕地质量等级情况的公报》报道，全国 18.26 亿亩耕地中 5.10 亿亩评级较差，占比为 27.9%。李贵春等（2009）研究发现，农田污染、功能降低及肥力下降等退化类型价值损失量分别为 440.51 亿元、316.39 亿元和 468.55 亿元。全国农田退化价值损失总量为 1225.45 亿元，分别相当于 2004 年 GDP 和农业国民生产总值的 0.89%和 6.20%。

2014 年 4 月 17 日，环保部与国土资源部联合发布《全国土壤污染状况调查公报》。该公报涵盖除香港、澳门和台湾以外的我国陆地国土，实际调查约 630 万 km^2。根据公报显示，全国土壤总的超标率为 16.1%，主要集中在重污染企业用地（超标点位占 36.3%）、工业废弃地（超标点位占 34.9%）、采矿区（超标点位占 33.4%）、工业园区（超标点位占 29.4%）、污水灌溉区（超标点位占 26.4%）、采油区（超标点位占 23.6%）、固废集中处理处置场地（超标点位占 21.3%）、干线公路两侧（超标点位占 20.3%）。按土地类型来说，耕地点位超标率最高（19.4%），其次为未利用地（11.4%）、草地（10.4%）和林地（10.0%）。从污染类型来看，无机污染物超标点位数最多，占全部超标点位的 82.8%，其中，主要超标物为镉（点位超标率为 7.0%）、镍（点位超标率为 4.8%）、砷（点位超标率为 2.7%）、铜（点位超标率为 2.1%）、滴滴涕（点位超标率为 1.9%）、汞（点位超标率为 1.6%）、铅（点位超标率为 1.5%）、多环芳烃（点位超标率为 1.4%）和铬（点位超标率为 1.1%）。二氧化硫（SO_2）等形成的酸雨使土壤酸化，据 20 世纪末统计，我国受酸雨危害的耕地达 267 万 hm^2，影响 22 个省区。酸雨对自然生态系统的危害也非常严重，由酸沉降引起的森林衰退和死亡约为 114 万 hm^2。

工业废水和城市生活污水直接或间接排入江河湖泊，不仅污染水域，而且造成水生、湿地生态系统的退化。西北诸河和西南诸河水质为优，长江、珠江流域和浙闽片河流水质良好，黄河、松花江和淮河流域为轻度污染，海河和辽河流域为中度污染。监测营养状态的 107 个湖泊（水库）中，贫营养状态的有 10 个，占 9.3%；中营养状态的有 66 个，占 61.7%；轻度富营养状态的有 25 个，占 23.4%；中度富营养状态的有 6 个，占 5.6%（中华人民共和国生态环境部，2018）。

金矿废弃地与垃圾堆放场或填埋场是人为干扰形成的家庭、城市、工业等废弃物堆积的地方，是造成土地退化的严重污染源。

沿海地区开发强度持续加大，工业和生活污水的排放将大量污染物挟带入海，加上航运业的排污、无序的水产养殖及海洋原油泄漏等造成的污染，使我国近岸海域海水污染日趋严重，沉积物质量恶化，生物质量低劣，生物多样性降低，赤潮频繁，严重制约了我国近岸海域海洋功能的正常发挥，影响了我国近岸海洋生态系统健康。

2.2.7 外来生物入侵

外来生物入侵是指一种生物从原产地引入一个新的区域，在引入地区定植，建群和扩散，并且对当地生态环境造成一定危害的现象（Elton，1958；Valery et al.，2008）。外来生物入侵被认为是仅次于生境破坏导致全球生物多样性下降的第二大因素（Runyon et al.，2012），严重威胁着生态系统健康（Richardson et al.，2000；Vilà et al.，2011）。外来入侵物种侵占了本地物种的生存环境，排挤本地物种，使本地的生物大量死亡，造成生物多样性下降，生态功能降低（Bradley et al.，2010；Pyšek et al.，2012；Smith-Ramesh，2017）。同时，外来入侵物种的引进还带来外来的病原生物，诱发生物病害大规模流行（卢晓强等，2016）。在社会经济影响方面，我国每年因入侵生物造成的经济损失超过 2000 亿元（李大林，2014）；入侵种每年给印度和美国带来的经济损失分别高达 1160 亿美元和 1370 亿美元，其中入侵植物所造成的损失分别占 33%和 25%（Pimentel et al.，2001）。在生态影响方面，入侵种严重挤压本地种的生存空间，使生物多样性快速下降，极大地改变了生态系统功能和过程（Parker et al.，1999；Ehrenfeld，2010；Vila et al.，2011）。

全国已发现 560 多种外来入侵物种，且呈逐年上升趋势，其中 213 种已入侵国家级自然保护区。71 种危害性较高的外来入侵物种先后被列入《中国外来入侵物种名单》，52 种外来入侵物种被列入《国家重点管理外来入侵物种名录（第一批）》（中华人民共和国生态环境部，2018）。徐海根等（2014）较为详细地调查了我国的入侵生物物种数，并研究分析了这些外来生物的入侵途径。研究发现，我国的外来入侵物种中来源于美洲、欧洲、亚洲、非洲、大洋洲的分别占 55.1%、21.7%、9.9%、8.1%和 0.6%。其中 50%的外来入侵植物是作为牧草或饲料、观赏植物、纤维植物、药用植物、蔬菜、草坪植物而引进的；25%的外来入侵动物是用于养殖、观赏、生物防治的引种。

2.2.8 其　　他

资源的过度利用会引起生态系统退化。海洋生物资源的过度开发利用，是导致海洋生物多样性减少的直接原因。近年来，随着我国渔船数量和吨位的急速增长，网具也越来越先进，海洋捕捞能力大幅度提高，但也对生物资源造成致命的破坏和打击，过度捕捞导致整个生态系统食物链发生改变，脆弱生物濒临灭绝。此外，过度捕捞还导致耐污生物及污染生物大量繁殖，从而使一些经济海洋生物病害流行，导致海洋物种进一步减少。

另外，气候变化及极端灾害也会引起生态系统退化。例如，升温和紫外辐射增强，引起水生和陆生生态系统的生物多样性下降、营养级失衡；地震引发的山体坍塌、泥石流等导致生态系统破坏；海啸、飓风、极端温度变化、冰冻雨雪灾害等对生态系统造成严重破坏。这些事件对生态系统的破坏异常严重。

2.3 生态系统退化的驱动力

2.3.1 干扰对生态系统退化的驱动力作用及其特征

引起生态系统退化的原因是多方面的，但其基本机理是在干扰的压力下，生态系统的结构与功能发生变化，干扰（disturbance）是生态系统退化的驱动力（driving force）（彭少麟，1996）。干扰具有不连续性与规律性、多源性与相关性、干扰量与效应的不一致性、干扰因子的协和作用与主导干扰因子等特征。

1）不连续性与规律性　由于干扰有在时间上的突发性或不连续性，即与非干扰引起的生态系统本身的“恒定的变化”不同，因而干扰显然是离散型的。但对于许多自然干扰因子（如台风、虫害等发生的频率）和干扰后果（如干扰后生态系统的恢复）来说，却存在着统计意义上的周期规律性。这一性质可将生态系统的演替过程分成干扰阶段（disturbance period）和非干扰阶段（White，1979），也可有若干个干扰阶段和非干扰阶段。

2）多源性与相关性　干扰生态系统的动力来源是多种多样的。多样化的干扰源中又常具有相关性。干扰因子中有些是时序相关的。例如，洪水泛滥干扰因子与暴风雨干扰因子相关，林木的风倒干扰因子与虫害干扰因子相关，火灾干扰因子与干旱干扰因子相关等。也有成因上的相关因素，即有些干扰因子的出现，完全是由前一个干扰因子产生的。例如，土壤营养缺乏干扰因子与水土流失干扰因子相关，病虫害发生干扰因子与气候异常干扰因子相关等。此外，由于对生态系统的干扰作用有时不是单个因子而是多个干扰因子的综合作用，故干扰的质和量与各个因子的干扰强度（disturbance intensity）存在着某种相关性。

3）干扰量与效应的不一致性　在不同区域环境中，同一物理干扰量的干扰因子有不同的干扰强度，甚至某一物理干扰量大的干扰因子在某一区域环境中，比同一物理干扰量小的干扰因子在不同的区域环境中的干扰效应小。这种干扰量与效应的不一致性是由环境空间的异质性与生态系统间的异质性所决定的。不同水平的生命系统，也存在干扰量与效应的不一致性。例如，以中国南方2008年雨雪冰冻灾害为背景，研究南岭天井山不同林型植被的受灾与恢复，结果发现，植被受损的比例随着树龄的增大而增加，在达到一定径级大小后趋于平稳。这种规律在杉木纯林、杉木与常绿阔叶混交林、常绿阔叶林三种不同林型中表现出差异性，针叶林中的小树相比阔叶林的小树更易受损；针叶林幼苗的掘根比例较大，混交林小树的掘根比例显著大于幼苗和大树，而阔叶林大树的掘根比例显著大于幼苗和小树。也就是说，植被的受损与恢复都反映出不同程度的树龄依赖性（Zhu et al.，2015）。

4）干扰因子的协和作用与主导干扰因子　自然干扰因素通常并不是独立出现的，当多个干扰因子同时出现时，往往由于会有协和作用而增加对群落的影响力。在多个干扰因子中，常会有一个或若干个主导干扰因子（dominant disturbance factor），其他因子对生态系统的影响力则相对较小。

干扰是自然界的普遍现象。Clements（1916）指出，即使是最稳定的群丛也不完全处于平衡状态，凡发生次生演替的地方都受到干扰的影响。干扰作为生命系统（包括个体、种群、群落、生态系统等各个水平）的结构、动态和景观格局的基本塑造力，它不但影响了生命系统本身，也改变了生命系统所处的环境系统。当干扰作用于生态系统时，生态系统总有相应的响应。当负向干扰力小于生态系统的正向发展力时，生态系统不受影响或仅产生波动（彭少麟，1993）；当负向干扰力大于生态系统的正向发展力时，生态系统就出现退化。

2.3.2 自 然 干 扰

任何一种自然环境因子，只要对生命系统的作用强度超过正常情况下出现的强度，就可能造成生命系统的结构与动态及相应的环境发生变化，这就是发生了干扰，这时该环境因子称为干扰因子。

1）火干扰　火干扰（fire disturbance）是指由火因子引起的生态系统变化（图 2.1）。例如，完全的大火毁林引起次生演替，而较轻的火烧会引起生物群落的波动。特别是野火（wildfire），其是植物生态系统中最重要的一种自然干扰形式，对植物会造成初级和次级影响（Bar et al.，2019）。

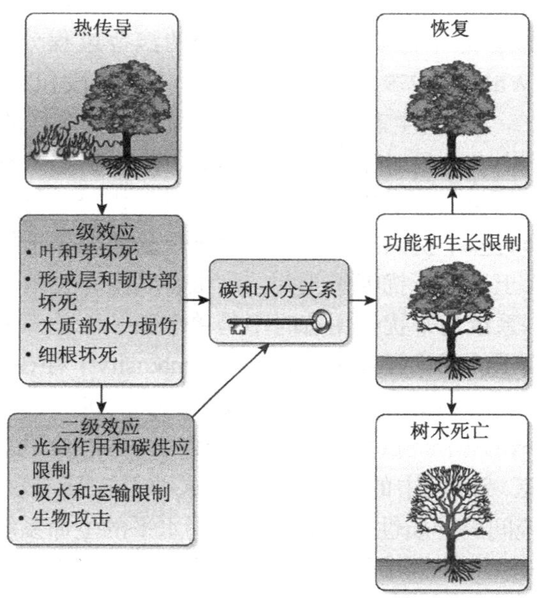

图 2.1　火对树木的影响概述（Bar et al.，2019）

冠、茎和根组织的功能特性介导了热的传递，能够立即造成一级效应的损伤，并可能导致二级效应。一级效应和二级效应均可导致树木碳（C）和水分关系的生理损害，从而限制其功能和生长。根据火灾后的环境状况和物种的特定特征（如解除碳和水限制的能力），受影响的树木可能会从火灾后的限制中恢复，但也有可能死于火灾遗留效果。

2）气候干扰　气候干扰（climatic disturbance）是指由各种气候因子引起的生态系统变化。例如，干旱、洪涝、台风、极端温度等引起生物群落的变化。越来越多的研究认为，气候可能是干扰的一个主要驱动因子（图 2.2）。

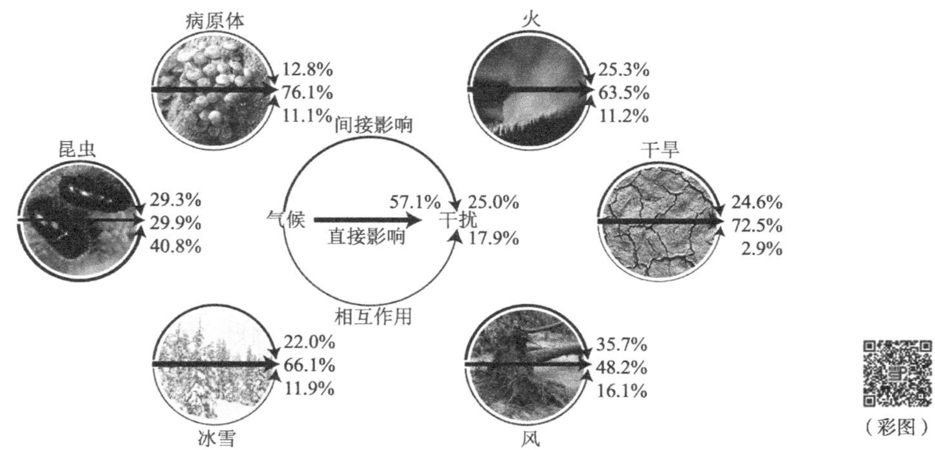

图 2.2 气候变化对森林干扰因子的直接、间接和相互作用效应（Seidl et al.，2017）

对于每一种干扰，箭头的宽度和百分比都表示各自效果的相对显著性，表示从支持它的分析文献中提取的观察数。中间的图片显示所有干扰因子的汇总结果。直接影响是气候对扰动过程的非中介影响，而间接影响则是通过对植被和其他生态系统过程的影响来描述气候对扰动的影响。相互作用效应是指受其他干扰因素影响的效果

3）土壤干扰　土壤干扰（edophic disturbance）是指由各种土壤因子引起的生态系统变化。例如，由土壤 pH 变化或某种矿质元素（如磷）短缺引起生物群落的变化。

4）地因性干扰　地因性干扰（geographical disturbance）是指由各种地质因子引起的生态系统变化。例如，地震、火山、泥石流等引起生物群落变化。

5）动物干扰　动物干扰（animal disturbance）是指由各种动物因子引起的生态系统变化。例如，虫灾引起生物群落的变化。

6）植物干扰　植物干扰（botanic disturbance）是指由植物引起的生态系统变化。例如，新种进入某一生物群落引起群落结构与功能的变化，外来入侵植物常常引起原植物群落很大的变化。

7）污染干扰　污染干扰（pollution disturbance）是指由各种污染物引起的生态系统变化。例如，废气或废水引起群落的变化。有的学者认为污染干扰应属于人类干扰。

8）病原体干扰　病原体干扰（pathogen disturbance）是指各类病原菌的侵入，导致物种产生病症及群落发生退化。森林病原体包括真菌、霉菌、细菌、植物原体、寄生性高等植物、病毒和线虫等（Sturrock et al.，2011）。

自然干扰因子的产生似乎有一定的偶然性，但有其根本的动力来源。气候、地貌、水文等物理环境因子的异常变化可以溯源于太阳能和地球内能在地表的表现形式及其分布和变动。太阳能的地表分布具有成带性和周期性特征；而地球内能的地表分布则很不规则，如海-陆分布，地质构成和火山、地震的分布及发生。太阳能与地球内能在地表的相互作用、相互反馈叠加，就是气候、地形、水文、生物、土壤等诸要素时空格局不规则性的根源，而上述诸因子的时空分布和发育过程都是相互依存、相互作用的，这种复杂的相互作用及其固有的确定性与非确定性相结合就是一切自然干扰的原因。而生物环境因子的异常动态造成的干扰，一方面是物理环境因子作用的结果；另一方面是生物本身生物学属性的表现，如寿命、生活史特征和食性等的差异，以及决定这些差异和变异的遗传学、生理学特征都促成了干扰的产生。

2.3.3 人类干扰

当前自然生态系统的退化，主要是人类过度干扰造成的。从某种意义上说，研究生态退化首先应该研究人类干扰。彭少麟（1992）首次提出人类干扰体系，并定义了相关的术语。

1）人类干扰和人类破坏　人类干扰（anthropogenic disturbance）是指人类对生物群落的作用力，其规模能改变生命系统的正常变化（恒定变化），但不足以改变生物群落的宏观类型，如人类对森林的打枝、间伐等。

人类破坏（anthropogenic damage）是指人类对生命系统的作用力超过了生命系统的承受能力，造成生命系统的性质（宏观类型）发生变化，如皆伐、因人为因素引起的严重森林火灾等。显然，轻微的干扰不会对生命系统造成多大影响，较重的干扰能改变生命系统的正常动态进展，而严重的干扰则会毁坏生命系统，使生命系统的性质（宏观类型）发生变化。破坏是干扰的极端类型。

2）无效干扰和有效干扰　无效干扰（inefficient disturbance）是指那些几乎不引起生命系统变化的轻微的人类干扰。例如，在森林演替研究上，无效干扰是指未改变森林在自然状态下的演替速度的人类干扰。

有效干扰（efficient disturbance）是指那些改变生命系统的正常动态发展，但不改变生物群落性质（宏观类型）的人类干扰。例如，在森林演替研究上，有效干扰是指能改变森林在自然状态下的演替速度的人类干扰。

3）正干扰、负干扰和维持性干扰　正干扰（positive disturbance）是指促使生物群落向优化结构变化的人类有效干扰；负干扰（negative disturbance）是指促使生物群落向劣化结构变化的人类有效干扰；维持性干扰（maintenance disturbance）是指使生物群落基本保持原状的人类有效干扰。这里的维持性干扰是指干扰的性质，如人类干扰作用于退化的森林生态系统上，使其保持原有的类型（特性）而不再退化，也指人类干扰作用于发展的森林生态系统使其不发展而保持原来的类型（特征）。

上述生命系统优化与劣化结构，在很大程度上是以人类利益为标准而主观规定的。以森林群落的演替动态为例，正干扰能加速森林的正向演替；负干扰促使森林逆向演替或减缓演替速度；维持性干扰则使森林群落的演替过程发生停滞。

4）作用规模　人类对生态系统的作用规模（reaction dimensions）包括作用频度（reaction frequency）、物理强度（physical intensity）和影响度（influence degree）。作用频度是指单位时间内人类干扰的作用次数；物理强度是指人类干扰对生命系统作用时的标量，如平均每平方米择伐的木材量（常以 m^3 作为度量单位）；影响度是指人类干扰对生命系统的影响程度。由于同样的生理强度作用于不同的生命系统会产生不同的影响度，因此对具体的群落来说，人类作用规模的大小取决于作用频度和影响度。

5）规模等级　人类作用力对生态系统的作用规模，实际上是干扰的作用频度、物理强度和影响度的综合概念。在实际应用时，为便于操作，有必要进行等级分类。规模等级（dimension scale）可分为：①规模等级Ⅰ，引起无效干扰；②规模等级Ⅱ，引起难以直接观测到的有效干扰；③规模等级Ⅲ，引起一般的有效干扰；④规模等级Ⅳ，引起显著的有效干扰；⑤规模等级Ⅴ，引起人类破坏。

要对规模等级的这 5 个级度进行绝对的定量化是非常困难的，主要原因是对于某种具体的人类作用力来说，它对某群落的作用可能是规模等级Ⅰ，而对另外的群落可能是规模等级

Ⅱ。但对某一个群落类型，如亚热带常绿阔叶林或马尾松（*Pinus massoniana*）针叶林等，就有可能对其受到的人类作用力的规模等级进行定量衡量，如可以用单位面积和单位时间内移走多少木积，或减少多少面积指数作为人类作用力规模等级的度量指标。规模等级的量化问题尚需进行深入的研究和探讨。

在当前社会，最多的人类干扰是等级Ⅱ和Ⅲ。对鼎湖山马尾松林的干扰监测表明，仅是旅游干扰压力也能显著影响群落的生产力。

对上述自然干扰体系和人类干扰体系进行综合，可以将整个干扰体系总结于图 2.3 中。在人类干扰体系中，当人类破坏出现时，原有的生物群落已不复存在，因此干扰研究的重点应是规模等级Ⅰ～Ⅳ的人类干扰。

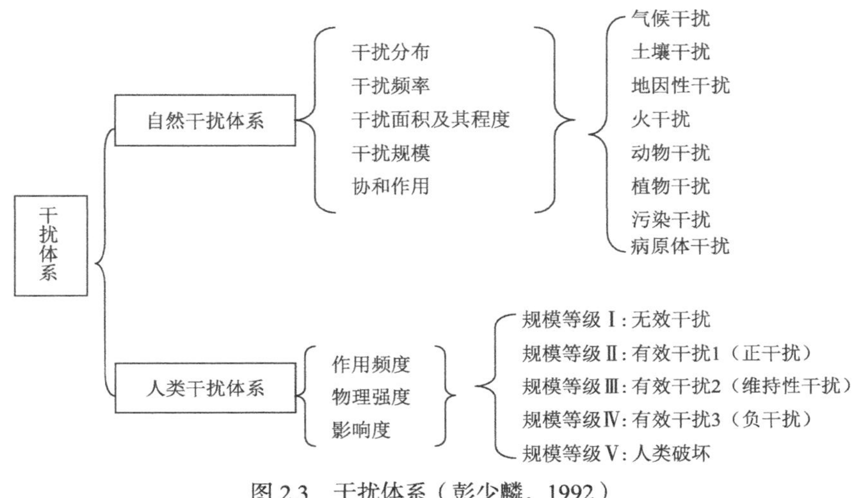

图 2.3 干扰体系（彭少麟，1992）

2.3.4 干扰的阈值理论与综合驱动力

阈值是指控制着各变量的水平，在这些水平上，关键性变量对系统其余部分产生的反馈会引发变化（即出现交叉点，这些交叉点会改变我们赖以生存的诸多系统的未来）。当干扰和破坏使生态系统跨越阈值则会导致严重的退化。

系统的球-盆体模型很好地描述了生态系统阈值理论与生态系统退化（图 2.4）。图中的球体表示社会-生态系统的状态。球在盆体中不停运动，一个盆体则代表了一组状态。这一组状态具有同样的功能与反馈，使得球的运动趋于平衡，虚线表示将不同盆体分开的阈值（Walker et al.，2004；彭少麟等，2010）。

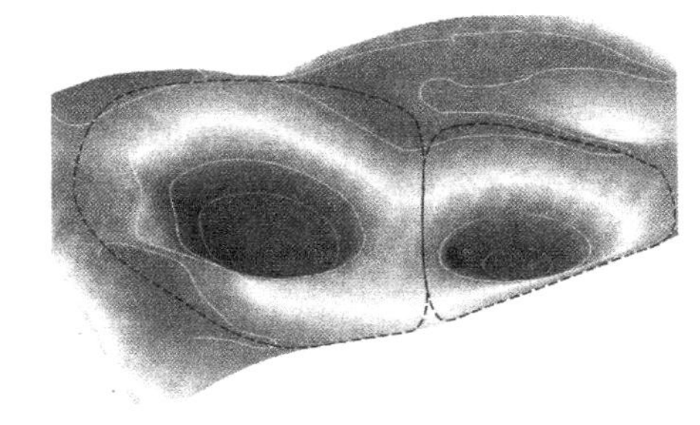

图 2.4 系统的球-盆体模型（Walker et al.，2004）

系统遭受干扰和破坏时，如果球的运动超过盆体边缘这一界限，系统则会出现不同的平衡状态，即系统进入另一个盆体。进入新盆体的系统具有不同的结构和功能，可以说，系统已经跨越某一阈值而进入了一个新的态势（退化的生态系统）。与阈值有关的系统状态（球的位置）也非常关键，但这并非唯一要素。如果外界条件引起盆体变小，盆体的弹性则会下降，系统则更容易跨越阈值进入另一个盆体。这种情况下，即使日渐变小的干扰因素也能轻推系统使其跨越阈值。

通过对球-盆体模型的分析，可以了解不同恢复或者适应能力下的主要因素及针对各种情况需要采取的管理措施（表 2.2），有助于进行生态恢复。

表 2.2　用球-盆体模型说明了生态系统对压力和干扰响应的差异（改自 Scheffer et al.，2012）

恢复/适应能力	状态和变化	形成因素	管理措施
高恢复能力		• 环境有利 • 物种/功能群稳定系统 • HRV 内部扰动	• 增强适应环境变化的能力 • 防止或尽量减少外界或 HRV 的干扰
低恢复能力		• 环境不太有利 • 缺乏稳定系统的物种/功能群 • HRV 外部扰动	• 为预期的变化做好准备 • 减少不必要的过渡风险 • 利用机会促进所需的转变
高适应能力		• 环境或扰动程度的变化 • 物种/功能群允许返回到期望的状态 • 自适应能力范围内的干扰	• 管理系统，逐步适应响应 • 进一步强化期望状态

注：HRV 为 historical range of variation，历史变异范围

干扰可来自两个方面，即自然压力（natural pressure）和人为压力（anthropogenic pressure）。自然干扰包括火、冰雹、洪水、干旱、台风、滑坡、海啸、地震、火山、冰河作用等自然因素对生态系统的干扰作用。人类干扰包括有毒化学物质的释放与污染、森林砍伐、植被过度利用、露天开采等人类活动因素对生态系统的影响，属社会性压力。在现实的生态系统中，造成生态系统退化的，往往是多种干扰力的综合作用。例如，南方的森林生态系统，人类对森林的砍伐使森林退化为荒地；而南方气候的高温多雨，又造成砍伐迹地严重的水土流失，导致生态系统退化更为严重，甚至成为寸草不生的光板地。

2.4　退化生态系统的特征

2.4.1　退化生态系统的结构与动态特征

干扰使生态系统发生退化的主要机理，首先在于在干扰的压力下，系统的结构发生变化，从而影响生态系统的功能与动态过程。事实上，干扰不仅对群落物种多样性的发生和维持起重要作用，而且在生物的进化过程中也是主要的胁迫。

干扰强度（disturbance intensity）和干扰频度（disturbance frequency）是决定生态系统退化程度的根本原因。干扰与其对生物多样性的作用（diversity-disturbance relationship，DDR）一直是生态学的研究重点，每一种干扰都有很多方面可以被量化，如强度（intensity）、时机（timing）、时长（duration）、范围（extent）和干扰间隔（disturbance interval）。例如，洪水有洪峰，来临的时间，洪水的周期，洪水影响的区域，以及距离上一次洪水的时间（Miller et al.，2011）。

干扰对生态系统的影响表现在生态系统过程的各个方面。例如，立地是演替的基本条件，

它的状况依赖于干扰的特征，干扰的大小会影响裸露斑块内环境条件的异质性，干扰的严重程度不仅影响立地的开放性，也影响繁殖体的生存和进一步更新（Sousa，1984）；干扰的时间长短能决定立地对特定物种的有效性，干扰还影响着不同生物群落、分类群落和营养级及系统的不同组织层次。干扰通过对个体的综合影响，使种群的年龄结构、大小和遗传结构也随之改变，而且生活史特征与干扰方式的连锁反应可能导致对干扰反应的进化，干扰也影响群落的丰度、优势度和结构。干扰的所有这些作用都决定了演替的非平衡性。

人工植被恢复后，不同的干扰水平对人工植被的发展动态影响很大（Peng et al.，2003）。对小良桉树林的长期观测表明（彭少麟，1995），在极度退化的生态系统上重建的桉树林，由于人类活动的干扰强度不同，桉树林群落的外貌发生了很大的变化，无论是垂直空间结构还是水平空间结构，受保护的与受干扰的林地均有所不同。

对不同干扰水平的桉树林 3 个群落的组成结构进行测定（表 2.3），结果表明桉树林建成后，一直受干扰的林地，垂直空间结构只有一层立木，水平个体的密度为 0.34 株/m^2；先受干扰后受保护的林地，垂直空间结构有立木、灌木和草本 3 层结构，但灌木层不很明显，乔木、灌木和草本层的水平个体密度分别为 0.35 株/m^2、0.13 株/m^2 和 7.25 株/m^2；完全受保护的林地，垂直空间结构有明显的立木、灌木和草本 3 层结构，水平个体的密度乔木层高达 0.59 株/m^2，灌木层和草本层分别为 21.7 株/m^2 和 2.16 株/m^2。在不受干扰的自然状态下，群落会朝着物种多样性增加和群落均匀度增大的方向演变，长期受保护的林地，群落的乔木层、灌木层和草本层的物种多样性指数分别为 1.218、1.677 和 2.019，群落演替趋向复杂；长期移走凋落物的林地，群落的组成结构保存单一的栽培种，群落的乔木层、灌木层和草本层的物种多样性指数均为 0，物种多样性没有增加；当对受干扰的样地停止干扰时，林地的物种多样性又开始增加，这表明停止对人工林地的掠夺性干扰，是所恢复的群落向优化组成结构发展的前提。

表 2.3　人类干扰对桉树林物种多样性、生态优势度和群落均匀度的影响（余作岳和彭少麟，1995）

群落	物种多样性指数			生态优势度指数			群落均匀度指数		
	乔木	灌木	草本	乔木	灌木	草本	乔木	灌木	草本
群落 1	1.218	1.677	2.019	0.586	0.470	0.360	0.384	0.529	0.673
群落 2	1.000	1.689	1.130	1.000	0.305	0.586	0.000	0.846	0.566
群落 3	0.000	0.000	0.000	1.000	0.000	0.000	0.000	0.000	0.000

注：群落 1 为一直受保护的林地；群落 2 为先干扰后保护的林地；群落 3 为一直受干扰的林地

长期受保护的林地具有最高的生物量，近期受保护的林地次之，而长期受干扰的林地生物量最低（表 2.4）。由此可以推论，凋落物的清除可以导致林地生产力下降。桉树林形成后，首先是对土壤的理化结构产生很大的影响。受保护的桉树林，其有机质是长期受干扰桉树林的 4 倍以上，N 和 P 的含量也高得多。而未受保护的桉树林，其土壤肥力与光板地相差不大，这说明对退化生态系统土壤肥力的恢复而言，停止干扰是基本条件（表 2.5）。干扰对林地土壤微生物构成也产生很大的影响。构建后一直受保护的桉树林中土壤微生物量比构建后长期受干扰的桉树林地高 11 倍之多，其中细菌较之多 66 倍，真菌较之多近 7 倍，放线菌与之比较接近。微生物的含量不仅影响土壤的物理结构，而且还影响生态系统的许多过程，如物质循环等，在一定程度上反映了生态系统功能的强度（表 2.6）。

表 2.4 人类干扰对桉树林群落生物量的影响（余作岳和彭少麟，1995）（单位：kg/m^2）

群落	茎		枝		叶		根		总计	
	鲜重	干重	鲜重	干重	鲜重	干重	鲜重	干重	鲜重	干重
群落 1	149.45		23.24		4.99		50.01			
群落 2	174.98	90.99	41.48	20.32	7.05	3.24	66.60	33.96	290.11	148.51
群落 3	198.79		58.61		8.97		81.47			

注：群落 1 为一直受保护的林地；群落 2 为先干扰后保护的林地；群落 3 为一直受干扰的林地。空白处表示未测定

表 2.5 人类干扰对桉树林土壤肥力的影响（余作岳和彭少麟，1995）

植被类型	pH	有机质/%	全氮/%	全磷/%
长期受保护的桉树林	4.44	1.87	0.085	0.040
保护 8 年的桉树林	4.16	1.86	0.089	0.025
长期受干扰的桉树林	4.46	0.45	0.050	0.031
自然次生季雨林	4.34	3.21	0.178	0.090

表 2.6 人类干扰对桉树林土壤微生物的影响（Peng et al.，2003）

植被类型	微生物总数/（$\times10^6$个/g 干土）	细菌		真菌		放线菌	
		数量/（$\times10^6$个/g 干土）	占总数比例/%	数量/（$\times10^6$个/g 干土）	占总数比例/%	数量/（$\times10^6$个/g 干土）	占总数比例/%
长期受保护的桉树林	16.13	13.90	86.2	0.76	4.7	1.47	9.1
保护 8 年的桉树林	8.10	4.98	61.5	0.57	7.0	2.55	31.5
长期受干扰的桉树林	1.45	0.21	14.5	0.11	7.6	1.13	77.9
自然次生季雨林	13.33	9.54	71.6	2.02	15.2	1.77	13.3

自然干扰作用总是使生态系统返回到生态演替的早期状态。一些周期性的自然干扰使生态系统呈现周期性演替现象，成为生态演替不可缺少的动因。生态演替过程中一系列变化所产生的正、负反馈作用，使生态演替趋于一种稳定状态（Cox，1969）。同时，生物种群总是不断地使自然环境发生变化，从而使环境条件变得有利于其他种群，这样就导致了物种的不断取代，直到在生物与非生物因素之间达到动态平衡。

人类干扰不仅是将生态系统位移到早期或更为初级的演替阶段，而且在人为干预下可能加快或延缓演替的速度，甚至会改变演替方向。例如，当草原过牧，超出草原生态系统的自然恢复能力时，植被往往会出现“逆行演替”。在逆行演替中，首先是偏中生的植物和不耐践踏的丛生禾草消失，种类简化，而一些耐旱、耐践踏的植物比例不断增加；接着是高度、盖度和生产量有规律地降低；最后只能保持稀疏的植被，形成低产脆弱的生态系统。在一些自然条件恶劣的地区，人类干扰将引起环境的不可逆变化，如水土流失、土地荒漠化和盐碱化等。在干旱和半干旱地区，退化演替的情况更为严重（Walker，1979），以至于不可能恢复到原来的

顶极状态（climax state）。长期的定位研究表明，广东省小良地区（北纬21°27′，东经110°54′）因严重侵蚀而形成的光板地，若无人工启动是不可能恢复自然植被的（彭少麟，2003）。

人类干扰对生态系统的作用后果有时是很难预料的，常常会出现生态冲击（ecological backlash）或生态报复（ecological boomerang）现象，即环境改变后产生了事先从未预料到的有害效应，这种环境变化抵消了原计划想得到的效益，甚至导致需要解决的问题更多了（Odum，1971）。例如，人们在非洲赞比亚河上筑坝，建坝最初的目的是用来发电，而它却带来一系列未预见到的问题，如渔业的收获并不能补偿草场和农业用地的损失，而大面积的湖漫滩却成了采采蝇的滋生地，造成牛群疾病大规模暴发；同样，尼罗河的阿斯旺大坝建成后，引起下游地区居民血吸虫病逐渐流行及许多物种灭绝，两岸的土壤也日益贫瘠；从水坝流出的“调节水流”，对下游地区的危害比正常洪水都严重，极大地影响了当地的经济发展、社会进步和生态平衡。这些惨痛的教训不胜枚举，而杀虫剂和工业化农业的冲击，已严重威胁着人类的生存环境。

2.4.2　退化生态系统的服务功能特征

生态系统除了具有直接的生产力和林产品价值外，还有生态系统服务功能。生态系统服务（ecosystem service）是指人类直接或间接地从生态系统（即生态系统中的生境、生物或系统性质及过程）中获取的效益（任海等，2000）。干扰能减弱生态系统的功能过程，甚至使生态系统的服务功能丧失。退化生态系统恢复的最终目标是恢复并维持生态系统的服务功能，而生态系统的服务功能因多数不具有直接的经济价值而常常被人类忽略。

生态系统的服务功能包括对环境的生态效应（如对土壤流失的控制、对水源的涵养、对空气的净化等）和对人类社会的效益（如美学价值、旅游价值等）。生态系统的退化，总是使其生态效益（ecological benefit）和社会效益降低。生态系统的服务功能随着其退化过程而下降，有时几乎所有指标都下降，有时则是某个或某几个指标下降。例如，通过研究锡林浩特市草地的退化及动态，发现2000～2017年，草地退化指数（GDI）变化与牧户草场的产草量、土壤保持、水源涵养、碳储量等生态系统服务的增量具有负相关关系，表明草地恢复/退化过程对草地生态系统服务具有重要影响（韩鹏，2019）。

2.4.3　退化生态系统的生物多样性特征

生态系统的退化过程总是伴随着生物多样性的降低，这是退化生态系统的显著特征之一。退化生态系统生物多样性的降低，表现在生态系统的各个组分上，不仅是植物多样性，动物多样性和微生物多样性也均减少。而生态系统的恢复首先就表现在生物多样性的恢复上，尤其是植物多样性。

中国广东省小良地区的许多地方在20世纪50年代生态系统曾极度退化，由于水土流失严重，几乎成了寸草不生的光板地，土壤动物和微生物的类群也很少，具有典型的生物多样性退化特征。当地政府在科技工作者的帮助下，通过采取工程措施和生物措施，控制水土流失，并在光板地上植树造林，使生态系统得以恢复成混交林（余作岳和彭少麟，1995，1996）。植物的多样性恢复了，生态系统的生物多样性也就发展了（表2.7）。这表明退化生态系统，甚至是极度退化的生态系统或裸地，只要方法正确，其生物多样性是完全可以逐渐恢复的。

表 2.7　广东省小良地区不同退化生态系统与生态系统恢复过程生物多样性的比较（彭少麟，1995）

生物种类	混交林	桉树林	光板地
乔木种数（$100m^2$）	11	2	0
乔木个体数	64	72	0
乔木层香农指数	2.176	0.221	0
灌木层香农指数	3.006	1.213	0.201
草本层香农指数	4.121	1.891	1.316
昆虫种类	300	100	50
鸟类种数	11	7	4
微生物数量/（$\times10^7$ 个/g 干土）	4.74	3.55	0.36
土壤动物优势种数量	7	3	1

2.4.4　生态退化与生态安全

生态系统的退化关系着生态安全。生态安全是全社会共同关注的问题。不同的学者对生态安全有不同的定义，彭少麟和陆宏芳（2004）认为生态安全主要有三个方面的含义，即环境资源安全、生物与生态系统安全和社会生态安全。其中，环境资源安全的主要内容之一就是生态退化所造成的生态安全问题。

2000 年我国国务院发布的《全国生态环境保护纲要》指出，生态安全是国家安全和社会稳定的一个重要组成部分。主要包括两方面的内容：①防止生态环境的退化对经济基础构成威胁，主要指环境质量下降和自然资源的减少和退化削弱了经济可持续发展的支撑能力；②防止环境问题引发人民群众的不满，特别是导致环境难民的大量产生，从而影响社会稳定。这表明退化生态系统的恢复与重建，不仅仅是自然生态系统的改变，而且有重要的社会生态安全意义。

要建成人与自然和谐以及人民群众的生态权益得到充分保障的生态安全型社会，我们就要不断优化生态安全屏障，大力推进生态文明建设，提供更多优质生态产品，使人们充分感受到建设美丽中国和走向社会主义生态文明新时代的幸福愉悦，满足人们日益增长的优美生态环境需要。第一，构建生态安全型社会，要牢固确立生态文明理念，充分认识维护生态安全对于国家总体安全和人民幸福安康的重大意义。第二，构建生态安全型社会，要加强生态安全管理，促进生态治理体系和治理能力现代化。第三，构建生态安全型社会，要加强生态安全能力建设，提高国家生态安全智慧，增强国家生态安全韧性。第四，构建生态安全型社会，要加强国际生态治理合作，促进全球生态安全（方世南，2018）。

生态安全是国家安全的有机组成部分，是指一个国家生存和发展需要的生态环境处于不受或少受破坏和威胁的状态（傅伯杰和刘焱序，2019）。生态安全的目标是在保持生态系统整体功能发展的基础上保障人类福祉。深化国土空间系统认知，将有助于从科学层面全面理解生态安全的形成机制，深刻认识整体性、区域性、动态性等生态安全的根本特性；优化区域生态安全格局，将有助于从实践层面全面深化生态安全保障体系，践行山水林田湖草是生命共同体、绿水青山就是金山银山等生态文明建设重要思想。

把握生态安全的整体性，需要强化对山水林田湖草系统治理的科学认知，不能孤立地讨论生态安全，而应关注其与粮食安全、经济安全、社会安全的权衡协同关系，共同服务于国家和区域可持续发展。因此，亟须更深入地理解区域国土空间开发与保护的整体问题，识别现阶段不同生态环境脆弱地区的生态承载底线、人口增长上限，为区域生产、生活、生态空间的布局规模提供依据。

把握生态安全的区域性，需要深刻理解国土空间的地域分布规律和适宜性特征。一方面需要认识到区域内部的生态治理要因地制宜，另一方面需要建立国家和区域尺度的生态安全空间格局，保障自然保护区、国家公园、生态脆弱区等重要生态保护地的生态安全，以保障其他区域的粮食安全和经济安全。正确理解和量化生态系统服务和区域生态安全保障的局地、近程和远程的多重价值，是对"绿水青山就是金山银山"思想的科学解读，为生态补偿机制和标准制定提供明确依据。

把握生态安全的动态性，需要认识到气候变化和城市化正在对国土空间产生着深刻影响，不同气候情景和社会经济发展情景对未来生态系统的影响差异很大。因此，需要以发展的眼光看待区域生态安全保障，进行更加严谨的情景模拟和分析，强调生态安全保障的长期性、稳定性，为国家和区域可持续发展的长远决策提供科学支撑（傅伯杰和刘焱序，2019）。

思考题

1. 什么是退化生态系统？简述陆地生态系统的主要退化类型。
2. 试论述生态系统退化的主要特征和原因。
3. 试论述生态退化对生态安全的影响。
4. 为什么植被退化是生态系统退化的主要因素？
5. 什么是干扰体系？简述干扰的性质。
6. 如何理解干扰对于生态系统的驱动力作用？

参考文献

安树青, 张轩波, 张海飞, 等. 2019. 中国湿地保护恢复策略研究. 湿地科学与管理, 15: 41-44.
常杰, 葛滢. 2001. 生物多样性的自组织、起源和演化. 生态学报, 21: 1180-1186.
陈洪松, 冯腾, 李成志, 等. 2018. 西南喀斯特地区土壤侵蚀特征研究现状与展望. 水土保持学报, 32: 1.
陈军, 周青. 2007. 我国农业生态系统退化概况. 生物学教学, 32: 4-6.
方世南. 2018. 生态安全是国家安全体系重要基石. 中国社会科学报, 2018-08-09.
傅伯杰, 刘焱序. 2019. 以空间优化为抓手保障生态安全. 中国科学报, 2018-08-09.
国家林业局. 2014. 第二次全国湿地资源调查结果.
韩鹏. 2019. 基于牧户的草地退化及其对生态系统服务的影响研究. 呼和浩特: 内蒙古大学硕士学位论文.
贺庆棠, 陆佩玲. 2006. 中国岩溶山地石漠化问题与对策研究. 北京林业大学学报, 28(1): 117-120.
蒋高明. 2018. 海洋生态系统. 绿色中国, 1: 62-65.
李大林. 2014. 我国每年因外来生物入侵经济损失超两千亿元. 广西质量监督导报, 11: 30.
李贵春, 邱建军, 尹昌斌. 2009. 中国农田退化价值损失计量研究. 中国农学通报, 25: 230-235.
厉丞烜, 张朝晖, 陈力群, 等. 2014. 我国海洋生态环境状况综合分析. 海洋开发与管理, 31: 87-95.
刘峰, 高云芳, 李秀启, 等. 2018. 我国湿地退化特征现状分析. 安徽农业科学, 46: 12-15.
刘淼. 2016. 我国近海海水污染现状及评价. 河北渔业, 273: 12-14.
刘振露. 2019. 贵州省石漠化地区林业生态治理与林业产业协调发展模式研究. 林业调查规划, 4: 103-106.
卢晓强, 胡飞龙, 徐海根, 等. 2016. 我国海洋生物多样性现状、问题与对策. 世界环境, B05: 19-21.
彭少麟, 陆宏芳. 2004. 边缘的生态恢复: 第16届国际恢复生态学大会综述. 生态学报, 24: 2086.

彭少麟. 1992. 边缘效应对森林景观的影响. 景观生态学理论, 方法及应用. 北京: 中国林业出版社: 191-185.

彭少麟. 1993. 森林群落波动的探讨. 应用生态学报, 1: 120-125.

彭少麟. 1995. 中国南亚热带退化生态系统的恢复及其生态效应. 应用与环境生物学报, 1: 403-414.

彭少麟. 1996. 南亚热带森林群落动态学. 北京: 科学出版社.

彭少麟. 2003. 热带亚热带恢复生态学研究与实践. 北京: 科学出版社.

裘知, 王睿, 李思亮, 等. 2015. 中国湖泊污染现状与治理情况分析. 中国湖泊论坛.

任海, 李萍, 彭少麟. 2004. 海岛与海岸带生态系统恢复与生态系统管理. 北京: 科学出版社.

任海, 邬建国, 彭少麟. 2000. 生态系统管理的概念及其要素. 应用生态学报, 11: 455.

王丽荣, 于红兵, 李翠田, 等. 2018. 海洋生态系统修复研究进展. 应用海洋学学报, 3: 435-446.

王守华, 王业伟, 王业锦, 等. 2017. 浅析中国土地荒漠化生态治理现状、存在问题及对策//鄂尔多斯: 《联合国防治荒漠化公约》第十三次缔约大会"防沙治沙与精准扶贫"边会: 9.

王思凯, 张婷婷, 高宇, 等. 2018. 莱茵河流域综合管理和生态修复模式及其启示. 长江流域资源与环境, 27: 215-224.

谢映勤, 陈志强. 2005. 福建农地土壤贫瘠化现状与对策. 太原师范学院学报(自然科学版), 2: 78-81.

徐海根, 强胜, 韩正敏, 等. 2004. 中国外来入侵物种的分布与传入路径分析. 生物多样性, 12: 626-638.

杨盛昌, 陆文勋, 邹祯, 等. 2017. 中国红树林湿地: 分布、种类组成及其保护. 亚热带植物科学, 46: 301-310.

杨彦, 林德宏. 1990. 系统自组织概论. 南京: 南京大学出版社.

余作岳, 彭少麟. 1995. 热带亚热带退化生态系统的植被恢复及其效应. 生态学报, 15: 1-17.

余作岳, 彭少麟. 1996. 热带亚热带退化生态系统植被恢复生态学研究. 广州: 广东科技出版社.

张晓. 2017. 海洋保护区与国家海洋发展战略. 南京工业大学学报(社会科学版), 16: 100-105.

张永民, 赵士洞, 郭荣朝. 2008. 全球湿地的状况、未来情景与可持续管理对策. 地球科学进展, 23: 415-420.

中华人民共和国国际湿地公约履约办公室. 2019. 国际重要湿地生态状况.

中华人民共和国国家统计局. 2014. 2014 中国统计年鉴. 北京: 中国统计出版社.

中华人民共和国生态环境部. 2018. 2018 中国生态环境状况公报.

中华人民共和国水利部, 中华人民共和国国家统计局. 2013. 第一次全国水利普查公报. 北京: 中国水利水电出版社.

Walker B, Salt D. 2010. 弹性思维: 不断变化的世界中社会-生态系统的可持续性. 彭少麟, 陈宝明, 赵琼, 等译. 北京: 高等教育出版社.

Bar A, Michaletz ST, Mayr S. 2019. Fire effects on tree physiology. New Phytologist, 223: 1728-1741.

Bradley BA, Wilcove DS, Oppenheimer M. 2010. Climate change increases risk of plant invasion in the Eastern United States. Biological Invasions, 12: 1855-1872.

CBD. 2010. COP10 Decision X/2. Strategic Plan for Biodiversity 2011–2020. Convention on Biological Diversity.

Chambers JC, Allen CR, Cushman SA. 2019. Operationalizing ecological resilience concepts for managing species and ecosystems at risk. Frontiers in Ecology and Evolution, 7: 27.

Clements FE. 1916. Plant Succession: An Analysis of the Development of Vegetation. Washington DC: Washington Carnegie Publishers.

Cox G. 1969. Reading in Conservation Ecology. New York: Aplleton-Gemtury-Roffts.

Davidson NC. 2014. How much wetland has the world lost? Long-term and recent trends in global wetland area. Marine and Freshwater Research, 65: 934-941.

Ehrenfeld JG. 2010. Ecosystem consequences of biological invasions. *In*: Futuyma DJ, Shafer HB, Simberloff D. Annual Review of Ecology, Evolution, and Systematics. Palo Alto: Annual Reviews.

Elton CS. 1958. The Ecology of Invasions by Plants and Animals. London: Methuen.

Gibbs HK, Salmon JM. 2015. Mapping the world's degraded lands. Applied Geography, 57: 12-21.

Miller AD, Roxburgh SH, Shea K. 2011. How frequency and intensity shape diversity-disturbance relationships. Proceedings of the National Academy of Sciences of the United States of America, 108: 5643-5648.

Odum EP. 1971. Fundamentals of Ecology. Philadelphia: W. B. Saunders Co.

Parker IM, Simberloff D, Lonsdale W, et al. 1999. Impact: toward a framework for understanding the ecological effects of invaders. Biological invasions, 1: 3-19.

Peng SL, Ren H, Wu J, et al. 2003. Effects of litter removal on plant species diversity: A case study in tropical Eucalyptus forest ecosystems in South China. Journal of Environmental Sciences, 15: 367-371.

Pimentel D, McNair S, Janecka J, et al. 2001. Economic and environmental threats of alien plant, animal, and microbe invasions. Agriculture Ecosystems & Environment, 84: 1-20.

Prince S, Maltitz G, Zhang F, et al. 2018. The IPBES assessment report on land degradation and restoration.

Pyšek P, Jarošík V, Hulme PE, et al. 2012. A global assessment of invasive plant impacts on resident species, communities and ecosystems: the interaction of impact measures, invading species' traits and environment. Global Change Biology, 18: 1725-1737.

Richardson DM, Pyšek P, Rejmánek M, et al. 2000. Naturalization and invasion of alien plants: concepts and definitions. Diversity and Distributions, 6: 93-107.

Runyon JB, Butler JL,Friggens MM, et al. 2012. Invasive species and climate change. Climate change in grasslands, shrublands, and deserts of the interior American west. A Review and Needs Assessment: 97-115.

Scheffer M, Carpenter SR, Lenton TM, et al. 2012. Anticipating critical transitions. Science, 338: 344-348.

Seidl R, Thom D, Kautz M, et al. 2017. Forest disturbances under climate change. Nature Climate Change, 7: 395-402.

Smith-Ramesh LM. 2017. Invasive plant alters community and ecosystem dynamics by promoting native predators. Ecology, 98: 751-761.

Sonneveld BGJS, Dent DL. 2009. How good is GLASOD? Journal of Environmental Management, 90: 274-283.

Sousa WP. 1984. The Role of disturbance in natural communities. Annual Review of Ecology and Systematics, 15: 353-391.

Sturrock RN, Frankel SJ, Brown AV, et al. 2011. Climate change and forest diseases. Plant Pathology, 60: 133-149.

Valery L, Fritz H, Lefeuvre JC, et al. 2008. In search of a real definition of the biological invasion phenomenon itself. Biological Invasions, 10: 1345-1351.

Vila M, Espinar JL, Hejda M, et al. 2011. Ecological impacts of invasive alien plants: a meta-analysis of their effects on species, communities and ecosystems. Ecology Letters, 14: 702-708.

Walker B, Hollin CS, Carpenter SR, et al. 2004. Resilience, adaptability and transformability in social-ecological systems. Ecology and Society, 9: 5.

Walker B. 1979. Management of Semi Arid Ecosystem. Amsterdam: Elsevier Scientific Publishing Company.

White PS. 1979. Pattern, process, and natural disturbance in vegetation. The Botanical Review, 45: 229-299.

WRI. 2012. First Global Commitment to Forest Restoration Launched. New York: World Resources Institute.

Zhu LR, Zhou T, Chen BM, et al. 2015. How does tree age influence damage and recovery in forests impacted by freezing rain and snow? Science China-Life Sciences, 58: 472-479.

3　生态恢复的基础理论

生态恢复是一个复杂的系统工程，必须通过多专业、多学科的知识理论进行整合指导。生态恢复的基础理论首先来自生态学的各分支学科，也来自生物科学、地球科学、环境科学和可持续科学等自然科学，还来自经济学和管理学等社会科学。在生态恢复的过程中，人们往往面临着两种选择：是让系统按照自然规律自行恢复？还是通过人为设计，使系统按照设计的轨迹进行恢复？由此，产生了生态恢复领域两个核心的基本理论：自我设计理论与人为设计理论（van der Valk，1999）。自然生态系统的恢复，通常是以自我设计理论为依据，依赖生态系统的自然演替过程；而人工生态系统的恢复，则主要是以人为设计理论为依据，以生态修复原理和技术为支撑。事实上，基于自我设计和人为设计的生态恢复又具有一定的共通性：人工生态系统的恢复设计必须符合自然演替的基本原理，而自然生态恢复过程可以借助工程和植被改造的辅助得到加速。无论是基于自我设计还是人为设计的生态恢复实践，都依赖于许多其他的相关生态恢复和生态学基本理论的指导（图 3.1）。理解生态恢复的基础理论是进行退化生态系统恢复与重建的前提。

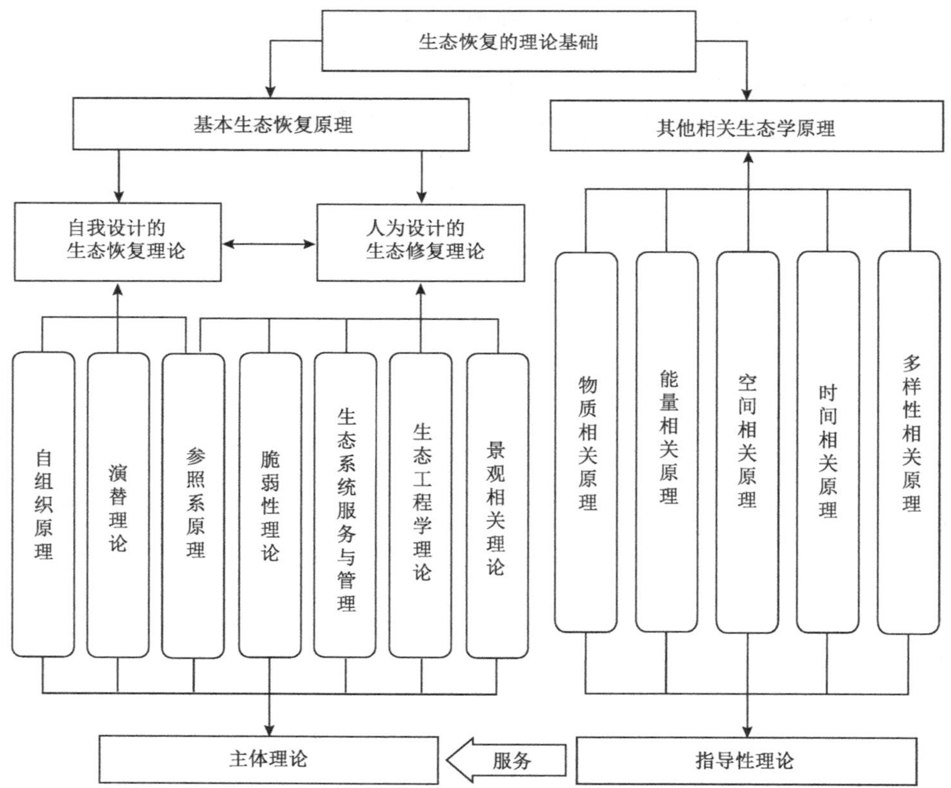

图 3.1　生态恢复的重要基础理论及理论间的相互关系（彭少麟，廖慧璇和赵恒君绘制）

3.1 自我设计的生态恢复理论

自我设计理论（self-design theory）认为，只要有足够的时间，随着时间的进程，退化生态系统将根据环境条件合理地组织自己，并最终形成结构与功能相对稳定良好的生态系统（Middleton，1999），而生态恢复的核心任务就是使退化生态系统能进入自身的演替进程进行自我恢复。自我设计理论主要基于两大基础理论的支撑，一是自组织原理，二是生态系统演替理论。因此，本节将以涉及对象和尺度较为宽泛的自组织原理为引，着重介绍生态系统的演替理论和参照系原理及这两个重要原理在生态恢复中的应用。

3.1.1 自组织原理

自组织（self-organization）是指由于系统内部过程，而非外力驱动形成的系统规律和秩序（Green et al.，2008）。动物界中充满了各种各样的自组织现象，小到微观世界中细胞形成复杂的组织、器官和生命体，大到宏观世界中大雁的列队飞行、蜘蛛结网、工蜂筑巢等，都是典型的自组织现象。动物界中非常典型又非常普遍的自组织现象是动物体表花纹的形成，这是动物皮肤色素细胞自组织的产物（图 3.2）。对于动物种群而言，当群体中的所有个体各自行动，但均遵循同样的应对邻体的行为准则（behavior rule）时，自组织现象就会发生。自组织现象在群体层面上是简单的、可预测的，但在个体层面上却是复杂的、难以预测的：对于群体中的每个个体，其行动都基于其邻近个体的状态或行动，因而具有不可预测性，但是整体却能表现出极具规律和秩序的变化。

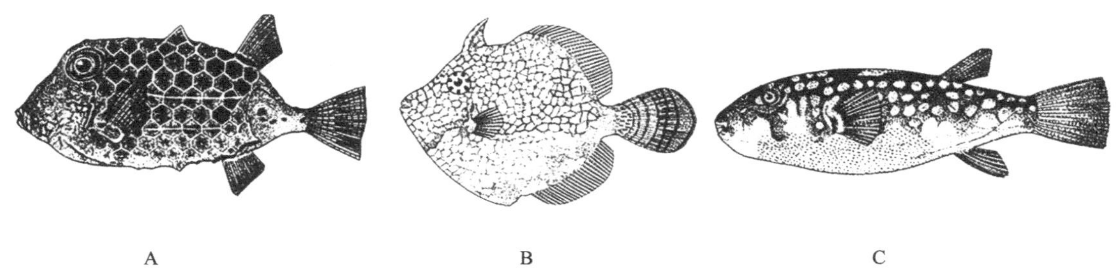

图 3.2　河豚皮肤色素的自组织现象

A. 棘箱鲀（*Kentrocapros aculeatus*）；B. 粗皮鲀（*Rudarius ercodes*）；C. 凹鼻鲀（*Chelonodon patoca*）

同样的，在植物界中也充满了自组织现象。例如，随着海拔升高，气温会逐渐下降，这就限制了植物能够分布的最高海拔。当植物需要竞争生长所需的空间和资源时，植物对于低温的耐受性则会成为植物群落自组织的一个重要的驱动力，导致植物集中分布于自身最适宜的生境中，形成明显的物种分布规律（图 3.3）。

在生态恢复中，生态系统的自组织现象是自我设计的重要依据。正是由于植物群落在自然条件下会按照一定的规律呈现出自组织现象，因此在适宜的条件下，即使不加人为干预，植物群落也能够自然恢复。这种规律往往称为生态系统的演替理论。

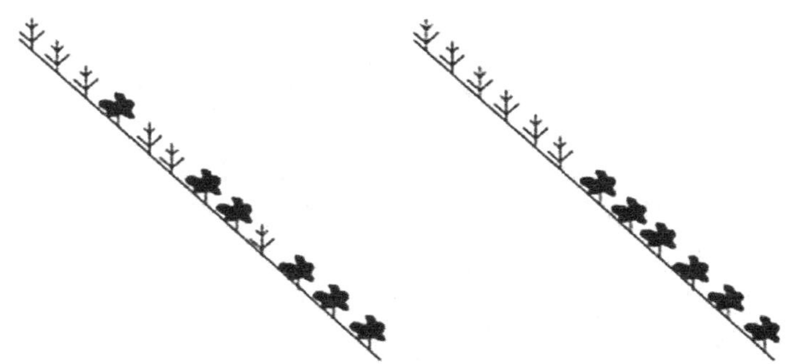

图 3.3　沿海拔梯度的植物群落自组织现象（Green et al.，2008）

图中两种图标表示两种具有不同温度适应性的植物物种。左侧为不存在竞争的情形下两种植物镶嵌分布的规律，右侧为竞争导致了物种集中分布于自身最适应的生境中形成的分布规律

3.1.2　生态系统演替理论

演替（succession）是指一个先锋植物群落在裸地形成后，植物群落一个接一个相继不断地为另一个植物群落所代替，直到形成顶极群落的过程。生态恢复过程最重要的理念就是通过人工调控，促使退化生态系统进入自然的演替过程（Walker and Moral，2009）。因此，生态系统演替理论是生态恢复学最重要的基本理论之一（彭少麟，2003）。

3.1.2.1　演替过程与演替阶段

群落从发生到向顶极阶段的演替具有一定的规律，即总是由先锋群落（pioneer community）向顶极群落（climax community）演替，这一系列的演替过程就是一个演替系列（succession series）。其中的任何一个群落都称为系列群落（serial community）；任何一个在植物种类和结构上具有相对特色的片段（segment）都称为一个阶段（stage）。但是，从一个阶段向另一个阶段的过渡往往是一个逐渐转变的过程，因此对每个阶段来说，只有当特征优势种被确认之后，才被认为进入一个新的阶段。

Odum（1969）认为，演替是一个有序的过程，它是沿着合乎道理的方向进行的，因此是可以预测的；演替是群落改变物理环境的结果，因而可以控制，即“群落控制”（community controlled）；演替的最终走向是具有自我平衡（homeostasis）性质的稳态（即顶极群落）。演替的预期趋势（trends to be expected）反映了演替的一般规律。

3.1.2.2　顺行演替与逆行演替

群落的演替是从先锋群落经过一系列的阶段，达到顶极群落的过程。沿着顺序阶段向顶极群落的演替称为顺行演替（progressive succession）；反之，由顶极群落向先锋群落的退化演变称为逆行演替（retrogressive succession）。逆行演替的结果是产生退化的生态系统。而退化生态系统恢复的基本点是促使退化生态系统的演替方向发生转变，即变逆行演替为顺行演替。

顺行演替的次序是植物个体逐渐增多的次序，也是植物物种组合建立的次序。在这一次序中，演替群落的生产力随着时间的进程不断地增加，其功能也不断地增强。顺行演替是整体生态系统对气候与土壤环境的响应（Clements，1936；Odum，1969）；而逆行演替在人类干扰下是暂时的、局部的（Nilsson and Ericson，1992），但在气候变化等自然干扰下则是长期的、大范围的（White，1979；Holling，1992）。群落的顺行演替过程是从植物在某一地段上定居这一简单过程开始的，因此它没有特有种；但逆行演替过程则常常出现一些特别适应不良环境的特有种。在顺行演替过程中，群落结构逐渐变得复杂化；而在逆行演替过程中，群落结构则趋于简单化（表 3.1）。因此，从某种意义上来说，退化的群落和生态系统是逆行演替的群落和生态系统。

表 3.1 顺行演替与逆行演替的特征（王伯荪，1987）

顺行演替	逆行演替
· 群落结构复杂化	· 群落结构简单化
· 最大限度地利用地面	· 利用地面不充分
· 最大限度地利用生产力	· 利用生产力不充分
· 群落生产力增加	· 群落生产力降低
· 存在新兴特有现象，形成对植物环境特殊适应为方向的物种	· 存在特有的残遗现象，形成对外界环境适应为方向的物种
· 在同植物环境进行生存竞争中占优势	· 在同群落环境进行生存竞争中占优势
· 群落中生化	· 群落旱生化和湿生化
· 强烈改造群落环境	· 轻微改造外界环境

3.1.2.3 原生演替与次生演替

1）*原生演替*　原生演替（primary succession）是指从原生裸地开始的群落演替。通常，根据原生质地的不同可分为水生演替（hydrorarch succession）和旱生演替（xerarch succession）。原生演替过程的物种变化规律常用来作为植被生态恢复过程中物种构建与物种调控的参照系。

（1）水生演替。水生演替通常在水域和陆地交界的环境里进行，以淡水湖中的群落演替为例，其水生演替过程包括以下几个阶段（Pot and Heerdt，2014；Ge et al.，2018）。

A. 自由漂浮植物阶段。这一阶段没有根生植物，水体中只有浮游生物（漂浮植物、鱼类等），水底有虾、螺、蚌等底栖生物。湖底有机质的积累主要靠水体中的物质残体，以及湖岸雨水冲刷所带来的矿质微粒，随着时间的推移，湖底逐渐抬高。

B. 沉水植物群落阶段。水深 3～5m 及以下，首先出现的沉水植物是轮藻（*Chara fragilis* Desv.），它成为湖底裸地上的先锋植物群落。由于轮藻的生长，湖底有机质积累加快，同时由于轮藻残体在嫌气条件下分解不完全，湖底进一步抬高，水域变浅，继而金鱼藻（*Ceratophyllum demersum* L.）、狐尾藻（*Myriophyllum verticillatum* L.）、黑藻[*Hydrilla verticillata*（Linn. f.）Royle]、茨藻（*Najas* spp.）等高等水生植物种类出现。这些高等水生植物的生长繁殖能力较强，因而垫高湖底作用的能力更强。此时，大型鱼类减少，而小型鱼类增多。

C. 浮叶根生植物群落阶段。随着湖底变浅，出现了浮叶根生植物，如眼子菜（*Potamogeton distinctus* A. Bennett）、莕菜[*Nymphoides peltatum*（Gmel.）O. Kuntze]、菱（*Trapa bispinosa* Roxb.）、芡实（*Euryale ferox* Salisb. ex DC）等。这些植物的叶子在水面上，因此这些植物聚集后，叶子就将水面完全覆盖，使得光照条件发生变化，变得不利于沉水植物生长，原有沉水植物将被挤到更深的水域。浮水植物体较为高大，积累有机质的能力更强，因此垫高湖底的作用也更强。

D. 挺水植物群落阶段。水体继续变浅，出现了挺水植物，如芦苇（*Phragmites communis* Trin.）、香蒲（*Typha orientalis* Presl）、水葱[*Schoenoplectus tabernaemontani*（C. C. Gmelin）

Palla]等。其中芦苇最为常见，其根茎极为茂密，常交织在一起，不仅使湖底迅速抬高，而且可形成浮岛，开始具有陆生环境的一些特点。在这一阶段，鱼类进一步减少，而两栖类、水蛭、鳝鱼、泥鳅及水生昆虫进一步增多。

E. 湿生草本植物群落阶段。湖底露出地面以后，干季到来时，原有的挺水植物因不能适应新的环境而逐渐被一些禾本科、莎草科和灯心草科的湿生植物所取代，主要有薹草（*Carex* spp.）、莎草（*Cyperus* spp.）、密花荸荠[*Eleocharis congesta* D.Don ssp. Japonica（Miq.）]及灯心草（*Juncus effusus* L.）等。由于地面蒸发加强，地下水位开始下降，湿生草本植物群落逐渐被中生草本植物群落所代替，在适宜的条件下发育为木本植物群落。

F. 木本植物群落阶段。在湿生草本植物群落中，首先出现的是一些湿性灌木，如柳属、桦属的一些种，继而乔木侵入逐渐形成森林。此时，原有的湿生生境也随之逐渐变成中生生境。在群落内分布有各种鸟类、兽类、爬行类、两栖类、昆虫等，土壤中有蚯蚓（*Lumbricus terrestris*）、线虫（*Caenorhabditis elegans*）及多种土壤微生物。

整个水生演替的过程即湖沼填平的过程，通常是从湖沼的周围向湖沼的中心顺序发生的。演替的每一阶段都为下一阶段创造了条件。

（2）旱生演替。旱生演替通常是从环境条件极端恶劣的岩石表面或旱沙地开始的。下面以岩石表面开始的群落演替为例说明旱生演替过程。整个旱生演替过程大致经过地衣植物群落、苔藓植物群落、草本植物群落和木本植物群落阶段（侯玉平等，2008）。

以广东丹霞山为例，原生演替初期主要体现在丹霞赤壁的崖壁面上和山顶山脊，广东丹霞山韶石顶裸露岩石的卷柏-草本群落为演替初期（图 3.4）。在地衣和苔藓植物群落阶段，植物群落与环境之间的关系主要表现在土壤的形成和积累方面，对岩石表面小气候的影响还不太明显。在草本植物群落阶段，土壤继续增加，小气候也开始形成。同时，土壤微生物和小型土壤动物的活力增强，植物的根系可深入岩石缝隙，因此环境条件得到了很大的改善，这为一些木本植物的生长创造了条件。原生演替中后期主要体现在山顶和山脊出现矮灌木林群落和乔木群落，广东丹霞山的此类山顶有以乌冈栎（*Quercus phillyraeoides*）、乌饭树（*Vaccinium bracteatum*）、檵木（*Loropetalum chinense*）等为优势种群组成的常绿矮硬叶林，表现出对山顶辐射强、干旱等恶劣环境的适应。到森林群落阶段，演替速度又开始减慢。

2）次生演替　次生演替（secondary succession）是发生在次生裸地上的群落演替。人为或自然的强度干扰对原生态系统造成灾难性后果而产生次生裸地，但通常原有植被并未全部被毁灭。这样，残存种类可能与入侵种类交织在一起。在次生演替开始时，通常没有原生演替过程中出现的隐花植物先锋群落阶段，次生裸地土壤含有氮素的腐殖质里，蕴藏有休眠的种子与孢子，已遭毁坏的原生植被的枯枝落叶和根系可能会比以前更为丰富。与此同时，环境潜力随时间的推移而增大。次生演替形成的群落称为次生群落（secondary community）或次生植被（second vegetation）。典型的次生演替有森林的砍伐演替和草原的放牧演替等。丹霞地貌区也存在着完整的次生演替系列。丹霞地貌区次生演替过程出现在沟谷经人类干扰过的次生林中（图 3.4），如崀山丹霞地貌区沟谷森林中，同时存在演替先锋林（马尾松林和先锋阔叶林）、演替过渡林（次生叶阔叶林）和演替基本稳定林（常绿阔叶林），其演替是顺向的（图 3.5）。次生演替通常总是趋于恢复到受破坏前的植被状态，并趋于重新建立顶极群落，这样的过程称为复生或再生。次生演替过程也称为植被的自然生态恢复（natural restoration）过程。在自然条件下，次生演替过程总是依据自然规律，由先锋的群落向顶极群落演变，中国华南地区热带和亚热带生态系统的次生演替过程如图 3.6 所示，其反方向则是退化的一般过程（贺金生和陈伟烈，1995）。

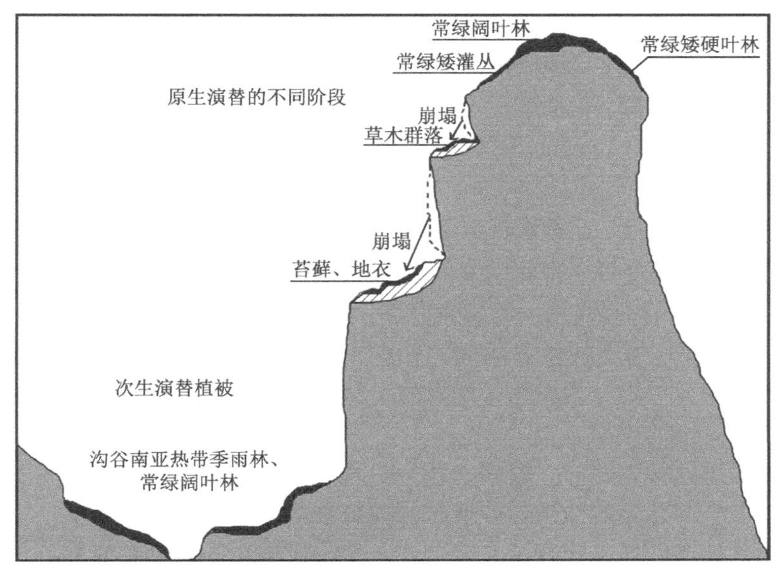

图 3.4　丹霞地貌的原生演替和次生演替系列（侯玉平等，2008）

（彩图）

图 3.5　莨山和丹霞山沟谷森林的次生演替（李星照摄）（侯玉平等，2008）

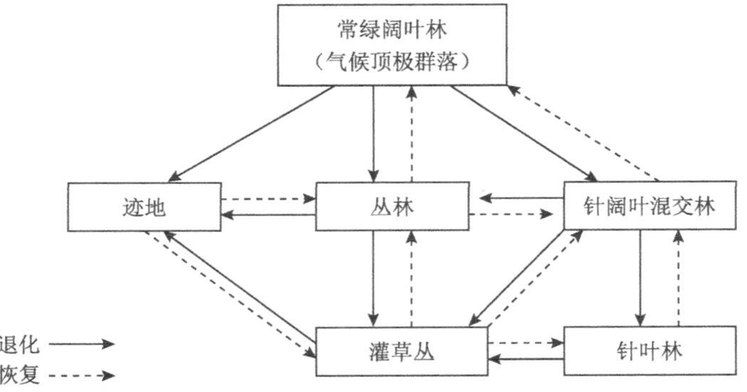

图 3.6　中国华南地区热带和亚热带生态系统的次生演替过程（改自贺金生和陈伟烈，1995）

3.1.2.4　演替的主要学说

演替（succession）是生态系统最重要的动态过程，一直为生态学家所关注，并出现了许多相关学说。演替顶极学说（climax theory）是早期最重要的演替理论，包括单元顶极学说、多元顶极群落理论和顶极配置假说，这一学说对全球植物群落学产生了很大的影响。此外还有不少较有影响力的演替理论，包括初始植物区系学说、适应对策演替理论、资源比率理论和等级演替理论等（彭少麟，1996b）。

1）*单元顶极学说*　Clements（1916，1936）的单元顶极学说（mono-climax theory）是影响最广的演替理论。这个学说设想一个地区的全部演替都将会聚为一个单一的、稳定的、成熟的植物群落或顶极群落。这种顶极群落的特征只取决于气候。若给以充分的时间，演替的过程及群落对环境的改变终将克服地形位置和母质差异的影响。至少在原则上，在一个气候区域内的所有生境中，最后都将是同一的顶极群落，顶极群落和气候区域是协调一致的。该学说把群落和单个有机体相比拟来解释生态演替的过程，其理论总结起来包括如下 6 个方面。

（1）植物群落演替可以分为原生（同发生）演替和次生（异发生）演替两类，每类又可分为旱生与水生及更细的类型。

（2）演替都经过迁移、定居、群聚、竞争、发展、稳定 6 个阶段，最后达到和该地区气候条件最协调、最平衡状态的植被，即演替的顶极群落。

（3）顶极群落如遭破坏，演替又会按上述 6 个阶段重新发展再次恢复。

（4）在同一气候区内，无论演替初期的条件如何不同，植被的响应总是趋向于向减轻极端情况的方向发展，从而使得生境适合于更多的植物生长。

（5）同一气候区内，也会出现因地形、土壤或人为等因素决定的稳定群落，有次顶极、前顶极、后顶极、亚顶极、歧顶极等。

（6）演替的方向是由植物改变生境的影响决定的，只可能前进，不可能后退。

由于该理论认为群落演替是基于群落在每一阶段的动态而不断地向高阶段发展，最终达到顶极群落，因此该理论又称为促进作用理论或接力植物区系学说（relay floristics）。

事实上，一个地区的植被是非常复杂的，同时包含许多稳定的群落类型。上述第 5 点对真正顶极群落外的其他稳定群落加以变通，将之解释为原顶极（proclimax），区分出许多原顶极类型：次顶极（serclimax）是演替的群落由于特殊的环境条件被长期地阻止在早期的发育阶段；前顶极（preclimax）可以出现在某地区不大有利的条件下（如干燥）；后顶极（postclimax）则出现在某地区很有利的条件下（如更为中生）。前顶极和后顶极可能是以前气候变化和植被迁移的残遗，它可以作为顶极群落而出现在气候条件或好或差的其他地区内。亚顶极（subclimax）是后期的演替群落，它指成熟气候顶极被长期地延缓了的群落。歧顶极（disclimax）是因动物或人为干扰，演替的群落保持在不同于气候顶极的稳定状态（Clements，1936；Weaver and Clements，1938）。

Clements 的单元顶极模式推断在一个地区所有的演替必将会成为同一的顶极群落，这一观点受到广泛批评。Whittaker（1957）指出，一个地区稳定群落的真实复杂性超越了这一理想理论模式。

2）*多元顶极群落理论*　英国学者 Tansley（1920，1935，1939，1941）无疑是多元顶极群落理论的卓越创造者之一，他认为演替顶极是一种相对平衡地位，不管它是代表在一个气候区中的种，主要由气候决定的，还是代表其他因素或多因素联合决定的少数群落。而群系（formation）是一组围绕成熟群落的与其生境有关的演替群落，这是一个与 Clements 顶极群系和 Braun-Blanquet（1928）顶极群落复合体相关的概念，所不同的是，成熟的或顶极的群落可被气候以外的其他因素所决定；演替并不导致单一的顶极群落，而是导致一个顶极群落的镶嵌体，它由相应的生境镶嵌所决定；停留在气候顶极以前阶段的亚顶极是偏途顶极（para-climax），它是由于演替的偏移及干扰而造成的群落稳定化。

除了 Tansley 的工作外，许多研究工作也发展了多元顶极群落理论。Walter（1962）、Dansereau（1954，1957）、Braun（1956，2001）、Oosting（1956）、Braun-Blanquet（1928）等对单元顶极的概念做了限制，在保留单元顶极观点外壳的同时，采用不同的方法避开了单纯由气候决定的向单一顶极群落会聚的假想。

多元顶极群落理论可表述为：①虽然演替的会聚是一个重要现象，但这种会聚是部分的和不完全的；②由于演替的不完全会聚，在某一地区不同生境中会产生一些不同的稳定群落或顶极群落；③在这些群落中，有一种群落分布得最广，并且最直接地表征气候特征，即气候顶极，但是这并不需要假设该地区的其他稳定群落都一定要发展成该气候顶极；④稳定性及区域优势或气候代表性是分别考虑的，稳定性规定了顶极群落，但在一个地区的几个稳定群落中气候顶极群落同时也是区域占优势的一种群落。由于承认一个地区存在着一些或多或少同样稳定的群落，因此这种解释可以称为多元顶极群落理论。

在真实的生态系统中，演替顶极是不确定的，各地均有所不同，从而形成了大规模土壤变化所引起的镶嵌更新状态或镶嵌演替。Horn（1974）认为，顶极植物受到轻微扰动将导致先锋种的恢复或重新出现，这两种变化可使多样性增加，这就预示着在演替的最后阶段，多样性会有所下降。Horn（1974）把顶极条件视作将出现的“模糊演替网络”（blurred succession pathwork）。

3）顶极配置假说　顶极配置假说（climax pattern hypothesis）是美国威斯康星学派的重要理论，是美国学者 Whittaker（1953）提出的。

顶极配置假说可简述为：①一个景观中的环境构成一个环境梯度的复杂配置或者是环境变化方向的复合梯度（complex-gradients），它包括许多单个因素的梯度。②在景观配置的每一点，群落都向一个顶极群落发展。因为群落和环境在生态系统中的功能联系非常密切，所以演替群落和顶极群落的特征都取决于那一点的实际环境因子，而不取决于抽象的区域气候。顶极群落被解释为适应于自己的特殊环境或生境特征的稳定状态群落。环境的差异（地形位置的不同或母质的显著差异等）通常意味着顶极群落的组成不同。③沿着连续的环境梯度，环境的差异常常意味着不同的位置交织着连续变化的顶极群落。顶极群落配置（这里不能用演替群落替代）将与景观环境梯度的复合配置相一致。植物种在顶极群落配置中有一个“独特”的种群散布中心，这也可以解释为复杂的种群连续。群落类型（群丛等）是很任意的（虽然对某些研究来说是必不可少的）。④在顶极群落类型中，通常有一个群落类型是景观中分布最广的类型，这种区域类型可以叫作景观的优势顶极群落（prevailing climax community）。

在 Whittaker（1953）所述及的“顶极配置”假说中，“配置”与前面多元顶极观点中的“镶嵌”相比，所强调的重点有两个明显的不同。首先，“配置”认为植物群落相互之间连续是主要的（尽管由于地形和土壤的差异及干扰，必然产生某些不连续）。植物群落本是沿着环境梯度的群落连续体（community continua）的一部分。其次，“配置”认为景观中的种以各自的方式对环境因素（包括和其他种的相互作用）进行“独特的”（individualistically）的反应

（Ramensky，1924；Gleason，1939）。物种常常以许多不同的方式结合到一个景观的多数群落中去，并以不同方式参与不同构成的群落；物种并不是简单地属于特殊群落相应的、明确的类群。这样，一个景观的植被所包含的与其说是明确的块状镶嵌，不如说是一些由连续交织的物种参与的、彼此相互联系的、复杂而精巧的群落配置（Meusel，1940；Whittaker，1962）。

4）*初始植物区系学说*　初始植物区系学说（initial floristic theory）是 Egler 提出来的，他认为演替具有很强的异源性，因为任何一个地点的演替都取决于是哪些植物种首先到达那里。植物种的取代不一定是有序的，每一个种都试图排挤和压制任何新来的定居者，使演替带有较强的个体性。演替并不一定总是朝着顶极群落的方向发展，所以演替的详细途径是难以预测的。该学说认为，演替通常是由个体较小、生长较快、寿命较短的种发展为个体较大、生长较慢、寿命较长的种。显然，这种替代过程是种间的，而不是群落间的，因而演替系列是连续的而不是离散的。这一学说也称为“抑制作用理论”。

5）*忍耐、促进和抑制机理*　Connell 和 Slatyer（1977）讨论了演替的三个机理，即忍耐机理、促进机理和抑制机理。忍耐机理包括后继的生态位填充（niche-filling）及逐步获得竞争的有利条件，并认为，早期演替物种先锋种（pioneer species）是否存在并不重要，任何种都可以开始演替。植物替代伴随着环境资源的递减，较能忍受有限资源的物种将会取代其他种。演替就是靠这些种的侵入和原来定居物种的逐渐减少而进行的，主要取决于初始条件。促进机理包括“开辟道路”的早期侵入者的经典概念，但现已被人们抛弃。而抑制机理的中心概念是对其间的优先占有权、所有权（possession）。他们赞同第三种机理，认为只有出现树冠缝端，以形成更新生态位时，演替才可能发生，许多次生林的演替可以相同的优势种类为终结。因为次生林的演替是以和基部芽一样的无形繁殖方式进行的，因此可自动地抢先取得所有权。

6）*适应对策演替理论*　适应对策演替理论（adaptive strategy theory）是 Grime 于 1974 年提出的，他通过对植物适应对策的详细研究，在传统 r 对策和 k 对策的基础上，将植物分为 3 类基本对策种：①C 对策种（competitor），生存于资源一直处于丰富状态下的生境中，竞争力强，称为竞争种；②S 对策种（stress tolerator），适应于资源贫瘠的生境，忍耐恶劣环境的能力强，也叫作耐胁迫种；③R 对策种（ruderal），适应于临时性资源丰富的环境。

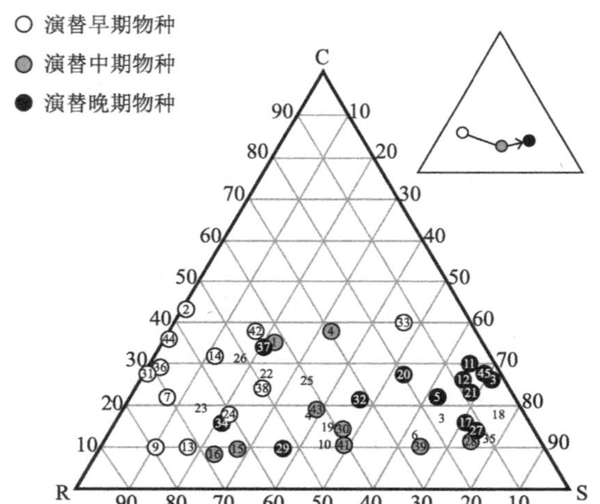

图 3.7　Rutor 冰川（意大利）的山脚植被原生演替植被的 C-S-R 策略分布（Caccianiga et al.，2006）

图中的圆圈代表物种，不同数字表示不同的物种，没有圆圈圈住的数字代表常见物种

Grime（1974，1977）提出，C-S-R 对策模型反映了某一地点某一时刻存在的植被是胁迫强度、干扰和竞争之间平衡的结果。该学说认为，次生演替过程中的物种对策格局是有规律的，是可预测的。一般情况下，先锋种为 R 对策种，演替中期的种多为 RS 对策种，而顶极群落中的种则多为 S 对策种（图 3.7）。该学说为从物种的生活史、适应对策方面来理解演替过程做出了新的贡献。该理论提出来的时间并不

长，但到目前为止，已表现出强大的生命力，许多学者通过实验研究论证了这一学说。

7）资源比率理论　资源比率理论（resource ratio hypothesis）是 Tilman 于 1985 年基于植物资源竞争理论提出来的。该理论认为，物种优势是由光和营养物质这两种资源的相对利用有效性决定的。在演替期间，营养物的有效性随植株落叶的积累和土壤形成而增加。光的水平随遮阴而减弱，直到最后该群落被对营养物有最大需求且耐阴物种所统治。换言之，一个种在限制性资源为某一定比率时表现为强竞争者，而当限制性资源比率改变时，因为种的竞争能力不同，组成群落的植物种也随之改变。因此，演替是通过资源的变化引起竞争关系的变化而实现的（Chapin et al.，1994）。该理论与促进作用演说有很大的相似之处。

8）等级演替理论　等级演替理论（hierarchical succession theory）是 Pickett 等于 1987 年提出的。他们以此理论为基础，提出一个关于演替原因和机制的等级概念框架，该框架包括 3 个基本层次：第一个层次是演替的一般性原因，即裸地的可利用性，物种对裸地利用能力的差异，物种对不同裸地的适应能力；第二个层次是以上的基本原因分解为不同的生态过程，如裸地的可利用性取决于干扰的频率和程度，物种对裸地的利用能力取决于物种繁殖体的生产力、传播能力、萌发和生长能力等；第三个层次是最详细的机制水平，包括立地种的因素和行为及其相互作用，这些相互作用是演替的本质。这一理论较详细地分析了演替的原因，并考虑了大部分因素，它有利于解释演替分析的结果。由于演替存在着明显的景观层次，各层次的动态又与演替的机制相关，因而学术界广泛认为该学说最有前途形成统一的演替理论框架。

9）演替的化学驱动力理论　影响植物群落中物种更替的因素主要包括非生物环境因子（如光照、水分和养分等）和植物自身的物种特性（如生长速度、竞争能力和耐阴性等）（Bengtsson and Nilsson，2000；Chesson and Gebauer，2004；Güsewell，2004）。近期研究表明，不同植物产生和释放化感物质的种类和量存在差异（Chen et al.，2006；Liu et al.，2015，2017）。随着群落演替的进行，群落优势植物更替，土壤中化感物质的种类和浓度也会发生改变（Hou et al.，2011；Zhao et al.，2011）；而土壤中化感物质的改变进一步影响了植物群落的动态变化（Peng et al.，2004；Zhao et al.，2011）。Zhao 等（2011）发现：随着演替的进行，不同地区的森林土壤中脱落酸（ABA）的含量均逐渐升高（图 3.8），演替各阶段优势种落叶中脱落酸的总体含量呈增加趋势；进一步研究发现演替后期优势种的种子萌发后幼苗生长较潜替其他时期优势种更耐受高脱落酸胁迫，这说明脱落酸在土壤中的累积是森林演替的化学驱动力之一。在恢复实践中，利用化感驱动力原理对土壤中的化感物质进行调控，可能起到加速演替和植被恢复的作用。

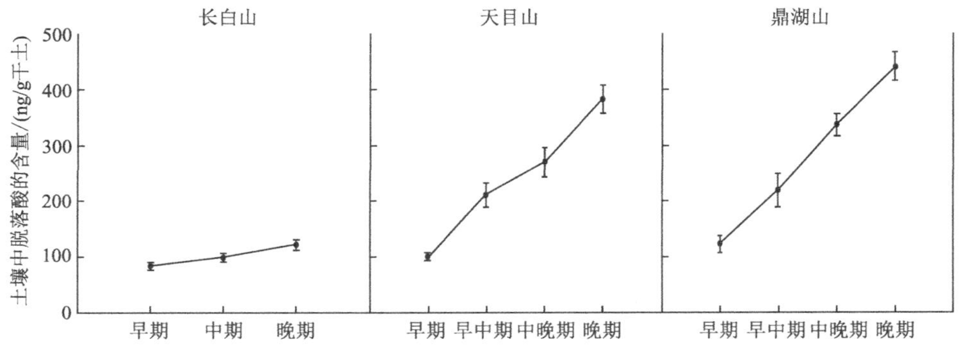

图 3.8　长白山、天目山和鼎湖山 3 个地带森林演替不同阶段土壤中脱落酸含量（Zhao et al.，2011）

10）*演替的植物-土壤微生物反馈驱动理论*　随着土壤微生物理论和实验技术的发展，研究人员发现，土壤微生物可能是草地群落演替的一个重要驱动力（Kardol et al.，2006；Reinhart，2012）。由于不同演替阶段的植物与土壤微生物相互作用的差异，草地群落的优势种随着时间不断发生更替，从而实现草地群落的演替。最近研究发现，鼎湖山常见植物木荷（*Schima superba*）能够通过改变其根际的菌根真菌群落来间接影响群落中其他植物间的竞争，从而影响鼎湖山森林群落的动态变化（Liao et al.，2018），该发现是 Connell 和 Slatyer 的耐受-促进-抑制理论的一个有力实证（图 3.9）。在恢复实践中，利用好植物-土壤微生物反馈原理，人工调控群落中的微生物环境，可能加速植被的恢复进程。

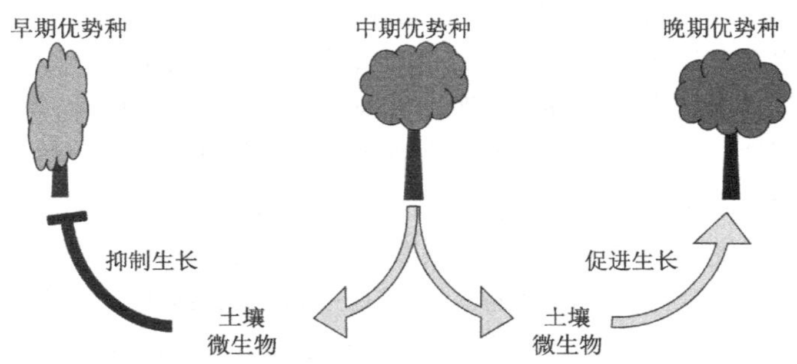

图 3.9　鼎湖山中期优势植物木荷通过根际微生物群落调控促进演替进程的模式

3.1.3　生态恢复参照系

生态恢复的设计及生态恢复过程与结果的评价是一个主观行为，是否正确必须符合客观标准。从这一意义上说，确定生态恢复参照系（restoration reference）对生态恢复的过程与评价是非常重要的。不管是基于自我设计的生态恢复，还是基于人为设计的生态恢复，对于待恢复生态系统所处状态的确定及恢复目标的制定，都依赖于生态恢复参照系的建立。

3.1.3.1　生态恢复参照系的概念

参照系的本质是一种模式化的演替进程，即将区域演替进程中具有代表性的特征（主要是生物多样性特征和环境特征）加以搜集、描述，总结出该区域群落演替的模式，从而可作为区域生态恢复的参照系。按自然设计理论，生态系统的发展在于其结构的演替变化，如物种的组成、各种生态学过程速率、复杂程度和组分等随时间的变化。重建植被或生态系统的可能性，直接取决于对动态原则理解的程度；成功的人工植被或生态系统都是在深入认识生态原则和动态原则的基础上，顺应演替规律，模拟自然植被或生态系统的产物。因此，退化生态系统的恢复与重建，是将自然演替的时间过程中不同演替阶段的代表性群落及其种类组成作为参照系的（Peng et al.，2010）。

生态恢复参照系对退化生态系统的自然恢复与人工恢复均有重要的意义。对于退化生态系统的自然恢复而言，生态恢复参照系有两方面的意义：一是理解生态系统的发生与演替是生态系统恢复的基础，也是自然生态恢复管理的依据；二是自然生态恢复过程可以依据生态恢复参照系进行生态系统组分改造或种类组成改造，加速自然恢复的进程。对于退化生态系统的人工恢复而言，生态恢复参照系也有两方面的意义：一是人工生态恢复的过程与框架设计需要依据生态恢复参照系，只有符合自然规律的设计才是高效的；二是退化生态系统恢复与重建的启动，需要依据生态恢复参照系，特别是物种组成的构建，必须依据参照系中早期演替阶段的物种组成。

3.1.3.2　生态恢复参照系的建立

退化生态系统生态恢复参照系的建立，必须基于对同类生态系统的动态过程，特别是演替系列的各个代表性阶段及其物种组成的完整理解。

以森林生态系统为例，通过完整地研究演替过程，可以揭示该生态系统类型从早期演替阶段开始，经过一系列的中间演替群落，最终形成相对稳定的地带性气候顶极群落的过程，从而建立区域森林植被生态恢复参照系。

森林演替是一个动态过程，是一些树木取代另一些树木，一个森林群落取代另一个森林群落的过程。在自然条件下，森林的演替总是遵循着客观规律，从先锋群落经过一系列演替阶段而形成中生顶极群落，通过不同的途径向着气候顶极和最优化森林生态系统演替（王伯荪和彭少麟，1989；彭少麟，1996b）。在排除人为干扰的情况下，南亚热带区域森林演替一般遵循的过程见图 3.10（彭少麟，1996b，2003；Peng et al.，2012）。图 3.10 的森林演替模式，简洁地概括了南亚热带森林经历的不同演替阶段，最终趋向演替顶极。其生态学机理是很明了的，马尾松或其他松属或其他先锋种群在荒地具有高的生物活力并生长很快，但成林后结构简单，盖幕作用小，透光率大，其林地高温低湿且昼夜温差较大。不过，它的生长可为阔叶阳性树种（如锥栗、木荷、黧蒴等）提供较好的环境，这些阳性树种入侵先锋林地并生长良好，林内盖幕作用和荫蔽条件增加。结果，先锋种群不能自然更新而消亡，但中生树种和耐阴树种[如厚壳桂（*Cryptocarya chinensis*）、黄果厚壳桂（*C. concinna*）、云南银柴（*Aporusa yunnanensis*）、柏拉木（*Blastus cochinchinensis*）等]却因有了合适的生境而发展起来，群落更为复杂，阳性树种也渐渐消亡，群落趋于以中生树种为优势的接近气候顶极的顶极群落（彭少麟和方炜，1994；彭少麟等，1998）。这就是这个区域中的森林群落演替的生态机理。在这一过程中，不同演替阶段的种类结构与组成是不同的。处于演替早期阶段的种类，不会在演替的后期阶段出现；反之亦然。

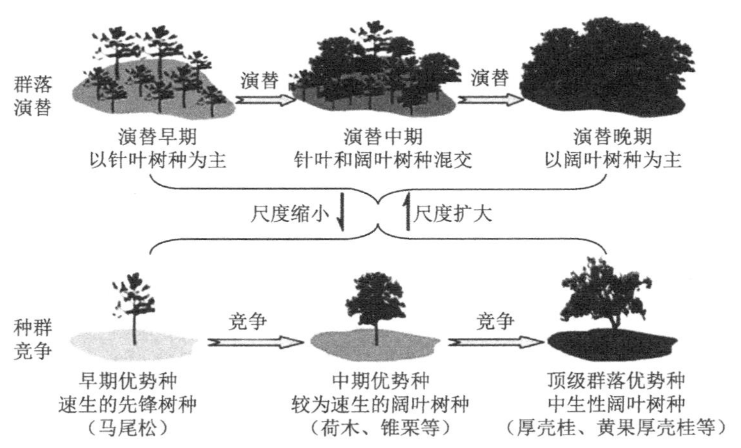

图 3.10　南亚热带森林群落演替过程（Peng et al.，2012）

植物群落的演替过程可以用马尔可夫演替模型（Markov models of succession）来描述（Peng and Wang，1995）。演替通常视为马尔可夫更替过程，这种更替的马尔可夫链具有最终混合平衡，即演替顶极时稳定下来的特性，马尔可夫模型在本质上可以反映阻止或有利于更替的过程，它可能是对相对竞争状态的反映。

演替的线性模型可以直接通过马尔可夫链来模拟（王伯荪和彭少麟，1985）。如果我们把每个演替的阶段视为一个子系统或一个状态，植物群落的演替系列就是一个系统。在这个过程中，一个群落从一个阶段演变为另一个阶段，就意味着一个系统从一个状态变为另一个状态。假如把一个系统记为 $S(X)$，而它符合叠加原理，那么这个系统就是线性系统：

$$S[r_1X_1(t)+r_2X_2(t)]=r_1S[X_1(t)]+r_2S[X_2(t)]$$

式中，r_1 和 r_2 是常数；X_1 和 X_2 是状态；t 为时间。

群落的这种线性演替系统是一个确定的演替过程。如果演替经历 z 个过程，其转移矩阵是 P，则其线性系统的行为可以描述为图 3.11 所示。

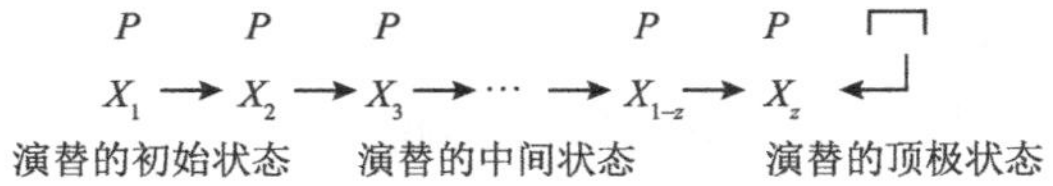

$$X_1 \xrightarrow{P} X_2 \xrightarrow{P} X_3 \xrightarrow{P} \cdots \xrightarrow{P} X_{1-z} \xrightarrow{P} X_z$$

演替的初始状态　演替的中间状态　演替的顶极状态

图 3.11　线性演替系统行为

图 3.11 中的 X_{1-z} 即为状态（1–z）。为了满足转移矩阵 P 的稳定性，需要假定植物的死亡率是不变的，这意味着应排除人类对演替的干扰因素。根据上述公式，在相同的时间间隔中，演替的后一个状态可以由前一个状态所决定。其关系为

$$X_2=P^{\mathrm{T}}X_1,\ X_3=P^{\mathrm{T}}X_2,\ \cdots$$

这样我们得到一般公式：

$$X_{i+1}=P^{\mathrm{T}}X_i$$

式中，i=1，2，3，…，n；P^{T} 为转移矩阵 P 的转置矩阵；X_i 为

$$X_i=\begin{cases}P_{1i}\\P_{2i}\\P_{3i}\\\cdots\\P_{mi}\end{cases}$$

X_i 为时刻 i 的状态向量，其分量 P_{1i}，P_{2i}，…，P_{mi} 是时刻 i 时群落中 m 个成分各自所占百分比，即概率。森林群落从一个状态演替到另一个状态，可以由种群的发展与消亡来说明。以鼎湖山南亚热带森林为例（王伯荪和彭少麟，1985；Peng and Wang ，1993）：取群落中不同性质的各类乔木（1.5m 以上）的相对多度为指标，设各种群的死亡率是固定的，根据统计数据，马尾松 25 年后剩下 20%。先锋种马尾松，阳性阔叶树种锥树、木荷等，中生常绿阔叶树厚壳桂、黄果厚壳桂、云南银柴等不同树种成分的更替率见表 3.2。

表 3.2　南亚热带群落演替过程林木成分更替率（Peng and Wang，1993）　（%）

群落	今后 25 年		
	马尾松等先锋种	锥树、木荷等阳性常绿阔叶树种	厚壳桂、黄果厚壳桂等中生常绿阔叶树
马尾松等先锋种	20+6	66	8

续表

群落	今后 25 年		
	马尾松等先锋种	锥树、木荷等阳性常绿阔叶树种	厚壳桂、黄果厚壳桂等中生常绿阔叶树
锥树、木荷等阳性常绿阔叶树种	1	44+12	43
厚壳桂、黄果厚壳桂等中生和耐阴常绿阔叶树	0	4	69+27

注：主对角线的数据为该类种群 25 年后成活百分率加上 25 年间为同类种群所更替的百分率

这种情况下，意味着 P 可以确定为

$$
P = \begin{matrix} 0.26 & 0.66 & 0.08 \\ 0.01 & 0.56 & 0.48 \\ 0.00 & 0.04 & 0.96 \end{matrix}
$$

根据调查，在马尾松或其他先锋林中，马尾松种群的多度为 90%，其他 10%为地带性常绿阳性树种，以此为初始状态，根据递推公式和 P，可以计算出演替过程中不同树种的成分变化，基于此可以预期演替过程和动态（表 3.3）并划分演替阶段（表 3.4）。

表 3.3　南亚热带森林群落演替过程林木成分线性预测（王伯荪和彭少麟，1985）

树种	0 树龄/年	25 树龄/年	50 树龄/年	75 树龄/年	100 树龄/年	125 树龄/年	150 树龄/年	175 树龄/年	200 树龄/年	…	∞
马尾松等先锋树种	90	24	7	2	0	0	0	0	0	…	0
锥树、木荷等阳性树种	10	65	53	36	23	15	11	9	8	…	6
厚壳桂、黄果厚壳桂等	0	11	40	62	77	86	89	91	92	…	94

表 3.4　南亚热带森林群落不同演替阶段的时间划分（王伯荪和彭少麟，1985）

林龄/年	演替阶段
0	马尾松等先锋林群落
0～25	以针叶乔木为优势的针阔叶常绿混交林
25～50	以锥树、木荷等阳性阔叶常绿树为优势的阔针叶常绿混交林
50～75	以锥树、木荷等阳性树为优势的常绿阔叶林
75～150	以厚壳桂、黄果厚壳桂等耐阴植物为优势的常绿混交林
150～∞	中生常绿阔叶林

线性模型有一些严格的假设，诸如假设演替过程中其种群的死亡率不变等，这在真实情况下是不可能的。事实上，生境和种间关系是不断变化的，死亡率也不可能是稳定不变的。在自然条件下不存在严格的线性系统，一些系统只能说是接近线性系统，非线性演替模型是普遍的。

非线性系统的研究比线性系统要复杂得多。然而，尽管整个演替是非线性的，但其分阶段可以认为是线性的或接近线性的。可以将整个演替过程切割为若干亚系统，形成局部线性化。这样，可以基于 $X_2=P_1^{\mathrm{T}}X_1$，$X_3=P_2^{\mathrm{T}}X_2\cdots$ 来计算，则有线性过程非线性分割的一般表达式：

$$X_{i+1}=P_i^{\mathrm{T}}X_i$$

式中，X_i 为演替过程的状态（阶段）i；P_i^{T} 为状态 i 下的转移矩阵的转置矩阵，$i=1$，2，3，…，z（z 为演替的终极状态）（彭少麟等，1985）。

南亚热带森林群落演替系统是近似的线性系统，严格地说仍是非线性演替系统。可将其分为 3 个阶段：①马尾松纯林针阔叶混交林阶段；②针阔叶混交林阳生阔叶树种为优势的常绿阔叶林阶段；③阳生阔叶树种为优势的常绿阔叶林-中生常绿阔叶林阶段。分割为 3 个阶段后，与整个演替过程相比，各个阶段的线性特征就更强了。

用演替系统的线性模型来分析各演替阶段。根据统计数据，得到 3 个演替阶段的不同林木成分转移矩阵，分别为

$$P_1=\begin{matrix}0.30 & 0.63 & 0.07\\ 0.04 & 0.54 & 0.42\\ 0.00 & 0.08 & 0.92\end{matrix}$$

$$P_2=\begin{matrix}0.22 & 0.69 & 0.09\\ 0.02 & 0.58 & 0.40\\ 0.00 & 0.06 & 0.94\end{matrix}$$

$$P_3=\begin{matrix}0.00 & 0.00 & 0.00\\ 0.00 & 0.48 & 0.52\\ 0.00 & 0.02 & 0.98\end{matrix}$$

已知鼎湖山森林群落不同演替阶段的时间划分为：第一阶段，0～25 年，用转移矩阵 P_1；第二阶段，25～75 年，用转移矩阵 P_2；第三阶段，75 年以上，用转移矩阵 P_3。初始状态：马尾松的多度为 90%，阳性阔叶树种多度为 10%。由 P_1、P_2、P_3 可以得到表 3.3 的结果，据此可对南亚热带森林群落不同演替阶段的时间进行划分（表 3.4）。

比较森林群落线性演替系统模型和非线性演替系统模型研究的结果可以看出，两者的结论是较为接近的，这说明森林群落的演替系统是接近线性系统的。演替研究结果展示了南亚热带森林演替的一般过程、规律、方向和速度，实际上也建立了森林植被生态恢复的参照系。表 3.3 和表 3.4 及其数据库可以作为区域退化生态系统生态恢复的参照系。

在鼎湖山森林群落的演替过程中，对其种群的动态测度也进一步验证了这一演替模式（图 3.12）。无论是先锋种类的动态（彭少麟等，1995），还是其建群种和顶极种的动态（彭少麟等，1998），均与表 3.3 和表 3.4 的过程相符。该区域退化生态系统的森林植被恢复与重建，完全可以依据其演替发展的一般规律，人为地进行种类构建，有效地进行退化生态系统的植被恢复；在生态恢复管理过程中，可依据客观规律，人为地进行林分改造，加速群落向顶极群落类型的演变。

A

马尾松等先锋阶段

B

马尾松、椎树、荷木等针阔叶混交阶段

C

椎树、荷树、厚壳桂、黄果厚壳桂等顶极阶段

（彩图）

图 3.12 鼎湖山森林群落演替过程（彭少麟和方炜，1994）

3.1.3.3 生态恢复参照系在广东省林分改造中的应用

退化生态系统恢复与重建的参照系，是按自然演替的过程，将不同演替阶段的代表性群落及其种类组成作为参照。广东省林分改造工程，本质上是通过人工改造的方法，使处于演替早期阶段生态效益低下的林地，加速向高生态效益的更高群落演替阶段的方向发展。

南亚热带森林演替的进展是较迅速的。在这一过程中，不同演替阶段的种类结构与组成不同。演替早期阶段种类，不会在演替的后期阶段出现；反之，演替后期阶段的种类，很少在演替的早期阶段出现。因此，广东省林分改造工程的过程设计、框架设计需要依据南亚热带森林的演替参照系来进行，通过模拟不同演替阶段的种类自然更替过程对广东省不同区域进行林分改造。

按参照系进行林分改造（阶段一）：遵循着森林演替规律，人工种植的马尾松等先锋树种成林后（即现在大多数质量较低的人工林均是这种情况），进行间伐，并补种或移植早期演替阶段的优势树种，如木荷、锥栗、黧蒴等阳性阔叶树种；或者仅间伐马尾松等先锋种，以利于早期演替阶段的地带性优势树种阳性阔叶树种的入侵与发展。

按参照系进行林分改造（阶段二）：随着阳性阔叶树种的不断成长，逐步伐去马尾松等先锋种类，同时相应地引入中后期演替阶段的地带性优势树种中生性的阔叶树种。随着演替的进一步发展，再逐步伐去早期演替阶段的阳性阔叶树种，引入后期演替阶段的地带性耐阴性的阔叶树种。至此，演替进入具高生态效益的地带性顶极群落类型。

按参照系进行林分改造（阶段三）：利用演替规律，让森林加速进入演替顶极或接近演替顶极，是尽快提高质量的有效措施。而利用演替规律，将森林控制在某一演替阶段，也是有效利用森林资源的方法。例如，作为薪炭林，则应将森林维持在阳性树种为优势的演替早中期阶段，即应保护森林的开阔环境，维持阳性树种的生存环境与发展。

3.1.3.4 设计目标参照

除了自然参照系，还有设计目标参照系，用于指导人为设计的生态修复，通过工程方法和植物重建可以直接恢复业已退化的生态系统，由于主要是从个体和种群的尺度上来考虑生态恢复，因此其恢复的类型可能是多样的。在这类参照系中，通常是以最终目标来衡量的。而目标决定设计方案，实践中往往会侧重于某一主要目标（如自然生态、社会经济、人文美学、历史文化等）。

在生态恢复构建时，如何设计在不同层次和时空尺度上的植物、动物和微生物的协同结构，并利用其功能过程，是一个被广泛关注的课题。

在生态恢复与重建过程中，并不是只考虑生态效益，而是在相当程度上要同时考虑生态效益、社会效益和经济效益。因此，在生态恢复的设计中往往要考虑经济目标，如将一片生产力退化的荒坡丘陵恢复成为高生产力的林-果-草-鱼复合农林生态系统（图 3.13）。

（彩图）

图 3.13　林-果-草-鱼复合农林生态系统

3.2　人为设计的生态修复理论

人为设计理论（designer theory）是指按照人为设计的恢复目标，通过工程方法修复和重建生态系统，直接恢复退化生态系统（Middleton，1999）。其恢复的类型是多样的，而且不一定是自然顶极类型，但一定是对人类具有不同生态系统服务功能需求的。总的来说，基于自我设计的生态恢复着眼于整个生态系统水平的恢复，而基于人为设计的生态恢复更多的是着眼于物种、种群水平的恢复。自我设计主要基于生态系统的自组织和自然演替，而人为设计则主要基于生态修复的原理和技术。可见，人为设计和自我设计存在明显不同。

生态恢复的人为设计是一个依据生态学原理，采用生态修复手段将生态系统修复和重建为适应人类需求的生态系统的过程。在人为设计过程中，必须依赖于 4 个方面的重要理论的指导：①脆弱性理论。只有充分理解退化生态系统的脆弱性，才能理解系统为何退化，从而指导生态恢复的设计。②生态系统服务与管理理论。只有充分理解生态系统能够为人类提供什么样的服务，这些服务具有多大的价值，才能结合人类的生存发展需求对生态系统进行合理设计，而只有掌握科学的生态系统管理方法，才能更好地融合自然和人类的发展需求，更好地指导可持续的人为设计生态修复。③生态工程学理论。只有基于生态工程学理论将生物结构原理、功能过程原理与系统工程的优化方法结合，才能使生态系统获得尽可能大的经济效益和生态效益。④景观相关原理。由于一般的生态恢复是以生态系统层次为基点，在景观尺度上来设计与表达，只有充分理解景观层面上的基本原理，才能更好地落实人为设计方案。这 4 个方面相辅相成，前两者是我们形成可持续的、为人类福祉服务的人为设计方案必须遵循的基本原则，生态工程学理论为融合自然、社会和经济发展及形成最优化的人为设计提供了理论与技术指导，而最后的景观相关理论则从更具体的实践层面为人为设计提供了切入点和技术支撑。

3.2.1　退化生态系统的脆弱性理论

生态系统的脆弱性（ecosystem fragility）与退化生态系统（degraded ecosystem）的特征

密切相关（Nilsson and Grelsson ，1995）。一方面，具脆弱性的生态系统容易退化；另一方面，退化生态系统的形成是各种干扰方式和不同干扰强度作用的结果，其形成过程使系统变得越来越脆弱。研究生态系统脆弱性理论，有助于理解生态系统的退化机制，也有助于进行生态恢复的设计（Nilsson and Grelsson，1995；赵平等，2003）。

3.2.1.1 脆弱性的概念

科学界越来越关注并一致认为，地球上的物种正以前所未有的速度消失，生境也以相同的速度改变（Cardinale et al.，2012）。公众普遍关心这一问题，并采取相应的行动以阻止自然物种多样性的日趋下降。这些行动目的之一是实现可持续发展，对不同规模的生态系统或生态景观进行合理的开发利用。其中最基本的一项内容就是鉴别和确定那些由于人类活动而面临威胁、濒临灭绝的生物种类、群落和生态系统。含有这些生物种类、群落和生态系统的区域则被认为是脆弱的（fragile），也有人将其定义为受害的（damaged）、敏感的（sensitive）、易损的（vulnerable），甚至称为受威胁的（threatened）。以上概念由很多学者同时使用，但其基本内容是一致的，即被研究的生态系统或区域在干扰的压力下，其结构组成与功能发生变化，并向不利于自身的方向发展，而发展过程的每一个阶段，该系统或区域都呈现出更易向下一阶段过渡、对干扰的反应更加脆弱的趋势。

起初，人们是在自然保护区（natural reserve）的管理中使用生态系统脆弱性的概念（温远光等，1996），但在性质上有区别：一是所谓的自然脆弱性，由大的、自然的、系统内部演替所引起（如青藏高原、黄土高原由于高紫外辐射和水分匮乏等胁迫，而具有自然的脆弱性）；二是由外部的尤其是人类活动所引起的脆弱性（如过度放牧、捕捞等造成的各营养级失衡）。虽然在性质上有区别，但两者并不矛盾，因为一个由自然和内部引起的脆弱生态系统同样也易受外部的干扰。有些国家赋予脆弱生态系统以特殊的法律定义，使自然生态的保护和管理获得法律上的保证，如瑞典自然资源行动纲领就明确规定，脆弱生态系统是“从生态学角度来看那些特别敏感并且要给予特殊关注的区域，该区域的特点是：生产力不稳定，具有不利的繁殖条件，物种面临灭绝的威胁，具有特殊的生态价值和重要的基因库”（Nilsson et al.，1988）。

生态系统脆弱性概念过于复杂，难以下一个恰当、简洁同时又有意义的定义。生态系统的脆弱性具有如下特点（Nilsson and Grelsson，1995）：①脆弱性是生态系统的固有特性，其存在不取决于生态系统是否暴露于干扰之下；②脆弱性是多个方面的综合体现，但不具有量化的特征，而且只有在人为或自然干扰的情况下才显露出来，若把生态系统的脆弱性与相关的干扰相联系，会为环境效应提供有用的评估手段；③与稳定性相似，脆弱性与种的丰富度和种类组成的变化有关，种类更换率高和种群波动或变迁频繁，是脆弱生态系统的明显特征。2001 年的联合国政府间气候变化专门委员会（IPCC）报告将脆弱性的定义设定在了 3 个维度上：①面对的胁迫（exposure），即系统正面临的可能导致系统脆弱的胁迫（包括胁迫类型和程度）；②敏感度（sensitivity），即系统应对这些胁迫的响应程度（包括正向和负向的响应）；③适应能力（adaptive ability），即系统通过调整已缓和胁迫造成的危害的能力。因此，脆弱性反映了生境、群落和物种对环境变化的敏感程度，涉及综合的内（适应力）、外（胁迫）因子的相互作用。

3.2.1.2 研究退化生态系统脆弱性的意义

退化生态系统处于演替的原初阶段，是极其不稳定的。由于在干扰压力之下，种类组成贫乏，在极端条件下甚至没有任何生物种类，系统的结构非常简单，功能衰退，生产力低下，自身恢复的速度非常缓慢，且必须排除持续性的干扰。所谓恢复（restoration）就是要启动这个阶段，让系统顺向发展。

在全球性的生态危机中，原生生态系统尤其森林生态系统的破坏引起的生态平衡失调是退化生态学研究关注的中心问题，开展退化生态系统恢复的研究，探讨行之有效的恢复途径，已是生态学界共同关心的课题。植被恢复生态学（vegetation restoration ecology）是研究植被恢复（vegetation restoration）与重建（revegetation）的技术和方法、生态过程与机理的学科，它是植被生态学的一个分支学科，同时也是恢复生态学的主体内容，因为自然生态系统的恢复，很大程度上是以植被的恢复为基础的。国内外已启动一些大型的恢复生态学科研项目，研究退化生态系统植被恢复过程中种类组成、系统结构及系统功能机理的动态变化，目的是改善生态环境和促进生态平衡，提高土地生产力（胡宜刚等，2015）。

退化生态系统的形成是各种干扰方式和不同干扰强度作用的结果，其形成过程使系统变得越来越脆弱。生态系统脆弱性的研究虽然未发展成恢复生态学的一个分支学科，但生态系统的脆弱性与退化生态系统的特征关系密切，将脆弱性与退化生态系统各因子的关系应用到退化生态系统的恢复研究中，就具有明显的指导意义。

3.2.1.3 脆弱性与其他因素的关系

1）脆弱性与稳定性　一般认为，生态系统的脆弱性与稳定性（stability）是两个内涵相同但表现形式相反的概念，高的脆弱性即意味着低的稳定性。许多学者都对稳定性下过定义，包含的内容相当广泛。Orians（1975）规定了稳定性的 7 个不同属性，Westman（1978）提出了关于稳定性相互独立的 7 个方面，Whittaker（1975）甚至给稳定性下过 13 种不同的含义，并且还认为不够完善。由于脆弱性或稳定性的含义相当复杂，人们在应用上面临许多相关的难题，利用它来评价一个生态系统时就必须考虑如下几个问题。

（1）脆弱性不同方面的相关性。脆弱性的不同方面并不一定密切相关。例如，一个生态系统的土壤肥力和系统内某种生物的抗干扰能力是描述系统脆弱性的两个方面，但肥力的高低并不一定与该种生物的抗干扰能力发生必然的联系。生态系统某方面较脆弱的同时，另一方面或许相对稳定。评价生态系统的脆弱性需有一整套综合性的概念和方法。

（2）脆弱性的量化。脆弱性的各个方面不可能绝对性地量化，脆弱性的整体亦然。还是以土壤肥力为例，土壤肥力的高低可通过各项指标体现出来，人工林生态系统中没有固氮特性的先锋树种能否生存或生长的快慢与这些指标（比如氮素含量）或许有一定的定量关系，但对有固氮能力的先锋树种而言，氮的指标则不是限制因子，故土壤肥力的量化指标在这种情况下不起作用。

（3）脆弱性的尺度。对生态系统的脆弱性的评价还取决于研究主体所考虑的时间和空间尺度及系统内生物类群的大小（彭少麟，1996a；温远光等，1996）。某一生态系统从长期的角度来看是稳定的，但短期有可能是脆弱的。例如，美国西部的针叶林经常出现火灾，这种针叶林在火因子的干扰下是脆弱的，然而火灾虽是灾难性的但却是局部的、非长期性的，因为从更大的区域来看，火灾往往又是维持该地区森林景观，维持固有的林相、结构、多样性和种类组成的重要生态因子，从大的景观（大尺度）来考虑是稳定的。红锥（*Castanopsis hystrix*）是广东鼎湖山常绿阔叶林的先锋建群种，由于它的幼苗耐阴性差，群落内种群的更新异常困难，随着时间的推移，红锥这一种群将会退出原来的群落，可以说该种群波动较大，是脆弱的，但是相同生活型的种类会取而代之，常绿阔叶林群落的结构、功能及总体的种类组成结构几乎保持不变，从大尺度来看又是稳定的。

2）脆弱性与物种的入侵和消亡　物种的入侵（intrusion）和消亡（extinction）是产生

脆弱性的两个基本过程。物种成功地加入一个生态系统（入侵）取决于如下 4 个方面：①与该系统内原有本地种不产生竞争关系；②没有共同的天敌；③该系统具有传粉（对植物而言）、种源散布的媒介或互利者；④入侵种不会产生对自身的密度制约效应。

在自然界中，入侵一个成熟而稳定的生态系统的成功率是很低的，因为这类自然生态系统内相互作用、相互影响的种已充分利用已有的资源从而使新成员的定居相当困难，即使有可能入侵也只能是加进系统，不可能替代已有的种类。种的入侵，可看作外部干扰，在如此压力之下，生态系统的脆弱程度表现不一，如果被入侵的是一简单群落，只需消除一些植物就会引起生物链的崩溃；如果入侵种入侵时没有相应的天敌，同时它也是一个适应性强的种类，那么入侵的后果会更加严重（Wan et al.，2019）。入侵现象往往发生在正在演替中的、较脆弱的生态系统。反之，如果某一演替系列在某一时期出现大量的种类入侵，显示该系统是处于相当脆弱的时期，人为干扰会导致系统演替停止或出现逆向演替。

与入侵相反，物种的消亡则是常常发生的事情。物种的消亡有自然原因也有人为因素。在自然条件下，富营养化、区域流行病、种的传播和群集能力低下、大规模迁移、气候变动、火山爆发、地磁逆转、陨石下落、捕食特性和竞争等一系列因素都会造成物种的消亡。最常见的与人类有关的物种消亡的原因包括过度捕杀、生境被毁坏、病原的引入、捕食者和竞争者的引入及化学污染物等，除此之外，人类的大规模迁移和新的定居也会产生同样的问题。一个物种的入侵或灭绝可能会引发生态系统内出现进一步的种类更换和种群波动，因此了解生态系统对物种入侵和消亡的反应是判断脆弱性的基础。

脆弱性是衡量生态系统抗性的特征之一，脆弱性要处于一定的干扰条件下才能显示出来，生态系统的抗性除有赖于种的丰富度和复杂性外，还取决于消亡种是属于哪一层营养级的（即被干扰的方式）。对于种类较单一的植物群落，消亡种若是上层乔木，后果是致命的，系统的脆弱性将达到极点，下层大多数耐阴植物（包括上层树种的幼苗）将会不适应新的环境而大部分消亡，林内的动物和土壤生物数量也会急剧减少（谭炳林等，1995），原群落种类组成将会发生根本性的变化。在黄石公园中，科研人员发现，仅仅失去了食物链顶端的狼群，就会对整个动物和植物群落产生极其严重的影响，使得系统变得极为脆弱（图 3.14）。

食物链级联情境：顶层捕食者的移除

（彩图）

图 3.14 黄石公园的食物链级联模拟情境

该图引自《英国大百科全书》，该模拟情境是由20世纪90年代放归狼群后生态系统的恢复状况逆向推演而得。狼群回归计划的实施使大型食草动物和小型食肉动物的数量大大降低，而啮齿类和鱼类数量逐渐恢复。由于大型食草动物数量减少，杨树和柳树种群又得以恢复和扩张，从而吸引更多种类的鸟类前来定居，整个生态系统的物种多样性实现了良性增长

3）脆弱性与多样性　生物多样性是生态系统稳定的基础，生物多样性高，系统的脆弱性低。生态系统种的丰富度和种类组成是多样性最基本和最重要的两个度量，变化的程度不受时间的影响，因而也是研究脆弱性最合适的两个参数。温远光等（1996）研究了大明山原生常绿阔叶林与采伐后20年恢复起来的次生林的植物种数量特征及种的丰富度，以皆伐、择伐（择伐强度为70%）和原生作为干扰的不同方式和不同强度，发现砍伐常绿阔叶林后，经过一段时间（20年）的自然恢复，皆伐后的次生林中，有56种未见于原生林内，而择伐后的次生林中只有38种未见于原生林，即皆伐次生林的物种与原生林的物种共有率较低，为63.03%，而择伐的物种共有率较高，为73.36%。这说明不同的干扰强度对退化生态系统种类组成恢复的影响是很明显的。

种类单一的森林群落往往极易受到外界因素的干扰，其抗干扰能力低于种类组成较丰富、结构较复杂的森林群落。广东地区有大面积的马尾松纯林，20世纪80年代末至90年代初其曾经遭受松突圆蚧（*Hemiberlesia pitysophila*）的袭击，出现大面积连片松林死亡的情况，给当地经济造成巨大损失。在同一地区，某些局部性的连片人工阔叶混交林和针阔叶混交林（如在鹤山市）却能抵御这种虫害。因为松突圆蚧主要危害松树的生长点，虫害的扩散是通过邻近的植株逐步传播的，而针阔叶混交林和阔叶混交林的种类配置结构具有抑制虫害传播的条件，故能成功地躲避自然灾难。另外，地上植被也会影响地下微生物对入侵的抵抗力，Liao等（2015）发现，物种单一的草地群落中土壤微生物会抑制本地植物对入侵植物的竞争抑制作用，而高物种多样性的草地群落中的土壤微生物能增强本地植物对入侵植物的竞争抑制作用，这是系统多样性带来的高抗干扰能力（低脆弱性）的明显例证。

退化生态系统植被恢复的研究中最令人关心的问题之一是系统内物种多样性的发展，任何一种退化生态系统，就其性质而言都是脆弱的，未成熟之前（恢复的过程中）微弱的干扰都会使其延缓或停止顺向演替，强度大的干扰还可能导致逆行演替。人为配置多样性的生态系统是提高退化生态系统稳定性的有效手段之一。彭少麟等（1996a）从脆弱性的角度出发，就热带雨林能否恢复曾做过详尽的论述，他们的理论研究和实践表明，通过人工生物措施启动群落演替，在热带地区水土流失严重、寸草不生的沿海侵蚀地上进行植被恢复，这些人工植被是能够恢复为地带性季风林的，而关键的问题之一是物种的多样性能否逐渐恢复发展。在恢复过程中，植物多样性的发展又是整个生态系统多样性增加的关键，因为多样性的植物为更多的消费者提供食物，多样性的植物形成多层的根系，为土壤生物提供生境，从而创造多样的异质空间，容纳更多的生物，生产力也随之提高，生态系统变得更加稳定，植被恢复得以实现。

4）脆弱性与第一性生产力　第一性生产力（初级生产力）是决定整个生态系统对资源利用效率的生态指标，初级生产力较低或者生产力不稳定的地区（如荒漠、山顶和人为干扰较严重的热带雨林地区）所面临的是一个不利于生物繁殖的生态条件（Osmond et al., 1980），在受干扰以后其恢复的速度甚慢，因而是脆弱的。比如山顶，当我们研究植物与动物的散布时，它的作用就好像一座孤岛，极易受到干扰，与山坡或山底沟谷（其植被发育良好）相比，山顶的初级生产力非常低。种类单一的人工森林群落，其种类组成和群落结构比阔叶混交林简单，系统是比较脆弱的，群落异质空间的多样性程度低，植物利用空间的层次少，太阳能利用率低，第一性生产力远不如阔叶混交林。

对林龄大致相同的湿地松林、大叶相思林和阔叶混交林人工群落的各项生物量（表3.5）进行测定显示，阔叶混交林的生物现存量明显高于其他两种纯林。考虑到当地的森林病虫害时有发生，降雨强度大，台风频繁等自然条件，阔叶混交林在抗自然干扰方面的优势也是明显的，一方面它对病虫害的抵抗力胜于纯松林，另一方面抗台风的能力又比大叶相思林占优，同时它的林冠可阻截雨滴，减弱雨水对林内地表的冲蚀，保护下垫面植物，促进土壤生物的生长和土壤表层发育，形成良好的多层多样性的生态系统，因此阔叶混交林的功能比其他两种纯林要强，生态系统也较稳定。

表 3.5　广东鹤山各类人工群落生物量分布和生物增量（余作岳和彭少麟，1995）

各类人工群落	湿地松林/（t/hm^2）	大叶相思林/（t/hm^2）	阔叶混交林/（t/hm^2）
树干	41.3	53.1	47.7
树枝	15.1	14.7	14.8
叶	17.7	16.5	17.8
根	28.0	11.4	22.8
总生物量	95.2	95.8	103.3
年增长量	6.6	7.6	8.56

注：林龄分别是湿地松林 10 年、大叶相思林 7 年、阔叶混交林 7 年

5）脆弱性与生态位　一个生态位分化程度高的生态系统中种类非常丰富，其脆弱性低，抗干扰能力强，热带雨林就是一个生态位分化程度很高的最好例子，在热带雨林中地上与地下的空间资源被完全充分利用，食物链的环节多且精细，丰富的物种构筑成一个复杂的有机系统；它一旦受到干扰或局部受到损坏，能迅速做出反馈和进行修复，重新建立平衡，因而它是稳定的。所以，生态系统的脆弱性与其生态位分化的程度呈相反关系。有学者认为，热带雨林生态系统的稳定性与脆弱性并存，它的脆弱是该系统对资源的利用程度高带来的负面作用，具体表现在土壤营养被消耗，空间的种类组成与分布程度高，因此一旦被破坏，非常难以恢复。但是这种观点并不能说明具高度生态位分化的热带雨林生态系统本身是脆弱的，而是由于高强度的干扰破坏雨林以后形成退化生态系统，而退化生态系统本身是脆弱的。由于量化每个物种的生态位空间比较困难，在实际研究和生态恢复实践当中，往往用物种、亲缘关系或功能性状多样性来表征生态位的分化程度（Lambers and Harpole，2004）。

实践上若不注意客观规律，不善于利用生态系统的脆弱性与生态位的关系，往往会出现事与愿违的结果。桉树林是华南地区常见的人工林，这种人工林群落林下的光板现象相当普遍，由于群落结构简单，缺乏下层结构，若长期经营常常会导致土壤的衰退，土壤微生物量减少（表 3.6），个别人工桉树林的水分效应甚至比没有植被覆盖的裸地还差（如地下水位更低，雨水对地面的冲蚀更严重）（周国逸，1997）。这种纯桉树人工林非常脆弱，更新种的种子和幼苗无法生存，土壤的理化性状没有明显改善，群落的下层几乎是一个空置的、未被占领的生态位，林段生产力低，群落的演替速度缓慢，脆弱性高而易受干扰。

表 3.6　干扰对窿缘桉树林土壤肥力和土壤微生物的影响（彭少麟等，1995）

植被类型	pH	有机质/%	全 N/%	全 P/%	微生物总数/（$\times 10^6$ 个/g 干土）
受 8 年保护的桉林	4.44	1.87	0.09	0.04	16.13
经常受干扰的桉林	4.46	0.45	0.05	0.03	1.45
自然次生林	4.34	3.21	0.18	0.09	13.33

华南人工桉树林下的光板现象是生态系统脆弱的具体表现，它的形成是由自然干扰和人为干扰造成的。自然干扰是指人们常说的化感作用，桉树本身分泌一些次生性的代谢化合物，对其他植物，尤其是当地的植物树种有排斥作用，使得林下的植物种类稀少；人为干扰是指当地居民不断地刮走枯枝落叶（用作燃料），从而加剧了这种现象的形成，以致直接阻碍土壤肥力的提高，特别是阻碍了上层土壤生物的发展，更新种的种子也因此而缺乏保护层（抚育层），难以保存和萌发（彭少麟等，1995）。两种干扰使得桉树林群落的生态位分化非常单一，无法保障系统的稳定。人工造林时，应充分考虑干扰的因素，选择能抵御化感作用的下层树种，营造结构合理的森林群落，同时杜绝人为干扰，使生态系统的各生态位得以合理利用，只有这样才能增加群落的稳定性，使生态系统朝良性方向发展。

6）*脆弱性与环境因子*　生态系统的脆弱性与环境因子（environmental factor）并不存在必然的因果关系，但环境变化，尤其是群落内小气候的变化能反映生态系统的脆弱程度。利用这种关系，把环境因子作为生态系统脆弱性评价的基础，通过预测环境因子，特别是那些对理解种类动态起关键性作用的环境因子的变化，可判断生态系统稳定性。植物群落中，群落对诸环境因子的反应，最明显的是群落内的热条件。

群落对热状况的改变或影响，首先表现在其作用面林冠层吸收和反射了大量的太阳辐射，使进入群落内的辐射能减少，从而减少了群落内的热量，而密闭的林冠层又起着被覆保温作用，使群落内的热量不易散失和变化。同时，群落中重叠的层次结构，又阻碍了群落内部及其与群落外部的热量交换，因此在某种意义上群落内温度的稳定性与群落的郁闭度和组成的层数呈正比例，即系统越稳定，温度的变化越缓和。此外，群落中植物的蒸腾和枯枝落叶的蒸发不断消耗热能，调节系统内的温度，缓和地表温度的振幅和热量的散失，使系统内的水分状况相对稳定（Larcher，1980）。这种规律在以下将讨论的粤东五华地区较脆弱的灌丛草坡群落和较稳定的次生阔叶林群落中形成鲜明对照（表 3.7 和表 3.8），前者的环境温度和湿度变幅明显大于后者，尤其是最高和最低气温、地表温度和相对湿度的比较更说明这一问题。野外定位观测数据（小气候观测数据由华南植物研究所敖惠修高级工程师提供）显示，灌丛草坡群落一年内最高气温可达到39.0℃，地表最高温为47.0℃，相对湿度最低值是44.0%，它们与最低值或最高值之差分别是 29.0℃、39.0℃和 56%；而次生阔叶林群落的这 3 种记录的分别是 36.0℃、38.5℃和 54.0%，与最低值或最高值之差则为 26.0℃、28.5℃和 46.0%。因此，灌丛草坡小气候的稳定性比次生阔叶林的低。

表 3.7　粤东五华地区灌丛草坡小气候各因子的季节变化（1996 年）

日期	时间	气温/℃			地表温度/℃			地下温度/℃		相对湿度/%	光照强度/×1000lx	
		最高	最低	瞬时	最高	最低	瞬时	10cm	20cm		林内	林外
1 月 13 日	8:00		10.0	11.0		8.0	12.0	14.2	15.1	100		
	14:00	27.0		23.2	38.0		33.5	17.0	16.0	56.0	42	60
	20:00			17.8			18.5	17.5	16.5	44.0		
4 月 10 日	8:00		14.0	14.3		15.5	16.0	18.1	18.5	97.0		
	14:00	24.5		21.3	27.5		26.5	19.0	18.8	63.0	13	16
	20:00			17.5			21.5	19.0	18.6	71.0		
7 月 15 日	8:00		23.0	26.7		23.0	26.5	26.1	27.0	88.0		
	14:00	36.0		32.5	47.0		35.0	30.0	27.5	61.0	30	40
	20:00			29.5			31.0	28.5	27.0	74.0		

续表

日期	时间	气温/℃			地表温度/℃			地下温度/℃		相对湿度/%	光照强度/×1000lx	
		最高	最低	瞬时	最高	最低	瞬时	10cm	20cm		林内	林外
10月13日	8:00		15.0	19.0		16.5	21.0	23.0	23.5	94.0	35	50
	14:00	39.0		30.5	46.5		46.5	26.3	25.5	48.0		
	20:00			27.7			31.0	26.0	26.5	53.0		

注：小气候观测数据由华南植物研究所敖惠修高级工程师提供

表 3.8 粤东五华地区次生阔叶林小气候各因子的季节变化（1996 年）

日期	时间	气温/℃			地表温度/℃			地下温度/℃		相对湿度/%	光照强度/×1000lx	
		最高	最低	瞬时	最高	最低	瞬时	10cm	20cm		林内	林外
1月13日	8:00		10.0	10.8		10.0	11.0	13.5	13.5	90	23	60
	14:00	23.0		20.8	24.0		22.0	14.0	14.0	67		
	20:00			17.6			17.0	14.5	14.0	79		
4月10日	8:00		14.5	14.7		14.5	15.0	17.0	17.2	100	5	16
	14:00	21.0		19.5	21.0		20.0	17.4	17.2	68		
	20:00			17.2			18.5	17.0	17.2	83		
7月15日	8:00		22.8	25.8		24.0	25.0	25.0	25.3	97	14	40
	14:00	36.0		31.0	38.5		30.5	26.5	25.5	72		
	20:00			28.0			28.0	26.0	25.4	81		
10月13日	8:00		15.0	19.6		15.5	20.0	21.5	22.5	93	15	50
	14:00	30.0		28.0	29.0		27.0	22.5	22.5	54		
	20:00			25.6			24.5	22.6	22.5	65		

注：小气候观测数据由华南植物研究所敖惠修高级工程师提供

粤东地区的五华县自然条件优越，历史上曾是森林茂密、山清水秀之地，由于人口增长过快，过度开垦和采薪，原有的亚热带森林植被遭到彻底毁坏，造成严重的水土流失，阻碍了当地农业的发展。近10年的封山育林和人工水土整治工程的实施，使原来的荒山披上了绿装，消失的南亚热带常绿阔叶林正在缓慢地恢复，其中灌丛草坡和次生阔叶林是植被恢复演替进程中有代表性的前后两个阶段。灌丛草坡群落的主要种类有红鳞蒲桃（*Syzygium hancei*）、木荷（*Schima superba*）、马尾松（*Pinus massoniana*）、岗松（*Baeckea frutescens*）、桃金娘（*Rhodomyrtus tomentosa*）、鹧鸪草（*Eriachne pallescens*）、地捻（*Melastoma dodecandrum*）和芒萁（*Dicranopteris pedata*）等，而乔木树种处于幼苗时期。次生阔叶林群落的主要植物种类包括木荷、马尾松、红鳞蒲桃、中华杜英（*Elaeocarpus chinensis*）、坚荚树（*Viburnum sempervirens*）、毛冬青（*Ilex pubescens*）和桃叶石楠（*Photinia prunifolia*）等，群落的乔、灌、草三层的分化非常明显。

从前者向后者演替，是一个漫长的过程，此阶段需大量的当地植物种入侵、定居。入侵种能否成功，小环境起到关键性的作用，因为新种的入侵非常依赖群落的小气候条件。种子的萌发、幼苗的生长需要一个较稳定的小环境。只有相当数量的植物成功地进入这个群落，才能过渡到演替的第二阶段，即次生阔叶林群落。因此，第一阶段的系统是非常脆弱的，微弱的干扰会使群落的小环境变得更不稳定，阻碍新种加入系统，以致演替速度下降或停止。此时的人为保护非常重要，一旦成功地过渡到第二阶段，群落的生物多样性、多样多层的空间结构有了明显的发展，群落就变得较为稳定。

以上是脆弱性与退化生态系统某些方面的关系，在实践上，我们还可以利用脆弱性的理论，判断生态系统被干扰的程度，确定退化生态系统的类型，界定退化生态系统的大小，或者通过研究生态系统种类组成的变化趋势，模拟某些关键种的变化来预测生态系统在某种干扰下产生退化的结果，进而采用不同的恢复途径和方法。

3.2.1.4　中国的脆弱生态系统

中国的脆弱生态系统分布范围广、面积大。由于地域辽阔，自然环境条件复杂，人为作用的影响在不同区域的差异也很明显。可将造成环境脆弱的主要成因类型、指标归纳于表 3.9（刘燕华和李钜章，1995；赵跃龙，1999）。

表 3.9　中国脆弱环境成因类型与指标

区域	成因	指标
北方半干旱、半湿润区	降水不稳定 蒸发与降水关系对利用的影响	400mm 降水保证率<50% 350mm 降水保证率>50% 干燥度为 1.5～2.0
西北半干旱区	水源缺乏 水源保证不稳定 风蚀、堆积	径流散失区 径流变率±50% 周边植被覆盖率<10% 防护林网面积<10%
华北平原区	排水不畅 风沙风蚀	地下水位高于 3m 地下水矿化度>2g/L 黄河故道沙地和新沙地植被覆盖度<30%
南方丘陵地区	过垦、过樵 流水侵蚀	红壤丘陵山地 天然植被覆盖度<30%
西南山地区	流水侵蚀 干旱 过垦、过伐、过牧	中等以上切割流水侵蚀带的干旱河谷区 干燥度>1.5 植被覆盖度<30%
西南石灰岩山地区	溶蚀、水蚀	石灰岩切割山地 植被覆盖度<30%
青藏高原区	流水侵蚀 风蚀 降水不稳定 高寒缺氧 自然条件恶劣	河谷农业区周边山地 400mm 降水保证率<50% 350mm 降水保证率>50% 干燥度为 1.5～2.0 植被覆盖度<30%

有些区域的原始环境本就脆弱，有些区域的原始环境并不差，但由于过度干扰而形成脆弱生态系统。中国南方丘陵红壤山地的原始环境并不脆弱，但由于过伐、过垦、过樵，天然植被受破坏，覆盖率降低，从而造成地表严重水土流失，土地生产力下降，环境处于退化趋势。南方红壤地区的红色荒漠化过程已使许多土地成为侵蚀劣地和沙石化土地。

3.2.2 生态系统服务与管理理论

自然生态系统在为人类提供必不可少的环境资源条件的同时，也为社会、经济和文化生活提供了许多种类的生态服务。生态系统服务功能理论能比较清晰地描述人对自然的依赖性。人们需要运用这种知识，对各种社会经济与技术的发展方式的长远影响进行评价，以防止或减少带有自我毁灭性的经济和社会活动（Constanza et al., 1997；董全，1999；Freeman Ⅲ et al., 2014）。在生态恢复过程中，也需要对生态系统服务功能及其变化进行评价，以确定生态恢复设计的价值和生态恢复的效益。

3.2.2.1 生态系统服务理论

1）生态系统服务理论的基本概念及其发展　生态系统服务功能（ecosystem service）是生态系统直接或间接地为人类提供产品和服务的功能。生态系统服务功能包括提供人类生活消费的产品和保证人类生活质量的功能。生态系统不仅为人类提供了食品、医药及其他生产生活原料，更重要的是维持了人类赖以生存的生命保障系统，维持生命物质的生物地化循环与水文循环，维持生物物种与遗传多样性，净化空气，维持大气化学的平衡与稳定等。由此可见，生态系统自然功能与服务功能密不可分：生态系统自然功能（如物质循环、能量流动等）是生态系统服务功能的基础；而生态系统服务功能是评价与人类福祉密切相关的生态系统自然功能的重要指标（Daily，1995；Constanza et al.，1997）。退化生态系统恢复的最终目的是恢复并维持生态系统的功能和服务。

人类很早就注意到了生态环境对社会发展的支撑作用。古希腊的柏拉图认识到雅典人对森林的破坏导致了水土流失和水井干涸。中国古代的人们建立和保护风水林反映了他们对森林保护村庄与改善环境的认识。Marsh（1864）首先注意到生态系统功能，他在《人与自然》（*Man and Nature*）中记载："由于受人类活动的巨大影响，地中海地区广阔的森林在山峰中消失，肥沃的土壤被冲刷，肥沃的草地因缺灌溉水而荒芜，河流因此而干涸"。他注意到了自然生态系统分解动物尸体的功能，认为水、肥沃的土壤和人类呼吸的空气都是自然及其生物所赐予的。

自 20 世纪 40 年代生态系统概念与理论被提出后，人们开展了大量有关生态系统结构与功能的研究，这些研究为人们研究生态系统服务功能提供了科学基础。Vogt（1948）首先提出自然资本的概念，他认为人类耗竭土壤等自然资源资本，就会降低偿还债务的能力。Osborn（1948）指出生态系统中的水、土壤、植物与动物是人类及其文明得以发展的基础。Leopold（1941）通过研究土壤生态系统服务提出了"土地伦理"这一概念，指出人类不可能替代生态系统服务功能，将人类从自然的统治者地位还原成为自然界的普通一员。然而，由于生态系统的服务多数不具有直接经济价值而常被人类忽略。

20 世纪 70 年代以后，生态系统服务功能开始成为一个科学术语及生态学研究的分支，其研究范畴包括自然生态对人类的"环境服务"（如害虫控制、昆虫传粉、渔业、土壤形成、水土保持、气候调节、洪水控制、物质循环与大气组成等）。Holdren 和 Ehrlich（1974）比较系统地讨论了生物多样性的丧失对生态系统服务功能的影响，并认为生态系统服务丧失的快慢取决于生物多样性丧失的速度，企图通过其他手段替代已丧失的生态系统功能的尝试是昂贵的，而且从长远的观点来看是失败的。此后，出现了许多研究生态系统服务功能的论文和专著，生态系统服务功能这一术语逐渐为人们所接受并成为研究热点（Constanza et al., 1997；Diaz et al.，2015；Maes et al.，2016；Ouyang et al.，2016）。

2）生态系统服务功能的内容　生态系统服务功能的内容包括有机质的合成与生产、生物多样性的产生与维持、调节气候、营养物质的贮存与循环、土壤肥力的更新与维持和对侵蚀的防治、环境净化与有害有毒物质的降解、植物花粉的传播与种子的扩散、有害生物的控制、减轻自然灾害及景观美学与精神文化等许多方面。在自然生态系统的服务功能中，森林生态系统最有代表性（图 3.15）。

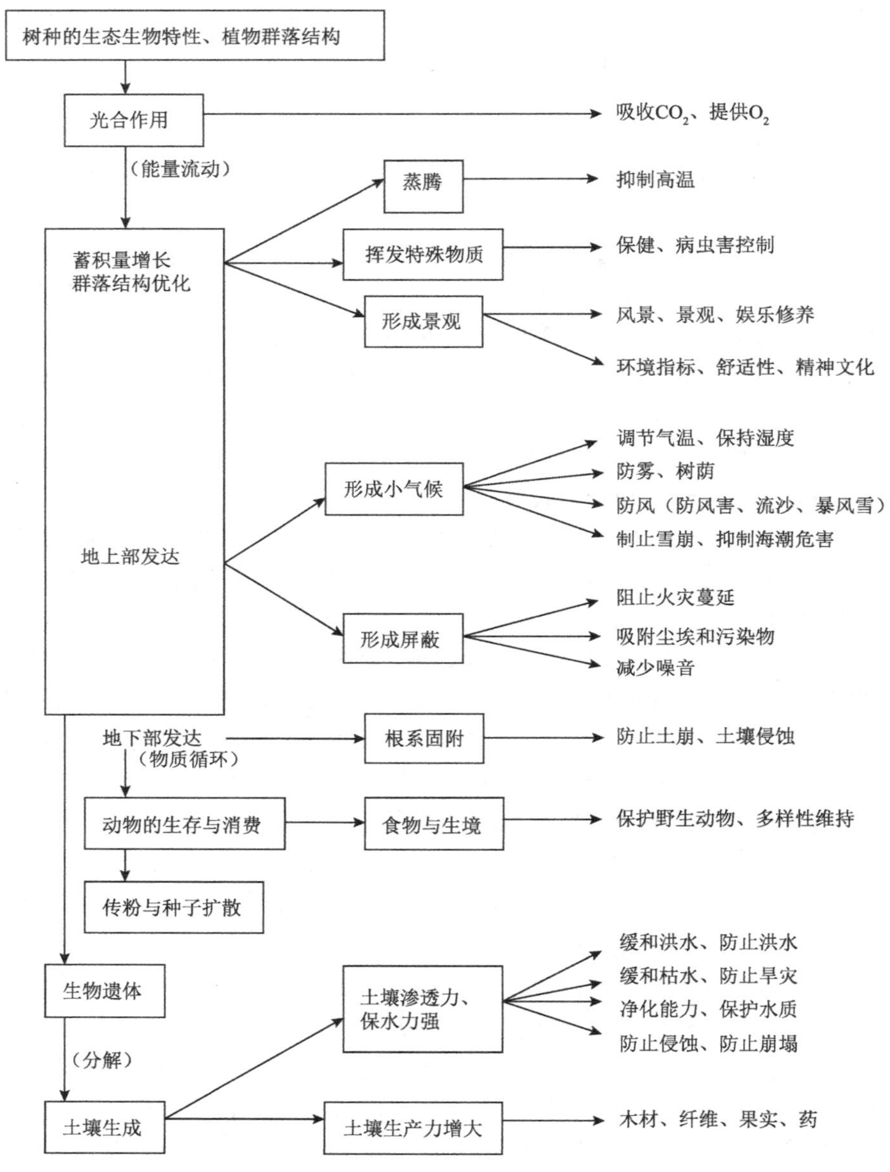

图 3.15　森林的结构、功能与生态系统服务功能（任海和彭少麟，2001）

（1）生产生态系统产品。生态系统通过初级生产与次级生产，生产了人类生存所必需的所有基本产品。据统计，每年各类生态系统为人类提供粮食约 18×10^8t，提供肉类约 6.0×10^8t，同时海洋还提供鱼约 1.0×10^8t。自然植被为人们提供许多生活必需品（如水果、坚果、菌类、蜂蜜和调味品及药材）和原材料（如木材广泛用于家具、建筑、艺术品、工具、纸张、衣料及其他许多生产和生活资料）。自然草场是畜牧业的基础。家畜生产肉、奶、蛋、革，而且为运输和耕种作劳役。在发展中国家和地区，植物仍然是重要的燃料来源。此外，森林还生产橡胶、纤维、染料、胶类、鞣酸、植物油、蜡、杀虫剂及各类天然化合物。水生生态系统为野生的鸟、兽、虫、鱼提供必要的栖息环境，从而为人们垂钓等休闲和其他活动提供了场所。时至今日，人类科技的进步和飞速发展也严重依赖于生态系统提供的基因资源、医药资源和观赏资源，如作物的改良、生化制品、工匠作品等。

与人类社会的生产过程相比，生态系统的自然生产过程多样性较高而集约性较低，因此其地位在以工业为主导的市场经济中逐渐减弱，再加上人类对土地和水体的改造，许多地方和许多种类的自然生产能力大大下降。尽管如此，自然生产的市场经济价值依然不可忽视。随着人口的增长，大部分种类自然生产的经济需求仍在加大。

（2）产生和维持生物多样性。生命结构和形式的丰富性体现在分子、细胞、器官、个体、种群、群落、生态系统和生态景观等各个生物组织层次上。生物多样性是指从分子到景观各种层次生命形态的集合。生态系统不仅为各类生物物种提供繁衍生息的场所，还为生物进化及生物多样性的产生与形成提供了条件。同时，生态系统通过生物群落的整体创造了适宜于生物生存的环境。同物种不同的种群对气候因子的扰动与化学环境的变化具有不同的抵抗能力，多种多样的生态系统为不同种群的生存提供了场所，从而可以避免某一环境因子的变动而导致物种的绝灭，并保存了丰富的遗传基因信息。

生态系统在维持与保存生物多样性的同时，还为农作物品种的改良提供了基因库。首先，现有农作物需要野生种质的补充和改善。据研究，人类已知约有 7 万种植物可以食用，有 150 种粮食植物被大规模种植，其中 82 种作物提供了人类 90%以上的食物，如野慈姑（*Sagittaria trifolia* L.）、猫薄荷（*Nepeta cataria*）、马鞭草（*Verbena officinalis*）等。其次，多种多样的生物种类和生态系统类型具有产生新型食物和新型农业生产方式的巨大潜力。那些尚未为人类驯化的物种，都由生态系统所维持，它们既是人类潜在食物的来源，又是农作物品种改良与新的抗逆品种的基因来源。

生物多样性对人的身心健康也至关重要，生态系统是现代医药的最初来源。在美国用途最广泛的 150 种医药中，118 种来源于自然，其中 74%源于植物，18%来源于真菌，5%来源于细菌，3%来源于脊椎动物。高的生物多样性维护着生态系统的合理结构、健全功能和结构功能的稳定性。物种的消失，特别是那些影响水和养分动态、营养结构和生产能力的物种的消失，会削弱生态系统的功能。物种的减少往往使生态系统的生产效率下降，抵抗自然灾害、外来物种入侵和其他干扰的能力下降。那些生态功能相似而又对环境反应不同的物种保障了整个生态系统可以在环境变化下调整自身而维持各项功能的发挥。

（3）调节气候。地球气候的变化主要是受太阳黑子及地球自转轨道变化的影响，但生物体在全球气候的调节中也起着重要的作用。生态系统在全球、区域、小流域和小生境等不同的空间尺度上影响着气候。从地史环境上看，细菌、藻类和植物通过光合作用产生氧气，致使氧气在大气中富集，创造了许多其他生物生存的必要条件；在全球尺度上，生态系统通过固定大气中的 CO_2 而减缓地球的温室效应；在区域尺度上，生态系统可通过植物的蒸腾作用直接调节区域性的气候；在更小的空间尺度上，森林类型和状况决定林中的小气候，林冠遮挡阳光，阻碍林内外空气交换，为许多物种提供可以忍受的温度、光线、湿度和其他生存条件。自然生态系统的破坏往往使其气象气候调节功能减弱。

（4）减缓旱涝灾害。水在陆地、海洋与大气中的循环过程包括：降雨流入地下和江河湖海，经过蒸发和蒸腾回到天空，凝聚成云后再形成降雨。植被和土壤在降雨过程中具有重要作用，植被的冠层可拦截雨水并减少雨滴对地面的冲击。地被物和植被的根系维系和固持着土壤，并且吸收和持留一些水。在雨季，植被和土壤都会截留一部分水并减缓水的流速，防止大量降水集中汇入下游，减低洪水水量；在旱季，植被和土壤中保持的水逐渐流出，为下游河流供水。在植被破坏后甚至没有植被的情形下，局部水分循环过程会改变，地表径流和水土流失大大增加。水土流失的发生不仅使土壤生产力下降，降低雨水的可利用性，还造成下游可利用水资源量减少，水质下降。河道、水库淤积，降低发电能力，增加洪涝灾害发生的可能性。在热带和亚热带，过度的森林砍伐已使水旱灾害越来越频繁，越来越严重。例如，我国 1998 年长江全流域洪涝灾害的形成与中上游植被及中游湖泊减少、水源涵养能力下降、水土流失加剧有密切关系。

（5）维持土壤功能。土壤是成千上万年积累形成的，在农业中具有重要的作用：土壤在水分循环中具有持留和排放作用；土壤可为陆生植物的生长发育提供场所，植物种子在土壤中发芽、生根、生长、开花和结果；土壤为植物提供养分，土壤中含有营养元素，其带负电荷的微粒可吸附可交换的营养物质，以供植物吸收；土壤可以还原有机质并将许多人类潜在的病原物无害化；土壤还可将有机质还原成简单无机物并最终作为营养物返回植物，土壤为植物提供营养物的能力（土壤肥力）很大程度上取决于土壤中的细菌、真菌、藻类、原生动物、线虫等各种生物的活性；土壤在 N、C、S 等大量营养元素的循环中起着关键作用；土壤含有大量的植物种子、菌类孢子和动物卵等，是生物的天然基因库。由此可见，维持土壤的功能具有重要作用。

当今世界约有 20%的土地由于人类活动的影响而退化。人类生产活动特别是农业生产，往往会改变土壤生态系统的特征和土壤与空气和水体之间的化学物质循环。许多这类改变会产生长期难以逆转的不利后果。例如，垦荒和排干湿地以发展种植业常常会使土壤中的碳加速向空气中释放，增加大气层中的 CO_2 和 CH_4 含量，而 CO_2 和 CH_4 是大气中产生温室效应的主要成分。大量施用氮肥、火烧树林和使用其他生物燃料增加了大气中的 N_2O 含量，进一步加剧温室效应，并且破坏臭氧层，导致酸雨、湖泊河流的富营养化和水源污染。

（6）传粉播种。据研究，全世界已记载的 24 万种显花植物中有 22 万种需要动物传粉，已发现的传粉动物包括鸟、蝙蝠与昆虫等约 10 万种。如果没有动物的传粉，许多农作物会大幅度减产，还有一些物种会绝灭，因为有些植物物种同特定的传粉动物物种有着极为特殊的相互依赖关系，缺之无法生活。

植物不但依赖动物传粉，许多种类也需要借助动物传播散布它们的种子。动物埋藏食物是许多植物赖以完成散布的重要渠道，结有甜蜜果实的植物常常依靠动物播种。有些种类甚至需要专一的动物物种才能完成播种使命，因为一些物种的种子必须经过消化道才能发芽生长。对于许多植物物种，分布区的扩大和局部种群的恢复都取决于这些传播因子。

传粉播种的野生动物在一定的栖息地里取食、交配、繁殖和完成生活史中特定阶段的发育。各个物种完成生活史循环有一整套的不同栖息条件的要求。这环环相扣的生态学相互依赖性进一步说明生物多样性和生态系统完整性是生态系统服务功能的重要基础。由于栖息地的破坏及其他人类活动的影响，传粉播种的野生动物的多样性和数量都在降低，已经对农业产生不利影响。

（7）有害生物的控制。有害生物是指与人类争夺食物、木材、棉花及其他农林产品的生物。据估计，全球每年有 25%～50%的农产品被这些有害生物消耗，还有大量农田杂草与作物竞争光、水分和土壤养分，减少作物收成。在自然系统中，有害生物往往受到天敌的控制，它们的天敌包括其捕食者、寄生者和致病因子，如鸟类、蜘蛛、瓢虫、寄生蜂、寄生蝇、真菌、病毒等。自然系统的多种生态过程维持供养了这些天敌，限制了潜在有害生物的数量。这些生态系统过程结合起来，保障和提高了农业生产的稳定性，保证了食物生产供应和农业经济收入。

许多现代农业施行集约经营，依赖单一作物品种，施用大量化肥。这种经营方式往往为病虫害的暴发提供了有利条件。农药杀伤有害生物的同时也会杀伤它们的天敌和其他有益生物，破坏这些生物所能产生的生态系统服务功能。有害生物往往具有高的种群增长潜力，并且可以很快地产生抗药性。因此它们可以在缺乏天敌的情况下再次暴发，迫使人们更多地使用农药，从而导致过度使用农药和依赖农药的恶性循环。农药残留在土壤中，随水注入江河湖海，对土壤和水体造成污染，破坏这些系统中的正常生态学过程及其整体性，并最终损害人体健康。

（8）净化环境。陆地生态系统的生物净化作用包括植物对大气污染物的净化作用和土壤-植物系统对土壤污染的净化作用。植物和微生物等吸附周围空气中或者水中的悬浮颗粒和有机的或无机的化合物，对它们进行有选择性的吸收、分解、利用或者排出。动物对生的或者死的有机体进行机械的或者生物化学的切割和分解，然后对它们进行有选择的吸收、分解、利用或者排出。这种摄取、吸收和分解的自然生物过程保证了物质在自然生态系统中的有效循环利用，防止了物质的过分积累所造成的污染。空气、水和土壤中的有毒有害物质经过这些生物的吸收和降解后得以减少。森林和草地可净化都市中污染的空气或者工农业污水。

湿地在全球和区域性的水循环中起着重要的净化作用。湿地植被减缓地上水流的流速。流速减慢和植物枝叶的阻挡，也使水中泥沙得以沉降。同时，经过植物和土壤的生物代谢过程和物理化学作用，水中的各种有机的和无机的溶解物和悬浮物被截留下来。许多有毒有害的复合物被分解转化为无害甚至有用的物质。

（9）景观美学与精神文化功能。人类在长期自然历史演化过程中形成了与生俱来的欣赏自然、享受生命的能力和对自然的情感心理依赖。人们在满足了温饱等基本生活条件后，就会追求和欣赏景观美学价值。研究表明，自然生态系统对人类的喜怒哀乐等许多情感活动有重要的影响。美好和谐的自然生态系统可促进人们之间的理解和信任，催化和谐的人际关系，使人们更富有同情心和怜悯心，使人们更乐于互助，同时更能独自处理、应付事情，使人们学到许多只可意会难以言传的智慧。“小桥流水人家”的景观可使人们平静，而“枯藤老树昏鸦”的景观只能使人情绪低下。由于种种原因，精神上的挫折感和人际的感情创伤普遍发生，从而导致许多疾病产生。而自然中的洁净空气和水、相对和谐的草木万物，有助于人的身心整体健康，人的性格会健全地发展，并促进身体健康。自然生态环境深刻地影响着人们的美学倾向、艺术创造、宗教信仰。各地独特的动植物区系和生态环境在漫长的文化发展过程中塑造了当地人们特定的行为习俗和性格特征，决定了当地的生产生活方式，孕育了各具特色的地方文化。历史悠久的佛教、道教等东方宗教，建寺庙于沧海之滨、高山之巅，重视和强调了人与天地、与自然的和谐，所以一直能发展至今。

3）天然生态系统与人工生态系统的服务功能比较　天然生态系统的维持需要一定的

面积和生物多样性水平，其生境或生物多样性一旦被破坏至某一临界值后，系统就不能自我维持了，曾经无偿提供的生态系统服务也就会减少或消失。要恢复其服务功能，只有通过人工管理才行。由于人类活动范围和能力的日趋扩大，地球上的大部分自然生态系统都受到扰动，许多自然生态系统还被人为改造成人工生态系统或半人工生态系统。

与自然生态系统相比，人工生态系统提供的生态系统服务还不具有与天然生态系统相同的功能。例如，美国开展的模拟地球的实验——生物圈 2 号的失败警告我们，生态系统服务并不能由技术轻易地代替，不通过自维持的自然系统来获取生态系统服务的尝试是行不通的。人工生态系统与自然生态系统提供的生态系统服务是不同的。大多数时候，人工生态系统比自然生态系统能够在小尺度上和有限时段内更为有效地提供某一种生态系统服务，而自然生态系统能同时提供多项服务。人们在提升某一类生态系统的某一服务功能时，往往会同时减少其他生态系统服务功能。例如，当人们将湿地转为农田获取粮食时，牺牲了湿地原有的净水、补充地下水、保持生物多样性等功能，其中的一些损失是技术无法补偿的。又如，人们长期利用河流的自净作用处理和分解废物，但废物浓度过高时，河流生态系统降解和转移废物的能力会过度而崩溃，进而会影响其饮用水供给、渔业生产及娱乐等功能。

4）生态系统服务价值的评价　虽然人们在潜意识里就知道人类对自然的依赖性、自然资源的珍贵和自然生态平衡的重要性，但迄今关于生态系统服务功能的定量评价仍极为匮乏。在市场经济和社会活动中，个人、企业和各级政府部门在做计划、管理和进行其他行动的决策时没有直接评定或者低估了生态系统服务功能的价值。因此，对生态系统服务功能进行价值评估，可以减少和避免那些损害生态系统服务功能的短期经济行为（欧阳志云等，1999；孙刚等，1999）。

（1）生态系统服务功能的价值分类。生态系统服务功能的价值，可分为直接利用价值、间接利用价值、选择价值和存在价值四类：①直接利用价值主要是指生态系统产品所产生的价值，它包括食品、医药及其他工农业生产原料、旅游和娱乐等带来的直接价值，其可用产品的市场价格来估计。②间接利用价值主要是指无法商品化的生态系统服务功能，如维持生命物质的生物地化循环与水文循环，维持生物物种与遗传多样性，保护土壤肥力，净化环境，维持大气化学的平衡与稳定等支撑与维持地球生命保障系统的功能。间接利用价值的评估常常需要根据生态系统功能的类型来确定，通常有防护费用法、恢复费用法、替代市场法等。③选择价值是人们为了将来能直接或间接利用某种生态系统服务功能的支付意愿。例如，人们为将来能利用森林的涵养水源、净化大气及游憩娱乐等功能而愿意支付的一笔保险金。④存在价值是生态系统本身具有的内在价值，是人们为确保生态系统服务功能可以继续存在的支付意愿。例如，森林调节气候的作用是不以人的意志为转移的。存在价值介于经济价值与生态价值之间，它可为经济学家和生态学家提供共同的价值观。

（2）生态系统服务功能价值评估方法。生态系统服务功能的评价首先要估测生态过程，特别是人类经济活动所涉及的生态过程和生态学后果。生态系统服务功能的进一步经济评价应计算这些生态学后果的直接的和间接的、市场的和非市场的经济价值，并且折算这些生态学后果的一些非经济价值。由于生态系统服务功能的多面性，生态过程和经济过程及两者之间联系的复杂性和自然过程的不确定性使生态系统服务功能价值较难评估。

根据生态经济学、环境经济学和资源经济学的研究成果，生态系统服务功能的经济价值评估方法可分为三大类：一是直接市场价值评估法，根据实际市场数据模拟服务或人工替代建设的价值评估（Beecher，1996；顾刚等，2014）。评价方法多种多样，其中有市场定价法（direct market valuation）、机会成本法（opportunity cost）、避免成本法（avoided cost）、恢复成本法（restoration cost）等。二是显示偏好法，以个人的真实行为为基础，通过考察市场上人们的选择行为来推测其偏好，即利用公共品和市场化产品之间的互补性和替代性关系来推断出私人品市场交易过程中归属于公共品的经济价值（Nicholls and Crompton，2005；Chae and Wattage，2012），其中主要包括享乐定价法（hedonic pricing）和旅行费用法（travel cost）。三是陈述偏好法，通过假想市场中的个体行为来推断公共物品的价值，通常是通过调查等方式直接询问被调查对象在一些假想情景中所做出的支付意愿（willingness to pay，WTP）或者补偿意愿（willingness to accept，WTA）来估计环境物品的价值（Science Advisory Board，2009；张亚鑫等，2017），主要包括条件估值法（contingent valuation）和选择实验法（choice experiment）。

综合来看，以价值计量的自然资源资产负债表能够克服实物量计量的缺点，利于自然资源的汇总和比较。但由于自然资源的稀缺性，自然资源的存量减少可能导致单位价格提高，难以准确反映自然资源价值量的消耗和占有情况（陈艳利等，2015）。直接市场价值，使用实际市场的数据，反映个人的实际偏好或成本，具有评估简单、数据较易获取等优势。显示偏好是通过观察对现有市场中与估值问题的相关生态系统服务功能的个人选择，揭示经济主体的偏好。因此，如果出现市场缺陷和政策失误则可能导致生态系统服务功能的货币估值产生偏差，另外显示偏好法通过是耗时的，主要缺点还表现在无法估计非使用价值，并且依赖于针对环境服务性“产品”与替代市场商品之间的关系所设立的技术假设（Kontoleon and Pascual，2007）。陈述偏好可以用于评估生态系统的使用价值和非使用价值，以及当没有推导出可替代生态系统服务功能的市场价值时也可使用该方法，但也因为调查时默认受访者知悉待选择的对象等假设条件的存在，引起了许多有关估计有效性问题的讨论。

Costanza 等（1997）对全球 16 个生物地理群落地带的 17 种生态系统服务功能进行了估价，他们估计全球每年生态系统服务功能的经济价值平均约为 33 万亿美元，而同期的世界国民总收入约为 18 万亿美元。

（3）生态系统服务功能价值评估体系。国际上现行主流项目的评估体系有千年生态系统评估（Millennium Ecosystem Assessment，MEA）、生物多样性和生态系统经济学评估（The Economics of Ecosystems and Biodiversity，TEEB）、政府间生物多样性和生态系统服务功能政策科学政策平台（Intergovernmental Science-Policy Platform on Biodiversity and Ecosystem Services，IPBES）、综合环境与经济核算体系（System of Environmental-Economic Accounting，SEEA）等，均普遍遵循颇为复杂的生物物理过程模型进行评估，并于全球区域范围、多尺度开展大量的评估工作；我国 2004 年开展“中国森林资源核算及纳入绿色 GDP 研究”，2013 年、2016 年分别再次启动“中国森林资源核算及绿色经济评价体系研究”。2016 年发布的《生态文明建设目标评价考核办法》首次建立了生态文明建设目标评价考核制度，以上种种无不显现出我国在对自然环境深入认识的过程中有着极大的评估需求。构建生态系统服务功能价值评估体系最重要的是确立指标体系和评估方法。尽管当前构建的评估体系综合了时下国内外主流的自然资源资产负债分类模式、评估方法和编制思路，但仍存在如下问题：①指标体系过于复杂，也没有针对输入资源、稀缺资源、补位资源等设立符合地方实情的权重，也没有分析各类资源之间“此消彼长”或“同长同消”的相互作用；②未将社会经济价值纳入自然资源资产负债的评估过程，即缺乏对人力资本、社会资本和建造资本的考量。因此，考虑到管理的实际需求，有必要建立简化的生态系统服务功能评价体系，并将社会经济价值纳入生态系统服务功能价值的评估过程（周婷等，2013）。

5）生态系统服务的保护策略与途径　生态系统服务功能的保护需要提高保护的意识。人类看问题的尺度限制着人们对生态系统服务的认识，使人们不能充分理解生态系统服务与人类生活质量之间的关系。只有当地的、眼前的并且对实际生活具有直接影响的生态系统服务，才容易被人们理解和重视，区域性的生态系统服务往往在缺失时才会备受瞩目。例如，在经历了2000年多次沙尘暴之后，北方人民才真正认识到植被生态系统对于防风固沙等生态系统服务的重要性，同时也激发了人们保护森林、保护流域环境、防止水土流失的热情和自觉性。

生态系统服务功能的保护需要经济投入。贫穷是导致生态环境恶化的重要根源，生活水平的低下也阻碍着对生态系统服务的保护。在贫困地区，保护生态系统服务功能应该与发展经济结合起来。在富裕地区，生活在温饱水平的人们则习惯于无节制地使用自然生态系统，应该引导人们在消费的同时，重视对生态系统服务功能的保护。

生态系统服务功能的保护需要人们的参与和政府的管理。人们在满足了基本生活需要后就会想到安全和持久，也就会重视环境问题。在生态系统服务的保护行动中，政府的作用是巨大的，为此，很多国家建立了环境管理机构，以统筹规划和协调有关环境保护的方针、政策和立法。将环境问题纳入现行市场体系和经济体制中，并结合政府规章制度，制约人们破坏环境的行为；为生态系统服务划价，能够促使制定政策时将生态系统服务的丧失考虑进去，从而达到保护的目的。

总之，管理、分配和使用自然资源，除了需要科学知识和工程技术以外，还要求人们具有强烈的环境意识，社会利用政府规章制度进行全民共同制约，开发有益于环境并降低能耗的绿色产品，建立健全合理的经济体制和市场体系等。这其中既与技术进步有关，也涉及法律、政策、经济、财政等诸多领域。只有摒弃短期直接利益、保护长远共同利益，才能限制或逆转累积性的环境退化，保持自然生态系统的正常运转。

3.2.2.2　生态系统管理理论

生态系统管理（ecosystem management）起源于传统的林业资源管理和利用过程（Grumbine，2010）。Marsh早在1864年出版的《人与自然》（*Man and Nature*）一书中指出，如果英国合理地管理森林资源，可很好地减少土壤侵蚀。此后陆续有很多研究者对生态系统管理进行了大量的研究。随着世界性的资源环境压力不断加剧，恢复退化的生态系统和合理管理现有的自然资源日益受到国际社会的关注（Carpenter，1995；Boyce and Haney，1997；Kirkfeldt，2019）。人们逐渐认识到，传统的单一追求生态系统持续最大产量的观点必须改为寻求生态系统的可持续性，资源管理也应从传统的单一资源管理转向系统资源管理（Boyce and Haney，1997）。要实现这一目标，生态系统管理经营者需要与生态学家合作。生态系统管理正是管理者与科学家之间的桥梁，可以实现生态系统多个产出目标及其整体性（或可持续性）。

1）生态系统管理的涵义　不同学者的研究侧重点不同，对生态系统管理的理解也不同，因而出现了多种关于生态系统管理的定义（Pavlikakis and Tsihrintzis，2000）。归纳起来，部分定义强调生态系统的结构与功能过程管理，大多数定义强调生态系统的生态、经济和社会学管理。

（1）强调生态系统的结构与功能过程管理的含义。一些学者认为生态系统管理应主要考虑生态系统诸方面的状态过程，包括那些调控生态系统内部结构和功能、输入和输出，并获得社会上所渴望的产品（Agee and Johnson，1988）。主要目标是维持土壤生产力、遗传特性、生物多样性、景观格局和生态过程（SAF Task Force，1992）。这种管理应以顶极生态系统为主，要维持生态系统结构和功能的长期稳定（Grumbine，2010）。Dale（1999）从土地管理的角度认为，生态系统管理是考虑了组成生态系统的所有生物体及生态过程，并基于对生态系统理解得最好的土地利用决策和土地管理实践过程。生态系统管理包括维持生态系统结构、功能的可持续性，认识生态系统的时空动态，生态系统功能依赖于生态系统的结构和多样性，土地利用决策必须考虑整个生态系统。

（2）强调生态系统的生态、经济和社会学管理的含义。强调生态系统的生态、经济和社会学管理的学者则认为，生态系统管理是一种基于生态系统知识的管理和评价方法，这种方法将生态系统结构、功能和过程，社会和经济目标的可持续性融合在一起（Overbay，1992；Machlis et al.，1997；Ghazoul，2007），对生态系统的社会价值、期望值、生态潜力和经济进行最佳整合性管理（Eastside Forest Health Assessment Team，1993）。许多学者认为，进行生态系统管理不仅应该利用自然科学原理，还应该利用社会科学原理，如把生态系统管理定义为：利用生态学、经济学、社会学和管理学原理，仔细并专业地管理生态系统的生产、产品和服务价值，长期维持生态系统的整体性和理想的条件（Overbay，1992）；生态系统管理要求考虑总体的环境过程，利用生态学、社会学和管理学原理来管理生态系统的生产，恢复或维持生态系统整体性和长期的公益和价值，将人类、社会需求、经济需求整合到生态系统中；综合利用生态学、经济学和社会学原理管理生物学和物理学系统，以保证生态系统的可持续性、自然界的多样性和景观的生产力（Wood，1994）。

（3）强调生态系统可持续发展管理的含义。可持续发展的内涵包括了生态、经济和社会的可持续发展，这三方面是相辅相成的（王伯荪和彭少麟，1998）。不少学者认为，生态系统管理应该考虑可持续发展，尤其是要考虑生态系统与经济社会系统间的可持续性的平衡（Christensen et al.，1996），如定义为：生态系统管理有明确的管理目标，并执行一定的政策和规划，基于实践和研究并根据实际情况做调整，基于对生态系统作用和过程的最佳理解，管理过程必须维持生态系统组成、结构和功能的可持续性；对生态系统合理经营管理以确保其持续性，生态持续性是指维持生态系统的长期发展趋势或过程，并避免损害或衰退（Boyce and Haney，1997）。近年来，在可持续发展需求逐渐变强的背景下，生态系统管理的概念下又发展出了生态系统的适应性管理（adaptive ecosystem management）概念，其是指以区域生态系统可持续性为目标，结合生态系统的内在规律，针对其动态变化、不确定性和抗干扰能力而采取的以适应和调节行为为主的系统性过程（Walters and Holling，1990）。也就是说，对于生态系统的管理不再采用固定不变的计划和模式，而是随着生态系统管理的成效做出调整甚至改变。

（4）生态系统管理的定义。尽管有不少形式不同的生态系统管理定义，其实它们之间并没有实质性差异。它们都要求把生态系统管理主要集中在自然系统与经济社会系统重叠区的问题上，要求把生态学的知识和社会科学的技术融合起来，并把人类就社会的价值整合进生态系统（Pavlikakis and Tsihrintzis，2000）。基于此，本书将生态系统管理定义为：应用生态学、社会学和管理学原理，通过有效的生态系统管理，在维护生态系统结构、功能及其可持续性的基础上，使生态系统的作用和过程具最高效益。

用于环境管理方面的术语还有生态系统健康、生态恢复、生态整体性和可持续发展等（Malone，1995）。它们之间的关系可以这样理解，通过生态系统管理和生态恢复，保持或恢复生态系统的健康或整体性。

2）生态系统变化的度量　生态系统状态的自然变化一直是生态学家关注的问题之一，考虑干扰情况下生态系统的状态变化更是生态学家和管理者关注的问题。生态系统管理必须考虑生态系统的变化，以确定管理方式，避免生态系统的退化。

（1）生态系统管理的基础资料。对生态系统进行管理首先必须搜集获取基础资料，包括不同尺度的资料。由于生态系统非常复杂，这些资料或知识可能是个体-种群的，可能是群落-生态系统的，或是景观、生物圈（biosphere）等空间尺度的，同时这些空间尺度还与时间尺度问题相互交错。

A. 植物个体及种群尺度的资料。包括气候与微气候，地形与微地形，土壤的理化特征，消费者的层次，植物的生理生态特征，植物固碳的格局，植物遗传、共生、营养和水分条件。这些数据的时间尺度是小时、天或年。值得指出的是，不能把幼苗的数据当作成年植株的数据用（因为幼苗常没有竞争，幼苗和成年植株对胁迫的响应不同，盆栽幼苗的生长速率与野外的不同），在小样方内测定的数据不能完全当作大样方的用。

B. 群落及生态系统尺度的资料。包括气候与微气候，地形与微地形，种类组成与多度，土壤的理化特征，消费者的层次，植物组织的流通率及分解，活与死有机质的空间分布，植物对水分和营养利用的形态适应，共生、营养和水分条件。这些数据的时间尺度是年或几年。在收集这一尺度的数据时，气候因素被当作常量，样地太小时应收集更多的数据，可用更多的变量来研究生态过程的控制和反馈。确定均质样方的单位比较困难，也很难从本层次的样方数据推测景观层次的数据。在研究物质循环和水分关系时尺度非常重要，不能用生态系统尺度研究大动物和鸟类（因其活动范围较大）。

C. 景观尺度的资料。包括气候、地形、群落与生态系统类型、土壤物理特征、生态系统类型的空间分布。这些数据的时间尺度是几年至几十年。在研究景观尺度问题时，要考虑明确的边界和空间异质性，在进行尺度外推时，部分的叠加可当作整体的性质，主要研究方法有 GIS 方法和模型研究，景观尺度是评价动物生境的最佳尺度。

D. 生物圈尺度的资料。包括气候、地形和植被类型。由于空间尺度太大，一些生态学过程的速率较慢。气候是植被分布的决定性因子，时间尺度并不重要，海拔对种类分布的影响可忽略。

当然，并不是所有的生态系统管理都要收集上述资料，实际管理时只需收集核心层次的资料，并适当考虑其相邻的上、下层次的部分资料。

（2）生态系统变化的测度。生态系统的变化可通过一些参数来描述。这些通常要求可量化测度，以便进行变化程度的比较。常用的有直接的生态系统状态指标测度、综合变化指标测度和社会需求指标测度三种。

A. 直接的生态系统状态指标测度。研究生态系统变化的参数一般采用生物多样性、生态系统净初级生产力、非生物资源（土壤理化结构、营养库及其流动、水分吸收及利用等）及一些生理生态学指标。当生态系统退化时，一些敏感指标容易发生改变：植物体内合成的防御性次生物质减少（容易暴发疾病和虫害）；植物根系微生物减少或增加太多；物种多样性降低或种的组成向耐逆境种或 r 对策种转变；净初级生产力和净生产力下降；分解者系统中的年输入物质增加较多；植物或群落呼吸量增加；生态系统中的营养损失增加并限制生态系统中植物的生长；在长期营养库中的最小限制性因子发生变化。确定生态系统上述变化的方法有：比较净初级生产力、分解速率的理论与实际值；估算样地间标准物质或生物体的转移；观察指示种或功能群；稳定性同位素（如稳定性碳、氢、氮同位素）方法；“3S”技术及谱分析方法；空间和时间尺度交叉的整体性方法（如梯度分析、边界分析）；大量数据集的合成分析；生态风险评价等。

B. 综合变化指标测度。生态系统变化的特征常常不是单一指标能够表征的，而需要综合变化指标来测度。例如，可用生态系统抗性（resistance）、复原性（resilience）和持久性（persistence）来描述其特性（Mayer and Rietkerk，2004）。生态系统抗性是指生态系统维持稳定状态的程度或吸收干扰的能力。生态系统复原性是指生态系统在受干扰后返回干扰前状态的速度。生态系统持久性是指系统在某种状态下所延续的时间长度。Westman（1985）又将复原性分为 4 个可测量的成分：①弹性（elasticity），指系统恢复到干扰前状态的时间；②振幅（amplitude），指系统受干扰前后状态差异的程度；③滞后性（hysteresis），指干扰移走后系统的恢复时间；④可塑性（malleability），指系统恢复后的状态与干扰前状态间的差异。

C. 社会需求指标测度。从管理者和公众的角度看，他们更关注的是生态系统产品（ecosystem good）和服务（ecosystem service）功能的变化，社会需求指标测度常包括：食物、药物和材料，旅游价值，气候调节作用，水和空气的净化功能，为人类提供美丽、智慧的精神生活，废弃物的去毒和分解，传粉及播种，土壤的形成、保护及更新等（Overbay，1992；Pastor，1995），生态学家与管理者的度量指标相结合可能是生态系统管理发展的方向之一。

3）生态系统管理的要素　要对生态系统进行有效的管理，首先必须有合理可行的次序，这些次序并不是教条式不变的，而是一般的参照框架。同时，在管理过程也有一些基本的要点。

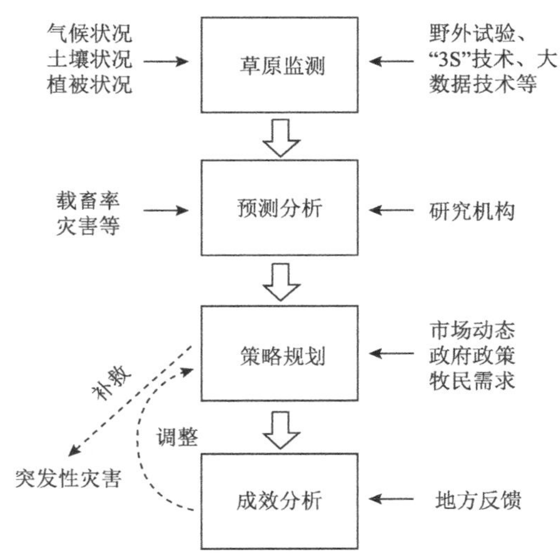

图 3.16　草地生态系统的适应性管理模式（侯向阳等，2019）

（1）生态系统管理的程序。①根据管理对象确定生态系统管理的边界和单位，尤其是确定系统的等级结构，以核心层次为主，适当考虑相邻层次的内容。②确定明确的、可操作的目标。③收集适量的资料，洞察生态系统的复杂性和相互作用，提出合理的生态模式及生态学认识。④监测并辨识生态系统内部的动力机制，确定生态学限制因子。⑤注意幅度和尺度，熟悉可忽略性和不确定性，并进行适应性管理。⑥确定影响管理活动的政策、法律和法规。⑦仔细选择和利用生态系统管理的工具和技术。⑧选择、分析和整合生态、经济和社会信息，并强调部门与个人间的合作。

在管理过程中必须把人类及其价值取向作为生态系统的一个成分，还必须考虑时间、基础设施、样地大小和经费等问题（SAF Task Force，1992）。通过有效管理实现生态系统的可持续性。图 3.16 是草地生态系统的适应性管理模式（侯向阳等，2019）。

（2）生态系统管理的若干要点。以下几个生态系统管理要点是生态系统管理过程所不能忽视的：①生态系统管理的对象包括自然和人类干扰的系统。②管理与评价生态系统，可从生态系统的功能过程来考虑，同时一定要考虑生态系统的服务功能。③生态系统管理要求人类利用系统科学的研究结果，指导影响生态系统动力机制的活动。④由于利用生态系统某一方面的功能会损害生态系统其他的功能，因而生态系统管理要求我们理解和接受生态系统功能的部分损失，并利用科学知识做出使生态系统整体性损害最小化的管理选择。⑤生态系统管理的时间和空间尺度应与管理目标相适应。⑥生态系统管理要求科学家与管理者定义生态系统退化的阈值，揭示生态系统退化的根源，并在其退化前采取措施。

（3）生态系统管理的其他问题。生态系统管理要求生态学家、社会经济学家和政府官员通力合作，但在现实生活中实现这一点并不容易。生态学家强调政府部门和个人应该用生态学知识更深刻地理解资源问题，理解生态系统结构、功能和动力机制的整体性，强调要收集生物资源和生态系统过程的科学资料，强调一定时空尺度上的生态整体性与可恢复性，强调生态系统的不稳定性和不确定性，但他们往往不愿把社会价值等问题融入科学领域内。社会经济学家更注重区域的长期社会目标，强调制订经济稳定和多样化的策略，喜欢多种政策选择，尤其是希望少一些科学研究，期望生态系统的稳定性和确定性。而政府官员则考虑如何把多样性保护与生态系统整体性纳入法制体系，如何有效地促进公共部门和私人协作的整体管理，如何用法律和政策促进生态的可持续发展，当然他们更希望在把所管理的生态系统放入景观背景中考虑时成本要比较低。

虽然生态系统管理日益受到管理者和科学家的重视，但有关生态系统管理的具体内容和方法尚存有一些争议（Vogt，1997），这些争议大部分是对生态系统管理认识不充分所致。有人认为，生态系统管理要求的资料太多，因而不可能实现，而事实上，生态系统管理集中在评估那些驱动或控制某一生态系统的动力机制上，不必收集如此多的资料。还有人认为，生态系统管理没有一个简单的定义，不具可操作性，而事实上，生态系统管理只是提供了一个避免出现生态危机的思维方法，实际管理时还要有灵活性。也有人认为，生态系统生态学不足以作为资源管理的基础，进行这样的生态系统管理会妨碍经济的发展，然而现代生态系统管理是基于生态系统生态学及其他多个学科（如景观生态学、保护生物学、环境科学、经济学、管理学、社会学）之上的，随着这些学科日渐交叉和完善，生态系统管理的理论和实践也势必会有新的发展。

4）退化生态系统管理　生态系统管理是恢复生态学的基础理论，主要体现在：①在利用生态系统的背景下，如何进行管理才使生态系统不会退化；②对于退化生态系统，如何管理才能有效地恢复（图 3.17）。

在退化草地生态系统中，围栏封育是常用的生态系统管理手段，可以在短期内恢复草地生态系统的生产力（闫玉春等，2008；赵丽娅等，2018）。然而，针对导致退化的不同因素及不同的退化程度，围栏封育管理的强度和频度都需要做出相应的调整。有研究表明，季节性围栏封育更有利于恢复轻度退化的草地系统的植物多样性（Altesor et al.，2005）。而对于严重退化的草地系统，则必须进行长期围栏封育辅助以施肥和人工种植。

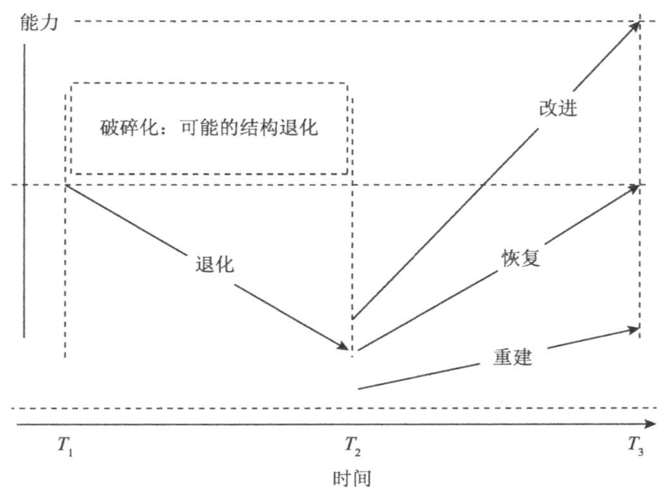

图 3.17 退化生态系统管理的几种策略选择（任海等，2003）

3.2.3 生态工程学理论

3.2.3.1 生态工程的基本概念及其发展

生态工程（ecological engineering）是指将生物结构原理、功能过程原理与系统工程的优化方法相结合，通过分析、设计、规划和调整，使资源得以多层次和循环利用，从而在具有可持续性的同时，使生态系统获得尽可能大的经济效益和生态效益的学科（Mitsch，2012）。生态工程学是以复合生态工程技术为标志的生态学的分支学科。

生态工程的萌芽时期很早，在人类社会出现生态管理活动就产生了生态工程。1962 年美国奥德姆首先使用了生态工程的概念论述。20 世纪 60 年代以来，全球各国面临不同程度的生态与环境危机，如人口激增、资源破坏、能源短缺、环境污染和食物供应不足等，促进了生态工程的发展。社会的重大生态学需求是促进生态工程的起源、发展与应用的基本动力。20 世纪 80 年代后，生态工程在欧洲及美国逐渐发展起来，并相应提出了生态工程技术。1992 年的国际期刊《生态工程》创刊，成为学术交流的权威杂志。

在中国，马世骏先生率先于 1979 年倡导开展生态工程。随后，许多学者也对生态工程的特性进行深入研究，不断完善生态工程的理论和方法（Yan and Zhang，1992；颜京松等，2001）。在中国实施生态工程，不但要保护环境与资源，恢复与重建绿水青山；更要以有限资源为基础，生产出更多的产品，以满足人口与社会的发展需要，并力求达到生态环境效益、经济效益和社会效益的协调统一，改善与维护生态系统，促进包括废物在内的物质良性循环，最终是要获得自然-社会-经济系统的综合高效益（马世骏和王如松，1984）。

3.2.3.2 生态工程的特征

生态工程的特征有：①具有物种和环境要素多样性的结构，可促使生态系统具有较高的生产力。②具有物质循环再生的功能，可促使生态系统能多重利用物质并避免环境污染。③具有生态工程的整体性的协调与平衡过程，可促使生态系统生物与环境能协调与平衡，社会-经济-自然复合系统各种关系能统一协调。④具有系统学与工程学的技术，能够通过分析、设计、规划和调整生态系统来提高功能水平。

3.2.3.3 生态工程的主要类别

生态工程可以按照尺度进行分类，可大致分为小尺度生态工程、中尺度生态工程和大尺度生态工程三类。

小尺度生态工程主要针对不同类型的具体生态系统，如农田生态系统、桑基鱼塘生态系统等，将生态系统内不同物种共生、物质与能量多级利用、环境自净和物质循环再生等原理与系统工程技术结合，达到生态系统可持续发展，并产生良好的经济效益和生态效益。例如，我国沼泽及低湿地区的桑基鱼塘的水陆交互补偿工程：桑树长出桑叶饲蚕，生产出蚕蛹及蚕丝；桑树的脱落物和蚕粪用于饲养鱼虾，生产出鱼虾；鱼的排泄物及其未被利用的有机物沉积于塘底，经底栖生物分解后可成为桑树的肥料，返回桑基。这种交互补偿水陆物质的方式，通过变换不同的生产者和消费者，实现小尺度的生态系统修复。

中尺度生态工程主要针对不同类型的复合生态系统，如海湾海岸复合生态系统、河流河岸复合生态系统等，将生态系统内不同物种共生、物质与能量多级利用、环境自净和物质循环再生等原理与系统工程技术结合，达到复合生态系统可持续发展，并产生良好的经济效益和生态效益。例如，河流整治工程，可在净化污染水体的同时，在河岸辅助建设净化生态工程：采用基质改造和植物种植结合，并构建生物操纵塘等，利用生物、生态技术措施组建的生态修复系统，净化河流水质，同时为水生生物提供了栖息和产卵空间，发挥了增加生物多样性、美化河岸景观的功能。

大尺度生态工程是流域甚至跨流域的生态工程，如珠江流域、“三北”地区等，针对解决某个或多个生态环境问题进行生态环境设计，使大尺度生态系统可持续发展，并产生良好的经济效益和生态效益。

关于利用生态工程学原理和技术进行生态恢复的实践案例很多，本章中主要对生态工程学原理进行介绍，在本书的第六章中还有我国十大生态工程案例的详细介绍。

3.2.4 景观生态学相关理论

3.2.4.1 符合生态恢复的景观设计

恢复生态学的研究是多层次的，一般的生态恢复是以生态系统层次为基点，在景观尺度上来设计与表达。恢复后在景观水平的结构，常常成为生态恢复评判的标准。景观评判并不是不重视功能，而是在绝大多数情况下，结构的优化与功能的强度具有一致性。因此，生态恢复的景观设计非常重要。

由于景观设计与区域规划有相互关联之处，因而生态恢复的景观设计应该得到区域管理者和相关政府管理人员的支持。而地域景观系统规划设计的理论和方法，与景观生态学（landscape ecology）理论一样，应该成为生态恢复景观设计的理论和方法的重要支撑。

近来，“设计”被看作科学家和实践家将科学理论转变为实践应用的途径之一。Nassauer和 Opdam（2008）将景观生态学中“格局-过程”范式扩展为“格局-过程-设计”。从景观设计的角度来看，无论多简单的一个生态系统的成功设计，都是基于对生物、非生物条件和这些组成要素的相互作用生态过程等理解之上的，从而建立一个具有生态功能的景观（Simmons et al.，2007）。而针对退化生态系统恢复，在设计中首先要考虑生态系统和生态过程的保护，达到保持生态多样性和环境可持续性的目的（Makhzoumi，2000）；其次是针对特定的对象采用不同的设计方式，进行生态恢复的同时又不失其社会属性。这种人工设计的生态系统致力于创造一个功能完善的生物群落，并与人类耦合成自然-社会复合生态系统，使其为人类提供最优质的生态服务（Zhang，2010；周婷等，2013）。

景观生态恢复的设计，类似于景观建筑和工程建筑，已有漫长的历史。它与其他建筑设计要求一样，是人类有意识地改变景观的决定，必须考虑人类的需求、经济效益和美学原则等；它又与其他建筑设计要求不同，不仅要考虑物理设计，而且所考虑的物理设计必须不违背基本的生态学原则。仝桃和胡希军（2012）将恢复性设计的原则归纳为四大类：尊重自然法则、可持续发展原则、社会经济原则及美学性原则（图 3.18）。

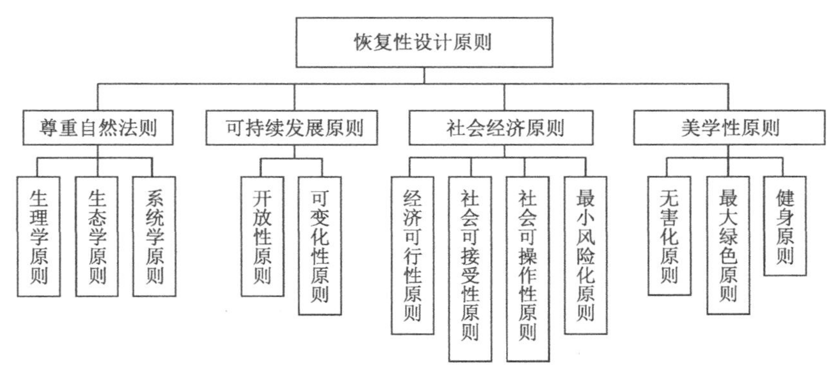

图 3.18 恢复性设计的分类原则

3.2.4.2 片段化理论与边缘效应

1）*片段化产生边缘效应* 边缘可以通过生物的和非生物条件的变化来影响片段化斑块中的生物。在片段化景观中，生物多样性保护的生态恢复措施也与景观特征相关（Leite et al.，2013）。如果边缘暴露变更的特点大于斑块自然内在的变化范围，那么在边缘效应影响下的片段部分是不适于生态系统的，片段的区域对生态保护来说是有影响的。

许多自然生态系统被人类利用甚至消失，导致某一生态系统在景观上呈现出被隔离的各种斑块。这种片段化（破碎化）（fragmentation）的结果是减少了该生态系统的总面积，同时增加了各种斑块之间的距离。自然生态系统的片段化减少了原生系统的总覆盖面积，从而导致一些种类的灭绝。另外，片段化使留于不同生态系统环境条件的片段中的生物显露，出现“边缘效应”。边缘效应是两个相邻的生态系统相互作用的结果，这两个生态系统由一条不连续的过渡带（边缘）分开。

2）*边缘效应原理* 两个或多个群落间的过渡区称为交错区（ecotone），在这个交错区里，因每个生物群落都有向外扩张的趋势，因此交错区的生物种类数量比相邻的群落要多，生产力也较之为高，这个现象称为边缘效应（edge effect）。王如松和马世骏（1985）将边缘效应定义为：“在两个或多个不同性质的生态系统交互作用处，由于某些生态因子（可能是物质、能量、信息、时机或地域）或系统属性的差异和协和作用而引起系统某些组分及行为（如种群密度、生产力、多样性等）的较大变化”。植物群落的边缘效应则被定义为：在植物群落的交错区，由于不同群落的相互渗透、相互联系和相互作用，交错区的种类组成、配置以及结构和功能，具有不同于相邻群落的特性（王伯荪和彭少麟，1985）。

边缘效应在其性质上可以分为正效应和负效应。正效应表现出效应区（交错区、交接区或边缘区）比所相邻的群落具有更为优良的特性，如生产力提高、物种多样性增加、生态效益更高等；反之则称为负效应，森林群落的负效应主要表现在效应区的种类组成减少、个体植株的生理生态指标下降、生物量和生产力降低等。

3）边缘的生态学结果　片段化森林斑块边缘的生态系统经受跨越它们边界两边的能流、养分和种类，结果边缘区会有不同于林地的种类成分、结构和生态学过程。不同的片段化森林斑块边缘中，年龄、外貌、方位、基质类型、森林和基质管理历史等因素，使边缘效应有不同的生态学结果。Murcia（1995）在其综述中提出，在片段化斑块上的边缘效应有 3 种类型，其各自的边缘生态学结果也不同。

（1）非生物效应。非生物边缘效应在人为片段化的森林中非常明显，边缘区环境条件的变化和基质结构的差异引起非生物效应。森林斑块通常为牧场或作物地或小的次生林所分隔。森林结构的复杂性和生物量与相邻地不同，导致片段化森林的内部和边缘的空气温度与湿度、蒸发压差、土壤湿度、光强等微气候特征不同。与森林相比，森林外白天有较多的太阳辐射到达地面，夜间有较高的出射长波辐射发射到大气。结果，白天近地面的温度较高且昼夜温差较大；而森林的林冠下则较冷、较湿，昼夜温差也较小。边缘两边微气候的不同创造了一个温度和湿度的梯度区，沿森林中心扩展到边缘。

边缘效应在提高植物的生态效益和经济效益、改良林内土壤酸碱度、有机质含量、土壤和地表水富营养化程度等方面均具有不同程度的作用。交替环境条件下，交叉边缘化学物质的移动也能产生非生物边缘效应。例如，在美国马里兰州，硝酸盐、硫酸盐和除草剂从毗邻作物地扩散到了沿河森林，在边缘区其值最高，并随到森林片段内的距离而下降。调查林缘降水中不同离子含量，可对改良林地起到一定的指导作用。结果表明，黑松林缘因具有较多的穿透雨，降水中 NO_3^-、SO_4^{2-}含量较高，如果将黑松林转栽成另外两种阔叶林或混交林分，将会降低土壤酸化、氮饱和、地面或表层水富营养化程度，并使生物多样性增加。在林木经营过程中，应尽量种植混交林分，间接增强林地内物种的多样性，从而使不同林木处于最佳的生长环境中，起到保护环境、保持生态平衡的作用，同时使经济利益最大化（Gielis et al.，2009）。

（2）直接生物学效应。片段化森林斑块有明显的直接生物学效应，主要是影响种的丰度和分布，比较敏感的物种首先受害，而有利于边缘群落占据优势。由于边缘的形成会使物理环境（如干燥、风吹）发生变化，而种类因对靠近边缘条件的生理耐受性不同而直接影响森林的结构。例如，片段化产生的边缘增加了光，从而促进了植物的生长，甚至在产生边缘后的几十年里，森林的结构还在变化。许多热带和温带森林显示，在边缘 20m 内有较高的树密度和基面积。边缘物理环境不同也可能引起植物的死亡，树的死亡率在靠近边缘处比在森林内部更高，从而影响靠近边缘的森林结构。对片段化常绿阔叶林植物多样性的研究结果表明，边缘效应不仅影响植物的丰富度，也影响植物个体的分布密度。草本植物的物种丰富度和藤本植物的相对密度可作为片段化程度和边缘效应的两个判断指标，且边缘效应的不同表现格局可以作为片段化群落生态恢复阶段的主要特征（李铭红等，2008）。

不同种的生理耐受性是不同的，因此在物理和化学环境上的边缘效应还会影响靠近边缘的种的分布。一些森林植物种在靠近边缘处比较缺乏或密度较低，而另一些则密度较高或根本没变化。边缘上的种间对物理环境变化的不同反应，可以引起种类成分在局部上的不同。

森林动物种类对边缘也有多种反应。森林动物的活动与环境条件密切相关，因而从种类成分和密度上也表现出从林内到边缘的不同变化。边缘的环境会吸引某些动物，会引起种类从林内趋向边缘集中，甚至穿越一定的距离进入片段化森林中，反之亦然。

（3）非直接生物学效应。非直接生物学效应涉及种的相互作用的变化，如捕食、繁殖、寄生、竞争、生物的传粉和种子扩散等。在森林环境和结构中启动边缘变化可以影响靠近边缘的种的相互作用的动力机制。例如，边缘光的增加使叶子萌发，这会吸引食草昆虫，再吸引鸟类，进而又吸引捕食动物。这样，边缘效应在光的有效性和食草昆虫的丰度上可以形成一系列跨生态系统间的串接效应。

4）*边缘效应的尺度效应及测定*　在不同尺度上的生态交错区，如在植物、种群、斑块、景观和生物区多等级水平上，其主导的影响因子是不同的（Gosz，1993）。Strayer 等（2003）也指出，边缘带需要在不同的粒度大小上进行定义和研究，因为在不同的粒度上，相同的物理结构可能表现得完全不同或者完全消失。由于这样的生态交错区具有非常敏感的时空动态性，又是边缘效应的主要表达区，因此边缘效应在不同尺度上的机理及相关研究方法都有所不同，只有在明确尺度的基础上，结合相对应的研究方法，才能对其进行合理的比较和评价，从而使研究结果更具科学性。

对边缘效应进行量化的测度已经有一些研究，大尺度水平上主要是应用数量生态学方法，从而研究不同气候带之间界限的划分及其物种分布的梯度规律性；中尺度水平上应用景观生态学的“3S”技术等方法，侧重于研究交错带的动态变化趋势及位置宽度的判定；小尺度水平上通过距离边缘的长度，各群落中种群的数量、结构、多样性等定量指标，并利用一些模型来构建测度公式，从而测定边缘效应的强度及其对群落的正负效应。正确理解边缘效应的内涵及其定量化评价具有重要的理论与现实意义。

群落的边缘效应有许多方面的特征，而种群变化是边缘效应最基本的特征之一（彭少麟，2000）。彭少麟（1992b）认为，对边缘效应强度的测定，可以考虑从测定种群的数量和结构变化方面来进行，并利用如下的公式来计算边缘效应的强度。

设有某一度量群落中种群数量和结构的定量指标。令由 m 个群落形成的交错区里的这一指标为 Y，各群落的这一指标为 y_i（i=1，2，3，…，m）。令边缘效应的强度为 E，根据生态学意义，建立模式为

$$E = mY / \sum_{i=1}^{m} y_i$$

可选用一些对群落中数量和结构有效的指标，进一步对这一模型进行拟合。

5）*边缘效应在生态恢复中的应用*　边缘效应规律是自然生态系统和人类生态系统的普遍规律，边缘效应与生态恢复、物种保护、生境保护和农林业生产等密切相关（彭少麟，1996a；Woodroffe and Ginsberg，1998；Fonseca and Joner，2007）。边缘效应规律可用于恢复生态学的实践中，特别是利用边缘效应的正效应，如可以参照边缘效应现象进行混交林的群落结构建造，以及对质量差的林地进行林分改造，最典型的案例就是复合农林业的构建。掌握边缘效应的原理，通过创造更多的交错区，提高边缘长度，可以提高生态系统的生产力和农副产品的产量。人类在生态系统中涉及的范围越来越大，因此在原系统之间产生了大量新的边缘，使环境处于波动状态。这种变化或是向良性或是向恶性方向发展，这两种发展方向使系统出现明显不同的结果，并给人们带来完全不同的生态和经济效果。因此，在人工生态系统或人类参与的生态系统中，边缘的大量产生和边缘效应作用的方向性关系到整体生态系

统的质量水平（关卓今和裴铁璠，2001）。通过生态恢复，新产生的边缘会向环境资源充分高效利用的方向发展，以提高生态系统整体质量水平。

边缘效应可用于恢复物种数量和生物多样性，如野生生物学家通过创造边缘来增加物种多样性和丰富度（Murcia，1995）。对于生态恢复来说，片段化生境的边缘容易被管理者直接进行管理。因为生境边缘可以作为恢复的起点，通过对动态特征的正向利用可起到发动并促进生态恢复的作用。例如，在片段化栖息地周围建立次生林有助于鸟类与原始森林的连接，从而恢复至片段化之前的情况（Stouffer and Bierregaard，1995）。事实上，由于斑块格局和栖息地类型经常受到各类因子的影响，其中边缘的性质和位置更加容易改变，这也就为生态恢复的实践提供了机会（Sisk，2007）。在一个新出现的斑块中，当边缘是再生繁殖体的重要来源时，增加的边缘有利于繁殖体传播（Young，2000）。对片段化的合理管理有助于恢复物种丰富度的提高（Turner and Corlett，1996）。

边缘效应还可用于进行以生态可持续性为目标的生境斑块恢复。一般而言，斑块越小，越易受到环境或基质中各种干扰的影响。这些影响的程度与斑块各种景观格局特征有关，如斑块面积、形状及其边界特征（邬建国，2007）。相应的，在进行生态恢复措施和实施方案时，也需要考虑到斑块的形状和大小与边界特征（宽度、通透性、边缘效应等）的关系，如紧实的形状有利于保蓄能量、养分和生物；而松散的形状易于斑块内部与周围环境之间的能量、物质和生物等方面的交流。如果斑块内部与边缘生境比例较高，那么养分交换和繁殖体的更新相对变得更容易（李明辉等，2003；彭少麟，2007）。

由于人类对自然生态系统的影响途径逐渐多样化，在生态恢复中要将人类作为一个主导因素加以重视。人类与动植物存在于同一环境中，要追求其共处，而非隔离开来，这样才能达到可持续的平衡过程。许多因子会影响到适合在片段化森林中生存的物种的数量，破碎化的大小和程度是很重要的，但是人类干扰的频度和强度及周围植被的属性的影响也是不容小觑的（Turner and Corlett，1996）。利用边缘效应的方向性对生态系统进行恢复取得的显著效果，已经受到广泛的关注，如第 16 届国际恢复生态学年会的科学主题是“边缘的生态恢复”，将边缘效应对生态恢复的作用提高到了很重要的位置，边缘效应在生态系统恢复中的意义越来越重大（彭少麟和陆宏芳，2004）。

6）*廊道在消除生境片段化中的意义*　生态廊道的连通可以消除生境片段化，提高生物多样性，主要是由于廊道具有“走廊”和“踏脚石”的功能，可以促进物种传播，加强生境连通性（Tang et al.，2020）。小片段不能够承载较大规模的种群，可能导致遗传多样性的降低及统计随机性的增加，使得恢复力降低。通过相邻或廊道，剩余生态系统的连接增加了新的定植可能性，同时花粉、种子和动物的行为增加了基因交流。因此，连通性可以增加恢复区的物种丰富度、恢复力和生态系统功能（Leite et al.，2013）。例如，对全球 75 个城市大量生物类群的多样性变化进行分析表明，斑块面积和廊道对生物多样性的影响最大（Beninde et al.，2015）。廊道提高了斑块之间的连通性，对生境连通性和环境条件的影响可影响植物物种组成（Lopez et al.，2018）。植被廊道被认为能够增强鸟类在城市景观中的持久性（Matsuba et al.，2016）。城市片段化绿地中的物种丰富度可能是绿地斑块这种“岛屿”大小和隔离程度的作用结果。影响城市生境内生物多样性的因素包括破碎化生境的大小、存在时间、形状、小气候条件、生产力、植被丰富度和结构复杂性等多种因素（Burkman and Gardiner，2014），其中斑块形状和面积、景观组成和连通性是城市绿地中物种丰富度的主要影响因子。因此，廊道对绿地连接的改变主要体现在斑块大小和相邻距离上，如 Robinson 和 Lundholm（2012）研究得出将植物斑块的空间属性作为影响城市中寄生虫群落多样性和功能的因素纳入分析，认为应保存更大的植物斑块并尽量减少隔离程度。

3.2.4.3 中度干扰理论

Connell（1977）提出的中度干扰理论（intermediate disturbance hypothesis，IDH）认为，当生态系统处在中等干扰时，生物多样性达到最大。预言只有在适度干扰的地方，物种的丰富度才最高。具体地说，在一定时空尺度下，有中度干扰时，会形成缀块性的景观，景观中会有不同演替阶段的群落存在，而且各生态系统会保留高生产力、高多样性等演替的早期特征（Connell and Slatyer，1977）（图 3.19）。但这一理论应用时的难点在于如何确定中度干扰的强度、频率和持续时间。

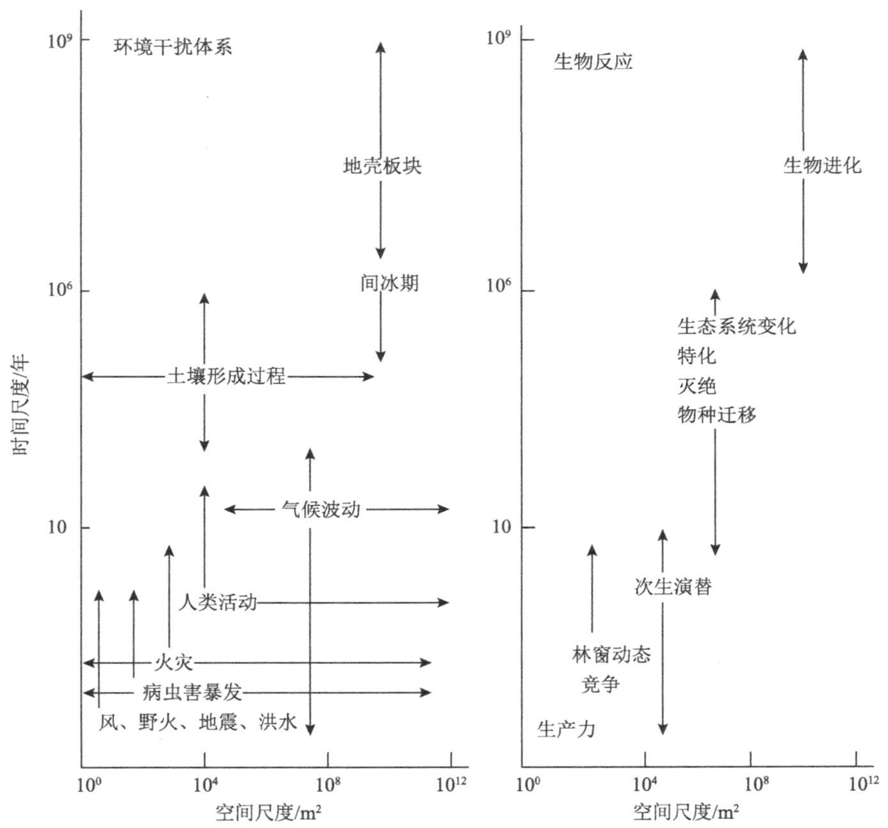

图 3.19 环境干扰体系和生物响应的时空尺度

中度干扰理论（IDH）预测了一个群落多样性和干扰的单峰模型，是理解物种多样性模型的核心。Catford 等（2012）研究了外来入侵背景下的 IDH，认为 IDH 为干扰对物种入侵的促进作用及入侵对植物区系多样性影响方面提供一个观点。Miller 等（2011）根据已有的干扰对多样性的研究与观察，提出一个模型以预测单一简单系统如何在特定频率与强度下形成中度干扰理论所预测的最高多样性-中度干扰情况或其他自然系统中记录到的不同情形。为多样性-干扰关系响应的研究设计提供广泛应用。干扰对景观的作用理论，在揭示退化生态系统的退化机制以及退化生态系统的管理中都是非常重要的基础理论。

3.2.4.4　景观格局与景观异质性理论

景观异质性（landscape heterogeneity）是景观的重要属性之一。《韦氏词典》将异质性定义为“由不相关或不相似的组分构成的”系统。异质性在生物系统的各个层次上都存在。

景观（landscape）是由不同演替阶段、不同类型的斑块构成的镶嵌体，这种镶嵌体的结构由处于稳定状态和不稳定状态的斑块（patch）、廊道（corridor）和基质（substratum）构成。景观格局（landscape pattern）一般指景观的空间分布，是指大小与形状不一的景观斑块在景观空间上的排列，是景观异质性的具体体现，又是各种生态过程在不同尺度上相互作用的结果。景观生态学中“斑块-廊道-基质”的模式可应用于恢复生态学。斑块是作用基点，基于各个点的地带性与特异性，对特定生态系统类型进行深入的研究，是对其进行调控的基础，也是进行创新的生态设计、模式构建的基础。因此，在区域环境治理及恢复生态学上具有极其重要的意义。斑块之间通过廊道连接，通常是生态交错区，是不同生态系统之间物质能量流通交换的渠道，也是人类活动的活跃区。虽然其面积很小，但是功能却非常重要（Ewel et al.，2001）。事实上，对于廊道的研究可以将斑块上的恢复成果更快地推移延伸。通过各种交错区的连接将斑块置于基质中，利于全局性的研究在斑块上得到深入细化。与景观结构一样，景观功能也是通过一系列过程的整合得以体现，可以将其比喻为齿轮链（Lavelle et al.，2006）。互相远离的生态系统只有通过连接它们的系统和过程才能相互作用，对于整个景观来说，只有当所有的齿轮链各在其位时，作为一个功能系统才能完整地发挥功能（Tongway and Ludwig，2009）。所以无论从景观结构还是功能来讲，“斑块-廊道-基质”模式都是恢复生态学要贯彻的思想。

斑块、廊道和基质是景观生态学用来解释景观结构（landscape structure）的基本模式，运用景观生态学这一基本模式，可以探讨退化生态系统的构成，可以定性、定量地描述这些基本景观元素的形状、大小、数目和空间关系，以及这些空间属性对景观中的运动和生态流的影响。近期研究表明，景观结构，尤其是景观覆盖（landscape cover）及连接度，与景观恢复力及景观管理有关。这些学者表明，在中等恢复力的景观特征下，生物多样性的恢复具有最佳成本效益比。这样的景观下会有高度的生物多样性，具有再次恢复退化地区的潜力。然而具有中等恢复力特征的景观，生境消亡与破碎化导致的物种灭绝的风险也更高。当恢复力较高时，即生境覆盖度与连接度较高时，景观具有相当高的维持生物多样性及自我修复过程的潜力，并减少恢复措施的成本投入（Hobbs，2007）。当恢复力较低时，即生境覆盖度和连接度较低时，可能会带来巨大的修复成本，同时由于物种减少和重新定植的概率下降，获得的生态保护效益也非常低（Leite et al.，2013）。

恢复目标是加强生态系统的过程或者功能，而如何测定生态恢复的成果，就需要用到生态系统的格局或者结构属性（Ryder and Miller，2005）。van de Koppel 等（2002）研究了在半干旱草原地区地表水的重分配与退化斑块植被分布格局的关系，结果显示，小尺度植被覆盖的丧失导致了水资源的重新分配，从而促进了在剩余斑块的植物的生长，但是如果植物覆盖的降低超过了临界阈值，如食草动物转移至剩余植被，就会导致大尺度上整体植被遭到严重破坏。然而格局的表象不一定能完全体现过程的实现。例如，河流的恢复多是基于一些结构特征，如河道宽度、深度和蜿蜒度，但是外表的相似并不能等同于其营养传输及服务功能过程的完成（Palmer and Filoso，2009）。格局和结构可以在某种程度上直观地体现恢复的成果，而可持续性生态恢复强调的是过程和功能的实现，所以可持续性恢复生态学需要理解并应用格局与过程的理论。

景观生态学研究表明，边缘效应改变了各种环境因素（如光入射、空气和水的流动），从而影响了景观中的物质流动。同时，不同的空间特征也决定了某些生态过程的发生和进行。斑块的形状、大小和边界特征（宽度、通透性、边缘效应等）对采取何种恢复措施和投入有很大的关系，如致密型形状有利于保蓄能量、养分和生物；松散型形状（长宽比很大或边界蜿蜒曲折）易于促进斑块内部与周围环境的相互作用，特别是能量、物质和生物方面的交换。若斑块内部边缘比较高，则养分交换和繁殖体的更新更容易。不同斑块的组合能够影响景观中物质和养分的流动，以及生物种的存在、分布和运动，其中又以斑块的分布规律影响较大，并且这种运动在多个尺度上存在，这种迁移无论是从传播速率还是传播距离上都与均质景观不同。

景观异质性或时空镶嵌性有利于物种的生存和延续及生态系统的稳定，如一些物种在幼体和成体的不同阶段需要两种完全不同的栖息环境，还有不少物种随着季节变换或在进行不同的生命活动时（觅食、繁殖等）也需要不同类型的栖息环境。所以有时通过一定的人为措施，如营造一定的砍伐格局、控制性火烧等，有意识地增加和维持景观异质性是必要的。这些原理在退化生态系统的恢复与管理上都非常重要（李明辉等，2003）。许多研究表明，景观异质性越高，就会表现出越高的物种多样性以及重新定植的数量，对恢复地区的物种多样性有很大改善（Gonzalez-Moreno et al.，2011；Osland et al.，2011）。尽管斑块密度通常与景观片段化负面影响有关，但也与重新定植具有正效应的关系。Thiere 等（2009）研究表明，湿地池塘数量越高，重植水生物种的多样性越高。从对鸟类、两栖动物、无脊椎动物和鱼类的观察发现，不利于景观连通性的空间配置会影响恢复地区的重新定植。景观恢复地的尺度、空间配置及连通性会影响与恢复稳定性有关的生物和非生物过程。有许多因素影响景观结构与生态恢复效果之间的关系，如退化生境的类型、土地利用史、干扰强度与频率、系统恢复力、管理方案及联系景观结构与恢复的方法（Leite et al.，2013）。

3.2.4.5 景观多时空尺度耦合理论

人类对自然环境的影响是发生在多种多样的空间和时间尺度上的（Dobson et al.，1997），恢复生态学要体现在多等级的空间尺度与长系列的时间尺度上，需运用景观生态学的尺度等级理论。等级缀块动态范式（Wu and Loucks，1995）强调空间、时间和组织尺度需要紧密联系，基于小尺度建立的模型要用合适的标准和参数整合在较大尺度上。小尺度或者低等级上详细具体的数据信息通常是容易获得的，通常可以用来解释机制性原理。但是最重要的事件是在较大尺度上发生的，尤其是考虑大尺度上的干扰时，就要跨越大的空间尺度和长的时间跨度（Wu and Loucks，1995；Schroder，2006）。通常只有建立在大量长时间数据的基础上，恢复实践的时间异质性才能得以较为完善地论述（Fuhlendorf and Smeins，1997；Ehrenfeld，2000）。所以无论是空间还是时间尺度，恢复生态学都有必要进行尺度推译和整合。尺度问题已成为现代生态学的核心问题之一，这一观点已得到广泛认同（Crawley and Harral，2001；邬建国，2007）。

以森林恢复过程中各种群落的移动为例，研究森林恢复在景观尺度上的现象，以及群落演替和物种竞争的机制（图 3.20）。进行景观、群落和物种的多尺度耦合的研究，提出等级斑块动态框架。该研究弥补了以往小尺度研究无法得知整个景观的变异规律，而大尺度研究不能探明其变化的机制（Peng et al.，2012）。在多尺度上联合格局和过程，用小尺度上的机制去解释大尺度的格局特征。研究内容、研究方法及所揭示的主体问题在不同的空间和时间尺度上都是有差异的。

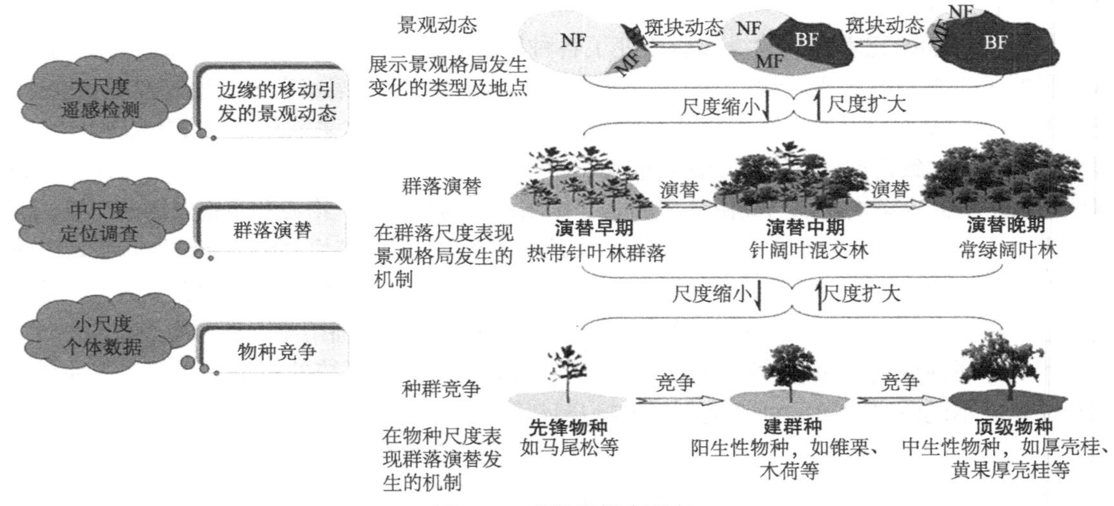

图 3.20　多尺度耦合研究

NF为the tropical needle-leaved forest （针叶林）；MF为 the needle/broad-leaved mixed forest （针阔叶混交林）；BF为 the broad-leaved forest （阔叶林）

3.3　自我设计理论与人为设计理论的相互关系

根据前面两小节的阐述，不难发现，自我设计理论和人为设计理论存在着明显的区别：自我设计理论主要依赖于生态系统的自组织性和自然演替规律，主要用于指导生态系统的自然恢复；而人为设计理论主要依赖于生态修复和生态工程的原理和技术，主要用于指导人工生态系统的恢复。

然而，基于自我设计理论和人为设计理论的生态恢复实践却存在着一些共同之处。对于有望自然恢复的受损生态系统而言，视其受损程度和预计恢复所需的时长，可以辅助不同程度的生态修复和生态工程技术，为其自然恢复创造有利条件。例如，对于植被受损而发生严重水土流失的地区，必须利用工程措施缓解水土流失现象，植被才能得到很好的自然恢复（彭少麟，1997）。而对于受到严重破坏的生态系统而言，虽然以人为设计的生态恢复为主，但人为设计的不同恢复阶段必须符合系统的自然属性和自然演替规律，不能违背自然属性和跨演替阶段强行恢复。例如，在我国西北部沙漠化严重的区域，其沙漠化是由复杂的自然因素和人为因素共同导致的，生态恢复主要的自然限制是物种库多样性低、降水少和土壤层厚度小，因此在沙漠化地区的生态工程必须理解这些自然限制，因地制宜地开展人为设计和恢复（任海和彭少麟，2001；蒋德明等，2006）。由此可见，基于自我设计的生态恢复有时需要人为的生态修复和生态工程辅助；而基于人为设计的生态恢复必须遵循自然的属性和自然恢复规律。除了极个别的人为设计系统（如城市公园）外，绝大多数基于人为设计的生态恢复最终目的都是让系统重新获得自然恢复的能力，从而转变为基于自我设计的生态恢复阶段。

3.4　与生态恢复相关的其他基础生态学原理

生态系统的基本要素是物质、能量、空间、时间和生物多样性。生态恢复与重建首先涉及的也是这 5 个方面的基本要素，因此，与物质、能量、空间、时间和生物多样性相关的一些基础性生态学原理对生态恢复与重建也具有重要的指导意义。

3.4.1 与物质相关的生态原理

3.4.1.1 主导生态因子原理

生态因子（ecological factor）是指影响生命体的任何非生物因子或生物因子（Gilpin，1991）。非生物因子（abiotic factor）包括气温、日照、水分、养分等；生物因子（biotic factor）包括食物来源、竞争者、捕食者、寄生者等。生态系统的动态受生态因子的影响，这些复杂的生态因子中，有少数是具有支配作用的，称为主导生态因子（key ecological factor）。影响退化生态系统恢复和重建进程的首先是相关的生态因子。

例如，在南亚热带地区，生态因子中有光照充足、温度适宜、水充裕的有利一面，也有秋旱、台风和暴雨等不利一面，但总的来说，影响退化生态系统恢复的主导生态因子是土壤因子（edaphic factor），主要是土壤肥力和土壤水分（周国逸等，1995；彭少麟，2003）。对于极度退化的生态系统，其特点是无植被覆盖，总是伴随着严重的水土流失，土壤极度贫瘠，土壤结构及其透水性和保水性差，即使是在雨季阶段，降水量虽然不少，但绝大部分是流走或蒸发掉，而土壤真正吸收的水分是不多的，当然植物能够利用的水分就更有限了。雨过天晴后，在强烈的太阳辐射作用下，表土很快呈现干旱现象，对植物的生长发育是不利的（Gao et al.，2003）。因此，极度退化生态系统的恢复与重建，第一步就是控制水土流失，提高土壤肥力和土壤理化结构，这还需要工程措施和生物措施相结合。

3.4.1.2 元素的生理生态原理

所有生物有机体都由一定数量的化学元素组成，这些元素对于生物分子的构成至关重要。因而不管在何等组织水平上，有关元素的生理生态原理均有重要的意义。

最小量定律（Liebig's law of the minimum）是由德国农业化学家 J. von Liebig 在 20 世纪发现的。它指出：只有在所有关键元素都达到足够的量时植物才可能正常生长；生长速度受浓度最低的关键元素的限制。这就是说，即使只有一种关键元素没有达到足够的数量，植物生长也将停滞。基于最小量定律，英国植物生理学家 F. F. Blackman 提出了限制因子定律（law of limiting factor）。Blackman（1905）指出，生物对每一种非生物生态因子都有一个耐受范围，只有在耐受范围内，生物才能存活。因此，任何生态因子，当接近或超过某种生物的耐受极限而阻碍其生存、生长、繁殖或扩散时，这个因子就成为这种生物的限制因子（limiting factor）。例如，在 Blackman 的实验中，光照强度就是植物光合作用的限制因子（图 3.21）。

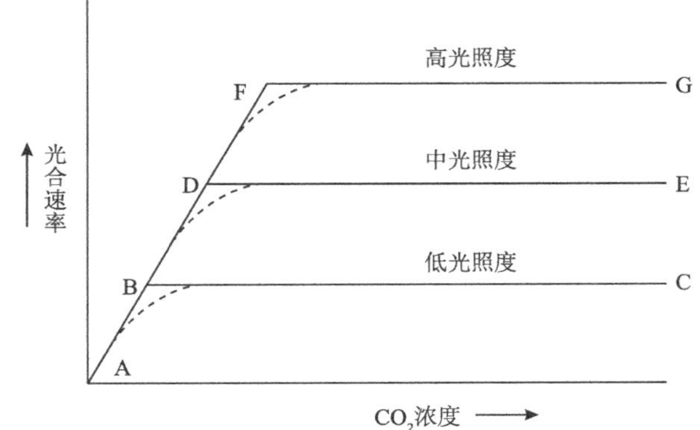

图 3.21 Blackman 关于植物生长的限制因子研究结果

单纯的CO_2浓度升高无法使植物实现最大光合作用，必须在光照强度和CO_2浓度同时升高的情况下，植物才能实现最大光合作用，这说明光照是本研究的限制因子

在最小量定律和限制因子定律的基础上，美国生态学家 Shelford 于 1911 年提出了耐性定律（law of tolerance）。该定律指出：任何元素都存在着一个浓度范围，称为耐区间。在这个范围以内所有与该元素有关的生理学过程才能正常发生，因此只有在这个范围内，一定的动植物种类才有可能生存。在这个范围内，有一个最适浓度称为偏好浓度（preferendum），在该浓度下代谢过程速度最快。当浓度低于忍耐区间下限时，则由于该元素的缺乏而有机体将会死亡；当浓度超出上限时，则由于元素过量也会造成死亡。

以上几个原理对退化生态系统重建物种的选定及生境的改良有重要的指导意义。通常在极度退化的生态系统进行植被恢复所采用的早期先锋种，均是对营养（包括光、温、水、肥）的忍耐区间很大的种类。而对退化生态系统土壤生境的改善，应分析其中的关键元素，针对性地施肥，在许多情况下用营养杯植树就是这个道理。

3.4.2 与能量有关的生态原理

所有的生命系统，从细胞到最复杂的生态群落都是能量转换器。在所有生物组织层次上，都存在着将能量（energy）导入有生命系统的各种活动之中的过程，以这种方式实现能量的利用和控制。最基本的热力学三大定律（laws of thermodynamics）支配着生命的能量转换过程。理解退化生态系统恢复中的各种能量转换过程，有助于退化生态系统的恢复及综合利用。

初级生产力取决于整个群落和生态系统对资源的利用效率。衡量群落和生态系统经过恢复后是否达到了原来生产能力的最有效指标是净初级生产力（net primary productivity，NPP），因为它包括了许多过程，如光合、呼吸、营养循环、能量流动和死亡等。

营养保持力（nutrient retention）是群落和生态系统营养循环的必要条件。虽然群落和生态系统的营养循环是开放式的，但是如果重建或恢复的群落和生态系统较原生生态系统损失了较大量的营养，则是一个缺陷拟态（defective imitation）。在长期循环中，可能由于新的种类的侵入或其本身生产力的下降而不能持续提供应有的营养。

南亚热带退化丘陵山地（degraded hilly area）构建的林-果-草-渔复合生态系统，就是恰当利用食物网的能量转换原理进行高效生态恢复的案例：在土壤贫瘠的山顶上造林以控制水土流失；在生境稍好的山腰种果树；在土壤条件较好的山脚下种经济草种或其他经济作物；在山凹处蓄水养鱼。在这个系统中，草带生长的草能作为饲料养鱼，鱼粪增加了塘泥的养分，塘泥能作为山腰果树和山顶树木的肥料，山顶树木的部分凋落物也能用作沤肥。这样通过能量与物质的多重利用，达到高的生态效益和经济效益。该模式在南亚热带丘陵地带得到广泛推广。

3.4.3 与空间有关的生态原理

生态系统中生物的容纳量，首先直接依赖于可利用的空间范围。退化生态系统的重建，也依赖于对有关空间原理的理解。

3.4.3.1 种群密度制约原理

美国生态学家 W. C. Allee 于 20 世纪 30 年代提出了阿利氏效应（Allee effect）。根据经典的阿利氏原理（Allee's principle），种群密度太高或太低，都可能成为种群发展的限制因子。另外，在某些情况下，就每个个体的可利用空间而言，如果高于或等于最适宜值，那么就可以产生有利影响，而如果空间太小，则会产生不利影响。若单株植物可利用空间为 S，植物的干重为 P，则

$$P = K \cdot S^{3/2}$$

式中，K 为常数，描述种间异质性。种群密度制约原理有助于确定在退化生态系统重建时如何采用种植密度，以及林分改造时的合理间伐。

3.4.3.2　种群的空间分布格局原理

种群的空间分布格局在总体上有随机分布（random distribution）、均匀分布（uniform/even distribution）和集群分布（clumped distribution）等（图 3.22）。一般荒山造林总是采用均匀分布格局，实际上有时集群分布格局也会有利于种群的发展。

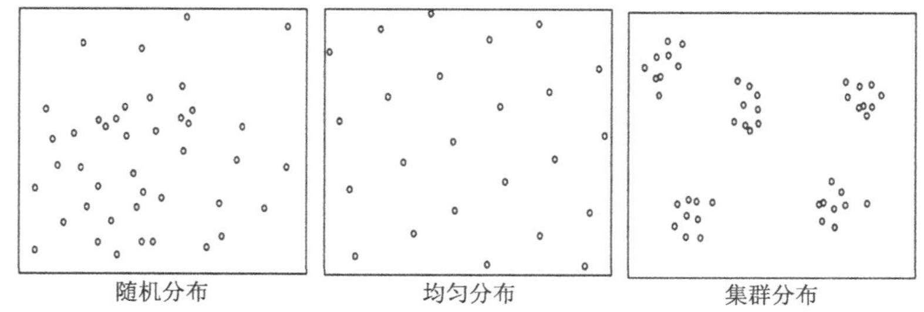

图 3.22　种群的空间分布格局类型

3.4.3.3　生态位原理

生态位（niche）是指每个物种在群落中的时间和空间位置与其机能关系。它被用于概括说明某物种究竟在地球上适宜生存的生态因子群；生活在一起的物种，必须具有自己的独特生态位，物种生态位的大小反映了其遗传学、生物学和生态学的特征（Schoener，1974），具体实例可见图 3.23。退化生态系统的恢复与重建，特别是构建高物种多样性的复合生态系统，如复合农林业生态系统，均应考虑各物种在水平空间、垂直空间和地下根系的生态位分化。物种若具有相同的生态位，必然会造成剧烈的竞争而不利于生态系统的群体发展。

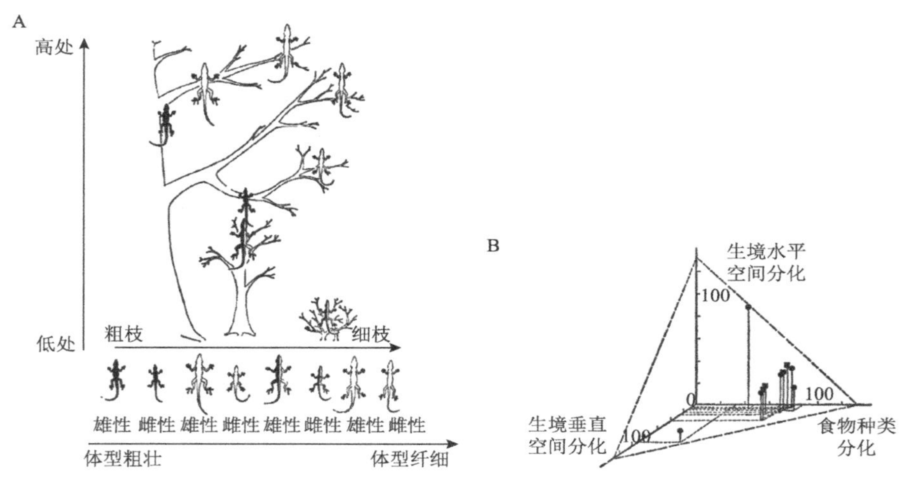

图 3.23　牙买加安乐蜥蜴群落的空间分布示意图（A）和 Coby 研究的草原鸟类群落的空间分布情况（B）

牙买加安乐蜥蜴属表现出种内体型大的个体栖居于较粗的枝条上，而平均体型较大的物种栖居于较高处的枝条（反而是较细的枝条）上的现象。Coby的研究表明不同鸟类物种间存在明显而稳定的空间分化和食物种类分化

生态位原理在生态恢复实践上有广泛的应用。

（1）利用植物物种生态位分化的原理构建多层多种的群落结构，通过林冠层的截留，凋落物增厚产生的地面下垫面的改变，以减缓雨滴溅蚀力和减少地表径流量，控制水土流失。

（2）利用植物的有机残体和根系穿透力，以及分泌物的物理化学作用，促进土壤的发育形成和熟化，改善局部环境，并在水平和垂直空间上形成多层次结构，增加生态位的多样性，增加物种多样性。

（3）应用生态位原理，构建具有植物根系错落交叉的整体网络结构的群落，增加固土防冲能力，为其他生物提供稳定的生境，逐步恢复土壤退化的生态系统。

3.4.3.4　集合规则原理

在群落中，所有生物类群都遵从一定的集合规则（assembly rule）。集合规则是群落集合特征（结构和功能）及其影响因素的一个明确的和定量的描述（Diamond，1975）。集合规则不仅对群落的结构和功能进行了描述，而且说明了群落结构功能特征的形成过程与影响因素，因此集合规则可作为建立一个新群落（生态恢复）的理论框架和技术指导（图 3.24）。

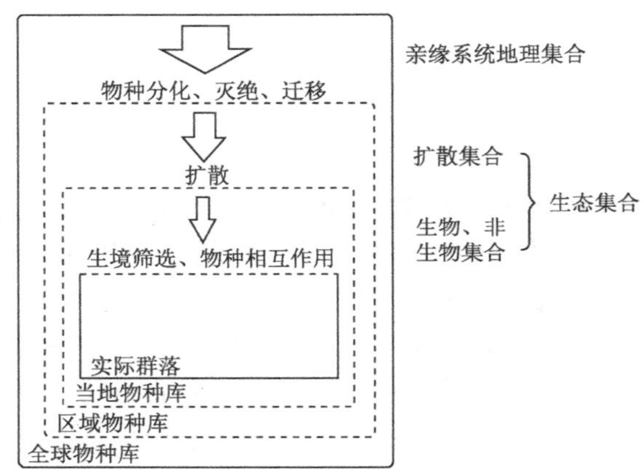

图 3.24　形成集合规则的多尺度生态过程（Götzenberger et al.，2012）

3.4.4　与时间有关的生态原理

生态系统的动态发展，在于其结构的演替变化，如物种的组成、各种速率过程、复杂程度和随时间推移而变化的组分。中国广东省小良的生态恢复表明，随着生态恢复的进行，生物多样性不断增加，但生物多样性恢复的速率在整个过程中是不一致的，在恢复的早期至中期是加速的（表 3.10）（Fang and Peng，1997）。

表 3.10　退化生态系统恢复过程群落间植物多样性的发展

天然次生季雨林	1964 年	1974 年	1975 年	1976 年	1977 年	1978 年	1979 年
各期人工林两两之间的 β 多样性							
β 多样性指数							
s	74	52	47	45	39	34	23
r	14	11	14	15	11	12	10
β_{WS}	0.68	0.65	0.54	0.50	0.56	0.48	0.39
β_R	52.69	36.54	29.45	27.00	24.93	19.93	12.30

续表

天然次生季雨林	1964 年	1974 年	1975 年	1976 年	1977 年	1978 年	1979 年
相似性指数							
C_J	0.19	0.21	0.30	0.33	0.28	0.35	0.43
C_S	0.32	0.35	0.46	0.50	0.44	0.52	0.61
C_N		0.15	0.23	0.31	0.26	0.33	0.41
C_{MH}		0.14	0.48	0.41	0.22	0.33	0.43
各期人工林与乡土林之间的 β 多样性							
相似性指数							
C_N	0.19	0.14	0.07	0.03	0.18	0.39	0.09
C_{MH}	0.19	0.09	0.03	0.04	0.10	0.48	0.04

注：s 为两样地中记录的物种总数；r 为两样地分布重叠的物种对数；β_{WS} 为 Wilson 和 Shmida β 指数；β_R 为 Routkedge β 指数；C_J 为 Jaccard 相似性指数；C_S 为 Sorenson 相似性指数；C_N 为 Bray-Curtis 相似性指数；C_{MH} 为 Morisita-Horn 相似性指数的 Wolda 改进式

能否以最高的效率改造和重建植被或生态系统，取决于对动态原则的理解程度。在改造和重建植被或生态系统的过程中，应该顺应植被或生态系统的演替规律；成功的人工植被或生态系统都是在深入认识生态原则和动态原则的基础上，模拟自然植被或生态系统的产物。因此，对于退化生态系统的恢复与重建来说，最有效的和最省力的是顺应生态系统的演替发展规律来进行，在这个意义上讲，生态系统演替理论是指导退化生态系统重建的重要的基础理论。

3.4.5 与多样性有关的生态原理

在生态系统中，物种多样性（species diversity）最能反映生物组分的特征，实际上物种多样性又是生态系统其他诸多特性的集中反映。退化生态系统的重建，更依赖于对生物多样性原理的认识（赵平等，2000；赵平和彭少麟，2001）。

3.4.5.1 多样性增强稳定性

尽管理论生态学上关于生态系统多样性与稳定性的关系有许多争论，但生态系统网状食物链结构的增加，无疑可以使生态系统更趋向稳定（Tilman et al.，2006）（图 3.25）。此外，多样性的增加也促使处于平衡的群落容量增加而导致生态系统的稳定。退化生态系统的恢复过程，一般都是增加了生态系统的物种多样性，最终生态系统的演替趋向于稳定的地带性顶极类型。

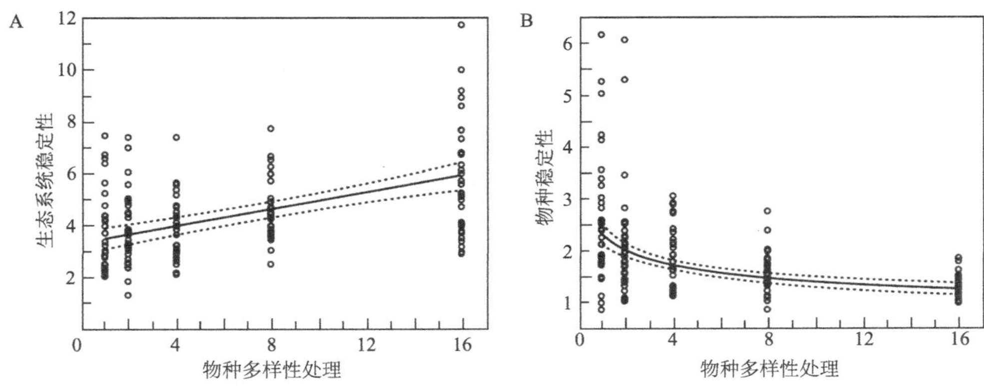

图 3.25 草地生态系统的稳定性与物种多样性的关系

随着物种多样性增加，生态系统生产力稳定性升高（A），而单个物种的生产力的稳定性降低（B）。此结果来自Tilman长达20年的草地多样性实验

3.4.5.2 植物多样性是生态系统其他生物多样性的基础

退化生态系统的恢复与重建，首先考虑的是生物多样性的增加，其中，生物多样性依赖于植物多样性。植物多样性的发展能增加生态系统的物种多样性，这主要源于两方面的原因：第一，其能为生态系统提供更多的食物；第二，能为生态系统提供更多的微生境（如多层的根系为土壤动物和微生物提供生境；不同生活型的植物为生态系统创造多样的异质空间等）。

生态恢复过程中构建植物的多样性，应同时考虑种间竞争与种间互惠关系对植物多样性构建的影响。热带亚热带退化生态系统进行人工植被恢复后，植物多样性发展也很快。例如，用香农指数测度小良人工混交林，表明除了人工种植的种类外，自然发展的种类已占多数，特别是灌木层和草本层，均是自然发展的种类，其多样性指数已接近自然林（表 3.11）。这类人工林比单纯的人工林生态系统有更高的多样性。

表 3.11　退化生态系统恢复过程中群落组成结构的发展

年份	乔木层					灌木层					草本层				
	s	*n*	SW	SN	PW	*s*	*n*	SW	SN	PW	*s*	*n*	SW	SN	PW
1979	11	47	2.28	0.36	0.66	14	121	2.81	0.18	0.74	11	245	0.68	0.83	0.20
1978	22	145	3.56	0.12	0.79	21	274	2.98	0.20	0.68	17	66	3.18	0.15	0.78
1977	24	220	3.66	0.11	0.80	17	85	3.62	0.10	0.89	16	56	3.44	0.11	0.86
1976	26	219	4.03	0.11	0.86	21	112	3.43	0.13	0.78	11	37	3.03	0.13	0.88
1975	34	560	3.78	0.12	0.74	24	216	3.14	0.19	0.68	12	102	2.72	0.21	0.76
1974	27	152	3.68	0.14	0.78	28	137	2.89	0.22	0.69	18	69	3.51	0.11	0.84
1964	36	411	3.82	0.13	0.74	33	299	3.81	0.12	0.76	17	152	2.16	0.46	0.53
乡土林	52	224	4.10	0.02	0.72	34	385	4.11	0.09	0.81	26	83	4.02	0.08	0.86

注：*s* 为种数；*n* 为总个体数；SW 为香农指数；SN 为生态优势度；PW 为群落均匀度；年份栏表示栽种年份

3.4.5.3 生物多样性的结构调控

在增加生物多样性的基础上，还要考虑生物多样性的结构调控，这就需要运用生物多样性的分布原理（彭少麟，1987）。在生态恢复的计划阶段就要考虑恢复乡土种（indigenous species）的生物多样性：在遗传层次上考虑那些温度适应型、土壤适应型和抗干扰适应型的品种；在物种层次上，根据退化程度选择阳生性、中生性或阴生性种类并合理搭配，同时考虑物种与生境的复杂关系，预测自然的变化，种群的遗传特性，影响种群存活、繁殖和更新的因素，种的生态生物学特性，足够的生境大小；在生态系统水平层次上，尽可能恢复生态系统的结构和功能（如植物、动物和微生物及其之间的联系），尤其是其时空变化。

在恢复项目的管理过程中首先要考虑生物控制（对极度退化的生态系统，主要是抚育和管理，对控制病虫害的要求不高；而对中度退化的生态系统和部分恢复的生态系统则要加强病虫害控制），然后考虑建立共生关系及生态系统演替过程中物种替代问题。

在恢复项目评估过程中，可与自然生态系统相对照，从遗传、物种和生态系统水平进行评估，最好是同时考虑景观层次的问题，以兼顾生境损失、破碎化和退化等大尺度问题（Owles and Whelan，1994）。

外来种（exotic species）在生态恢复中也具有一定的作用。可引用一些生长特性优良的种类用于生态恢复与重建（Zhou et al.，2015），但应在整个过程的管理、评估和监测中特别注意外来种入侵问题。即便有些外来种在生态恢复与重建过程上有良好的作用，也应当关注它们对当地群落的潜在影响（Handel et al.，1994；Zhou et al.，2015）。

3.4.5.4 植物-天敌反馈与生物多样性

植物-天敌反馈在很大程度上决定了群落中的物种共存格局，因此也影响了生态恢复过程中植物群落的多样性恢复。早在20世纪70年代，美国学者Janzen和Connell就指出，植物对自身形成自疏作用（self-thinning）的一个重要机制是在母株周围积累对自身有害的病原菌、昆虫或其他天敌，从而抑制同物种幼苗在母株附近的定植。这一假说称为Janzen-Connell假说。此后，研究人员在草地和森林均证实了Janzen-Connell效应的存在，并且证实这种效应随着宿主植物在群落中的优势度增加而增强（Klironomos，2002；Mangan and Schnitzer，2010）。由此可见，随着群落中优势种的相对多度不断增加，其对自身子代更新的抑制作用就越强（图3.26），从而为群落中优势度较低的其他物种提供了定植的机会，促进了物种间的共存，提高了生物多样性（Petermann et al.，2008；Bagchi and Swinfield，2010；Liu et al.，2012）。

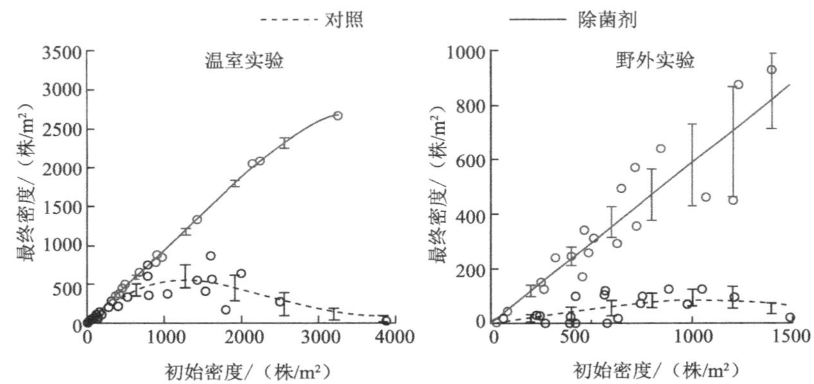

图3.26 大戟科植物 *Pleradenophora longicuspis* 的初始幼苗密度与最终幼苗密度的关系（Bagchi and Swinfield，2010）

结果表明，初始幼苗密度越高，土壤中的病原真菌积累越多，从而导致幼苗的存活率显著下降

在生态恢复中，要重视恢复的目标植物与生境中天敌的相互作用关系，保护目标植物免受天敌的伤害。同时，也可利用优势种的天敌控制优势植物在群落中的多度，从而为更多物种进入该生境创造有利的条件。

思考题

1. 什么是自我设计和人为设计理论？
2. 何谓逆行演替？为什么逆行演替导致生态系统的退化？
3. 试论述生态恢复参照系在生态恢复中的意义。
4. 何谓生态系统服务功能？试阐述生态系统功能与生态系统服务功能的关系。
5. 什么是脆弱性？试阐述脆弱性与生态退化的关系。
6. 何谓边缘效应？试阐述边缘效应原理在生态恢复中的应用。
7. 什么是生态系统管理？试阐述退化生态系统管理的主要策略。
8. 简述与生态恢复基本要素相关的主要理论。

参考文献

陈艳利，弓锐，赵红云. 2015. 自然资源资产负债表编制：理论基础、关键概念、框架设计. 会计研究，9: 18-25

董全. 1999. 生态功益: 自然生态过程对人类的贡献. 应用生态学报, 10: 233-240.
顾刚, 梁海超, 王爱国, 等. 2014. 重庆煤矿区生态补偿核算: 以松藻矿区为例. 中国矿业, 3: 66-71
关卓今, 裴铁璠. 2001. 生态边缘效应与生态平衡变化方向. 生态学杂志, 20(2): 52-55.
贺金生, 陈伟烈. 1995. 中国亚热带地区的退化生态系统: 类型、分布、结构特征及恢复途径//陈灵芝, 陈伟烈. 中国退化生态系统研究. 北京: 中国科学技术出版社.
侯向阳, 李西良, 高新磊. 2019. 中国草原管理的发展过程与趋势. 中国农业资源与区划, 40(7): 1-10.
侯玉平, 彭少麟, 李富荣, 等. 2008. 论丹霞地貌区生态演替特征及其科学价值. 生态学报, 28: 3384-3389.
胡宜刚, 李睿, 辛玉琴, 等. 2015. 青藏铁路植被恢复和"黑土型"退化草地治理的实践与启示. 草业科学, 32: 1413-1422
李明辉, 彭少麟, 申卫军, 等. 2003. 景观生态学与退化生态系统恢复. 生态学报, 23(8): 1622-1628.
李铭红, 宋瑞生, 姜云飞, 等. 2008. 片断化常绿阔叶林的植物多样性. 生态学报, 3: 1137-1146.
刘燕华, 李钜章. 1995. 中国近期自然灾害程度的区域特征. 地理研究, 14: 14-25.
马世骏, 王如松. 1984. 社会-经济-自然复合生态系统. 生态学报, 4(1): 1-9.
欧阳志云, 王如松, 赵景柱. 1999. 生态系统服务功能及其生态经济价值评价. 应用生态学报, 10: 635-640.
彭少麟. 1987. 试论森林群落物种多样性变因及生态效益和经济效益的关系. 生态学杂志, 6(3): 35-38.
彭少麟. 1996a. 恢复生态学及植被重建. 生态科学, 15: 26-31.
彭少麟. 1996b. 南亚热带森林群落动态学. 北京: 科学出版社.
彭少麟. 2003. 热带亚热带恢复生态学研究与实践. 北京: 科学出版社.
彭少麟. 2007. 恢复生态学. 北京: 气象出版社.
彭少麟, 方炜. 1994. 鼎湖山植被演替过程优势种群动态研究. 热带亚热带植物学报, 2: 79-87.
彭少麟, 方炜, 曹洪麟, 等. 1995. 人工干扰对热带人工桉林生态系统的影响. 生态学报, 15: 31-37.
彭少麟, 方炜, 任海, 等. 1998. 鼎湖山厚壳桂群落演替过程的组成和结构动态. 植物生态学报, 22: 245-249.
彭少麟, 陆宏芳. 2004. 边缘的生态恢复: 第 16 届国际恢复生态学大会综述. 生态学报, 24(9): 2086.
彭少麟, 王伯荪. 1985. 鼎湖山森林群落分析: Ⅵ非线性演替系统. 热带亚热带森林生态系统研究, 3: 25-31.
任海, 彭少麟. 2001. 恢复生态学导论. 北京: 科学出版社.
任海, 彭少麟, 陆宏芳. 2003. 退化生态系统恢复与恢复生态学. 生态学报, 24: 1756-1764.
孙刚, 盛连喜, 周道玮. 1999. 生态系统服务及其保护策略. 应用生态学报, 10: 65-68.
谭炳林, 丁勇, 黄明度. 1995. 植被多样性对节肢动物群落结构的生态效应分析. 生态学报, 15: 178-182.
仝桃, 胡希军. 2012. 恢复性设计在湿地景观恢复中的应用. 中南林业科技大学学报(社会科学版), 6(02): 135-138.
王伯荪. 1987. 植物群落学. 北京: 高等教育出版社.
王伯荪, 彭少麟. 1985. 鼎湖山森林群落分析: Ⅴ线性演替系统与预测. 中山大学学报(自然科学版), 4: 75-80.
王伯荪, 彭少麟. 1989. 森林演替与林业的经营和发展. 中国科学院华南植物研究所集刊, 4: 253-258.
王伯荪, 彭少麟. 1998. 可持续发展的几个生态学问题. 生态科学, 1: 1-18.
王如松, 马世骏. 1985. 边缘效应及其在经济生态学中的应用. 生态学杂志, 2: 38-42.
温远光, 李信贤, 元昌安, 等. 1996. 不同采伐方式对常绿阔叶林物种多样性保持与恢复的影响. 首届全国生物多样性保护与持续利用研讨会论文集 生物多样性研究进展.
邬建国. 2007. 景观生态学: 格局、过程、尺度与等级. 2 版. 北京: 高等教育出版社.
颜京松, 王如松. 2001. 近十年生态工程在中国的进展.农村生态环境, 17 (1): 1-9.
闫玉春, 唐海萍, 常瑞英, 等. 2008. 典型草原群落不同围封时间下植被、土壤差异研究. 干旱区资源与环境, 22: 145-151.
余作岳, 彭少麟. 1995. 热带亚热带退化生态系统的植被恢复及其效应. 生态学报, 15: 1-17.
余作岳, 彭少麟. 1996. 热带亚热带退化生态系统植被恢复生态学研究. 广州: 广东科技出版社.
张新时. 2010. 关于生态重建和生态恢复的思辨及其科学涵义与发展途径. 植物生态学报, 34(1): 112-118.
张亚鑫, 田晓晖, 刘珉. 2017. 城市森林价值评估方法研究综述. 林业经济, 3: 64-72.
赵丽娅, 钟韩珊, 赵美玉, 等. 2018. 围封和放牧对科尔沁沙地群落物种多样性与地上生物量的影响. 生态环境学报, 27: 5-12.
赵平, 彭少麟. 2001. 物种的多样性及退化生态系统功能的恢复. 应用生态学报, 12(1): 132-136.
赵平, 彭少麟, 张经纬. 2000. 恢复生态学: 退化生态系统生物多样性恢复的有效途径. 生态学杂志, 19(1): 53-58.
赵平, 曾小平, 彭少麟. 2003. 植被恢复树种在不同实验光环境下叶片气体交换的生态适应性特点. 生态学杂志, 22: 1-8.

赵跃龙. 1999. 中国脆弱生态环境类型分布及其综合整治. 北京：环境出版社.

周国逸. 1997. 生态系统水热原理及其应用. 北京：气象出版社.

周国逸，彭少麟，余作岳. 1995. 退化生态系统恢复中水热限制因子作用：广东沿海台地水热条件的生态后果. 北京：中国科技出版社.

周婷. 2011. 不同尺度上边缘效应研究在生态恢复中的应用. 广州：中山大学博士学位论文.

周婷，彭少麟，邬建国. 2013. 可持续性恢复生态学的概念框架及在华南地区的应用//李文华. 中国当代生态学研究·生态系统恢复卷. 北京：科学出版社：146-156.

Agee J, Johnson K. 1988. Ecosystem Management for Parks and Wilderness. Washington DC: University of Washington Press.

Allee W, Bowen E. 1932. Studies in animal aggregations: mass protection against colloidal silver among goldfishes. Journal of Experimental Zoology Part A. Ecological Genetics and Physiology, 61: 185-207.

Altesor A, Oesterheld M, Leoni E, et al. 2005. Effect of grazing on community structure and productivity of a uruguayan grassland. Plant Ecology, 179(1): 83-91.

Bagchi R, Swinfield T. 2010. Testing the Janzen-Connell mechanism: pathogens cause overcompensating density dependence in a tropical tree. Ecology Letters, 13: 1262-1269.

Beecher J. 1996. Avoided cost: an essential concept for integrated resource planning. Water Research and Education, 104: 28-35.

Bengtsson J, Nilsson S. 2000. Biodiversity, disturbances, ecosystem function and management of European forests. Forest Ecology and Management, 132: 39-50.

Blackman F. 1905. Optima and limiting factors. Annals of Botany, 19: 281-295.

Boyce MS, Haney A. 1997. Ecosystem Management: Applications for Sustainable Forest and Wild Life Resources. New Haven : Yale University Press.

Braun EL. 1956. The development of association and climax concepts: their use in interpretation of the deciduous forest. American Journal of Botany, 43(10): 906-911.

Braun EL. 2001. Deciduous Forests of Eastern North America. New Jersey: The Blackburn Press.

Braun-Blanquet J. 1928. Pflanzensoziologie. Berlin : Springer.

Caccianiga M, Luzzaro A, Pierce S, et al. 2006. The functional basis of a primary succession resolved by CSR classification. Oikos, 112(1): 10-20.

Cardinale BJ, Duffy JE, Gonzalez A, et al. 2012. Biodiversity loss and its impact on humanity. Nature, 486: 59-67.

Carpenter RA. 1995. A consensus among ecologists for ecosystem management. Bulletin of the Ecological Society of America, 76(3): 161-162.

Catford JA, Daehler CC, Murphy HT, et al. 2012. The intermediate disturbance hypothesis and plant invasions: implications for species richness and management. Perspectives in Plant Ecology Evolution and Systematics, 14(3): 231-241.

Chae D, Wattage P. 2012. Recreational benefits from a marine protected area: a travel cost analysis of Lundy. Tourism Management, 33: 971-977.

Chapin FS, Walker LR, Fastie CL, et al. 1994. Mechanisms of primary succession following deglaciation at Glacier Bay, Alaska. Ecological Monographs, 64(2): 149-175.

Chen ZQ, Peng SL, Ni GY, et al. 2006. Effects of Pinus massoniana on germination of trees spp. in forest succession in South China. Allelopathy Journal, 17(2): 287-295.

Chesson P, Gebauer R. 2004. Resource pulses, species interactions, and diversity maintenance in arid and semi-arid environments. Oecologia, 141: 236-253.

Christensen NL, Bartuska AM, Brown JH, et al. 1996. The report of the Ecological Society of America committee on the scientific basis for ecosystem management. Ecological Applications, 6: 665-691.

Clements FE. 1916. Plant Succession: An Analysis of the Development of Vegetation. Washington DC: Carnegie Publishers.

Clements FE. 1936. Nature and structure of the climax. Journal of Ecology, 24(1): 252-284.

Connell J, Slatyer R. 1977. Mechanisms of succession in natural communities and their role in community stability and organization. American Naturalist, 111: 1119-1144.

Constanza R, Arge R, Groot R. 1997. The value of the world ecosystem services and natural capital. Nature, 387: 253-259.

Crawley MJ, Harral JE. 2001. Scale dependence in plant biodiversity. Science, 291(5505): 864-868.

Daily G. 1995. Restoring value to the worlds degraded lands. Science, 269: 350-354.

Dale VH. 1999. Ecological principles and guidelines for managing the use of land. *In*: AAAS Annual Meeting and Science Innovation Exposition "Challenges for a New Century".

Dansereau P. 1954. Climax vegetation and the regional shipt of controls. Ecology, 35(4): 575-579.

Dansereau P. 1957. Biogeography: An Ecological Perspective. New York: Ronald Press Company.

Diamond JM. 1975. The assembly of species communities. *In*: Cody ML, Diamond JM. Ecology and Evolution of Communities. Cambridge : Harvard University Press.

Diaz S, Demissew S, Carabias J, et al. 2015. The IPBES Conceptual Framework - connecting nature and people. Current Opinion in Environmental Sustainability, 14: 1-16.

Eastside Forest Health Assessment Team. 1993. Eastside Forest Health Assessment. Vol. 1. Executive Summary. U. S. Washington DC : Department of Agriculture, National Forest Service.

Ehrlich P, Ehrlich A. 1981. Extinction: The Causes and Consequences of the Disappearance of Species. New York : Ballantine Books.

Fang W, Peng S. 1997. Development of species diversity in the restoration process of establishing a tropical man-made forest ecosystem in China. Forest Ecology and Management, 99: 185-196.

Fonseca CR, Joner F. 2007. Two-sided edge effect studies and the restoration of endangered ecosystems. Restoration Ecology, 15(4): 613-619.

Freeman Ⅲ A, Herriges J, Kling C. 2014. The Measurement of Environmental and Resource Values: Theory and Methods. 3rd ed. New York: RFF Press.

Gao Q, Peng S, Zhao P, et al. 2003. Explanation of vegetation succession in subtropical southern china based on ecophysiological characteristics of plant species. Tree Physiology, 23: 641-648.

Ge Y, Ke Z, Yang XD. 2018. Long-term succession of aquatic plants reconstructed from palynological records in a shallow freshwater lake. Science of the Total Environment, 643: 312-323.

Ghazoul J. 2007. Recognising the complexities of ecosystem management and the ecosystem service concept. GAIA - Ecological Perspectives for Science and Society, 16(3): 215-221.

Gielis L, De Schrijver A, Wuyts K, et al. 2009. Nutrient cycling in two continuous cover scenarios for forest conversion of pine plantations on sandy soil. Ⅱ. Nutrient cycling via throughfall deposition and seepage flux. Canadian Journal of Forest Research-Revue Canadienne De Recherche Forestiere, 39(2): 453-466.

Gilpin ME. 1991. Metapopulation Dynamics: Empirical and Theoretical Investigations. London: Academic Press.

Gleason HA. 1939. The Individualistic concept of the plant association. American Midland Naturalist, 21(1): 92-110.

Gonzalez-Moreno P, Quero JL, Poorter L, et al. 2011. Is spatial structure the key to promote plant diversity in Mediterranean forest plantations? Basic and Applied Ecology, 12(3): 251-259.

Gosz JR. 1993. Ecotone hierarchies. Ecological Applications, 3(3): 370-376.

Götzenberger L, Bello FD, Bråthen KA, et al. 2012. Ecological assembly rules in plant communities: approaches, patterns and prospects. Biological Reviews, 87(1): 111-127.

Green DG, Sadedin S, Leishman TG. 2008. Self-organization. *In*: Jørgensen SE, Fath BD. Encyclopedia of Ecology. London: Elsevier: 3195-3203.

Grime JP. 1974. Vegetation classification by reference to strategies. Nature, 250(5461): 26-31.

Grime JP. 1977. Evidence for the existence of three primary strategies in plants and its relevance to ecological and evolutionary theory. American Naturalist, 111(982): 1169-1194.

Grumbine RE. 2010. What is ecosystem management? Conservation Biology, 8(1): 27-38.

Güsewell S. 2004. N：P ratios in terrestrial plants: variation and functional significance. New Phytologist, 164: 243-266.

Handel S, Robinson G, Beattie A. 1994. Biodiversity resources for restoration Ecology. Restoration Ecology, 2(4): 230-241.

Hobbs RJ. 2007. Setting effective and realistic restoration goals: key directions for research. Restoration Ecology, 15(2): 354-357.

Holdren J, Ehrlich P. 1974. Human population and the global environment. American Scientist, 62: 282-292.

Holling CS. 1992. Cross-Scale morphology, geometry, and dynamics of ecosystems. Ecological Monographs, 62(4): 447-502.

Horn HS. 1974. The ecology of secondary succession. Annual Reviewe of Ecology and Systematics, 5: 25-37.

Hou YP, Peng S L, Chen B M, et al. 2011. Inhibition of an invasive plant(*Mikania micrantha* H. B. K.) by soils of three different forests in lower subtropical China. Biological Invasions, 13(2): 381-391.

Kardol P, Bezemer T, van der Putten W. 2006. Temporal variation in plant-soil feedback controls succession. Ecology Letters, 9: 1080-1088.

Kirkfeldt TS. 2019. An ocean of concepts: why choosing between ecosystem-based management, ecosystem-based approach and ecosystem approach makes a difference. Marine Policy, 106: 103541.

Klironomos J. 2002. Feedback with soil biota contributes to plant rarity and invasiveness in communities. Nature, 417: 67-70.

Kontoleon A, Pascual U. 2007. Incorporating Biodiversity into Integrated Assessments of Trade Policy in the Agricultural Sector. Economics and Trade Branch Division of Technology, Industry and Economics, United Nations Environment Programme: 11-13.

Lambers J, Harpole W. 2004. Mechanisms responsible for the positive diversity-productivity relationship in Minnesota grasslands. Ecology Letters, 7: 661-668.

Larcher W. 1980. Physiological Plant Ecology. Berlin: Springer-Verlag.

Leite MD, Tambosi LR, Romitelli I, et al. 2013. Landscape ecology perspective in restoration projects for biodiversity conservation: a Review. Natureza & Conservacao, 11(2): 108.

Leopold A. 1941. Wilderness as a land laboratory. Living Wilderness, 7: 3.

Liao H, Huang F, Li D, et al. 2018. Soil microbes regulate forest succession in a subtropical ecosystem in china: evidence from a mesocosm experiment. Plant and Soil, 430: 277-289.

Liao H, Luo W, Peng S, et al. 2015. Plant diversity, soil biota and resistance to exotic invasion. Diversity and Distributions, 21: 826-835.

Liu JG, Chen BM, Peng SL. 2015. Abscisic acid contributes to the invasion resistance of native forest community. Allelopathy Journal, 36(2): 247-256.

Liu JG, Liao HX, Chen BM, et al. 2017. Do the phenolic acids in forest soil resist the exotic plant invasion? Allelopathy Journal, 41(2): 167-175.

Liu X, Liang M, Etienne RS, et al. 2012. Experimental evidence for a phylogenetic Janzen-Connell effect in a subtropical forest. Ecology Letters, 15: 111-118.

Machlis GE, Force JE, Burch WR. 1997. The human ecosystem Part Ⅰ: the human ecosystem as an organizing concept in ecosystem management. Society & Natural Resources, 10(4): 347-367.

Maes J, Liquete C, Teller A, et al. 2016. An indicator framework for assessing ecosystem services in support of the EU Biodiversity Strategy to 2020. Ecosystem Service, 17: 14-23.

Makhzoumi JM. 2000. Landscape ecology as a foundation for landscape architecture: application in Malta. Landscape and Urban Planning, 50(1-3): 167-177.

Malone CR. 1995. Ecosystem management: status of the federal initiative. Bulletin of the Ecological Society of America, 84: 70-72.

Mangan S, Schnitzer S. 2010. Negative plant-soil feedback predicts tree-species relative abundance in a tropical forest. Nature, 466: 752-755.

Marsh G. 1864. Man and Nature or Physical Geography as Modified by Human Action. Cambridge: Harvard University Press.

Mayer AL, Rietkerk M. 2004. The dynamic regime concept for ecosystem management and restoration. BioScience, 54(11): 1013-1020.

Meusel H. 1940. Die grasheiden Mitteleuropas: versuch einer vergleichendpflanzen geographischen gliederung. Botanisches Archiv, 41: 357-519.

Middleton B. 1999. Wetland Restoration, Flood Pulsing, and Disturbance Dynamics. New York: John Wiley and Sons.

Miller AD, Roxburgh SH, Shea K. 2011. How frequency and intensity shape diversity-disturbance relationships. Proceedings of the National Academy of Sciences of the United States of America, 108(14): 5643-5648.

Mitsch WJ. 2012. What is ecological engineering? Ecological Engineering, 45: 5-12.

Murcia C. 1995. Edge effects in fragmented forests: implications for conservation. Trends in Ecology and Evolution, 10: 58-62.

Nassauer JI, Opdam P. 2008. Design in science: extending the landscape ecology paradigm. Landscape Ecology, 23(6): 633-644.

Nicholls S, Crompton J. 2005. The impact of greenways on property values: evidence from Austin, Texas. Journal of Leisure Research, 37: 321-341.

Nilsson C, GrelssonG, Johansson M, et al. 1988. Can rarity and diversity be predicted in vegetation along riverbanks? Biological

Conservation, 44: 201-212.

Nilsson O, Ericson L. 1992. Conservation of plant and animal populations in theory and practice. *In*: Hansson L. Ecological Principles of Nature Conservation. London: Elsevier.

Nilsson O, Grelsson G. 1995. The fragility of ecosystems: a review. Journal of Applied Ecology, 32(4): 677-692.

Odum EP. 1969. The strategy of ecosystem development. Science, 164(3877): 262-270.

Oosting H J. 1956. The Study of Plant Communities. San Francisco : W. H. Freeman and Company.

Orians G. 1975. Diversity, stability and maturity in natural ecosystems. *In*: van Dobben WH, Lowe-McConnell RH. Report of The Plenary Sessions of the First International Congress of Ecology.

Osborn J. 1948. The structure and life history of *Hormosira banksii*(Turner) Decaisne. Trans Roy Soc NZ, 77: 47-71.

Osland MJ, Gonzalez E, Richardson CJ. 2011. Restoring diversity after cattail expansion: disturbance, resilience, and seasonality in a tropical dry wetland. Ecological Applications, 21(3): 715-728.

Osmond C, BjorkmanO, Anderson D. 1980. Physiological Processes in Plant Ecology. Berlin: Springer-Verlag.

Ouyang Z, Zheng H, Xiao Y, et al. 2016. Improvements in ecosystem services from investments in natural capital. Science, 352: 1455-1459.

Overbay JC. 1992. Ecosystem management. *In*: Gordon D. Taking an Ecological Approach to Management. New York: United States Department of Agriculture Forest Service Publication: 3-15.

Owles M, Whelan C. 1994. Restoration of Endangered Species: Conceptual Issues, Planning and Implementation. New York: Cambridge University Press.

Pastor J. 1995. Ecosystem management, ecological risk, and public policy. BioScience, 45(4): 286-288.

Pavlikakis GE, Tsihrintzis VA. 2000. Ecosystem management: a review of a new concept and methodology. Water Resources Management, 14(4): 257-283.

Peng S, Ren H, Zhou X, et al. 2004. Interaction between major agricultural ecosystems and global change in Eastern China. *In*: Milanova E, Himiyama Y, Bicik I. Understanding Land-Use and Land-Cover Change in Global and Regional Context. Florida: CRC Press.

Peng S, Wang B. 1993. Studies on forest succession of Dinghushan, Guangdong, China. Botanical Journal of South China, 2: 34-42.

Peng S, Zhou T, Liang L, et al. 2012. Landscape pattern dynamics and mechanisms during vegetation restoration: a multiscale, hierarchical patch dynamics approach. Restoration Ecology, 20(1): 95-102.

Peng SL, Hou YP, Chen BM. 2010. Establishment of Markov successional model and its application for forest restoration reference in Southern China. Ecological Modelling, 221(9): 1317-1324.

Peng SL, Wang BS. 1995. Forest succession at Dinghushan, Guangdong, China. Chinese Journal of Botany, 7(1): 75-80.

Petermann J, Fergus A, Turnbull L, et al. 2008. Janzen-Connell effects are widespread and strong enough to maintain diversity in grasslands. Ecology, 89: 2399-2406.

Pickett STA, Collins SL, Armesto JJ. 1987. Models, mechanisms and pathways of succession. Botanical Review, 53(3): 335-371.

Pot R, Heerdt GNJ. 2014. Succession dynamics of aquatic lake vegetation after restoration measures: increased stability after 6. Hydrobiologia, 737(1): 333-345.

Ramensky LG. 1924. The Main Regularities of the Vegetation Cover(In Russian). Voronezh : Vêstnik opȳtnogo dêla Sredne-Chernoz. Obl.

Reinhart K. 2012. The organization of plant communities: negative plant-soil feedbacks and semiarid grasslands. Ecology, 93: 2377-2385.

SAF Task Force. 1992. Sustaining Long-Term Forest Health and Productivity Society of American Foresters. Maryland : Bethesda.

Schoener T. 1974. Resource partitioning in ecological communities. Science, 185: 27-39.

Science Advisory Board (SAB). 2009. Valuing the Protection of Ecological Systems and Services: A Report of the EPA Science Advisory Board. Washington DC: United States Environmetal Protection Agency.

Shelford V. 1931. Some concepts of bioecology. Ecology, 12: 455-467.

Simmons MT, Venhaus HC, Windhager S. 2007. Exploiting the attributes of regional ecosystems for landscape design: the role of ecological restoration in ecological engineering. Ecological Engineering, 30(3): 201-205.

Sisk TD. 2007. Incorporating edge effects into landscape design and management. *In*: Lindenmayer DB., Hobbs RJ. Managing and Designing Landscapes for Conservation: Moving from Perspectives to Principles(Conservation Science and Practice). Malden: Blackwell Publishing.

Stouffer PC, Bierregaard RO. 1995. Use of amazonian forest fragments by understory insectivorous birds. Ecology, 76(8): 2429-2445.

Strayer DL, Power ME, Fagan WF, et al. 2003. A classification of ecological boundaries. Bioscience, 53(8): 723-729.

Tang YH, Gao C, Wu XF. 2020. Urban ecological corridor network construction: an integration of the least cost path model and the InVEST model. Isprs International Journal of Geo-Information, 9:16.

Tansley AG. 1920. The classification of vegetation and the concept of development. Journal of Ecology, 8: 118-149.

Tansley AG. 1935. The use and abuse of vegetational concepts and terms. Ecology, 16: 284-307.

Tansley AG. 1939. The British Islands and Their Vegetation. Cambridge: Cambridge University Press.

Tansley AG. 1941. Note on the status of saltmarsh vegetation and the concept of "formation". Journal of Ecology, 29: 212-214.

Thiere G, Milenkovski S, Lindgren PE, et al. 2009. Wetland creation in agricultural landscapes: Biodiversity benefits on local and regional scales. Biological Conservation, 142(5): 964-973.

Tilman D, Reich PB, Knops JMH. 2006. Biodiversity and ecosystem stability in a decade-long grassland experiment. Nature, 441: 629-632.

Tilman D. 1985. The resource-ratio hypothesis of plant succession. American Naturalist, 125(6): 26.

Turner IM, Corlett RT. 1996. The conservation value of small, isolated fragments of lowland tropical rain forest. Trends in Ecology & Evolution, 11(8): 330-333.

van der Valk AG. 1999. Succession Theory Aqnd Wetland Restoration. Perth: Proceedings of INTECOL's V International Wetlands Conference.

Vogt K. 1997. Ecosystems: Balancing Science with Management . New York: Springer-Verlag.

Vogt W. 1948. Road to Survival . New York: William Sloane Associates.

Walker LR, Moral RD. 2009. Lessons from primary succession for restoration of severely damaged habitats. Applied Vegetation Science, 12(1): 55-67.

Walter H. 1962. Die vegetation der erde in oeko-physiologischer betrachtung. Klogischer Betrchtung, 1: 538.

Walters CJ, Holling CS. 1990. Large-scale management experiments and learning by doing. Ecology, 71: 2060-2068.

Wan JL, Huang B, Yu H, et al. 2019. Reassociation of an invasive plant with its specialist herbivore provides a test of the Shifting Defence Hypothesis. Journal of Ecology, 107: 361-371.

Weaver JE, Clements FE. 1938. Plant Ecology. 2nd ed. New York: McGraw-Hill.

Westman WE. 1978. Measuring the inertia and resilience of ecosystems. BioScience, 28: 47-60.

Westman WE. 1985. Ecology, Impact Assessment, and Environmental Planning. New York: John Wiley & Sons.

White PS. 1979. Pattern, process, and natural disturbance in vegetation. Botanical Review, 45(3): 229-299.

Whittaker R. 1953. A consideratin of the climax theory: the climax as a population and pattern. Ecological Monograph, 23: 41-78.

Whittaker RH. 1957. Recent evolution of ecological concepts in relation to the eastern forests of North America. American Journal of Botany, 44(2): 197-206.

Whittaker RH. 1962. Classification of natural communities. Botanical Review, 28: 1-239.

Whittaker RH. 1975. Communities and Ecosystem. New York: MacMillan Publishing Corporation.

Wood CA. 1994. Ecosystem management: achieving the new land ethic. Renewable Resources Journal, 12: 612.

Woodroffe R, Ginsberg JR. 1998. Edge effects and the extinction of populations inside protected areas. Science, 280(5372): 2126-2128.

Wu JG, Loucks OL. 1995. From balance of nature to hierarchical patch dynamics: a paradigm shift in ecology. Quarterly Review of Biology, 70(4): 439-466.

Yan J, Zhang Y. 1992. Ecological techniques and their application with some case studies in China. Ecological Engineering, 1(4): 261-285.

Young TP. 2000. Restoration ecology and conservation biology. Biological Conservation, 92(1): 73-83.

Zhao H, Peng S, Chen Z, et al. 2011. Abscisic acid in soil facilitates community succession in three forests in China. Journal of Chemical Ecology, 37(7): 785-793.

Zhang XS. 2010. An intellectual enquiring about ecological restoration and recovery, their scientific implication and approach. Acta Phytoecologica Sinica , 34: 112-118.

Zhou T, Liu S, Feng Z, et al. 2015. Use of exotic plants to control Spartina alterniflora invasion and promote mangrove restoration. Scientific Reports, 5: 12980.

4　生态恢复的技术背景

恢复生态学本质上是一门应用科学，是应用生态学的一个分支。生态恢复的技术方法论，是恢复生态学的重要内容。采用合适的生态恢复技术，首先必须确定生态恢复的目标和原则，使退化生态系统的恢复与重建符合生态恢复的方向。 生态恢复的技术方法体系涉及很多领域。在退化生态系统恢复与重建过程中，针对不同的生态系统类型，需要采用不同的生态恢复技术方法；同一生态系统类型的不同生态恢复阶段，也需要采用不同的生态恢复技术方法。宏观的“3S”技术和微观的生物技术，也广泛用于生态恢复实践之中。

4.1　生态恢复的目标与原则

4.1.1　生态恢复的目标

许多学者认为生态恢复的基本目标是把已遭到破坏的生态系统重新恢复到未受干扰前的状态（Perring et al.，2015）。而实际上，要想精确地再现受干扰之前的状态几乎是不可能的，或者不可能完全按原来的顺序、强度再现。随着环境和物种结构的变化（Jackson and Hobbs，2009），以及人类对生态系统服务需求的增加，过去的生态系统不一定能满足当今的需要，恢复到退化前的生态系统反而不能很好地达到生态恢复的目标。因此，生态恢复的具体目标应该是动态的，必须在考虑环境变化以及国家和地区特点的同时，因地制宜，权衡利弊，只有这样方能妥善确定（Hobbs and Norton，1996）。换言之，生态恢复的目标应随时间、地点和人类价值观而变（周婷等，2013）。但是生态恢复应尽可能地恢复或重建健康生态系统所应具备的主要特征，如可持续性、稳定性、生产力、营养保持力、完整性，以及生物间相互作用等方面的特征（Perring et al.，2015；Higgs et al.，2018）。不同的学者也从不同的角度论述了生态恢复应该达到的目标。

Hobbs 和 Norton（1996）认为，恢复退化生态系统的目标包括：建立合理的种类组成（种多度和生物多样性）、结构（尤指植被的垂直结构和土壤的垂直结构）、格局（生态系统成分的水平安排）、异质性（各组分由多个变量组成）和功能（如水、能量、物质流动等基本生态过程的表现）。

章家恩等（1999）认为，进行生态恢复工程主要有 4 个目标：①恢复诸如废弃矿地这样极度退化的生境；②提高退化土地上的生产力；③在被保护的景观内去除干扰以加强保护；④对现有生态系统进行合理利用和保护，维护其服务功能。他认为如果考虑短期目标与长期目标，还可将上述目标分得更细。

一些学者认为恢复生态学针对受损生态系统进行恢复时，首先应该强调自然保护。Parker（1997）认为，生态恢复的长期目标应是生态系统自身可持续性的恢复，但第一个目标仍然是保护自然的生态系统，因为保护好现有的自然生态系统，在生态恢复中具有重要的参考作用；第二个目标是恢复现有的退化生态系统，尤其是与人类关系密切的生态系统；第三个目标是对现有的生态系统进行合理管理，避免退化；第四个目标是保护区域文化的可持续发展。其他的目标包括实现景观层次的整合性、保护生物多样性及维持良好的生态环境。

根据不同的社会、经济、文化与生活需要，人们往往还会对不同的退化生态系统制定不同水平的恢复目标。但是，无论什么类型的退化生态系统，它们都存在一些基本的恢复目标或要求，主要包括如下几点。

1）实现基底稳定　通过生态恢复，实现生态系统的地表基底稳定性，因为地表基底（地质地貌）是生态系统发育与存在的载体，基底不稳定（如滑坡），就不可能保证生态系统的持续演替与发展。

2）恢复植被和土壤　通过生态恢复，恢复植被和土壤，保证一定的植被覆盖率（percentage of vegetation coverage）和土壤肥力。

3）提高生物多样性　通过生态恢复，促使退化生态系统物种种类的增加，提高生态系统的生物多样性，包括地上部分和地下部分的生物多样性。

4）增强生态系统功能　通过生态恢复，实现生态系统能量流动和物质循环等功能过程的恢复，提高生态系统的生产力和自我维持能力。

5）提升生态效益　通过生态恢复，控制水土流失，减少或控制环境污染，提升生态系统的服务功能效益。

6）构建合理景观　退化生态系统的景观结构常常较差，通过生态恢复，实现生态系统合理的景观构建，提高视觉效果和美学价值。

2016年国际恢复生态学会发布了生态恢复的标准，该标准认为：生态恢复要以适当的本地参考生态系统为基础，并考虑环境变化；在确定长短期目标之前要确定目标生态系统的关键特征；实现恢复最可靠的方法是促进自然恢复或修复受损的自然恢复潜力；恢复要寻求“最大努力和最好效果”；成功恢复要运用所有相关的知识；与所有利益相关方及时、诚恳、积极地合作可以获得恢复的长期成功（McDonald et al.，2016）。

4.1.2　生态恢复的原则

退化生态系统的恢复和重建在很大程度上依赖于人为的促进。一方面，人为促进的生态恢复过程必须符合生态学原理；另一方面，需要对进行生态恢复的人工和经费投入进行经济效益与社会效益的评估。这是因为恢复生态学不仅涉及自然生态过程，而且涉及社会、人文和经济等各个方面，可以将生态恢复和重建看作一个“天、地、人”合一的过程，而且这是一个复杂的生态工程，也是一个科学的检验和再发现的过程。因此，生态恢复与重建的原则应该涉及生态、社会、人文和经济等各个方面，主要包括自然原理与原则、社会经济技术原则、美学原则等（图4.1）。

1）自然原理与原则　在退化生态系统恢复与重建的基本原则中，自然原理与原则是基础，主要包括地理学原则、生态学原则和系统学原则。自然原理与原则是指生态恢复过程必须遵循自然客观规律。符合自然客观规律的生态恢复实践，往往有事半功倍的效果，也容易成功。例如，在退化生态系统的恢复与重建时，进行物种构建时应该遵循地带性原则，即以地带性的乡土树种为主，即使是由于条件限制而需采用一些外来物种作为先锋种，也要考虑地带性乡土树种的更替与改造；植被恢复的个体密度与种类搭配，则需遵循生态学原则中种群密度制约与物种相互作用原则，以及生态位与生物互补原则；整个系统的构建则应遵循生态学的生物多样性原则和食物链与食物网原则，以及系统学原则的协同恢复重建原则。这样，才能使生态系统的各个组分协同发展，形成具有合理结构与功能的生态系统。

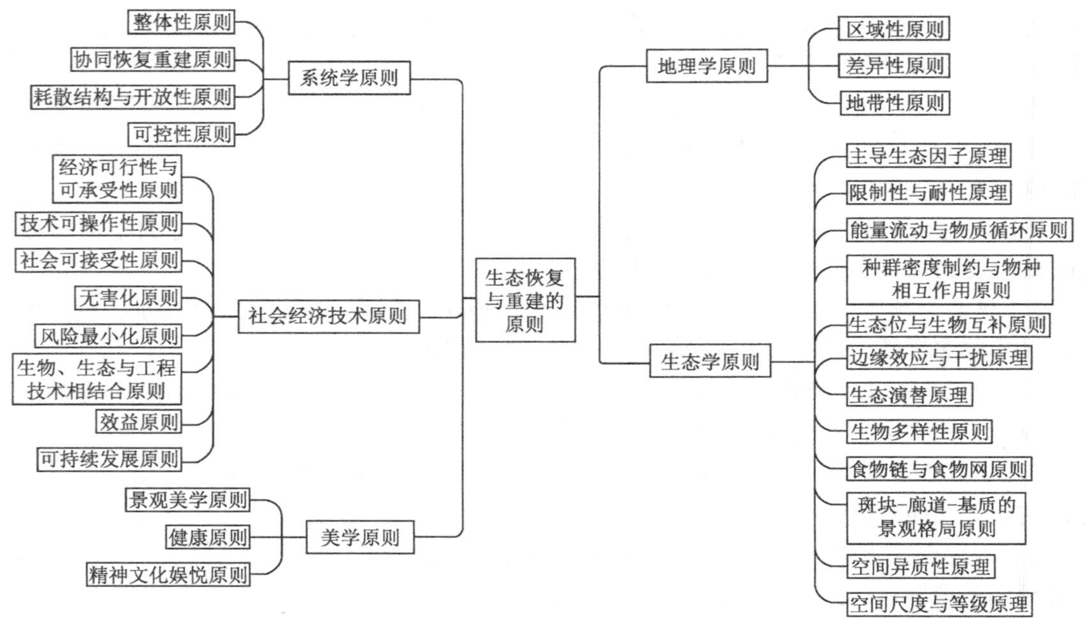

图 4.1　退化生态系统恢复与重建的基本原则（仿章家恩等，1999）

2）社会经济技术原则　社会经济技术原则是服务于退化生态系统的恢复与重建这一目标的。生态恢复的启动与发展，首先必须是社会可承受的、可操作的和可接受的；其次是风险最小的、无害的和有效益的；再者是社会多部门的多种技术的整合，最终必须能实现可持续发展的目标。

3）美学原则　美学原则是具动力意义的。当恢复的生态系统具有景观美学价值时，民众将非常乐意前往欣赏和休憩，昔日的退化生态系统将可能成为生态旅游区；当生态恢复地将能很好地发挥其生态服务功能时，它们就将成为人们精神文化娱乐和提高健康水平的园地。这样民众将以极大的热情支持生态恢复的实践。

4.2　生态恢复的程序与技术体系

4.2.1　生态恢复的程序

生态恢复是一个复杂的生态工程，但生态恢复有其阶段性和程序性。生态恢复中的重要程序如下（Mitsch and Jorgensen，1989；Kauffman，1995）。

1）确定系统边界　确定所研究的退化生态系统的时空范围，明确系统分布的边界，判定恢复对象的层次与级别。

2）生态系统状况调查　针对性地选定调查方法，选取退化生态系统基本的状态指标，进行系统的调查。

3）生态系统退化诊断　通过诊断评价样点的现状，揭示导致生态系统退化的原因（尤其是关键因子），阐明退化过程、退化阶段及退化强度，找出控制和减缓退化的方法。

4）确定目标、原则、方案　根据生态、社会、经济和文化条件决定恢复与重建的生态系统的结构及功能目标，制定易于测量的成功标准，提出优化方案，进行可行性分析和生态经济风险评估。

5）实施生态恢复　根据方案，采用合适的生态恢复技术进行生态恢复实践，特别注意在不同的恢复阶段采用不同的恢复技术。

6）生态恢复示范和推广　对已完成有关目标恢复实例，应加以示范与推广，使生态恢复的成果能尽快在全社会得到应用。

7）预测、监测与评价　与土地规划、管理决策部门交流有关理论和方法；监测恢复中的关键变量与过程，并根据出现的新情况做出适当的调整。

生态恢复的操作程序如图 4.2 所示。

生态恢复是一项长期工程，不应急功近利，应遵循生态系统演替过程顺序进行。其具体程序完全取决于区域初始状态及预期目标。但在考虑预期目标时应该有长期目标与短期目标相结合，并尽可能尽快实现短期目标的效益。

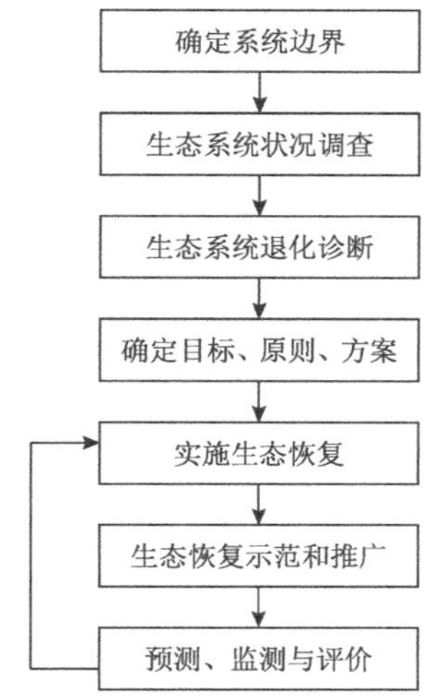

图 4.2　退化生态系统恢复与重建的程序

4.2.2　生态恢复的技术体系

生态恢复主要按照自我设计和人为设计理论开展，但生态恢复所使用的技术大部分在自我设计和人为设计的过程中是通用的，仅有极少数的生态恢复技术只能在一种过程中使用，因此，生态恢复的技术很难按照自我设计和人为设计来划分。生态恢复的技术体系涉及很多领域，在退化生态系统恢复与重建过程中，不同的生态系统类型与不同的生态恢复阶段需要采取不同的方法。总结起来，生态恢复的基本技术体系主要有如下三方面内容，分别是非生物环境因素的恢复技术、生物因素的恢复技术和生态系统与景观的恢复技术（Mitsch and Jorgensen，1989；Parham，1993；章家恩和徐琪，1999）。

1）涉及水、土、气等非生物环境因素的恢复技术　从生态系统的组成来看，生态恢复主要包括无机环境的恢复和生物系统的恢复。无机环境的恢复技术包括水体恢复技术（如控制污染、去除富营养化、换水、积水、排涝和灌溉技术）、土壤恢复技术（如耕作制度和方式的改变、施肥、土壤改良、表土稳定、控制水土侵蚀、换土及分解污染物等）、空气恢复技术（如烟尘吸附、生物吸附、化学吸附等）。

2）物种、种群和群落等生物因素的恢复技术　生物系统的恢复技术包括植被（物种的引入、品种改良、植物快速繁殖、植物的搭配、植物的种植、林分改造等）、消费者（捕食者的引进、病虫害的控制）和分解者（微生物的引种及控制）的重建技术。

退化生态系统恢复过程中，首先是建立生产者系统（主要指植被），由生产者固定能量，并通过能量驱动水分循环，再由水分循环带动营养物质循环。在生产者系统建立的同时或稍后再建立消费者、分解者系统和微生境（彭少麟，1996）。植物在受损害生态系统的恢复与重建中的基本作用包括：利用多层次、多物种的人工植物群落的整体结构，通过林冠层的截留、凋落物增厚产生的地表下垫面的改变，减缓雨滴的溅蚀力和地表径流量，控制水土流失；利用植物有机残体和根系的穿透力，以及分泌物的物理化学作用，促进生态系统土壤的发育和熟化，改善局部环境，并在水平和垂直空间上形成多格局和多层次，创造多样化的生境，促使生态系统生物多样性的形成；利用植物群落根系错落交叉的整体网络结构，实现固土和防止水土流失，为其他生物提供稳定的生境，逐步恢复退化的生态系统。

生物技术在恢复生态学中应用非常广泛，主要是通过生物技术获得生态适应性更强、抗逆性更强的生物品种，以及快速获得大量所需恢复的繁殖体（幼苗）等。

3）生态系统与景观的恢复技术　考虑生态恢复的结构与功能，常常在生态系统层次和景观层次上来进行。这两个层次上的评价与规划，总是与土地资源评价与规划、环境评价与规划技术和景观生态评价与规划技术等相衔接；生态工程设计技术、景观设计技术、生态系统构建与集成技术和流域治理技术等是常用的技术；而“3S”技术是重要的支撑技术。

不同类型（如森林、草地、农田，以及湖泊、河流、海洋等湿地）、不同程度的退化生态系统，其恢复方法也不同。在退化生态系统恢复与重建的实践中，常常是多种技术方法同时应用，进行综合组装与整治。

例如，我国南方极度退化的生态系统总伴随着严重的水土流失，每年反复的土壤侵蚀更加剧了生境的恶化，因而极度退化的生态系统是无法在自然条件下恢复植被的。对极度退化的生态系统的整治，第一步就是控制水土流失。特别是对崩岗等严重的侵蚀现象，还需要工程措施和生物措施相结合。治理崩岗的工程措施主要包括开截流沟工程、建谷坊工程、削坡升级工程和拦沙坝工程等多种技术方法。生物措施主要是因地制宜地选用合适的植物，人工造林种草。这是一项治本的工作，生物措施与工程措施密切配合，可以相互取长补短，有效地起到控制水土流失的作用。在此基础上再进行植被的重建（彭少麟等，1999b）。

整个基本技术体系列于表4.1中。

表4.1　退化生态系统恢复与重建的技术方法体系（仿章家恩等，1999）

恢复类型	恢复对象	技术体系	技术类型
非生物环境因素	土壤	土壤肥力恢复技术	少耕、免耕技术；绿肥与有机肥施用技术；生物培肥技术[如微生物活性剂（EM）技术]；化学改良技术；聚土改土技术；土壤结构熟化技术
		水土流失控制与保持技术	坡面水土保持林草技术；生物篱笆技术；土石工程技术；等高耕作技术；复合农林业技术
		土壤污染控制与恢复技术	土壤生物自净技术；施加抑制剂技术；增施有机肥技术；移土客土技术；深翻埋藏技术；废弃物的资源化利用技术
	大气	大气污染控制与恢复技术	新兴能源替代技术；生物吸附技术；烟尘控制技术
		小气候控制技术	可再生能源技术；温室气体的固定和转换技术（如利用细菌、藻类）；无公害产品的开发与生产技术；土地优化利用与覆盖技术
	水体	水体污染控制技术	物理处理技术（如加过滤、沉淀剂）；化学处理技术；生物处理技术；氧化塘技术；水体富营养化控制技术
		节水与保水技术	地膜覆盖技术；集水技术；节水灌溉（渗灌、滴灌）技术；小水库、谷坊、鱼鳞坑等保水技术
生物因素	物种	物种选育与繁殖技术	基因工程技术；种质库技术；野生生物种的驯化技术
		物种引入与恢复技术	先锋种引入技术；土壤种质库引入技术；乡土种种苗库重建技术；天敌引入技术；林草植被再生技术

续表

恢复类型	恢复对象	技术体系	技术类型
生物因素	种群	物种保护技术	就地保护技术；迁地保护技术；自然保护区分类管理技术
		种群动态调控技术	种群规模、年龄结构、密度、性比例等调控技术
		种群行为控制技术	种群竞争、他感、捕食、寄生、共生、迁移等行为控制技术
	群落	群落结构优化配置与组建技术	林灌草搭配技术；群落组建技术；生态位优化配置技术；林分改造技术；择伐技术；透光抚育技术
		群落演替控制与恢复技术	原生与次生快速演替技术；封山育林技术；水生与旱生演替技术；内生与外生演替技术
生态系统与景观	结构与功能	生态评价与规划技术	土地资源评价与规划；环境评价与规划技术；景观生态评价与规划技术；“4S”［遥感（RS），地理信息系统（GIS），全球定位系统（GPS）和环境科学（ES）］辅助技术，生态物联网
		生态系统组装与集成技术	生态工程设计技术；景观设计技术；生态系统构建与集成技术
		生态系统间链接技术	生物保护区网络；城市农村规划技术；流域治理技术

由于新技术的发展，如“3S”技术和生物技术的发展，加之传统的分析方法也不断被发掘和应用于生态恢复的研究中（侯爱敏等，2000；Hou et al.，2001），退化生态系统恢复与重建的技术方法体系还在不断地发展和完善。

4.3　“3S”技术与生态恢复

4.3.1　“3S”技术简介

近年来，随着遥感（RS）和计算机软件、硬件技术的发展与完善，利用遥感数据进行生态学研究已经成为一种普遍的研究方法，“3S”技术应用于生态学的许多领域，取得了丰富的研究成果，并将继续在区域和全球尺度的生态学研究中起到至关重要的作用（彭少麟等，1999a）。“3S”技术是遥感（remote sensing，RS）、地理信息系统（geographic information system，GIS）和全球定位系统（global position system，GPS）的简称。

遥感（RS），字面理解即“遥远的感知”，是由传感器非接触式地采集目标对象的电磁波信息，通过对电磁波信息的传输、变换和处理，定性、定量地揭示地球表面各要素的空间分布特征与时空变化规律。按照遥感获取信号的方式，即按电磁辐射能源的不同，遥感可以分为被动式遥感（passive remote sensing）和主动式遥感（active remote sensing）两大类（郭庆华等，2018）。其是远距离的、不直接接触目标物体的，通过接收目标物体反射或辐射来的电磁波，探测地物波谱信息，并获取目标地物的光谱数据与图像，从而实现对地物进行定位、定性或定量描述的一种无损测试技术（黄木易等，2004）。特别是近 20 年来，主动式遥感技术因其不依赖于太阳辐射从而可以昼夜工作，同时可以根据探测目标的不同选择不同的电磁波波长和发射方式等优点，在遥感技术领域发展迅猛。激光雷达遥感技术（light detection and ranging，LiDAR），凭借其提供的高精度三维地物信息，已经在林业、气象、测绘和考古等领域得到了广泛的应用（郭庆华等，2018），使得遥感技术在小尺度细节分布的研究上也有了很强的优势。

随着美国 MODIS 和 Landsat 系列，以及法国的 SPOT 等新的卫星传感器的开发，遥感卫星的分辨率也越来越高。现在分辨率较高的遥感数据有TM、ETM+、SPOT、Quick Bird等，这些遥感数据的分辨率都高于30m（章莹和卢剑波，2010）。特别是高光谱遥感仪器的使用，如航空可视光/红外成像光谱仪（airborne visible/infrared imaging spectrometer，AVIRIS）、小型航空光谱成像仪（compact airborne spectrographic imager，CASI）及航空光谱成像应用系统（airborne imaging spectro radio meter for applications，AISA），使得对地物的观察可以精确到物种级别，仅仅从扫描图像上就能够分辨地表植被的物种，从而对入侵植物的侵入情况进行观察（He et al.，2011）。例如，Clark等于2005年对巴西亚马孙雨林的拉塞瓦尔生物观察站附近的雨林林冠进行了光谱数字图像采集实验，其高光谱扫描采集的图像采用短波红外光谱（SWIR2）、近红外光谱（NIR）、红光光谱（Red）三个波段，就能够通过图像数字处理，分辨出林冠中7种植物的分布情况（图4.3）。

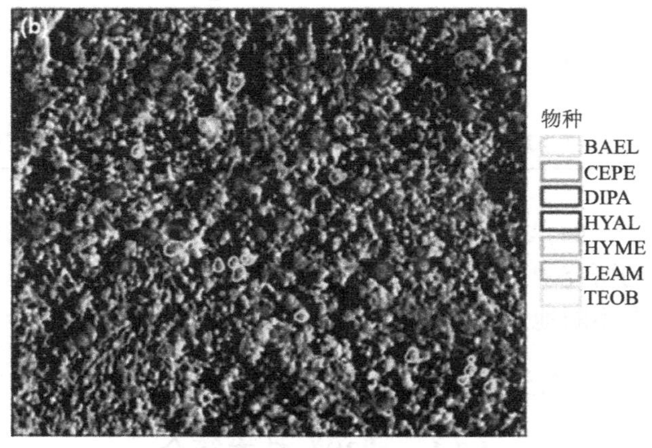

（彩图）

图4.3　巴西亚马孙雨林拉塞瓦尔生物观察站附近雨林林冠高光谱遥感图像物种

BAEL为雅合欢属植物*Balizia elegans*；CEPE为吉贝木棉（*Ceiba pentandra*）；DIPA为香豆树属植物*Dipteryx panamensis*；HYAL为大戟科植物*Hyeronima alchorneoides*；HYME为膜荚豆属植物*Hymenolobium mesoamericanum*；LEAM为猴钵树属植物*Lecythis ampla*；TEOB为矩圆叶柃（*Terminalia oblonga*）。地图比例尺为1：3000

利用遥感进行生态学研究主要是基于植物的谱反射比（spectral reflections）来实现的。植物的谱反射比曲线具有显著的特征。在可见光谱区，植物的平均谱反射比低于干土，而高于或接近于水体。在近红外谱区，植物的平均谱反射比高于土壤或水体，以水体为最低。在中红外谱区，植物的平均谱反射比略高于水体（或相近），但明显高于干土。各种遥感传感器正是根据植物的这一谱反射比特征来设计的。陆地卫星（Landsat）专题制图仪（TM）的波段3（0.63～0.69μm）和波段4（0.76～0.90μm），法国地球观测卫星（SPOT）高分辨率可见光感测器（HRV）的XS2（0.61～0.68μm）和XS3（0.79～0.89μm），诺阿卫星（NOAA）的先进甚高分辨率辐射仪（AVHRR）的波段1（0.58～0.68μm）和波段2（0.725～1.1μm）等分别位于红光和近红外波段，都被广泛应用于植被研究。不同的植物及同一种植物在不同的生长发育阶段，其谱反射比曲线型和特征是不同的，而病虫害、灌溉、施肥等条件的不同也会引起植物谱反射比曲线的变化。因此，可以利用植物的这一特征和遥感数据，结合地面调查进行生态学研究。

地理信息系统（GIS）可以存储、查询、分析、模拟、显示和输出地理空间动态数据，在对数据分析提供支持和结果表达方面发挥着重要作用。在遥感信息的数据处理中，地理信息系统（GIS）的技术支撑也是必不可少的。GIS由于在多源数据的整合、数据的统计分析、模型的建立等方面具有强大功能，因而在利用遥感数据进行的生态学研究中占有越来越重要的地位。例如，借助 GIS 整合地形、土壤、植被和气候数据；利用 GIS 对卫星遥感数据进行准确的融合（merge）和地理编码（geocode），实现对区域植被面积的估计，对生境破碎化（habitat fragmentation）和边缘效应的空间分析，对土地覆盖进行制图和监测研究，对土地利用及植被进行分类等（彭少麟等，1999a）。

全球定位系统（GPS）则具有全球性、全天候、高精度的实时导航功能，可为 RS、GIS 提供精确的空间定位。在地面调查中，全球定位系统（GPS）的应用是非常有效的。实地定点调查一直是生态学的传统研究手段，而 GPS 可以实现调查的准确定位。普通的手持式 GPS，如中海达 Q1、冰河 610 等利用中国北斗卫星系统的精密度已经可以达到 2m 的级别。GPS 主要用于将地面调查定位在地图或遥感图像上，实现遥感信息的空间定位判读和生态系统类型的边界线划分。GPS 也广泛用于选择地面控制点（GCP）等。

4.3.2 “3S”技术的应用

“3S”技术已经广泛地应用于区域和全球尺度的生态学研究，包括应用于生态恢复过程各方面的研究。遥感技术因其全天候、全覆盖的优点首先被引入生态恢复的监测中，尤其是高空间分辨率的遥感影像，如 Spot、Pleiades、WorldView 等遥感卫星影像（全色空间分辨率可达到亚米级）备受欢迎（Zlinszky et al.，2015）。对大尺度的监测，Modis、Landsat 系列影像因其成本低依然是较理想的选择。不过目前遥感技术主要应用于植被生态恢复的监测、环境污染修复的监测和景观恢复的监测（Lawley et al.，2016）。由于遥感技术存在异物同谱、异谱同物等局限，故遥感监测的准确度、监测指标的全面性及监测分类的精度等仍需要研究。另外，由于遥感技术，特别是光学遥感受天气情况影响较大，如云遮挡，加上低轨卫星重返周期较长，故难以实现监测时间的连续性，因此基于对象的生态恢复遥感监测的最优时间分辨率也是一个值得探讨的问题（Hedley et al.，2016；张绍良等，2018）。

然而，无论怎样，所有利用遥感数据进行的生态学研究都离不开地面实地调查工作，并且其研究结果也要接受地面调查数据的检验，利用遥感和其他数据所进行的生态学研究只有与传统生态学相结合才能得出正确的结论，也才能具有持久的生命力。

采用 GPS 的导航定位技术，可为资源的分布提供准确的定位。基于 GIS 技术，建立森林生态资源数据库，可优化查询和管理等方式方法，而且拼接器强大的空间分析处理能力，能够帮助人们迅速完成森林生态资源的调查评估工作。

具体而言，“3S”技术在生态学中主要应用在以下几个方面。

1）植被信息　植被（包括陆生植被和水生植被）是生态系统中最为基础的组分，它在一定程度上反映了生态系统的类型。根据植被的谱反射比特征，通常是用植被的红光、近红外波段的反射比和其他因子及其组合所获得的植被指数（VI）来提取植被信息，并在区域和全球尺度上广泛应用于从高空监测植被。Dannenberg 等（2020）基于每月平均的归一化植被指数、太阳诱导叶绿素荧光和植被光学深度绘制了全球 12 个 Ⅰ 级物候区空间分布。

植被指数可分为比值型植被指数和非比值型植被指数。比值型植被指数现在分为两类：①比值型植被指数，如简单比值指数（simple ratioIndex，SR）、归一化植被指数（normalized differential vegetation index ，NDVI）、水分调整植被指数（moisture adjusted vegetation index，

MAVI）等波段比值型植被指数；②公式中含有常数加项的比值型植被指数，即非完全比值型植被指数，如土壤调节植被指数（soil-adjusted vegetation index，SAVI）、增强型植被指数（enhanced vegetation index，EVI）等（张慧等，2018）。Jordan 最早提出比值植被指数（RVI）的概念，并用它来估计热带雨林的叶面积指数。迄今已有数十种植被指数应用于不同方面的研究（Perry and Lautenschlager，1984）。

植被指数除了与植被密切相关外，同时还对太阳-地物-传感器的空间关系、大气的影响、土壤背景这 3 类外部因子很敏感（彭少麟等，2000）。虽然遥感卫星设计为极轨卫星，与太阳同步，但实际上这些卫星通过赤道上空时间的推迟，会导致光照条件不一致，于是有些工作对卫星轨道漂移进行了校正。为了消除大气对遥感数据的影响，许多学者进行了大气校正的研究，包括分子校正、水汽校正、气溶胶校正、综合校正（包括分子、水汽、气溶胶的综合校正）、平均大气校正（用水汽和气溶胶厚度的时空平均值进行完全校正）等，并形成了多种植被指数，如大气阻力植被指数（ARVI）、抗大气植被指数（IRVI）等。为了消除土壤背景对植被指数的影响，不少学者也提出了相应的植被指数，如垂直植被指数（PVI）、土壤亮度植被指数（SBI）、土壤调节植被指数（SAVI）、变形的土壤调节植被指数（TSAVI）、修正的土壤调节植被指数（MSAVI）、优化的土壤调节植被指数（OSAVI）、两轴植被指数（TWVI）、全球环境监测指数（GEMI）等。此外，研究还表明，森林盖度与可见光和近红外波长相关性最强，与中红外的相关性较弱，与热红外的相关性最弱；结合可见光、近红外和热红外波长的植被指数与森林盖度的相关性最强。

归一化植被指数（NDVI）是使用最为广泛的一种植被指数。其他许多指数虽然比 NDVI 更为可靠，但只是停留在理论上，目前还无法广泛应用，NDVI 仍是遥感应用上的主导指数（Hame et al.，1997）。

2）光能利用和蒸散　光合作用（photosynthesis）和蒸腾作用（transpiration）是植物的两个重要生理过程。现有的许多研究表明，卫星遥感有可能测度和估计这两个过程。

光合有效辐射（photosynthetically available radiation，PAR）（400～700nm）是植物光合作用的驱动力，对这部分光的截获和利用是生物圈起源、进化和持续存在的必要条件。研究植物所吸收的光合有效辐射（A_{PAR}）是研究植被净第一性生产力或净初级生产力（net primary productivity，NPP）的基础，同时对相关生物圈过程的建模和监测也十分重要（郭志华等，1999）。一般情况下，A_{PAR} 与 PAR 之间存在如下关系：

$$A_{PAR}=f_{PAR}\cdot I_{PAR}$$

式中，I_{PAR} 为入射光合有效辐射；f_{PAR} 为植被冠层对入射光合有效辐射吸收系数。对大范围 A_{PAR} 的监测和估算主要是通过对 f_{PAR} 和 I_{PAR} 的估算来实现的（彭少麟等，1999a）。

区域乃至全球 I_{PAR} 的估测主要有两种方法，一是气候模式，二是利用遥感资料进行建模（Goward and Huemmrich，1992）。f_{PAR} 随植被类型及其演替阶段和季节的不同而发生变化。对 f_{PAR} 的估算主要是通过遥感数据 VI 与 f_{PAR} 的经验公式来进行的。

许多研究表明，NDVI 与 f_{PAR} 之间存在线性关系。一般来说，高生产力的生态系统，其 NDVI 与 NPP 存在很好的线性关系，而低生产力的生态系统，由于 NDVI 受土壤背景的影响而与 NPP 关系不明显。Ruimy 和 Saugier（1994）通过对 NDVI 进行校正，提高了用 NDVI 来估算 f_{PAR} 的精度。Dye 等（1993）利用前人的理论和方法计算了 f_{PAR}，从而实现了对全球 A_{PAR} 的估算和制图。

光能利用效率（light use efficiency，LUE）是指植被所吸收的碳与植被冠层所吸收的光能量之比，用于表征植被通过光合作用将所截获/吸收的能量转化为有机干物质效率的指标。植被所吸收的碳既可以用总初级生产力（gross primary productivity，GPP），也可以用净初级生产力衡量。定量化生产力的时空变化是定量化全球碳循环的重要挑战之一，在所有的生产力模型中，LUE 模型最有潜力定量化生产力的时空变化。因此，作为光能利用效率生产力模型的重要参数，LUE 的准确定量化模拟是定量化生产力时空变化和全球碳循环的基础。很多 LUE 模型已经广泛应用于生产力的模拟，如植被光合模型（vegetation photosynthesis model，VPM）等。在 LUE 模型中，LUE 一般按照下式进行计算（付刚等，2011）：

$$\mathrm{LUE}=\mathrm{LUE}_{\max}\cdot f$$

式中，$\mathrm{LUE}_{\max}$ 是指潜在光能利用效率或最大光能利用效率；f 是衰减因子，其中最常见的两个衰减因子是温度因子和水分因子。

利用遥感数据建立 LUE 模型可估算不同海拔高寒草甸光能利用效率（付刚等，2011）。利用 GIS 和 RS 可估算广东省植被光能利用率（彭少麟等，2000）。随着高分辨率光谱测量传感器的使用，位于可见光和近红外区域的窄波段可以捕捉到植被冠层反射率的细微变化，也促进了光能利用率遥感反演技术的发展（王莉雯和卫亚星，2015）。孟琪等（2018）利用农田 NPP 与 GPP 的关系，综合气象数据、农业统计数据以及 MODIS 数据，估算农田植被的光能利用率（图 4.4）。

蒸散为生态系统中土壤蒸发和植被蒸腾之和，是生态系统水分平衡的一个重要指标，也体现了水分交换与太阳辐射之间的本质联系。利用遥感数据研究蒸散已有许多卓有成效的工作，主要表现在如下三个方面：①利用 NDVI 估算蒸散量并进行制图；②探讨 NDVI 与潜在蒸散（E_{p}）、实际蒸散（E_{r}）和土壤水分（w_{s}）之间的关系；③揭示 NDVI 与降水量的关系（彭少麟等，1999a）。

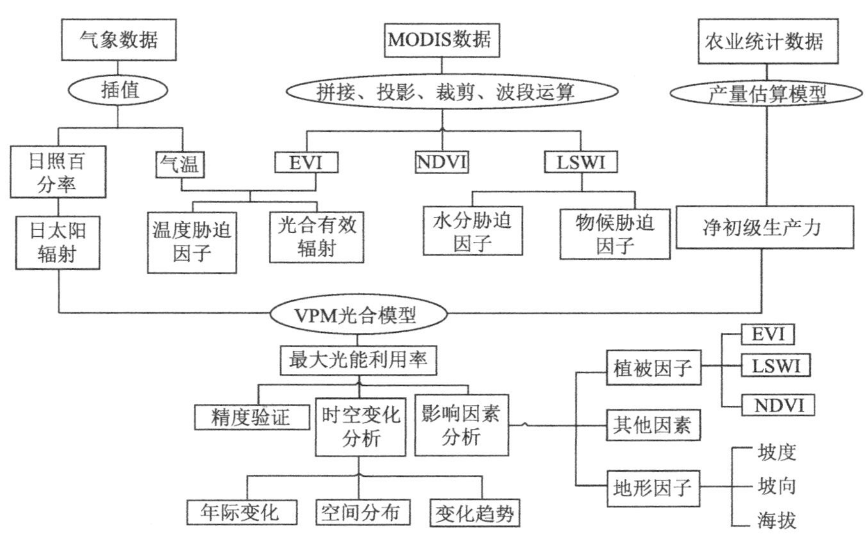

图 4.4　利用遥感、气象数据和农业统计数据估算农田光能利用率（孟琪等，2018）

LSMI指陆地表面水分指数；VPM为植被光合模型

3）叶面积指数和叶绿素总量　叶面积指数（leaf area index，LAI）是植被冠层结构的一个重要参数，它控制着植被的许多生物和物理过程，如光合作用、呼吸作用、蒸腾作用、碳循环、降水截获等。传统的叶面积指数测定通常采用收获法和吊线法，在野外实际测定时需花费大量的人力，在样点进行大空间转换时其精度也难以把握（彭少麟和任海，1998）。卫星遥感则为研究大范围的LAI提供了唯一有效的途径。通常植物学上的LAI定义为地面单位面积上叶的投影面积，但在遥感技术研究 LAI 时，有些学者给出不同的定义，如认为 LAI 是单位地面积上的叶面积（Running et al., 1986）或为单位地面积上总叶面积的一半等（Ruimy and Saugier，1994），目前基本认为 LAI 为单位地表面积上绿叶总面积和的一半（刘良云，2014）。

关于植被指数与LAI关系的研究非常多，而且通过测度LAI的变化还可以确定群落结构的变化。例如，用航空遥感来研究森林冠层结构的新方法，就是将落叶林生叶和落叶时航空影像数字高程模型的差作为林冠高度来分析冠层动态。该方法为在大的时空尺度上准确、定量地研究冠层结构、林窗动态，以及进一步研究群落演替等开创了一条崭新的途径，具有广阔的应用前景。Koukoulas 和 Blackburn（2004）利用主动遥感装置和机载激光雷达（LiDAR）获得的图像中提取林窗空间特征，用以绘制林窗大小、形状复杂性、植被高度多样性和林窗连通性（gap connectivity）图。从机载多光谱扫描仪的图像中提取的植被覆盖图与激光雷达数据相结合，用于描述林窗内的主要植被类型（Koukoulas and Blackburn，2004）。另外，基于高分辨率卫星图像的遥感方法可用于描绘小规模的森林干扰机制，如立体卫星图像可以提供研究区域的两个视角，从而能够高度精确地绘制具有复杂地形的森林林窗图（Hobi et al., 2015）。

由于绿色植物的光合作用主要在叶绿体中进行，因此叶绿素含量与光合作用的强度密切相关。这样，遥感就成为在全球和区域尺度上确定植物叶绿素总量的唯一方法。叶绿素含量可以通过研究红光辐射、近红光辐射及其两者的组合与叶绿素总量的关系来确定，也可通过建立模型来测度，如利用影像灰度图来推算叶绿素含量的遥感模型。

4）生物量与生产力　监测植被的 LAI 和生物量一开始就是卫星遥感的一项重要应用。但最初的兴趣集中在植被的产量方面。随着目标和软件、硬件功能及理论的完善，人们开始用遥感数据来计算大区域自然植被的生产力。Tucker 和 Sellers（1986）在研究大气 CO_2 浓度的变化与 NDVI 动态关系的基础上，认为可用 NDVI 来估计植被的光合能力。后来的研究更多地集中在基于 NDVI 和 A_{PAR} 之间的经验和理论关系，用遥感数据来监测植被生物量与净第一性生产力（NPP）。图 4.5 是利用 TM 数据提取的粤西地区森林生物量（郭志华等，2002）。另外，利用使用无人驾驶飞行器（UAV）、高分辨率卫星图像和现场采样调查数据，可以用于估测海域绿藻的生物量，对预测及预防绿藻规模具有重要意义（Jiang et al.，2020）。

估计全球陆地 NPP 的方法有两类：①利用植被图，根据局部的 NPP 值，通过插值来计算；②在生物圈水平上建模，而模型又分为统计模型、参数模型和过程模型 3 种，其中参数模型在精度和简单实用性方面效果较好。在利用参数模型进行 NPP 的估算时，有的直接利用 NDVI 与 NPP 的关系进行计算。参数模型估算 NPP 的另一种途径是在估算 A_{PAR} 的基础上，通过估算能量转换率来实现。NPP 与 A_{PAR} 的关系就是著名的蒙蒂斯（Monteith）方程（Paruelo et al.，1997）。现在国内外已有很多研究都是利用这一方法来估算不同区域、不同国家以至全球的 NPP，而且研究的精度也越来越高。

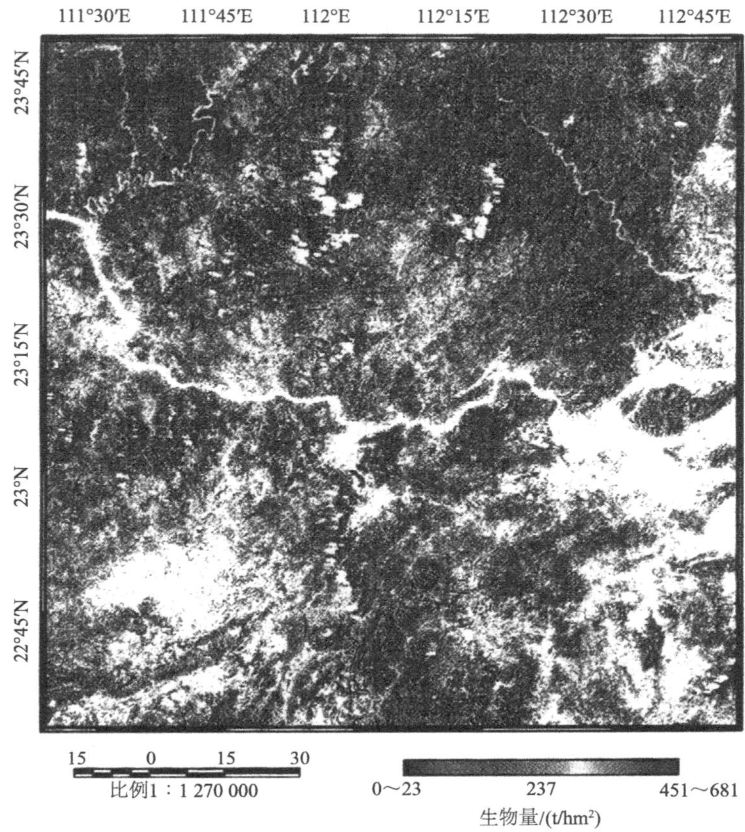

（彩图）

图 4.5 利用 TM 数据提取的粤西地区森林生物量（郭志华等，2002）

目前估算 NPP 的模型很多，参数模型即光能利用率模型应用最广泛（王磊等，2009），如由遥感资料驱动的生产力效率模型（global production efficiency model，GLO-PEM）（李登科和王钊，2018）。另外，MOD17A3 是基于 MODIS（TERRA 卫星）遥感参数，通过生物圈-生物地球化学循环（BIOME-BioGeochemical Cycles，BIOME-BGC）模型计算出全球陆地植被净初级生产力（NPP）年际变化的资料，目前已在全球不同区域对植被生长状况、生物量的估算、环境监测和全球变化等研究中得到验证和广泛应用（国志兴等，2008）。例如，王磊等（2009）利用 GLO-PEM 分析 1981～2000 年中国陆地生态系统 NPP 的时空变化特征。有大量学者利用 MOD17A3 数据对中国区域植被 NPP 开展了一定研究并取得了较好的结果（王强等，2017）。基于 MOD17A3 的 NPP 数据、地表覆盖类型 MCD12Q1 数据，采用趋势线分析法对中国 2000～2015 年中国陆地植被 NPP 的时空格局、变化规律进行研究（李登科和王钊，2018）。

5）植被分类和制图　植被分类的方法很多，除了根据区系、外貌特征外，还可结合气候、地形和物候等因素进行。不同分类方法的应用取决于其是否能很好地满足研究的需要。基于遥感数据的植被分类和制图，其方法和思路多数仅利用遥感数据特征，有的辅以其他地面数据并借助 GIS 进行数据整合、分类等。

由于在一年内 NDVI 随时间的变化与物候有关，特别是在气候年变化大、生境多样的地区，这种年变化更加明显。因此，很多遥感植被分类就是根据 NDVI 的这一规律来进行的。

DeFries 等（1995）根据由可见光和热红外通道的信息组成的多达 18 个指标，将全球陆地表面划分为 12 种类型（11 种为植被、1 种为裸地），并且认为用平均 NDVI、最大 NDVI、NDVI 年变幅和最大陆地表面温度可区分常绿和落叶植被；用平均 NDVI、NDVI 年变幅或者最大 NDVI 和 NDVI 年变幅可区分针叶和阔叶植被。遥感的植被分类和制图还广泛用于其他不同的尺度，如洲尺度（如非洲）、国家尺度（如中国、意大利、埃及、巴西）、区域尺度（如东南亚地区、尼罗河三角洲）以及更小的地区尺度，并取得了很好的效果。此外，用图像处理及 GIS 和数据库管理系统整合了多时相（multitemporal landsat，ML）历史遥感数据和地面辅助资料，并进行了分类，结果也优于传统分类。另外，只根据遥感植被数据进行植被分类，不能反映植被与气候的联系。因此也有研究利用遥感数据和气候数据绘制世界植被类型分布图，即根据植被和气候数据对 14 种气候植被类型进行了分类，每种类型都有明显的气候和植被特征（Zhang et al.，2017）。

6）植被资源的动态监测和管理　利用多时相遥感数据，可以对植被资源进行动态监测和管理。

（1）应用遥感监测植被的生长动态。这方面主要是通过多年遥感数据的比较来完成的。而对草地的生长动态监测则通常可以通过季节性的比较来实现。也有一些研究者利用 RS 和 GIS 研究气候变化对植被的影响（张炜银等，2001）。

（2）应用遥感监测火灾。这方面的监测可服务于 3 种不同的目的：活动火灾的监测、火灾面积的监测和制图及评估火灾风险等。要对较小的火灾面积进行有效的监测，就需要使用分辨率较高的数据，同时辅以地面实地调查。

（3）应用遥感监测森林覆盖的变化。多侧重于森林砍伐和造林方面。通常这方面的监测常伴随着多方面的研究，如监测森林砍伐的速率，分析森林砍伐与地形坡度和人口密度的关系，用森林周长与面积之比来作为森林破碎化的一种度量，估计森林的破碎化和边缘效应等。

（4）应用遥感监测土地覆盖的变化。这方面的监测包括很多种信息，除了了解土地覆盖类型的变化外，还可以了解诸如农业用地的变化速率、人类活动与城市化对农业用地的影响。

（5）应用遥感监测生物入侵。为了有效控制及合理利用外来入侵物种，需要对该物种种群的空间分布和动态变化进行监测与统计（Mack et al.，2007）。通过“3S”技术对入侵物种侵入地的环境调查及植被覆盖情况进行分析，掌握了入侵物种在侵入地的分布、生长状态、环境背景等信息后，再结合不同时期的遥感影像资料进行对比，就可以对大时空尺度下的植被覆盖情况进行时间上和空间上的综合动态分析，从而进行入侵植物或动物对当地生态系统入侵危害程度的判定评估，并提供重要的数据支持（黄华梅和张利权，2007）。目前，基于遥感技术而产生比较流行的两种入侵物种预测模型，一种是生态位模型（ecological niche model，ENM），另一种是生理基础统计学模型（physiologically based demographic model，PBDM）（Rocchini et al.，2015）。

7）野生动物生境研究　野生动物生境研究的内容包括：单个生境因子与野生动物之间的关系、多因子复合作用对野生动物的影响、野生动物生境获得性和偏爱性之间的关系、野生动物分布区内生境质量适宜度评价、生境景观格局及其变化对野生动物的影响、微生境及其与野生动物的关系等方面。近年来，生境破碎化和生境动态研究成为野生动物生境研究中的重要领域。目前“3S”技术在野生动物生境研究中，主要用于以下几个方面：①野生动物生境因子分析，即判断各生境因子的分布、相关关系及野生动物与生境因子的相互作用。②野生动物的生境选择，即通过研究生境因子与生境结构，分析各因子对野生动物栖息地选择策略的影响，建立数学模型，确定野生动物对各类生境的偏爱性和利用率。③野生动物的生境评价，即通过生境适宜度研究，综合评判不同分布区的生境。④生境景观格局和破碎化，即掌握生态系统受干扰的程度、生态承载力大小和生境适宜性的变化。⑤野生动物生境恢复，即在野生动物生境现状研究和评价的基础上，以景观生态学理论为指导，将生境中的廊道、斑块与基质的数量和空间格局进行优化设计，为生物多样性保护创造良好条件（王金亮和陈姚，2004）。

8）*利用遥感技术测定大尺度植物生理指标* 目前，随着全球气候变化的影响加剧，地区性的极端干旱导致树木死亡的问题愈演愈烈（Gessler et al.，2018；McDowell et al.，2018）。因此，森林植物物种如何应对干旱的研究变得尤为重要，而其中基于植物的导管连续性与气孔调节机制提出的等水性（isohydry）策略是非常重要的一环（Martinez-Vilalta et al.，2014；Roman et al.，2015；Anderegg et al.，2018）。但是这一指标往往只能通过比较烦琐的生理实验获得，很难利用到类似于全球尺度的不同森林类型的等水性测定。而 Konings 和 Gentine 在 2015 年利用遥感卫星 AMSR-E 对全球地表植被的光学景深（vegetation optical depth）进行扫描，通过光学景深指数对于植被含水量（vegetation water content）的计算，再由传统的等水性公式进行换算，得到了某一森林类型的等水性指数和等水性斜率指数 r 在全球分布的差异变化，从而实现了利用遥感技术解决大尺度植物生理指标测定的难题。并且他们发现，不同植被类型的等水性确实呈现显著的差异，热带地区常绿阔叶林的植物等水性更强（应对干旱有更强的气孔调节行为），并且冠层越高等水性越强；而在一些热带雨林的边缘地区和热带季雨林内的一些落叶植物在旱季反而呈现了不等水性更强（应对干旱气孔调节行为较弱）的现象。

9）*高分辨率遥感的应用* 20 世纪 70 年代以来，卫星遥感技术由于具有大空间尺度、数据实时获取、适于长时间跟踪等优点，在生态环境监测领域得到广泛的应用。随着近年来高分辨率卫星影像技术及成果的普及，生态环境遥感监测更是逐步向精细化、定量化发展。但在很长的一段时间内，我国环境保护领域中高分辨率卫星遥感数据长期依赖于国外商业卫星，高昂的费用和获取途径的限制，在一定程度上制约了我国生态环境遥感监测技术的发展和普及（蔡建楠等，2018）。

2013 年 4 月和 2014 年 8 月，我国“高分一号”（GF-1）“高分二号”（GF-2）卫星相继发射成功，标志着我国高分辨率对地观测系统取得重大成果。GF-1 卫星具有空间分辨率高、相机数量多、中分辨率遥感视场大等特点；GF-2 卫星则实现了高空间分辨率、多光谱综合光学遥感数据的获取，具有高空间分辨率、高辐射精度、高定位精度和快速姿态机动能力等特点。对生态监测的应用主要包括：水环境监测（湖泊及海洋水体富营养化相关水质指标、水体悬浮物及浊度监测和城市黑臭水体识别等方面）；提取监测区域内的水体面积、水边线等信息；植被资源的遥感识别（森林树种识别和生物量计算、植被指数计算研究、湿地植物多样性分析、草原变化监测等）。城市发展过程中形成的不同土地覆盖类型及其空间格局是导致城市生态效应差异的重要成因，及时、快速地监测城市土地覆盖变化及其生态影响是当前城市生态环境研究的重要领域；而遥感和地理信息技术是对变化快速、空间范围广的城镇土地覆盖进行实时、准确监测的最佳手段之一（蔡建楠等，2018）。

4.3.3 “3S”技术在生态恢复中的应用

遥感数据所提取的生态学信息，可以全部应用于生态恢复研究中。在生态系统的退化过程和退化生态系统的生态恢复过程中，生态系统的结构与功能在不断地变化，反映在遥感信息上也有所不同，可以通过连续的遥感信息或是不同时期的遥感信息的比较来进行研究，如基于 MODIS 影像，通过 NDVI 像元二分模型对退耕还林（草）、水土流失综合治理等生态恢复措施驱动下的陕北黄土高原生态脆弱区的植被覆盖度进行动态评估（王朗等，2010）。

区域退化生态系统在生态恢复过程中的植被信息，可用来评价植被的发展动态；退化生态系统的光能利用和蒸散、叶面积指数和叶绿素总量、生物量与生产力，均是研究生态恢复过程的关键指标；退化生态系统恢复的动态监测，可以揭示区域景观结构的变化和生态质量的变化。图 4.6 是基于遥感数据处理完成的广东省森林覆盖分布，它清楚地显示出生态恢复的进程，森林覆盖率由 1979 年的 26.23%上升为 1998 年的 50.11%，表明区域的植被恢复覆盖率的变化和格局的变化。

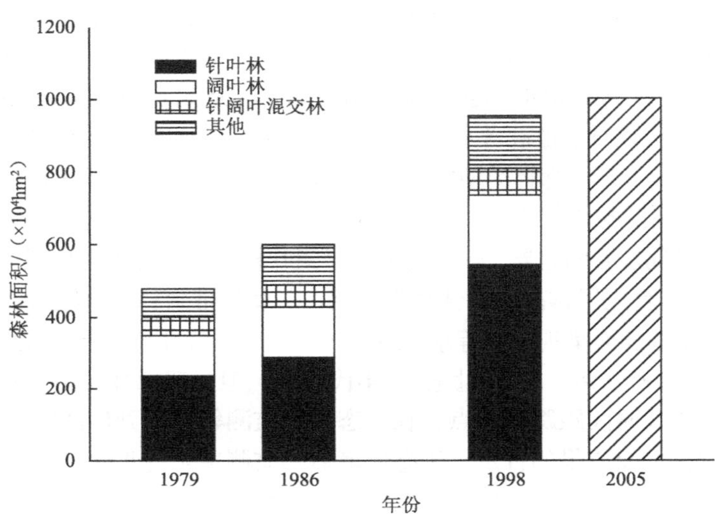

图 4.6 广东省森林覆盖率 20 年的变化（Peng et al., 2009）

1979年，森林覆盖率为26.23%；1998年，森林覆盖率为50.11%

4.3.4 无人机在生态恢复中的应用

无人驾驶飞机系统（unmanned aerial system，UAS）简称无人机（drone），为不搭载操作人员的一种有动力飞行器，它借助空气动力提供所需升力，能自主飞行或者远程引导。无人机与遥感技术的结合，即无人机遥感，是以无人驾驶飞行器（unmanned aerial vehicle，UAV）作为载体，通过搭载相机、光谱成像仪、激光雷达扫描仪等各种遥感传感器，来获取高分辨率光学影像、视频、激光雷达点云等数据。

按照使用功能、气动布局、质量、动力等，无人机可以分为不同的类型，详见表 4.2。

表 4.2 不同尺寸无人机的参数对比（郭庆华等，2016）

参数	微型无人机	轻型无人机	小型无人机	大型无人机
空机重量/kg	＜7	7～116	≤5700	＞5700
载荷大小/kg	＜5	5～30	≤50	200～900
续航时间/h	＜1	＜2	＜10	＜48
最大飞行高度/km	＜0.25	＜1	＜4	3～20

无人机遥感的优势如下。

（1）高分辨率：无人机平台获取的光学遥感数据空间分辨率高达厘米级别，弥补了卫星因天气原因无法获取或者图像分辨率低的不足。

（2）高时效性：无人机能第一时间获取资源变化数据，甚至可以定点实时观测。

（3）云层下成像：无人机具有在云下低空飞行的能力，弥补了卫星光学遥感和普通航空摄影经常受云层遮挡获取不到影像的缺陷。

（4）移动性能高：无人机平台体积小，较为轻便，移动性能好，在运输、保管环节上与有人飞机遥感平台相比更节省费用。

无人机遥感为生态恢复监测提供了新的技术支撑手段，如在高效精准地进行植被恢复率计算时，应用无人机航测影像数据，可在实现影像土地利用分类的基础上提取植被面积（林成行等，2018）。在自然保护地生物多样性监测方面，有学者归纳提出了包括图像识别与分类解译、数据反演与格局分析、数字建模与地表测量、巡护巡检 4 个类别共计 14 个专题的无人机和地面相结合的监测技术方案，明确了监测时期与频次、监测指标、监测技术的结合途径及数据后处理方法等（刘方正等，2018）。

4.4 生态恢复的模式与方向

4.4.1 生态恢复的基本模式

生态恢复的模式受生态系统退化程度的影响，一般来说有以下两种基本模式。

1）退化生态系统处于可逆状态的生态恢复模式　当生态系统退化的程度较轻时，生态系统处于可逆的状态，只要排除干扰因素，生态系统会自然地进行生态恢复，逐渐达到良好状态。

2）退化生态系统处于不可逆状态的生态恢复模式　当生态系统退化的程度非常严重时，生态系统处于不可逆的状态，即使排除了干扰因素，生态系统仍然无法自然地进行生态恢复，需要人工启动才能促使生态系统逐渐达到良好的状态。

图 4.7 说明了这两种最基本的恢复模式。

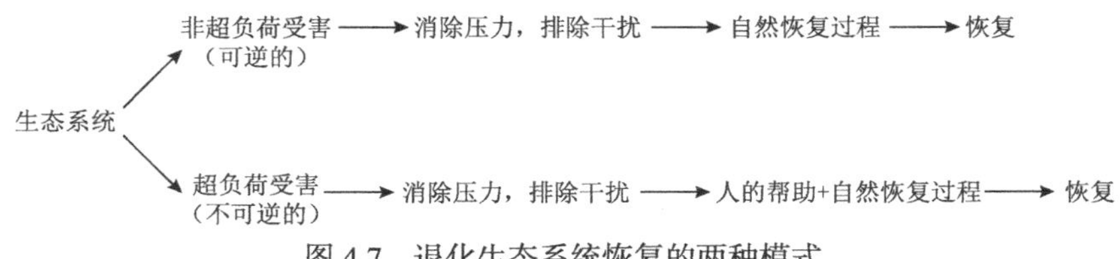

图 4.7　退化生态系统恢复的两种模式

实施退化生态系统的生态恢复时，首先应该进行生态评价，判定其属于哪一种模式，对不同模式的恢复管理投入是完全不同的。

4.4.2 生态恢复的时间

地球的植被、土地和水体，它们的自然形成时间或演替时间各不相同，但这种自然过程一般都是很漫长的。退化生态系统的恢复时间则相对要短些，其恢复时间与生态系统类型、退化程度、恢复方向、人为促进程度、环境条件等密切相关。

一般来说，退化程度影响生态恢复的时间，退化程度轻的生态系统恢复的时间要短些，而退化严重的生态系统恢复时间则会长些；环境条件影响生态恢复的时间，如湿热地带的生态恢复要快于干冷地带的生态恢复；生态系统类型也影响生态恢复的时间，如农田和草地的生态恢复要比森林的生态恢复快些。

Daily（1995）通过计算退化生态系统潜在的直接利用价值后认为，火山爆发后的土壤要恢复成具有生产力的土地，需要漫长的时间，为3000～12 000年；湿热地区耕作转换后，其土壤恢复需要5～40年；弃耕农田的恢复要40年；弃牧的草地要4～8年；而改良退化的土地需要5～100年（根据人类影响的程度而定）。此外，他还提出轻度退化生态系统的恢复需要3～10年，中度的需要10～20年，严重的需要50～100年，极度严重的需要200多年。中国亚热带的生态恢复试验和模拟表明，极度退化的生态系统（没有上层土壤、面积大、缺乏种源）不能自然恢复（彭少麟，1995），而在一定的人工启动下，40年可恢复森林生态系统的结构，100年可恢复生物量，140年才能恢复土壤肥力及大部分功能（图4.8）。

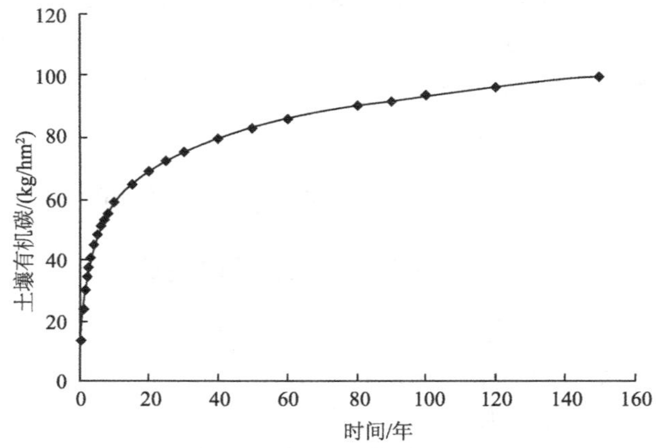

图4.8　广东小良热带极度退化生态系统植被恢复过程土壤有机碳的发展动态（余作岳和彭少麟，1995）

4.4.3　生态恢复的方向

退化生态系统恢复的可能发展方向包括：退化前状态、持续退化、保持原状、恢复到一定状态后退化、恢复到介于退化与人们可接受状态之间的状态或恢复到理想状态（Hobbs and Mooney，1993）。然而，也有人指出，退化生态系统并不总是沿着一个方向恢复，也可能是在几个方向间进行转换并达到元稳定态（meta-stable states）（图4.9）。

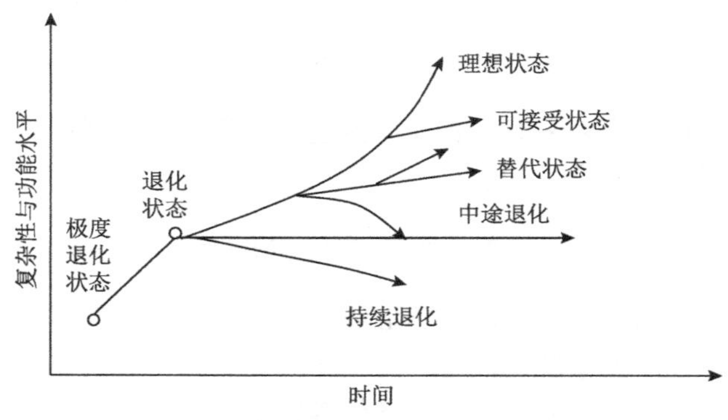

图4.9　退化生态系统恢复的方向（改自Hobbs et al.，1993）

Hobbs和Norton（1996）提出了一个临界阈值理论（图4.10）。该理论假设生态系统有

4 种可选择的稳定状态：状态 1 是未退化的，状态 2 和 3 是部分退化的，状态 4 是高度退化的。在不同胁迫或同一种胁迫的不同强度压力下，生态系统可从状态 1 退化到状态 2 或 3；当去除胁迫时，生态系统又可从状态 2 或 3 恢复到状态 1。但从状态 2 或 3 退化到状态 4 要越过一个临界阈值；反之，要从状态 4 恢复到状态 2 或 3 时非常难，通常需要大量人力和物力的投入。

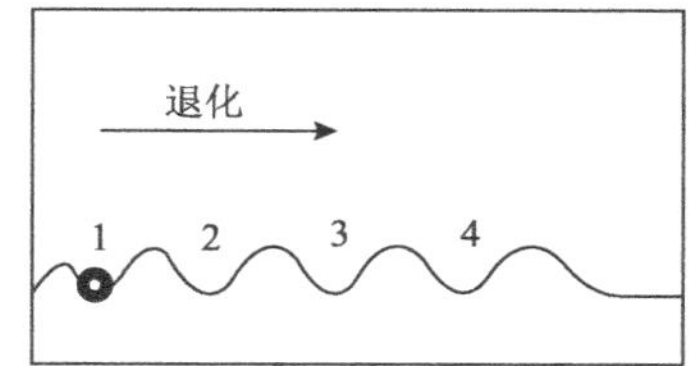

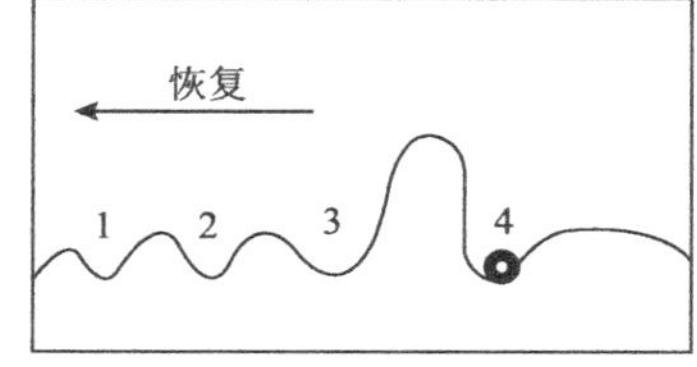

图 4.10 退化生态系统恢复的临界阈值理论（Hobbs and Norton，1996）

例如，草地常常由于过度放牧而退化，一般限制放牧则可很快恢复；但若退化草地已被野草入侵，且土壤成分已改变时，仅仅限制放牧已不能使草地恢复，而需要更多的其他恢复投入。同样，在亚热带区域，顶极植被常绿阔叶林在干扰下会逐渐退化为落叶阔叶林、针阔叶混交林、针叶林和灌草丛，这每一个阶段就是一个阈值，每越过一个，生态恢复所需的投入就越大，尤其是植被退化至荒山灌草丛时才开始生态恢复，其投入就更大（彭少麟，2003）。

2.3.4 介绍了系统的球-盆体模型，其表征了生态恢复中阈值的存在。

Suding 和 Hobbs（2009）提出了在生态恢复和保护中的一个阈值模型框架，反映在相对较短的时间范围内和在受人为干扰影响的系统中，对决策和管理的适用性的重视。总结了生态系统动态变化的三种模式：第一，连续变化模式（图 4.11A），外界环境的变化导致生态系统的线性响应。第二，无滞后效应的非连续阈值模型（图 4.11B），描述了在到达阈值之前，生态系统的物种组成和功能只会发生很小的变化，而当系统突然遭遇负反馈时，就会跨越阈值，系统发生突变。无论环境变化的方向如何，都会发生相同的响应路径，也就是没有滞后效应。第三，具有滞后效应的非连续阈值模型（图 4.11C），在同一生境中有多种稳定的引力域，在这种情况下，由于多个状态发生在一个给定的环境条件下，因此恢复系统的路径可能与导致退化状态的路径有很大的不同。

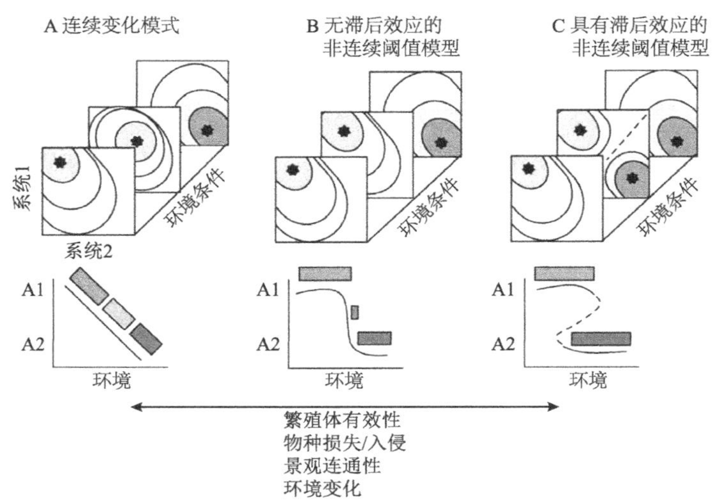

（彩图）

图 4.11 生态系统动态变化的几种模式（Suding and Hobbs，2009）

A1为系统1；A2为系统2

4.5　生态恢复的策略

生态恢复可分为三种基本策略：面向目标的生态恢复、面向过程的生态恢复和面向证据的生态恢复（Jackson et al.，1995；Cooke et al.，2018）。

4.5.1　面向目标的生态恢复

面向目标的生态恢复是指生态系统返回到非常近似于被干扰前的状态（NRC，1992）。这个定义尽管有些简单，但它从两方面表达了恢复生态学的核心问题：一是应当用什么样的参考框架去估计干扰发生前的状况。由于缺少详细的生态记录，几乎不可能得到干扰发生前的真实状况，因此必须做出一些估计，这在一些极度干扰的地区经常是很困难的（如城市的景观）。二是应当怎样在生态恢复区和生态恢复参考系之间进行比较。

面向目标的定义为客观研究生态恢复的设计提供了起点，然而这个定义并不能构成生态恢复的原因。

面向目标的生态恢复，其最重要的价值就是它强调要恢复一个自我维持系统或自我永续系统，即要恢复所有成熟生态系统的动态变化特性，尽管经历了漫长的时期，物种仍在调整，但这一特性使得系统具有符合生态意义的结构和功能。面向目标的生态恢复强调的另一个观点是要将所恢复的斑块并入更大的生态景观中（Jackson et al.，1995）。

4.5.2　面向过程的生态恢复

面向过程的生态恢复是指修复人类造成的损害，使之达到原生态系统的多样性和动力过程。这个定义强调，必须采取一种必要的行动来确保退化生态系统返回到一种自然的生态状态，而不像面向目标的生态恢复那样，强调生态恢复需要复制一个干扰前的状况。

Jackson 等（1995）对面向过程的生态恢复进行了较为详细的定义，定义包含 4 部分：①对恢复需求的判定；②用于恢复的生态手段；③必不可少的目标设定；④评价及恢复限度的评判。这些概念有助于在系统重建时，在面向目标的宗旨和对生态完整性的评价范畴内，阐明现实世界的框架。同时，还需要了解诸如立法的可能性、经济上可能发生的事件、社团的选择和风险评价等社会层面的关系，以确保恢复项目的成功。

Cairns（1995）描述了 8 种不同类型的生态恢复定义，并认为这些类型划分将对建立充满活力的恢复生态学理论和科学基础起到促进作用，而且能够用来判定恢复工程成功与否。

1）A 级恢复　　重新将生态时钟设定到或是干扰前的状态，或是正常演替下（没有干扰发生）系统目前所应有的特性。如果生态时钟被拨回，那么恢复的样本，或者一些其他的组分可能是可利用的。如果生态时钟被重新设定在现在，那么正常的演替过程及其他的系统动态将不得不在一个预定的模式和样本中体现。

2）B 级恢复　　重新建立经过选择的生态、娱乐、商业、社会或美学等价值属性。由于恢复的仅仅是被选择的属性，因此系统或许是非自我维持的。

3）C 级恢复　　被选择或重组的生态系统完全不同于干扰发生前的系统。这种偏移可以代替某种在其他地方已经失去的生态系统。这种系统最终可以是自我维持的，但需要经常不断的实质性管理。

4）D 级恢复　由自然过程完成基本的或全部的恢复。这类恢复的产出可能是高度不确定的，并且最终也许不会相似于未干扰前的系统。

5）E 级恢复　单一目的的恢复。消除严重的废弃物放置地，主要目的是移走被浓缩的废弃物后，固定低水平的废弃物。

6）F 级恢复　在一个地区内，具有高生态事故风险的恢复。

7）G 级恢复　被那些作为遗传工程产物的有机物污染后所进行的恢复。作为遗传工程产物的有机物有可能替代乡土物种，它们会影响系统的结构和功能。这种恢复将包括清除那些有机物，然后把系统重组到未干扰前的状态。

8）H 级恢复　恢复的目的是来保护邻近生态系统的健康。邻近生态系统的健康在不同程度上依赖于被恢复的环境。

恢复生态学是一个比较年轻的研究领域，并且许多生态恢复行动的成功与否可能在几十年甚至几百年内都不易知道。然而，首先应该非常明确地确定生态恢复工程所采用的策略，以便评定特定生态恢复区的成功或失败程度。

4.5.3 面向证据的生态恢复

我们正处于“人类世”这个新时代，生态恢复必须在修复地球上受损的生态系统方面发挥实质性的作用。此外，需要充分利用用于恢复的珍贵且有限的资源。为此，提出面向证据的生态恢复概念。面向证据的生态恢复涉及使用严格、可重复和易懂的方法（即系统综述）来识别和积累相关知识来源，批判性地评估科学，并综合可信的科学，从而产生稳健恢复地球生态系统所需的政策和（或）管理建议。恢复生态学界，包括科学家和实践工作者，需要使面向证据的恢复成为现实，以便我们能够从最佳意图和以所谓的“目的”行事，产生有意义的影响，这样做有可能将“人类世”重新界定为所谓的“美好”时代的一个集结点（Cooke et al.，2018）。

4.6 生态恢复的评价与模拟

4.6.1 评价生态恢复的标准和指标

恢复生态学专家、资源管理者、政策制定者和公众都希望知道生态恢复的成功标准是什么，但生态系统的复杂性及不断变化性，使这一问题变得非常复杂。恢复生态学家必须关注的重要问题是：辨识那些对生态系统恢复非常必要的因子，严格地检验实际的恢复行动，评价恢复的效果，并为该学科发展一种特定的方法论。

国际恢复生态学会建议，生态恢复的成功与否可以通过比较恢复系统与参照系统的生物多样性、群落结构、生态系统功能、干扰体系及非生物的生态服务功能来衡量。可用以下 5 个标准判断生态恢复：①可持续性（可自然更新）；②不可入侵性（与自然群落一样能抵制入侵）；③生产力（与自然群落一样高）；④营养保持力；⑤生物（植物、动物和微生物）间的相互作用（Jordan et al.，1987）。一般认为，生态恢复至少应包括被社会公众感觉到的良性变化，尽管组成的结构元素可能与初始状态明显不同，但应该被确认恢复到了可用的程度，生态系统已恢复形成良好的结构和功能。

更多学者提出，成功恢复需要用量化指标来衡量，如通过量化分析发表的文献，所涉及的成功的关键属性，包括生态（植被结构、物种多样性和丰富程度及生态系统功能）和社会经济属性（Wortley et al.，2013）。恢复的指标体系可包括造林产量指标、生态指标和社会经济指标。生态系统的 23 个重要特征也可以用来帮助量化整个生态系统随时间在结构、组成及功能复杂性等方面的变化（Lamd，1994）。我国学者根据热带人工林恢复的定位研究提出，森林恢复的标准包括结构（物种的数量及密度、生物量）、功能（植物、动物和微生物间形成食物网、生产力和土壤肥力）和动力机制（可自然更新和演替）（任海等，2000）。实际上，在评价生态系统健康状况时提出的一些指标（如活力、组织、复原性等）也可用于生态系统恢复评估。

判断生态恢复是否成功还要在一定的尺度下，用动态的观点进行分阶段检验（Madenjian et al.，1998；Rapport et al.，1998）。记分卡方法则是假设生态系统有若干重要参数（如种类、空间层次、生产力、传粉者或播种者、种子产量及种质库的时空动态等），每个参数都有一定的波动幅度，比较退化生态系统恢复过程中相应的这些参数，看每个参数是否已达到正常波动范围或与该范围还有多大的差距（Caraher and Knapp，1995）。这样可以反映生态系统恢复的阶段性成果。

评价生态恢复的标准还应该考虑生态系统的服务功能，如为人类提供肉、鱼、果、蜜、谷、家具、纸、衣等，为人类创造丰富的精神生活和文化生活，自然杀虫，传粉播种，净化空气和水，减缓旱涝灾害，土壤的形成、保护及更新，废弃物的去毒和分解，营养的循环和运移，保护海岸带，防止紫外辐射，以及帮助调节气候等（董全，1999）。

但是，恢复成功不能用简单的解决方案沿单个轴来描述。由于用于恢复的资源有限，因此将恢复成功视为跨空间和跨时间的动态概念有助于更好地了解哪些机制可能对成功至关重要（Suding，2011），如可能存在至少三种情况下的恢复成效的评价。

第一种情况是：采取相似的恢复技术，恢复后的样地可能出现类似的情况，并且所有恢复进程都指向同一个生态恢复目标。这种模式（简单、快速和可预测的进展）构成了大部分策略标准和项目评估的基础。事实上，许多例子都支持这些动态。这种情况最有可能是非生物条件相对均匀，随着生物变化而变化，以及物种库相对完整。图 4.12A 所示的就是趋同性的恢复成效，如废弃矿山恢复中，欧洲白桦林地通常会生长起来（Prach，2003）。

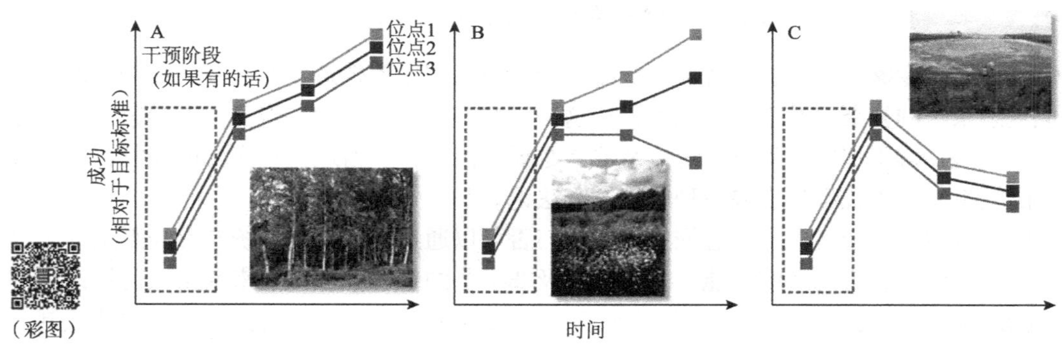

图 4.12　空间和时间动态可以指示恢复的限制和实现项目目标的关键机制（Suding，2011）

A. 趋于一致的目标；B. 不同的恢复成效；C. 偏离目标的生态恢复

第二种情况是：即便采用了相似的恢复技术，但是恢复成效明显不同。这种情况可能表明，一些恢复地点需要额外注意非生物条件，如减少营养物含量或增加洪水频率，或者有些区域的恢复潜力低于其他地点。如图 4.12B 所示，在农田地区的钙化草地的恢复往往产生各种各样的结果（Fagan et al.，2008）。

第三种情况是：偏离既定目标的恢复轨迹，即恢复的评估可能集中于某些共性的组成或者功能上，但是与恢复目标不同，如图 4.12C 中的牧场湿地恢复（Aronson and Galatowitsch，2008）。此类大多被认为是失败的恢复技术，然而基于短期的评估很难去预测最终的成效。

4.6.2 生态系统恢复的合理性评价

4.6.2.1 生态合理性

生态合理性即恢复的生态整合性问题。从组成结构到功能过程，从种群到群落，退化生态系统最终的恢复目标是完整的统一体。违背了生态规律，脱离了生态学理论或者同环境背景背道而驰，均是不合理的。

自然生态系统的恢复不但包括生态要素的恢复，也包含生态系统生物要素的恢复。这些要素既包括土壤、水体、动物、植物和微生物，也包括不同层次、不同尺度、不同类型的生态系统。因此，恢复的生态合理性即组成结构的完整性和系统功能的整合性。把被损害的生态系统恢复到接近于它受干扰前的自然状态,即重现系统干扰前的结构和功能及有关的物理、化学和生物学特征，直到发挥其应有的功效并健康发展，是生态合理性的最终体现（崔保山和刘兴土，1999）。生态恢复的评价中，生态合理性是评价的基础。

4.6.2.2 社会合理性

社会合理性主要是指公众对恢复生态系统的认知程度，以及社会对生态系统恢复必要性的认知程度。对于生态恢复的大多数项目，社会通常是会形成共识的，这种情况下生态恢复的社会合理性评价是一个正常的过程。但在个别情形下，社会的合理性评价变得非常复杂，特别是目前，人类活动的不断加剧对各类生态系统都造成了极大的损害，自然生态系统从质量和数量上均有明显的丧失，再加上许多生态系统类型的市场失效性，公众对生态系统恢复还没有形成强烈的意识。因此，加强自然生态系统保护的宣传力度，尽快出台自然生态系统立法，增强公众的参与意识，是社会认知退化生态系统恢复的必要条件。

4.6.2.3 经济合理性

经济合理性一方面是指恢复项目的资金支持强度，另一方面是指恢复后的经济效益，即要遵循风险最小化与效益最大化原则。自然生态系统恢复项目往往是长期而艰巨的工程，在短期内效益并不显著，往往还需要花费大量资金进行资料的收集和定位、定时监测，而且有时还难以准确地估计和把握恢复的后果及生态系统最终的演替方向，并因此而带有一定的风险性。这就要求对所恢复的生态系统对象进行综合分析、论证，将其风险降低到最小的程度。同时，必须保证长期、稳定的资金投入，并对项目进行长期而均一的监测。只要恢复目标是可操作的，生态的动力机制是合理的，并且有高素质的管理者和参与者，退化生态系统的恢复将会带来较高的经济效益。

4.6.3 生态恢复的模拟

4.6.3.1 生态恢复的动态模拟

数学模型在生态学研究中得到了广泛应用。其描述性模型和统计模型倾向于对真实生态系统进行随机性的描述和统计性分析，而模拟模型克服了描述性模型及统计模型的不足，即在时间尺度上进行生态系统的动态变化研究，具有广泛适用性（Peng et al.，2005）。生态恢复过程中，也可用数学模型来进行研究。针对空间土地利用/覆盖（LUCC）的研究有大量的模拟模型，如 CLUE-S（conversion of land use and its effects at small region extent）模型是荷兰瓦赫宁根大学“土地利用变化和影响”研究小组在 CLUE 模型的基础上开发的，应用较为广泛。如基于已校正的模型对三江平原景观格局变化及模拟 2010～2030 年湿地变化进行多预案模拟（历史预案、规划预案、生态恢复预案），结果显示，生态恢复预案下，湿地面积不断增加，湿地连通性升高，各景观类型向均衡方向发展，景观格局不断优化（李桢和刘淼，2018）。

生态系统模型是把生态系统当作一大功能整体来模拟的，过程比较复杂，应用的尺度范围比较广。不同类型生态系统管理的生态学模型及其所必要的数据或知识和时间尺度总结于表 4.3。

表 4.3　不同类型生态学模型及其所必要的数据或知识和时间尺度（于贵瑞，2001）

生态系统类型	主要生态学模型	数据/知识	时间尺度
个体及种群	动植物的生理生态模型 个体或种群生长模型 种群竞争模型 土壤-植物-大气系统的物质能量交换模型等	气候与群落微气象、生物气象 地形与微地形、土壤的硬化特性 动植物的遗传、生理、生态特性 植物营养和水分吸收 种群与环境的物质和能量交换 种群动态	秒、分、小时、天、月、年
群落与生态系统	生态系统生产力模型 生物化学循环模型 食物链（网）模型 物种迁移与演替模型 物种分布格局模型	气候和微气候与气候变化 地形地貌及其空间分异 土壤的理化特性与空间异质性 动植物的生理生态特性与环境适应性 物种组成与多样性 消费者的层次结构 物种互作关系	年或几年
景观生态系统	区域经济模型 社会发展模型 土地利用模型 资源变化模型 生态系统景观格局模型	气候、地形条件 土壤理化特性的空间分布 群落与生态系统类型 生态系统的空间格局 人文和社会条件	几年或几十年
生物圈与地球生态系统	地球化学循环模型 生物圈水循环模型 中层大气循环模型 生物圈植被演替模型 生物圈生产力演化模型 全球变化模型	气候变化与植被类型演替 地形、地貌与地质变化 人类活动与资源利用 人口和社会经济 科技进步 文化教育	几十年、几百年以上

科学思维的发展大大推动着生态学基础理论的涌现和完善，如非线性科学、非平衡系统的自组织理论、混沌理论的出现都改变着生态学家的自然观、科学观。生态系统是一个具有高阶性（具有众多的状态变量）、多回路（反馈结构复杂）、非线性、远离平衡态的巨大的复杂系统，耗散结构理论、协同论、突变论、混沌动力学和分形理论这些非线性理论是研究生态系统的理论基础。生态系统模型都是基于平衡的思想建立的，复杂性科学的各种思想将为真正认知、预测生态系统的涌现性（emergent characteristics）提供理论基础，也为生态模型的建立和发展提供新的建模思路和途径。

现代科学技术的发展加速了生态系统模型的发展进程。GIS、GPS 和 RS 及计算机技术的出现、完善使人们可以利用卫星的光谱资料信息和数字化的环境资料对广大地区植物进行识别、分析和分类，大大提高了我们描绘、分析植物分布图及对综合动态模型直接验证的能力。未来模型向复合性模型发展，演替模型更加视觉化，而景观建模将成为景观动态模型的主要发展方向。这些将为生态恢复过程的模拟提供更为完善的方法。

4.6.3.2 Meta 分析

1）Meta 分析的目的　科学研究应建立在许多实验结果的重复之上，除了少数新发现外，单个实验结果很难对科学的发展做出重大贡献。所以，在许多科学领域，针对同一主题，选取不同的实验对象或对同一对象在不同的实验地点开展相关研究常常得出相异的结论。面对如此多结果不一的独立研究，作为决策者该相信哪一个分析结果呢？于是当大量独立实验出现时，就会有人对这些独立实验进行综合，即综述。整合分析是目前应用最为广泛的一种量化综述方法。从广义上说，它是指在某一特定的主题下，通过制定文献筛选规则，搜集已发表文献中的相关信息和数据，用科学的统计学方法对搜集到的数据进行分析，从而获得一个统一性结论的方法。整合分析最早起源于医学和社会学领域的研究（Glass et al.，1981；Hedges and Olkin，1985），在 20 世纪末期才被逐渐引入生态学领域中（Jarvinen，1991；Gurevitch et al.，1992；Arnqvist and Wooster，1995），且在近些年来的生态与进化学研究中，尤其是在解决某些具有争议性的科学问题或是在大尺度大数据库分析中有着举足轻重的地位（van Wijk et al.，2004；Koricheva et al.，2013；Peng et al.，2019）。

2）Meta 分析（又称整合分析）的过程　我们以流程图的形式总结了完整的 Meta 分析过程（图 4.13）。

具体来说，整合分析包括效应值的选择与计算、模型的选择、参数估计与统计推断这三个方面。整合分析中的效应值是指可以将不同的研究结果统一在同一尺度上进行比较的统计学参数（Cooper，1998）。一般来说，在实验性研究中，效应值通常是相对于对照组来说的，实验组中某一响应指标的变化量（如反应比 lnR）；而在观察性研究中，效应值则通常为两个变量之间的相关关系。除了计算效应值本身的大小外，还需要计算出每个效应值所对应的误差估计值。在整合分析中，每个研究的误差估计值被用来赋予每个研究特定的权重，精确度高的研究对应的权重也高。

在模型选择方面，在整合分析中，估计综合效应值一般采用固定效应模型或者随机效应模型，而可以用来解释研究间异质性的模型主要包括混合效应模型、单因素或多因素 Meta 回归模型。

统计推断主要包括综合效应值的计算、检验无效假设、比较组间差异、探究变量之间的关系、做出结论等。目前采用最多的参数估计与统计推断方法是矩和最小二乘法（moment and east-quare based approache)。由于同一主题下的不同研究本身设计或是研究对象差异很大，因此随机效应模型比固定效应模型应用得更为广泛。研究间方差根据数据结构的不同算法也有所不同。而每一解释变量不同水平间差异的算法同样也要根据数据本身是分类型数据结构还是连续型数据结构来确定。

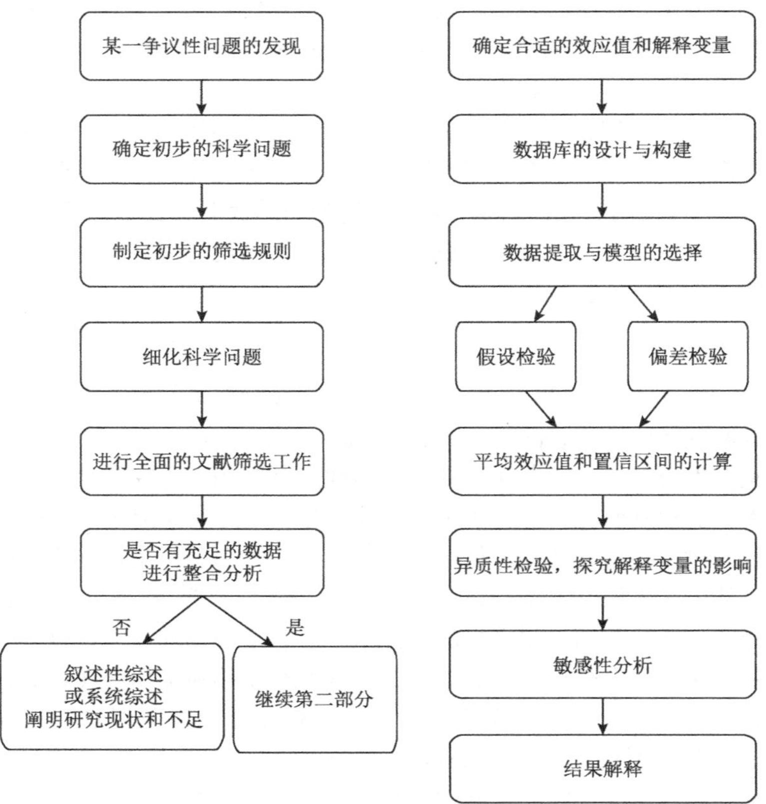

图 4.13　Meta 分析的基本步骤

随着统计模型的不断完善和发展，人们逐渐认识到传统整合分析方法的不足并尝试对其进行算法的改进。在生态学的研究中，每个研究往往不止包括一个实验，这样在同篇文献中就会产生多个数据点。传统的整合分析是把这些数据点当作一个独立的研究来进行分析。但事实上，同一文献里包含的不同数据点彼此之间并不是独立的，尤其是当单篇文献里包含的数据点过多且包含某些极值时，单篇文献的结果可能会对整个综合效应值产生巨大的影响。因此，层级结构模型逐渐兴起，利用层级模型结构既可以不用舍弃任何一个符合要求的数据点，又可以避免数据点之间存在不独立的现象。

4.6.3.3　生态系统的动态-稳定性测度

退化生态系统恢复过程的动态变化，可以通过生态系统的结构特征来反映。彭少麟(1987)认为可以通过测定林地的垂直结构的多样性指数，来反映森林群落的稳定性与发展动态。在南亚热带，若从上至下不同层次的物种多样性指数是递增的，则森林生态系统为发展型的；反之，若从上至下不同层次的物种多样性指数是递减的，则森林生态系统为衰退型的。也有学者通过构建指标体系对恢复力进行测定，如根据抵抗扰动的不同类型，将矿山土地生态系统恢复力分为特定恢复力和一般恢复力。特定对象、特定扰动、特定参数及其临界值是矿山土地生态系统特定恢复力测度的关键点，而矿山土地生态系统一般恢复力的测度可以从多样性、生态变化性、模块性、紧凑反馈、生态系统服务、交叠管理6个方面来综合评价。基于此，人们建立了测度恢复力的指标，提出了测算方法。特定恢复力绝对指标（AISR）可以指示在某个扰动强度下系统状态是否能够保存，而特定恢复力相对指标（RISR）和一般恢复力相对指标（RIGR）可以分别指示评价对象的特定恢复力和一般恢复力是否达到参考水平（杨永均，2017）。

4.7 生态恢复的社会生态学信息

4.7.1 生态恢复的社会维度信息

生态系统的退化主要是由人类对生态系统的过度利用和破坏引起的，而人类对生态系统的破坏，并不完全是一种无知的行为，在一定程度上是由利益驱动的。同样，对于退化的生态系统应该进行生态恢复，人类也是有共识的，但许多必要的生态恢复活动还是无法开展。显然，这一现象表明人类社会自身存在着一些问题，如社会资源导向、小集团利益影响和生态恢复与经济发展的矛盾等，它们阻碍了人们对生态系统退化的扼制和对生态恢复的开展。这说明生态恢复涉及的不仅仅是自然维度，还包括社会维度。如果不考虑社会因素，生态恢复是很难开展好的。例如，从1978年开始，我国在占国土面积73.5%的地区，包括重点水土流失区和风沙危害区开展“十大生态工程”建设，无一例外是关于国计民生的重大事件。近期研究表明，中国和印度主导了过去20年的全球陆地变绿。这项发现与人们原本设想的情况相反，两个世界上人口最多的发展中国家通过植树造林和提高农业效率，使得其在全球陆地植被变绿起到了主导地位，而并非发达国家（Chen et al.，2019）。

生态恢复的社会维度信息包括社会民众信息、政府决策信息和经济投入信息，这些信息决定了生态恢复立项的可行性、社会对它的接受性及生态恢复的规模等。这对生态恢复的设计与实施计划方案的制订无疑具有重大的意义。

为进一步推动我国的生态保护与恢复建设事业，改善生态环境，建议国家在后续生态保护与建设工程的规划及相关政策的设计、制订和实施上能充分考虑以下几方面问题：①明确生态保护与建设的长期性，保持生态保护与建设政策的持续性；②遵循自然和经济规律，协调人地关系，激励农户参与工程，从根本上促进生态恢复；③改革现行生态保护与建设的管理体制，制订国家生态保护与建设整体计划；④加快建立国家开展大型生态工程建设的科学决策机制；⑤建立和健全对森林、草原和湿地等生态系统保护和恢复的生态补偿制度（徐志刚等，2010）。

4.7.2 生态恢复选题与立项的社会问题

我国针对水土流失、荒漠化等区域生态问题及生态资源退化开展了一系列的生态恢复工程。1983年实施了第1个国家列专款，并且有规划、有步骤地大规模连片集中开展水土流失综合治理生态建设重点工程（中华人民共和国水利部，2008），之后又先后开展了黄河上中游水土保持重点防治工程、长江上中游水土保持重点防治工程和晋陕蒙砒砂岩区沙棘生态工程等国家重点水土保持工程（表4.4）。

表 4.4　我国实施的主要生态恢复工程（高吉喜和杨兆平，2015）

恢复的关键对象	生态恢复工程	规划时期	规划投资额/亿元	主管部门
森林	天然林资源保护	1998～2010 年	962.02	国家林业和草原局
	退耕还林	1999～2021 年	4311.10	国家林业和草原局
	“三北”防护林体系工程	2001～2010 年	354.12	国家林业和草原局
	长江流域防护林体系工程	2001～2010 年	205.61	国家林业和草原局
	京津风沙源治理工程	2001～2010 年	558.65	国家林业和草原局
	野生动植物保护及自然保护区建设	2001～2030 年	1356.50	国家林业和草原局
	速生丰产用材林基地建设工程	2001～2015 年	718.00	国家林业和草原局
	沿海防护林体系工程	2001～2010 年	39.09	国家林业和草原局
	珠江流域防护林体系工程	2001～2010 年	52.94	国家林业和草原局
	太行山绿化工程	2001～2010 年	35.97	国家林业和草原局
	平原绿化工程	2001～2010 年	12.47	国家林业和草原局
	沿海防护林	2006～2015 年	99.84	国家林业和草原局
湿地	全国湿地保护工程	2005～2010 年	90.04	国家林业和草原局
	湿地保护与恢复示范工程	2001～2005 年	0.68	国家林业和草原局
	退田还湖工程	1998～2005 年	—	国家林业和草原局
草地	退牧还草工程	2003～2007 年	143.00	农业农村部
	草原保护建设利用重点工程（包括退牧还草工程、沙化草原治理工程、西南岩溶地区草地治理工程、草业良种工程、草原防灾减灾工程、草原自然保护区建设工程、游牧民人草畜三配套工程、农区草地开发利用工程、牧区水利工程）	2007～2020 年	—	农业农村部
重要生态功能	青海三江源自然保护区生态保护和建设工程	2005～2010 年	75.00	国家发展和改革委员会
	国家级自然保护区工程	1999～2010 年	4.80	生态环境部
	重要生态功能保护区工程	2008～2012 年	1100.00	生态环境部

续表

恢复的关键对象	生态恢复工程	规划时期	规划投资额/亿元	主管部门
水土流失	国家水土保持重点工程（国家水土保持重点建设工程原名“全国八大片重点治理区水土保持工程”，该工程于1983年开始实施，是我国第1个由国家安排专项资金，有计划、有步骤开展水土流失综合治理的水土保持重点工程）	1983年～	至2008年累计投入10.30	水利部
	革命老区水土保持重点建设工程	2010～2020年	652.52	水利部
	首都水资源水土保持项目	2001～2010年	221.47	水利部
	长江上中游水土保持重点防治工程	1989年～	—	水利部
	黄土高原淤地坝工程	2003年～	—	水利部
	珠江上游南北盘江石灰岩地区水土保持综合治理试点工程	2004～2006年	2.00	水利部
	东北黑土区水土流失综合防治试点工程	2004～2020年	260.00	水利部
	晋陕蒙砒砂岩去沙棘生态工程	1998年～	截至2007年投入2.70	水利部
	黄河上中游水土保持重点防治工程	1986年～	—	水利部
	地方国债水土保持重点工程	—	—	水利部
荒漠化	岩溶地区石漠化综合治理	2006～2015年	2008～2010年投入22	国家发展和改革委员会
	沙漠化地区综合治理工程	—	—	国家发展和改革委员会
水体污染	三峡库区水污染治理工程	2001～2010年	228.24	生态环境部
	南水北调（东线）治污工程	2001～2013年	238.40	生态环境部
	渤海碧海行动计划工程	2001～2010年 远期到2015年	规划到2010年投资269	生态环境部

注：“—”表示无数据

1）生态恢复选题必须面向社会的重大需求　一个区域的生态环境问题是多方面的，应该针对社会最迫切需要的生态恢复问题确立选题，生态恢复活动才最有意义，也最容易得到社会的支持。确定生态恢复选题时，首先必须进行深入调查，在获得大量社会、经济和生态信息的基础上，通过综合分析，筛选出具有重大社会需求的课题。

例如，长江流域以退耕还林、植被恢复为主的“天然林保护工程”，就是针对长江上游植被破坏、水灾频发这一重大生态环境问题来立项的。长江上游经济不发达，加上过去有些开发利用和保护方法不够科学，导致原生生态系统中的植被受到严重破坏。据1957年的资源调查，长江流域森林覆盖率已经下降至22%。当时我国老一辈林业科学家就明确指出，长江上游的天然林是长江的水土保持林，不能砍伐，而事实上砍伐并未得到有效的控制，到1986年，森林覆盖率已锐减至10%。长江上游地区水土流失面积占长江流域总水土流失面积的60%以上。长江全流域每年流失泥沙量约2.4Gt，其中71%以上来自上游。长江源头地区降水量减少、冰川退缩、雪线升高、草原干旱化加重，川西北草地退化面积已达40%～60%。

长江中下游人口较多，经济发达。但随着城市化进程和对自然资源开发的加速，下游环境的压力也日趋严重。长江中下游分布着我国最大的淡水湖群，这些美丽的湖泊容纳百川、调节洪峰，与长江形成了一个和谐的整体，但水土流失却使这些湖泊的功能与寿命剧减。19 世纪初，洞庭湖面积超过 6000km^2；到 1949 年，面积缩减为 4350km^2，但仍是我国的第一大淡水湖。1949 年以后，每年淤积在洞庭湖内的泥沙多达 150Mt，40 年间湖底普遍淤高 1～3m，最大达 7～9.2m，加上大肆围湖造田，使洞庭湖的面积和容量都减缩了一半以上，至 1984 年，洞庭湖的总面积只剩 2145km^2。至此，著名的八百里洞庭不得不把第一大淡水湖的桂冠让给了鄱阳湖。而鄱阳湖也同样逐年淤积萎缩，只是相对洞庭湖来说，它的萎缩速度稍慢而已，40 年间鄱阳湖湖面缩小了 1/5 以上。湖北省素称“千湖之省”，1949 年面积超过 0.5km^2 的湖泊达 1066 个，40 年后只剩 300 多个。仅洞庭湖、鄱阳湖、江汉湖和云南高原的湖泊，自 20 世纪 50 年代以来由于围垦和淤塞而丧失的淡水贮量就达 35×10^9m^3 以上，超过了两座在建的三峡水库的防洪库容。长江流域的水生生态系统正受到严重的损害，其损害的速率远远超过了其自身及人工的修复速率。

长江流域的水灾，除了气候异常因素之外，主要是其在蓄与调、泻与留的关系方面存在问题，而这些问题具体表现在：森林植被遭到严重破坏，蓄与调的功能减弱；水土流失加剧，引起河网、湖泊、水库淤积萎缩，加之水利工程体系尚待完善，存在一些不合理围垦用地，泻与留的功能未能充分发挥。因此，当发生强降雨时，很容易出现严重水灾。流域的生态系统不能恢复，水患便愈演愈烈，随着社会经济的发展，损失也越来越大，严重制约着中国的可持续发展。在这种重大社会需求背景下，以退耕还林、植被恢复为主的“天然林保护工程”就成为政府决心做、民众拥护做的重要课题。

2）生态恢复立项必须进行社会协调　生态恢复是一项复杂的生态工程，但其远远不只是自然生态与技术问题，还是社会和经济问题，立项实施必须进行多方面的社会协调。

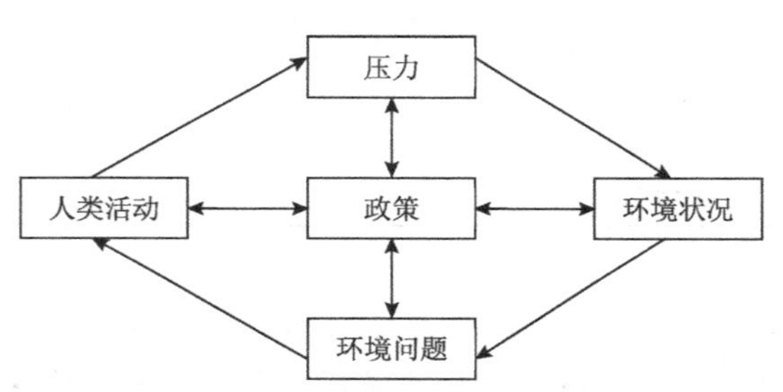

图 4.14　环境、政策经营活动和环境指标、环境问题间的相互作用（Bramley，1997）

在上述长江上游的“天然林保护工程”的例子中，当生态恢复工程启动后，经济相对落后的长江上游会出现许多社会问题，如农民退耕还林后，农民粮食不够吃；森林不再砍伐了，林工经济将没有来源。这些问题如果不解决，“天然林保护工程”是无法开展的。这些都需要国家与地方多方协调，只有这样才能保证工程得以顺利地启动和实施。总之，生态恢复选题、立项与启动均涉及复杂的社会问题（图 4.14）。

4.7.3　生态恢复管理与监测的社会问题

与选题和立项相比，生态恢复的管理与监测涉及的社会问题更多。每次国际恢复生态学大会研讨交流时，总会讨论生态恢复的管理问题。第 12 届国际恢复生态学年会的 6 个讨论专题之一就是生态恢复管理，其分会场的主题就是“生态恢复的立法与政策：大棒与胡萝卜的合理运用”（彭少麟和赵平，2000）。不少交流研讨的论文都指出，生态恢复的管理依赖于政治上的支持、立法及相关机构的保障。区域性的大尺度生态恢复，不能只靠学者的研究和民众的热情，应该由政府通过立法和出台规定等提供政策支持，并与土地利用规划相融合才能有效地进行。这一点已在许多研究案例中得到证明，而且从一开始就应该结合社会的实际来开展。

以针对退化热带森林的生态恢复为例（Lamb et al.，2005），热带地区的森林采伐造成了严重的生物多样性威胁，导致生态服务的丧失，同时使在森林中居住的人们失去了赖以生存的资源。面对森林退化一般采取三种方法进行恢复，第一是扩大保护区的面积，保护剩余的生物多样性；第二是在废弃地提高农业生产力，以提高在这里生活的人们的生活水平；第三是采取某些形式的重新造林。单纯的农业发展和重新造林都不能为人类提供可持续的生存之道和生态的环境服务功能。那么，如何才能达到生态服务与经济利益的平衡？其实可以选择能带来经济利益的生态服务功能，进行优先恢复。例如，选择合适的物种在种植园中进行混种，既能够协调生物多样性和经济的利益，又能够提供生态服务功能和商品。

仅明确生态服务与经济利益的平衡模式是不够的，还需要使这种生态恢复变得切实可行。因此，社会管理的参与必不可少：第一是发展合适的制度、法律和政策规定，如提供可靠的土地持有期、提供贷款等；第二是对种植的物种选择给予更多的技术支持，并对造林的成本及收益进行评估；第三是发展造林系统，实现农林复合系统；第四是对生态恢复后的地区所提供的生态服务进行收费。生态恢复管理一般步骤如图 4.15 所示。从生态恢复开始立项时，就应该让社会参与管理，或者说，整个管理过程都应有社会意愿的体现。

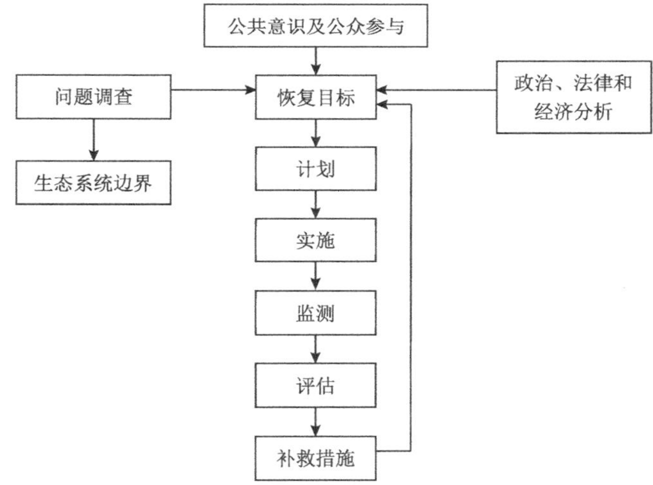

图 4.15 生态恢复管理的一般步骤

思考题

1. 简述生态恢复的基本目标。
2. 阐述生态恢复的原则。为什么生态恢复必须考虑社会经济与人文美学因素？
3. 简述生态恢复的程序与方向。
4. 阐述生态恢复的技术体系。
5. “3S”技术在生态恢复中有哪些主要应用？
6. 试论述生态恢复的社会维度。

参 考 文 献

蔡建楠, 何甜辉, 黄明智. 2018. 高分一、二号卫星遥感数据在生态环境监测中的应用. 环境监控与预警, 10: 1632-6774.

陈灵芝, 陈伟烈. 1995. 中国退化生态系统研究. 北京: 中国科学技术出版社.

崔保山, 刘兴土. 1999. 湿地恢复研究综述. 地球科学进展, 14: 358-364.
董全. 1999. 生态功益: 自然生态过程对人类的贡献. 应用生态学报, 10: 233-240.
付刚, 周宇庭, 沈振西, 等. 2011. 不同海拔高度高寒草甸光能利用效率的遥感模拟. 生态学报, 31: 4-13.
高吉喜, 杨兆平. 2015. 生态功能恢复: 中国生态恢复的目标与方向. 生态与农村环境学报, 31: 1-6.
郭庆华, 苏艳军, 胡天宇, 等. 2018. 激光雷达森林生态应用: 理论、方法及实例. 北京: 高等教育出版社.
郭庆华, 吴芳芳, 胡天宇, 等. 2016. 无人机在生物多样性遥感监测中的应用现状与展望. 生物多样性, 24: 1267-1278.
郭志华, 彭少麟, 王伯荪. 1999. GIS 和 RS 支持下的广东省植被吸收 PAR 的估算及其时空分布. 生态学报, 19: 441-447.
郭志华, 彭少麟, 王伯荪. 2001. 基于 NOAA-AVHRR 和 GIS 的广东植被光能利用率及其时空格局. 植物学报, 43: 857.
郭志华, 彭少麟, 王伯荪. 2002. 利用 TM 数据提取粤西地区的森林生物量. 生态学报, 22: 1832-1839, 2022.
国志兴, 王宗明, 张柏, 等. 2008. 2000～2006 年东北地区植被 NPP 的时空特征及影响因素分析. 资源科学, 30: 1226-1235.
侯爱敏, 彭少麟, 周国逸. 2000. 研究历史植被变化的新途径. 生态科学, 19: 46-49.
黄华梅, 张利权. 2007. 上海九段沙互花米草种群动态遥感研究. 植物生态学报, 31(1): 75-82.
黄木易, 王纪华, 黄义德, 等. 2004. 高光谱遥感监测冬小麦条锈病的研究进展. 安徽农业大学学报, 31(1): 119-122.
李登科, 王钊. 2018. 基于 MOD17A 的中国陆地植被 NPP 变化特征分析. 生态环境学报, 27: 397-405.
李桢, 刘淼. 2018. 基于 CLUE-S 模型的三江平原景观格局变化及模拟. 应用生态学报, 29: 1805-1812.
林成行, 朱首军, 周涛, 等. 2018. 基于无人机遥感技术的水土保持植被恢复率提取. 水土保持研究, 25: 211-215.
刘方正, 杜金鸿, 周越, 等. 2018. 无人机和地面相结合的自然保护地生物多样性监测技术与实践. 生物多样性, 26: 905-917.
刘良云. 2014. 叶面积指数遥感尺度效应与尺度纠正. 遥感学报, 18: 1158-1168.
孟琪, 王来刚, 秦奋, 等. 2018. 河南省农作物最大光能利用率综合评估与时空特征分析. 河南农业科学, 47:149-156.
彭少麟, 赵平, 张经纬. 1999a. 恢复生态学与中国亚热带退化生态系统的恢复. 中国科学基金, 13: 279-283.
彭少麟, 郭志华, 王伯荪. 1999b. RS 和 GIS 在植被生态学中的应用及其前景. 生态学杂志, 18: 52.
彭少麟, 郭志华, 王伯荪. 2000. 利用 GIS 和 RS 估算广东植被光利用率. 生态学报, 20: 903.
彭少麟, 任海. 1998. 鼎湖山群落演替过程叶面积指数动态. 热带亚热带森林生态系统研究, 8: 92-98.
彭少麟, 赵平. 2000. 以创新的理论深入推进恢复生态学的自然与社会实践. 应用生态学报, 11: 799-800.
彭少麟. 1987. 森林群落稳定性与动态测度: 年龄结构分析. 广西植物, 7:69-74.
彭少麟. 1996. 南亚热带森林群落动态学. 北京: 科学出版社.
彭少麟. 2003. 热带亚热带恢复生态学研究与实践. 北京: 科学出版社.
任海, 邬建国, 彭少麟. 2000. 生态系统管理的概念及其要素. 应用生态学报, 11: 455.
王金亮, 陈姚. 2004. 3S 技术在野生动物生境研究中的应用. 地理与地理信息科学, 20(6): 44-47.
王朗, 傅伯杰, 吕一河, 等. 2010. 生态恢复背景下陕北地区植被覆盖的时空变化. 应用生态学报, 21: 2109-2116.
王磊, 丁晶晶, 季永华, 等. 1981～2000 年中国陆地生态系统 NPP 时空变化特征分析. 江苏林业科技, 36: 1-5.
王莉雯, 卫亚星. 2015. 植被光能利用率高光谱遥感反演研究进展. 测绘与空间地理信息, 38:15-22, 38, 41.
王强, 张廷斌, 易桂花, 等. 横断山区 2004-2014 年植被 NPP 时空变化及其驱动因子. 生态学报, 37: 3084-3095.
徐志刚, 马瑞, 于秀波, 等. 2010. 成本效益、政策机制与生态恢复建设的可持续发展——整体视角下对我国生态保护建设工程及政策的评价. 中国软科学, 2: 5-13, 131.
杨永均. 2017. 矿山土地生态系统恢复力及其测度与调控研究. 北京: 中国矿业大学博士学位论文.
于贵瑞. 2001. 生态系统管理的概念框架与生态学基础. 应用生态学报, 12: 787-794.
余作岳, 彭少麟. 1995. 热带亚热带退化生态系统的植被恢复及其效应. 生态学报, 15: 1-17.
余作岳, 彭少麟. 1996. 热带亚热带退化生态系统植被恢复生态学研究. 广州: 广东科技出版社.
张慧, 李平衡, 周国模, 等. 2018. 植被指数的地形效应研究进展. 应用生态学报, 29: 669-677.
张绍良, 刘润, 侯湖平, 等. 2018. 生态恢复监测研究进展: 基于最近三届世界生态恢复大会报告的统计分析. 生态学杂志, 37: 1605-1611.
张炜银, 彭少麟, 王伯荪. 2001. 利用 RS 与 GIS 研究气候变化对植被的影响. 热带亚热带植物学报, 9: 269.
章家恩, 徐琪. 1999. 恢复生态学研究的一些基本问题探讨. 应用生态学报, 10: 109-113.
章莹, 卢剑波. 2010. 外来入侵物种互花米草(*Spartina alterniflora*)及凤眼莲(*Eichhornia crassipes*)的遥感监测研究进展. 科技通报, 26: 130-137.

中华人民共和国水利部. 2008. 国家水土保持重点建设工程 2008～2012 年规划.

周婷, 彭少麟, 邬建国. 2013. 可持续性恢复生态学的概念框架及在华南地区的应用. 北京: 科学出版社: 146-156.

Walker B, Salt D. 2010. 弹性思维: 不断变化的世界中社会-生态系统的可持续性. 彭少麟, 陈宝明, 赵琼, 等译.北京: 高等教育出版社.

Anderegg WRL, Wolf A, Arango-Velez A, et al. 2018. Woody plants optimise stomatal behaviour relative to hydraulic risk. Ecology Letters, 21:968-977.

Arnqvist G, Wooster D. 1995. Meta-analysis: synthesizing research findings in ecology and evolution. Trends in Ecology & Evolution, 10: 236-240.

Aronson MFJ, Galatowitsch S. 2008. Long-term vegetation development of restored prairie pothole wetlands. Wetlands, 28: 883-895.

Bramley M. 1997. Future issues in environmental protection: a European perspective. Water and Environmental Management Journal, 11: 79-86.

Caraher D, Knapp W. 1995. Assessing ecosystem health in the Blue Mountains. *In*: Forest US. Silviculture: from the Cradle of Forestry to Ecosystem Management. General Technical Report SE-88. Hendersonville: Southeast Forest Experiment Station, U.S. Forest Service.

Chen C, Park T, Wang X, et al. 2019. China and India lead in greening of the world through land-use management. Nature Sustainability, 2: 122-129.

Clark ML, Roberts DA, Clark DB. 2005. Hyperspectral discrimination of tropical rain forest tree species at leaf to crown scales. Remote Sensing of Environment, 96: 375-398.

Cooke SJ, Rous AM, Donaldson LA, et al. 2018. Evidence-based restoration in the Anthropocene: from acting with purpose to acting for impact. Restoration Ecology, 26: 201-205.

Cooper HM. 1998. Synthesizing Research: A Guide for Literature Reviews. 3rd ed. Thousand Oaks: Sage Publications, Incorporated.

Daily GC. 1995. Restoring value to the world's degraded lands. Science, 269:350-354.

Dannenberg M, Wang X, Yan D, et al. 2020. Phenological characteristics of global ecosystems based on optical, fluorescence, and microwave remote sensing. Remote Sensing, 12:671.

DeFries RS, Field CB, Fung I, et al. 1995. Mapping the land surface for global atmosphere-biosphere models: toward continuous distributions of vegetation's functional properties. Journal of Geophysical Research, 100:20867-20882.

Fagan KC, Pywell RF, Bullock JM, et al. 2008. Do restored calcareous grasslands on former arable fields resemble ancient targets? The effect of time, methods and environment on outcomes. Journal of Applied Ecology, 45: 1293-1303.

Gessler A, Cailleret M, Joseph J, et al. 2018. Drought induced tree mortality-a tree-ring isotope based conceptual model to assess mechanisms and predispositions. New Phytol, 219:485-490.

Glass GV, Smith ML, McGaw B. 1981. Meta-analysis In Social Research. Thousand Oaks: Sage Publications, Incorporated.

Goward S, Huemmrich K. 1992. Vegetation canopy PAR absorptance sand the normalized difference vegetation index: an assessment using the SAIL model. Remote Sens Environ, 39: 119-140.

Gurevitch J, Morrow LL, Wallace A, et al. 1992. A meta-analysis of competition in field experiments. The American Naturalist, 140: 539-572.

Hame T, Salli A, Andersson K, et al. 1997. A new methodology for the estimation of biomass of conifer-dominated boreal forest using NOAA AVHRR data. International Journal of Remote Sensing, 18: 3211-3243.

He KS, Rocchini D, Neteler M, et al. 2011. Benefits of hyperspectral remote sensing for tracking plant invasions. Diversity and Distributions, 17: 381-392.

Hedges L, Olkin I. 1985. Statistical Models for Meta-analysis. New York: Academic Press.

Hedley JD, Roelfsema CM, Chollett I, et al. 2016. Remote sensing of coral reefs for monitoring and management: A review. Remote Sensing, 8(2): 118.

Higgs E, Harris J, Murphy S, et al. 2018. On principles and standards in ecological restoration. Restoration Ecology, 26: 399-403.

Hobbs R, Mooney H. 1993. Restoration ecology and invasions. *In*: Saunders DA, Hobbs R, Ehrlich PR. Nature Conservation 3: Reconstruction of Fragmented Ecosystems, Global and Regional Perspectives. New South Wales: Surrey Beatty and Sons, Chipping Norton.

Hobbs R, Norton D. 1996. Towards a conceptual framework for restoration ecology. Restoration Ecology, 4: 93-110.

Hobi ML, Ginzler C, Commarmot B, et al. 2015. Gap pattern of the largest primeval beech forest of Europe revealed by remote sensing. Ecosphere, 6:112.

Hou A, Peng S, Zhou G. 2001. Re-examining the reliability of tree-ring isolope ratio as a historical CO_2 proxy. Chinese Science Bulletin, 46: 17-21.

Jackson L, Lopoukine N, Hillyard D, et al. 1995. Ecological restoration: a definition and comments. Restoration Ecology, 3: 71-75.

Jackson ST, Hobbs RJ. 2009. Ecological Restoration in the light of ecological history. Science, 325: 567-569.

Jarvinen A. 1991. A meta-analytic study of the effects of female age on laying-date and clutch-size in the Great Tit Parus major and the Pied Flycatcher Ficedula hypoleuca. Ibis, 133: 62-67.

Jiang X, Gao Z, Zhang Q, et al. 2020. Remote sensing methods for biomass estimation of green algae attached to nursery-nets and raft rope. Marine Pollution Bulletin, 150:110678.

Jordan W, Gilpin M, Aber J. 1987. Restoration Ecology: A Synthetic Approach to Ecological Restoration. Cambridge: Cambridge University Press.

Kauffman R. 1995. Ecological approaches to riparian restoration in northeast Oregon. Restoration and Management Notes, 13: 12-15.

Konings AG, Gentine P. 2017. Global variations in ecosystem-scale isohydricity. Glob Chang Biol, 23: 891-905.

Koricheva J, Gurevitch J, Mengersen K. 2013. Handbook of Meta-Analysis in Ecology and Evolution. Princeton:Princeton University Press.

Koukoulas S, Blackburn GA. 2004. Quantifying the spatial properties of forest canopy gaps using LiDAR imagery and GIS. International Journal of Remote Sensing ,25:3049-3071.

Lamb D, Erskine PD, Parrotta JA. 2005. Restoration of degraded tropical forest landscapes. Science, 310: 1628-1632.

Lamd D. 1994. Reforestation of degraded tropical forest lands in the Asia-Pacific region. Journal of Tropical Forest Science, 7: 1-7.

Lawley V, Lewis M, Clarke K, et al. 2016. Site-based and remote sensing methods for monitoring indicators of vegetation condition: an Australian review. Ecological Indicators, 60: 1273-1283.

Mack RN, Holle BV, Meyerson LA. 2007. Assessing invasive alien species across multiple spatial scales: working globally and locally. Frontiers in Ecology and the Environment, 5: 217-220.

Madenjian C, Schloesser S, Krieger K. 1998. Population models of burrowing mayfly recolonization in western lake erie. Ecological Applications, 8: 1206-1212.

Martinez-Vilalta J, Poyatos R, Aguade D, et al. 2014. A new look at water transport regulation in plants. New Phytol, 204: 105-115.

McDonald T, Gann GD, Jonson J, et al. 2016. International Standards for the Practice of Ecological Restoration-Including Principles and Key Concepts. Wanshington DC: Society of Ecological Restoration.

McDowell N, Allen CD, Anderson-Teixeira K, et al. 2018. Drivers and mechanisms of tree mortality in moist tropical forests. New Phytol, 219(3): 851-869.

Mitsch W, Jorgensen S. 1989. Ecological Engineering. New York : John Wiley & Sons.

Parham W. 1993. Improving Degraded Lands: Promising Experience form South China. Honolulu: Bishop Museum Press.

Parker V. 1997. The scale of successional models and restoration ecology. Restoration Ecology, 5: 301-306.

Paruelo JM, Epstein HE, Lauenroth WK, et al. 1997. ANPP estimates from NDVI for the central grassland region of the United States. Ecology, 78: 953-958.

Peng S, Kinlock NL, Gurevitch J, et al. 2019. Correlation of native and exotic species richness: a global meta-analysis finds no invasion paradox across scales. Ecology, 100: e02552.

Peng S, Zhang G, Liu X. 2005. A review of ecosystem simulation models. Journal of Tropical and Subtropical Botany, 13: 85-94.

Perring MP, Standish RJ, Price JN, et al. 2015. Advances in restoration ecology: rising to the challenges of the coming decades. Ecosphere, 6 :art131.

Perry CR, Lautenschlager F. 1984. Function equivalence of spectral vegetation indices. Remote Sensing of Environment, 14: 169-182.

Prach K. 2003. Spontaneous succession in Central-European man-made habitats: what information can be used in restoration practice? Applied Vegetation Science, 6: 125-129.

Rapport D, Costanza R, McMichael A. 1998. Assessing ecosystem health. Trends In Ecology & Evolution, 13: 397-402.

Rocchini D, Andreo V, Forster M, et al. 2015. Potential of remote sensing to predict species invasions: a modelling perspective. Progress in Physical Geography, 39: 283-309.

Roman DT, Novick KA, Brzostek ER, et al. 2015. The role of isohydric and anisohydric species in determining ecosystem-scale response to severe drought. Oecologia, 179: 641-654.

Ruimy A, Saugier B. 1994. Methodology for the estimation of terrestrial net primary production from remotely sensed data. J Geophysical Research, 97: 18515-18521.

Running S, Peterson DL, Spanner M, et al. 1986. Remote sensing of coniferous forest leaf area. Ecology, 67: 273-276.

Suding K N. 2011. Toward an era of restoration in ecology: successes, failures, and opportunities ahead. Annual Review of Ecology, Evolution, and Systematics, 42: 465-487.

Suding KN, Hobbs RJ. 2009. Threshold models in restoration and conservation: a developing framework. Trends in Ecology & Evolution, 24: 271-279.

Tucker CJ, Sellers PJ. 1986. Satellite remote sensing of primary production. International Journal of Remote Sensing, 7: 1395-1416.

van Wijk M, Clemmensen KE, Shaver G, et al. 2004. Long-term ecosystem level experiments at Toolik Lake, Alaska, and at Abisko, Northern Sweden: generalizations and differences in ecosystem and plant type responses to global change. Global Change Biology, 10: 105-123.

Wortley L, Hero JM, Howes M. 2013. Evaluating ecological restoration success: a review of the literature. Restoration Ecology, 21: 537-543.

Zhang X, Wu S, Yan X, et al. 2017. A global classification of vegetation based on NDVI, rainfall and temperature: IDENTIFY GLOBAL VEGETATION TYPES. International Journal of Climatology, 37:2318-2324.

Zlinszky A, Heilmeier H, Balzter H, et al. 2015. Remote sensing and GIS for habitat quality monitoring: New approaches and future research. Remote Sensing, 7: 7987-7994.

5　退化生态系统的生态恢复

生态系统（ecosystem）是开展生态学及其分支学科研究中最完整的基本结构与功能单元，在生态恢复研究的不同层次中，生态系统也是其中最为基础的层次。因此，生态恢复的研究与实践也应该以生态系统作为基本的对象（彭少麟，2003）。根据恢复生态学的自我设计和人为设计理论，需要开展生态恢复的生态系统可以分为两大类，一类是通过（或不通过）一定的人为干预使待恢复的生态系统能够实现自我组织和自我更新的自我设计生态恢复的生态系统，另一类是需要持续的人工投入才能够维持生态系统稳定发展的人为设计生态恢复的生态系统。进行自我设计生态恢复的生态系统多是退化程度较低或恢复后要求进入自然更新状态的生态系统，如自然灾害后的森林生态系统的恢复；而开展人为设计生态恢复的生态系统则是退化程度极其严重或需要维持某些特定功能的生态系统，如城市公园生态系统的恢复。本章主要讨论进行自我设计生态恢复的生态系统，由于生态系统具有很高的多样性，有森林、草原、荒漠、海洋、湖泊、河流等不同的类型，它们不仅外貌有区别，生物组成也各有其特点，因此选择典型的退化生态系统的恢复展开讨论。

5.1　退化森林生态系统的生态恢复

5.1.1　退化森林生态系统恢复概述

5.1.1.1　森林生态系统退化的现状

关于森林退化有多种版本的定义，但基本都是描述森林属性结构或功能的丧失（徐欢等，2018；Ghazoul et al.，2015）。联合国《生物多样性公约》中森林退化的定义是由人类活动引起的、正常天然林丧失原有结构、功能、物种组成或生产力的过程（UNEP-CBD，2001）；联合国政府间气候变化专门委员会（IPCC）认为，森林退化是一定时间内人类活动导致的森林碳储量的长期丧失；联合国粮食及农业组织则将森林退化定义为逆向影响林分或立地的结构或功能，从而降低森林生态系统服务功能的变化过程。联合国粮食及农业组织于 2016 年报道：全球森林面积于 1990～2015 年减少了 1.29 亿 hm^2，热带地区在 2000～2010 年每年森林面积净减少 700 万 hm^2。

我国的森林生态系统退化也很严重，根据第九次全国森林资源清查（2014～2018 年），我国的森林面积占国土陆地面积的 22.96%，1995 年数据显示有 25%的森林生态系统已严重退化，近年来虽然在退化林修复方面做了很多工作，但仍然有很大比例的森林退化。

森林生态系统在维护生物多样性、调节气候、涵养水分、防风固沙和保持区域生态平衡上具有极其重大的意义，因此退化森林生态系统的恢复是最为世界关注的焦点领域。

5.1.1.2　退化森林生态系统恢复与重建的程序

退化森林生态系统恢复与重建的程序如图 5.1 所示，其中既有图 4.2 的一般程序，也有其自身的特殊性。由于森林生态系统恢复与重建的时间非常长，一般需要几十年至几百年，因此通过生态调查，弄清楚地带性森林植被的演替过程，从而确定生态恢复参照系尤为重要。

在此基础上确定森林退化的阶段，为制定生态恢复与重建的目标、原则和方案奠定基础。森林在不同的退化阶段具有不同的物种组成，据此我们可以进一步选定启动生态恢复的先锋种与相关技术。

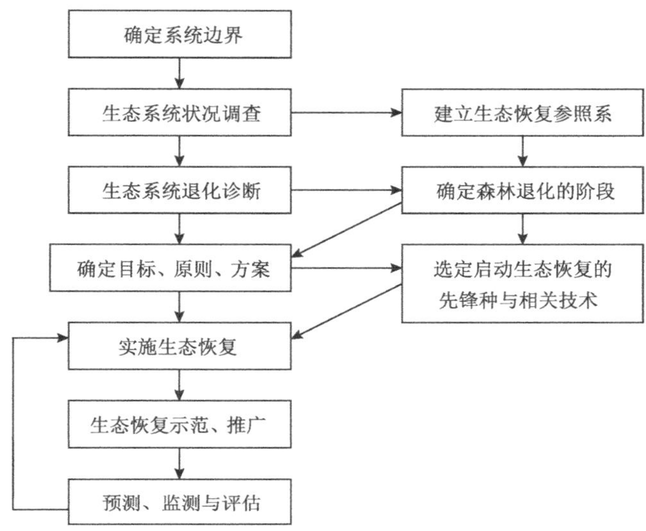

图 5.1 退化森林生态系统恢复与重建的程序

最高效率地恢复与重建森林植被的可能性，直接取决于对动态原则理解的程度。成功的人工森林植被或生态系统都是在深入认识生态原则和动态原则的基础上，顺应演替规律，模拟自然植被或生态系统的产物。因此，退化森林生态系统的恢复与重建的理论基础，是依据自然演替规律构建生态恢复参照系，以自然演替时间过程中不同演替阶段的代表性群落及其种类组成作为参照系（Peng et al.，2010）。

5.1.1.3 退化森林生态系统恢复过程的一般特征

实际上，退化森林生态系统恢复过程的一般特征与森林顺行演替过程的发展特征是一致的。彭少麟（1996）系统地研究了南亚热带的森林演替，得出了顺行演替的一般特征（表 5.1），其可以作为退化森林生态系统恢复的特征度量。

表 5.1 南亚热带森林群落演替的一般特征（彭少麟，1996）

	演替特征	演替早期	演替中期	演替后期
种类组成特征	种类数量	少	多	多或较多
	草本植物	多	中	少
	灌木植物	多	中	中或少
	乔木植物	较少	较多	多
	林间植物	少或中	较多	较多或多
	阳生性种类	多	较多或中	很少
	中生性种类	无或少	中或较少	多
	阴生和耐阴种类	无很少	中或较多	多
	先锋种类	很多	中或较少	少

续表

		演替特征	演替早期	演替中期	演替后期
种类组成特征		建群种类	少	多	多
		顶极种类	无或较少	中	多
		种类发展速度	很快	较快	慢
		种类组成稳定态	不稳定	不稳定	稳定
种群特征	分布格局	群落发生种	集群分布	趋于随机分布	随机分布
		顶极先锋种	趋于集群分布	集群分布	随机分布
		顶极优势种	随机分布	趋于集群分布	集群分布
		顶极一般种	随机分布	趋于随机分布	趋于随机或集群分布
	生态位宽度	群落发生种	大	中	很小
		顶极先锋种	小	大	小
		顶极优势种	很小	中	大
		顶极一般种	很小	小	小或中
	数量动态	群落发生种	多	少	很少或无
		顶极先锋种	少	多	少
		顶极优势种	无或很少	中	多
		顶极一般种	无	少	中
种间关系特征	种间联结	针叶-阳生性种群	大	弱	无
		针叶-中生性种群	无	弱	无
		阳生性-中生性种群	无或弱	较大	大
	生态位重叠	针叶-阳生性种群	大	弱	无
		针叶-中生性种群	无	弱	无
		阳生性-中生性种群	无或弱	较大	大
		内部共生	不发达	一般	发达
		种间关系的稳态	不稳定	较稳定	稳定
		食物网长度	短	较长	长
		食物网网状	链状或简单网状	简单或较复杂网状	复杂网状
群落结构特征	垂直空间结构	冠层分化	不明显	较明显、层次较少	明显、层次多
		茎级分化	不明显	较明显	明显
		高度级分化	不明显	较明显	明显
		林间层分化	不明显	较明显	明显
	水平空间结构	密度发展	小	大	较大

续表

		演替特征	演替早期	演替中期	演替后期
群落结构特征	相对多度	乔木	小	较大	大
		灌木	大	较大	中
		草本	大	中	小
		层片分化	无	少	多
	组织结构	物种多样性	小	大	较大或大
		生态优势度	大	较小	小
		群落均匀度	小	较大	大
		组织结构稳态	不稳定	不稳定	稳定
生物量与生产力的特征	生物量	总生物量	较低	中	高
		根生物量	低	较高	高
		茎生物量	较低	中	高
		枝生物量	低	中	高
		叶生物量	低	高	较高
		叶面积指数	较低	中	高
		生物量空间分布	低	较高	高
		乔木层	高	中	较低
		灌木层	高	中	中
		草本层	高	中	较低
		总第一性生产力	较低	高	高
		净第一性生产力	低	高	较高
		生物量增量	较低	高	较高
		光能利用效率	较低	较高	高
环境特征	小气候	年平均气温	较高	下降	下降
		极端气温	恶劣	较缓和	缓和
		温度日较差	大	中	小
		温度年较差	大	中	小
		年平均土温	较高	下降	下降
		土温日较差	大	中	小
		土温年较差	大	中	小
		直射辐射与总辐射之比	高	下降	下降
		散射	低	增加	增加
		反射	多	减少	减少
		林内透光	多	下降	下降
		土壤物理性状	差	较好	好
		土壤养分状况	差	较好	好
		土壤含水量	低	较高	高
		土壤酸碱度	偏酸或偏碱	改善	趋于中性

续表

		演替特征	演替早期	演替中期	演替后期
环境特征	环境效应	径流量	大	中	小
		侵蚀临界雨量	小	较小	大
		水土流失量	大	较小	小
		地下水位	低	较高	高
其他生物群落特征	土壤动物	发展趋势	增长	过渡	稳定
		小型湿生动物	少	中	多
		生物量	少	较多	多
		物种多样性	少	较多	多
		数量	少	较多	多
	鸟类	物种多样性	少	较多	多
		生物量	少	中	多
	土壤微生物	类群数	少	中	多
		生物量	少	较多	多
		细菌	少	中	多
		放线菌和真菌	规律不强	规律不强	规律不强
		呼吸强度	低	较高	高
		土壤酶活性	低	中	高
	时间特征	经历时间	短	较长	很长
		演替速率	快	较快	慢
		线性程度	较强	不强或中	不强
		演替方向	多向	专向	专向
	景观特征	景观结构	多样	较多样	趋于均一
		景观斑块	简单	较复杂	复杂
		斑块功能	弱	较强	强
		斑块稳态	不稳定	较稳定	稳定
	综合特征	稳定性	差	较强	强
		熵	高	中	低
		信息	小	中	大

5.1.2 极度退化生态系统的森林植被恢复与重建

森林是陆地生态系统最重要的生态系统类型之一，对维持地球生态平衡具有重要的意义。森林生态系统具有很高的类型多样性，主要有热带雨林（tropical rain forest）、热带落叶林（tropical deciduous）、热带旱生林（tropical thorn forest）、热带稀树草原（savanna，又称萨王纳）、亚热带常绿林（subtropical evergreen forest）、温带落叶林（temperate deciduous forest，又称夏绿林）、北方针叶林（boreal coniferous forest）等。由于人类的过度干扰，不同的森林生态系统均有不同程度的生态退化，有些森林因极度水土流失甚至退化为光板地，其森林植被恢复是非常困难的。

5.1.2.1 极度退化生态系统的特征

极度退化生态系统的特点是土地极度贫瘠，土壤的理化性质也很差（表 5.2 和表 5.3），有些甚至是寸草不生的光板地。

表 5.2 小良极度退化生态系统土壤的腐殖质和全氮含量（彭少麟，1995b）

采样深度/cm	光板地		采样深度/cm	次生自然林	
	腐殖质含量/%	氮含量/%		腐殖质含量/%	氮含量/%
0～7	0.63	0.030	1～7	4.14	0.212
30～40	0.37	微量	10～20	2.09	0.120
100～110	0.35	微量	35～45	1.55	0.078
			60～70	1.06	0.043

表 5.3 小良极度退化生态系统土壤的若干物理性状（彭少麟，1995b）

采样深度/cm	容重/（g/cm³）	最大毛管持水量/%	饱和水量/%	毛管孔隙量/%	非毛管孔隙量/%	总孔隙度/%	最大吸湿量/%	凋萎含水量/%
0～10	2.11	18.40	18.66	38.82	0.55	39.37	4.46	9.68
10～20	2.08	16.90	17.24	35.15	0.71	35.86		
20～30	2.04	17.13	17.40	34.95	0.55	35.50		
30～40	2.03	20.11	20.41	40.82	0.61	41.43	6.42	9.65
40～50	1.94	21.32	21.13	41.36	0	41.36		
50～60	1.93	21.60	21.84	30.98	0.46	31.35		
60～70	1.87	24.67	25.09	46.13	0.79	46.92	5.46	8.18
70～80	1.82	26.35	26.63	47.96	0.51	48.47		

由于极度退化生态系统总是伴随着严重的水土流失，土壤侵蚀每年都会卷土重来，更加剧了生境的恶化，因而极度退化的生态系统是无法在自然条件下恢复森林生态系统的，其生态恢复往往要经过人工的启动过程。

5.1.2.2 极度退化生态系统恢复的过程

在极度退化的生态系统中实施生态恢复，进行森林植被的重建，往往要经过不同的生态恢复阶段。

1）控制引起极度退化的生态因子　首先应该采取工程措施和生物措施，控制引起极度退化的生态因子。例如，对于因过度侵蚀形成的极度退化生态系统，应采取工程措施和生物措施综合治理的方法，控制水土流失，才有可能恢复与重建森林植物。

在华南地区，严重水土流失往往会形成特有的土壤侵蚀崩岗地，在这类极度退化的生态系统中实施森林植被的生态恢复与重建，首先必须采取工程措施控制崩岗和土壤侵蚀，通过生物措施恢复生境（彭少麟，1997）。

2）重建先锋群落　由于极度退化的生态系统的生境非常恶劣，应该选用速生、耐旱、耐贫瘠的先锋树种，重建先锋群落。例如，在热带和亚热带地区极度退化的生态系统中，利用马尾松、湿地松、相思树（*Acacia* spp.）、桉树（*Eucalyptus* spp.）和乡土豆科种类进行先锋群落的重建，取得了很好的效果。这些种类抗逆性强，能耐贫瘠或能自身固氮，而且有快速生长的特性。热带和亚热带地区采用这些种类建立的森林植被先锋群落，经历了约10年的时间，极度退化的荒坡生态系统都披上了绿装，群落的生境也得到一定的改善（彭少麟，1997）。

在选用先锋种时，要特别注意外来种类的利用。许多外来引入种（如华南地区的湿地松、相思树、桉树）有作为良好先锋树种的特征（Peng et al.，2005；Zhao et al.，2002），但由于它们是外来种，因而成林后其群落的物种多样性较土著先锋种形成的群落要低（向言词等，2002），若外来引入种演变为外来入侵种，则可能对生态系统造成难以估量的损失（彭少麟和向言词，1999）。因此，利用外来物种进行生态恢复，首先要对外来物种进行生态评价。

3）*林分改造加速演替的进程*　先锋群落重建后，可以根据本区域生态恢复参照系，模拟自然森林群落的演替过程，根据不同演替阶段的物种组成和群落结构特点，在先锋群落中开展林分改造。研究表明，选择性改造、移除先锋种，能为演替中、后期物种定植提供基础，有效加速热带森林恢复（Swinfield et al.，2016）。

中国科学院小良热带海岸带退化生态系统恢复与重建定位研究站，在小良热带光板地的先锋群落中，根据所处的演替阶段进行林分改造和阔叶混交林的配置研究。恢复40年后林地已有高等植物293种，分属于243属、87科，其中有乔木95种、灌木81种、草本植物22种，大大加速了林地向地带性热带季雨林的演替。经过40余年的演替，林地已经基本呈现出热带季雨林的景观。中国科学院鹤山定位站通过种群生态学、生理生态学、生物固氮等方面的观测研究，从引进的植物中筛选出抗贫瘠、光合效率高、固氮活性强的大叶相思、马占相思、南洋楹等速生豆科树种，进行大面积推广，并有计划地变原先锋纯松林为针阔混交林，以提高其抗逆性。仅用了8年的时间，以大叶相思、湿地松为主的针阔叶混交林，连片面积已超过1400hm^2，成为广东省面积最大的人工混交林，对“十年绿化广东，改造纯林为混交林”的工作起到了示范样板的作用（余作岳和彭少麟，1996）。

对广东鹤山5种人工林群落的研究表明，多样性高的混交林群落，趋于形成复杂的层次结构，能较好地利用直射、反射、散射和透射的太阳光，总体光合量较大。不同树种的混生，可以改善土壤质量和林间的光照及水分状况；落叶所含的不同灰分物质，可以增加土壤的营养物质，提高土壤肥力；树种的多样性高又有多层的根系，可以加速物质的循环；多层的林木结构可以栖息多样的动物、鸟类等，同时可以制约虫灾的发生。虽然混交林具有明显的优点，但由于需投入较多的人力、物力，因而极大地影响着混交林营造的数量和质量，且往往难以成功。鹤山的混交林采用了相当部分的豆科树种与其他阔叶树混交，由于所栽种的豆科植物有较强的固氮能力，在很贫瘠的土地上能够快速生长，因而与其他树种混栽后能较快地改善生态环境，在一定程度上也促进了其他树种的生长（彭少麟等，1992）。因此，利用豆科树种与乡土树种混交，是一种有效的造林途径（Li et al.，2001）。然而，先锋物种对后续物种的引入的影响，却并不一定是促进作用，如先锋灌木桃金娘对乔木木荷成活率的影响在坡顶是促进，在坡底则为抑制，对生长的影响则为在坡顶促进木荷株高的增加，在坡底则没有影响，而且桃金娘冠幅的增长会促进木荷幼苗的生长（Liu et al.，2013）。同时，在林分改造过程中也应该考虑林地种的多度格局（Yin et al.，2005）。

化感作用是森林生态系统中种间关系的普遍现象（Wu et al.，2006；Shao et al.，2005；Peng et al.，2004b）。Peng等（2004a）研究表明，化感作用是森林演替的驱动力之一。而演替不同阶段的优势种间均存在着化感相互作用，并且可以作为促进森林正向演替的促进力（Cummings et al.，2013；Chen et al.，2006）。因此，对退化生态系统恢复与重建的物种构建及成林后的林分改造，要特别注意其中的种间关系，尤其是化感现象，只有这样才能达到预期的效果。

4）*综合研究与利用*　在构建林地后，可以考虑生态系统的综合利用。大面积森林的恢复方向是地带性的森林类型，其中有些可以进行林业多种经营，提高退化生态系统恢复的经济效益。例如，中国科学院鹤山定位站在生态恢复过程中，构建了农林立体生态试验示范区，利用丘陵地形构建林-果-苗集水区和林-果-草-鱼（塘）集水区，促进了生态系统能量和物质的多重利用。该模式在珠江三角洲地区大面积推广，取得了极为显著的生态效益、经济效益和社会效益。

生态恢复过程是许多生态学原理应用的过程，而许多生态学理论也可以通过生态恢复实践进行检验。例如，中国科学院小良热带海岸带退化生态系统恢复与重建定位研究站和中国科学院广东鹤山森林生态系统国家野外科学观测研究站，在数十年生态恢复实践中，进行了生态恢复的综合试验和长期的定位研究，不但恢复了极度退化的生态系统（图 5.2），还针对生态恢复的许多科学问题进行了综合研究，在热带雨林的可恢复性、多样性与稳定性理论、热带亚热带退化生态系统恢复的过程与机制、生态恢复与全球变化的相互反馈等方面均取得重大成果（Peng et al.，2012；彭少麟，2003；余作岳和彭少麟，1996）。图 5.2 展示了经过 20 多年的生态恢复，热带极度退化的光板地重建成地带性的热带季雨林，以及亚热带的退化坡地，经过人工启动，加速恢复成地带性的季风常绿阔叶林。

图 5.2 小良热带极度退化地与鹤山亚热带退化草坡的森林恢复

对极度退化生态系统进行重建及综合研究时，有针对性地分阶段进行综合治理和研究是非常必要的，应该重视演替理论的指导，根据区域生态恢复参照系来进行生态恢复的实践（王伯荪和彭少麟，1989）。早期适宜的先锋植物种类对退化生态系统的生境治理具有重要的作用。在后期进行多种群的生态系统构建和林分改造时，更要注意构建种类的选取。研究表明，不同的植物种类在不同的林分改造模式下的生理生态表现特征是不同的（蔡锡安等，2005），Stanturf 等（2014）也提出原始林冠组成、恢复区域面积与恢复地条件等决定了所使用的恢复技术；同时，恢复工程需要在景观尺度上进行合理规划协调，并考虑社会因素对其未来发展的影响。

5.1.3 次生林地生态系统的恢复

次生林地的生态系统一般生境较好，或是植被刚被破坏而土壤尚未被破坏，或是次生裸地但已有林木生长，因而在实施生态恢复时，主要是按照生态恢复参照系，依据演替规律，人为地促进顺行演替的发展。具体的恢复措施有以下几种。

1）封山育林　要使次生林得以生态恢复，首先必须停止对其干扰与破坏，要保护其生态系统的林木与生境，促进其顺行演替与发展。要做到这一点，封山育林是一种既简便易行又经济实用的措施。

在南亚热带的生态恢复实践中，封山育林可促使被破坏林地的林木生长，为地带性植被的发展创造适宜的生态条件，使针叶林逐渐顺行演替为物种多样性和生态效益较高的针阔叶混交林，进而顺行演替为地带性季风常绿阔叶林（彭少麟，2003）。对白云山次生林动态研究结果表明，干扰破坏后形成的次生林，在排除干扰后能较快地向地带性季风常绿阔叶林的方向演替（方炜等，1995；彭少麟和方炜，1995）。对南方红壤退化生态系统的研究发现，自然恢复能有效提高土壤质量，天然次生林的土壤质量综合指数和土壤生物学肥力指数显著高于不同类型的人工林和干扰依旧存在的对照组；且有利于改善土壤微生物的结构和功能。在恢复初期，自然恢复是提高土壤质量的有效途径（郑华等，2004，2006，2018）。

2）进行林分改造　次生林的自然演替过程是较为漫长的，为了促使森林快速顺行演替，可对处于演替早期的林地进行林分改造，加速演替进程。

在南亚热带的生态恢复实践中，在马尾松疏林或其他先锋林中补种锥栗（*Castanopsis chinensis*）、木荷（*Schima superba*）、黧蒴（*Castanopsis fissa*）或樟树（*Cinnamomum camphora*）等，促使针叶林快速顺行演替为高生态效益的针阔叶混交林，进而恢复季风常绿阔叶林（Peng et al.，1995，Peng and Wang，1993）。

3）透光抚育　透光抚育也叫作透光伐，在次生林的演替进程中，通过透光抚育人为加速其顺向演替进程的基本做法如下：一是以次生林所处的演替阶段为基准，对已出现的后演替阶段的种类进行透光抚育，促进演替的发展；二是择伐一些先锋树种的个体，可以促进后演替阶段的种类生长，进而使之顺行演替为生态效益最高的地带性植被的顶极群落类型。透光抚育的对象主要有抑制主要树种生长的次要树种、灌木、藤本，甚至高大的草本植物；主要树种幼林密度过大，树冠相互交错重叠、树干纤细、生长落后、干形不良的植株；实生起源的主要树种数量已达营林要求，伐去萌芽起源的植株；在萌芽更新的林分中，萌条丛生，择优而留，伐去其他多余的萌条；天然更新或人工促进天然更新已获成功的采伐迹地或林冠下造林，新的幼林已经长成，需要除上层老龄过熟木，以解放下层新一代的目的树种等。

4）次生林的后期保育　次生裸地成林后的群落动态与演替的发展是一致的。彭少麟等（1992）通过对广州白云山、罗岗、大坑岗等地次生林自然恢复与演替的长期研究，并与广东鹤山 5 个不同类型的人工恢复林地动态长期定位观测进行比较，证明 5 个人工林群落的自然演替方向是一致的。这些群落中的林下种类组成均趋于复杂，原旱生性的禾草消退，一些地带性顶极群落的先锋种和建群种的幼苗以至小树可见于林下，在自然状况下会逐渐向地带性的亚热带季风常绿阔叶林发展。但这 5 个人工林群落的演替速度都不一致，在混交林群落中由于有部分顶极种，林中环境相对较为接近地带性常绿阔叶林，有利于后者所具有的自然种类的生成，从而促进演替的发展，演替速度相对较快。由先锋种类构建的马占相思林、大叶相思林、马尾松林和湿地松林，演替速度则相对较慢。尤其是后两种群落，结构仍较开敞，生境仍较差，自然种群的入侵现象不明显，演替更为缓慢。但这些先锋种类的生长和发展已在不同程度上改善了群落的环境条件，这为林分改造提供了良好的条件。此外，许多先锋种在林地中的更新代生长比第一代差（彭少麟，1995a），在有条件的地方，应该对先锋林进行林分改造。

此外，在次生林的发展过程中，常常采用一些生态恢复技术以促进林地的发展。例如，在中国热带亚热带地区，常采用土坑法（the holes digging method）部分解决该地带生态因子对生态恢复的限制问题，即土壤贫瘠化和季节性干旱。澳门在海岛丘陵地区进行植被恢复时，利用地形挖掘长约 1m、宽约 0.5m、深 0.5～1m 的沟槽（图 5.3），收集地表雨水并经下渗，使土层的涵水量大大提高，抵御旱情，对本地植被恢复起到了良好的促进作用（彭少麟等，2004）。

（彩图）

图 5.3 土坑法

研究表明，土坑法是一项有效促进植被恢复的技术措施（彭少麟等，2006）。对群落优势种台湾相思（*Acacia confusa*）生物特征进行测定，发现土坑区的植物生长优于无坑区（图 5.4）。通过比较土坑区和无坑区的土壤理化性质，发现土坑区土壤容重小于无坑区土壤容重，土坑区土壤含水量、土壤 pH、有机质、全氮等指标均比无坑区的要高（图 5.5）；这表明土坑区的土壤物理结构和土壤肥力都有所改善，有助于植被的生长。

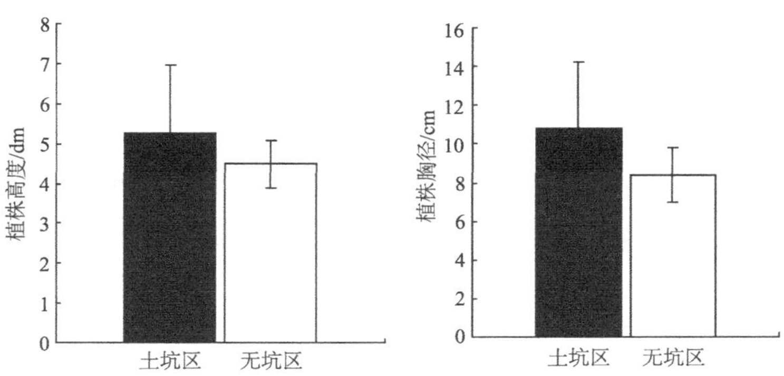

图 5.4 土坑法对植物生长的促进（彭少麟等，2006）

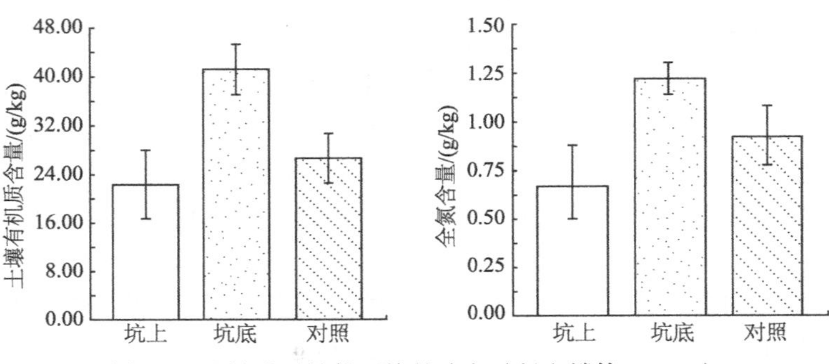

图 5.5　土坑法对植物环境的改良（彭少麟等，2006）

次生林恢复发展成为地带性植被类型后，仍然存在着波动现象，需要实施有针对性的保育措施，才能成为地带性生物多样性结构最佳的类型（彭少麟，1993）。鼎湖山地带性顶极群落是相对稳定的群落类型，但无论是结构还是功能均有时空上的变化（郝艳茹和彭少麟，2005；彭少麟和陈卓全，2005）；对群落中的种间关系的长期追踪测定表明，种间联结也随时间有明显的变化（彭李菁，2006；彭少麟等，1999）；群落中同一种类的个体，也随着演替进程而出现解剖特征的差异（彭少麟等，2002）。对次生林的恢复，需要有针对性地进行保育，而且往往需要多种措施的综合运用，才能使其成为地带性生物多样性结构最佳的类型。

5.1.4　退化森林恢复的生态效益

生态系统服务功能与生态系统的结构和功能紧密相关，退化生态系统的恢复极大地改变了生态系统的结构和功能，同时也增加了生态系统的服务功能。而且退化生态系统的服务功能是动态变化的，一般情况下各项服务功能随着恢复过程的进行都会显著增加，但各项服务功能的恢复效益表现趋势不尽相同（虞依娜等，2009）。

1）*退化森林恢复的生物效益*　不同退化生态系统类型的生态恢复目标有所不同，而退化森林生态系统恢复的最主要目标是提高森林生态系统的服务功能，通过增加生态效益，促进区域良性生态平衡。退化森林生态系统的恢复与重建实践表明，退化生态系统恢复森林植被后，其生态效益的提高是非常明显的，而这首先表现在植被的发展与生态系统中生物多样性的发展。

（1）增加生物量。退化森林生态恢复的生物效益，首先表现在林地生物量积累上。退化森林生态系统在消除干扰因子后，其林地生境得以改善，林地生物量的增长是很快的。例如，在热带亚热带退化生态系统上进行植被生态恢复，由于有良好的光、温、水等条件，只要选用合适的种类，植被恢复发展是很快的。从表 5.4 中可以看出，鹤山南亚热带退化草坡构建的 7 年林龄的人工林，其生物量达 100～150t/hm^2，已达鼎湖山地带性自然林的 1/4～1/3，而且恢复积累速度非常快。

表 5.4　鹤山南亚热带人工林的生物量（彭少麟等，1992）

项目	混交林	马占相思林	大叶相思林	马尾松林	湿地松林
林龄/年	7	7	7	14	5
生物量/（t/hm^2）	135.94	152.60	96.88	108.47	40.02
年生长速度/（t/hm^2）	8.56	9.69	7.61	6.52	6.64

续表

项目	混交林	马占相思林	大叶相思林	马尾松林	湿地松林
叶面积指数	4.64	9.44	4.06	3.94	3.47
土壤有机质含量/%	2.10	1.80	1.89	1.82	1.75

（2）增加生物多样性。退化森林生态恢复的生物效益，最显著的表现是林地生物多样性的增加。生态系统中的生物多样性是建立在植物多样性基础之上的，不同的植物种类拥有不同的生物学和生态学特性，植物的多样性导致群落复杂化。复杂的群落意味着有更多的垂直分层、更多的水平斑块格局和更复杂的地下根系，这就可能在不同的小生境条件下拥有更多的生物体，包括昆虫、鸟类、微生物、土壤动物等。表 5.5 给出了植物多样性导致生物多样性增加的研究个例。退化森林生态系统生物多样性的恢复，首先是植物多样性的恢复，同时促进动物多样性和微生物多样性的发展。

表 5.5　小良不同人工林植物多样性与生物多样性的关系（彭少麟，1995b）

类别	混交林	桉树林	光板地
每 100m^2 上的植物乔木种类	11	2	0
昆虫种类	300	100	50
鸟类	11	7	4
每克干土中的微生物数量/（×10^7）	4.74	3.55	0.36
土壤动物优势种	7	3	1

热带亚热带退化生态系统进行人工植被恢复后，植物多样性发展非常快。Peng 和 Yu（1993）用香农指数（I_{SW}）测度了小良极度退化的生态系统重建 20 多年的人工混交林的植物多样性，结果表明混交林中自然发展的种类已占到多数，特别是灌木层和草本层，均是自然发展的种类，其多样性指数已接近自然林（表 5.6）。

表 5.6　不同人工林里的物种多样性结构（Peng and Yu，1993）

不同人工林	种数（s）	总个体数（n）	香农指数（I_{SW}）		
			乔木层	灌木层	草本层
自然林	19	59	3.768	3.946	3.889
混交林	11	64	2.176	3.006	4.121
相思林	2	54	0.381	1.422	2.613
桉树林	2	72	0.221	1.213	1.891
光板地	0	0	0	0.201	1.316

注：种数和总个体数仅统计 1.5m 以上的乔木层。自然林为新增加统计值，原表中无此值。统计为 10 个 100m^2 的平均值。I_{SW}＝3.3219×［$\lg n_i$－（$1/n$）$\sum n_i \lg n_i$］，其中 n_i 为第 i 个物种的个体数

（3）提高功能强度。在森林植被恢复过程中，植被的光能利用率不断增加，促进了林地初级生产力的增加和生物量的积累，进而提高了森林植被的功能强度（表 5.7）。

表 5.7　小良站人工植被恢复后其功能强度的发展（Peng et al.，2003a）

指标	混交林	桉树林	光板地
年平均温度/℃（1.5cm）	22.6	22.7	22.8
年平均湿度/%（1.5cm）	87.3	85.5	83.2
光能利用率[CO_2/（d^2·h）]	9.16	7.91	0.30
地面水深/m	1～4	9～11	3～5
土壤酸度（10～20cm）	5.3	5.0	4.5
有机质含量/%（1～15cm）	1.13	0.75	0.60

注：林冠光强为 60 000lx

2）退化森林恢复的环境效益　退化森林生态系统恢复的生态效益，除了生物效益的提高之外，更多地表现在环境效益的提高上，主要有控制水土流失、改善土壤理化性质和改善小气候等。

（1）控制水土流失。在导致生态系统退化的因素中，与植被破坏相伴而来的严重水土流失是最主要的原因。因此，植被恢复后水土保持就成为森林生态效应的重要指标之一。森林植被恢复后，林地有较复杂的地下根系和更多的地表凋落物覆盖，能有效地控制土壤的侵蚀。

中国科学院小良热带海岸带退化生态系统恢复与重建定位研究站的研究表明，光板地的水土流失最严重，每年有 52.3t/hm^2；其次是桉树林，每年有 10.79t/hm^2；混交林最低，每年有 0.18t/hm^2。而在其他地区，如瑞士，光板地年侵蚀量为 2.22t/hm^2，森林为 0.05t/hm^2；在美国，森林年水土流失为 0.05t/hm^2；在中国海南岛，轮作后的荒地为 32t/hm^2，而在天然热带山地雨林里则为 0.05t/hm^2。从比较结果可以看出，小良站人工恢复的阔叶混交林的水土保持能力基本接近天然混交林（Peng et al.，2003a）。

（2）改善土壤理化性质。森林植被恢复后，由于地被物的增加，植物根系的发展，以及土壤动物和土壤微生物的活动，土壤的理化特性得到明显改善。

对小良站人工植被恢复后的土壤物理性状的测定结果表明（表 5.8），人工植被恢复后，土壤的理化性质得到改善，无论是土壤含水量、最大毛管持水量还是饱和持水量，人工恢复的混交林均较光板地有显著的提高，而且不同组成的植被对土壤养分的影响差异显著（Wang et al.，2010b），固氮植物能更快速有效地重建退化光板地的土壤碳氮循环过程，而且增加了土壤磷的可利用性（Wang et al.，2010a）。

表 5.8　小良人工植被恢复后对土壤水分物理性状的改善（Peng et al.，2003a）

不同人工林	深度/cm	比重/（g/cm^2）	含水量/%	最大毛管持水量/%	饱和持水量/%
光板地	0～10	1.7	12.3	18.9	21.8
	10～20	1.8	13.5	20.8	23.1
	20～30	—	14.2	—	—
	30～40	1.8	12.5	22.0	24.5
桉树林	0～10	1.6	13.2	22.6	26.2
	10～20	1.7	14.1	22.5	25.5

续表

不同人工林	深度/cm	比重/(g/cm^2)	含水量/%	最大毛管持水量/%	饱和持水量/%
桉树林	20～30	1.7	14.9	21.7	25.5
	30～40	1.8	16.5	22.8	24.8
混交林	0～10	1.5	15.0	33.1	37.2
	10～20	1.5	16.2	30.1	33.8
	20～30	1.6	16.7	28.9	32.2
	30～40	1.6	17.1	28.3	30.8

"—"为无数据，没有测量

林地生态恢复过程，土壤肥力也得以提高。在热带亚热带区域，林地养分的干沉降和湿沉降是明显的，林地凋落物的分解也非常快（Liu et al.，2004，2005）。应用时空互代的方法及对小良植被恢复过程的土壤肥力进行长期追踪研究发现，随着林龄的增长，土壤肥力的各项指标都呈现出持续而稳定的发展趋势。例如，5～25 年生的人工混交林，土壤有机质含量从 1.34%增加至 2.68%，年平均增长为 0.067%。全氮从 0.076%增至 0.135%，年平均增长达到 0.003%（表 5.9）。

表 5.9　植被恢复过程土壤肥力动态（余作岳和彭少麟，1996）

主要土壤肥力指标/%	光板地	5 年生人工林	8 年生人工林	15 年生人工林	25 年生人工林	100 年生自然次生林
有机质	0.64	1.34	2.07	2.40	2.68	4.18
全氮	0.031	0.076	0.109	0.141	0.135	0.215
全磷	0.006	0.012	0.020	0.033	0.022	0.054
速效质	痕量	0.11	0.10	0.13	0.16	0.78

由表 5.9 建立回归方程：

$$y = 0.347 + 0.767\ln x \quad (r = 0.976;\ df = 4)$$

式中，r 为数据作线性处理后 2 个变量间的相关系数，相关性达极显著水平（$r_{0.01}=0.917$）。

上述模拟结果表明，若要使土壤有机质达到地带性自然林植被的指标，预计需 148 年。

（3）改善小气候。退化生态系统的植被恢复后，形成了林内抗逆性较高、波动性较小的小气候，并影响周围的环境。例如，小良定位站植被恢复前后的温度变化就非常明显，其年平均气温是混交林＜光板地；气温年变化振幅是光板地＞混交林（表 5.10），而年平均湿度则是混交林（87.3%）＞桉树林（85.5%）＞光板地（83.2%）。

表 5.10　小良定位站造林前后的年平均气温及其年变化振幅（Peng et al.，2003a）

时段	年平均气温/℃	气温年变化振幅/℃
造林前（光板地）		
1958～1959 年	23.2	14.4
造林后（混交林）		
1981～1982 年	23.0	13.6
1988～1989 年	22.6	12.2

在森林植被恢复中，森林发展产生的功能过程对林地土壤、森林水分、林地小气候等均产生比较高的生态学效应。植被恢复的生态效应不但影响林地本身，也影响周围的环境，进而对区域和全球的生态平衡有所贡献。

（4）提高固碳能力。退化森林的植被恢复极大地提高了其自身的固碳能力。研究表明，造林过程中土壤碳含量会呈现先下降后随林龄增加缓慢升高的趋势，但整个森林生态系统的固碳量一直在增加（Wang et al.，2013；Paul et al.，2002）。3 年、6 年、13 年、18 年林龄的木麻黄林的生态系统总储碳量分别为 26.57Mg/hm^2、38.50Mg/hm^2、69.78Mg/hm^2、79.79Mg/hm^2，1m 深土壤有机碳则分别为 17.74Mg/hm^2、5.14Mg/hm^2、6.93Mg/hm^2、11.87Mg/hm^2（Wang et al.，2013）。进一步研究发现，在退化森林恢复过程中，生物质碳库和土壤表层碳库几十年就得以恢复，但土壤深层碳库的恢复则需要更长的时间（Wang et al.，2017a），而且恢复植被的固碳能力与所选用的恢复物种密切相关（Wang et al.，2016）。

植被生态恢复对缓解全球变化有重大的贡献。广东省的森林覆盖率，在 1979 年为 26%，通过植被的生态恢复与重建，到 1998 年增加为 53%。基于资源清查数据及相关文献资料，以自 20 世纪 50 年代以来长期从事恢复生态学的科学实验数据为基础，综合得出广东省的森林植被面积与结构。通过森林植被生物量的增长，计算植物部分的碳固定量、土层碳密度和土壤碳固定，得出广东省森林每年固定的碳超过工业碳排放量的一半以上（Peng et al.，2009b）。植被生态恢复可能缓解了由于全球变化而导致的大气 CO_2 浓度上升，因此植被的生态恢复不仅是一项确保地区经济持续发展的有效方法，而且在缓解全球变化产生的压力方面有着重大贡献。特别要指出的是，植被的生态恢复不仅对 CO_2 这一全球因子有意义，对其他全球变化因子，如温度的上升、紫外辐射（UVB）的增加、生物多样性的减少等，均有重要的缓解和改善意义。

5.2 退化草地生态系统的生态恢复

草地（grassland）在地球陆地上有广阔的分布。草地有多种类型，主要有山地草原（upland steppe）、高寒草原、荒漠草原（desert steppe）、高寒荒漠、山地荒漠（upland desert），以及高寒沼泽、山地草甸（upland meadow）、高寒草甸等。我国的草地资源非常丰富，草地总面积约 4 亿 hm^2，占国土陆地总面积的 41%，是耕地面积的 3 倍，林地面积的 4 倍。其中西部 6 省区（西藏、青海、新疆、甘肃、宁夏和内蒙古）的草地面积约为 2.7 亿 hm^2，占全国草地总面积的 70%，是我国天然草地的主体。

5.2.1 草地生态系统退化的现状

草地退化是指草地生态系统的结构被破坏，生态系统中能量流动与物质循环失调，功能下降，稳定性减弱。广义的草地退化包括草地植被退化、土地沙漠化、土地次生盐渍化、水土流失及环境条件恶化；狭义上的草地退化，仅指草地植被退化（昂毛和施宝顺，2000）。

由于自然干扰（如干旱、风蚀、水蚀、沙尘暴、鼠虫害等）和人类活动的干扰（如滥垦、滥挖及滥牧等），我国的草地生态系统退化非常严重，西部地区的草地生态系统已严重受损。总的趋势表现为：云贵高原、青藏高原、长江黄河源区草地植被退化，水土流失严重；而黄土高原和内蒙古高原则是风蚀沙化严重，已制约该地区农牧业的发展，并对我国东部农区的生产构成了威胁，形势不容乐观（王堃，2004）。

据农业部（现为农业农村部）统计，20 世纪 80 年代初，我国草地严重退化面积占草地总面积的 30%，90 年代占 50%左右，21 世纪初，这一数据已经上升到 80%以上，也就是说，几乎所有的草原都出现了不同程度的退化，而且仍在以 200 万 hm^2/年的速度扩展。草地退化问题已引起草地生态学工作者的高度重视，并围绕退化现状、特征、过程、机理和恢复治理等展开了研究。进入 21 世纪，为恢复生态环境，我国提出了草原生态建设工程，即以禁牧、休牧为主要手段，利用生态系统的自我修复能力来加快植被恢复的生态建设工程，但草地退化的问题依然严重（肖金玉等，2015）。草地的退化使生产力不断下降，单位面积草地产肉量仅为世界平均水平的 30%，单位面积草地产值只相当于澳大利亚的 1/10、美国的 1/20、荷兰的 1/5。伴随着草地退化，草地生态环境问题随之而来，草地植被稀疏，种类减少，群落丰度下降，饲用价值变低，产草量和载畜量极低。长期放牧增加了草地中一年生植物和 C_4 植物的丰富度和重要值，降低了沙质草地中多年生植物的相对生物量，改变了植物的功能形状和群落结构，造成草地的退化（张晶等，2017）。例如，草群中优良牧草种类成分下降，而毛茛科、大戟科、瑞香科、蒺藜科等科属有毒有害植物滋生蔓延，它们不仅消耗土壤的水分和养分，妨碍优良牧草正常生长，而且还经常引起家畜中毒，给畜牧业生产造成损失（马春梅等，2000）。退化严重的草地，又会进一步影响环境，导致气候干旱，降雨减少，土壤裸露、沙化，蓄水、保肥能力减弱，水土流失加剧，并向“黑土滩”和沙漠化方向发展（乜林德，2005）。

5.2.2 退化草地生态恢复的程序

退化草地的生态恢复是一个庞大而复杂的系统工程，不仅涉及草地学、栽培学、土壤学、生态学等实用技术，而且需要恢复生态学和草地资源学等科学理论作为指导。我国退化草地的生态恢复实践很多，王堃（2004）对退化草地生态恢复的一般性程序做了总结（图 5.6）。

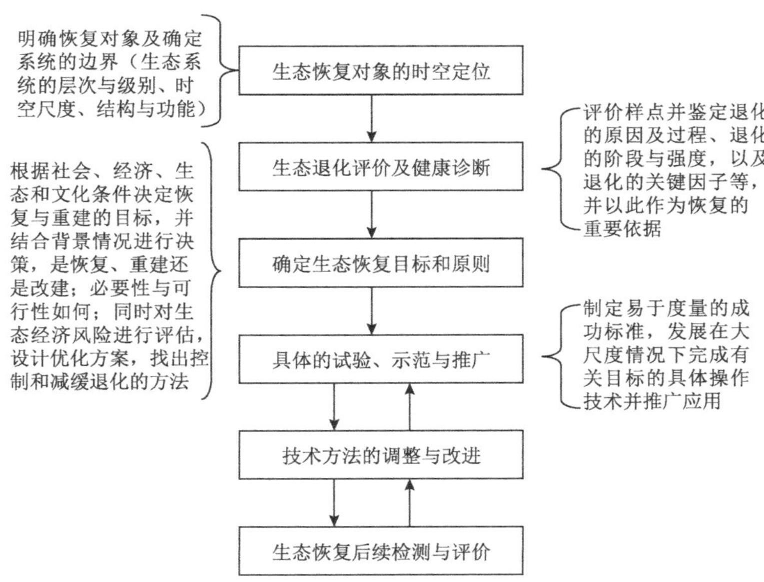

图 5.6 退化草地生态恢复的一般性程序（改自王堃，2004）

比较图 5.6 和图 4.2 可以看出，两者基本上是相同的，也就是说，退化草地生态恢复与其他退化生态系统类型的生态恢复一样，有共同的恢复与重建程序。但由于草地生态系统的退化机制与其他类型的生态系统不同，因此对其进行生态恢复的目标、技术方法与措施也就不同。

5.2.3 草原生态系统退化诊断与恢复目标

做好退化草地生态系统的诊断是退化草地生态恢复与重建的基础，评价并鉴定草地生态系统退化阶段与强度、退化的原因与过程及退化的关键因子等，是恢复的重要依据。深入研究与分析退化诊断，最终才能确定生态恢复的目标。

以我国退化的科尔沁草原生态系统为例，进行退化诊断并确定其生态恢复的目标。科尔沁草原为森林草原，属欧亚草原带，在沙性土壤基质、地下水位高和风沙危害严重等区域性环境因素的长期影响下，形成了景观特殊的半隐域疏林性草原植被。随着人口的增长和滥垦、滥牧、滥樵等人类生产经营活动的强烈干扰，这一草原带的原生植被已基本遭受破坏而退化成不同演替阶段的沙地次生植被，土地因风蚀堆积而形成沙丘、缓起伏沙地、丘间低地及冲积平原等不同的地貌类型，土壤质地变劣，有机质含量下降，气候条件也发生了相应的变化（刘新民等，1996）。赵晓英等（2001）分析了科尔沁草原生态系统退化的过程与原因，认为该草原生态系统的退化主要表现为沙漠化迅速发展，年平均发展速率为 1.92%，沙化面积由 20 世纪 50 年代末的 20%扩展到 80 年代末的 77.6%；草场普遍处于疏林草原—灌丛、多年生禾草—多年生禾草、蒿类草原—蒿类杂类草原—沙生植被的退化演替过程；植被盖度下降、产量降低；土壤质量下降，土壤粗化，肥力下降，产投比降低。科尔沁草原生态系统退化是自然因素和人为因素叠加作用的结果，而且是逐渐造成的沙漠化（李金亚，2014；井丽文等，2005；刘新民和赵哈林，1993），其形成过程如图 5.7 所示。

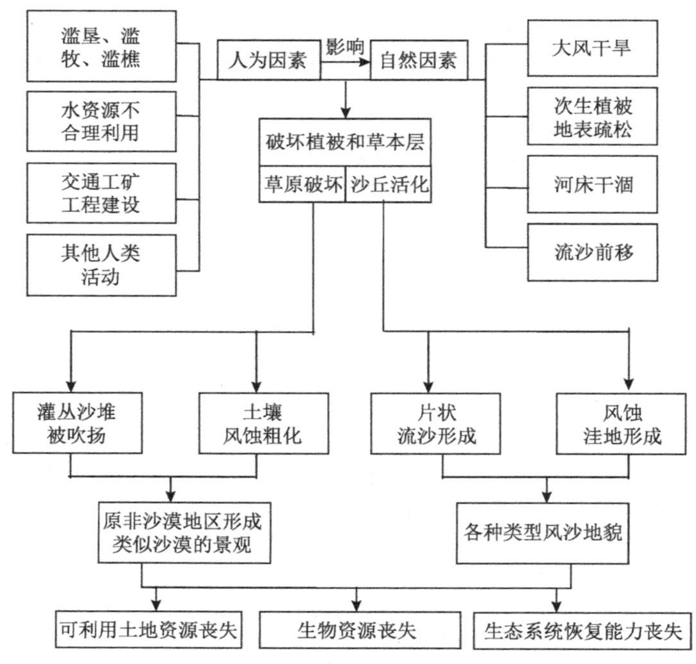

图 5.7 科尔沁草原沙漠化的形成过程（李金亚，2014；井丽文等，2005；刘新民和赵哈林，1993）

在草原生态系统退化诊断的基础上，根据社会、经济、生态和文化条件确定恢复与重建的目标。进而结合背景情况进行决策，考虑生态恢复的方向，是恢复、重建还是改建；必要性与可行性如何；同时对生态经济风险进行评估，设计出生态恢复的优化方案，找出控制和减缓退化的方法。

科尔沁退化草原生态系统的生态恢复目标，就是让沙漠化过程逐渐逆转、生态系统逐步恢复并趋于良性循环，建立高效沙地农业生态系统，逐步形成社会-经济-自然复合系统（赵晓英等，2001）。经生态恢复建设后，科尔沁草原沙化状况呈现先发展后逆转的趋势，且逆转速度呈逐年加快的趋势（李金亚，2014）。

5.2.4 退化草地生态恢复的技术措施

退化草地的生态恢复有多种措施，但主要可从两方面着手，一是减少放牧或完全禁牧，以减少或完全控制对草地的干扰；二是采取措施，恢复草地的生态结构，提高草地生态系统的功能。

1）优化牧群结构，控制放牧强度　放牧强度直接影响着草地的退化程度，放牧强度过大是当前草地生态系统退化的主要根源（Wang et al.，2017a）。对退化草地进行生态恢复，首先应从源头上做好，其中优化牧群结构、调整放牧强度是草地生态系统可持续经营的有力措施。

传统的以牲畜年末存栏头数来衡量畜牧业发展的方法，虽然容易操作，但往往造成片面追求牲畜头数，忽视牲畜个体生产性能和商品畜产品生产量及草地的承载力，从而陷入草地退化和牲畜生产性能低下的恶性循环。因此，在制定区域牧区经济发展规划时，应该综合考虑牧区的生态环境承载力，不能提高了牲畜头数却加剧了草地的退化，应完善衡量畜牧业生产的指标，控制放牧强度。

2）封育禁牧与重建人工植被　封育禁牧、解除放牧压力，使草地自然恢复，作为一种比较经济的措施在退化草地恢复中得到广泛应用。

例如，在科尔沁退化草原生态系统的生态恢复过程中，其中一些区域就是采用封育禁牧恢复自然植被的措施，对半固定、固定沙丘进行围封并补播草籽，建立自然-人工植被（刘新民等，1996）。在内蒙古典型草原，以冷蒿（*Artemisia frigida*）、针茅（*Stipa capillata*）、羊草（*Leymus chinensis*）为主的退化草地，经过 7 年封育后，地上生物量由 1100kg/hm^2 提高到 1900kg/hm^2，羊草比例由 9%增加到 35.7%，以冷蒿等为主的菊科比例由 31%下降到 9%（祝廷成，2004）；陈敏和宝音陶格涛（1997）进行的 8 年围栏封育试验表明，建群种羊草代替了冷蒿，地上生物量有所增长，同时草群高度、密度、盖度都得到不同程度的恢复，生物多样性指数、均匀度都有所增加，该方法简单易行，适于大面积推广。

除了恢复自然草原植被外，建植人工草地植被则是退化草地恢复和重建的强有力支撑。播种羊草草地与围栏封育相比，8 年平均增产 34.2%，播种后第三年即可形成人工羊草草地，它的产量高、质量好，适于割草，是半干旱草原区建立人工草地的有效途径（祝廷成，2004；陈敏和宝音陶格涛，1997）。重度和极度退化草地（如黑土滩、裸斑地）恢复潜力较小，恢复速度较慢，必须通过人工植被建设，才能有效地促进草地群落的生态恢复。

3）农业改良　利用农业措施对退化草地进行人工恢复是较为普遍的，包括松土、轻耙、浅耕翻、划破草皮和施肥改良等，只要因地制宜地选择改良措施，均能取得很好的效果。

在半干旱草原地区的典型羊草草原，由于放牧过度形成冷蒿＋丛生禾草＋旱生杂类草退化草原，陈敏和宝音陶格涛（1997）的试验表明，通过围栏封育、轻耙松土、耕翻松土等措施进行改良，可提高草地生产力。松土改良提高了土壤疏松程度，增产效果明显，如耕翻松土试验区与围栏封育相比，8 年平均增产 41%，但此法应选择避风和有水分补给的区域，不宜大面积连片使用（表 5.11）。

表 5.11　退化草地经过不同改良措施后增产效果比较表（陈敏和宝音陶格涛，1997）

年份	自然恢复的产草量/（kg/hm²）		轻耙松土后的产草量/（kg/hm²）	耕翻松土后的产草量/（kg/hm²）
	围栏外	围栏内		
1984	476.3	1157.9	1372.4	2756.5
1985	529.5	1166.8	1038.9	1208.3
1986	856.6	1922.6	1692.7	1974.9
1987	885.9	1388.8	1183.1	1417.7
1988	698.9	1176.8	1559.2	2319.0
1989	377.6	1105.3	983.0	1695.1
1990	945.6	2006.3	1768.4	2815.6
1991	950.1	1806.8	1329.5	2346.1
平均	715.1	1466.4	1365.9	2066.7
平均增产/%	0	105.07	91.02	189.02

4）*物理化学措施*　除了采用生物措施，还可以使用物理化学措施来治理退化草地生态系统。例如，“沙压碱”是一种改造盐碱化草地的物理技术，即向盐碱化草地的土壤中“掺沙”，使盐碱化土壤的物理结构和化学性质得以改变，最终达到降低土壤的盐分和碱分的效果。这项技术是人们在多年的实践工作中总结出来的，具有方法简单、容易实施、见效较快、成本相对较低等优点。而石膏治碱技术则是针对退化草地土壤进行治理采用的化学技术，用石膏改善盐碱化土壤中离子组成，从而达到改良土壤的效果。

5）*综合措施*　退化草地生态系统的恢复与重建，通常是通过自然恢复、人工促进自然恢复与生态系统重建相结合的方法，往往不是只采取某一种技术措施。只有采用多种措施综合整治，才能达到良好的效果（赵晓英等，2001）。

依据不同退化程度及小区域自然、社会经济条件及发展需求，采用“小生物圈”恢复模式有良好的效果（赵晓英等，2001）：①建立中心区，如滩地绿洲高效复合农业生态系统，以重建及恢复农业生态系统为主。②建立保护区，如在软墚台地径流区建立人工-自然复合生态系统，自然恢复与人工促进恢复相结合，建立防护体系和天然草场恢复带。③建立缓冲区，如硬墚/流沙地灌草防护带，以保护性自然恢复为主，防风固沙，逐步恢复自然植被。

另外，在内蒙古半干旱典型草原等地还有许多因地制宜的草地修复模式，如“1/10 草地转型”模式，即在水土适宜的少数低洼区域种植高产优质青贮饲料并进行集约化经营管理，使退化严重的草地得以围栏封育；而在京北农牧交错区实行的“北繁南育、农牧耦合”模式是将农牧交错带定位为以优质高产人工草地为基础，具有高度牛羊育肥能力的集约化草地畜牧业生产基地和牧区与农区的纽带；“三分治理”模式是在浑善达克沙地采取 1/3 治理、2/3 自然恢复的技术路线（韩兴国和李凌浩，2005）。这些技术与模式对其他退化草地的修复具有重要的借鉴意义。

5.2.5　草地植被恢复的效益

退化草地生态系统经过植被的恢复与重建，产生良好的生态效益，主要包括改善植物群落的结构和功能、增加植物群落的多样性和稳定性、促进植物的生长发育、提高植物生物量和地表植被覆盖率、促进退化植被及生境土壤的恢复和发展、改善小气候环境等。此外，还带来良好的社会与经济效益。

对青藏高原高寒退化草地进行划破草皮和施肥改良，在 1993～1999 年这 7 年内，划破草皮使草地牧草的高度、盖度和生物量分别增加了 15.6%～96.4%、14.1%～57.6%和 32.7%～113.9%，施肥改良则使草地牧草的高度、盖度和生物量分别增加了 26.8%～108.2%、14.1%～57.6%和 32.7%～113.9%；两种改良措施结合，草地植物群落中禾本科和豆科等优良牧草的比例增加，杂草类比例明显下降（沈景林等，2000）。

在青藏高原高寒地区建植多年生禾草混播草地，2 年内草地植被盖度达 95%以上，与封育天然草地相近；草群高度明显超过封育天然草地和未封育天然草地；可食牧草比例达 99%，比天然草地提高 23%；草群产量分别为封育天然草地和未封育天然草地的 2.3 倍和 3.1 倍，初级生产力较二者分别提高 5.21×10^3kg/hm^2 和 6.23×10^3kg/hm^2；粗蛋白产量分别为二者的 2.6 倍和 3.5 倍，单位草地面积的粗蛋白净增量分别为 721.9kg/hm^2 和 842kg/hm^2（董世魁等，2002）。

在科尔沁沙地植被恢复演替过程中，物种数量逐渐增加，从流动沙丘的 6 种增加到固定沙丘的 30 种。一年生草本植物在各群落中占绝对优势，但随着演替的进行，生活型呈现多样化，多年生植物种类明显增加。藜科植物在流动沙丘阶段优势度明显，之后逐渐下降；禾本科植物的种数和优势度逐渐增加，在群落中的地位逐渐增强（赵丽娅等，2017）。科尔沁草原恢复区经过 10 年的生态恢复与重建，原来沙丘区形成了较稠密的沙地灌草植被系统；自然-人工恢复的草地植被产草量增长了 1.5～3 倍；形成了具有防沙固沙效果的乔-灌人工植被系统；流沙得以有效控制，流沙面积下降了 2/3；人均纯收入提高了 375%（赵晓英等，2001）。

尽管我国退化草地的生态恢复在一些地方已经取得重大成效，关于生态恢复也已经有不少的研究报道，但是这些研究较多的是偏重于草地植被退化的观测、描述和整治。例如，张华等（2011）比较实施退耕还草工程前后（2000 年和 2005 年）的草原情况发现，科尔沁草原整体生态环境状况虽有所改善，但仍属于“较差”级别。总体上，科尔沁草原沙化状况呈现先发展后逆转的趋势，1985～1992 年为发展阶段（重度沙化草地面积年增长率达 5.91%），1992～2013 年为逆转阶段，且逆转速度在 2001～2013 年最快（重度沙化草地面积年减少率在 1992～2001 年为 0.51%，在 2001～2013 年为 2.92%）（李金亚，2014）。未来应进一步强化草地退化机理及恢复重建的理论研究，尤其是面对草地生态系统的退化在整体上日趋严重的现状，强化其恢复生态学研究是极为必要的。

5.3 退化农田生态系统的生态恢复

农业是人类文明的发端，是人类最早开展的生产活动之一，而农田则是最早的人工生态系统。农田生态系统是在自然基础上经人工控制形成的农业生态系统中的亚生态系统，是人类为了满足生存需要，积极改造自然，依靠土地资源，利用农田生物与非生物环境之间及农田生物种群之间的关系，来生产人类所需食物和其他农产品的半自然生态系统，是一个在人类参与及主宰下，由社会、经济、自然诸多因素结合而成的，具有多种经济、生态、社会功能和含有自然、社会双重属性的复合生态系统（陈进红和王兆骞，1998）。农田生态系统已成为人类赖以生存的基础生态系统。由于人类的过度索取和不合理利用，大量的农田处于退化状态，如何恢复退化的农田生态系统，提高农业生产力，成为农业领域特别关注的焦点之一。

5.3.1　农田生态系统的特点及其退化状况

5.3.1.1　农田生态系统的特点

恢复退化农田生态系统，首先要理解农田生态系统的特殊性。与自然生态系统相比，农田生态系统具有如下 5 个方面的特点（尹飞等，2006）。

1）目的性　具有高度的目的性是农田生态系统的本质特点，也是其产生的根源和存在的基础。农田生态系统最主要的目的是进行农产品生产，满足人类社会生存和发展的需要，这是农田生态系统所有特点的根本所在。

2）开放性　农田生态系统属于开放性生态系统，通过粮、油、饲料等形式，系统向外界输出大量的能量，同时人类又通过矿物燃料、人畜力、有机肥等向系统补充能量，使得农田生态系统具有独特的、开放式的物质循环和能量流动过程。

3）高效性　人类为了获取更多的农产品，通过选育高产作物品种、施肥、灌溉、防治病虫草害等措施，创造出适宜作物生长的环境，显著地提高了目标产品的产量，使农田生态系统具有比自然生态系统更多的生产力。

4）易变性　农田生态系统的运行既要遵循自然生态规律，又要满足社会经济的需要。在国家农业政策和市场经济规律的指导下，人类采取多种措施，以获得最多的符合市场需要的农产品和最大的经济效益，这种驱动因素致使农田生态系统的结构及生态过程的变动性远高于自然生态系统。

5）脆弱性与依赖性　农田植物群落主要由一个或少数几个作物种群及田间杂草组成，再加上近些年大量使用杀虫剂和除草剂，农田生态系统中生物多样性较低，营养结构简单，自我调节能力很弱。所以，农田生态系统对人类管理活动的依赖性很大，只有进行连续不断的、有目的的、科学合理的人为干预，才能保持农田生态系统的存在和正常运行。

5.3.1.2　农田生态系统退化的现状

农田生态系统退化主要是指其土壤理化性质的变化导致土壤生态系统和作物系统功能的退化。正常的农田生态系统处于一种动态平衡状态，系统的结构和功能是协调的，通过系统中能量的流动、物质的循环及水分和养分的平衡来维持负载在其上的生物群落的生产力。但若农田的结构和功能在干扰下发生变化，就打破了原有生态系统的平衡状态，使系统的结构和功能发生变化并形成障碍，造成破坏性波动或恶性循环，使土壤肥力不断下降，相应的，所承载的生产力也将下降。

由于人类的过度干扰和对土地的过度索取，全球出现了大面积的退化土地，而且有继续发展的趋势。为了养活更多的人口，一个时期以来，各国农业均以耕作强度高、单一种植、应用复合肥、灌溉、施用农药控制害虫和杂草、推广高产品种等为特征，以追求最高产量和实现利润最大化。由此产生了严重的后果：土地肥力衰减、土壤侵蚀严重、土壤酸化和潜育化严重、土壤微生物种类及数量下降、水的浪费或过度使用、地下水位下降、农药残留、农业依赖于人类投入、农业遗传多样性丧失、农业产量失控、全球农业失衡等。近年来，全球平均每年有 $5\times10^6\text{hm}^2$ 土地由于极度破坏、侵蚀、盐渍化、污染等，已不能再生产粮食。据农业部（现为农业农村部）种植业管理司 2014 年《全国耕地质量等级情况公报》报道，全国 18.26 亿亩耕地中 5.10 亿亩评级较差，占比为 27.9%。任海和彭少麟（2001）报道我国南方 2/3 以上的耕地土壤养分贫瘠，土壤普遍缺氮和有机质，78%的土壤缺磷，58%的土壤缺钾，缺乏的程度尤以侵蚀坡地最为严重。李贵春等（2009）的研究发现，农田污染、功能降低及肥力下降等退化类型价值损失量分别为 440.51 亿元、316.39 亿元和 468.55 亿元。全国农田退化价值损失总量为1225.45亿元,分别相当于2004年GDP和农业国民生产总值的0.89%和6.20%。

5.3.1.3 农田生态系统退化的主要类型及原因

农田生态系统退化的主要类型有土壤贫瘠化、土壤盐碱化、易涝地面积增加、农田荒漠化、农田污染等（彭少麟，2001）。

1）*土壤贫瘠化* 为了缓解人口激增与土地锐减的矛盾，不少地方的农业均以高产量和高利润为目标，耕作强度高，单一种植，持续耕作，农产品持续输出，重用轻养，有机肥投入减少，加上肥料结构不合理，使养分回归土壤的正常生物地球化学循环遭到破坏，致使土壤肥力不断衰减，甚至丧失。我国现阶段水土流失的现象非常严重，不仅降低了土壤厚度，还减少了土壤中的有机质和养分。一般情况下，形成 1cm 的土壤要花 200～500 年甚至更长时间，但流失同样厚度的土壤却在 1 年之内即可完成。由于缺乏知识和技术或者经济成本高于收益，农民不愿为保护措施投资，土壤肥力每况愈下。据统计，我国南方 2/3 以上的土壤贫瘠，养分匮乏，普遍缺乏氮和有机质。20 世纪 90 年代全国土壤普查结果表明，我国耕地中有 59.1%缺磷，22.9%缺钾，14%磷钾俱缺，耕层浅的占 26%，土壤板结的占 12%，中低产田占 79.2%左右（任海和彭少麟，2001）。

2）*土壤盐碱化* 对农田的不合理灌溉（如大水漫灌、有灌无排），洼淀、平原水库、河渠蓄水位高而周边又无截渗排水设施，水稻与旱作插花种植，少水季节抢水用，多水季节阻碍上游地区排水，农业管理技术粗放，加上农田水利设施老化失修，都导致盐分在土壤表层积累，使盐碱耕地面积增加，次生潜育化发展较快，农田生产力降低。我国除盐防碱的养地作业——绿肥播种面积大幅度减少，促使返盐耕地面积加大。据统计，我国盐渍土地总面积约为 99×10^6hm^2，其中现代盐渍土壤为 36.9×10^6hm^2，残余盐渍土壤为 44.8×10^6hm^2，潜在盐渍化土壤为 17.3×10^6hm^2。全国耕地中存在盐碱限制因素的面积约为 9.2×10^6 hm^2，而且在不断扩大（王遵亲，1993；杨真和王宝山，2015）。

3）*易涝地面积增加* 由于近年来对农田基本建设投入不足，田间工程不配套，防涝标准低，加之一些地方重建轻管，经营管理差，导致全国易涝面积有所增加。据统计，1973 年易涝面积为 22×10^6hm^2，1988 年扩大到 24.3×10^6hm^2，增加了 2.3×10^6hm^2。

对水稻田灌排不当，排灌不分开，渠系不配套，串灌、漫灌、深水久灌，使水稻土耕作层下部和作物长期遭受渍害，加上不合理的耕作制度和耕作技术，促使土壤经常处于还原状态，导致次生潜育化发展，土地生产能力降低，产量比正常情况降低一半以上。据调查，我国南方诸省潜育化水稻土面积占水田面积的 20%～40%，在 4×10^6hm^2 以上，东起浙江、福建，西抵云南、贵州、四川，南到广东、广西、海南，往北一直延伸到湖北和河南的南阳盆地。

4）*农田荒漠化* 荒漠化是一种在人类活动和自然双重因素作用下导致的土地质量全面退化和有效经济用地数量减少的过程。农田荒漠化的直接结果是农田生产力退化，如耕地理化性质改变、生物量减少、生产力衰退、生物多样性降低及地表出现不利于生产的地貌形态（沙丘、侵蚀沟等）。人类破坏植被，使其生态服务功能下降，气候干旱和沙漠化显现。在山西、陕西、内蒙古煤炭基地，因煤矿开发而导致植被毁坏、水土流失加剧，其流土堆积物达 3.615×10^6m^3，高出河床 7m 多，地下水位下降 1.2～2.4m，而且水中铅、汞高出本底值 4～7 倍。水源亏损使 3.333×10^5hm^2 水浇地变为旱地，粮食单产下降 30%～50%（延军平等，1999）。

为满足人口增长对耕地的需求，促使生产界线向“边缘”地区扩展，加速了生态脆弱带土地向荒漠化土地的转变。不合理开发和气候干旱协同作用，使荒漠化日渐加剧。目前，至少有60%的旱作农田和30%的人工灌溉土地受到中等程度的荒漠化影响。

5）*农田污染*　农田污染现状非常严重，而且有加重趋势，主要表现在如下 4 个方面（沈洪霞和周青，2006）。

（1）工业污染。未经处理的工业“三废”造成农田污染，主要表现在工业排放的废弃物及烟尘中汞、铅、铬等重金属污染耕地；SO_2 等形成的酸雨使土壤酸化；工业和城市生活污水灌溉农田或废水被雨水冲刷进入耕地，不但使土壤日益恶化，而且还污染了农产品；工业废渣、煤矸石、城市垃圾等填埋物导致农田污染；工业等污水直接或间接排入江河湖泊，污染水域，威胁鱼类。中国目前约有 1000 万 hm^2 耕地受“三废”危害，其中遭受大工业“三废”污染的耕地达 400 万 hm^2，污水灌溉耕地为 216 万 hm^2，受乡镇企业污染的耕地为 187 万 hm^2（王静等，2012）。

（2）化肥农药超标使用。农业生产中，化肥、农药使用不当或用量过多会造成农田污染。某些粗制磷肥含有较高的氟和砷，能引起土壤污染，过量使用氮肥和磷肥会造成土壤板结，使作物产量和品质下降。化学农药的大量使用在杀死害虫的同时，也使害虫的天敌罹难，从而降低了农田生态系统的生物多样性。有研究表明，东北三省农田化肥用量随时间的增加而增大，与 20 世纪 80 年代相比，2002 年由东北三省农田土壤总氮平衡和总磷平衡进入水体环境的氮、磷负荷均有所增加。华北平原高产农田土壤中硝态氮含量从小麦冬灌后至玉米收获后持续降低，地下水中硝态氮含量持续增加，表现出农田氮肥对地下水的直接污染。全国集约化农区近年农田氮磷流失达到农业面源污染的 20%～40%。农田农药和重金属等污染有加重趋势，影响作物生态环境安全和粮食品质。目前，我国主要农田中有机农药残留率高达 50%～60%，塑料残余物的年残留量高达 40kg/hm^2 左右，平均残留率在 20%左右（高旺盛等，2008）。

（3）有害微生物。生活污水、粪便、垃圾、动植物尸体不断进入农田，加速了某些病原菌在土壤中的传播，造成农田污染，如 1g 湿猪粪含有大肠杆菌 500 万～8000 万个，这些病原菌抗逆能力很强，一般处理难以收效（耿金虎和沈佐锐，2003）。这些长期存活于土壤中的病原体可严重危害植物，造成农业减产。

（4）放射性物质。人类活动排放出的放射性污染物，如 ^{90}Sr（半衰期 28 年）和 ^{37}Cs（半衰期 30 年），使土壤的放射性水平高于本底值（柳劲松等，2003），造成土壤生物区系贫化。

农业生态系统的组分较多，而且组分间的相互作用复杂，因而导致农业生态系统退化的因素非常复杂。其中，表土的损失是造成农地功能退化的主要原因。表土层厚度下降，农作物的单位产量也将大大下降。表土层厚度每下降 2.8cm，农作物产量下降 7%。据研究，1hm^2 优质农田土壤含有 1000kg 蚯蚓、15kg 原生动物、150kg 水藻、1700kg 细菌和 2700kg 真菌，其对植物所需的营养要素起着再循环的作用，提供空气和水赖以流通的渠道。土表层通常还有腐烂的树叶、根茎和动物粪便等，能通过分解作用进入生态系统的物质循环和能量流动过程。1hm^2 土地有 100t 有利于植物生长的各种物质，它们有效地结合在一起，将提供农作物所需的 95%的氮和 25%～50%的磷。如果土壤结构被破坏，则所有这些成分均会受到影响。又如，导致水稻田退化的因素可能包括光照、温度、水分、湿度、蒸发、动物、植物、微生物、土壤、水稻遗传特性、地形、地理位置、火、降水、风、大气、生境异质性等，这些组分在不同时间内有不同的相互作用，形成了一个复杂的等级系统（Hoffman and Carrol，1995）。

修复受损的农田生态系统，促进农田生态系统的良性循环及全面提升农业综合生产能力成为经济社会可持续发展乃至人类延续的关键，其中关于修复技术的研究方兴未艾。

5.3.2　农田生态系统的退化诊断与健康评估

5.3.2.1　退化农田生态系统的基本属性

处于退化状态（degraded situation）的农田生态系统有以下基本属性（彭涛等，2004）。

1）生物种群结构退化　农田生态系统的生物结构状况，主要可以从其植物、动物、微生物的种群数量、种群结构及群落水平结构、主体结构等层次进行分析。生物结构不合理会影响农田的内在特性和要求，从而不可能形成健康的生态系统。

2）环境质量退化　农田生态系统在其生物生产过程中，与生态系统中的水、土、气、生等因子相互依存、相互作用。环境质量不高的农田生态系统，将直接影响到农产品的产量和质量。

3）生产力低下　农田生态系统是初级生产力和食物能形成的基础单元，农田生产力低下反映了系统中的物质循环、能量流动速率和资源利用效率低下，也反映出农田生态系统的活力低下。

4）可持续性不强　良好的农田生态系统应该保持可持续的高产稳产，而不是某一时期的高产。可持续性不强，主要体现在生态适应性、稳定性和抗逆能力低下。

5）管理不善　作为典型的人工生态系统，离开人类的理性干预，健康农田生态系统是难以实现的。退化农田生态系统，总是管理不善的系统，管理的科学水平决定着系统的健康质量。

健康农田生态系统基本属性间的相互关系如图 5.8 所示。退化农田生态系统的基本属性是诊断农田生态系统退化状况的重要内容与依据，是农田生态系统评价指标体系的重要组成部分。

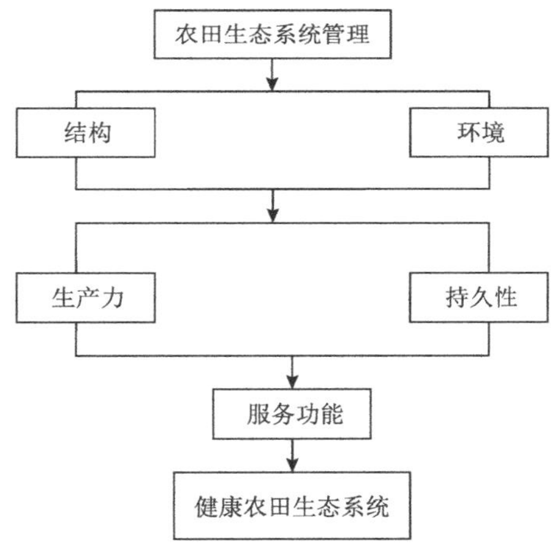

图 5.8　健康农田生态系统基本属性间的相互关系（彭涛等，2004）

5.3.2.2　农田生态系统生态恢复与健康评估

一般来说，评估一个复杂的生态系统需要一套综合指标体系，即由一系列相互联系、相互制约的指标组成的科学而完整的评价指标总体。它具有目的性、理论性、科学性和系统性等特点。生态系统的复杂性决定了它不能用单一的观测指标来准确概括，而需要相当数量、不同类型的观测和评价指标。在选择指标时不仅要考虑到整体性，还要注重系统的等级性、指标的可比性和可获得性（马克明等，2001）。在确定某一农业生态系统退化或恢复的程度时，可采用土壤资源特征、水文地理特征、生物特征、生态系统特征、生态经济特征和社会文化环境特征等进行评判，不同的农业生态系统类型可选用不同的指标，而且其定量指标也不相同。

彭涛等（2004）应用层次分析法设计了包括目标层、准则层和指标层 3 个层次的结构框架（表 5.12），用于分析评估农田生态系统这一典型的人工生态系统。根据农田生态系统健康的内涵和指标筛选原则，选取相互独立且反映农田生态系统的结构属性、环境要求、生产力、持久性和管理要求的典型敏感指标，组成农田生态系统健康评价指标体系。

表 5.12　农田生态系统健康评价指标体系（彭涛等，2004）

目标层	准则层	指标层
可持续的健康高效农田生态系统	结构指标	作物多样性
		品种结构
		农田景观格局
	环境指标	土壤供肥能力
		土壤供水能力
		土地退化度
		土壤重金属含量
		水体质量
		大气质量
		农药残留量
	生产力指标	光、热、水效率
		土地生产率
		能量产出率
		劳动生产率
	持久性指标	生态适应性
		生产力稳定性
		抗逆能力
	管理指标	政策效度
		劳动力素质
		科技进步贡献率
		商品率

评价指标标准可采用通用方法和国家标准来分级，分为非常健康、健康、比较健康、一般病态、疾病 5 级，通过与调查研究结果的比较，确定每一指标所处的等级（表 5.13），也可根据具体农田生态系统确定更为合适的评价指标标准。

表 5.13　农田生态系统健康评价指标分级标准（彭涛等，2004）

指标	级别				
	非常健康	健康	比较健康	一般病态	疾病
作物多样性	存在间、套、轮作，多样性指数大于 1.585	存在间、套、轮作，多样性指数不大于 1.585	两作二熟，多样性指数不大于 1.00	一作一熟，多样性指数为 0	一作多熟，多样性指数为 0
品种结构[①]	5	4	3	2	1
农田景观格局	优	好	比较好	差	很差
土壤供肥能力	一级	二级	三级	四级	五级
土壤供水能力	降水满足率不小于 70%，地下水埋深不深于 5m	降水满足率为 60%～70%，地下水埋深 5～10m	降水满足率为 50%～60%，地下水埋深 10～20m	降水满足率为 40%～50%，地下水埋深 20～40m	降水满足率不大于 40%，地下水埋深不浅于 40m
土地退化度	各项指标好于一级的 10%以上	各项指标好于一级的 5%～10%	一级	二级	三级

续表

指标	级别				
	非常健康	健康	比较健康	一般病态	疾病
土壤重金属含量	一级	二级	三级	四级	五级
水体质量	Ⅰ	Ⅱ	Ⅲ	Ⅳ	Ⅴ
大气质量	一级	二级	三级	四级	五级
农药残留量	几乎检测不到农药残留，残留量低于最高残留限量的 10%	残留在最高残留限量的规定范围以内	残留较多，为最高残留限量的 1～2 倍	残留明显，为最高残留限量的 2～10 倍	残留显著，为最高残留限量的 10 倍以上
光、热、水效率	为理论值的 30%～40%	为理论值的 40%～50%	为理论值的 20%～40%	为理论值的 10%～20%	不高于理论值的 10%
土地生产率[②]	≥22 500	5 000～22 500	9 000～15 000	4 500～9 000	≤4 500
能量产出率	投能结构合理，能量产出率≤3	投能结构合理，能量产出率为 3～6	投能结构合理，能量产出率为 6～8	投能结构不合理，能量产出率为 8～10	投能结构不合理，能量产出率不低于 10
劳动生产率[③]	≥2 000	1 200～2 000	800～1 200	500～800	≤500
生态适应性	强	比较强	中等	弱	不适应
生产力稳定性	生物量基本没有变化或略有减少，减少率不大于 5%	生物量变化，减少率为 5%～15%	生物量明显减少，减少率为 15%～30%	生物量显著减少，减少率为 30%～50%	生物量显著减少，减少率不小于 50%
抗逆能力[④]	≤10%	10%～20%	20%～40%	40%～60%	≥60%
政策效度	政策合理，实施成本低，产出满意	政策合理，实施成本低，产出比较满意	政策较合理，实施成本比较高，产出比较满意	政策不合理，成本高，产出不满意	政策错误，成本高，产出很不满意
劳动力素质[⑤]	≥15%	10%～15%	5%～10%	2%～5%	≤2%
科技进步贡献率	≥60%	30%～60%	15%～30%	5%～15%	≤5%
商品率	≥90%	60%～90%	40%～60%	20%～40%	≤20%

注：①同种作物的品种数；②作物产量（kg/hm^2）；③年人均产量（kg）；④成灾率；⑤高中以上文化水平人口所占的比重

5.3.2.3 退化农田生态系统恢复的程序

退化生态系统的恢复程序一般包括：研究当地土地的历史、乡土作物、人类活动、土壤特征，以及农用动物、植物和微生物的关系，确定退化状况；分析退化原因；针对退化症状进行样方实验，进行土壤改良和作物品种改良，控制污染并合理用水等；恢复后进行评估及改进（图 5.9）。

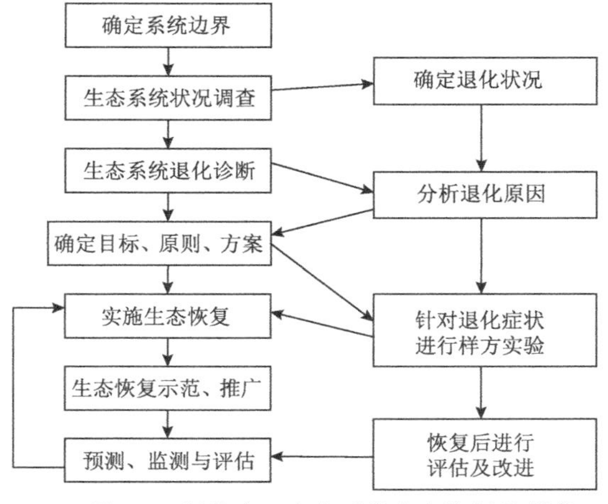

图 5.9 退化农田生态系统生态恢复的程序

5.3.3　退化农田生态系统恢复技术

由于区域经济、生态和社会条件的限制，退化农田生态系统很容易进入恶性循环。农田生态系统恢复问题的解决，有赖于一定的农业知识、生态知识、技术条件、文化背景、经济水平和人类素质。更具体地说，农田退化生态系统的恢复有赖于土壤、气候、作物、市场、经济条件及农民的经验和技术等因素（陈灵芝和陈伟烈，1995）。

对于不同的退化农业生态系统，其恢复措施是不同的。一般来说，对弃耕地的恢复相对容易些，干旱区农田的恢复成本要高于湿润区农田。退化农田的恢复措施大致包括：模仿自然生态系统，降低化肥输入，混种，间种，增加固氮作物品种，深耕，施用农家肥料，种植绿肥，改良土壤质地，轮作与休耕，利用生物措施防治病虫害，建立农田防护林体系，利用廊道、梯田等控制水土流失，秸秆还田等。此外，在恢复干旱及贫瘠农田时可采用渗透技术（Mitsch and Jorgensen，1989）。

5.3.3.1　退化农田生态系统的理化修复

退化农田生态系统的理化修复可有多种技术方法（沈洪霞和周青，2006）。

1）物理修复　　物理修复主要采用排土（挖去上层污染土层）、客土（将非污染的客土覆盖于污染土上）及深翻等方法。当污染物囿于农田地表数厘米深或耕作层时，采用排土法和客土法可获得理想的修复效果，但此法费时、费工和费钱，并需要丰富的客土来源，排除的污染土壤还要妥善处理，以防造成二次污染。因此，这种方法只适用于小面积污染农田。在污染稍轻的地方可深翻土层，使表层土壤污染物含量降低，但在严重污染地区不宜采用。

2）化学修复方法　　主要采用添加抑制剂和控制农田的氧化还原状态等方法。添加抑制剂能改变有毒物质在土壤中的流向与流强，使其被淋溶或转化为难溶物质，减少作物的吸收量。一般施用的抑制剂有石灰、碱性磷酸盐、硅酸盐等，它们可与重金属（如铅、铬等）反应生成难溶化合物，降低重金属在土壤及植物体内的迁移与富集，减少对农田生态系统的危害。控制农田的氧化还原状态是由于大多数重金属形态受氧化还原电位（Eh）的影响，改变土壤氧化还原条件可减轻重金属的危害。

5.3.3.2　退化农田生态系统的生物修复

退化农田生态系统的生物修复主要有微生物修复、植物修复和动物修复。

1）微生物修复　　微生物修复可通过采用微生物活性剂、微生物农药和微生物肥料等方法来进行（沈洪霞和周青，2006）。

采用微生物活性剂（effective micro-organisms，EM）是利用微生物改良土壤常用的方法。微生物活性剂是将仔细筛选的好氧和厌氧微生物加以混合，采用独特工艺发酵制成的，以光合细菌、放线菌、酵母菌和乳酸菌为代表。EM 在农业上具有改良土壤、促进作物增产、提高作物品质、减少农药与化肥用量的功效。现在 90%的土壤为腐败型土壤，EM 的使用，尤其是粉状 EM 能明显改善土壤的生物性能，土壤肥力也随这些有效微生物的大量繁殖而逐渐发生变化，这些土壤最终演变为有利于植物生长的发酵土壤（王伟，1996）。排入农田的生活垃圾中有机腐败物质占 45%～55%，这部分有机质经 EM 发酵成为一种有机肥，反哺土壤。EM 还能减少农药的使用量，从而减少农药在农副产品中的残留量，减少由于大量使用农药而造成的土壤污染和水质污染。EM 还能将畜禽粪便转化成无害化的微生物有机肥，从而控制农业生产中的恶性污染循环。

微生物农药即用微生物杀虫剂取代化学农药防治昆虫（昆虫的病原体）和杂草。例如，对昆虫致病的真菌有 100 余种。截至 2016 年底，微生物农药登记产品数量达到 470 个，有效成分 39 个，其中以苏云金芽孢杆菌[*Bacillus thuringiensis*（Bt）]为有效成分的细菌性杀虫剂主要用于防治鳞翅目害虫，以球孢白僵菌（*Beauveria bassiana*）为有效成分的真菌性杀虫剂对松毛虫等有很好的防治效果。

微生物肥料即通过构建特定微生物与植物的互利共生关系，来改善植物营养或产生植物生长激素促进植物生长。例如，根瘤菌肥促进根瘤菌在豆科作物根系上形成根瘤，以固定空气中的氮，改善豆科植物的氮元素营养；固氮菌肥能在土壤中与许多作物根系互利合作，固定空气中的氮，为植物尤其是贫瘠土壤上生长的植物提供氮元素营养，还可以分泌激素促进植物生长；复合微生物肥料含有 2 种或 2 种以上的有益微生物，能产生 1 种或几种营养物质和生理活性物质，供植物生长。由此减少了化学肥料的使用，有利于退化农田生态系统的恢复。

2）*植物修复*　植物修复最常用的方法是利用栽培或野生的绿色豆科植物，或其他植物体作为肥料。豆科作物和绿肥[紫云英（*Astragalus sinicus* L.）、苜蓿（*Medicago* spp.）、田菁（*Sesbania cannabina*）、绿豆（*Vigna radiat*）、蚕豆（*Vicia faba* L.）、大豆（*Glycine max*）、草木犀（*Melilotus suaveolens*）等]的固氮能力很强，非豆科植物[黑麦草（*Lolium perenne* Linn.）、空心莲子草（*Alternanthera philoxeroides*）、浮萍（*Lemna minor*）等]也是优质的绿肥作物。种植这些绿肥可以增加和更新土壤有机质，促进微生物繁殖，改善土壤的理化性质和生物活性，防止农田生态系统退化，或促进已退化农田生态系统的恢复。

3）*动物修复*　土壤动物在农田生态系统的物质循环和能量流动中也发挥着重要的作用。蚯蚓是常见的大型土壤动物，分布广、数量多，作为土壤生态系统中十分活跃的分解者，对碎化、分解有机质，改良土壤结构与孔隙状况及提高土壤肥力均有重要意义（唐政等，2015；Shan et al.，2014；张宁等，2012）。张池等（2012）研究表明，皮质远盲蚓可以显著提高水稻土基础呼吸，增强过氧化氢酶和脲酶活性，并降低酸性磷酸酶活性；皮质远盲蚓和壮伟环毛蚓均可增加菜园土脲酶活性，同时壮伟环毛蚓能够促进转化酶活性提高，而皮质远盲蚓则有利于过氧化氢酶活性增强，从而显著提高两种土壤的生物学综合性。

5.3.3.3 退化农田生态系统的工程修复

退化农田生态系统的恢复与治理，常常辅以工程措施。这些工程措施主要针对农田的基本设施、土壤改良、污染防治、沙漠化防治等方面（杨正礼等，2005）。

1）*农田基本设施建设工程*　农田基本设施建设工程主要包括农田水利设施配套工程、农田整地工程、农田林网与道路整修工程等。

2）*土壤改良与培肥工程*　在加强作物合理布局和水肥精准化管理的同时，首先重点对基本农田中的中低产田进行培肥，对次生盐碱化、酸化、沙化、石漠化土地进行积极改良。

3）*农田污染预防与修复工程*　污染农田修复工程是在土壤本底普查和土壤修复技术攻关的基础上构建的生态建设工程，其修复对象是污染农田；重点和优先区域是中国集约化农业区域、城市周边地区和工矿区；依托的技术是土壤污染攻关研究成果。在工程布局上，可采用分地域、分阶段、分污染类型等方式分批、分期进行治理。建议设立现代化畜牧养殖场废弃物处理工程、水肥药精准化农业工程、集约化农区面源污染控制和治理工程、重金属污染降解工程等。

4）灾害防治工程　灾害防治工程主要针对水涝、干旱和沙化。易水涝的农田必须进行排水工程建设；易干旱的农田必须进行灌溉工程建设，有条件的地方可进行滴浇系统工程建设；沙化胁迫的农田必须进行固沙工程建设。

在沙漠化地区实施节水灌溉和温室种植是很好的方法。例如，在榆林地区，在沙质沙漠覆盖较薄的地方进行剥沙种植，改良退化农田生态系统，恢复流域生态；在水源允许的地区，应大量植树植草、恢复植被、涵水固沙。农田防护林的建设在降低风速、控制土壤侵蚀、塑造农田景观、创建生物栖息环境等方面能发挥重要作用，是区域农业环境的生态屏障，对维护农业生态平衡具有重要意义（吴鹤吟和张淑艳，2018）。试验证明，对于风蚀严重的半固定、半流动沙丘及流动沙丘，采取生物固沙与工程固沙相结合的措施，一般封育 3～5 年，植被覆盖度可恢复到 50%～70%，植物群落种类、时空格局将发生明显的顺行演替，再经过相当长的时间，沙丘性状将有所改进，并随着时间的推移，发生流动沙丘—半流动沙丘—半固定沙丘—固定沙丘—土壤的逆转（罗常国和曹志强，1994）。

5.3.4　防止农田退化的可持续农业

5.3.4.1　可持续农业的含义与特征

可持续发展在最初提出时就与农业有关。1985 年，美国加利福尼亚州议会通过提案，将"可持续农业"首次作为农业的发展方向提了出来。可持续农业从产生至今，已得到世界各国的普遍关注。可持续农业是指生态持续性、经济持续性和社会持续性三者的相互作用，既要高产又要保护生态环境，在确保食物安全的前提下，在发展高产、优质、高效农业，促进农业经济不断增长的同时，维护资源的合理利用；采取生态措施，构造合理的时空结构，扩大农业生态系统物质循环的规模，通过食物链加环，提高资源和能源的利用效率，实现可再生资源和能源的永续利用；建设良好的生态环境，逐步形成一个协调平衡的农业经济、技术、生态系统和健全繁荣的社会体系，以实现农业和农村的可持续发展。

与自然生态系统、传统农业生态系统相比，可持续农业生态系统具有许多不同的特征（表 5.14）。

表 5.14　自然生态系统、传统农业生态系统与可持续农业生态系统的比较（任海和彭少麟，2001）

类别	自然生态系统	传统农业生态系统	可持续农业生态系统
生产力	中	低/中	中/高
物种多样性	高	低	中
遗传多样性	高	低	中
食物网关系	复杂	简单/线性	复杂/网状
物质循环	封闭	开放	半封闭
复原性	强	弱	中
输出的稳定性	中	高	中
存在时间	长	短	短/中
人类控制	独立	完全控制	半控制

续表

类别	自然生态系统	传统农业生态系统	可持续农业生态系统
对输入的依赖性	低	高	中
生境的异质性	复杂	简单	中
自主性	高	低	高
灵活性	高	低	中
可持续性	高	低	高

可持续农业强调按照生态学原理组织和发展农业，这是一条基本原则，它强调考虑农业系统生产力的整体效应。与粗放型的传统农业相比，可持续农业是良性高效循环的农业，可充分利用自然资源，提高资源转换率；现代化农业强调通过片面的化学措施和机械措施来实现有限的近期经济增长目标，但其中潜伏着未来农业萎缩的危机，而可持续农业则强调通过生态措施，实现农业生产与资源、环境之间的协调互补、同步发展，是既有益于当代，又着眼于长远利益的发展模式（王海英和董锁成，2004），已成为世界各国普遍接受的农业发展理论，并且已具备丰富的实践经验。以有机农业作为可持续农业的代表性模式，发现该模式下不仅作物生长能力更强，同时害虫的天敌与竞争种群的物种均匀度也得以增加，从而改变农业生态系统中的食物网结构，以达到较好的虫害控制目的（Crowder et al.，2010）。

5.3.4.2 生态农业

生态农业是按照农业生态系统内物种共生、物质循环、能量多层次利用等生态学原理构建的农业方式。它是可持续农业的一种，是一种多投入、多输出、多时空变化的人工复合生态系统，具有自养组织的性质和能力及强烈的自然地域性，与光、热、水、气、土、肥、物种等资源和生产要素都有密不可分的关系。生态农业系统不仅包括生物和环境条件，还包括人类生产活动和社会、政治、经济条件，是这些复杂因素组成的多层次、多因子的统一体。

在生态农业系统中，农林植物是初级生产者，是系统能量流动的初级驱动力和基础，而家禽、家畜、鱼类的饲料和食用菌的培植则通过草食、肉食和杂食动物及非绿色植物、微生物的生命活动来实现。加上介乎其间的农副产品利用和加工活动，就成为既能维持系统的生态特征，又能有较高的农产品产出，是现代可持续农业的基础类型。稻鸭共作复合农业生态系统就是一种典型的生态农业（章家恩等，2011），利用鸭子长期在稻田中的排便、中耕、啄食与浑水，机械刺激水稻植株，影响杂草正常生长等作用，在防治病虫草害、培肥土壤、减少甲烷排放、提高稻米品质等方面发挥重要作用，稻田在不施用化肥、农药（杀虫剂、杀菌剂、除草剂等）的情况下，就可以达到安全、优质生产的目的，具有显著的经济和生态效益（赵灿等，2014）。

5.3.4.3 复合农林业

1）复合农林业是一种可持续农业　复合农林业（agroforestry）是具农林结构的复合生态系统，通常以目的树种为主要结构，以农作物为主要组分，于1978年首次由国际农林业研究基金会（ICRAF）提出（吴晓婷和陈亮中，2006）。复合农林业是以生态学原理为基础，遵循技术、经济规律建立起来的一种具有多种群、多层次、多序列、多功能、多效益、低投入、高产出的高效、持续而稳定的复合生态系统（彭少麟等，2000）。

我国是一个具有悠久农业生产历史的文明古国。早在春秋战国时期，农、林、牧、副、渔综合经营的思想已形成，种植业、养殖业、森林资源保护等各业间“相继而生，相资以利用”。先人在农业生产过程中创造了各种林粮间作、林牧结合、桑基鱼塘、庭院经营和农林牧复合经营等类型。这些复合生态系统中包含了大量的可持续发展思想，随着社会、经济的发展，以及人们对生态环境的重视，特别是近年来“人口剧增、粮食短缺、资源危机、环境恶化”等全球性问题的出现，促使人们真正地从科学的角度重视复合农林业。国内外农、林界学者大力提倡发展以防护林为主体结构的复合农林业系统，以增加森林覆盖率，使得复合农林业受到世界上众多国家和地区的普遍关注和广泛重视（李岩泉和何春霞，2014）。

复合农林业生态系统突破了传统农业、林业生产单一的生产方式，形成以林为主的一个复合的、开放的、具有整体效应的生态系统。这种复合生态系统能有效地提高土地资源利用率，促进了太阳能和有关物质在系统内的多项循环利用，实现了整个系统在空间和时间上的高效利用。由于复合农林业不仅关注农田生态系统自身的质量维护，也关注对外部生态环境的影响，如对水土流失的控制，因此复合农林业是一种可持续农业。退化农田生态系统的恢复与重建，特别是极度退化的类型，应该考虑复合农林业的构建，利用目的树种来改变退化系统的生态条件，以有利于农作物的生长。

2）复合农林业生态系统类型的划分　目前尚无复合农林业生态系统类型划分的统一标准（吴晓婷和陈亮中，2006）。李文华和赖世登（1995）将复合农林业类型划分为庭院复合经营、桐农复合经营、杉农复合经营、杨农复合经营、枣农复合经营、桤柏混交林-农业复合经营、桑田复合经营、林牧复合经营、林参复合经营、湿地生态系统农林复合经营、胶园复合经营、等高绿篱-坡地农业复合经营、农田林网复合经营和小流域农林牧复合经营等类型。章家恩和骆世明（2000）按五级分类指标系统对复合农林业生态系统进行分类，第一级为自然区域指标子系统，第二级为地貌形态单元指标子系统，第三级为产业链结构指标子系统，第四级为品种组合搭配的时空结构指标子系统，第五级为模式的经营属性（表 5.15），命名时自上而下排列。例如，亚热带坡地种养即“果-鸡”的农户经营模式，表示在亚热带坡地上种养结合，在果树下养鸡的农户生产模式。

表 5.15　复合农林业生态系统模式的分类系统及其表达内容（章家恩和骆世明，2000）

模式指标	Ⅰ自然区域特征	Ⅱ地貌形态单元	Ⅲ产业链结构	Ⅳ品种组合时空结构			Ⅴ经营属性
				空间结构		时间结构	
				平面结构	立体结构		
可能出现的组合类型	热带 亚热带 温带 寒带 海洋性气候 地中海式气候	小流域、山坡、平原、低洼地、湖泊、河流、沼泽、滨海等	种—养 种—养—加 产—供—销 科—工—贸	平面镶嵌型 间作套种型	庭院立体式 农林复合式 阶梯式结构	复种型 轮作型 时间嵌合型	农户 农场 基地 公司 公司+农户

复合农林业生态系统模式多种多样。在我国南方，常见的复合农林业生态系统主要类型有如下 7 种（彭少麟，2001）。

（1）农林系统。这种模式强调林业和农业，如林-茶、林-作物等。

（2）林牧系统。这种模式是指林地上间种牧草或在同一小区上放牧，如林-黄牛、林-山羊、林-鸡、林-草-牛等。

（3）农林牧系统。这是由树林、农作物、动物或牧场组成的复合农林牧土地利用系统，常见模式有林-果树-猪、林-作物-鸡等。

（4）林渔系统。以林、渔为主，主要是山上造林，山坑养鱼。

（5）林农牧渔系统。这种系统为在山上造林，在坡腰脚种果、种粮或蔬菜，在山坑筑塘养鱼，在塘坝建猪舍养猪，其在广东省珠江三角洲及粤东地区分布尤为广泛。

（6）林农虫系统。在复合农林业中，为资源昆虫与其他植物并存的开发利用形式。常见有桑树-家蚕-农作物（豆科作物、蔬菜等），即著名的桑基鱼塘模式。

（7）特殊的旅游观光型农林系统。由于社会经济的迅速发展，人们的社会需求呈多样化发展，旅游观光型农业成为新的投资热点。在一些地区以观赏性林为主，结合不同品种的果树，养殖珍禽、修建鱼塘等，进行以旅游和农业开发为目的的农林生态系统建设。

以上这些复合生态系统可为同时型或错时型，也都是一些常见的主要类型，各种系统类型的模式种类繁多，但这些复合系统的模式必须强调因地、因时制宜，合理组装配套，最大限度地实现生物配置上的优化组合，资源开发利用和系统的能流物流多级利用，这是复合农业生态系统模式建设和调控优化的基础。

3）复合农林业生态系统的设计原则　复合农林业生态系统的设计原则基本与一般生态农业的设计理念是一样的，其设计的基本原则包括自我维持原则、生物和工程措施相结合原则、“三效益”并重原则等（骆世明，1995）。

自我维持原则：作为持续农业的一种方式，复合农林业摒弃了“高投入高产出”的观点，提倡有机物质在农业生产中的重要作用，并在不破坏生态环境的前提下维持稳定生产力，靠减少劳动力投入和降低生产资料成本来提高农民的净收入。

生物和工程措施相结合原则：保持水土、培肥土壤、改良土壤结构，采用生物措施和工程措施标本兼治。建立大强度的有机物质投入体系，配合秸秆还田和土壤免耕等持续农业模式。

“三效益”并重原则：与现代持续农业一样，复合农林业非常强调自然和社会的协调发展，因此在人类向自然索取获得良好经济效益的同时，必须注重生态环境的治理和保护，维护生态平衡。

4）复合农林业生态系统的构建技术　建立高效的复合农林业生态系统，构建技术非常关键，以下技术是常用的（章家恩和骆世明，2000；彭少麟，2001）。

（1）立体种植与立体种养技术。这种技术因实施的时间、空间差异，而具有多种多样的方式。例如，在坡地上构建复合农林业，首先是在立体空间上根据坡地光、热、气、水、土等环境因子的差异，从坡顶至坡谷因地制宜地进行不同层次的设计，分层利用；其次是在同一层次的垂直空间内生物与生物之间、生物与环境之间，利用生态农业的基本原理进行立体种植、立体种养或立体养殖，这特别要考虑农作物与目的树种的种间生态关系；最后在时间系列上，同一层次内进行轮套种，除目的树种外，不同作物的生产交叉进行，一年收获多种农产品。

（2）有机物质多层次利用技术。通过物质多层次、多途径循环利用，体现生产与生态的良性循环，提高资源的利用效率，这是生态农业中最具代表性的技术手段。主要通过种植业、养殖业的动植物种群、食物链的组装优化加以实现。生物的多层次利用技术可大幅度提高物质及能量的转化利用效率。农业生态系统中物质多级利用的主要方式有畜禽粪便的综合利用、秸秆的综合利用等。

（3）生物防治病、虫、草害技术，即利用轮作、间混作等种植方式控制病、虫、草害，通过收获和播种时间的调整可防止或减少病、虫、草害，利用动物、微生物治虫、除草，利用从生物有机体中提取的生物试剂替代农药防治病、虫、草害技术。

（4）高新农业技术。随着信息技术、生物技术、材料技术、空间技术的发展，高新农业技术也日新月异地展现在人们的面前。例如，生物技术支持下的分子育种技术，全球卫星定位支持的精确农业技术，可降解塑料生产的农用薄膜，害虫的性引诱技术，新型纳米材料制作的控释肥生产技术，新型微生物制剂等（骆世明，2010）。

5）复合农林业生态系统的功能过程与效益　复合农林业生态系统生物能量流动转化的方向和网络是非常复杂的（图 5.10）。系统中的林木和农作物、动物和微生物的寿命长短、体形大小、生育规律、物能消耗、成熟期限等生物学特性及其在系统中的时空位置会影响它们功能作用的发挥，从而影响到系统整体的经济效益和生态效益。复合农林业生态系统的生产力是在能量流动和转化的过程中形成的，转换率越高，经济效益越好。当系统的空间配置合理、时间顺序合理、各组分数量的比例适宜，形成对应的结构联系使之相互促进、相互利用时，将会形成优化稳定和生产力较高的体系。

复合农林业生态系统打破了单一的种植结构，形成了农、林、牧、果、草、渔紧密结合的新格局和新的农业景观，具有多层次和多种类的结构，比单一的农田生态系统能够更有效地进行能量的多层次和多途径利用，提高对资源的利用率，并避免农田生态系统的退化，保持其可持续发展。

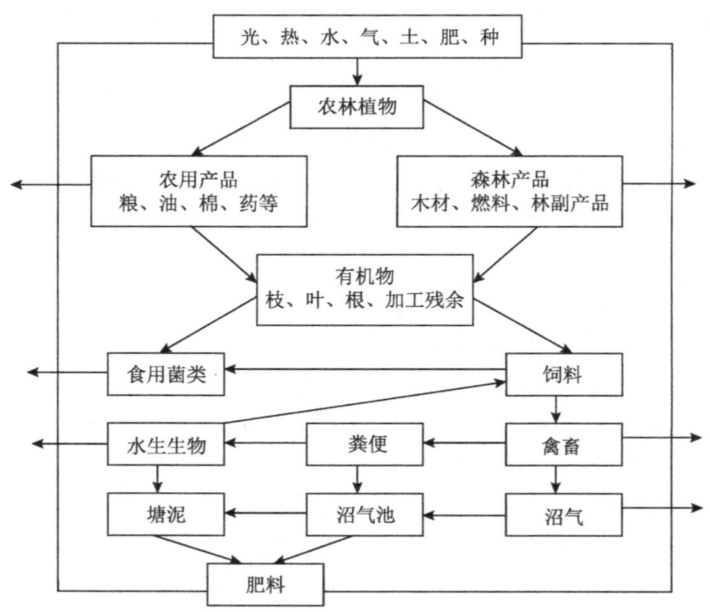

图 5.10　复合农林业生态系统能量流动与转化流程图（任海和彭少麟，2001）

例如，对中国南方广泛构建的林果草鱼复合生态系统的功能过程进行深入的研究发现，该系统具有合理的养分利用特征，是高效的复合生态系统。它的养分得到多级利用，非产品性的物质损失极小，不同亚系统间通过适当的人工驱动，使养分在系统内得到循环，提高能量利用效率。在外源人工输入养分最小的情况下，系统得以维持健康的生态功能，实现最大的经济与生态效益（图 5.11）。

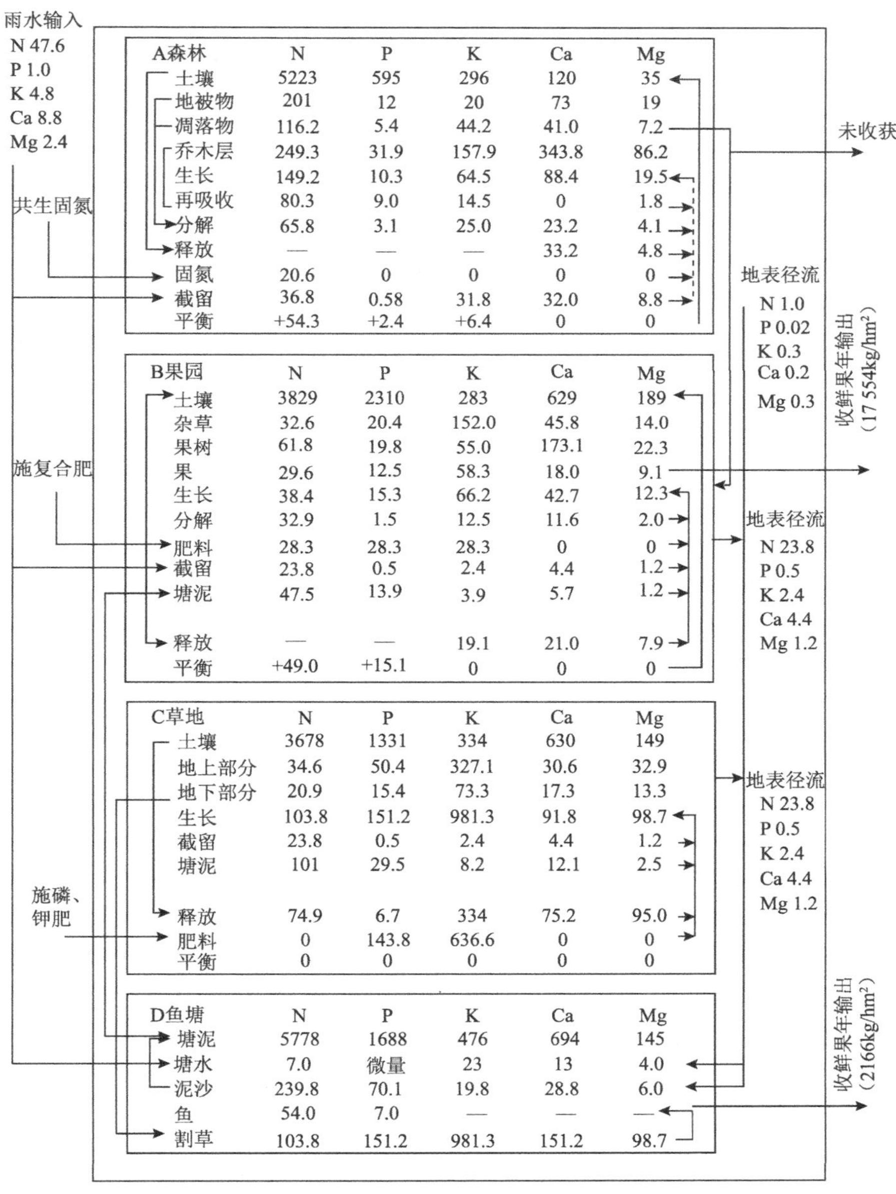

图 5.11 林果草鱼复合生态系统的养分循环过程（Peng et al.，2006）

图中数值为各营养元素在系统中的值，单位为kg/（hm^2·年）

在这一系统中，有几个关键的养分转移过程会对系统的养分平衡产生重大影响，分别是林区马占相思落叶的利用、外源性肥料与饲料的投入、塘泥的利用、鱼草喂鱼、系统产品的收获、地表径流与冲刷。

（1）林区马占相思落叶的利用。马占相思作为固氮树种，无论其成长叶还是枯落叶的含氮量，均远高于其他非豆科树种，利用落叶的氮素养分作为果区的一个营养源具有极大的意义。实践表明，不宜直接施用落叶，而需先将落叶进行堆沤，在得到一定程度的腐解，C/N 率降低后，再作为氮肥施用。有关研究结果表明，在热带亚热带地区，土壤碳的年积累量为 300～500kg/hm^2，年积累量只相当于马占相思林凋落物含碳量的 1/13～1/8。因而，从林区移走部分落叶不会对林区系统功能产生严重的影响，落叶的利用使林区养分向果区转移。图 5.11A 表明，从林地移出 1/3 的凋落物到果园后，森林生态系统营养元素的循环和平衡仍然处于合理状态。

（2）外源性肥料与饲料的投入。它是以提高果、鱼产品产量为目标的养分过程，果区每年需要进行施肥管理，鱼塘则投放鱼饲料，这两个过程对系统内养分的积累会产生重大影响。从长远来看，由于系统内养分的闭合循环，塘亚系统可能形成富氧化现象，然而只要在人力作用下使亚系统养分得到合理流动，富营养化现象即可避免，同时养分利用率将得到大大提高。从图 5.11B 可看出，果区肥料的施用量并不是很大，但连续的施用将使系统养分逐步积累。从果产品的养分输出来看，果区通过落叶、塘泥与肥料的施用，养分处于绝对的积累过程中，上述养分量已大大超过果产品输出系统的养分量，因而果区土壤将逐步得到培肥，土地生产力逐步得到提高。考虑到土壤仍是系统的最大养分库，因而施用塘泥与落叶已基本可满足果树生长的养分需求，外源性的化肥可以少施。人工鱼饲料投入是为了提高经济效益，但总的投入量不大。由于系统的闭合性养分循环，外源性肥料与饲料的总体利用率较其他农业系统大大提高。

（3）塘泥的利用。鱼塘在经营过程中，不断投放鱼料，加上整个系统内养分的向下聚积，使塘泥含有大大高于其他自然土壤的养分，因而塘泥是极好的肥料，利用塘泥作为作物的肥料是我国南方农民的通常做法。在林果草鱼系统中，塘泥被用于果区与草地土壤培肥，使养分从鱼塘向果区和草区转移并得到再次利用。从图 5.11D 上看出，塘泥提供的养分量相当可观，尽管总量上不能与土壤养分库相比，但塘泥养分一般可利用性较好，有效养分较高，因而对满足果树与鱼草的养分需求极为重要，特别是草区，塘泥的施用大大提高了草的产量，反过来又促进了鱼产量的提高（图 5.11C）。

（4）鱼草喂鱼。这一过程使草区养分进入鱼塘。在本集水区系统中，种植了橡草作为鱼饲料源，橡草对生境适应性强，又适合作鱼饲料。研究还发现，橡草具有特殊的利用土壤中磷的能力，有利于使无效磷进入系统养分流。在集水区的果区与鱼塘的过渡带设置草区，具有多方面的好处，首先是对来自林果亚系统的地表径流起到过滤作用，特别是对暴雨形成的水土流失产生阻隔，减少直接进入鱼塘的淤泥；其次是直接在塘边种鱼草，最大限度地减少了喂养鱼过程中的人力投入。从图 5.11D 上看出，鱼草提供的养分量总量已大大超过鱼产品养分量，从“十分一”营养级利用原理来看，鱼草提供的养分基本能满足鱼生长所需，至少磷营养如此。

（5）系统产品的收获。从图 5.11 来看，本集水区系统的养分主要是通过果产品与鱼产品输出而脱离系统，而这一部分养分量相对于系统总循环养分量来说只是极小的一部分。林果草鱼系统正是通过系统内养分的不断多次循环，在循环过程中把部分养分转化为产品。

（6）地表径流与冲刷。这一过程导致上部各亚系统养分向鱼塘聚积，特别是冲刷的土壤颗粒给鱼塘带来的量是相当大的，这部分养分多是来自上部不同亚系统的表层土壤，一般平均养分量较高，但不是以有效形态存在，而径流水携带的养分主要指离子态养分，可以直接被吸收利用，但总量较低。总的来看，新组建的系统以土粒冲刷形式的养分过程较强烈，但随着系统的不断成熟而减少，而径流水中的离子态养分则相反，随着系统总体养分的不断积累而逐步上升。

从上述过程看出，在林果草鱼系统中，养分流的适度人工调整是实现系统经济产出的重要措施，其中的人力投入较其他类似系统相对是较少的。养分流的人工调整以生态合理为导向，使系统实现健康运行，成为一种可持续经营方式。

5.4 退化湿地生态系统的生态恢复

5.4.1 湿地生态系统及其退化特征

5.4.1.1 湿地生态系统的分布与类型

湿地是地球上水陆相互作用形成的独特生态系统，是分布于陆生生态系统和水生生态系统之间具有独特水文、土壤、植被与生物特征的生态系统。按照《拉姆萨尔（Ramsar）公约》，“湿地是指天然或人工、长久或暂时性的沼泽地、泥炭地、水域地带，静止或流动的淡水、半咸水、咸水体，包括低潮时水深不超过 6m 的水域”。湿地分类的方式有许多种，按照分布区域，一般可将湿地分为海岸带湿地生态系统和内陆湿地生态系统，其中前者又可细分为潮汐盐沼、潮汐淡水沼泽和红树林湿地三类，后者可细分为内陆淡水沼泽、北方泥炭湿地、南方深水沼泽、河岸湿地四大类（Cowardin，1978）。

我国湿地生态系统资源非常丰富，其类型多样，分布广泛，面积广大，区域差异显著，生物多样性丰富。中国水生、湿地生态系统类型可划分为五大类，38 类天然水体、湿地，以及 11 类人工湿地。中国湿地总面积为 8365.96 万 hm^2（其中第二次全国湿地资源调查（2009～2013 年）显示湿地总面积（不含水稻田）为 5360.26 万 hm^2，另据 2011 年《中国统计年鉴》记载，中国水稻田面积为 3005.70 万 hm^2，位居世界第四位，亚洲第一位。中国大陆湿地总面积（不含水稻田）为 5342.06 万 hm^2，其中自然湿地面积为 4667.47 万 hm^2，包括近海与海岸湿地 579.59 万 hm^2，河流湿地 1055.21 万 hm^2，湖泊湿地 859.38 万 hm^2，沼泽湿地 2173.29 万 hm^2；人工湿地为 674.59 万 hm^2，包括库塘 309.13 万 hm^2，运河/输水河 89.22 万 hm^2，水产养殖场 219.57 万 hm^2，盐田 56.67 万 hm^2。我国湿地主要生态系统类型与分布如表 5.16 所示。

表 5.16 我国湿地主要生态系统类型与分布（陈桂珠等，2005）

主要类型	主要资源	主要分布
近海和海岸湿地	中国海域沿岸有 1500 多条大中河流入海，形成浅海滩涂生态系统、河口湾生态系统、海岸湿地生态系统、红树林生态系统、珊瑚礁生态系统、海岛生态系统六大类，共 30 多种类型	主要分布于沿海的 11 个省（市）和港、澳、台地区
河流湿地	中国流域面积在 100km^2 以上的河流有 50 000 多条，流域面积在 1000km^2 以上的河流约 1500 条	因受地形、气候影响，河流在地域上的分布很不均匀。绝大多数河流在东部气候湿润多雨的季风区，西北内陆气候干旱少雨，河流较少，并有大面积的无流区
湖泊湿地	中国有大于 1km^2 的天然湖泊 2711 个	中国湖泊分为 5 个自然区，即东部平原地区湖泊，蒙新高原地区湖泊，云贵高原地区湖泊，青藏高原地区湖泊，东北平原地区与山区湖泊
沼泽湿地	草本沼泽、沼泽化草甸、内陆盐沼和季节性咸水沼泽所占比例较高	主要分布在东北的三江平原、大小兴安岭，若尔盖高原，以及海滨、湖滨、河流沿岸等。山区多木本沼泽，平原为草本沼泽
人工湿地	人工湿地还包括水库、水田、渠道、塘堰、鱼塘等。全国现有大中型水库 2903 座，蓄水总量为 1805 亿 m^3	中国的稻田广布于亚热带与热带地区，淮河以南广大地区的稻田约占全国稻田总面积的 90%。近年来北方稻区不断发展，稻田面积有所扩大

5.4.1.2　湿地生态系统的功益

湿地的功益是指湿地实际支持或潜在支持与保护自然生态系统、生态过程，支持和保护人类活动与生命财产的能力，即经济学上的间接利用价值；直接利用价值则是指湿地的用途，即湿地的生产价值，是湿地的某些资源直接利用所产生的价值。1hm^{2}湿地生态系统创造的价值是热带雨林的7倍，农田生态系统的160倍。

湿地具有多种多样的功能，除了作为水禽的栖息地外，更有调节河流水量、补充地下水、降解水污染物、防止洪涝与干旱、维持较高的生物多样性和生产力、参与生物地球化学循环等功能。湿地具有巨大的环境调节功能和环境效益，是天然的蓄水库，对蓄洪防旱、补充地下水、降解环境污染、控制土壤侵蚀等均具有重要作用。因此，人们形象地称湿地为“自然之肾”。而湿地的功能与物理、化学和生物的过程、功能、价值等都是密切相关的。湿地生态系统的主要结构是具有光合能力的植物、以植物组织为食的植物消费者、以草食动物为食的食肉动物、杂食动物和以死的动植物物质为食的分解者。它们共同构成食物链，食物链交织在一起构成食物网。湿地生态系统的一个基本功能特征就是能量流动。各种生物组成具有不同的功能，创造着不同层次的生物资源，而这些资源都是人类活动、社会发展、文化历史等方面至关重要的财富，也是自然生态系统的一部分。研究湿地生态系统的结构与功能，是人类持续利用这一综合资源的最基础的工作（Cairns and Oind，1992）。

湿地的生物多样性非常丰富，其上生长栖息着众多的植物、动物和微生物，是多种珍稀水禽的繁殖地和越冬地，是重要的物种基因库。湿地具有较高的生物生产力，可向人类持续地提供粮食、肉类、医药、能源、水资源及各种工业原料。

湿地具有独特的景观，是重要的旅游资源，发展湿地生态旅游具有很大的潜力。有些湿地还是人类科研、教学的实验基地和自然文化遗产。

5.4.1.3　湿地生态系统的特点

湿地生态系统是自然界最富生物多样性的生态景观和人类最重要的生存环境之一，也是地球上最脆弱的生态系统之一，在维持自然平衡中起着重要的作用。湿地通常处于陆生生态系统和水生生态系统之间的过渡区域，比较典型的陆地生态系统和海洋生态系统湿地有如下3方面的特点（张永泽和王煊，2001）。

1）脆弱性　湿地特殊的水文条件决定了湿地生态系统易受自然及人类活动的干扰，生态环境极易受到破坏，且破坏后难以恢复。

2）高生产力和生物及生态多样性　湿地多样的动植物群落决定了其具有较高的生产力和丰富多样的生物物种与生态系统类型。

3）过渡性　湿地既具有陆生生态系统的地带性分布特点，又具有水生生态系统的地带性分布特点，表现出水陆相兼的过渡性分布规律。湿地水陆交界的边缘效应是湿地具有高生产力和丰富生物多样性的基本原因。

5.4.1.4　湿地生态系统退化的原因与要素

由于大多数人并未意识到湿地的重要功能，随着社会和经济的发展，湿地生态系统遭到严重的破坏，全球约80%的湿地资源丧失或退化，严重影响了湿地区域生态、经济和社会的可持续发展（Middleton，1999）。Davidson（2014）综述了全球研究湿地退化的文章，并估算20世纪末到21世纪初，全球湿地退化速度为以往退化速度的3.7倍，相比20世纪初退化湿地的面积增加 64%～71%。保护自然湿地并恢复退化的湿地生态系统，是恢复生态学研究的重要内容（彭少麟等，2003）。

湿地丧失和退化的主要原因有物理干扰、生物干扰和化学干扰等。这些干扰均来自人类活动的压力，如围垦湿地用于农业、工业、交通、城镇用地；筑堤、分流等切断或改变了湿地的水分循环过程；建坝淹没湿地；人类过度砍伐、燃烧或动物啃食湿地植物；过度开发湿地内的水生生物资源；废弃物的堆积；向湿地排放污染物。此外，全球变化还对湿地的结构及功能有潜在的影响（Peng et al.，2003b；Middleton，1999）。

湿地生态系统退化包括水体退化、植被退化和土壤退化三大要素。水是湿地生态系统最活跃、最基本的因素，水位、流速、流量等决定了湿地土壤、沉积物和水分的物理与化学性质，并进一步影响湿地的植被、动物和微生物。湿地生态系统中的植被，是食物链营养级的基盘，具有能量固定、转化、贮存和调节区域环境的功能。湿地生态系统中的土壤，是动物和植物生长和生存的物质基础，是湿地生态系统中物质循环和能量交换的主要场所。退化湿地生态系统可以是某一要素的退化，但通常是三大要素同时退化。其基本特征是系统的组成和结构单一，生态联系和生态过程过于简化，对外界干扰较为敏感，系统的抗逆性和自我恢复能力较低。

5.4.2 退化湿地生态恢复的理论与方法

5.4.2.1 湿地生态恢复概述

湿地生态恢复是指通过生态技术或生态工程对退化或消失的湿地进行修复或重建，再现干扰前的结构和功能，以及相关的物理、化学和生物学特性，使其发挥应有的作用（崔保山和刘兴土，1999）。它主要包括湿地生境恢复、湿地生物恢复及湿地生态系统结构与功能恢复。

湿地恢复实践主要集中在沼泽、湖泊、河流及河缘湿地的恢复上。在许多情况下，恢复哪一种状态在很大程度上取决于湿地恢复管理者和计划者的选择，即他们对干扰前湿地的了解程度。恢复即一个地区只会再现它原有的状态，而重建则可能会出现一个全新的湿地生态系统。湿地恢复实践是一项艰巨的生态工程，要较好地完成湿地的恢复和重建过程，就需要全面了解干扰前湿地的环境状况、特征生物及生态系统的功能和发育特征。若在湿地恢复过程中，不能完全了解不同物种的栖息地需求和耐性，恢复后的栖息地就不能完全模拟原有的特性；或者恢复区面积比先前的湿地小，也不能有效发挥先前的湿地功能（崔保山和刘兴土，1999）。

5.4.2.2 湿地恢复的原则、目标和策略

1）*湿地恢复的基本原则*　湿地恢复的原则主要有可行性原则、稀缺性和优先性原则及美学原则（崔保山和刘兴土，1999）。

（1）可行性原则。可行性是项目实施时必须首先考虑的，湿地恢复主要包括两个方面，即环境的可行性和技术的可操作性。通常情况下，湿地恢复目标的选择在很大程度上由现时的环境条件及空间范围所决定，即根据环境条件开展对应的恢复，尽管可以在湿地恢复过程中人为地创造一些条件，但只能在退化湿地的基础上加以引导，而不是强制管理，只有这样才能使恢复具有自然性和持续性。此外，有些湿地恢复的设想是好的，但操作上非常困难，则湿地恢复在实际上是不可行的。因此，全面评价可行性是湿地恢复成功的保障。

（2）稀缺性和优先性原则。计划一个湿地恢复项目必须从当前最紧迫的任务出发，应该具有针对性。为充分保护区域湿地的生物多样性及湿地功能，在制定恢复计划时应全面了解

区域或计划区湿地的信息，了解该区域湿地的保护价值，了解它是否是高价值的保护区，是否是湿地的典型代表。

（3）美学原则。湿地的功能和价值不但表现在生态环境功能和湿地产品的用途上，还表现在美学、旅游和科研等方面。因此，许多湿地恢复的研究特别注重对美学的追求，如国家以建设湿地公园为目的的湿地恢复项目。

2）湿地恢复的目标　湿地生态恢复的总体目标是采用适当的生物、生态及工程技术，逐步恢复退化湿地生态系统的结构和功能，最终达到湿地生态系统的自我持续发展状态，并产生良好的生态效益（孙毅等，2007）。不同的地域条件和社会经济文化背景等，要求的湿地恢复目标也有所不同。有的是恢复到原来的湿地状态；有的是重新获得一个既包括原有特性，又包括对人类有益的新特性的状态；还有的目标是完全改变湿地状态。具体来说，湿地生态恢复的基本目标如下（张永泽和王烜，2001）。

（1）实现生态系统地表基底的稳定性。地表基底是生态系统发育和存在的载体，基底不稳定就不可能保证生态系统的演替与发展。这一点应引起足够重视，因为中国湿地所面临的主要威胁大多属于改变系统基底类型的，这在很大程度上加剧了我国湿地的不可逆演替。

（2）恢复湿地良好的水状况。一是恢复湿地的水文条件；二是通过污染控制，改善湿地的水环境质量。

（3）恢复植被和土壤，保证一定的植被覆盖率和土壤肥力。

（4）增加物种组成和生物多样性。

（5）实现生物群落的恢复，提高生态系统的生产力和自我维持能力。

（6）恢复湿地景观，增加视觉和美学享受。

（7）实现区域经济和社会的可持续发展。

3）湿地恢复的策略　湿地退化和受损的主要原因是人类活动的干扰，其内在实质是系统结构的紊乱和功能的减弱与破坏，而其外在表现则是生物多样性的降低或丧失及自然景观的衰退。湿地恢复最重要的理论基础是生态演替。由于生态演替的作用，只要克服或消除自然的或人类的干扰压力，并且在适宜的管理方式下，湿地是可以被恢复的。恢复的最终目的就是再现一个自然的、自我持续的生态系统，使其与环境背景保持完整的统一性。不同的湿地类型因退化的原因与表现不尽相同，其恢复的指标体系及相应策略也有所不同（崔保山和刘兴土，1999）。

对沼泽湿地而言，泥炭提取、农业开发和城镇扩建使湿地受损和丧失，必须重新调整和配置沼泽湿地的形态、规模和位置，因为并非所有的沼泽湿地都有同样的价值。

就河流及河缘湿地而言，面对不断的陆地化过程及其污染，恢复的目标应主要集中在洪水危害的减小及其水质的净化上，通过疏浚河道、河漫滩湿地再自然化、增加水流的持续性、防止侵蚀或沉积物进入等来控制陆地化，通过切断污染源及加强非点源污染的净化来使河流水质得以恢复。

关于湖泊湿地，因为湖泊是静水水体，尽管其面积不难恢复到先前水平，但恢复其水质要困难得多，其自净作用要比河流弱得多，尤其是底泥中的毒物很难自行消除。因此，不但要对点源和非点源的污染进行控制，还需要进行污水的深度处理，利用生物净化技术进行调控。

对于红树林湿地，红树林沼泽在稳定滨海线及防止海水入侵方面起着重要作用，其也是许多物种的栖息地。但由于各种人类破坏等，红树林面积正在不断地缩小。为恢复这一重要的生态系统，关键在于严禁红树林滥伐及矿物开采、保持陆地径流的合理方式、保证营养物的稳定输入等。

5.4.2.3 退化湿地生态恢复的技术方法

1）退化湿地恢复的程序 退化湿地恢复大致按图 5.12 的程序开展。

（1）在设计退化湿地生态恢复规划前，应对原有湿地生态系统进行全面的生态评估，包括气候（温度、降雨、风速和风向等）、水文（水源地、潮滩、水流、水质和水位等）、地形景观（岩石的类型、形成和功能等）、动植物（组成、种群、物种类型、干扰、演替及濒危物种等）和人类活动（社区类型、土地利用、经济活动等）。生态评估时必须进行深入和广泛的文献和资料检索。必要时，应咨询相关专家。

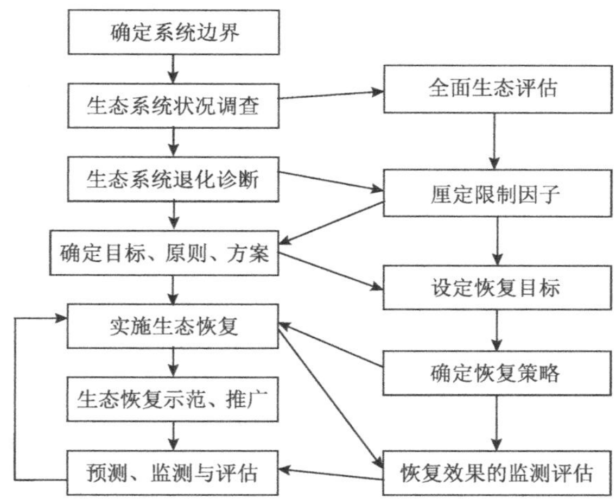

图 5.12 退化湿地恢复的程序

（2）在湿地生态系统的恢复中，厘定出该系统内的限制因子是很重要的。退化湿地生态系统中一般包括以下限制因子：生物多样性下降（栖息地丧失和片段化，过度狩猎、外来入侵种威胁和气候变化）、水文水利状况（侵蚀、干旱、气候变化、河流水质治理）和水质状况（富营养化、点源和面源污染、生物群落变化）、全球变化（海平面上升和全球变暖）和人为干扰（人类干扰、土地利用和城市化）。

（3）设定恢复目标。不同的湿地生态系统提供了多样化的生态服务功能，因此各个湿地生态系统的恢复目标也不尽相同。当湿地生态系统最主要的目标和恢复速率设定后，也应该适当考虑湿地生态恢复的社会和经济效益；利用湿地生态系统的自我调节机制加速恢复进程；并将上述各方面加入湿地恢复效率评价。

（4）确定退化湿地生态系统的恢复策略。针对不同地域和类型的湿地，应制定相应的恢复策略。对于不同区域和类型的湿地，恢复的指标体系及相应策略也不同。湿地恢复策略经常由于缺乏科学的知识而阻断，特别是在湿地丧失的原因，对一些显著环境变量的控制，有机体对这些要素的反应等方面还不够清楚，因此获得对湿地水动力的理解及评价不同受损类型的影响是决定恢复策略的关键（张永泽和王煊，2001；崔保山和刘兴土，1999）。

（5）恢复效果的监测评估。制定相应的监测计划，按时、按计划进行湿地生态系统监测。对湿地生态系统的监测应至少在恢复计划实施的前一年进行。对受扰状态进行恢复前监测可以为恢复提供有效的基础数据，如监测水文、水质、生物状况等。同时，必须保证恢复后监测的持续性。因为许多恢复项目在一个较短时期内已经被判断是很成功的，但往往恢复后的几年里，特别在没有水文管理的状态下会失去原有的效果，因而恢复后长期的监测对于评价和理解湿地恢复计划是非常重要的（崔保山和刘兴土，1999）。

2）退化湿地生态恢复的技术方法 根据湿地的构成和生态系统特征，湿地的生态恢复可概括为湿地生境恢复、湿地生物恢复及湿地生态系统结构与功能恢复 3 个部分。相应的，湿地的生态恢复技术也可以划分为三大类：

（1）湿地生境恢复技术。湿地生境恢复的目标是通过采取各类技术措施，提高生境的异质性和稳定性。湿地生境恢复包括湿地基底恢复、湿地水状况恢复、湿地土壤恢复等。湿地基底恢复是通过采取工程措施，维护基底的稳定性，稳定湿地面积，并对湿地的地形、地貌进行改造。基底恢复技术包括湿地基底改造技术、湿地及上游水土流失控制技术、清淤技术等。湿地水状况恢复包括湿地水文条件的恢复和湿地水环境质量的改善。水文条件的恢复通常是通过筑坝（抬高水位）、修建引水渠等水利工程措施来实现的；湿地水环境质量的改善技术包括污水处理技术、水体富营养化控制技术等。需要强调的是，由于水文过程的连续性，必须严格控制水源河流的水质，加强河流上游的生态建设。湿地土壤恢复技术包括土壤污染控制技术、土壤肥力恢复技术等。此外，设置野外投食点，建设隐蔽地或生物墙，架设巢箱或巢台，提供生态廊道，建造生态护堤与缓坡等也是逐步恢复湿地生境功能的有效技术手段。

（2）湿地生物恢复技术。主要包括物种选育和培植技术、土壤种质库引入技术、先锋物种引入技术、物种保护技术、种群动态调控技术、种群行为控制技术、生物技术[包括生物操纵（bio-manipulation）、生物控制和生物收获等]、群落结构优化配置与组建技术、群落演替控制与恢复技术等。以 2000 年悉尼奥运会场地——Homebush Bay（赫姆布什湾）的盐沼恢复为例，该恢复项目于 1993～1996 年进行，项目中重新建立了 3 个盐沼树种，并进行了长期监控，植被恢复情况良好（O'Meara and Darcovich，2015；Burchett et al.，1999）。利用植物进行湿地生态恢复是常用的方法（李勤奋等，2004），一般能起到非常重要的作用。

（3）湿地生态系统结构与功能恢复技术。主要包括生态系统总体设计技术、生态系统构建与集成技术等。在湿地生态恢复研究中，湿地生态恢复技术的研究既是重点，又是难点。目前亟须针对不同类型的退化湿地生态系统，对湿地生态恢复的实用技术进行研究，如退化湿地生态系统恢复关键技术、湿地生态系统结构与功能的优化配置与重构及其调控技术、物种与生物多样性的恢复与维持技术等。

这些技术有的已经建立了一套比较完整的理论体系，有的正在发展。不同湿地生态系统，其恢复的目标、策略也不同；具体生态系统状况不同，拟采用的关键技术也不同。在许多湿地恢复的实践中，常常对其中多个技术进行整合应用，并取得了比较显著的效果。例如，为了有效地控制互花米草，同时恢复中国珠海淇澳岛的红树林群落，Zhou 等（2015）利用外来红树林物种——无瓣海桑（*Sonneratia apetala*）和海桑（*Sonneratia caseolaris*），来入侵互花米草群落，待互花米草被竞争掉之后，无瓣海桑和海桑会逐渐让位给本地的红树林物种，这也是首次成功利用外来物种控制互花米草，恢复红树林湿地的实例（图 5.13）。

与其他生态系统过程相比，湿地生态系统过程具有明显的特征：兼有成熟和不成熟生态系统的性质；物质循环变化幅度大；空间异质性大；消费者的生活史短但食物网复杂；高能量环境下湿地被气候、地形、水文等非生物过程控制，而低能量环境下则被生物过程所控制（Mitsch，1993）。这些生态系统过程特征在湿地恢复过程中应予以考虑。不同的湿地生态系统（如乔木为主的红树林生态系统和草本为主的芦苇生态系统），其恢复方法也不同，而且在恢复过程中会出现各种不同的问题，因此很难有统一的模式，但在一定区域内同一类型的湿地恢复还是可以遵循一定的模式，当然这个模式是需要通过实验探索的。我国湿地恢复实践中已使用过许多种模式，比较著名的是桑基鱼塘模式（钟功甫，1987）和林果草（牧）渔模式（余作岳和彭少麟，1996）。但有一点要注意，湿地的恢复也和所有的生态系统一样，必须遵循生态系统的演替规律。

湿地恢复的方法可归纳如下：尽可能采用工程措施与生物措施相结合的方法进行恢复；

恢复湿地与河流的连接，为湿地供水；恢复洪水的干扰；利用水文过程（如水的周期、深度、年或季节变化、滞留时间等）改善水质，加快恢复；停止从湿地抽水；控制污染物的流入；修饰湿地的地形或景观；改良湿地土壤（调整有机质含量及营养物质含量等）；根据不同的湿地选择最佳位置，重建湿地的生物群落（Middleton，1999）；减少人类干扰，提高湿地的自我维持能力；建立缓冲带，以保护自然的和恢复的湿地；建立不同区域和不同类型的湿地数据库；对各种湿地的结构、功能和动力机制开展研究，特别要监测生态系统的动态过程（周厚诚等，2001）；建立湿地稳定性和持续性的评价体系等。

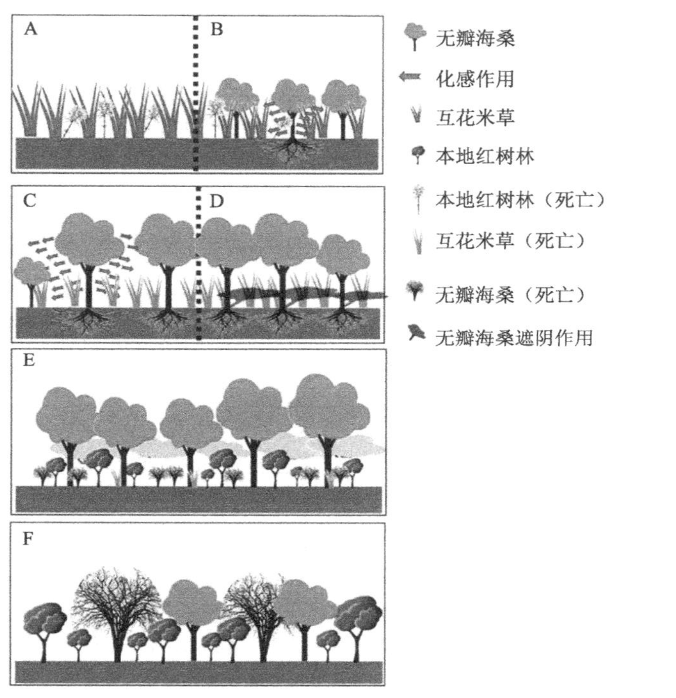

（彩图）

图 5.13 利用无瓣海桑控制互花米草恢复本地红树林机制图（Zhou et al.，2015）

A. 互花米草入侵本地红树林阶段；B. 无瓣海桑的引种阶段；C. 无瓣海桑化感抑制互花米草的生长阶段；D. 无瓣海桑遮阴抑制互花米草的生长阶段；E. 本地红树的生长和发展阶段；F. 本地红树取代无瓣海桑阶段

5.4.3 河流退化与生态恢复

5.4.3.1 河流退化的因素

引起河流退化的因素很多，主要有筑路和筑坝、疏浚、水土侵蚀、充填、河岸放牧、渔业开发、工业点源污染、伐木、采矿、过度捕鱼、生活污水排放等（Riley，1998；Hartig and Thomas，1988）。这些因素会引起河流物理完整性破坏、化学循环失衡、生物完整性受损，从而导致坡坝侵蚀、主渠填塞、沉积和淤填、洪水频繁、断流、水量下降、水质下降、水中溶解氧下降、营养物质增加、水生生物减少、水温变幅加大等退化症状（同琳静等，2018）。引起河流退化的原因既有自然因素，也有人类干扰。人类干扰对水体生态系统影响的五类主要环境因子如图 5.14 所示。

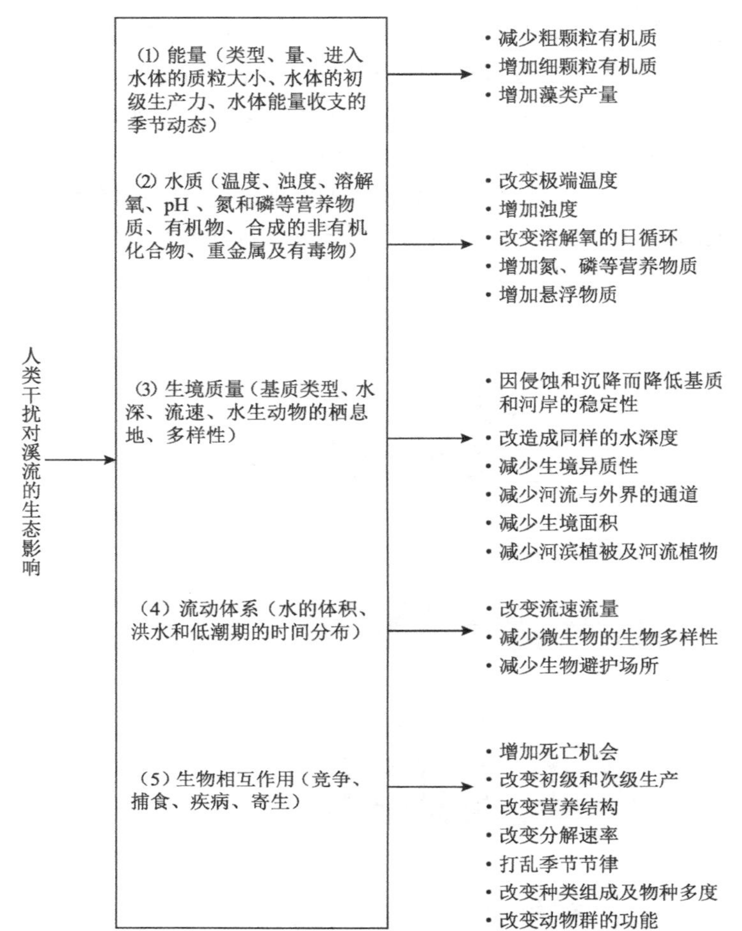

图 5.14　人类干扰对水体生态系统影响的五类主要环境因子（任海和彭少麟，2001）

5.4.3.2　河流退化与恢复的一些理论

1）**入侵窗理论**　　在恢复过程中，植物进入河流的情形是非常明显的。通常情况下，退化湿地的恢复依赖于植物的定居能力（散布及生长）和安全岛（safe site，即适于植物萌发、生长和躲避危险的位点）。Johnstone（1986）提出了入侵窗理论，该理论认为，植物入侵的安全岛由障碍和选择性决定，当移开一个非选择性的障碍时，就产生了一个安全岛。例如，在湿地中移走某一种植物，就为另一种植物入侵提供了一个临时安全岛，如果这个新入侵种适于在此环境中生存，它随后会入侵其他的位点。入侵窗理论能够解释各种入侵方式，在湿地恢复实践中可选择利用。

2）**河流理论**　　位于河流或溪流边的湿地与河流理论（river theory）紧密相关。河流理论有河流连续体概念（river continuum concept）、系列非连续体概念（serial discontinuity concept，有坝阻断河流时）两种。这两种理论基本上都表现为沿着河流的不同宽度或长度，其结构与功能会发生变化。根据这一理论，在河流的源头或近岸边，生物多样性较高；在河流的中游或河道中间，生境异质性最高，从而生物多样性最高；在下游，生境缺少变化，因此生物多样性最低（Ward，1989；Vannote et al.，1980）。在进行湿地恢复时，应考虑湿地所处的位置，选择最佳位置恢复湿地生物。

3）洪水脉冲理论 洪水脉冲理论（flood pulsing theory）认为，洪水冲积湿地的生物和物理功能依赖于江河进入湿地的水的动态。在洪水冲积过的湿地上，植物种子的传播和萌发、幼苗定居、营养物质的循环、分解过程及沉积过程均在不同程度上受到洪水的影响（Middleton，1999）。在湿地恢复时，一方面应考虑洪水对植物重建直接恢复湿地的影响，但影响会因湿地的类型而有所差异；另一方面可利用洪水的作用，加速恢复退化湿地或维持湿地的动力机制。

4）流域等级概念 流域按集水面积大小，被分成不同等级。等级理论认为，一个复杂的系统可分为有序的若干层次，从低层次到高层次。不同等级的层次系统之间具有相互作用的关系，高层次对低层次有制约作用，低层次为高层次提供机制与功能（邬建国，2000）。流域本身作为河流系统的依托，是由不同等级河流形成的等级体系，也是水文过程自然发生的完整区域。流域是具有连续和异质性的统一体：地形地貌、河流水文等物理参数的连续变化梯度形成系统的连贯结构，一个流域的形成，是该流域中气候、地貌、水平衡、土地利用及人类活动等因素的综合反映，而河流的等级系统正是与空间结构组成伴随在一起的直接标志。在地球表面上，水系的网络是有等级的内部组合。通过对一个流域（流域本身也带上了等级性和有序性的烙印）或一个集水盆地上的河道网络进行分析，可以发现水系面积的增加、不同等级的河道长度、不同等级的河道数目、河系网络的特点等，均呈现出几何级数式的规律性变化。在地表形态的定量表达中，最有价值的证据之一就出现在流域水系空间分布之中。河流生态系统是一种巢式等级系统，从垂直结构上看，高层次由低层次组成，相邻的两层之间存在着包含与被包含的关系，这种包含与被包含的等级关系可用于简化河流生态系统的复杂性，有利于增强对其结构、功能及动态的理解。等级理论为不同等级流域生态系统的恢复提供理论支撑。

5）潜流廊道概念 潜流廊道概念（hyporheic corridor concept）在生态系统尺度上强调泛滥平原河流与地下水间的联系和相互作用：①潜流对于河岸带形成、结构和动态具有重要影响；②地下水上涌区域内营养丰富的水流对于河流生产力具有重要作用；③地表水-地下水交错带中存在生物多样性丰富的食物网及复杂的生物地球化学过程；④在景观水平上研究地表水-地下水交换途径和过程对于保护河流生态系统具有重要作用（Stanford and Ward，1993）。

6）河流生产力模型 河流生产力模型（riverine productivity model，RPM）强调受控河流生态系统营养盐（碳源）主要依赖于上游输送，以及区域生物群落和缓冲区域的输入（Thorp and Delong，1994）。河流生产力模型为理清在外界环境驱动下营养物质的循环方式，在景观生态学和湿地生态系统修复过程中发挥重要作用（毛战坡等，2013）。

另外，河流水力概念（stream hydraulics concept）、斑块动态概念（patch dynamics concept）、河流生态系统整合模型（riverine ecosystem synthesis）和河滨带生态系统概念等河流理论被用来解释河流生态系统的特征并指导退化河流生态系统的修复。

5.4.3.3 河流生态恢复的方法

河流的退化往往都是由于水体受到污染，因此在河流生态恢复中，最重要的是进行水质恢复。目前国际上对污染后的水体进行生态恢复，一般采用如下 3 种技术。

1）化学方法 化学方法有化学除藻、絮凝沉淀、重金属的化学固定等，水质富营养化和其他污染处理的化学方法基本上都是通用的。例如，加入化学药剂杀藻，加入铁盐促进沉淀，加入石灰脱氮等，但是这些化学方法易造成二次污染。

2）*物理方法*　　物理方法有曝气复氧、疏挖底泥、机械除藻、引水冲淤等。其原理是污染物在分离、移除、转移过程中随时间和空间实现了稀释（Gore，1985）。物理方法往往治标不治本。

3）*生物方法*　　生物方法有微生物强化技术、水生生物法、人工湿地法、人工浮岛技术、生态滤床、稳定塘、人工水草技术等。生物修复的优点主要有：时间较短，就地处理操作简便；污染物在原地被降解，对周围环境干扰少；花费的修复经费较少，仅为传统化学、物理修复经费的30%～50%；人类直接暴露在这些污染物下的机会减少；不产生二次污染，遗留问题较少等。在湿地恢复实践中，美国北卡罗来纳州莫尔黑德城的氧化塘污水处理、日本霞浦湖边上的生物公园、波兰 Wariak 湖中放养鱼类控藻等工程就是采取生物方法。

实际上，常常是将两种方法或三种方法进行综合应用，如用人工湿地处理技术修复水污染问题，其原理是综合利用自然生态系统中的物理方法、化学方法和生物方法，实现对污水的净化。这种技术已经成为提高大型水体水质的有效方法。河流生态恢复必须提倡清洁生产，大力控制污水的排放和处理。恢复与控制排污相结合是水污染防治的一大原则。

对退化河流的治理，有以下三点特殊之处：①因为自然河流有许多通道、水库和浅滩，在恢复时可考虑重建这些附件并增加河流的蜿蜒度，以增加河流的生境多样性和抗逆性（Howes，1990；Gore，1985）。例如，Vivash 等（1998）利用了河流的“曲度效应”原理，通过增加 Skerne 河的弯曲部位，延长水流在该区域的停留时间，从而使得更多的养分驻留在周围的漫滩土质中，从而增加河流周围植被的多样性和丰度。②可充分利用河滨或河岸地带水分和营养物质比较充分的特点，先在这些区域恢复植被，吸引各种动物在此栖息，进而以此为植物源，向周围传播和扩展。③要从整个生态区系或大的景观层次上进行治理（Brown and Maurer，1989），这是因为人类对自然界的影响是大尺度的，而且导致水体退化的原因主要不是在水体中形成的，而多是在相连的其他生态系统中形成并通过水流等排放引起的。事实上，湖泊、小溪、河流、水塘、地下水、湿地、农田、森林、草地、道路、城镇等多种生态系统形成了斑块-廊道-基底镶嵌体，这些生态系统间有能量、物质、物种和信息的流动与过滤（Turner，1987；Forman and Godron，1986）。虽然开展大尺度工作会面临经费缺乏、土地所有权分散等难以协调的问题，但开展水体恢复时必须坚持大尺度（区域，最好是在国家层面上）和长期目标，只有这样才能实现整个区域的可持续发展。例如，莱茵河穿过了欧洲多个国家，保护其河流生态系统需要各国之间的合作。为此，他们成立了莱茵河国际保护委员会（International Commission for the Protection of the Rhine，ICPR），通过该机构牵头，进行长期、大尺度的流域系统治理工程。

我国的河流生态恢复处于起步阶段，一些地区结合河流整治和城市水利建设工程，即结合防洪、排水、疏浚、供水、城市景观等工程，开展了河流生态恢复示范工程建设，这类工程的成本分析往往是经济可行的。河流生态恢复工程的建设需要获得大多数利益相关者的支持，否则难以成功，因为河流生态恢复工程与当地居民的切身利益息息相关。工程又涉及多部门业务，因此还有必要建立工程项目的公众参与机制和多部门合作机制。河流生态恢复工程涉及众多学科，包括水利、生态、生物、环境、地理、水文等，因此还需要建立跨学科的技术合作机制。

5.4.4 湖泊和水库的退化与生态恢复

5.4.4.1 湖泊和水库退化的原因

湖泊和水库的退化是由于它们在自然演替或发展过程中受到自然干扰和人类活动的干扰。结构（主要指水生生物群落）和功能（主要指水的净化能力衰退）退化的湖泊和水库，其净化和恢复一般不能自行完成，而需要借助人类干预（Cairns，1992）。

湖泊生态系统退化的驱动因子主要有物理因子（围湖造田、直立岸堤、兴修水利、风浪暴雨、水文、地理区位、自然环境条件等）、化学因子（各类营养盐、有机物、重金盐等）和生物因子（微生物、鱼类、水生动植物等）三大类（王志强等，2017）。具体来说，湖泊和水库面临的主要胁迫包括：过多的营养物质及有机质输入导致富营养化（如非点源污染导致水体中氮、磷增加而引起藻类繁殖加快，进而导致水质下降）；过度养殖（如草食性鱼类破坏了水草群落、人工养殖时使用大量的饲料导致水体富营养化等）；水体的水文及相关物理条件发生变化（如筑坝等水利工程设施导致水体的水文过程中断，影响了鱼类的洄游）；由于农业、采矿、水源林破坏而导致水土流失加剧，进而引起水体的沉积和淤塞（损失库容，水产品产量和质量下降）；外来种的引入引起水体生物群落退化（如凤眼莲的大量繁殖使昆明滇池水生生物面临生态灾难，政府不得不投入大量的经费进行治理）；大气及排入水中的酸性物质导致水体酸化，进而导致水生生物群落结构简化和有机物质分解率下降，抑制了水体的物质循环；有毒物质污染水体（如汞、DDT 等通过生物累积和放大作用影响人类健康）等（Wilson，1988）。

黄祥飞（1995）指出长江中下游湖泊逆向演替产生的生态退化，导致的演变趋势与后果主要有如下几方面。

1）有利于鲢、鳙的生长　湖泊生态系统的逆向演替是由外部输入的物质和能量引起的，它必然促进水体中初级生产者的大量繁殖。在食草鱼类的过度牧食下，水草告罄，促进浮游植物大量繁殖，这对以浮游生物为食的鲢、鳙生长十分有利。鲢、鳙通过滤食作用促进了浮游动物小型化，微型藻类、小型浮游动物数量激增，滤食性鱼类的食物更为丰富。

2）延缓沼泽化进程　长江中下游湖泊大多处于沼泽化进程中，如 20 世纪五六十年代的东湖水生植物茂密，这些植物死亡后与游泥一起沉积到湖底，这是沼泽化的重要原因。70 年代以后，由于投放草鱼使水草转化为鱼产量，而鱼类的排泄物促进了浮游生物的生长，又为鲢、鳙提供了丰富的食物，这些生物通过食物链相当大一部分转化为渔产品而移出水体，使水体转变为陆地的演变过程延长。

3）环境质量下降　20 世纪 60 年代的东湖水生植物达 83 种之多，由于水生植物对湖水具有净化作用，因此湖水清澈见底，水中多类植物群丛呈现出“水下森林”的别致景象。70 年代以后，由于人类活动的加剧，东湖水生植被面目全非，湖水透明度下降，在湖湾区浑浊发臭，严重影响了景观。

一个生态系统的平衡永远是相对的，昔日“草多鱼少”的草型湖泊，如今逆向演替成为“草尽鱼多”的藻型湖泊。研究表明，水草过于茂盛会促进沼泽化，但水草资源的破坏又会导致水体富营养化和渔产品质量的下降。生态恢复的任务在于寻找一个合理的平衡点，既能从湖泊中取得渔产品，又能维持生态平衡，力求达到永续利用的目的。

5.4.4.2 湖泊和水库生态恢复的主要问题

有关水体生态系统的恢复活动，可针对引起退化相关的问题而开展。Welch 和 Ehlers

（1987）提出了自下而上和自上而下的方法。所谓自下而上的方法是指从食物链的最底层，即营养物的输入开始控制，进而实现整个生态系统的恢复；自上而下的方法则是指从水生生物层次开始控制，进而净化整个系统，这种方法适于清除水体中的外来种（如广东星湖的苦草大量繁殖后吸收了大量的营养物质，净化了水质，但这种草繁殖过多时只好用收割来控制）。

在水体生态系统恢复过程中，最重要的是先控制富营养化问题，而控制富营养化的主要方法是减少营养物质的输入，具体方法如下：首先，分流点源污染。对点源污染进行过滤，用工程方法移走湖泊中的营养物质，改进农业耕作方式，减少化肥和农药的施用量，降低甚至去除洗衣粉等产品中的磷含量等（Walker et al.，1987）。其次，清除水体中已有的污染，具体包括采用沉淀剂净化水体、用活性炭吸附污染物质、用微生物降解水中的有机质（含藻类）、种植各种水生植物吸附营养物质（最好是重建挺水、浮水和沉水植物群落）（Shapiro and Wright，1984）。

湖泊治理的一个有效途径就是恢复水生植物，通过草型湖泊生态系统的培植来达到控制富营养化和净化水质的目的。但是，迄今为止，只有在局部水域或滨岸地区获得成功，恢复的水生植物主要是挺水植物或漂浮植物，鲜有全湖性的水生植物恢复和生态修复成功的例子。原因就是人们过于注重水生植物种植本身，而忽视了对水生植物生长所需的环境条件的分析和改善。实施以水生植物恢复为核心的生态修复需要一定的前提条件，就富营养化湖泊生态恢复而言，这些环境条件包括氮磷浓度不能太高，应该去除富含有机质的沉积物，风浪不能太大以免对水生植物造成机械损伤，水不能太深以免影响水生植物光合作用，鱼类种群结构应以食肉性鱼为主等。因此，湖泊治理应该遵循先控源截污、后生态恢复，即先改善基础环境，后实施生态恢复的战略路线（秦伯强，2007，2009）。

5.4.4.3　湖泊和水库生态恢复的评估

对水体生态系统恢复项目进行评估的标准包括水生生态系统结构、功能和整体特征的评估（Berger，1991；Dierberg and Williams，1988）。

1）结构特征　　结构特征有多方面，如水质（包括项目内及相联系的水体的水质，如溶解氧、盐、毒物、污染物、悬浮物、pH、气味、透明度、温度等）、土壤条件（如物理性质、化学性质、侵蚀率、有机碳、稳定性）、地理条件（如地表特征、景观组成）、水文特征（水分循环过程、流速、流量等）、形态和地形特征（位置、地形、生态系统形状、深度等）、生物（如种类、密度、生长量、生产力和群落稳定性），以及承载量、食物网及指示种的营养量等。

2）功能特征　　功能特征主要是指反映能量流动和物质循环等功能过程的特征，如地表、地下水的贮存、补充及供应，洪水及排淤，营养物质的沉积、运移及循环，大气湿度（含蒸发等），溶解氧含量，生物的正常活动，生物生产力、食物网和物种的维持，生态系统获取光、风和雨的能力，水的净化能力，侵蚀的控制力，生态系统能量流动状况等。

3）整体标准　　整体标准主要是指反映生态系统综合特征的指标，如生态系统的复原性（即生态系统干扰后的可恢复能力）、持久性（即生态系统维持演替过程中的状态或稳定顶极群落的能力）、与天然群落的近似性等。

水体生态系统的恢复过程如图 5.15 所示，但在评估生态系统恢复项目时，人类的价值观会有重要的影响。在项目评估中，主要影响因子是人类价值和生态系统表现。当人类价值和生态系统表现均不能满足要求时，项目失败（如因筑坝而导致不能灌溉和水质下降）；当人类价值和生态系统表现均能满足要求，项目成功（如污水经过处理后排入湖泊，湖泊又能够净化这些污水）；当处于两种情况之间时，项目能在一定程度上接受，但还有改进的必要。

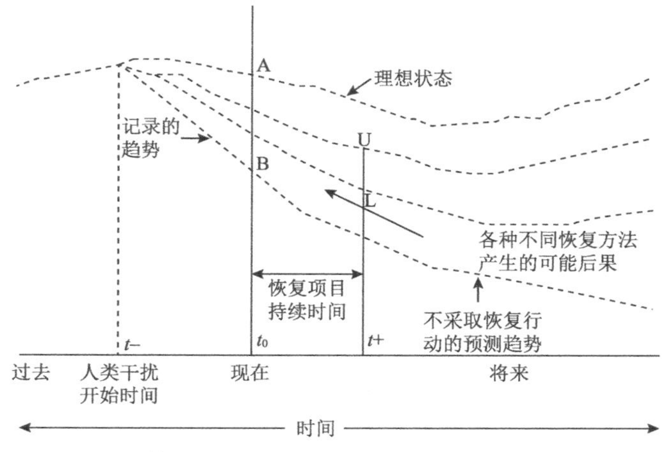

图 5.15 水体生态系统的恢复过程（任海和彭少麟，2001）

A. 没有任何人类干扰时状态变量的理想值；B. 人工干扰后的状态变量；U. 没有经费限制并充分利用现有知识完成的恢复项目的状态变量最佳值；L. 恢复项目完成后状态变量的最低可接受值

5.5 被入侵地的生态恢复

5.5.1 被入侵地的主要特征

5.5.1.1 被入侵地与外来入侵植物

随着经济全球化的加速和全球性的人类活动日益频繁，大量物种被有意识或无意识地引入产地以外的区域（Pyšek et al.，2012）。这些外来的物种中，有一部分成功入侵，导致生态系统退化，并对当地的生态系统和社会经济造成了巨大的危害（Theoharides and Dukes，2007；Williamson，1999）（图 5.16）。因此，外来入侵问题越来越受到重视，也成为当前生态学研究的一大重点问题。

（彩图）

图 5.16 外来植物五爪金龙（*Ipomoea cairica*）入侵广州白云山

至 2000 年，美国境内存在的外来物种已达 5 万种，包括各类动物、植物、微生物。其中，形成入侵或具有潜在危害的植物占据所有物种的一半（Pimentel et al.，2005）。美国农业部（United States Department of Agriculture，USDA）2007 年的数据显示，在美国本土的入侵植物有约 5000 种（Weber et al.，2008）。欧洲的 DAISIE（Delivering Alien Invasive Species Inventory for Europe）数据库显示，至 2008 年，欧洲共有 11 000 种外来植物，其中 15%被认为是对经济造成严重危害的物种，15%是对生物多样性造成严重危害的物种。我国的外来入侵种的数目至 2004 年大约有 283 种，其中 188 种为入侵植物。而 Weber 等（2008）通过《中国植物志》对我国的外来入侵植物的数目进行统计，发现至 2007 年，我国的外来入侵植物的数目大约为 270 种。

5.5.1.2 入侵植物的危害

入侵植物通常都具有生长快速、可塑性强、能量利用效率高和建成成本低等特性（Shen et al., 2011；van Kleunen et al., 2010；Song et al., 2009；Vilà and Weiner, 2004），因此被认为比本地植物具有更强的竞争优势，从而能够竞争性地替代本地植物并对本地生态系统造成极大地影响。例如，Pyšek 等（2012）通过数据分析发现，受外来植物入侵的本地群落中，一年生草本在 88.9%的案例中受到了显著的负面影响，而多年生植物在 59.7%的案例中受到显著的负面影响。热带和地中海气候区域的高大多年生植物面临入侵植物威胁时，受到侵害的概率高达 93.8%。而 Vilà 等（2011）通过对近 200 篇野外调查实验的数据进行 Meta 分析发现，入侵植物极显著地抑制了本地植物的生长、多度和个体的适合度，并使本地群落的物种多样性显著降低（图 5.17）。此外，外来植物入侵也能够直接或间接地改变本地动物和微生物群落的组成和多样性（Pyšek et al., 2012；Vilà et al., 2011；Reinhart and Callaway, 2006；Duncan et al., 2004），从而影响生态系统的物质循环和能量流动过程。因此，外来植物入侵被认为是导致生态系统物种多样性下降的主要驱动力之一（Vilà et al., 2011）。

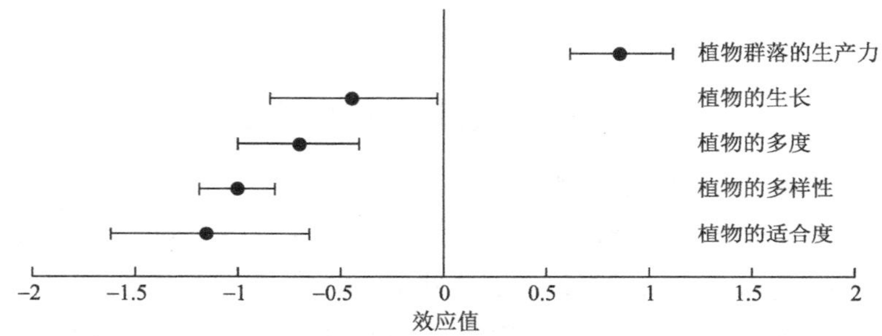

图 5.17 入侵植物对入侵地的植物群落的影响（Vilà et al., 2011）

5.5.2 被入侵地的生态恢复程序

被入侵地的生态恢复与其他退化生态系统恢复有很多相似之处，不同之处主要是被恢复的植被还应具有抵抗外来植物再次入侵的能力。而由于外来植物往往具有超强的繁殖与扩散能力，一旦在某个区域成功定植过，其借助土壤中残存的种子库和繁殖体在同一区域反复暴发的概率非常高（Peng et al., 2009a；Maurer et al., 2003）。因此，被入侵地生态恢复的最终目标应该是构建没有入侵植物且对入侵植物再次入侵具有很强的抵抗力的本地植物群落。被入侵地的生态恢复程序主要包括以下两个步骤。

（1）入侵植物的清除：结合物理移除、化学控制和生物控制技术，对被入侵地中的入侵植物进行清除。

（2）本地高抵抗力植物群落的构建：通过选取能够对入侵植物形成强烈的竞争抑制作用的本地植物，构建高多样性、高稳定性和高入侵抵抗力的本地植物群落。

5.5.3 被入侵地的生态恢复技术

对入侵植物的防治研究随着生物入侵的开始发生就引起了科研工作者的重视，目前主要集中在物理控制、化学控制、生物控制和生态恢复等技术方面。

1）物理控制技术　物理控制是通过机械或人工的方式将入侵植物从被入侵地中清除的手段。拔起和切除是常用的清除草本和藤本入侵植物的物理控制手段（Albrecht et al.，2005；郭耀纶等，2002）。而砍伐和环剥是常用的清除木本入侵植物的物理控制手段（Loh and Daehler，2008）。物理控制技术的优点是技术难度低，易于实施。缺点是难以彻底清除入侵植物的繁殖体，因而反复暴发的概率非常高；而且费时费力，经费投入大，但效果却不持久。

2）化学控制技术　化学控制是通过除草剂等农药将入侵植物从入侵地中清除的手段。相较于物理控制技术，化学控制技术具有快速见效、节省人力、成本较低的优点。因此，北美地区，如加拿大、美国等，普遍采用化学除草剂来清除和控制外来植物（图 5.18）。研究表明，草甘膦和环苯草酮能有效抑制入侵植物芦竹的生长（Jimenez et al.，2011）。使用森草净、灭薇净等可以快速防除华南地区的常见恶性杂草薇甘菊（黄东光等，2007；王勇军等，2003）。

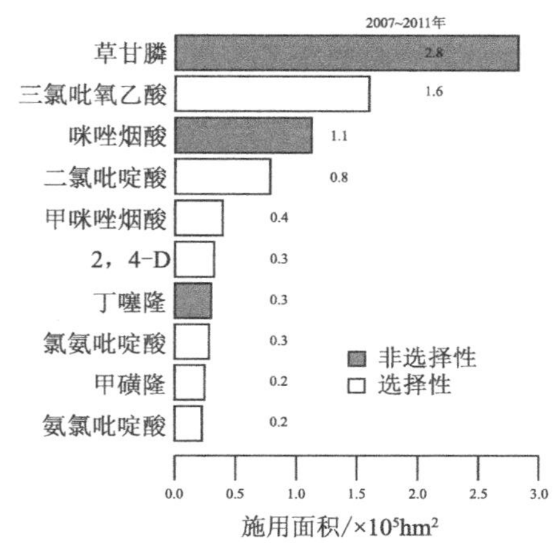

图 5.18　2007～2011 年北美地区施用的控制外来入侵植物的主要除草剂种类和面积（Wagner et al.，2017）

3）生物控制技术　生物控制通常是通过引进天敌来控制入侵植物。在外来植物成功入侵的机制中，“天敌逃逸假说”（enemy release hypothesis，ERH）和“竞争能力增强假说”（evolution of increased competitive ability hypothesis，EICA）是两个非常重要的假说。这两个假说认为，入侵植物能够在原产地以外的区域表现出极强的生长和竞争优势是因为在原产地共同进化的天敌并未被一同引入新的区域，因而入侵植物变得不受控制，甚至将原本用于防御天敌的能量用于进一步增强自身的竞争能力（Keane and Crawley，2002；Blossey and Notzold，1995）。因此，从入侵植物的原产地引入那些与其具有长期共同进化历史的天敌至新的生境，往往能对入侵植物起到有效的控制作用（Thomas and Reid，2007）。在巴西，橡甲（*Cyrtobagous singularis*）被报道能够成功控制速生槐叶萍（*Salvinia molesta*）的入侵（图 5.19）。在北美，通过引入叶甲类的甲虫控制柽柳（*Tamarix* spp.）和通过引入象鼻虫（*Larinus minutus* 和 *Cyphocleonus achates*）控制铺散矢车菊（*Centaurea diffusa*）等取得成功。

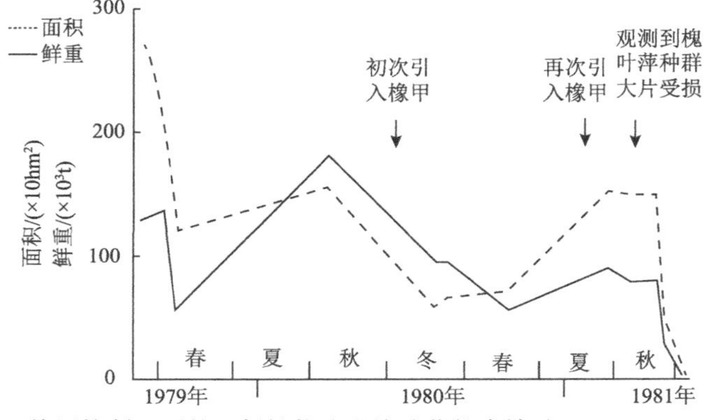

图 5.19　橡甲控制巴西的入侵植物速生槐叶萍的成效（Room et al.，1981）

4）生态恢复技术　近年来，通过生态恢复来控制外来入侵植物危害的生态控制逐渐引起了人们的关注（Cutting and Hough-Goldstein，2013；Kettenring and Adams，2011）。生态控制是利用生态学和恢复生态学原理，通过群落改造及外来入侵植物与各环境因子间的关系来防控外来入侵植物的方法，它从生态系统的总体功能出发，在充分了解生态系统结构、功能、演替规律及生态系统与周围环境（生物环境、非生物环境）的基础上，对生态系统进行改造，以期控制甚至清除外来入侵植物。

在物种水平上，利用本地植物控制外来植物入侵，已有一些成功的案例。例如，利用与入侵植物具有相同的资源利用方式和资源偏好的本地植物，能够竞争性抑制入侵植物的生长和繁殖（Peter and Burdick，2010；Corbin and D'Antonio，2004）。另外，一些能对入侵植物产生化感抑制作用的本地植物也被证实能够阻止外来植物入侵（Perry et al.，2009）。

在群落水平上，通过构建高物种多样性的群落，也可以实现对外来植物入侵的生态控制。大量研究表明，物种多样性高的群落对入侵的抵抗力更高（Crawley et al.，1999；Tilman，1997）。多样性高的群落之所以具有较高抵抗力，可能是因为其中的某些物种可以构成具有防御效用的功能群（Fargione and Tilman，2005），从而有效抵抗外来种的入侵。然而，最新研究表明，不同组成成分的功能群对入侵的抵抗力存在较大差别（Byun et al.，2013）。功能群的入侵抵抗力大小取决于其组成成分的功能特性（Longo et al.，2013），由与入侵种具有相似功能的物种构成的功能群可能对提高群落抵抗力更有效用（Pokorny et al.，2010）。

针对华南地区臭名昭著的恶性杂草薇甘菊（*Mikania micrantha*），中山大学彭少麟团队在广东多地（西樵山、白云山和增城林场等）开展了构建本地植物群落控制薇甘菊入侵的试验，并建立了数个控制示范样地，目前已初见成效（图 5.20）。

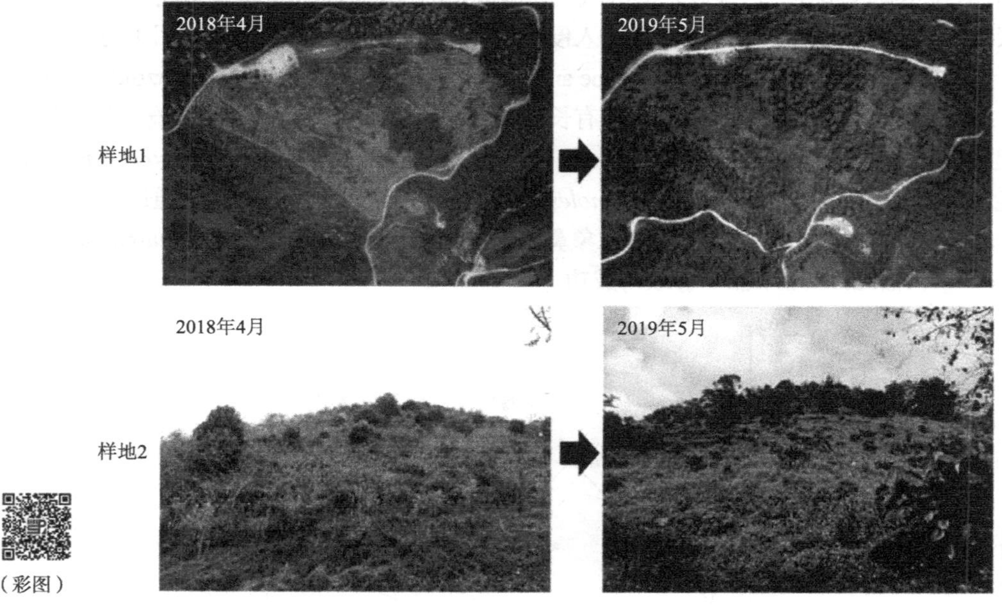

图 5.20　广州市增城林场薇甘菊控制示范效果

然而，如何选取合适的植物物种，组成具有高入侵抵抗力的本地群落，尚未有成熟的模式。国内外就如何对入侵生态系统进行生态控制与恢复的研究尚属探索性阶段，还没有形成生态控制与恢复的系统理论与技术方法。

思考题

1. 为什么退化森林生态系统的恢复过程中特别强调生态效益？表现在哪些方面？
2. 在草地生态恢复过程中，哪种情况应该控制放牧强度或是封育禁牧？
3. 试论述农田生态系统的特性与农田生态恢复的关系。
4. 如何利用生态恢复建立可持续农业？
5. 与陆地生态系统比较，湿地生态恢复有什么特征？
6. 阐述水质恢复的原理和技术方法。
7. 简述被入侵地的恢复技术。

参考文献

昂毛, 施宝顺. 2000. 兴海县退化草地现状及治理对策. 青海草业, 9: 21-22.
蔡锡安, 彭少麟, 赵平, 等. 2005. 三种乡土树种在二种林分改造模式下的生理生态比较. 生态学杂志, 24: 243-250.
陈桂珠, 兰竹虹, 邓培雁. 2005. 中国湿地专题报告. 广州: 中山大学出版社.
陈进红, 王兆骞. 1998. 农业生态系统分类研究的国内进展. 科技通报, 14: 281-284.
陈灵芝, 陈伟烈. 1995. 中国退化生态系统研究. 北京: 中国科技出版社.
陈敏, 宝音陶格涛. 1997. 典型草原地区退化草地改良效果的试验研究. 草原生态系统研究, 5: 100-110.
崔保山, 刘兴土. 1999. 湿地恢复研究综述. 地球科学进展, 14: 358-364.
董世魁, 胡自治, 龙瑞军, 等. 2002. 高寒地区混播多年生禾草对草地植被状况和土壤肥力的影响及其经济价值分析. 水土保持学报, 16(3): 98-101.
方炜, 彭少麟, 何道泉. 1995. 广州白云山次生林演替过程的种间动态. 植物学通报, 12: 55-62.
高旺盛, 陈源泉, 段留生, 等. 2008. 中国粮食主产区农田生态健康问题与技术对策探讨. 农业现代化研究, 29: 89-92.
耿金虎, 沈佐锐. 2003.农田生态系统多样性与害虫综合治理. 植物技术与推广, 23(11): 30-32.
郭耀纶, 陈志达, 林杰昌. 2002. 藉连续切蔓法及相克作用防治外来入侵的小花蔓泽兰. 台湾林业科学, 17: 171-181.
韩兴国, 李凌浩. 2005. 浑善达克沙地和京北农牧交错区生态环境综合治理试验示范研究报告. 北京: 中国科学院植物研究所.
郝艳茹, 彭少麟. 2005. 根系及其主要影响因子在森林演替过程中的变化. 生态环境, 14: 762-767.
黄东光, 周先叶, 昝启杰, 等. 2007. 香港郊野公园薇甘菊的化学防除研究. 华南师范大学学报(自然科学版), 3: 109-114.
黄祥飞. 1995. 武汉东湖生态系统逆行演替过程及其生态效应. 东湖生态学研究, 2: 5-9.
井丽文, 王志奎, 孟昭全, 等. 2005. 浅谈科尔沁草原荒漠化成因及恢复. 内蒙古民族大学学报, 11: 105-106.
李贵春, 邱建军, 尹昌斌. 2009. 中国农田退化价值损失计量研究. 中国农学通报, 25: 230-235.
李金亚. 2014. 科尔沁沙地草原沙化时空变化特征遥感监测及驱动力分析. 北京: 中国农业科学院博士学位论文.
李勤奋, 李志安, 任海, 等. 2004. 湿地系统中植物和土壤在治理重金属污染中的作用. 热带亚热带植物学报, 12: 273-279.
李文华, 赖世登. 1995. 中国农林复合经营. 北京: 科学出版社.
李岩泉, 何春霞. 2014. 我国农林复合系统自然资源利用率研究进展. 林业科学, 50: 141-145.
刘新民, 赵哈林. 1993. 科尔沁沙地生态环境综合整治. 兰州: 甘肃科技出版社.
刘新民, 赵哈林, 赵爱芬. 1996. 科尔沁沙地风沙环境与植被. 北京: 科学出版社.
柳劲松, 王丽华, 宋秀娟. 2003.环境生态学基础. 北京: 化学工业出版社.
罗常国, 曹志强. 1994. 辽西北土壤肥力的治理对策和措施. 沈阳农业大学学报, 25: 316-320.
骆世明. 1995. 中国多样的生态农业技术体系. 自然资源学报, 10: 225-231.
骆世明. 2010. 论生态农业的技术体系. 中国生态农业学报, 18: 453-457.
马春梅, 贾鲜艳, 杨静, 等. 2000. 内蒙古草地生态环境退化现状及成因分析. 内蒙古农业大学学报, 1: 117-120.
马克明, 孔红梅, 关文彬, 等. 2001. 生态系统健康评价: 方法与方向. 生态学报, 21: 2106-2116.
毛战坡, 王世岩, 李学军, 等. 2013. 城市化、半城市化对河流生态影响研究: 以北运河流域为例. 北京: 中国环境出版社.

乜林德. 2005. 同德县草地退化现转及治理措施. 草业科学, 22: 20-22.
彭少麟, 陈卓全. 2005. 生态恢复的全球性挑战. 生态学报, 25: 24-54.
彭少麟, 郭志华, 王伯荪. 2000. 利用 GIS 和 RS 估算广东植被光利用率. 生态学报, 20(6): 903-909.
彭少麟, 侯玉平, 俞龙生, 等. 2006. 澳门植被恢复过程土坑法的效应机制探讨. 生态环境, 15: 1-5.
彭少麟, 李跃林, 余华, 等. 2002. 鼎湖山森林群落不同演替阶段优势种叶生态解剖特征研究. 热带亚热带植物学报, 10: 1-8.
彭少麟, 陆宏芳, 梁冠峰. 2004. 澳门离岛植被生态恢复与重建及其效益. 生态环境, 13: 301-305.
彭少麟, 任海, 张倩媚. 2003. 退化湿地生态系统恢复的一些理论问题. 应用生态学报, 14: 2026-2030.
彭少麟, 向言词. 1999. 植物外来种入侵及其对生态系统的影响. 生态学报, 19: 560-569.
彭少麟, 余作岳, 张文其, 等. 1992. 鹤山亚热带丘陵人工林群落分析. 植物生态学与地理植物学报, 16: 1-10.
彭少麟, 周厚诚, 郭少聪, 等. 1999. 鼎湖山地带性植被种间联结变化研究. 植物学报, 41: 1239-1244.
彭少麟, 方炜.1995.南亚热带森林演替过程生物和生产力动态特征.生态科学, 2: 1-9.
彭少麟. 1993. 森林群落波动性探讨. 应用生态学报, 4: 120-125.
彭少麟. 1995a. 鼎湖山人工马尾松第一代与自然更新代生长动态比较. 应用生态学报, 6: 11-13.
彭少麟. 1995b. 中国南亚热带退化生态系统的恢复及其生态效应. 应用与环境生物学报, 1: 403-414.
彭少麟. 1996. 南亚热带森林群落动态学. 北京: 科学出版社.
彭少麟. 1997. 恢复生态学与热带雨林的恢复. 世界科技研究与发展, 19: 58-61.
彭少麟. 2001. 广东省退化坡地农业综合利用与绿色食品生产. 广州: 广州科学技术出版社.
彭少麟. 2003. 热带亚热带恢复生态学研究与实践. 北京: 科学出版社.
彭涛, 高旺盛, 隋鹏. 2004. 农田生态系统健康评价指标体系的探讨. 中国农业大学学报, 9: 21-25.
秦伯强. 2007. 湖泊生态恢复的基本原理与实现. 生态学报, 27: 4848-4858.
秦伯强. 2009. 太湖生态与环境若干问题的研究进展及其展望. 湖泊科学, 21: 445-455.
任海, 彭少麟. 2001. 恢复生态学导论. 北京: 科学出版社.
沈洪霞, 周青. 2006. 退化农田生态系统的恢复对策. 生物学教育, 31: 3-5.
沈景林, 谭刚, 乔海龙, 等. 2000. 草地改良对高寒退化草地植被影响的研究. 中国草地, 5: 49-54.
孙毅, 郭建斌, 党普兴, 等. 2007. 湿地生态系统修复理论及技术. 内蒙古林业科技, 33: 33-38.
唐政, 李继光, 李慧, 等. 2015. 设施菜田水肥管理模式下蚯蚓和土壤肥力状况的变化. 生态学杂志, 34: 2210-2214.
同琳静, 李晓宇, 王倩, 等. 2018. 中国退化河流生态系统修复的理论和实践. 环境科学与技术, 41: 235-240.
王伯荪, 彭少麟. 1989. 森林演替与林业的经营和发展. 中国科学院华南植物研究所集刊, 4: 253-258.
王海英, 董锁成. 2004. 国外可持续农业发展的政策经验及其对我国的启示. 中国生态农业学报, 12: 15-18.
王静, 林春野, 陈瑜琦, 等. 2012. 中国村镇耕地污染现状、原因及对策分析. 中国土地科学, 26: 25-31.
王堃. 2004. 草地植被恢复与重建. 北京: 化学工业出版社.
王伟. 1996. 生态农业的希望: EM. 北京: 化学工业出版社.
王勇军, 昝启杰, 王彰九, 等. 2003. 入侵杂草薇甘菊的化学防除. 生态科学, 22: 58-62.
王志强, 崔爱花, 缪建群, 等. 2017. 淡水湖泊生态系统退化驱动因子及修复技术研究进展. 生态学报, 37: 6253-6264.
王遵亲. 1993. 中国盐渍土. 北京: 科学出版社.
邬建国. 2000. 景观生态学: 格局、过程、尺度与等级. 北京: 高等教育出版社.
吴鹤吟, 张淑艳. 2018. 农田防护林防护效益研究综述. 现代农业科技, 19: 177-179.
吴晓婷, 陈亮中. 2006. 农林复合系统分类体系与研究方法综述. 林业调查规划, 31: 101-104.
向言词, 彭少麟, 周厚诚, 等. 2002. 外来种对生物多样性的影响及其控制. 广西植物, 22: 425-432.
肖金玉, 蒲小鹏, 徐长林. 2015. 禁牧对退化草地恢复的作用. 草地科学, 1: 138-145.
徐欢, 李美丽, 梁海斌, 等. 2018. 退化森林生态系统评价指标体系研究进展. 生态学报, 38: 9034-9042.
延军平, 黄春长, 陈瑛. 1999. 跨世纪全球环境问题及行为对策. 北京: 科学出版社.
杨真, 王宝山. 2015. 中国盐渍土资源现状及改良利用对策. 山东农业科学, 47(4): 125-130.
杨正礼, 梅旭荣, 黄鸿翔, 等. 2005. 论中国农田生态保育. 中国农学通报, 21: 280-285.
尹飞, 毛任钊, 傅伯杰, 等. 2006. 农田生态系统服务功能及其形成机制. 应用生态学报, 17: 929-934.
余作岳, 彭少麟. 1996. 热带亚热带退化生态系统植被恢复生态学研究. 广州: 广东科技出版社.

虞依娜, 彭少麟, 杨柳春, 等. 2009. 广东小良生态恢复服务价值动态评估. 北京林业大学学报, 31: 19-25.

张池, 陈旭飞, 周波, 等. 2012. 华南地区壮伟环毛蚓(*Amynthas robustus*)和皮质远盲蚓(*Amynthas corticis*)对土壤酶活性和微生物学特征的影响. 中国农业科学, 45: 2658-2667.

张华, 王慧捷, 李莉, 等. 2011. 基于退耕还草背景的科尔沁沙地生态环境质量评价. 干旱区资源与环境, 25: 53-58.

张晶, 左小安, 杨阳, 等. 2017. 科尔沁沙地草地植物群落功能性状对封育和放牧的响应. 农业工程学报, 33: 261-268.

张宁, 廖燕, 孙福来, 等. 2012. 不同土地利用方式下的蚯蚓种群特征及其与土壤生物肥力的关系. 土壤学报, 49: 364-372.

张永泽, 王煊. 2001. 自然湿地生态恢复研究综述. 生态学报, 21: 309-314.

章家恩, 骆世明. 2000. 农业生态系统模式研究的几个基本问题探讨. 热带地理, 20: 102-106.

章家恩, 许荣宝, 全国明, 等. 2011. 鸭稻共作对水稻植株生长性状与产量性状的影响. 资源科学, 33: 1053-1059.

赵灿, 戴伟民, 李淑顺, 等. 2014. 连续 13 年稻鸭共作兼秸秆还田的稻麦连作麦田杂草种子库物种多样性变化. 生物多样性, 22: 366-374.

赵丽娅, 高丹丹, 熊炳桥, 等. 2017. 科尔沁沙地恢复演替进程中群落物种多样性与地上生物量的关系. 生态学报, 37: 4108-4117.

赵晓英, 陈怀顺, 孙成权. 2001. 恢复生态学: 生态恢复的原理和方法. 北京: 中国环境科学社 .

郑华, 欧阳志云, 王效科, 等. 2004. 不同森林恢复类型对土壤微生物群落的影响. 应用生态学报, 15: 2019-2024.

郑华, 欧阳志云, 王效科, 等. 2018. 不同森林恢复类型对南方红壤侵蚀区土壤质量的影响. 生态学报, 24: 1994-2002.

郑华, 欧阳志云, 赵同谦, 等. 2006. 不同森林恢复类型对土壤生物学特性的影响. 应用与环境生物学报, 12: 36-43.

钟功甫. 1987. 珠江三角洲基塘系统研究. 北京: 科学出版社.

周厚诚, 任海, 彭少麟. 2001. 广东南澳岛植被恢复过程中的群落动态研究. 植物生态学报, 25: 298-305.

祝廷成. 2004. 羊草生物生态学. 长春: 吉林科学技术出版社.

Albrecht WD, Maschinski J, Mracna A, et al. 2005. A community participatory project to restore a native grassland. Natural Areas Journal, 25: 137-146.

Berger J. 1991. A generic framework for evaluation complex restoration and conservation projects. Environ Prof, 13: 254-262.

Blossey B, Notzold R. 1995. Evolution of increased competitive ability in invasive nonindigenous plants: A hypothesis. Journal of Ecology, 83: 887-889.

Brown J, Maurer B. 1989. Macroecology:The division of food and space among species on continents. Science, 243: 1145-1150.

Burchett MD, Allen C, Pulkownik A, et al. 1999. Rehabilitation of saline wetland, Olympics 2000 Site, Sydney (Australia)-Ⅱ: saltmarsh transplantation trials and application. Marine Pollution Bulletin, 37: 526-534.

Byun C, de Blois S, Brisson J. 2013. Plant functional group identity and diversity determine biotic resistance to invasion by an exotic grass. Journal of Ecology, 101: 128-139.

Cairns A, Oind KJH. 1992. The effects of molybdenum on seed dormancy in wheat. Plant Soil, 145: 295-297.

Cairns J. 1992. Restoration of Aquatic Ecosystems. Washington DC: National Academy Press.

Chen ZC, Peng SL, Ni GY, et al. 2006. Effects of *Pinus massoniana* on germination of trees spp. in forest succession in South China. Allelopathy Journal, 17: 287-296.

Corbin JD, D'Antonio CM. 2004. Effects of exotic species on soil nitrogen cycling: implications for restoration. Weed Technology, 18: 1464-1467.

Cowardin LMV. 1978. Classification of Westlands and Deepwater Habitats of the United States. U.S. Washington DC: Department of the Interior.

Crawley MJ, Brown SL, Heard MS, et al. 1999. Invasion-resistance in experimental grassland communities: species richness or species identity? Ecology Letters, 2: 140-148.

Crowder DW, Northfield TD, Strand MR, et al. 2010. Organic agriculture promotes evenness and natural pest control. Nature, 466: 109-112.

Cummings JA, Parker IM, Gilbert GS. 2013. Allelopathy: A tool for weed management in forest restoration. Plant Ecology, 213: 1975-1989.

Cutting KJ, Hough-Goldstein J. 2013. Integration of biological control and native seeding to restore invaded plant communities. Restoration Ecology, 21: 648-655.

Davidson NC. 2014. How much wetland has the world lost? Long-term and recent trends in global wetland area. Marine and Freshwater Research, 65: 934-941.

Dierberg F, Williams V. 1988. Evaluating the water quality effects of lake management in Florida. Lake Reservoir Manage, 2: 101-111.

Duncan CA, Jachetta JJ, Brown ML, et al. 2004. Assessing the economic, environmental, and societal losses from invasive plants on rangeland and wildlands. Weed Technology, 18: 1411-1416.

Fargione J, Tilman D. 2005. Diversity decreases invasion via both sampling and complementarity effects. Ecology Letters, 8: 604-611.

Forman R, Godron M. 1986. Landscape Ecology. New York: John Wiley &Sons.

Ghazoul J, Burivalova Z, Garcia-Ulloa J, et al. 2015. Conceptualizing forest degradation. Trends in Ecology & Evolution, 30: 622-632.

Gore J. 1985. The Restoration of Rivers and Streams. Boston: Butterworth Publishers.

Hartig J, Thomas R. 1988. Development of plans to restore degraded areas in the Geat Lakes. Environ Manage, 12: 327-347.

Hejda M, Pyšek P, Jarosik V. 2009. Impact of invasive plants on the species richness, diversity and composition of invaded communities. Journal of Ecology, 97: 393-403.

Hoffman C, Carrol C. 1995. Can we sustain the biological basis of agriculture. Annu Rev Ecol Sys, 26: 69-92.

Howes K. 1990. Construction of artificial riffles and pools for stream restoration. J Bio, 2: 15-20.

IPCC. 2007. Contribution of Working Group Ⅰ to the Fourth Assessment Report of the Intergovernmental Panel on Climate Change. Cambridge: Cambridge University Press.

Jimenez RJ, Vilan FXM, Sanchez MFJ, et al. 2011. Evaluation of Herbicide Control of Invasive Exotic Plant *Arundo donax* In A Riparian System. La Laguna: XⅢ Congreso de la Sociedad Española de Malherbología.

Johnstone I. 1986. Plant invasion windows: A time-based classification of invasion potential. Biol Rev, 61: 369-394.

Jordan W, Gilpin M, Aber J. 1987. Restoration Ecology: A Synthetic Approach to Ecological Restoration. Cambridge : Cambridge University Press.

Keane RM, Crawley MJ. 2002. Exotic plant invasions and the enemy release hypothesis. Trends in Ecology & Evolution, 17: 164-170.

Kettenring KM, Adams CR. 2011. Lessons learned from invasive plant control experiments: A systematic review and meta-analysis. Journal of Applied Ecology, 48: 970-979.

Li ZA, Peng SL, Raedebbie DJ, et al. 2001. Litter decomposition and nitrogen mineralization in the soils of man-made forests of South China, with special attention to the comparison of legumes and non-legumes. Plant and Soil, 229: 105-116.

Liu N, Ren H, Yuan S, et al. 2013. Testing the stress-gradient hypothesis during the restoration of tropical degraded land using the shrub *Rhodomyrtus tomentosaas* a nurse plant. Restoration Ecology, 21: 578-584.

Liu Q, Peng SL, Bi H, et al. 2004. The reciprocal decomposition of foliar litter in tropical and subtropical forests. Acta Scientiarum Naturalium Universitatis Sunyatseni, 43: 86-89.

Liu Q, Peng SL, Bi H, et al. 2005. Nutrient dynamics of foliar litter in reciprocal decomposition in tropical and subtropical forest. Journal of Beijing Forestry University, 27: 24-32.

Loh RK, Daehler CC. 2008. Influence of woody invader control methods and seed availability on native and invasive species establishment in a Hawaiian forest. Biological Invasions, 10: 805-819.

Longo G, Seidler TG, Garibaldi LA, et al. 2013. Functional group dominance and identity effects influence the magnitude of grassland invasion. Journal of Ecology, 101: 1114-1124.

Maurer DA, Lindig-Cisneros R, Werner KJ, et al. 2003. The replacement of wetland vegetation by reed canarygrass (*Phalaris arundinacea*). Ecological Restoration, 21: 116-119.

Middleton B. 1999. Wetland Restoration, Flood Pulsing, and Disturbance Dynamics. New York: John Wiley & Sons.

Mitsch W, Jorgensen S. 1989. Ecological Engineering. New York: John Wiley & Sons.

Mitsch W. 1993. Ecological engineering: a cooperative role with the planetary life support system. Environmental Sci Technol, 27: 438-445.

Naeem S, Knops JMH, Tilman D, et al. 2000. Plant diversity increases resistance to invasion in the absence of covarying extrinsic factor. Oikos, 91: 97-108.

O'Meara J, Darcovich K. 2015. Twelve years on: Ecological restoration and rehabilitation at Sydney Olympic Park. Ecological Management & Restoration, 16: 14-28.

Paul KI, Polglase PJ, Nyakuengama JG, et al. 2002. Change in soil carbon following afforestation. Forest Ecology and Management, 168: 241-257.

Peng SL, Hou Y, Chen B. 2010. Establishment of Markov successional model and its application for forest restoration reference in Southern China. Ecological Modelling, 221: 1317-1324.

Peng SL, Liu J, Lu H. 2005. Characteristics and role of *Acacia auriculiformis* on vegetation restoration in lower subtropics of China. Journal of Tropical Forest Science, 17: 508-525.

Peng SL, Wang B. 1993. Studies on forest succession of Dinghushan, Guangdong, China. Botanical Journal of South China, 2: 34-42.

Peng SL, Yang LC, Lu H. 2003a. Environmental effects of vegetation restoration on degraded ecosystem in low subtropical China. Journal of Environmental Sciences, 15: 514-519.

Peng SL, Zhou T, Liang L, et al. 2012. Landscape pattern dynamics and mechanisms during vegetation restoration: a multiscale, hierarchical patch dynamics approach. Restoration Ecology, 20: 95-102.

Peng SL, Chen BM, Lin ZG, et al. 2009a. The status of noxious plants in lower subtropical region of china. Acta Ecologica Sinica, 29: 79-83.

Peng SL, Chen ZQ, Wen J, et al. 2004a. Is allelopathy a driving force in forest succession? Allelopathy Journal, 14: 197-204.

Peng SL, Hou YP, Chen BM. 2009b. Vegetation restoration and its effects on carbon balance in Guangdong Province, China. Restoration Ecology, 17: 487-494.

Peng SL, Lu HF, Li ZA, et al. 2006. Energy and material synthesis of an agro-forest restoration system in Lower Subtropical China. *In*:Brown MT. Proceedings of the 3rd Biennial Emergy Conference. Gainesville: Center for Environmental Policy: 503-512.

Peng SL, Lu HF, Zhao P, et al. 2003b. Wetlands in Guangdong province: Functions and values, use and mitigation. Journal of Tropical Oceanography, 22: 76-87.

Peng SL, Wang BS. 1995. Forest succession at Dinghushan, Guangdong, China. Chinese Journal of Botany, 7: 75-80.

Peng SL, Wen J, Guo QF. 2004b. Mechanism and active variety of allelochemicals. Acta Botanica Sinica, 46: 757-766.

Peng SL, Yu YN, Hou YP, et al. 2009c. Holes: a novel method for promoting vegetation restoration(Macao). Ecological Restoration, 27: 12-14.

Peng SL, Yu ZY. 1993. Natural Resources Management and Conservation in Chinese Tropical and Subtropical Regions. Beijing: China Science and Technology Press.

Perry LG, Cronin SA, Paschke MW. 2009. Native cover crops suppress exotic annuals and favor native perennials in a greenhouse competition experiment. Plant Ecology, 204: 247-259.

Peter CR, Burdick DM. 2010. Can plant competition and diversity reduce the growth and survival of exotic phragmites australis invading a tidal marsh? Estuaries & Coasts, 33: 1225-1236.

Pimentel D, Zuniga R, Morrison D. 2005. Update on the environmental and economic costs associated with alien-invasive species in the United States. Ecological Economics, 52: 273-288.

Pokorny ML, Sheley RL, Zabinski CA, et al. 2010. Plant functional group diversity as a mechanism for invasion resistance. Restoration Ecology, 13: 448-459.

Pyšek P, Jarosik V, Hulme PE, et al. 2012. A global assessment of invasive plant impacts on resident species, communities and ecosystems: the interaction of impact measures, invading species' traits and environment. Global Change Biology, 18: 1725-1737.

Reinhart KO, Callaway RM. 2006. Soil biota and invasive plants. New Phytologist, 170: 445-457.

Riley A. 1998. Restoring Streams in Cities. Washington DC : Island Press.

Room PM, Harley KLS, Forno IW, et al. 1981. Successful biological control of the floating weed salvinia. Nature, 294: 78-80.

Seastedt TR. 2015. Biological control of invasive plant species: a reassessment for the anthropocene. New Phytologist, 205: 490-502.

Shan J, Wang YF, Gu JQ, et al. 2014. Effects of biochar and the geophagous earthworm Metaphire guillelmi on fate of ^{14}C-catechol in an agricultural soil. Chemosphere, 107: 109-114.

Shao H, Peng SL, Wei XY, et al. 2005. Potential allelochemicals from an invasive weed Mikania micrantha H. B. K. Journal of Chemical Ecology, 31: 1663-1674.

Shapiro J, Wright DI. 1984. Lake restoration by biomanipulation. Freshwater Biology, 14: 371-383.

Shen XY, Peng SL, Chen BM, et al. 2011. Do higher resource capture ability and utilization efficiency facilitate the successful invasion of native plants? Biological Invasions, 13: 869-881.

Song LY, Peng C, Peng S. 2009. Comparison of leaf construction costs between three invasive species and three native species in South China. Biodiversity Science, 17: 378-384.

Stanford J, Ward J. 1993. An ecosystem perspective of alluvial rivers: connectivity and the hyporheic corridor. Journal of the North

American Benthological Society, 12: 48-60.

Stanfurf JA, Palik BJ, Dumroese RK. 2014. Contemporary forest restoration: a review emphasizing function. Forest Ecology and Management, 331: 292-323.

Swinfield T, Afriandi R, Antoni F, et al. 2016. Accelerating tropical forest restoration through the selective removal of pioneer species. Forest Ecology and Management, 381: 209-216.

Theoharides KA, Dukes JS. 2007. Plant invasion across space and time: factors affecting nonindigenous species success during four stages of invasion. New Phytologist, 176: 256-273.

Thomas MB, Reid AM. 2007. Are exotic natural enemies an effective way of controlling invasive plants? Trends in Ecology & Evolution, 22: 447-453.

Thorp JH, Delong MD. 1994. The riverine productivity model: an heuristic view of carbon sources and organic processing in large river ecosystems. Oikos, 70: 305-308.

Tilman D. 1997. Community invasibility, recruitment limitation, and grassland biodiversity. Ecology, 78: 81-92.

Tseng M, Kuo Y, Chen Y, et al. 2003. Allelopathic potential of *Macaranga tanarius* (L.)muell. -arg. Journal of Chemical Ecology, 29: 1269-1286.

Turner M. 1987. Landscape Heterogeneity and Disturbance. New York: Springer-Verlag.

van Kleunen M, Weber E, Fischer M. 2010. A meta-analysis of trait differences between invasive and non-invasive plant species. Ecology Letters, 13: 235-245.

Vannote RL, Minshall GW, Cumminus KW, et al. 1980. The river continuum concept. Canadian Journal of Fisheries and Aquatic Science, 37: 130-137.

Vilà M, Espinar JL, Hejda M, et al. 2011. Ecological impacts of invasive alien plants: a meta-analysis of their effects on species, communities and ecosystems. Ecology Letters, 14: 702-708.

Vilà M, Weiner J. 2004. Are invasive plant species better competitors than native plant species? - evidence from pair-wise experiments. Oikos, 105: 229-238.

Vivash R, Ottosen O, Janes M, et al. 1998. Restoration of the Brede, Cole and Skerne: A joint Danish and British EU-LIFE demonstration project, Ⅱ-The river restoration works and other related practical aspects. Aquatic Conserv: Mar. Freshw. Ecosyst, 8: 197-208.

Wagner V, Antunes PM, Irvine M, et al. 2017. Herbicide usage for invasive non-native plant management in wildland areas of North America. Journal of Applied Ecology, 54: 198-204.

Walker A, Olsen JW, Bagen X. 1987. The Badian Jaran Desert: remote sensing investigations. Journal of Geography, 153(6):205-210.

Wang F, Ding Y, Sayer EJ, et al. 2017a. Tropical forest restoration: fast resilience of plant biomass contrasts with slow recovery of stable soil C stocks. Functional Ecology, 31: 2344-2355.

Wang F, Li Z, Xia H, et al. 2010a. Effects of nitrogen-fixing and non-nitrogen-fixing tree species on soil properties and nitrogen transformation during forest restoration in southern China. Soil Science and Plant Nutrition, 56: 297-306.

Wang F, Xu X, Zou B, et al. 2013. Biomass accumulation and carbon sequestration in four different aged casuarina equisetifolia coastal shelterbelt plantations in South China. PLoS One, 8: e77449.

Wang F, Zhu W, Chen H. 2016. Changes of soil C stocks and stability after 70-year afforestation in the Northeast USA. Plant and Soil, 401: 319-329.

Wang F, Zhu W, Xia H, et al. 2010b. Nitrogen mineralization and leaching in the early stages of a subtropical reforestation in Southern China. Restoration Ecology, 18: 313-322.

Wang Z, Deng X, Song W, et al. 2017b. What is the main cause of grassland degradation? A case study of grassland ecosystem service in the middle-south Inner Mongolia. Catena, 150: 100-107.

Ward J. 1989. The serial discontinuity concept: extending the model to flood plain rivers. Res Man, 10: 159-168.

Weber E, Sun SG, Li B. 2008. Invasive alien plants in China: diversity and ecological insights. Biological Invasions, 10: 1411-1429.

Welch R, Ehlers M. 1987. Merging multiresolution SPOT HRV and Landsat TM data. PE&RS, 53(3): 301-303.

Williamson M. 1999. Invasions. Ecography, 22: 5-12.

Wilson E. 1988. Biodiversity. Washington DC : National Academy Press.

Wu JR, Chen ZC, Peng SL. 2006. Allelopathic potential of invasive weeds: *Alternanthera philoxeroide*, ipomoea cairica *Spartina alterniflora*. Allelopathy Journal, 17: 279-286.

Yin ZY, Peng SL, Ren H, et al. 2005. Logcauchy, log-sech and lognormal distribution of species abundances in forest communities. Ecological Modelling, 184: 329-340.

Zhao P, Peng SL. 2002. Introduced *Acacias facilitate* re-vegetation of early successional forests on degraded sites. Ecological Restoration, 20: 68-69.

Zhou T, Liu S, Feng Z, et al. 2015. Use of exotic plants to control *Spartina alterniflora* invasion and promote mangrove restoration. Scientific Reports, 5: 12980.

6　被破坏地的生态恢复

被破坏地是指由于人类或自然（或是两者同时）强度干扰形成的退化地。在强度干扰破坏下，形成了极度退化的生态系统。被破坏地的生态恢复，通常无法自然恢复，必须经过人工启动，采用工程措施和生物措施，即基于生态修复的人为设计，才能有效地进行生态恢复。本章通过阐明废弃矿区、受污染土壤、废弃采石场、石油泄漏地、侵蚀地、沙漠化和石漠化地及自然灾害导致的破坏地这七大类破坏地的生态恢复原理和技术，总结被破坏地的生态恢复模式。

6.1　废弃矿区的生态恢复

6.1.1　废弃矿区的主要类型与特征

6.1.1.1　废弃矿区的概念与系统组成

废弃矿区又称为矿业废弃地，是在采矿、选矿和炼矿过程中被破坏或污染的、不经治理难以使用的土地，有时也简称矿地或采矿地。

由于开采对象不同，形成了不同的矿业废弃地，如铜矿业废弃地、金矿业废弃地、煤矿业废弃地等。这些矿业废弃地，根据开采过程中的操作，可分成 5 个组成部分。

（1）由剥离表土堆积而成的排土场。

（2）开采的废石及低品位矿石堆积而成的废石堆。

（3）利用各种分选方法分选出精矿后排放剩余物所形成的尾矿。

（4）上述 3 种类型混杂堆积而成的废渣场。

（5）矿石开采后所形成的采空区。

尾矿的形成如图 6.1 所示。

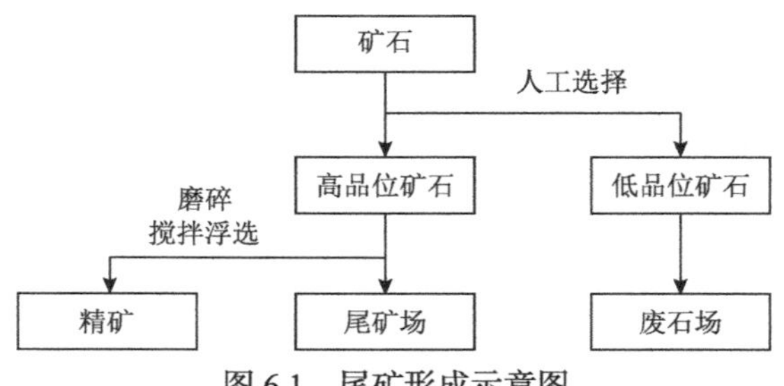

图 6.1　尾矿形成示意图

6.1.1.2　废弃矿区生态系统的退化特征

人类从事采矿业已有数千年的历史，开采矿藏给人类带来了巨大财富，但是采矿过程所导致的环境污染与破坏及采后留下的废弃地都带来了许多生态环境问题。废弃矿区生态系统有如下的退化特征（夏汉平和蔡锡安，2002）。

1）生态景观被破坏　　通常，一座矿山在开采之前都是森林、草地或植被覆盖的山体，在外观上也与周围地区一致。但一旦开采后，森林与草地消失，山体遭破坏，矿渣与垃圾堆置，尾矿形成，废水与污水横流，最终形成一个与周围环境完全不同或极不协调的外观，变成真正的“矿山”或“矿地”（Toomik and Liblik，1998）。

2）土地遭受严重污染　重金属毒害矿地是普遍存在且最为严重的问题之一（Kumar and Maiti，2015）。例如，广东凡口铅锌尾矿1号矿的Pb、Zn总量分别高达34 300mg/kg和36 500mg/kg，如此高的金属含量对格拉姆柱花草（*Stylosanthes guianensis*）等绝大多数植物的生长发育都产生严重的抑制和毒害作用（束文圣等，1997）。尾矿另一个常见的污染是高度酸化，主要是由硫铁矿（FeS_2）或其他金属硫化物氧化所致。例如，某些Pb、Zn矿的S含量高达15.4%，酸化后能使基质的pH下降至2.4左右，渗出液的pH甚至降至2左右（Ye et al.，2000）。高含量的重金属与强的酸度通常是植物在矿地定居的最大限制因子，特别是一些含硫矿物的矿地，其酸性渗出液及重金属的污染可持续500年之久（Bradshaw，1997）。

3）土壤被破坏　矿地的表土总是被清除或挖走，采矿石留下的通常是心土或矿渣，加上汽车和大型采矿设备的重压，结果暴露出的往往是坚硬、板结的基质，有机质、养分与水分都很缺乏，极不利于植物生长，也不利于动物定居。长期高强度采矿还会造成严重的水土流失，据估算，西班牙东南部的San Cristóbal-Perules矿地的水土流失量为每年150t/hm^2，相当于矿地坝体的高度每年以1cm的速度降低（Duque et al.，2015）。对于含有FeS_2的矿地，如果还含有白云石等含Ca矿石，就很可能会因前者的氧化和后者的风化淋溶而形成一层石膏（$CaSO_4$）沉积，从而使矿地的植被恢复变得更加困难（Doolittle et al.，1993）。

4）地下水和下游水质受到影响　采矿还会导致非点源污染。由于雨水的淋溶作用，基质中的重金属与一些有机化合物等有害物质会随雨水渗入地下水并流向下游的水域中，并可能污染到饮用水和毒害底栖生物（Kumar and Maiti，2015）。例如，美国弗吉尼亚州ElyCreek流域的水体因受煤矿影响，pH为2.7～5.2，其沉积物中含有高浓度的Fe（约10 000mg/kg）、Al（约1500mg/kg）、Mg（约400mg/kg）和Mn（约150mg/kg）（Cherry et al.，2001）。

5）生物多样性锐减　由于采矿要清除植被，挖走表土，并导致土壤污染和退化，这些对矿地的生物多样性都是致命打击，甚至连土壤动物和微生物的种类与数量都大幅度下降。生物多样性是生态系统稳定性的基础。生物多样性丧失后，整个生态系统的结构和功能也就随之退化或丧失，结果受损生态系统的恢复会变得缓慢得多、艰难得多。不仅如此，由于渗出液对下游和周围地区产生污染，因此还影响到这些地区的生物多样性（Cherry et al.，2001）。

此外，有些采矿地还存在严重的空气污染。总之，采矿导致的生态环境破坏是极其严重的，采矿地是一类极度恶劣的生境，无论是自然恢复还是人工恢复都绝不是一件容易的事情。

6.1.2 矿业废弃地生态恢复的程序

矿业废弃地的生态恢复是一个复杂的生态工程，夏汉平和蔡锡安（2002）认为应该采取10个步骤来进行生态恢复。事实上，其生态恢复与其他退化生态系统的生态恢复程序是相似的，不一样的主要是从开矿前就应该进行植被调查研究和土壤处理，要对土壤、植被、动物、自然资源，甚至人文遗产等进行详查记录，并拍下原貌照片；从矿区内广泛采集各种植物的种子以保存种质资源；开矿前烧尽所有欲开挖地段的植被，然后将表土移在一边放置，而且最好是将表土散开放在一边以减少土壤中繁殖体的死亡率（Holmes，2001）。

开矿结束后立即修整地形，对陡坡或堆积过高的废渣要适当推平，坑洼部分要填埋，尽可能回填表土，并对铺在坡面的表土采取一定措施防止水土流失，同时还要注意建好排灌系统。对无法实施惰性覆盖的矿地，调查分析土壤基质可能存在的不良因子，然后采取相应的改良措施。

对生态系统的恢复过程进行管理，发现问题及时进行补救。管理内容包括可能的病虫害、抚育、施肥、灌溉等；如果某些关键种的种子发芽或种苗成活失败则必须重新在苗圃育苗，然后再采取新的栽培措施移栽到现场。对生态系统的恢复过程进行监测和动态管理，监测内容包括物种的发芽率与成活率、生长速率、生物多样性变化、植被演替速度及其对基质的改良效果等。

矿业废弃地的生态恢复程序总结于图 6.2。

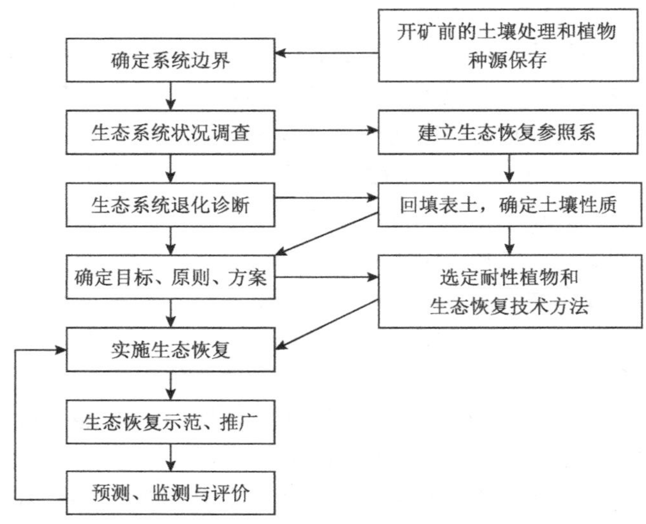

图 6.2　矿业废弃地的生态恢复程序

6.1.3　矿业废弃地的自然恢复

6.1.3.1　矿业废弃地的自然演替特征

废弃的矿区形成了次生裸地。然而，由于矿地的植被与种子库都已消失或基本不再存在，因此植物群落演替显现原生演替的主体特征。但它与典型的原生演替是不同的，典型的原生演替速率主要依赖于成土过程；它也不出现典型原生演替的地衣和苔藓阶段。在这一过程中，演替的方向很大程度上受到土壤基质的影响。即使在同一矿地上，由于小斑块的异质性和离附近种源或种子库的远近不同，先锋植被都会呈现出不同的类型，而且它们的组成差别很大，无法将它们划定在某一具体的植被类型中，有些甚至还会出现一些特别的物种组合，如出现在沙生草地上生长的芦苇（*Phragmites australis*）等（Wiegleb and Felinks，2001）。

随着时间的推移，矿业废弃地的演替会呈现出各式各样的阶段和不同的植被类型，形成一个复杂的网络，其中一些阶段被茂密的植被层或优势种的竞争力所固定，但最终大多数阶段都会发展成为灌丛和疏林，再进入次生演替的途径。例如，德国北部的矿业废弃地就呈现出图 6.3 所示的演替路径（Wiegleb and Felinks，2001）。该图显示，原生演替的典型过程是不存在的，多种路径从一开始就能观察到，并逐渐呈现出多个阶段，而且每个阶段确切的维持时间及其发育到下一阶段的可能性都无法预测，但无论如何，除了生境非常恶劣的稀疏植被与非常致密的拂子茅属（*Calamagrostis*）群落外，大多数阶段最终都演替成灌丛与疏林。

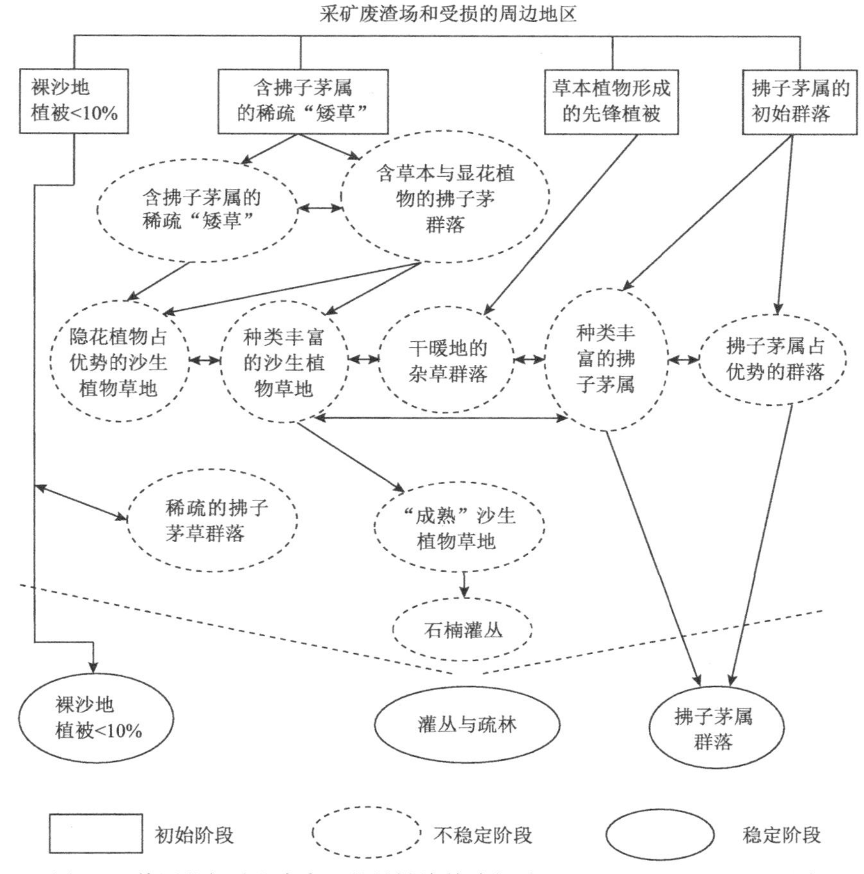

图 6.3 德国北部矿业废弃地的植被演替路径（Wiegleb and Felinks，2001）

尽管矿业废弃地的演替较为复杂，不过普遍认为其演替大致可分成 4 个阶段，即原始阶段（无植被）、早期阶段（单种植物）、过渡阶段（随机镶嵌）和成熟阶段（稳定植物群落）。

对于自然恢复的矿区，无论植被处于哪一阶段，和正常土壤上的植被相比，往往都会形成独特的植被，特别是在那些年代久远、植被恢复较好的矿区更是如此。因为重金属异常区的自然植物中，由于自然选择的作用，往往包含着大量的重金属耐性植物（metal-tolerant plant）、重金属超富集植物（hyperaccumulator）及其指示植物（plant indicator）。这些植物在重金属污染土地的植被重建和植物修复中起着决定性作用；同时，这些植物在遗传、进化、生理、生化、生物地球化学领域都有着重要的研究价值。因此，对废旧采矿地的自然植被进行系统调查、观测不仅是为采矿地开展人工生态恢复的前提和基础，更是了解植物适应矿区环境机制的必要手段。

6.1.3.2 植物对废弃矿区环境的适应机制

植物在特殊环境下要想成功定居，总要采取一定的生态对策来适应环境。束文圣等（1997）认为植物在矿地上自然定居的生态对策主要有以下 3 种：微生境（逃避）对策、忍耐对策和根茎对策。

（1）微生境（逃避）对策是指植物局限生长于矿地中重金属含量低、毒性小而养分相对较高的局部地区。这些微生境一般来源于人为或自然因素，典型的如尾矿外围的土壤被冲刷到尾矿上，垃圾的堆放，以及动物粪便或枯枝落叶等的自然堆积等。

（2）忍耐对策是指植物因为本身具有或业已形成重金属耐性，因而在重金属毒性很高且极端贫瘠的矿地上能正常生长定居，如宽叶香蒲（*Typha latifolia*）等。一般来说，能在矿地上成功定居的植物多为耐性植物，能忍耐很高的重金属浓度并能将重金属富集体内。

（3）根茎对策是指植物本身不具有重金属耐性，它们一般先生长在尾矿的微生境中，但与微生境（逃避）对策不同的是，这些植物通过根茎的繁殖和延伸，可以大面积扩展到毒性高的矿地上生长定居。典型的植物有盐肤木（*Rhus chinensis*）等。值得一提的是，为适应特殊环境，有些植物采取在正常土壤生存不同的生态策略，如正常土壤中的盐肤木是没有根茎繁殖特性的（Shu et al.，2000）。

田胜尼等（2004）通过对铜尾矿废弃植物定居的研究，发现入侵铜尾矿植物具有边缘策略、群聚策略、深根策略、和地下茎策略四大生态策略。

（1）边缘策略是指植物从尾矿与正常土壤交接处或尾矿结块之间的裂缝开始定居的生态现象。在正常铜尾矿废弃地上，由于存在毒性高、水分含量低、营养成分较差、表层不稳定等一些不利因素，植物不宜定居。在尾矿与正常土壤交接的边缘地带，雨水冲刷带来的山体泥土处，首先出现植物定居的现象。

（2）群聚策略是指植物群聚定居的现象。由于尾矿表层不稳定，开始定居植物首先成丛出现，共同抵制风蚀和水蚀对植物的抑制效应。例如，五节芒、狗牙根和假俭草等一些草本植物在尾矿废弃地开始入侵定居表现为群聚策略。在植物开始群聚的地方，出现一个个小山丘，实际上是植物群聚抵制尾矿风蚀和水蚀作用的结果。

（3）深根策略是指植物尾矿中央定居后，地上部分不是十分明显，地下根部异常发达，深入尾矿深层，以适应尾矿表层不稳定、表层温度过高、水分含量不足等不利于植物生长的因子。例如，中华胡枝子地上部分只有 15cm，而地下部分长达 60cm。

（4）地下茎策略是指植物通过地下茎抵御不良环境而成功定居的现象。在铜尾矿废弃地，先锋植物特别是优势植物，如节节草、白茅、芦苇、水蜡烛等有一个共同特征，就是植物地下部分具有根状的“地下茎”。地下茎在铜尾矿表层一定的深度分布，能有效地克服铜尾矿表层不稳定、水分不足、高温和低温对植物的伤害，实现植物体在尾矿的成功定居。野外调查还发现，其地下茎外被棕色的鳞片，保证了地下茎在伸展时免受不良环境的伤害。目前尾矿废弃地的优势种植物主要表现为地下茎生态策略。

6.1.4　矿业废弃地的人工恢复

植物在矿地上的自然定居过程是极其缓慢的，为了加速矿地的生态恢复，根据矿地的具体条件，利用一定的技术措施开展人工恢复工作是十分必要的。目前，很多国家也已经立法要求对采矿地进行人工恢复（Bradshaw，1997；Gilbert，2000）。

6.1.4.1　基质改良措施

土壤是生态系统的基质与生物多样性的载体。因此，恢复过程中首先要解决的问题是如何将废渣或心土所形成的恶劣基质转变成能够生长植物的土壤。正如著名生态恢复专家 Bradshaw 所说，要想获得恢复的成功，首先必须要解决土壤问题，否则是不可能成功的。迄今为止，有关基质改良措施的研究包括用表土覆盖、施用石灰、垃圾、化肥、有机肥等。

其他基质改良措施也是有效的。Thavamani 等（2017）指出，增加废矿土壤中能够与植被互利共生的微生物类群的数量和多样性，对于废矿地的植被恢复具有重要的意义。此外，恢复初期施肥能显著提高植被的覆盖度，特别是无表土覆盖的矿地，这种提高的幅度更大（Holmes，2001）。但是，化肥的效果只是短期的，停止施肥后，覆盖度、物种数和生物量都可能会下降（Wilden et al.，2001）。

6.1.4.2 矿山废水的生态处理

矿山废水几乎都呈强酸性，pH 大多为 2～4，因而又称酸性矿水（acid mine drainage，AMD）。矿山的废水排放一直是备受关注的主要环境问题之一，这是由于其酸度高，排放量大，固体悬浮物、重金属等严重超标，河水处理的难度很大。随着人们对高等植物，特别是高等水生植物废水处理效能的认识，人工湿地近 20 年来迅速发展成为一种新兴的污水处理系统；由于人工湿地是一种最廉价、有效且生态效益较明显的污水处理系统，一些发达国家已经开始用它部分替代传统的污水处理方法，并展现出了很好的前景（夏汉平和蔡锡，2002）。

6.1.4.3 植物种类选择

尾矿植被恢复的成功很大程度上依赖于基质的改良和正确选择定居物种。任何生态恢复并不只是解决土壤问题就能成功的，它必须要考虑整个生态系统这一复合体系（Bradshaw and Huttl，2001）。选择合适的植物种类在矿地上定居是实现成功恢复的另一重要举措。

植物种类选择主要是耐性种类选择和强修复功能种类的选择。选择定居的植物可以基于以下几方面的考虑：①植物能在尾矿上长期定居，以期获得持久的植被；②对极端基质具有耐性；③植物具有速生性、高生物量，以期基质能得到较快改善；④能适应当地的气候条件，最好是乡土种。

物种的选择应强调对土壤的适应性和对土壤的良性改造，适应性主要是指对土壤基质的适应性，对土壤的良性改造是指改造土壤的物理结构和增强土壤的肥力，以提高基质的土壤化，增加基质的营养成分。在实践工作结合具体的尾矿类型和当地生态因子，采取合适的植物，加速尾矿废弃地植被恢复。

在尾矿废弃地植被恢复中，超富集植物对金属污染地区污染治理还没取得很好的效果，基本上还处于超富集植物的选择和富集机理的研究阶段。这可能与超富集植物具有下列特点有关：①超富集植物通常植株矮小，生长缓慢，生物量低，耗时长，且不易机械化作业，因而修复率低。例如，月山铜矿排土场鸭跖草（*Commelina communis*）株高在 6.0～22.5cm，根部长度在 5.2～10.5cm，单株地上部分干重在 0.91～2.17g，单株地下部分干重在 0.28～0.84g，如用鸭跖草进行铜污染地区的植物修复，其修复作用之微薄是显而易见的。②超富集植物多为野生杂草，对生物气候条件的要求也比较严格，区域性分布较强，对当地环境具有严格的适生性，因而使向外成功引种受到严重限制。目前大部分铜的富集植物多发现在国外，由于生境的差异，在该地区以外的地区没有得到很好的推广，实践中也没有取得满意的效果。③一些超富集植物专一性强，只作用于一种或两种特定的重金属元素，对土壤中其他浓度较高的重金属则表现出中毒症状，从而限制了在多种重金属污染土壤治理方面的应用。例如，海州香薷（*Elsholtzia splendens*）只能用于铜矿山的植被恢复，在铅锌矿山还没有发现生长或定居。④一些超富集植物只适宜在该金属含量高的基质上成活，元素含量低时，超富集植物难以成活。例如，海州香薷能定居于重金属铜含量较高的基质，而在铜尾矿和铜含量低的地带，海州香薷却难以定居，这表明一些超富集植物不能广泛地运用于重金属污染的植物修复实践中。进一步寻找适应性广的超富集植物是未来需要极为关注的研究内容。

6.1.4.4　植被的恢复

矿地的生态恢复首先考虑的是恢复地带性植被，即将它恢复到开矿前原有景观或与周围景观一致或协调的状态。在理论上，原有景观是“最适景观”与“最美景观”，而且生态系统建立起来后能自我维持，长期稳定，不需要再为管理投入（Ward et al.，1996）。

例如，澳大利亚是世界上采矿业较发达的国家，采矿后他们基本上都进行了成功的恢复，而且很多恢复成加拉林（Jarrah forest），即一种以本地物种为主[主要是红柳桉（*Eucalyptus marginata*）和达尔文千层树（*E. tetradonta*）]的森林生态系统，其特征是基本没有外来种，系统结构与物种组成与当地森林类似。又如，南非很多矿原来生长着高山硬叶灌木林（fynbos），开矿后，通过采取一定的措施，包括恢复表土、合理施肥、严格控制外来种入侵等，最终也恢复成了这一当地的植被（Holmes，2001）。最近的报道还表明，只要采取一定的措施，像亚马孙流域这样高度生物多样性的热带雨林被开矿破坏后也是可恢复到接近原有植被类型的（Parrotta and Knowles，2001）。

但是要想基本恢复到原有状态，特别是生物多样性要达到原有水平是相当困难的，而且需要经过相当长的时间（Sydnor and Redente，2000）。这是因为很多采矿地的基质被严重破坏或污染，即使采取上述改良措施也不可能使其形成能适合原有植被或生态系统生存的生境，因而就不可避免地减缓恢复速度或形成新的植被或新的生态系统类型。这其中以恢复成实用性的草地（牧场）、森林或农田的情形最多，因为这些相对最容易也最廉价（Currie，1981；Gilbert，2000）。

有些矿地因挖掘太深或堆置过高或其他原因，地貌都发生了明显变化，因而也不可能恢复成原来的景观（Toomik and Liblik，1998）。例如，美国明尼苏达州一个矿山开采后就被恢复成了一个由 200 多个铁矿坑组成的人工湖（Yokom et al.，1997）。位于澳大利亚西南部 Capel 地区的一个矿砂地在采矿后则被恢复成了湿地。该矿于 1976～1981 年开采，挖掘深度为 8m。从 1980 年起对它进行人工恢复，最初 5 年试图将它建成人工湖，后来发现它更适宜建成湿地。于是从 1985 年开始，经过近 10 年努力，一个集鸟类和野生动物栖息，生态科学综合研究，以及旅游与环境教育的人工湿地终于建成，并获得巨大成功（Stauffer and Brooks，1997）。Sistani 等（1999）将一个煤矿地改造成湿地后，发现它与天然湿地在性质与功能方面并没有太大的差别。Bradshaw（1997）指出，将一些水分过多且有露天坑池的矿地恢复成湿地可能是最廉价、最有效的恢复途径。

6.1.4.5　废弃矿区复垦

土地复垦往往被理解为土地的恢复耕种，在国外一般理解为破坏土地或环境的恢复，美国相关科学家将其定义为“将已采完矿的土地恢复成管理当局批准使用的采矿后土地的各种活动”。Hossner（1988）认为“复垦的主要目标是重建永久稳定的景观地貌，这种地貌在美学上和环境上能与未被破坏的土地相协调，而且采后土地的用途能最有效地促进其所在的生态系统的稳定和生产能力的提高”。

土地复垦的主要目的为复原破坏前所存在的状态，恢复到近似破坏前的状态。重建是指根据破坏前制定的规划，将破坏土地恢复到稳定的和永久的用途，这种用途和破坏前可以一样，也可以在更高的程度上用于农业，或改作游乐休闲地或野生动物栖息区。国际上发达国家往往强调复原其生态状况，尽可能地恢复原地貌，恢复原生态，很少强调土地生产力，使其优先恢复为耕地、农田等。我国自 20 世纪 50 年代，个别类型区开始进行自发的土地复垦工作，但真正开始土地复垦是从 80 年代开始的，特别是国务院颁布《土地复垦规定》以后，我国的土地复垦工作取得了较好的成绩。我国与国外的情况和目标是不尽相同的，定义为“对各种破坏土地恢复到可利用状态”，更注重目前条件下高生产力的恢复。

废弃矿区通常采用工程复垦方式。卞正富（2005）总结了矿区土地复垦的主要步骤，分别为地貌重塑（reshaping）、土壤重构（resoiling）和植被恢复（replanting）。其中土壤重构承接了第一步地貌重塑，又直接影响了植被恢复效果的好坏，因此为最关键的一步。土壤重构技术主要分为充填复垦和非充填复垦两大类（赵燕和闫常华，1999；卞正富，2005）。

1）*充填复垦*　即利用矿区固体废渣为充填物料进行充填复垦，包括以下两种模式。

（1）开膛式充填整平复垦模式。用于塌陷稍深，地表无积水，塌陷范围不大的地块，在充填前首先将凹陷部分 0.5m 厚的熟土剥离堆积，然后以煤矸石充填凹陷处至离原地面 0.5m 处，再回填剥离堆积的熟土。

（2）煤矸石、粉煤灰直接充填。用于塌陷深度大、范围较小，无水源条件但交通便利的地块。向塌陷区直接排矸或矸石山拉矸充填，使煤矸石、粉煤灰直接填于塌陷区，从而提高复垦效率，避免矸石山对土地的占用。这种复垦若利用目的是耕种，则需再填 0.5m 厚的客土。

2）*非充填复垦*　根据不同的塌陷深度，有以下三种模式。

（1）就地整平复垦模式。用于塌陷深度浅、地表起伏不大、面积较大的地块，受损特征表现为高低起伏不大的缓丘，若塌陷地属土质肥沃的高产、中产田，则先剥离表土，平整后回填，若原土地为土质差、肥力低的低产田，则直接整平，整平后可挖水塘，蓄水以备农用。

（2）梯田式整平复垦模式。适用于塌陷较深，范围较大的田块，外貌为起伏较大的塌陷丘陵地貌，根据塌陷后起伏高低情况，就势修筑台田，形成梯田式景观。

（3）挖低垫高复垦模式。适用于塌陷深度大，地下水已出露或周围土地排水汇集，造成永久性积水的地块。此时，原有的陆地生态系统已转为水域生态系统，复垦时将低洼处就地下挖，形成水塘，挖出的土方垫于塌陷部分高处，形成水、田相间景观，水域部分发展水产养殖，高处则发展农、林、果业。若面积较大，则可考虑发展旅游业。

这类复垦土地一般以农业利用为主，因而除保证其作为农业用地所需的附属设施外，还须通过秸秆还田、增施有机质、埋压绿肥、豆科作物改良的措施配套，以提高土地肥力。

6.2 受污染土壤的生态恢复

6.2.1 受污染土壤及其危害

6.2.1.1 *受污染土壤与土壤污染物*

土壤污染（soil pollution）是指人类活动形成的污染物通过不同的途径进入土壤生态系统，且进入土壤的污染物数量和速度都超过了土壤的自净化能力，使污染物在土壤中不断累积，从而一方面破坏了土壤自身正常的理化结构及其功能，影响了土壤生态系统各生物组分及其食物链；另一方面致使土壤环境质量不断恶化，土壤中的污染物形成二次污染，产生水污染、大气污染，最终危及人体健康，威胁人类的生态环境安全。

土壤污染主要分为两大类：无机污染和有机污染（表 6.1）。无机污染主要包括重金属、放射性元素、酸、碱、盐等。有机污染包括农药、化肥、石油及其产品，固体废弃物及其渗透液等。

表 6.1　土壤环境主要污染物质（刘培桐，1985）

污染物种类		主要来源
重金属	汞（Hg）	制烧碱、汞化合物生产等工业废水和污泥，含汞农药、汞蒸气
	镉（Cd）	冶炼、电镀、染料等工业废水、污泥和废气，肥料杂质
	铜（Cu）	冶炼、铜制品生产等废水、废渣和污泥，含铜农药
	锌（Zn）	冶炼、镀锌、纺织等工业废水和污泥、废渣、含锌农药、磷肥
	铅（Pb）	颜料生产、冶炼等工业废水、汽油防爆燃烧排气、农药
	铬（Cr）	冶炼、电镀、制革、印染等工业废水和污泥
	镍（Ni）	冶炼、电镀、炼油、燃料等工业废水和污泥
	砷（As）	硫酸、化肥、农药、医药、玻璃等工业废水、废气、农药
	硒（Se）	电子、电器、油漆、墨水等工业的排放物
放射性元素	铯（^{137}Cs）	原子能、核动力、同位素生产等工业废水、废渣，核爆炸
	锶（^{90}Sr）	原子能、核动力、同位素生产等工业废水、废渣，核爆炸
其他	氟（F）	冶炼、氟硅酸钠、磷酸和磷肥等工业废水、废气，肥料
	盐、碱	纸浆、纤维、化学等工业废水
	酸	硫酸、石油化工、酸洗、电镀等工业废水、大气酸沉降
有机农药		农药生产和使用
酚		炼焦、炼油、合成苯酚、橡胶、化肥、农药等工业废水
氰化物		电镀、冶金、印染等工业废水、肥料
苯并（a）芘		石油、炼焦等工业废水、废气
石油		石油开采、炼油、输油管道漏油
有机洗涤剂		城市污水、机械工业污水
有害微生物		厩肥、城市污水、污泥、垃圾

6.2.1.2　受污染土壤的危害

土壤污染的危害主要是土壤污染物对植物（主要是农作物）的危害和土壤污染物对人体的危害（张从和夏立江，2000）。

1）土壤污染物对植物的危害　　进入土壤的污染物，如果浓度不大，植物对其会有一定的忍耐和抵抗力。当浓度增加到超过一定剂量时（不同污染物对农作物危害的临界剂量是不同的），就会对植物产生危害。

土壤污染物对植物的危害可分为急性和慢性，或可见伤害与不可见伤害。急性伤害是当浓度较高时在短时间内肉眼可发现的伤害症状；慢性伤害是在污染物浓度较低，作用时间较长时引起的内部伤害，到一定时间后才能发现症状。在症状出现之前，植物的各种代谢过程已经发生紊乱，生理功能受到影响，因而影响到光合、呼吸、水分吸收、营养代谢等作用，导致生长发育受阻，产量、品质下降。

由于植物作为生态系统中的生产者，其被生态系统的消费者利用后又会造成危害。其中，重金属和放射性元素污染最为严重，一旦污染了土壤就很难被清除，被植物吸收后通过食物链进入不同的生物或是人体，危害人类的健康。同时，一些有害污染物质进入食物链后产生富集放大作用，对生物（包括人类）的危害更大（黄玉瑶等，1984；马建华等，2014）。

近年来乡镇企业迅速发展，污染已从城市转移到农村。现在我国大面积的农业土地受到了不同程度的污染，土壤的功能受破坏，作物的产量和品质也因此受到影响。我国每年因土壤污染造成农产品减产和重金属超标的损失达 200 亿元。在一些污灌区及其他污染源引起的土壤污染地区，甚至出产了大量含重金属或有毒有机物的农产品，已对人体健康产生了严重的危害作用（叶玉武和姚春云，1992；庄国泰，2015）。

2）土壤污染对人体的危害　　人体有多种必需的化学元素，受外界环境的影响，当某些元素缺少或增多时，都能引起生理失衡而患各种疾病。一些人体需要量极少或不需要的元素，摄入量达到一定数量时就会发生毒害作用。土壤污染和水体污染后，人们通过饮水和食物链不断摄取有害物质，在体内积累，当达到一定剂量后会逐渐产生毒害。

钾、钠、钙、镁是细胞重要的阳离子组成元素，是维持生命活动的必需元素，缺少时人体的代谢作用就会受到影响，导致代谢紊乱；铁是血红蛋白的组成成分，缺铁会引起贫血症；铬与人体胰岛素形成有关，铬的减少常和糖尿病的发生有密切关系；硒的不足会使肝功能受到损害；缺碘会导致甲状腺肿大，使生理功能紊乱；缺氟时牙釉质易受腐蚀发生龋齿；锌的减少会增高血压；钼是维持细胞渗透压的主要元素，缺钼会导致克山病的发生；缺镁会产生骨节痛。

铅、镉、铝、锡、汞、砷等元素，特别是汞、铅、镉、砷等，是对人体有较强毒性的元素。利用含镉污染的废水灌溉农田产生镉污染农产品，使镉在人体内积累中毒。其影响肾功能，增加钙质排出，造成骨质软化，骨骼变形，使人们容易发生骨折，如日本发生的骨痛病事件。

许多有毒有机物如有机氯化合物等，会致癌、致畸、致突变。污染物在血液循环过程中，大部分与血红蛋白结合，分布在全身各器官中，供血多的部分积累较多。脂溶性污染物在脂肪中大量积累，如有机物中的苯、腈、酚及其衍生物等。据测定，DDT 和六六六在脂肪中的积累量比在血液中高出 300 倍，比肝脏高 30 倍（王阶标等，1982；李荣等，2008）。重金属及其化合物在身体各部位的积累是不同的，取决于本身的化学结构与亲和力，大脑对镉、溴、铋、铅、硒、硅积累较多；肺对锡、硒、铬、铅积累较多；骨骼对氟、镉、铅积累较多；淋巴结对铀、钍、锰、锑、锂、铝等积累较多。积累的最终结果是导致病变。

6.2.2 受污染土壤的生态恢复程序

在受污染土壤的生态恢复程序中，第一个步骤就是确定被污染土壤是受何种污染物所污染（有时可能是多种污染物的综合效应），进而才能根据具体情况选择不同的方案（图 6.4）。与其他退化生态系统的生态恢复不同，污染土壤修复的参照系通常是按污染消除程度而人工设计的，而生态恢复的目标也是以消除污染的要求为指标的。

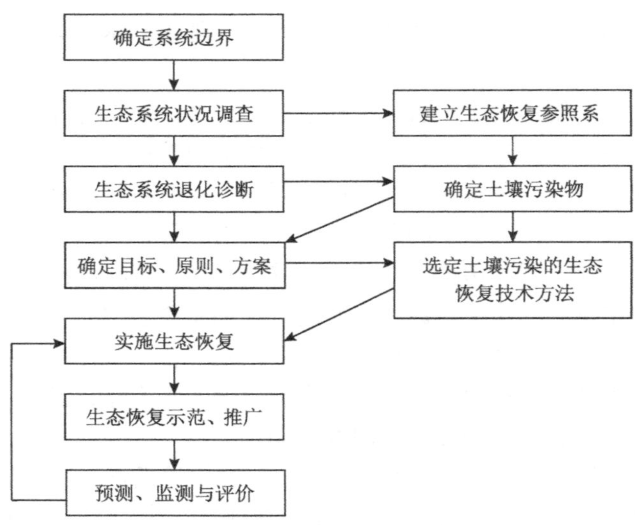

图 6.4　受污染土壤的生态恢复程序

6.2.3　受污染土壤的修复技术

6.2.3.1　受污染土壤的修复技术概论

受污染土壤的修复技术大致可分为物理修复技术、化学修复技术和生物修复技术（图 6.5）。物理修复技术和化学修复技术是传统的修复方法，治污的效果快速、高效，但是这些方法投资昂贵，需要复杂的设备，大面积治理污染时难以推广，有的方法还存在二次污染的问题。生物修复技术是将生态学、土壤学、植物学和环境工程学进行综合、扬弃而形成的技术方法，其成本低、效果好，不会破坏环境，所以备受科学家的重视。

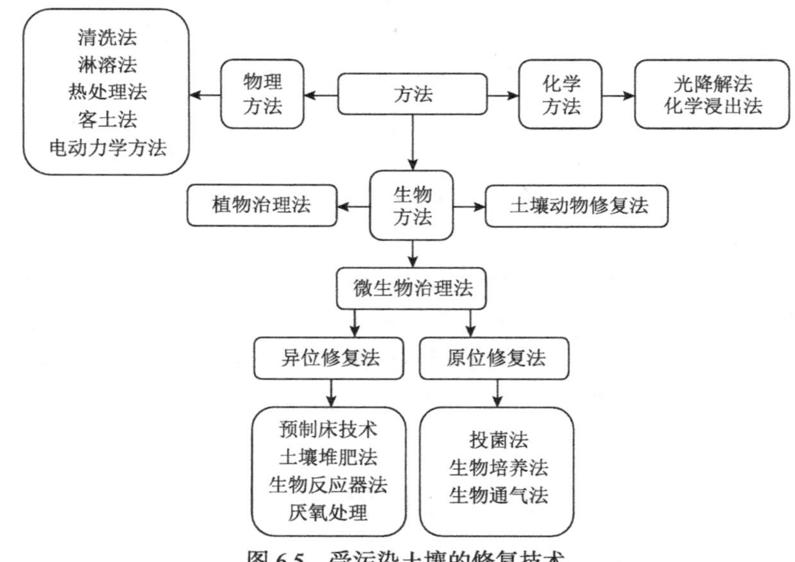

图 6.5　受污染土壤的修复技术

6.2.3.2　受污染土壤的植物修复技术

1）植物修复技术的概念　　植物修复技术（phytoremediation）从历史沿革上有狭义和广义的区分（图 6.6）。

狭义上的植物修复技术是指将某种特定的植物种植在被重金属污染的土壤上，该种植物对土壤中的污染元素具有特殊的吸收富集能力，将植物收获并进行妥善处理（如灰化回收）后即可将该种重金属移出土体，达到污染治理与生态修复的目的（王庆仁等，2001），这也就是通常所指的植物提取技术（phytoextraction）。

广义上的植物修复技术是指利用植物提取、吸收、分解、转化或固定土壤、沉积物、污泥或地表、地下水中有毒有害污染物技术的总称（USEPA，2000）。

而从方式上可分为直接利用植物修复技术和人工诱导植物修复技术。直接利用植物修复技术即直接利用植物来消除土壤污染、恢复土壤功能的技术。人工诱导植物修复技术则是通过人工的方法提高植物消除土壤污染的机能，从而有效地利用它们恢复土壤功能的技术。

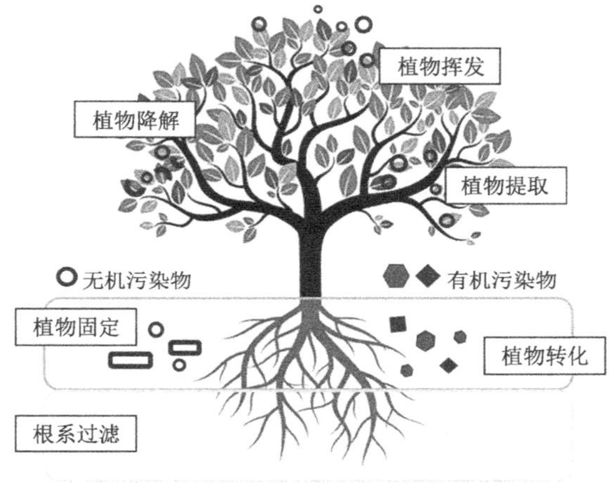

（彩图）

图 6.6 主要的植物修复技术

2）直接利用植物修复技术 直接利用植物修复技术很多应用于重金属污染土壤的生态恢复，根据机理的不同有植物固定、植物挥发和植物提取等类型（Cunningham，1996；刘杰等，2004；Mahar et al.，2016）。

（1）植物固定。植物固定（phytostabilization）是指利用植物活动来降低重金属的活动性，使其不能为生物所利用。例如，植物枝叶分解物、根系分泌物对重金属的固定作用，腐殖质对金属离子的螯合作用等过程。该技术已有许多成功的应用实例，如 Cunningham（1996）研究了植物对环境中土壤铅的固定，发现一些植物可降低铅的生物可利用性，缓解铅对环境中生物的毒害作用。

然而植物固定并没有将环境中的重金属离子去除，只是暂时地固定。如果环境条件发生改变，金属的生物可利用性可能又会发生改变，因此植物固定不是一个很理想的去除环境中重金属的方法。

（2）植物挥发。植物挥发（phytovolatilization）是指植物将污染物吸收到体内后又将其转化为气态物质，释放到大气中，是利用植物去除土壤中一些挥发性污染物的方法。过去，人们发现微生物能促使土壤中的硒挥发，研究表明，植物对硒的挥发有着同样的功能，如印度芥菜（*Brassica juncea*）能使土壤中的硒以甲基硒的形式挥发去除（Terry et al.，1992）。

植物挥发只适用于挥发性的污染物（如硒、银和汞等），应用范围很小，并且将污染物转移到大气中对人类和生物仍有一定的风险，因此它的应用仍受到限制。

（3）植物提取。植物提取（phytoextraction）是目前研究最多且最有发展前景的植物修复方式。通过种植一些特殊植物，利用其根系吸收污染土壤中的有毒有害物质并运移至植物的地上部分，收割地上部的物质后即可带走土壤中的污染物。

植物提取技术需要选择既能耐受重金属污染又能大量积累重金属的植物种类，因此研究不同植物对金属离子的吸收特性，筛选出超积累植物是研究和开发的关键。重金属的超积累植物应具有以下特征（刘杰等，2004）。

A. 植物体内某一金属元素的浓度应达到一定的临界值。但是，由于各种金属元素在土壤和植物中的背景值差异较大，因此对不同重金属超积累植物的临界值没有统一的标准，目前公认的是 Baker 等（1983）提出的参考值（表 6.2）。

表 6.2　不同重金属超积累植物的临界浓度　　（单位：mg/kg 干重）

元素	临界标准	元素	临界标准
Cd	100	Mn	10 000
Co	1 000	Ni	1 000
Cr	1 000	Pb	1 000
Cu	1 000	Zn	10 000

B. 植物地上部的重金属含量应高于根部。

C. 在重金属污染的土壤上植物能良好地生长，一般不发生重金属中毒现象。

迄今为止，世界上已发现的超富集植物超过 400 种，已发现的部分典型的超富集植物物种及植物体中最大重金属含量见表 6.3（桑爱云等，2006）。

表 6.3　一些典型的超富集植物体中最大重金属含量　　（单位：mg/kg）

中文名称	学名（拉丁名）	干茎叶中重金属	
		种类	含量
高山薯	*Ipomoea alpina* Rendle	Cu	12 300
天蓝遏蓝菜	*Thlaspi caerulescens* J. & C. Presl	Cd	1 800
春米努草	*Minuartia verna* （Linnaeus） Hiern	Pb	11 400
天蓝遏蓝菜	*Thlaspi caerulescens* J. & C. Presl	Zn	51 600
毒鼠子	*Dichapetalum gelonioides* （Roxburgh） Engler	Zn	30 000
短瓣遏蓝菜	*Thlaspi brachypetalum* Linn.	Zn	15 300
芦苇堇菜	*Viola calaminaria* Linn.	Zn	10 000
东南景天	*Sedum alfredii* Hance	Zn	19 674
芒萁	*Dicranopteris pedata* (Houttuyn) Nakaike	Re	3 000
蜈蚣草	*Pteris vittata* Linn.	As	5 000
大叶井口边草	*Pteris cretica* Linn.	As	694
线蓬	*Sutera fodina* Wild	Cr	2 400
尼科菊	*Dicoma niccolifera* Wild	Cr	1 500

有关超积累植物大量富集重金属的机理迄今为止仍是研究的热点。Raskin 等（1997）认为超积累植物的根部能通过以下几种方式增加重金属的移动性，以促进重金属离子的吸收：

①植物的根系能分泌一些金属离子的螯合剂（如苹果酸、柠檬酸、组氨酸等），以螯合、溶解土壤中束缚的重金属；②根部具有特殊的原生质膜，这种原生质膜上绑缚有金属还原酶，能增加金属的有效性；③植物的根能释放质子，提高根际土壤的酸性，从而增加重金属的移动性；④植物可以通过根际微生物促进对金属离子的吸收。

此外，还有研究表明某些超积累植物能够通过区隔化机制（compartmentation）降低体内存储的重金属毒性。

能用于污染土壤植物修复的最好的植物应具有以下几个特性（张从和夏立江，2000）：①即使在污染物浓度较低时也有较高的积累速率；②能在体内积累高浓度的污染物；③能同时积累几种金属；④生长快，生物量大；⑤具有抗虫、抗病能力。

筛选能用于污染土壤修复并具有商业化价值的植物仍是当前研究与应用的热点。

（4）植物降解。植物降解（phytodegradation）是指植物通过根系分泌酶到土壤中将大分子有机物分解成小分子，并将这些小分子运输到植物体内进一步分解的过程（Pilon-Smits，2005）。目前已知的植物能够降解的大分子有机物主要有三氯乙烯（C_2HCl_3）和甲基三级丁烯醚（$CH_3OC_4H_9$），它们均为杀虫剂中的主要成分。有的植物产生的酶无法直接分解大分子有机物，但它们能够通过吸引特定的微生物来完成这项工作。

（5）植物转化。植物转化（phytotransformation）分为两种情况：一种就是将大分子有机物进行降解，也就是前面提到的植物降解；另一种并不是将有机物降解，而是对有机物进行修饰。因此，一些植物也被称为自然界的“绿色肝脏”，发挥着类似人类肝脏的解毒作用。通过对化合物添加羟基等基团，这些植物能够将土壤中的毒素转换为毒性较低甚至没有毒性的化合物，从而减少环境中毒素物质的含量（Ramel et al.，2012）。

（6）根系过滤。根系过滤（rhizofiltration）是指富营养或富含毒素的大量水体通过根系过滤后，其中的污染物含量显著降低的过程。这种方法往往是通过预先在温室中种植这些植物，并在需要的环境中临时移栽这些预先培育的植物来实现的（Surriya et al.，2015）。

3）人工诱导植物修复技术　该技术主要有利用基因工程促进植物修复技术和化学添加剂强化植物修复技术（王卫华等，2015）。

（1）利用基因工程促进植物修复技术。传统的植物修复技术往往受到植物的生物量、生长速度、适应性和对重金属的选择性等因素的制约，表现出一定的局限性。利用基因工程来培育出高产、高效和可富集多种重金属的超积累植物，已经成为人工诱导植物修复技术的一个新思路。

例如，Varara（2000）将细菌中的相关基因引入番茄后，番茄具有了对 Cd、Co、Cu、Ni、Pb 和 Zn 的耐性，并不同程度地提高了这些重金属在植物组织中的富集。

（2）化学添加剂强化植物修复技术。植物修复技术的效果与重金属在土壤中的生物可利用性密切相关。而大部分重金属在土壤中的生物有效性较低，能够直接被植物利用的部分很少。化学诱导植物修复技术就是向土壤中施加化学物质，改变土壤重金属的形态，提高重金属的植物可利用性的一种技术。例如，Huang（1998）研究发现，向铀污染土壤中加入一定数量的柠檬酸，3 天以后，印度芥菜地上部分铀的浓度提高了 1000 多倍，由于柠檬酸在土壤中较容易降解，不会造成残留毒性，使用较安全。

在化学诱导植物修复技术中，使用最多的化学物质是螯合剂，其余依次为酸碱类物质、植物营养物质及共存离子物质。近年来，还有利用植物激素、腐质酸、CO_2 及表面活性剂等的例子。

6.2.3.3　受污染土壤的微生物修复技术

1）微生物修复受污染土壤的原理　　土壤生物修复的基本原理是利用土壤中天然的微生物资源或人为投加目的菌株，甚至用构建的特异降解功能菌投加到各污染土壤中，将滞留的污染物快速降解和转化成无害的物质，使土壤恢复其天然功能（李凯峰等，2002）。

由于自然的生物修复过程一般较慢，难以实际应用，因而生物修复技术是工程化过程，在人为促进条件下进行。利用微生物的降解作用，能去除土壤中石油烃类及各种有毒有害的有机污染物。降解过程可以通过改变土壤理化条件（温度、湿度、pH、通气及营养添加等）来完成，也可接种经特殊驯化与构建的工程微生物提高降解速率。

2）受污染土壤的微生物修复技术　　微生物修复技术，就是利用微生物具有氧化、还原、分离及转移和变换元素周期表中大部分元素的能力，去除和解毒土壤、底泥沉积物和地下水中的污染物，从而使污染的土壤部分或完全恢复到原始状态的技术。微生物修复技术方法主要有两种，即原位修复技术和异位修复技术（郑良永等，2006）。

（1）原位修复技术。原位修复技术是在不破坏土壤基本结构的情况下的微生物修复技术，有投菌法、生物培养法和生物通气法等，主要用于被有机污染物污染的土壤修复（张从和夏立江，2000）。

投菌法是直接向受到污染的土壤中接入外源污染物降解菌，同时投加微生物生长所需的营养物质，通过微生物对污染物的降解和代谢达到去除污染物的目的。

生物培养法是定期向土壤中投加过氧化氢和营养物。过氧化氢在代谢过程中作为电子受体，以满足土壤微生物代谢，将污染物彻底分解为 CO_2 和 H_2O。

生物通气法是一种强化污染物生物降解的修复工艺。一般是在受污染的土壤中至少打两口井，安装鼓风机和真空泵，将新鲜空气强行排入土壤中，然后再将土壤中的空气抽出，土壤中的挥发性毒物也随之出去。在通入空气时，加入一定量的氨气，可为土壤中的降解菌提供所需要的氮源，提高微生物的活性，增加去除效率；有时也可将营养物与水经过滤通道分批供给，从而达到强化污染物降解的目的。在有些受污染地区，土壤中的有机污染物会降低土壤中的 O_2 浓度，增加 CO_2 浓度，进而形成一种抑制污染物进一步生物降解的条件。因此，为了提高土壤中的污染物降解效果，需要排出土壤中的 CO_2 和补充 O_2。

（2）异位修复技术。异位修复处理污染土壤时，需要对污染的土壤进行大范围的扰动，主要技术包括预制床技术、生物反应器技术、厌氧处理技术和常规堆肥法等（郑良永等，2006）。

预制床技术是在平台上铺上砂子和石子，再铺上 15～30cm 厚的污染土壤，加入营养液和水，必要时加入表面活性剂，定期翻动充氧，以满足土壤微生物对氧的需要，处理过程中流出的渗滤液，及时回灌于土层，以彻底清除污染物。

生物反应器技术是把污染的土壤移到生物反应器，加水混合成泥浆，调节适宜的 pH，同时加入一定量的营养物质和表面活性剂，底部鼓入空气充氧，满足微生物所需氧气的同时，使微生物与污染物充分接触，加速污染物的降解。降解完成后，过滤脱水。这种方法处理效果好、速度快，但仅仅适宜于小范围的污染治理。

厌氧处理技术适于高浓度有机污染的土壤处理，但处理条件难以控制。

常规堆肥法是传统堆肥和生物治理技术的结合，向土壤中掺入枯枝落叶或粪肥，加入石灰调节 pH，人工充氧，依靠其自然存在的微生物使有机物向稳定的腐殖质转化，是一种有机物高温降解的固相过程。

上述方法要想获得高的污染去除效率，关键是菌种的驯化和筛选。由于几乎每一种有机污染物或重金属都能找到多种有益的降解微生物，因此寻找高效污染物降解菌是生物修复技术研究的热点。

3）植物-微生物联合修复技术　在重金属污染土壤的联合修复技术中，植物-微生物的联合是最常见的组合，它将植物修复和微生物修复各自的优势进行组合应用，植物能为微生物提供充足的养分，使其旺盛生长；微生物通过自身的酶和其他分泌物来加强植物对土壤中重金属的修复效果，植物和微生物互利共生、相互促进（高燕春等，2015）。

植物-微生物联合修复技术是当前国内外土壤重金属污染修复的研究热点，已有较多成功案例，巨大芽孢杆菌和胶质芽孢杆菌的混合微生物制剂可以促进超富集植物生长，增强超富集植物对土壤镉、铯、锌的吸收（杨卓等，2009）；土霉素降解菌能提高植物生物量，促进孔雀草、紫茉莉对镉的吸收，并提高紫茉莉对镉的富集系数（陈苏等，2015）。

6.2.3.4 受污染土壤的理化修复技术

受污染土壤的理化修复技术主要有热解吸法、水洗法、客土法和换土法等（张从和夏立江，2000）。

1）热解吸法　对于挥发性的重金属，采取加热的方法将重金属从土壤中解吸出来，然后再回收利用。应用此种方法可对重金属汞进行去除、回收。

首先将受污染土壤破碎，然后加入添加剂，促进汞化合物分解并吸收此过程中的有害气体，然后对小体积土壤低速通入气流，低温（105.6～117.8℃）去除水分和易挥发物质，再高温（555.6～666.7℃）气化汞并收集冷凝。

净化过程中注意处理废气的净化，用活性炭吸收残余气化汞和其他气体，操作系统采用负压双层空间，防止事故发生时汞蒸气向大气散发。

2）水洗法　水洗法是采用清水灌溉稀释或洗去重金属离子，使重金属离子或迁移至较深土层中，以减少表土中金属离子的浓度；或将含重金属离子的水排出田外。

但采用此法也应遵守防止二次污染的原则，要将含污染物的水排入一定的储水池或特制的净化装置中，进行净化处理，切忌直接排入江河或鱼塘中。此法也只适用于小面积严重污染土壤的治理。

3）客土法和换土法　客土法是在被污染的土壤上覆盖上非污染土壤；换土法是部分或全部挖除污染土壤而换上非污染土壤。

客土法和换土法均是治理农田重金属严重污染的切实有效的方法。在一般情况下，换土厚度越大，境地作物中重金属含量的效果越显著。但是，此法必须注意以下两点。

（1）客土性质一致性。用作客土的非污染土壤的 pH 等性质最好与原污染土壤相一致，以免由于环境因子的改变而引起污染土壤中重金属活性的增大。例如，如果使用了酸性客土，可引起整个土壤酸度增大，使下层土壤中重金属活性增大，结果适得其反。因此，为了安全起见，原则上要使换土的厚度大于耕作层的厚度。

（2）妥善处理挖出的污染土壤。将其深翻至耕层以下，这对于防止作物受害也有一定效果，但效果不如换土法。

客土法和换土法的不足之处是需要花费大量的人力和财力，因此只适用于小面积严重污染土壤的治理。

6.2.3.5　受污染土壤的综合修复

如 6.2.2 所言，污染土壤修复的参照系通常是按污染消除程度而人工设计的，而生态恢复的目标也是以消除污染的要求为指标的。为了实现这一目标，需要多技术综合利用，以达到理想的恢复效果。韩国在垃圾填埋场治理方面有很多成功的经验值得借鉴，其中，最经典的一个案例是首尔市兰芝岛将一个大型垃圾填埋场改造成了 2002 年的世界杯公园。在这个大型的垃圾填埋场生态恢复过程中，首尔市政府针对 4 个主要方面采取了相应的措施（图 6.7）：①填埋产生的沼气。建设了 106 口沼气收集井和气体运输管道，利用沼气为附近居民、工厂和公共用地供暖。②填埋渗漏液。建设隔离墙和低渗漏隔离层，并构建废液收集井将废液收集到附近的废水处理厂。③封顶。用环保复合材料在填埋场顶部构建保护层，并种植高多样性的园林绿化植被，形成世界杯公园的绿化植被主体。④监控设备。在公园内部和外围设置监控装置，监控土壤污染物的含量和流向，严格控制污染物扩散。通过这四大类措施，首尔政府成功地将垃圾填埋场恢复成为为社会创造了大量经济和人文价值的旅游休闲场所。

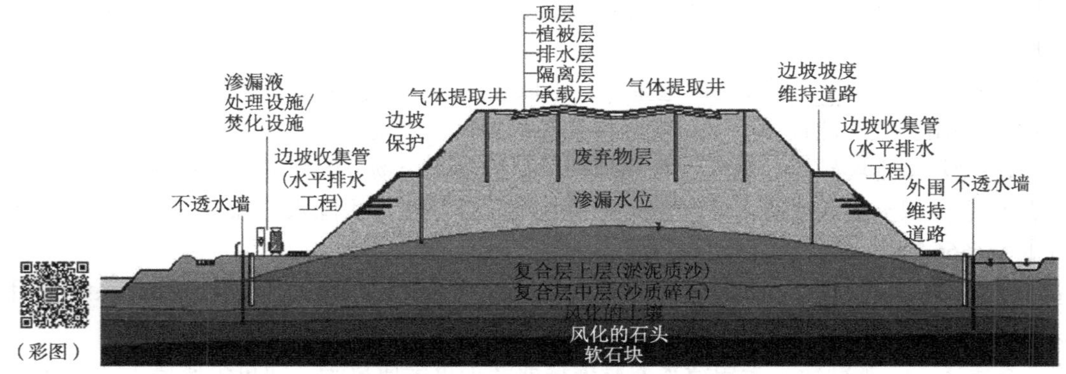

图 6.7　韩国首尔兰芝岛世界杯公园剖面图

6.3　废弃采石场的生态恢复

6.3.1　废弃采石场及其危害

在社会建设过程中需要大量的建筑石料，传统的采石场为减少投入没有修建挡土墙，大多也未进行复垦绿化，在开发的过程中也没有注意保护，未考虑到采石场的位置、角度、坡向和走向，也未考虑废石和废渣的保留和堆放问题。当这些采石场逐渐被废弃之后，对当地的生态环境产生了极大的破坏。为了很好地保护环境，防治环境的恶化，我们应该采取相应的措施对采石场进行生态恢复。

废弃采石场造成的生态环境问题主要有以下几个方面（罗松和郑天媛，2001）。

1）*水土流失严重*　由于废弃的土石随意堆放，均未设置挡土墙和排水沟，降雨的时候容易造成水土流失、泥石流、滑坡、泥沙堵塞小溪河流等。此外，运载石材的重载卡车长期密集通行，道路损毁严重，沿线尘土飞扬，雨天就成为白色的泥浆路，泥浆经雨水冲刷带入溪流，污染水体。

2）*生物多样性减少*　采石活动剥离了表层土壤，当地植被遭到了毁灭性的破坏，使植物物种大大减少，种属退化。此外，长期的开采活动的噪音干扰，生存环境的恶化，使众多的野生动物离开了采石场及其附近的栖息地，生物多样性大大减少。

3）*景观遭到破坏* 采石场为了减少投入采用垂直开采方式遗留的高低不等的直立石质开采面，即便采石场关停后，仍好像一块块凌乱的“补丁”，严重破坏周围自然景观。废弃的采石场留给城市的是残缺不全的光秃秃的山体缺口，地表裸露，尘土飞扬，对城市生态与景观的影响极大。

4）*生态安全问题突显* 开山采石首先要砍掉树和草，去土皮并炸石，结果把秀丽的山变成了乱石堆。有的坡面稳定性差，岩体崩塌现象时有发生，造成水泥石流和滑坡现象，不仅危害人类的生命财产，还会毁坏森林，抬高河床，堵塞管道，加大洪水危害等。

6.3.2 废弃采石场的结构特征

一般废弃采石场的结构由以下 4 部分组成（杨冰冰等，2005）。

1）*废石堆放场* 废石堆放场由剥离表土与开采或加工产生的废石堆积而成。其通常是散砂石结构，边坡非常疏松，雨季泥水泛滥，坡面水土流失严重，并通常伴有坍塌现象，但它的坡度通常较缓，施工难度不大，而且植物较易扎根，因而较易进行植被恢复。

2）*余留边坡* 采石后余留边坡通常坡度较大，一般在 40°～70°，通常是坚硬的碎石和石块结构，但上层往往是土壤层；很多余留边坡还存留有开采期间使用的人行小道，因而只要采取一定的工程措施，保证植物在早期有立足之地，往往都能保证恢复的成功。

3）*平台或坑口迹地* 石料挖走后通常留下平台或坑口迹地。平台往往是最为坚硬的石头，几乎没有松散基质；但对它进行植被恢复也不难，最简单有效的办法就是客土法，即从异地运进土壤，覆盖在平台或坑口迹地的表面，以形成 10～20cm 的土层。

4）*石壁* 石壁的最大特征是坡面光滑，无任何基质，而且坡度大多超过 80°甚至达 90°，是名副其实的“悬崖峭壁”。显然，石壁的复绿是极其困难的，几乎是生态恢复中的难度极限（Pinto et al.，2002）。

6.3.3 废弃采石场生态恢复的程序

在废弃采石场生态恢复的程序中（图 6.8），第一个步骤就是要控制水土流失。对采石场水土流失的治理，常采取工程措施和生物措施相结合的方法，集中堆放弃渣，设拦挡工程；建立排水系统，避免直接冲刷；开采结束后对开采平台面和开采垂直面覆土绿化（罗松和郑天媛，2001）。

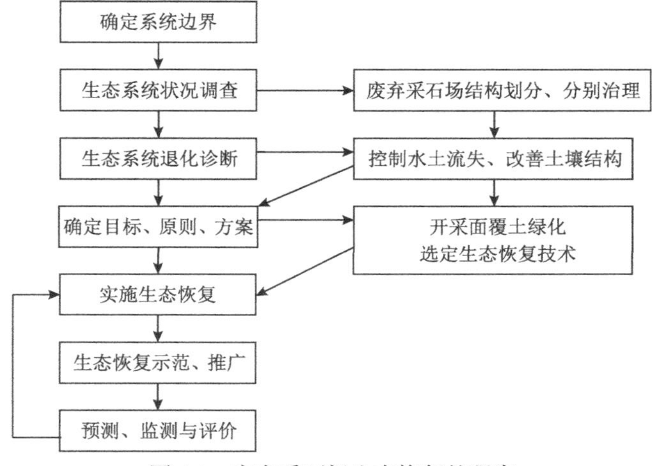

图 6.8 废弃采石场生态恢复的程序

6.3.4 废弃采石场复绿的技术

对开采平台面和开采垂直面覆土绿化是废弃采石场生态恢复的关键环节，特别是石壁复绿的生态工程技术难度最大。由于石壁表面光滑，无任何土壤或松散基质；且十分陡峭，通常达 70°～80°，甚至 90°；往往有相当的高度，通常数十米，甚至上百米。因此石壁的植被恢复异常艰难，是一个世界性的难题（杨冰冰等，2005）。

石壁复绿是一项复杂的坡面生态工程（slope ecological engineering）技术。所谓坡面生态工程技术，即一种利用植物进行坡面保护和侵蚀控制的途径和手段，它涉及工程力学、环境生态学、植物学、土壤学、肥料学、园艺学等多个学科领域。与传统的工程方法相比，坡面生态工程具有自我修复和持久作用、低能耗、低物耗、费用-效益综合优势、环境兼容性、劳力-技术密集型等特点，在陆地景观的稳定、堤岸和交通线路边坡的保护等方面具有重要的意义（夏汉平等，1998）。

石壁治理应根据采石场的岩性、石壁坡度和石壁表面粗糙程度等确定相应的措施，而主要依据是石壁的坡度。石壁治理的核心是绿化，由于石壁陡峭无土壤，难以保水，对植物生长极其不利，绿化难度不言而喻。可以说石壁绿化是废弃采石场整治的重点、难点，也形成了多种不同的治理方法（图 6.9）。

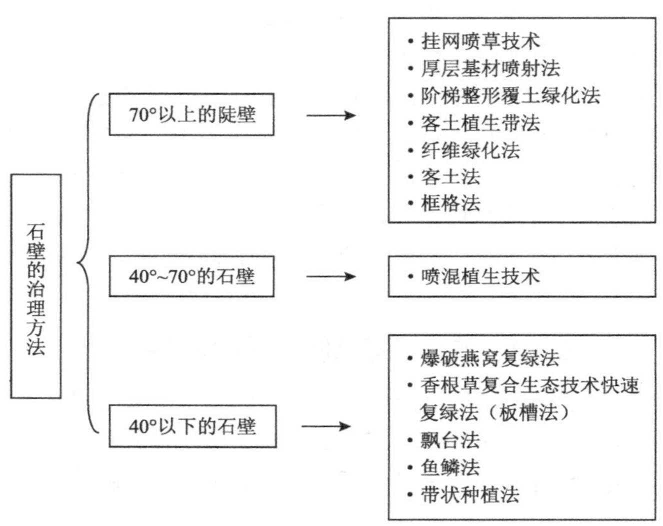

图 6.9　石壁的治理方法

石场的生态恢复，不只是简单的绿化，更重要的是生态重建（汤惠君和胡振琪，2004），即应考虑植被品种短期和长期的优势及生物多样性和植物群落稳定性的问题而进行群落结构优化配置模式的多样性研究，也要从系统的角度对复垦区域生态系统的稳定性和长久性及与邻近地区景观协调的一致性等方面进行深入的探讨；更要研究采石场地貌恢复和生态系统重建后的有效性和稳定性的问题。

6.3.4.1　爆破燕窝复绿法

爆破燕窝复绿法（method of bird’s nest formed from blast）是指采用爆破、开凿等方法在石壁上定点开挖一定规格的巢穴后，往巢穴中加入土壤、水分和肥料，最后种植合适的速生类植物（杨冰冰等，2005）。

主要技术要点：要掌握一定的爆破技术，注意开挖的巢穴规格相对要大，最好选用理化性状优良、保水性强、养分均衡、肥效长的土壤，以确保植物的生长要求。植物种类以抗旱、耐贫瘠、速生的品种为宜，也可配置一些上攀下援的藤本植物。

养护管理：前期小苗期间需加强水肥管理，长成后应注意修剪和防治病虫害。

优点：品种取材广，既可选用乡土种，也可选用外来种。定植后植株生长迅速，成活率高，能快速达到绿化效果。后期的养护简单，植物生长稳定后，可长期不用浇水。

缺点：巢穴施工难度大，成本高，易出现人员伤亡事故；另外爆破又成为第二次开采，产生的废石堆的清理也是一个问题。植物生长初期条件恶劣，复绿速度较慢。

适用范围：适用于石壁坡度不是太陡、石质易碎、风化程度较高的石场，并有足够的经济投资，允许 1～2 年基本恢复绿化的石场。

6.3.4.2 阶梯整形覆土绿化法

治理石质开采面水土流失、改善其自然景观最好的办法就是恢复植被，但在开采面坡度大（基本直立）、无土层的特殊情况下，要解决的核心问题是如何将土壤稳妥地覆盖到开采面上并用植被使开采面全部得以遮盖。

阶梯整形覆土绿化法（step building method）是将开采面设计为阶梯形，在每一级阶梯平台上覆土并植树，当树木长大、枝繁叶茂之时，整个开采面将全部被遮盖，不仅可治理水土流失，同时也将极大地改善自然景观（罗松和郑天媛，2001）。

主要技术要点：①树种选择。树种宜选择当地适生、根系发达、成熟高度在 3m 以下的速生树种。②确定覆土厚度。覆土厚度既要考虑工程量大小，又要考虑覆土层的稳定性，还要与所选树种相适应，一般可在 0.5～1m 选择。③确定阶梯高度。阶梯设计高度应与树种选择相结合，阶梯高度应小于或等于所选树种成熟高度。④确定阶梯宽度。为有效地遮盖开采面，每一阶梯平台至少种植两行树，错位布置。考虑覆土稳定和布设排水沟的需要，阶梯宽度一般可在 2～4m 选择。⑤布设排水系统。为防止降雨形成的地表径流冲刷开采面及覆土，沿开采范围线外侧布设截流沟，沿阶梯平台内侧布设排水沟。排水沟由中间向两头设置一定比降，与截流沟相连，使地表径流最终进入采石场总排水沟。截流沟及排水沟断面尺寸根据截流面积及降雨强度确定。

该技术的效果示意图如图 6.10 所示。

A

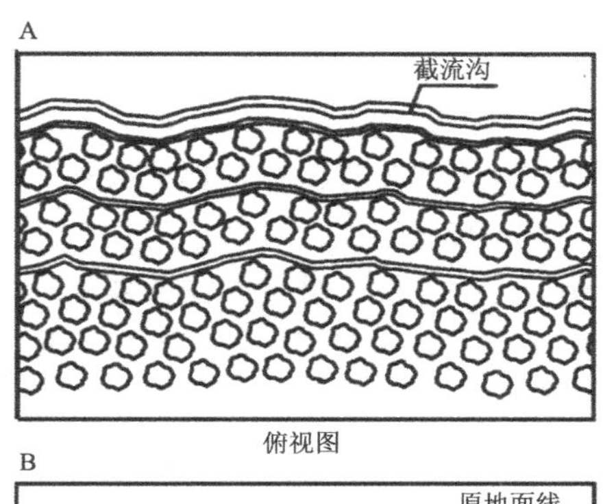

俯视图

B

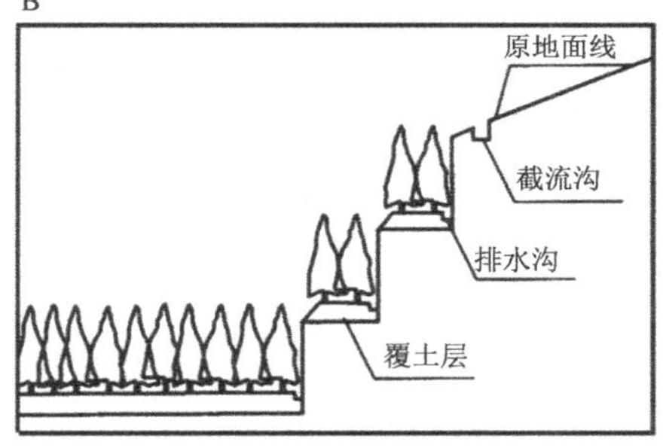

正视图

C

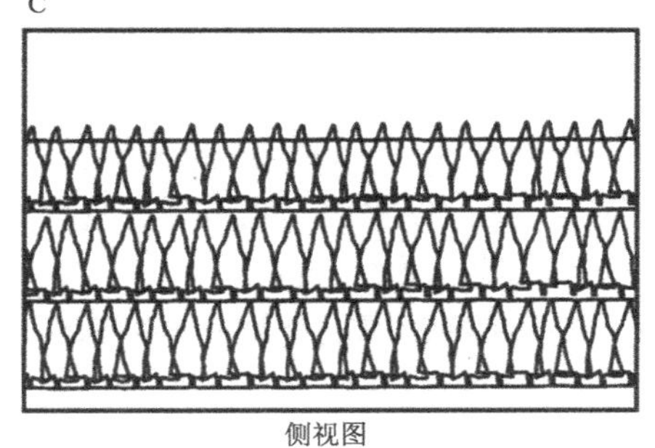

侧视图

图 6.10 阶梯整形覆土绿化法的效果示意图（罗松和郑天媛，2001）

6.3.4.3 挂网喷草技术

挂网喷草技术（seed-spraying method）是利用特制喷混机械将土壤、有机质、保水剂、黏合剂和种子等混合后喷射到岩面上，在岩壁表面形成喷播层，营造一个既能让植物生长发育而种植基质又不被冲刷的稳定结构，保证草种迅速萌芽和生长（张俊云等，2001）。由于喷播前一般都先在石壁上安装金属网格，再在网格上喷洒泥浆与草籽，以达到固定与支持效果，因此安装网格的喷播方法又称为网格喷播复绿法。

主要技术要点：①喷播基材。喷播基材是保证喷播成功的重要因素，其主要成分为种植土、有机肥、木质纤维、锯木面、粗颗粒河沙、化学固定剂和团粒剂。泥炭土是喷播的好材料，可和木纤维（或纸浆）按一定的配比混合使用，比单用纯木纤维具有更优良的附着和保水性能，可在土壤层较薄且非常瘠瘦，甚至风化岩的坡面上进行喷播，一般喷播厚度在10～20cm。②保水剂及黏合剂用量。保水剂可根据各地气候条件及石场特点做相应的调整，黏合剂可根据石壁的坡度而定，与坡度大小成正比。③挂网。先把锚钉按一定的间距固定在石壁上，然后挂网。④草种选择。所喷播的草种应是根系发达、生长成坪快、抗旱、耐贫瘠的多年生品种。如果当地的冬季寒冷的话，还应考虑品种的抗冻性。⑤混播。利用草种的互补性，如深根性和浅根性、豆科和禾本科、外地与本地、发育早与发育晚等特性进行混合喷播。

养护管理特点：喷播后应在上面铺盖薄膜或遮阴网进行防护，防止由于风吹雨打、烈日暴晒而产生冲蚀、裂缝和脱落现象。必要时还应对喷播坡面强度进行加固，增强其抗性。

优点：方法快捷，施工方便，没有太多的土木工程；喷播面形成后，具团粒结构的土壤能协调水、肥、气、热等因素，有利于植物的存活与成长；其显著特点是喷播的草种生长速度快，可在短期内达到复绿目的。

缺点：造价较高；随着时间的推移，基质与植被会逐渐脱落、退化，这是由于喷播的基质厚度有限，里面的养分被植物吸收后，无法再继续维持植物的生长，而且基质本身对石壁的黏附性也随时间的推移而下降；由于基质薄、所喷播的草种通常都是浅根系，不大耐旱，用水量大，结果导致养护管理费用也较高。

适用范围：可用于喷播施工方便的岩壁坡面，尤其是不宜人工栽植的恶劣地理环境。同时也适用于严重影响景观且非常重要、急需短期内复绿的石场。

6.3.4.4 喷混植生技术

喷混植生技术是在网格喷播法的基础上发展的“厚层基材分层喷射法”的技术。分层喷射法是将基材分三层喷射，每一层的基材物质结构均不同，因而整体基材较厚（张俊云等，2001）。具体来说，该方法的底层喷种植土，厚7～10cm；中间层为多孔混凝土，孔隙中填充砂浆、纤维、保水剂、肥料等，厚度也在7cm左右；表层为木质纤维及植物种子等，形成植被发芽空间，厚约5cm。

总的来看，厚层基材分层喷射法的技术要点、养护管理、适用范围等都与网格喷播法非常相似，只不过其牢固程度相对更高一些，持续时间也就更长一些，但它仍不能作为一种持久复绿的方法。

6.3.4.5 香根草复合生态技术快速复绿法

香根草复合生态技术快速复绿法（complex vetiver eco-engineering technique）是将香根草技术与特殊槽板制作及施工工艺相结合，利用香根草（*Vetiveria zizanioides*）本身的固土护坡特性，结合其他性状优良、生态效益高的乡土植物，在石壁面建成永久牢固的乔、灌、草、藤立体生态体系。

技术要点：①特殊槽板制作及施工工艺。在施工之前，先生产出带有加固钢筋的预制板，每块预制板有40～50cm长和5cm厚，并带有2根直径为12mm的螺纹钢和2根直径为6.5mm的圆钢，其中每个螺纹钢的一个末端向外伸出15cm左右。然后用风钻沿着石壁打孔，所有打进石壁的孔的位置都要保证呈45°左右的角。两排孔之间的距离主要是由植物正常生长发育所需要的空间及能有效控制侵蚀所必需的空间所决定的，为1～3m。两个相邻孔的距离应和预制板上两个相邻螺纹钢的距离相等，这样被加固的预制板就可以很容易地一个紧挨一个地以45°左右的角安装在石壁上了，再用水泥将槽板与石壁固定。②建置在水泥槽上的以香根草为主体的绿篱带。除优良的水土保持植物香根草外，所选物种必须有很强的抗旱、耐贫能力，而且其根系能较好地黏附石壁穿透石缝，可作为先锋植物来解决土壤侵蚀和滑坡等问题，并通过香根草篱的拦截作用聚集枯枝落叶给种植在其中的其他植物提供营养。③生态系统构建。建立乔、灌、草、藤等植物群落及由此产生的有效的营养循环生态体系。选择具有观赏价值的、抗逆的、常绿或落叶的木本或灌木作为主要的绿色物种，再选择一些藤本和豆科植物覆盖土壤和石壁，其目的就是通过香根草、豆科植物和落叶物种的共同作用来形成一个稳定的土壤-植物营养系统（Hengchaovanich，1998；夏汉平等，1998）。

优点：利用香根草独特的生物学和生态学特性形成一个永久的“生物坝”，一层层的绿篱可牢固地固着土壤，拦截地表径流，改善土壤环境条件，最终给其他物种提供一个相对好的生存环境；该技术不仅见效快、持久有效，而且造价可接受。

缺点：香根草生长过高，到冬天易枯黄，在一定程度上影响美观；由于香根草耐寒性较差，影响了该技术在北方地区的推广。

适用范围：适用于各种石壁，特别是硬度大、高差大、坡度大、其他方法难以成功、并希望在短期内达到复绿效果的石壁。

6.4 石油泄漏地区的生态恢复

6.4.1 石油泄漏地及其对环境产生的危害

石油泄漏地一般发生在陆地和水体，其进入陆地或者水体环境后会发生渗透、迁移、扩散等，对人类或其他生物的生存产生不利的影响。

6.4.1.1 石油对土壤的污染及危害

石油对土壤的污染主要是在勘探、开采、运输、储存及使用过程中发生的，造成了严重的环境污染和生态破坏，甚至地下水也会受到污染。油田区落地石油对土壤的污染多集中于20cm左右的表层，这是因为石油密度比较小（829～896kg/m^3），黏着力强且乳化能力低，所以黏附在土壤表层的石油大部分不会随土壤水上下移动（何良菊等，1999）。

石油进入土壤后所产生的危害主要表现在以下4个方面（齐永强和王红旗，2002）。

1）影响土壤的通透性和植物的根系生长　石油在土壤中与土粒粘连，影响土壤的通透性，而土壤表层常常是植物根系最发达的区域，所以石油对土壤的污染程度直接影响植物根系的呼吸和吸收，引起农作物的根系腐烂甚至减产（Pezeshki et al.，2000）。

2）影响土壤养分和植物的光合作用　使土壤有效磷、氮的含量减少，使光合作用减弱，影响植物的生长（Caudle and Maricle，2015）。

3）*危害人类健康* 石油中的多环芳烃具致癌、致变、致畸等作用，能通过食物链在动植物体内逐级富集，危害人类健康。

4）*污染环境* 石油烃中不易被土壤吸附的部分能渗透地下并污染地下水。

6.4.1.2 石油对水体的污染及危害

水污染最大的特点是污染物会在水体中迅速扩散，很小体积的浓缩污染物会使大面积水体顷刻间全面污染，如 2011 年发生的墨西哥湾石油泄漏事件对整个墨西哥湾水域（56%的美国陆地领土）均造成了或多或少的影响。

在一定程度上，水体的污染比陆地污染的危害更大，对生态环境的威胁更严重（刘艳双等，2006）。即使在对水体中的溢油进行清理后，仍会有部分油污以油粒子（oil-particle aggregate，OPA）的形式残存在水体中（Zhu et al.，2018），因而可能对水体生态系统造成持续的伤害。石油对水体的污染包括对淡水的污染和海水的污染。

1）*石油对淡水的污染及危害* 对于发生在河流穿跨越管段的漏油或者发生在河流湖泊等水体附近的陆地漏油，防止或减轻水体污染比土壤污染更加重要，因为淡水水域尤其是饮用水源对漏油高度敏感，对人类健康和环境影响较大。

静止的水，像湿地和沼泽，由于水不流动，漏油更容易聚集并存留较长时间。静止水域的底部生存着很多昆虫，沉积油对生物非常有害。在静止的水流条件下，被破坏的环境需要几年才能恢复。在开放水域，泄漏物可能对青蛙、爬行类动物、鱼、水鸟和其他水生动植物，以及在水中取食的动物或当地渔业产生影响。

2）*石油对海水的污染及危害* 石油是海洋水域污染中的主要毒物之一，对海洋生物影响很大。据统计，全世界每年流入海洋的石油多达数百万吨，大部分来自油船的压舱水和洗舱水，特别是井喷、油轮触礁、轮船相撞等偶然事故所造成的海上溢油事件更为严重。

石油在海洋环境中通过油膜、溶解分散态石油和凝聚态的残余物三种形式存在并产生危害（李言涛，1996）。

（1）漂浮在海面的油膜。油膜是石油输入海洋的初始状态，通过物理、化学、生物使之发生变化，油膜的寿命取决于当时当地的海空动力因素及地理状况、海洋环境的化学生物因素、油的物理和化学性质及溢油的数量等。一般轻油油膜在海面的残留时间为 10 天左右，大规模事故性溢油（特别是重油）的油膜在海面停留的时间较长，它将严重地影响海区的海空物质交换、热交换，使海水中氧含量、化学耗氧量、相对密度、温度等环境因素发生变化，并影响生物的光合作用及其生理生化功能。油膜严重破坏了海洋环境的自然景观，降低了海洋环境使用质量。

（2）溶解分散态石油。溶解分散态石油包括溶解和乳化状态。溶解分散于水体的石油组分的含量起初取决于溶解分散、吸附和凝聚作用，然后受控于沉积、光氧化、生物化学作用。分散态是石油对海洋生物产生直接危害的形式，它的毒性也与组分的性质及其分散程度有关，芳香类化合物的毒性较大，且芳环的数目越多，毒性越大。

（3）凝聚态的残余物。凝聚态的残余物包括海面漂浮的焦油球及在沉积物中的残余物。漂浮的颗粒态石油残余物焦油球是输入海洋石油的风化产物。焦油球的挥发和溶解作用很缓慢，其为半固态，不会对海洋生物产生明显的影响，但它破坏了海洋环境的自然景观。

6.4.2　石油泄漏地区生态恢复的程序与恢复技术

6.4.2.1　石油泄漏土壤地的生态恢复程序

在石油泄漏地区的生态恢复的程序中，第一个步骤就是确定石油泄漏会波及的区域（包括水体和陆地），由于水体的连接，石油泄漏的影响区域可能非常巨大。与受污染的生态恢复类似，石油泄漏地区的生态恢复也需要格外重视对石油扩散的控制，并对已受石油污染的水体和土壤采取清除油污、恢复生境的措施。

6.4.2.2　石油泄漏土壤地的生态恢复技术概述

石油泄漏土壤地的生态恢复技术一般可以分为物理方法、化学方法和生物方法(图 6.11)。从图中可以看出，石油泄漏土壤地是污染土壤地的其中一种类型，其整个技术方法是相近的，但由于专门针对油泄漏污染，生态恢复技术有其特殊性。

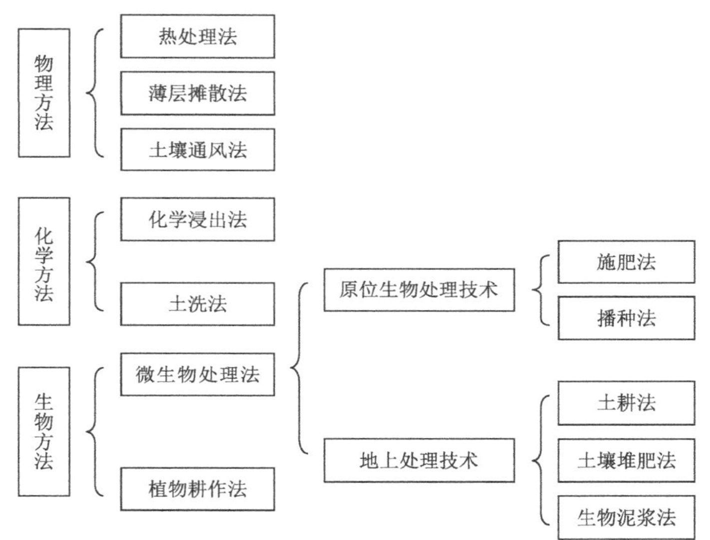

图 6.11　石油泄漏土壤地的生态恢复技术（何良菊等，1999；刘艳双等，2006）

6.4.2.3　石油泄漏地生态恢复的生物技术

石油泄漏地生态恢复的生物技术主要是微生物处理技术（Lin and Mendelssohn，1998；何良菊等，1999）。一些微生物被发现能够产生表面活性剂类物质，从而具有消灭油污的功能。同时，一些植物由于具有富集“吃油”微生物的能力，也被应用在石油泄漏地的生态恢复中（Yavari et al.，2015）。

石油污染土壤的处理方法主要有两类：原位生物处理技术（*in situ* or *on-situ* biological treatment）和地上处理技术（above-groundor *ex-situ* biological treatment）（何良菊等，1999）。

原位生物处理是向污染区域投放氮、磷营养物质，促进能够吸收转化土壤中有机污染物的植物或土壤中依靠有机物作为碳源的微生物的生长繁殖，利用其代谢作用达到消耗石油烃的目的。许多国家应用这种技术处理被石油污染的土壤，取得了较好的成效（郑远扬，1993；Lin and Mendelssohn，1998）。

地上处理技术则要求把受污染的土壤挖出，集中起来进行生物降解。可以设计和安装各种过程控制器或生物反应器以产生生物降解的理想条件，这样的处理方法包括土耕法（land farming）、土壤堆肥法（composting）和生物泥浆法（bioslurry treatment）等。这些方法均已有很多应用，并取得很好的效果（Line et al.，1996；Zappi et al.，1996）。

一些研究表明，一些海滨常见物种，如互花米草和红树植物能够在石油污染物发生了一定的氧化降解之后在石油污染的海滨区域定植并形成群落（Martin et al.，1990；Bergen et al.，2000）。这些群落能够很好地缓解滨海群落裸露土壤的流失，以及海滨植被的进一步退化，从而起到生物修复的效果。

随着对石油泄漏土壤地的生态恢复的生物技术研究的深入，现已有一些专门化的设备。陶颖和周集体（2002）综述了一系列用于受有机污染物污染的土壤修复生物反应器（图 6.12），包括土壤泥浆反应器、固定生物膜反应器、转鼓式反应器、生物流化床反应器、厌氧-好氧反应器、土壤淤泥序列间歇反应器（soil slurry-sequencing batch reactor）等。

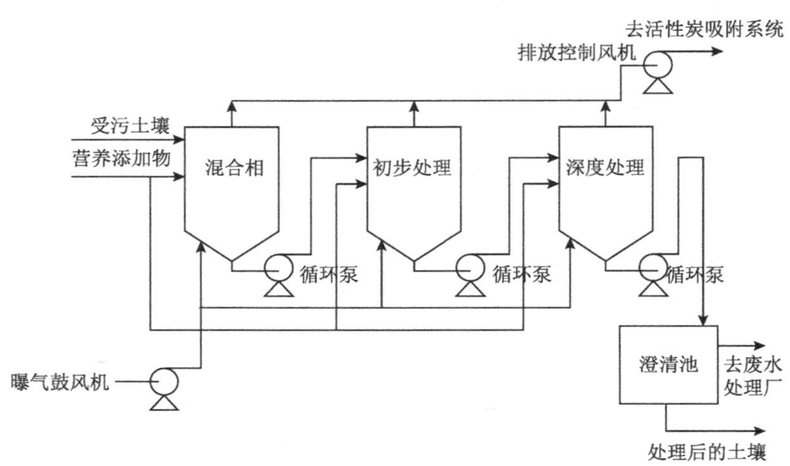

图 6.12　生物修复反应器处理方式流程示意图（陶颖和周集体，2002）

6.4.2.4　石油泄漏土壤地生态恢复的理化技术

然而，由于生物技术清除油污耗时较久（Yavari et al.，2015），在一些需要快速清理的区域，理化技术虽然成本更高，但却被更广泛采用。

1）漏油回收技术　　陆地管道发生泄漏后，除了积极堵漏外，最有效的紧急预防环境污染的措施是利用隔墙/护坡引流，挖沟引流，或者利用自然的沟渠和自然地势引流，将油集中在自然形成的或人工挖掘的储油池中，将漏油控制在有限的区域内，避免油品继续扩散或流入附近的河流、湖泊等敏感区域（刘艳双等，2006）。

引流构筑物可以是土制、吸附剂、沙袋、植被或其他可以阻止漏油流动的材料，人工挖掘的土储油池一般要用塑料或其他材料铺垫，以防止油品渗入土壤，扩大污染。油品抽干后，在油池底部铺垫吸附材料来吸附剩余油品。隔墙/护坡可以用标准的土方搬运设备，如装载机、平地机、推土机或手工工具等建造，然后利用抽油泵、软管、滚动式和固定式储罐等回收设备进行油品回收。

在回收过程中，要及时收集现场有关地表油流范围、土壤渗透性、油品渗透深度等数据，为其他应急反应组织及时选择最佳策略提供可靠数据。

2）石油污染土壤处理的理化技术　　漏油回收后，应对受石油产品污染的土壤进行处理，处理方法有现场处理或运走集中处理两种。现场处理对环境破坏最小，也比其他地方处理方法更经济，但就地处理方法可能需要几年的时间才能完成彻底清理。一般被污染面积较大的以现场处理为主。常用的有如下几种处理技术（刘艳双等，2006）。

（1）薄层摊撒法。将被油污染土薄薄地摊撒在不渗水的表面上，如水泥路面、玻璃钢等。通常摊开土的厚度小于304.8mm，摊晾时间为2个月或更长。摊晾增加了土壤的营养和水分，促进了土壤的生物降解能力。此方法的优点是经济，适用于各种土壤类型，特别是处理污染程度相对较低的土壤。缺点是需要较大的区域来摊撒大量的被污染土。

（2）土壤通风法。此法处理得彻底，不需要复杂装置，处理费用低，可使用化学药剂清除油污，油处理剂一般有凝固剂、乳化分散剂、凝胶剂、集油剂、沉降剂等。

6.4.2.5 石油泄漏水体生态恢复的主要技术

当前石油泄漏水体生态恢复的主要技术有拦油栅法、撇油器法、吸附剂法、凝固剂法和燃烧法等（刘艳双等，2006）。

1）拦油栅法　拦油栅用来控制漂浮在水上的油品，将泄漏物集中在相对较小的区域内，可控制泄漏物的进一步扩散，降低对其他水域污染的可能性，并且使漏油的回收更加容易。此外，还可以利用拦油栅为泄漏物的流向改道，引导泄漏物沿预期的方向流动，避免污染其他环境敏感区域。

虽然拦油栅的种类多种多样，但通常所有的设计都包含以下4个基本部分：①水上“干舷”，用来容纳泄漏物并阻止波浪将其涌出拦油栅外；②拦油栅的漂浮装置；③水下“外裙”，用来围拦泄漏物，控制流失；④“纵向支撑”，通常是沿着外裙的底部拉一条链索或钢丝绳，以加强拦油栅抵抗大风和波浪的能力，还可以作为重物或压舱物来加强拦油栅的稳定性，保持拦油栅直立。

拦油栅按形状可分为三种基本类型：①栅栏形拦油栅，具有一个高大的干舷和一个扁平的漂浮装置，在有波浪和大风可能导致拦油栅打漩的时候，这些装置可以使拦油栅免受恶劣水面环境的影响；②圆形或窗帘形拦油栅，具有一个圆形的漂浮装置和延伸的外裙，这种拦油栅在恶劣的环境中仍具有优良的性能，但在清理和存放上不如栅栏形拦油栅；③刚性或充气式拦油栅，可以制成多种形状，在恶劣水面上性能优良且易于清理和存放，但成本昂贵，使用不便，容易被刺穿和泄气。

拦油栅按功能可以分为三种基本类型：①偏转（或分流）式拦油栅，能够将漏油从敏感地区分流到容易控制和回收的低敏感度地区或静水流区；②隔断式（保护）拦油栅，能够封闭环境敏感地区，如沼泽地、鸟类保护区和鱼类繁殖区等；③吸附剂拦油栅，在水道的入口处横向放置，防止泄漏物从污染区域再次进入水道，也可以将这种拦油栅作为一次拦油作业后的第二道防线，当发生管道泄漏而没有可用的拦油设备时，可以用任何材料来暂时充当拦油栅，起拦油和导流的作用。

2）撇油器法　撇油器是用来从水表面回收泄漏石油的一种装置。撇油器既可以自驱动，也可以用船驱动，撇油器的工作效率在很大程度上取决于水面情况。撇油器有各种类型，如堰式撇油器、亲油型撇油器、吸入式撇油器等。每种类型撇油器的性能都取决于被回收石油的类型、清理工作进行中的水面状况及水中存在的冰或垃圾等情况。

3）吸附剂法　吸附剂是通过吸附/吸收机理来回收泄漏油品的材料。吸附过程分为三步：①外扩散，吸附质从流体主体通过扩散（分子扩散与对流扩散）传递到吸附剂颗粒的外表面；②内扩散，吸附质从吸附剂颗粒的外表面通过颗粒上微孔扩散进入颗粒内部，到达颗粒的内部表面；③吸附，吸附质被吸附剂吸附。为了有效地控制石油泄漏，要求吸附剂既能吸油，又不被水浸湿。对于一些轻微的石油泄漏，吸附剂可以用作主要的清除漏油的方法。但在大多数情况下，在撇油器不能到达的地方，或在最后对漏油痕迹做扫尾工作时才会使用吸附剂。

常用的吸附剂可分为三类：①天然有机吸附剂，以稻草、木屑、树皮、玉米棒芯、玉米秆、羽毛和其他以炭为成分的天然产品，可以吸附超过自身重量3～15倍的泄漏物；②天然无机吸附剂，常用的天然无机材料有黏土、珍珠岩、蛭石、膨胀页岩和天然沸石等，天然无机吸附剂可以吸附超过自身重量4～20倍的泄漏物；③合成吸附剂，该吸附剂包括人工制成的类似于塑料的人造材料，如聚氨酯、聚乙烯和聚丙烯及有大量网眼的树脂，还有交联键聚合物和橡胶物质类吸附剂，大多数合成吸附剂可以吸收超过自身重量70倍的泄漏物，能再生是这类合成吸附剂的一大优点。

4）*凝固剂法*　凝固剂与石油反应，形成如同橡胶样的固体物，当泄漏不太严重时，可以手工抛洒凝固剂使之相互混合。当泄漏较为严重时，可以使用高压水流帮助混合，然后使用网、抽油装置或撇油器从水中捞取凝固物。通常凝固剂的用量很大，一般是泄漏石油体积的3倍。

5）*燃烧法*　在某些紧急情况下，在很难采取其他合适措施而泄漏有可能造成更大环境危害时，就地燃烧是最有效的补救措施。在美国，现场燃烧的漏油处理方式正逐渐被接受，其优势是快速减少漏油的体积，缩短漏油的扩散、回收、储存、运输和处理的过程。是否实施燃烧要结合具体情况，因为燃烧可能产生大量未完全燃烧的颗粒物质，包括 CO_2 和 CO，而且燃烧残留物也很难清除。影响健康和空气污染是主要的问题，因此很多情况下燃烧方法不被批准采用。

6.5　侵蚀地的生态恢复

6.5.1　侵蚀地的退化机制

6.5.1.1　水土流失导致土壤退化

水土流失是侵蚀地退化的主要原因之一。水土流失主要通过降水、洪水侵蚀、冲蚀地表而造成生态退化。图6.13反映黄土高原地区严重侵蚀形成的极度退化生态系统。水土流失随溅蚀、片失、沟蚀、劣地侵蚀以及剥落、泻溜、崩塌、崩岗、滑坡、陷穴、泥流等相伴随的重力侵蚀而破坏土壤，使土壤流失（沈家安等，1989；王占礼和邵明安，2011）（表6.4）；水土流失的结果使土壤质地趋于劣化，肥力降低而造成土地退化（王明珠，1995）（表6.5）。

（彩图）

图6.13　黄土高原地区严重侵蚀形成的极度退化生态系统

表 6.4 德庆点花岗岩风化壳侵蚀类型调查

类型	侵蚀规模/cm	破坏特征	侵蚀模数[t/(km^2·年)]
面状侵蚀	<5	雨水冲刷使地形成面状侵蚀，使风化壳成碎屑剥落，面蚀不断进行，在斜坡上形成小集水线，开始出现微型的线形侵蚀。面蚀深度小，总流失量大，失去养分沃土，危害性大	0.5 万
细沟侵蚀	5～30	继面蚀之后，坡面出现小型线型侵蚀，这是细沟开始的地方，它是雨水在斜坡凹处径流冲刷下形成的。在坡面和中、大沟及崩岗的上方，属水土流失初级阶段	0.5 万～1.5 万
中沟侵蚀	30～100	它发育于坡面的中下部，使细沟侵蚀进一步发展，由于沟内水量进一步增大，沟底出现涡穴，雨季在沟底出现小型崩塌，这是细沟与中沟侵蚀的区分标志。坡沟由 20°～30°而逐渐变陡，横断面由 U 字形过渡为 V 字形，侵蚀强度大增，带出大量泥沙淤塞谷底，危害不小	1.5 万～5 万
大沟侵蚀	深 100～500 宽 100～300	坡面具有较大集水面积，自成一坡地径流系统，伴有细沟发育；另一大沟发育于厚层风化壳的坡面上，由中沟侵蚀崩塌作用形成，沟谷多无结构，是多次下切的结果	5 万～10 万
崩岗	深 500 以上 宽 300 以上	风化壳厚，岩体裂隙发育，在中沟、大沟侵蚀发展所成，呈半椭圆形、葫芦形等，在水力作用下，以重力崩塌为主	10 万～30 万

表 6.5 侵蚀土壤养分含量

侵蚀类型	土壤侵蚀剖面号	全氮/(mg/kg)	水解氮/(g/kg)	全磷/(g/kg)	速效磷/(g/kg)	全钾/(g/kg)	速效钾/(mg/kg)	有机质/(g/kg)	pH（水提）	盐基代换总量/(cmol/kg)
轻度侵蚀	1.1	0.70	66	2.2	0.3	10.3	97	14.0	5.05	8.17
	1.2	0.36	57	21.8	0.2	8.7	56	3.9	4.66	8.68
	1.3	0.29	76	1.3	0.2	8.6	45	3.0	4.40	8.40
强度侵蚀	2.1	0.30	40	0.8	痕量	16.5	43	3.6	4.42	9.97
	2.2	0.27	35	0.7	痕量	15.6	46	2.9	4.77	9.51
	2.3	0.25	25	0.5	痕量	14.6	38	2.6	4.81	10.34
	2.4	0.29	24	0.6	痕量	16.2	47	2.8	4.77	9.78
烈度侵蚀	3.1	0.26	38	0.7	痕量	18.9	59	2.5	4.53	11.44
	3.2	0.26	28	1.3	痕量	15.1	5.1	2.4	4.58	11.63

6.5.1.2 水土流失导致植被退化

土壤侵蚀过程中，植被也因冲蚀流走而造成大片裸地。同时，土地退化过程中，随土地贫瘠化，其水分、营养元素的贮存和运移过程也随之改变，土质劣化，土壤环境日趋干旱、贫瘠化（王佑民等，1994）。植被的结构、组成随之逆行演替，造成植被退化，因而水土流失过程是一个生态系统退化的过程。

6.5.2 侵蚀地生态系统特点及其生态恢复程序

6.5.2.1 侵蚀地生态系统特点

侵蚀地生态系统由于长期受侵蚀而形成自身的一些特点。水力侵蚀使土壤贫瘠化；侵蚀面上基质极不稳定；大部分地区由于水土侵蚀和过度垦殖，原生植被已破坏，自然恢复较为困难；侵蚀地环境小气候条件恶劣。

6.5.2.2　侵蚀地生态恢复程序

根据侵蚀地生态系统的特点，其生态恢复总是以水土保持措施开始的，即首先是土壤侵蚀的控制。以工程措施为主，结合生物措施进行水土流失的治理，在此基础上实施生态恢复。在土壤侵蚀治理过程中，开展水资源合理利用、土壤恢复、植被恢复与重建等生态恢复工作（图 6.14）。

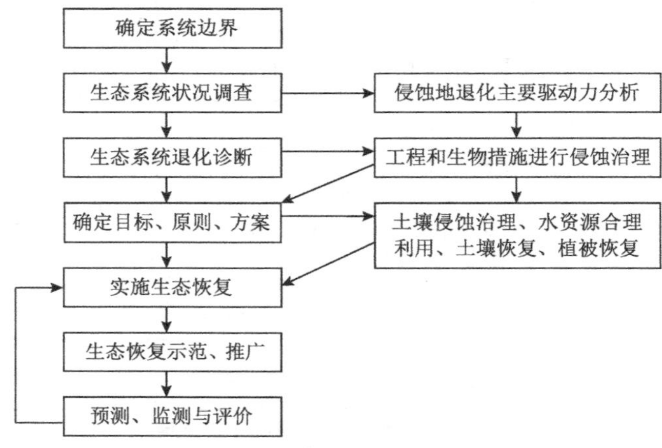

图 6.14　侵蚀地生态恢复程序

6.5.3　侵蚀地生态恢复的技术与模式

6.5.3.1　侵蚀地生态恢复的工程措施和生物措施综合治理技术

侵蚀地生态恢复的工程措施和生物措施，是以水土流失控制为目标的。根据水土流失的严重程度，分别采取工程措施或生物措施，或是工程与生物综合措施。在水土流失特别严重的区域，一般首先利用工程措施来控制侵蚀，进而采用生物措施彻底治理，这种综合治理技术有非常好的效果。

例如，中国科学院小良人工林生态系统定位研究站，在热带沿海台地极度侵蚀地上开展生态恢复，首先利用工程措施，如打桩、筑小土坝等工程控制严重的水土流失，进而通过构建先锋植物群落，至生态恢复后期形成混交林，基本完全控制了水土流失（彭少麟，2003）。朱显谟院士根据全国水土流失调查，提出在黄土高原实行“全部降雨就地拦蓄入渗”、在长江流域实行“排水保土”的分区治理措施，形成了目前我国黄土高原淤地坝系建设和长江流域兴修梯田并辅以坡面水系工程的水土保持综合治理的治理模式（李占斌等，2008）。据统计，经过 50 多年的建设与发展，黄土高原地区已筑淤地坝 11 万余座（31.3 万 hm^2）和保护川台地 1.87 万 hm^2，主要分布在陕西、山西、甘肃、内蒙古、宁夏、青海和河南 7 省区，拦沙 210 亿 m^3，初步治理面积 13.37 万 km^2，减沙效益显著（李占斌等，2008）。

6.5.3.2　侵蚀地生态恢复的分步治理技术

侵蚀地生态恢复可以通过分步治理技术来进行。例如，黄土高原的侵蚀地的生态恢复，通过实施三步走的措施来治理（图 6.15）（卢宗凡，1997）。

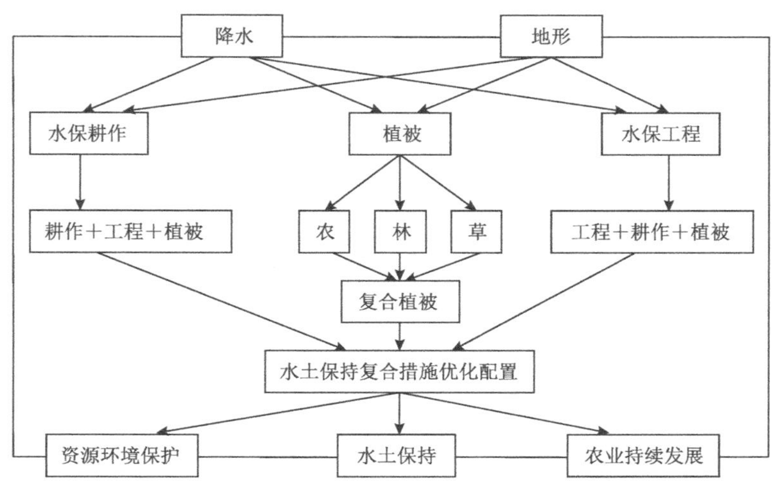

图 6.15 黄土高原水土流失生态退化区恢复路线图

第一阶段是控制土壤侵蚀，包括综合措施和工程措施。综合措施即通过调整土地利用结构，建立基本农田，保证恢复区农业经济体系的健康发展。工程措施是通过泥沙拦截、水分蓄积的工程控制水土流失。例如，坡面治理采用梯田、水平阶、反坡梯田、窄带水平沟等工程措施，使坡面形成截流水土的梯阶状地形沟头（图 6.16）。沟头主要使用工程防护，沟坡采用鱼鳞坑等工程措施，谷底发展截沙坝、谷坊和灌溉小水库的工程（张金屯，2004）。

（彩图）

图 6.16 黄土高原上的梯田

第二阶段为生态系统恢复与重建。生态系统恢复即在土壤侵蚀基本被控制之后，对一些尚未完全破坏、有一定植被的区域采用禁牧、禁垦、禁伐等措施，恢复自然植被，这类恢复法旨在通过自然保育，使退化生态系统恢复到相对稳定状态。同时，对一些有一定自然植被，但自我恢复需要较长时期的区域，人工引入外来或本土植物种进行补植，使植被尽快恢复，形成自然-人工植被。生态系统重建主要针对退耕坡地以及因土壤侵蚀严重而建立的水平阶、鱼鳞坑等，选择适宜的植物品种，进行草、灌草、乔灌草植被的建立，建立时一般利用生物生态位理论进行品种选择和合理配置。植被建立时注重的另一措施是耕作技术，如在补播时采用钻孔法、营养柱法等，重建时采用深耕法等，这些方法一方面促进了土壤水分的保持，另一方面对播种植物的生长发育有积极意义。

第三阶段是生态恢复与生态经济相结合的阶段。在这一阶段中一方面是对恢复和重建的植被进行保育，促使植物群落向稳定方向和高产方向发展；另一方面对周边区和恢复区土地进行农、林、牧综合利用，促进地方经济发展，尽快驱动自然-经济-社会复合系统的运行。

在陕北延安市安塞区纸坊沟流域的侵蚀地生态恢复实施过程中，形成川地＋沟坡坡地地区、塌地＋沟坡坡地地区、全部山坡坡地地区三种治理范式（图 6.17～图 6.19）（赵晓英等，2001）。这些范式在大面积侵蚀地治理中有重要的指导意义。

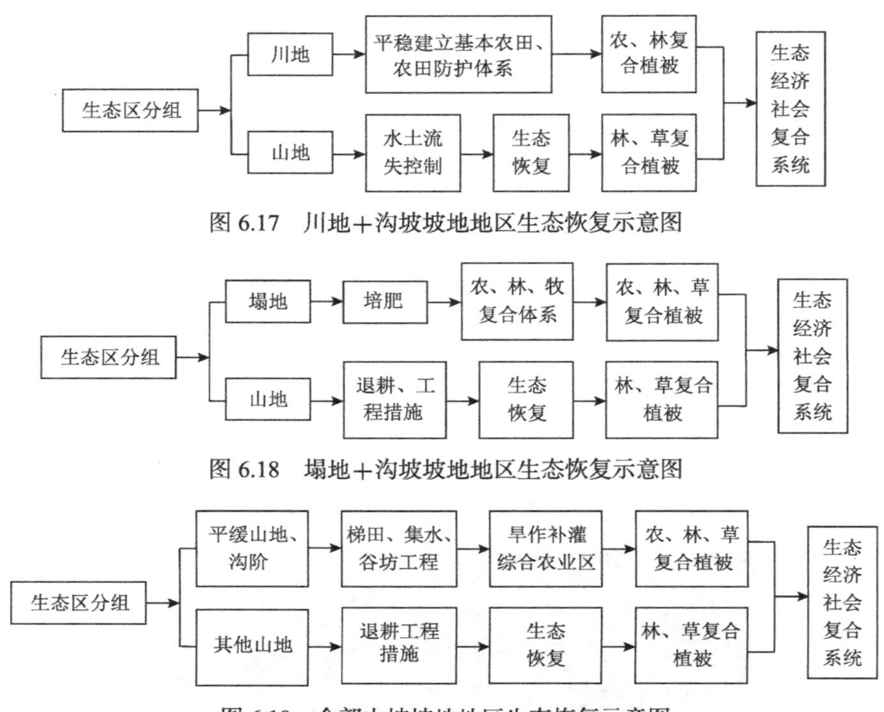

图 6.17　川地＋沟坡坡地地区生态恢复示意图

图 6.18　塌地＋沟坡坡地地区生态恢复示意图

图 6.19　全部山坡坡地地区生态恢复示意图

6.6　沙漠化地和石漠化地的生态恢复

6.6.1　沙漠化地及其危害

6.6.1.1　沙漠化地概述

沙漠化地（desertified land）是指各种气候（包括极干旱、干旱、半干旱、亚湿润干旱和湿润）条件下，主要由于风力作用形成的，以疏松的沙质表层为主要标志的，具有风沙活动（即吹蚀移动、堆积过程）及风沙地貌景观的退化土地（Kassas，1995）。

沙质土壤质地较粗，通常有粗沙（1.0～0.5mm）、中沙（0.5～0.25mm）和细沙（0.25～0.1mm）。粒径≥0.05mm 的土壤颗粒往往占到 95%以上，而≤0.001mm 的黏粒不足 1%，加之有机质含量小于 1%，使土壤固结力很差，地表在失去植被的保护后，在起沙风的作用下土壤有机质和黏粒发生飘移，使土壤粗化和贫瘠化。随着土壤的粗化，其蓄水保水能力变差，土壤含水量下降，气候稍有干旱，植物就会因供水不足而萎蔫甚至死亡。特别是农田土壤的犁底层一旦因风蚀而破坏，就会漏水漏肥，无法再进行农作（王涛和赵哈林，2005）。

土地沙化的大面积蔓延就是荒漠化，是全球最严重的环境问题之一。荒漠化（desertification）是指包括气候变异和人类活动在内的种种因素造成的干旱、半干旱和亚湿润干旱地区的土地退化。包括风蚀和水蚀致使土壤物质流失，土壤的物理、化学和生物特性或经济特性退化，以及自然植被长期丧失等（苏志珠等，2006）。据《联合国防治荒漠化公约》估算，沙漠化对 1/4 的全球陆地面积和 1/5 的世界人口造成影响。

我国是世界上土地沙化最为严重的国家之一，土地沙化已经成为我国特别是西北地区最为严重的生态环境问题。2005 年公布的全国第三次荒漠化和沙化监测结果表明，全国荒漠化土地面积为 263.62 万 km^2，占国土总面积的 27.46%，其中沙化土地面积为 173.97 万 km^2，占国土总面积的 18.12%（国家林业局，2005）。沙化土地主要分布在我国的西北、华北北部和东北西部，生物气候带上主要分布于干旱荒漠的绿洲边缘、半干旱草原和半湿润森林草原地区。

6.6.1.2 沙漠化地的特征与退化原因

沙化土地主要特征有植被覆盖率低，土壤侵蚀严重，含水率非常低，土壤肥力差。沙化土地土壤的退化过程，主要是风蚀作用下土壤粗化、贫瘠化、干旱化的过程。其成因既有自然成因也有人为成因。自然条件是沙化土地发生的基础，主要受气候变化的影响；人为活动及不合理的开发利用是沙化诱发的因素，主要有开荒、过度放牧、不合理的中药材挖采与树木砍伐、水资源利用不合理等（王涛和朱震达，2001）。沙漠化地主要的形成原因如下。

1）气候变化　由于沙区降水稀少，植被稀疏，加之全球气候变暖，持续干旱少雨，对土地沙化起到了加剧作用。有关研究表明，近百年来全球气候变化最突出的特征是温度的显著升高。从 19 世纪末期到 20 世纪 90 年代，全球平均温度上升了大约 0.6℃，增暖速率为 0.5℃/100 年。全球气候变化异常，特别是中纬度地区的气候正朝着暖干的方向发展，造成大的生态背景有利于沙漠化的发生。

2）开荒　干旱、半干旱地区，草地和林地被开垦为耕地后，在农闲季节土壤失去了植被的保护，加之技术、社会经济条件限制，造成耕地沙化面积不断扩大。

3）过度放牧　过度放牧造成了对草地地表的过度践踏，草原地表土壤结构破坏严重，经风吹蚀，大量出现风蚀缺口，牲畜放牧越多的草地，土壤裸露的也越多，形成的荒漠化面积也越大。

4）不合理的中药材挖采和树木砍伐　近些年来，生态环境相对脆弱的西北地区大规模滥挖发菜、干草和麻黄等野生中药材。树木的不合理砍伐致使林木锐减，是造成部分地区土地沙化、沙尘频发的又一重要原因。

5）水资源利用不合理　对地下水的持续超采利用，导致地下水位不断下降。地下水位下降直接引起地表植被衰亡，土地沙化加快。根据有关研究，在干旱、半干旱地区要维护其生态环境，地下水埋深维持在 2～4m 较为合适，否则不能满足天然植物正常用水。

6.6.1.3 沙漠化土地危害

沙漠化及其引发的土地沙化被称为“地球溃疡症”，是当今世界人类共同面临的一个重大环境及社会问题，危害主要表现在如下几个方面（江泽慧，2002；胡培兴，2003；庞香蕊和尹秀英，2003）。

1）缩小了人类的生存和发展空间　由于沙化土地不断扩张，人们生存空间更加狭小。目前，全国沙化面积已相当于 10 个广东省的土地面积。1994～1999 年扩展的沙化面积，相当于一个北京市的土地面积。

2）土地生产力严重衰退　土地沙化后，土壤物理结构和化学性质有较大变化，土壤养分肥力大幅度下降。另外，土壤侵蚀严重，造成水土流失，大量农田、草地、耕地生产力急剧下降，直至失去利用价值。全国每年风蚀土地损失氮磷钾 5590 万吨，折合 2.7 亿吨化肥，相当于全国 9 年化肥的施用量。

3）造成严重的经济损失　土地沙化后，土壤肥力大幅度下降，大量农田、草地、耕地退化。每到季风期，飘尘弥漫，污染空气、水体，尤其当大风袭来时，破坏力巨大的风沙甚至会袭击各种农用设施、植被、人畜，吞没农田，埋没村庄，淤塞库渠，堵塞道路，造成严重的经济损失。20 世纪 90 年代以来，由于沙化面积扩大，每年造成直接经济损失 540 亿元，间接经济损失更难以估量。

4）加剧了生态环境的恶化　我国每年输入黄河的 16 亿吨泥沙中有 12 亿吨来自沙化地区，严重的水土流失使黄河开封段成为“悬河”。全国特大沙尘暴频发，20 世纪 60 年代发生 8 次，70 年代发生 13 次，80 年代发生 14 次，90 年代发生 23 次。大气尘埃增加，使空气污染加重，环境质量下降。

6.6.2 石漠化地及其危害

6.6.2.1 石漠化地概述

石漠化（rock desertification）是“石质荒漠化”的简称，是指水土流失导致基岩裸露，从而使土地的生态功能退化甚至丧失的现象。在中国最常见的石漠化是喀斯特石漠化。喀斯特石漠化是指在亚热带脆弱的喀斯特环境背景下，受人类不合理社会经济活动的干扰破坏，土壤严重侵蚀，基岩大面积出露，土地生产力严重下降，地表出现类似荒漠景观的土地退化过程。喀斯特石漠化土地主要表现为缺土、缺水、植被覆盖度低、土地生产力水平低下等，是生态系统逆向演替的结果。但石漠化其实是一个广义的概念，在南方湿润地区，在人类活动的驱动下，流水侵蚀导致地表出现岩石裸露的荒漠景观，都归属石漠化的范畴，基石裸露的荒漠化现象在鄂北、豫南、皖西、桂北、黔西等地都有所发育，不仅仅局限于特定的碳酸盐岩地区，尽管发育于碳酸盐岩地区的石漠化占有绝对的份额，但不能代替全部。因为发育于不同地质环境背景上的石漠化，存在着许多本质上的差异（王世杰和李阳兵，2007）。

6.6.2.2 石漠化地的特征与退化原因

石漠化主要发生在石灰岩地区的土层厚度较薄的区域。石漠化的类型可分为：①自然型石漠化，包括纯灰岩区石漠化、纯白云岩区石漠化、灰岩与白云岩区石漠化、碳酸盐岩混合区石漠化；②人为式石漠化，包括农业、林业、工业型石漠化；③自然-人为石漠化，包括毁林草垦殖石漠化、过度采伐石漠化、陡坡开垦石漠化、采矿迹地石漠化（成永生，2009）。

除乱砍滥伐、陡坡开垦及樵采等人类直接作用之外，采矿、选矿、冶炼的大规模掠夺性粗放型生产，随意排放的废渣、废气、废液等人类间接作用，也是导致岩石大面积裸露的原因之一，可称为“矿山石漠化”。矿山石漠化是客观存在的，是一种形成机理明显不同于喀斯特的石漠化类型。

6.6.2.3 石漠化土地危害

土地石漠化，意味着土地退化、土壤少、贮水能力差、岩层漏水性强，极易引起缺水干旱，而大雨又会导致严重水土流失，形成山穷、水枯、林衰、土瘦的恶性循环。石漠化是地球表面最难治理的生态退化现象之一，由于大面积石头裸露，水土流失严重，可耕地零星分散、耕作异常困难，长期以来国内外均未找到行之有效的治理方法，似乎成了地球的不治之症，因此被国际上称为“地球癌症”。石漠化的危害的确非常之大，主要表现在这样几个方面：第一，它直接导致土地承载能力大幅度降低甚至丧失，缩小了人类的生存发展空间，包括减少了我们的耕地资源。第二，加重了自然灾害，经常表现为干旱和洪涝并存的状态。第三，严重影响长江、珠江流域的生态安全。第四，容易导致这些地区贫困加剧，影响经济社会的可持续发展。第五，石漠化会造成植被结构简单化、生态系统简单化，导致生物多样性锐减。

对典型示范区的调查发现，矿山石漠化除具有喀斯特石漠化的一般危害外，还常伴随严重的环境污染问题。其中，最具代表性的污染问题就是重金属及重金属复合污染。这些污染不仅对土壤、水、空气、植被、微生物等人类生存环境有毒害作用，而且重金属还可能通过食物链进入人畜体内，对人畜健康（尤其人类健康）造成很大的影响。若重金属通过渗透作用进入地下水，则将造成极其可怕的地下水污染，此污染一旦形成，危害面广、治理难度大。因此，矿山石漠化比喀斯特石漠化的危害更大（陈伟华等，2007）。

6.6.3　沙漠化和石漠化地生态恢复的原理与步骤

6.6.3.1　沙漠化和石漠化地生态恢复的原理

土地沙化主要是由人类不合理的经济活动对脆弱生态环境的破坏造成的。防治土地沙化是一门科学，必须遵循自然规律，按自然法则办事。土地沙化地区一般自然条件比较恶劣，适生树种、草种较少，植被恢复和建设的难度很大。对于石漠化地区的生态恢复，要考虑到其作为退化生态系统，退化原因有自然因素，如喀斯特生态系统脆弱性、硝酸盐岩基质、水文条件差、土层薄且不连续、造壤能力差且时间长、多陡坡且崎岖破碎、植被少且生长慢等；人为因素包括火烧、开垦、放牧、樵采、工农业污染等（任海，2005）。

防治土地沙漠化和石漠化首先应该保护、重建和发展具有多效益、稳定性和持续性强的工程，并辅以限制人为过度经济活动的配套措施，坚持因地制宜，因害设防，预防为主，保护优先，突出重点，综合治理，人与自然和谐共存。在沙区和石区生态系统的恢复与重建中，必须以生物治理措施为主，遵循生态主导因子、生态适应性、生态位互补、生物多样性、系统整体协调恢复等自然法则，生物、生态与工程技术相结合。

根据系统生态学和恢复生态学理论，植物群落一经破坏，土地沙漠化或石漠化，逆转过程需要一个由低级向高级演替的过程（任海和彭少麟，2001）。应该因地制宜地选择治理模式，根据土地沙化的不同情况，科学确定哪些地区以自然修复为主，哪些地区采取人工恢复措施。有些地区沙漠化和石漠化时间很久，单靠自然力难以恢复，则要采取人工植被恢复。有些轻度沙化的草场，只要科学确定载畜量，实行休牧、轮牧和禁牧制，让天然草场休养生息，就可以逐步提高其生产力和生态功能（江泽慧，2002）。对于轻度石漠化的山地，可选择封山育林使石漠化地区进行自我更新演替（吴孔运等，2007）。

6.6.3.2　沙化地生态恢复的步骤与方法

大量研究表明（赵哈林等，2006），我国北方地区的植被退化和土地沙漠化主要是由人类不合理的经济活动干扰所致。当人类干扰排除或减轻之后，大部分退化、沙化植被都会趋于自然恢复。特别是在半干旱的沙漠化地区，这一恢复进程有时还很快。在消除人为干扰后，群落的物种组成、丰富度、盖度、高度和生物量会自然增加；退化植被恢复演替的方向是地带性植被，终点为顶极群落。根据沙地植被演替的自然规律，对沙地植被进行保护，可以对自然条件较好的沙化土地进行自然修复。在农牧交错带实行“三禁”和退耕还林，在天然草场限牧、轮牧。这些措施可以较好地保护沙地生态系统，促进其自身的修复，最终达到演替顶极。

对于破坏程度较大的沙地生态系统，只有通过人工启动，采用必要的恢复措施，才能达到生态恢复的目的。在植被恢复技术上，应根据沙地自然特点，选择耐干旱、高温、沙埋、瘠薄，生长快、根系发达、萌芽力强的乔灌木先锋树种和一些适生草种，进行立体配置，在进行树、草种选择上既要考虑生态效益又要考虑经济效益。只有按照生态适应性和地域分布规律，乔、灌、草结合，才能建立稳定的生态群落（蒋德明等，2006）。由于风蚀沙化、水土流失和次生盐渍化的影响，土地生产力很低，针对严重风蚀沙化的局面，通过营造林带并形成林网以控制沙化扩张，并通过恢复地面植被以恢复土地的生产能力。

综上所述，进行沙漠化土地生态恢复的步骤可总结如图 6.20 所示。

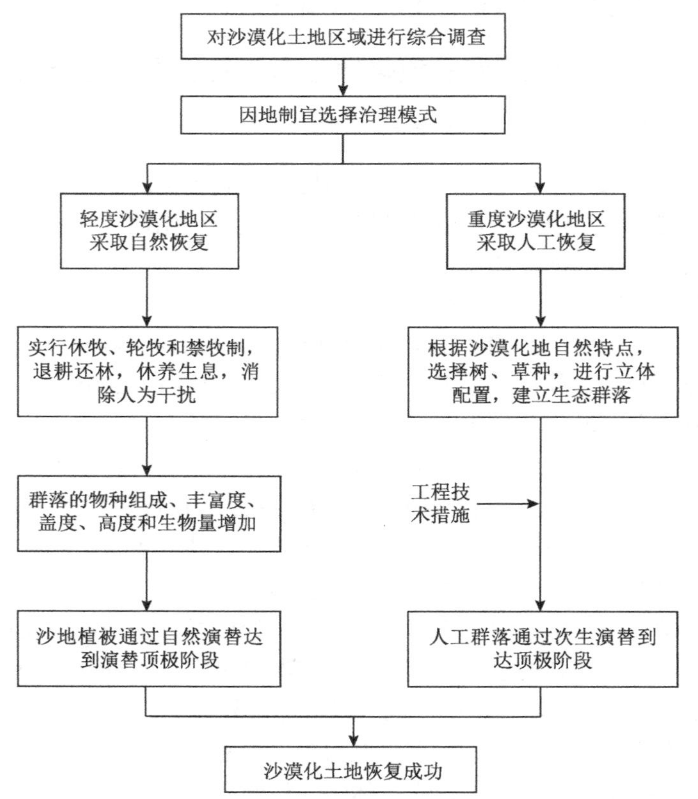

图 6.20　沙漠化土地生态恢复步骤

在植被恢复治理初期，植物生长所受阻力较大，容易受到限制性生态因子的影响，如水分匮乏、养分欠缺等。同时，由于植物群落结构简单，多样性指数不高，植物群落稳定性差，此时应该加强对恢复植被的监测管理。沙区自然破坏力很大，特别是水资源匮乏，生态极度脆弱，植物在这里生长成活十分困难，如果管理稍不到位，就有可能导致植被的衰败死亡，致使前功尽弃。

在实施传统技术的基础上，应引进先进技术与经验，建立起综合完整的科学技术支撑体系。运用“3S”技术和计算机模拟技术，建立沙化土地的监测体系，可进行沙化地生态恢复评价系统，结合专家系统分析，对生态环境进行现状调查、信息采集、动态监测与智能咨询决策，开展对恢复结果的预测和评价及建设工程的生态环境影响评价，及时调整生态建设的策略与途径（高尚武等，1998）。采用这些先进的科学技术，可以使沙化土地生态恢复循序渐进地达到预期效果。

6.6.3.3 石漠化地生态恢复的步骤与方法

与沙漠化地的恢复类似，石漠化地的恢复也分为自然恢复和人工恢复两种途径，分别针对石漠化程度较轻和石漠化时间久、程度重的地区。石漠化地区进行生态恢复的步骤可总结如图 6.21 所示。

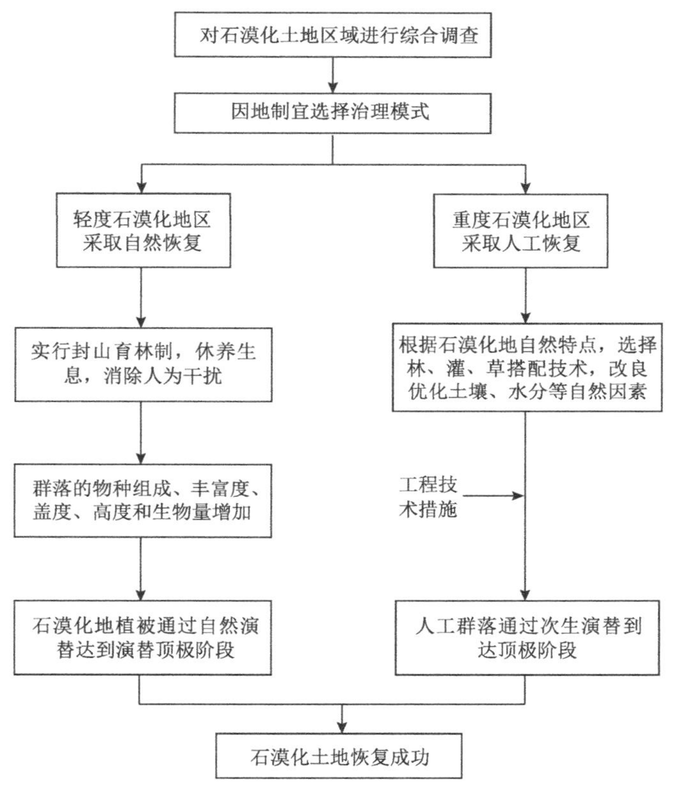

图 6.21 石漠化土地生态恢复步骤

6.6.4 沙漠化和石漠化地的生态恢复技术方法

6.6.4.1 工程固沙技术

人类破坏后形成的沙化地生境恶劣，特别是形成易流动的沙质地表，沙丘移动和风沙流活动不利于植物生长。生态恢复的第一步是固定流沙，降低风沙流活动，通常是采取机械固沙固定基质，为建立植被创造条件。

对腾格里沙漠东南缘干旱区沙漠进行生态恢复时，采用机械固沙工程措施。固沙带用麦草扎成草方格，路北 500m，分为两带，靠近平台带宽 200m，铺设 1m×1m 的草方格沙障，第二带带宽 300m，铺设 1m×2m 的草方格沙障；路南总带宽 200m，分为 100m 宽的两个带，第一带草方格沙障为 1m×1m，第二带为 1m×2m。应用该固沙工程技术取得了良好的固沙效果（赵晓英等，2001）。

6.6.4.2 土壤改良技术

土壤改良一般分为两个阶段：首先是保土阶段，即控制土壤流失量，保证基本土量；其次是改土阶段。改土主要包括：增加土壤养分，通过人工施肥或调控土壤微生物群落可达到增加土壤中的有机质和养分的目的；改变土壤酸碱度，通过添加化学改良剂，如石灰粉、氯化钙、硫酸亚铁等调节土壤酸碱度；改善土壤质地，通过水利和生物措施改善土壤的容重、黏度和孔隙度。

6.6.4.3 植被技术

1）植被构建技术　沙漠化和石漠化地土壤肥力低下，植被盖度低，自然恢复缓慢。在采用工程措施固定流沙、降低风沙流活动后，必须通过人工措施，建立植物生栖环境，重建与恢复植被。

腾格里沙漠东南缘干旱区沙漠在工程固沙之后，在不同类型沙丘和不同的沙丘部位采取不同的树种配置来恢复植被。半固定沙地除活化斑部位采用工程措施外，一般采用围封等措施，使其植被自然恢复，固定沙地也以促使其自然恢复为主。整个构建流程如图 6.22 所示（赵晓英等，2001）。

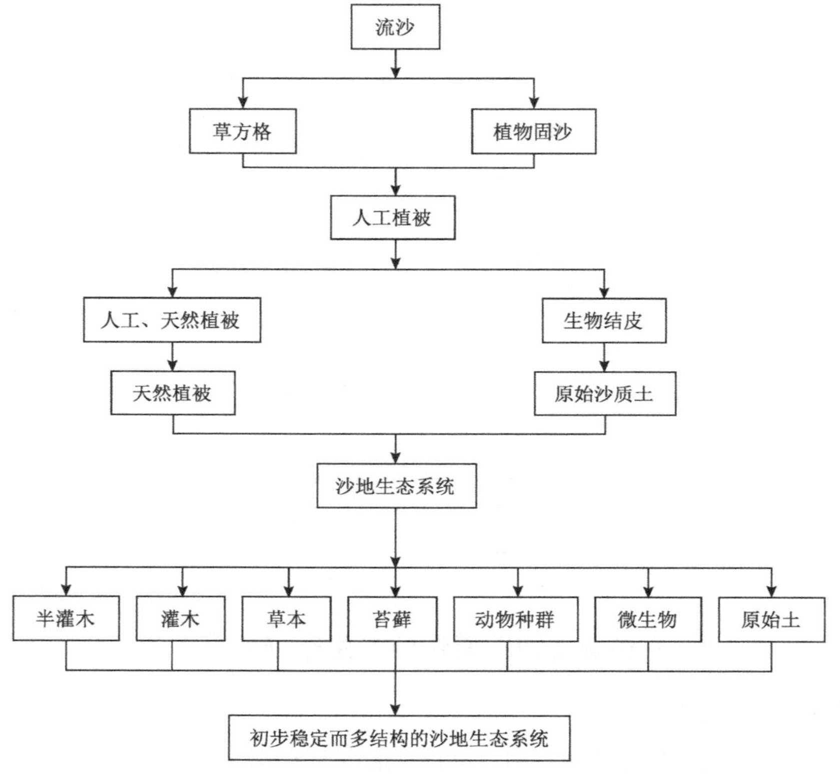

图 6.22　流沙人工生态系统的形成及演变

由于中国石漠化土地分布范围广，气候条件比较优越，生物资源丰富，适宜用来恢复植被的植物种类很多，目前已用于石漠化治理的物种达百种以上，南北之间有所不同。岩溶地区独特的立地条件，决定了这一地区的人工造林有别于常规造林，技术难度更大。因此，在人工恢复岩溶植被的过程中，除按照因地制宜、适地适树的原则，选择适应性强、生长快、用途广、经济价值高的优良乡土树种外，还要大力推广先进适用的现代科技成果，如应用切根苗和容器苗造林、生根粉浸根、抗旱保水剂、集雨造林技术等提高造林成活率；最大限度地利用现有植被，不全面砍山、不炼山、见缝插针、局部整地；汇集表土、加厚土层，造林地穴面覆盖，提高土壤墒情，以及栽针留灌抚阔，利用人力和自然力加快森林植被的恢复（温远光，2003）。

2）植被演变与管理　人工植被建立之后，必须加强管理促使植被的正向演替。腾格里沙漠东南缘干旱区沙漠在植被建立之后，由于环境条件变化，出现大量的外来植物，如沙兰刺头、雾冰藜、分枝雅葱、画眉草、无芒稗、狗尾草等，甚至在个别地段上出现了沙冬青和刺叶柄棘豆，植物群落组成趋于多样化，据 1995 年调查，30 年来，人工植被由 2 或 3 种配置发展到 10～20 个组分，最多达 26 个；在植被进展演替中，群落稳定性增加，异质程度降低，如果以群落的灌木和草本共同度量，则群落种类结构组成 30 年后还未达到稳定，但仅以草本来度量，则 20 年左右群落即可达到稳定状态（赵晓英等，2001）。人工植被固定沙丘之后生态效益非常显著，其土壤微生物类群数量随固定年限大大增长，在沙丘表面也形成了结皮层，土壤的理化、生物性状显著改善。植被建立之后，动物类群和数量也显著增加，固定 20 年之后，栖息的脊椎动物达 30 多种，原来没有的动物种类也大量迁徙居住，原有动物数量增加。从小气候上看，近地风降速 50%，输沙量减少到原来的 1/40，温度也发生了相应的变化。

研究表明，中国西南石漠化地区，从退耕的石漠化土地到形成草本群落，需要 3～5 年，从草本群落到灌木群落需要 5～10 年，从灌木群落到喀斯特森林需要 30～40 年，形成接近顶极的喀斯特森林大约需要 10 年（Li et al.，2004）。利用生态自然力恢复岩溶植被虽然需要的时间较长，但投资少、可操作性强、效果明显。遥感监测证明，自 1990 年起，我国实施的“退耕还林”和“封山育林”项目有效地促进了我国喀斯特地区森林的恢复。广西环江毛南族自治县在 1990 年仍以草地为主要植被类型，至 2011 年，主要植被类型已变为灌丛植被或乔木-灌木混交植被（Qi et al.，2013）。

6.7 自然灾害导致的被破坏地的生态恢复

6.7.1 自然灾害导致的被破坏地的主要特征

自然灾害，如地震、飓风、海啸和火山爆发等都会造成生态系统的严重退化。由自然灾害导致的破坏地根据其景观和植被遭到破坏的程度，可以通过自然修复或人工修复的方式进行生态恢复（Hou et al.，2014）。但对于破坏严重的区域，自然恢复缓慢（Lindigcisneros et al.，2006），若不进行人为干预，可能会导致生境进一步退化，因此必须及时开展人工生态恢复（Long et al.，2013；Jewett and Drew，2014）。然而，由于自然条件的恶化，很多植被恢复工程因缺乏科学指导和后期维护而失败。

6.7.2 自然灾害形成的退化地的生态恢复程序

与上述退化地生态恢复相似，由自然灾害形成的退化地的生态恢复首先是要确立生态恢复的目标，并找出限制生态恢复的主要因素。不同的自然灾害后，生态恢复的限制因素不同。例如，海啸造成的退化，其限制恢复的主要因素是海水倒灌和海底沉积物覆盖导致的土壤盐碱化（Long et al.，2013），以及海岸防护林的严重退化（Norio et al.，2015）。而火山爆发则会杀灭土壤中的种子库，导致本地可育物种库急剧减小，同时会形成以火山灰覆盖的养分贫瘠的表层土壤生境（Jewett and Drew，2014）。在确定了限制生态恢复的主要因素后，可以参考其他退化地的修复技术与方法，进行退化地的修复。自然灾害导致的破坏地的生态恢复程序与其他破坏地类似，总结如图 6.23 所示。

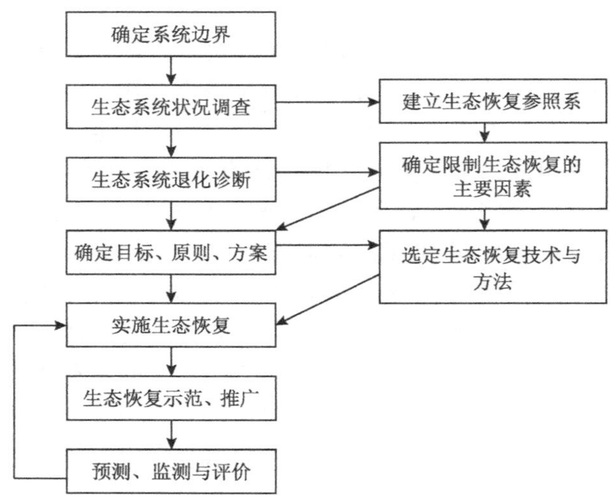

图 6.23　自然灾害导致的破坏地的生态恢复步骤

6.7.3　自然灾害形成的退化地的生态恢复案例——以 2011 年日本东部大地震与海啸的灾后生态恢复为例

2011 年 3 月 11 日，在日本岛东部发生了强烈的地震和海啸，造成了近 2 万人死亡或失踪，对近 13 万座建筑物造成了严重的损坏（Norio，2015）。灾害发生后，日本政府迅速拟定了灾后重建措施，旨在快速恢复受灾区域居民的生活生产和增强区域应对未来灾害的生态弹性（图 6.24）。在阻挡海水漫灌的海墙后，通过人工堆填的土坡结合海岸防护林构建，形成海滨农田保护的第二道屏障。其中，海岸防护林建设是增强区域生态弹性的重点工作。

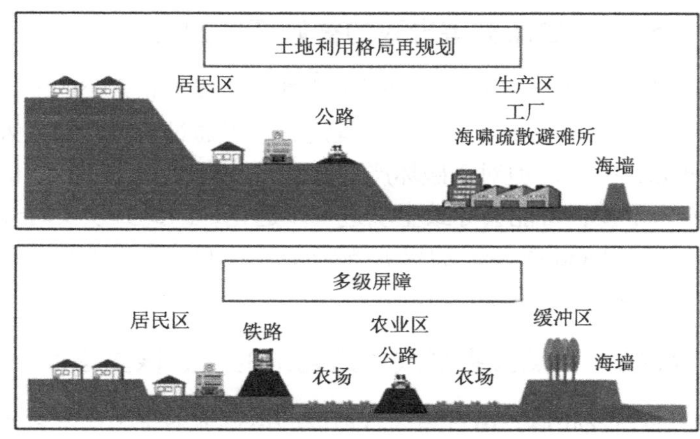

（彩图）

图 6.24　日本东部大地震和海啸后的区域重建计划示意图（Norio，2015）

而对于海啸后区域的农业用地恢复而言，由于海啸造成的土壤盐渍化，以日本东北大学为主导的科研团队筛选了多种耐盐的十字花科植物（包括油菜、萝卜、荠菜、辣根等）作为主要的农作物，成功恢复了被海啸破坏的农田（Nakai et al., 2015）。其中，油菜作为重要的能源作物，又成为灾区能源供应的重要来源（图 6.25）。

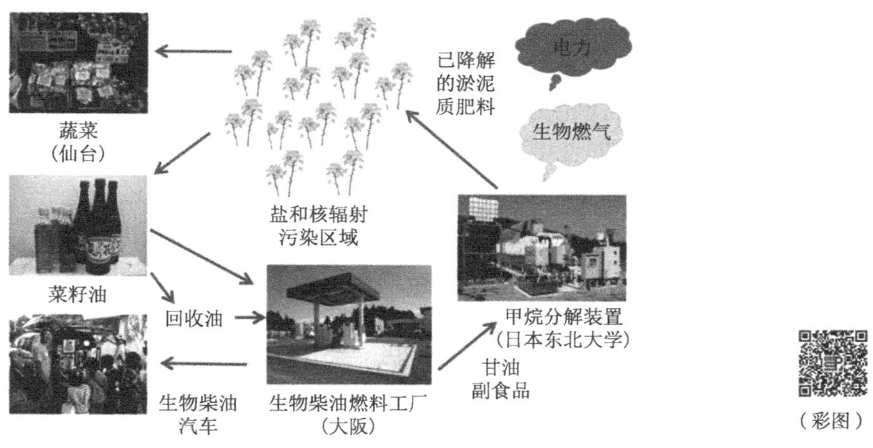

图 6.25　日本东部大地震和海啸后农业系统恢复项目的油菜综合利用计划（Nakai et al., 2015）

6.8　中国十大生态工程

工程措施作为被破坏地生态恢复的主要措施之一，在我国的生态恢复实践中起到了非常重要的作用。在本章的最后，简要地介绍一下我国十大生态工程，这些工程遍布全国各地，为改善我国的生态和人居环境起到了重大作用。

6.8.1　“三北”防护林体系工程

“三北”防护林体系工程（three-north shelterbelt program）是中国在西北、华北北部和东北西部建设的北疆绿色生态屏障的绿化工程。目的是抵御干旱、水土流失等自然灾害，维护生存空间。“三北”防护林体系工程东西长 4480km，南北宽 560～1460km，由国务院 1978 年 11 月 25 日正式批准建设。绿化工程规划至 2050 年结束，历时 73 年。这项绿化工程是从改善“三北”地区的生态环境出发，建立以农田防护林、防风固沙林、水土保持林及牧场防护林为主体，多林种结合、网-片-带结合、乔-灌-草结合的综合防护林体系，被称为“中国的绿色万里长城”，对控制中国北方风沙危害和水土流失，抵御沙漠南侵，建立良好的生态平衡，具有重要的战略意义。

自 1978 年起至第五期工程，“三北”地区沙化土地面积已由年均扩展 2460km^2 扭转为年均缩减 1297km^2，实现了土地沙化连续 10 年净减少。在东起黑龙江西至新疆的万里风沙线上，营造防风固沙林 1.2 亿亩，结束了沙化危害扩展加剧的历史。生态状况实现了从严重恶化到整体遏制、局部明显好转的历史性转变，“三北”地区区域性防护林体系基本建成。在维护北疆生态安全的同时，“三北”工程也稳定并拓展了沙区人民的生存和发展空间，如甘肃省在河西走廊北部风沙前沿建成长 1200km 的防风固沙林带，治理大小风沙口 470 余处，控制流沙面积 300 多万亩，使 1400 多个村庄免遭风沙危害。此外，“三北”工程不仅致力于努力改善沙区生态环境，还坚持生态、经济和社会效益相统一，促进了沙区经济发展，为全面建成小康社会做出了贡献，如在呼伦贝尔和毛乌素沙地初步建成了以樟子松为主、在新疆绿洲以特色林果为主、在河西走廊以沙生灌木为主的特色产业基地等。

6.8.2　长江中上游防护林体系建设工程

长江中上游防护林体系建设工程（shelterbelt program for upper and middle reaches of Yangtze river）是以长江中上游建设的保护、恢复和扩大森林植被为主要内容，以改善生态环境和维护长江功能为目的的森林生态工程。该工程计划用30～40年的时间在长江中上游地区造林2000万hm^2，在长江中上游流域各省区实施以防护林为主的林业生态工程。目的是恢复和扩大森林植被，遏制水土流失，改善长江流域生态环境，通过降低洪水期洪峰，延长江流时间，减轻和避免洪灾，提高枯水期流量，降低洪枯比值，增强抗旱能力，保障农业稳定增长。

工程实施后，优化了森林的结构，显著提高了林地的生产力和生态防护功能。流域地区水土流失面积逐年下降，滑坡、泥石流灾害明显减轻，生物多样性明显改善，有效抑制钉螺滋生，减少了血吸虫滋生场所。工程区民众通过参加造林、护林，增加了收入。一大批农户通过直接参加工程建设和发展经济林果走上致富之路。构建完善长江流域生态防护林体系，把长江流域建设成为中国重要的生物多样性富集区、森林资源储备库和应对气候变化的关键区域具有重要意义。

6.8.3　沿海防护林体系建设工程

沿海防护林体系建设工程（coastal shelterbelt program）是沿中国海岸线建设的林业生态工程。沿海防护林体系建设工程规划范围北起辽宁鸭绿江口，南至广西的北仑河口，包括辽宁、河北、天津、山东、江苏、上海、浙江、福建、广东、广西、海南等沿海11省（自治区、直辖市）和大连、青岛、宁波、深圳、厦门5个计划单列市中的直接受海洋性灾害危害严重的261个县（市、区）。目的是减轻来自海上的台风、海啸、风暴潮等自然灾害，从整体上为沿海地区经济发展和人民群众生命财产安全提供环境保护。

自1991年启动沿海防护林体系建设工程以来，我国沿海防护林工程区森林覆盖率由24.9%提高到38.8%，森林蓄积量增加了近4亿m^3，水土流失面积减少了120万hm^2，产生了巨大的生态、经济和社会效益。工程建设区域防灾减灾能力不断提升，人居环境有了较大改善，综合效益日益显现，有效推动了沿海区域经济可持续发展。

6.8.4　平原绿化工程

平原绿化工程（plain greening project）是在中国平原区域开展的绿化建设工程。目的是优化平原绿化的空间格局，营造高标准林地，保护全国40%以上耕地的生态环境。

20世纪五六十年代中国开展了沙荒造林和四旁植树，七八十年代开展了农林间作和农田林网化建设，至80年代末期平原绿化达标，在进一步开展高标准平原绿化试点的基础上，开始新时期的平原绿化工程。到2000年，农田林网、农林间作和成片造林工程总规模为658万hm^2，基本实现全国平原绿化。

6.8.5　防沙治沙工程

土地沙化是中国面临的最为严重的生态问题之一，也是中国生态建设的重点和难点。防沙治沙工程是为了遏制中国土地沙化的严重态势、恢复良好生态环境而开展的生态工程。

防沙治沙工程（project for preventing and controlling desertification）在维护国家生态安全和绿化国土等方面，均发挥了重要的作用。例如，内蒙古腾格里沙漠建成包兰铁路两侧的固沙防火带、灌溉造林带、草障植树带、前沿阻沙带、封沙育草带组成的长 60km、宽 500m 的“五带一体”防风固沙体系；在内蒙古毛乌素沙地探索出了宁夏灵武白芨滩林场的外围灌木固沙林，周边乔灌防护林，内部经果林、养殖业、牧草种植“五位一体”防沙治沙发展沙区经济的模式，均对于防沙治沙都起到良好效果。2004～2009 年全国沙化土地面积年均缩减 1717km^2，沙化土地减少 8587km^2，沙化土地植被平均盖度由 17.03%提高到 17.63%。

6.8.6 淮河太湖流域综合治理防护林体系建设工程

淮河太湖流域综合治理防护林体系建设工程（shelterbelt program for Huaihe River and Taihu Lake）是中国在淮河、太湖流域实施的跨区域防护林工程。目的是从根本上改变淮河太湖流域的生态环境，振兴区域经济，增加农民收入。建设工程的指导思想是：坚持把防治以水灾为中心的各种自然灾害放在首位，力求从根本上解决自然灾害对流域的危害，坚持与农田基本建设和水利基本建设配套实施，做到路成林成、河成林成、渠成林成、库成林成，把林业建设成为有效保护农业和水利的生态屏障；坚持以恢复和扩大森林植被，实现自然生态良性循环为核心，建设以发挥森林生态经济效益为重点的防护林工程体系，使森林的“三大效益”得以充分发挥。

淮河太湖流域综合治理防护林体系建设工程从 1992 年开始，至 2000 年完成。工程建成后森林覆盖率由 13.9%提高到 17.6%，有效地改变了淮河太湖流域的生态环境，通过与农田基本建设和水利基本建设配套实施，区域经济得到发展，农民收入得以增加。

6.8.7 辽河流域综合治理防护林体系建设工程

辽河流域综合治理防护林体系建设工程（shelterbelt program for Liaohe River）是为了防治辽河流域水土流失和风沙危害，改善流域的生态环境而实施的林业工程。目的是通过综合治理，实现防风固沙、涵养水源和发展区域经济。1995 年国家计划委员会（国家发展和改革委员会）批复了《辽河流域综合治理防护林体系建设工程总体规划》，确定了工程建设范围，包括河北、内蒙古、吉林、辽宁 4 省（自治区）的 17 个市（盟）、77 个县（市、旗、区），建设总规模为 120 万 hm^2。

经过四省（区）各族人民的共同努力，工程取得了明显的成效。截至 2000 年底，共完成任务 580.57 万亩，占规划总任务 1075 万亩的 54%。各建设区在项目建设中，发扬自力更生、艰苦奋斗的精神，充分用政策调动广大农牧民的积极性，多方筹集资金，采取群众投工、投劳、贷款、集资等措施，保证了工程建设的顺利实施。2000 年之后，工程第二期已经纳入“三北”防护林体系工程建设之中，2000 年之后的工程成效可参考“三北”防护林体系工程建设成果。

6.8.8 珠江流域综合治理防护林体系建设工程

珠江流域综合治理防护林体系建设工程（shelterbelt program for Pearl River）是在珠江流域地区开展的林业生态建设工程。主要目的是防止珠江流域的植被减少、水土流失、洪灾、旱灾和泥石流的频繁发生，促进珠江流域经济社会可持续发展，保障国土生态安全。

珠江防护林工程从建设以来，新增建设面积已经达到 7450.7hm^2，森林覆盖率提高了 2.3%。护林工程建设增加的蓄水面积达 279.4 万 m^2。此外，涵养水源效益达到 55.88 万元，护林工程能吸收的 CO_2 的含量高达 748.5 万 kg，每年保土固土 44.7 万吨，护林工程总产值已经达到 4.023 亿元。

6.8.9　黄河中游防护林工程

黄河中游防护林工程（shelterbelt program for middle reaches of Yellow River）是在陕西、甘肃、宁夏、山西、内蒙古、河南 6 省（自治区）涉及黄河流域的水土流失地区进行多功能防护林构建的工程。目的是减少黄河中游地区的水土流失和输入黄河的泥沙，改善生态环境，保障黄河中下游地区的人民生产、生活安全，延长小浪底水利枢纽等工程的效能期。

通过工程建设，黄河中游地区生态环境初步得到改变，经济与社会同步发展，如山西省吉县林地面积达到 8 万 hm^2，森林覆盖率达 39.8%，水土流失面积由 1978 年的 12.47 万 hm^2 减少到 9.2 万 hm^2；地处陕西、山西、内蒙古等省（自治区）的皇甫川、无定河、三川河、昕水河、朱家川等流域，林地面积增加了 54 万多公顷，植被覆盖度提高到了 20.6%，已控制水土流失面积 990 万 hm^2。2000 年后，黄河中游防护林工程从属于“三北”防护林体系工程，2000 年之后的工程成效可参考“三北”防护林体系工程建设成果。

6.8.10　滇池生态恢复工程

滇池生态恢复工程（ecological restoration project in Dianchi Lake）是治理云南滇池污染优化水资源，使滇池恢复原有良好生态环境的工程。目的是根本解决滇池的污染问题，遏制滇池水质的恶化趋势，使滇池流域的生态环境得到恢复，转入良性循环。

滇池流域历经“九五”至“十三五”这 5 个阶段的投资与治理，水环境保护工作取得一定进展，物种生物多样性增加。“四退三还”生态建设工程的成功实施，使滇池湖滨带植被覆盖率大幅度提升，从建设前期的 13%增加到建设后期的 80%，滇池湖滨湿地植物物种数量呈明显增加趋势，达到约 290 种；滇池生态环境逐步改善，滇池流域生物多样性恢复进程不断加速，截至 2016 年 1 月，滇池湖滨湿地物种数量与 2006 年相比增加约 25%，包括多种云南省新纪录在内的鸟类共计 140 多种，银白鱼等部分滇池土著鱼类种群数量开始得到恢复。截至 2019 年 5 月，滇池湖滨湿地植物共有 290 种，较 2012 年增加 49 种；现存鱼类 23 种，濒危物种滇池银白鱼和金线鲃等重现；现有鸟类 138 种，较 2012 年增加 42 种，国家二级重点保护鸟类 7 种，濒临灭绝的国家珍稀鸟类彩鹮及白眉鸭在滇池出现。

思考题

1. 废弃矿区生态恢复的难点是什么？简述废弃矿区复垦的技术模式。
2. 植物在废弃矿区生态系统上生长的主要生态策略是什么？
3. 简述污染土壤生物修复的含义。植物直接修复与间接修复有什么异同？
4. 废弃石场生态恢复的难点是什么？简述废弃石场的主要构成。
5. 阐述油泄漏土壤地的生态恢复技术。
6. 为什么说控制水土流失是侵蚀地生态恢复的关键环节？如何控制水土流失？
7. 阐述沙化土地生态恢复步骤。
8. 举例说明自然灾害形成的退化地中限制生态恢复的因素及其应对策略。

参考文献

卞正富. 2005. 我国煤矿区土地复垦与生态重建研究. 资源与产业, 7: 18-24.
陈苏, 陈宁, 晁雷, 等. 2015. 土霉素、镉复合污染土壤的植物-微生物联合修复实验研究. 生态环境学报, 9: 1554-1559.
陈伟华, 宋建波, 苏孝良. 2007. 矿山石漠化: 与喀斯特石漠化并存的一种石漠化类型. 矿业研究与开发, 27: 39-41.
成永生. 2009. 关于喀斯特石漠化类型划分问题的探讨. 中国地质灾害与防治学报, 20: 122-127.
高尚武, 王葆芳, 朱灵益, 等. 1998. 中国沙质荒漠化土地监测评价指标体系. 林业科学, 34: 1-10.
高燕春, 廖强, 刘爱菊. 2015. 重金属污染土壤的生物修复技术研究进展. 安徽农业科学, 43: 224-227.
国家林业局. 2005. 中国荒漠化和沙化状况公报.
何良菊, 魏德洲, 张维庆. 1999. 土壤微生物处理石油污染的研究. 环境科学进展, 7: 110-115.
胡培兴. 2003. 中国沙化土地现状及防治对策浅谈. 林业科学, 39: 140-146.
黄玉瑶, 赵忠宪, 仪垂贵, 等. 1984. 汞、DDT、六六六在蓟运河河口生态系中的迁移、积累与循环. 环境科学学报, 4: 57-64.
江泽慧. 2002. 依靠科技创新防治土地沙化. 林业科技管理, 2: 5-9.
蒋德明, 宗文君, 李雪华, 等. 2006. 科尔沁西部地区荒漠化土地植被恢复技术研究. 生态学杂志, 25: 243-248.
李凯峰, 温青, 石汕. 2002. 污染土壤的生物修复. 化学工程师, 93: 52-53.
李荣, 徐进, 甘金华, 等. 2008. 长江宜昌江段几种鱼类体中六六六、滴滴涕的残留水平. 长江流域资源与环境, 17: 94-100.
李言涛. 1996. 海上溢油的处理与回收. 海洋湖沼通报, 1: 73-83.
李占斌, 朱冰冰, 李鹏. 2008. 土壤侵蚀与水土保持研究进展. 土壤学报, 45: 802-809.
刘杰, 朱义年, 罗亚平, 等. 2004. 清除土壤重金属污染的植物修复技术. 桂林理工大学学报, 24: 507-511.
刘培桐. 1985. 环境学概论. 北京: 高等教育出版社.
刘艳双, 王玉梅, 舒霞. 2006. 国外管道漏油回收及环境恢复技术. 油气储运, 25: 18-22.
卢宗凡. 1997. 中国黄土高原生态农业. 西安: 陕西科学技术出版社.
罗松, 郑天媛. 2001. 采石场遗留石质开采面阶梯整形覆土绿化方法研究. 中国水土保持, 2: 36-37.
马建华, 马诗院, 陈云增. 2014. 河南某污灌区土壤-作物-人发系统重金属迁移与积累. 环境科学学报, 34: 1517-1526.
庞香蕊, 尹秀英. 2003. 吉林省通榆县土地沙化现状分析与综合治理. 世界地质, 22: 77-81.
彭少麟. 2003. 热带亚热带恢复生态学研究与实践. 北京: 科学出版社.
齐永强, 王红旗. 2002. 微生物处理土壤石油污染的研究进展. 上海环境科学, 21: 177-180.
任海. 2005. 喀斯特山地生态系统石漠化过程及其恢复研究综述. 热带地理, 25: 195-200.
任海, 彭少麟. 2001. 恢复生态学导论. 北京: 科学出版社.
桑爱云, 张黎明, 曹启民, 等. 2006. 土壤重金属污染的植物修复研究现状与发展前景. 热带农业科学, 26: 75-79.
束文圣, 蓝崇钰, 张志权. 1997. 凡口铅锌尾矿影响植物定居的主要因素分析. 应用生态学报, 3: 314-318.
苏志珠, 卢琦, 吴波, 等. 2006. 气候变化和人类活动对我国荒漠化的可能影响. 中国沙漠, 26: 329-335.
汤惠君, 胡振琪. 2004. 试论采石场的生态恢复. 中国矿业, 13: 38-42.
陶颖, 周集体. 2002. 有机污染土壤生物修复的生物反应器技术研究进展. 生态学杂志, 21: 46-51.
田胜尼, 刘登义, 彭少麟, 等. 2004. 5 种豆科植物对铜尾矿的适应性研究. 环境科学, 25: 138-143.
王阶标, 胡志芬, 郭金星. 1982. 人脂肪、血液中六六六、DDT 蓄积量的调查及其相互关系. 环境工程学报, 39: 21-24.
王明珠. 1995. 中亚热带红壤退化现状、机制及对策. //陈灵芝, 陈伟烈. 中国退化生态系统研究. 北京: 中国科学技术出版社.
王庆仁, 崔岩山, 董艺婷. 2001. 植物修复: 重金属污染土壤整治有效途径. 生态学报, 21: 326-331.
王世杰, 李阳兵. 2007. 喀斯特石漠化研究存在的问题与发展趋势. 地球科学进展, 22: 573-582.
王涛, 赵哈林. 2005. 中国沙漠科学的五十年. 中国沙漠, 25: 145-165.
王涛, 朱震达. 2001. 中国沙漠化研究. 中国生态农业学报, 9: 7-12.
王卫华, 雷龙海, 杨启良, 等. 2015. 重金属污染土壤植物修复研究进展. 昆明理工大学学报, 2: 114-122.
王占礼, 邵明安. 2011. 黄土高原典型地区土壤侵蚀共性与特点. 山地学报, 19: 87-91.
吴孔运, 蒋忠诚, 罗为群. 2007. 喀斯特石漠化地区生态恢复重建技术及其成果的价值评估: 以广西平果县果化示范区为例. 地球与环境, 35: 159-165.
温远光, 陈放, 朱宏光, 等. 2003. 石漠化综合治理的理论与技术. 桂林: 广西生态学学会 23 年学术年会.

夏汉平, 敖惠修, 刘世忠. 1998. 香根草生态工程实现可持续发展的生物技术. 生态学杂志, 17: 44-50.

夏汉平, 蔡锡安. 2002. 采矿地的生态恢复技术. 应用生态学报, 13(11): 1471-1477.

杨冰冰, 夏汉平, 黄娟, 等. 2005. 采石场石壁生态恢复研究进展. 生态学杂志, 24: 181-186.

杨卓, 王占利, 李博文, 等. 2009. 微生物对植物修复重金属污染土壤的促进效果. 应用生态学报, 20: 2025-2031.

叶玉武, 姚春云. 1992. 农业环境与农村环境保护. 上海: 上海科学技术出版社.

张从, 夏立江. 2000. 污染土壤生物修复技术. 北京: 中国环境科学出版社.

张金屯. 2004. 黄土高原植被恢复与建设的理论和技术问题. 水土保持学报, 8: 120-124.

张俊云, 周德培, 李绍才. 2001. 厚层基材喷射护坡实验研究. 水土保持通报, 21: 44-46.

赵哈林, 苏永中, 周瑞莲. 2006. 我国北方沙区退化植被的恢复机理. 中国沙漠, 26: 323-328.

赵晓英, 陈怀顺, 孙成权. 2001. 恢复生态学: 生态恢复的原理与方法. 北京: 中国环境科学出版社.

赵燕, 闫常华. 1999. 龙口市煤矿塌陷地复垦模式及综合开发技术研究. 太原: 第六次全国土地复垦学术会议.

郑良永, 林家丽, 曹启民, 等. 2006. 污染土壤生物修复研究进展. 广东农业科学, 2: 79-81.

郑远扬. 1993. 石油污染生化治理的进展. 国外环境科学技术, 3: 46-50.

庄国泰. 2015. 我国土壤污染现状与防控策略. 中国科学院院刊, 4: 477-483.

Baker AJM, BrooksRR, Pease AJ, et al. 1983. Studies on copper and cobalt tolerance in three closely related taxa within the genus Silene l. (Caryophyllaceae) from Zaïre. Plant and Soil, 73(3): 377-385.

Bergen A, Alderson C, Bergfors R, et al. 2000. Restoration of a *Spartina alterniflora* salt marsh following a fuel oil spill, New York City, NY. Wetlands Ecology and Management, 8(2-3): 185-195.

Bradshaw A, Huttl R. 2001. Future minesite restoration involves a broader approach. Ecological Engineering, 17: 87-90.

Bradshaw A. 1997. Restoration of mined lands-Using natural process. Ecological Engineering, 8: 255-269.

Caudle KL, Maricle BR. 2015. Physiological and ecological effects of spilled motor oil on inland salt marsh communities: a mesocosm study. Wetlands, 35(3): 501-507.

Cherry D, Currie R, Soucek D, et al. 2001. An integrative assessment of a watershed impacted by abandoned mined land discharges. Environmental Pollutions, 111: 377-388.

Cunningham S. 1996. Phytoremediation of soil contaminated with organic pollutants. Advances in Agronomy, 56: 55-114.

Currie H. 1981. Sociolinguistics and American linguistic theory. Int J Soc Lang, 31: 29-34.

Doolittle J, Hossner L, Wilding L. 1993. Simulated aerobic pedogenesis in pyretic overburden with a positive acid-base account. Soil Science Society of America J, 57: 1330-1336.

Duque JFM, Zapico I, Oyarzun R, et al. 2015. A descriptive and quantitative approach regarding erosion and development of landforms on abandoned mine tailings: new insights and environmental implications from SE Spain. Geomorphology, 239: 1-16.

Gilbert M. 2000. Minesite rehabilitation. Trop Grasslands, 34: 147-154.

Hengchaovanich D. 1998. Vetiver Grass Slope Stabilization and Erosion Control. Bangkor: Office of the Royal Devec Lopment Projects Board.

Holmes P. 2001. Shrub land restoration following woody alien invasion and mining: effects of topsoil depth, seed source, and fertilizer addition. Restoration Ecology, 9: 71-84.

Hossner L. 1988. Reclamation of Surface-mined Lands. Florida: CRC Press Inc.

Hou P, Wang Q, Yang Y, et al. 2014. Spatio-temporal features of vegetation restoration and variation after the wenchuan earthquake with satellite images. Journal of Applied Remote Sensing, 8(1): 083651.

Huang J. 1998. Phytoremediation of Uranium-contaminated soils: role of organic acids in triggering Uranium hyperaccu-mulation in plant. Environmental Science and Technology, 32: 2004-2008.

Jewett S, Drew G. 2014. Recolonization of the intertidal and shallow subtidal community following the 2008 eruption of Alaska's Kasatochi Volcano. Biogeosciences Discussions, 11: 3799-3836.

Kassas M. 1995. Desertification: a general review. Journal of Arid Environments, 30: 115-128.

Kumar A, Maiti SK. 2015. Assessment of potentially toxic heavy metal contamination in agricultural fields, sediment, and water from an abandoned chromite-asbestos mine waste of Roro hill, Chaibasa, India. Environmental Earth Sciences, 74(3): 1-17.

Li EX, Jiang ZC, Cao JH, et al. 2004. The comparison of properties of karst soil and karst erosion ratio under different successional stages of karst vegetation in nongla, guangxi. Acta Ecologica Sinica, 24(6): 1131-1139.

Lin Q, Mendelssohn IA. 1998. The combined effects of phytoremediation and biostimulation in enhancing habitat restoration and oil degradation of petroleum contaminated wetlands. Ecological Engineering, 10(3): 263-274.

Lindigcisneros R, Galindovallejo S, Laracabrera S. 2006. Vegetation of tephra deposits 50 years after the end of the eruption of the ParicutÍn Volcano, Mexico. Southwestern Naturalist, 51: 455-461.

Line M, Garland C, Crowley M. 1996. Evaluation of land farm semediation of hydrocarbon- ontaminated soil at the Inveresk Railyard: Launceston Australia. Waste Management, 16(7): 567-570.

Long Z, Fegley S, Petalerson C. 2013. Suppressed recovery of plant community composition and biodiversity on; dredged fill of a hurricane-induced inlet through a barrier island. Journal of Conservation, 17: 493-501.

Mahar A, Wang P, Ali A, et al. 2016. Challenges and opportunities in the phytoremediation of heavy metals contaminated soils: a review. Ecotoxicology and Environmental Safety, 126: 111-121.

Martin F, Dutrieux E, Debry A. 1990. Natural recolonization of a chronically oil-polluted mangrove soil after a de-pollution process. Ocean and Shoreline Management, 14(3): 173-190.

Nakai Y, Nishio T, Kitashiba H, et al. 2015. The agri-reconstruction project and rapeseed project for restoring tsunami-salt-damaged farmland after the GEJE-An institutional effort. *In*: Santiago-Fandiño V, Kontar Y, Kaneda Y. Post-Tsunami Hazard. Bern: Advances in Natural and Technological Hazards Research Springer.

Norio M. 2015. Long-term recovery from the 2011 great east Japan earthquake and tsunami disaster. *In*: Santiago-Fandiño V, Kontar Y, Kaneda Y .Bern: Post-Tsunami Hazard. Advances in Natural and Technological Hazards Research Springer.

Norio M, Yoneyama N, Pringle W. 2015. Effects of the offshore barrier against the 2011 off the pacific coast of Tohoku earthquake tsunami and lessons learned. *In*: Santiago-Fandiño V, Kontar Y, Kaneda Y, et al. Post-Tsunami Hazard. Bern: Advances in Natural and Technological Hazards Research Springer.

Parrotta J, Knowles O. 2001. Restoring tropical forests on lands mined for bauxite: Examples from the Brazilian Amazon. Ecological Engineering, 17: 219-239.

Pezeshki SR, Hester MW, Lin Q, et al. 2000. The effects of oil spill and clean-up on dominant US Gulf coast marsh macrophytes: a review. Environmental Pollution, 108(2): 129-139.

Pilon-Smits E. 2005. Phytoremediation. Annual Review of Plant Biology, 56: 15-39.

Pinto V, Font X, Salgot M, et al. 2002. Using 3-D structures and their virtual representation as a tool for restoring opencast mines and quarries. Engineering Geology, 63(1): 121-129.

Qi X, Wang K, Zhang C. 2013. Effectiveness of ecological restoration projects in a karst region of Southwest China assessed using vegetation succession mapping. Ecological Engineering, 54: 245-253.

Ramel F, Sulmon C, Serra A, et al. 2012. Xenobiotic sensing and signalling in higher plants. Journal of Experimental Botany, 63: 3999-4014.

Raskin L, Smith R, Salt D. 1997. Phyto-remediation of metals: using plants to remove pollutants from the environment. Current Opinion in Biotechnology, 8: 221-226.

Shu W, Zhang ZQ, Lan C. 2000. Strategies for restoration of mining wastelands in China. Ecological Science, 19: 25-29.

Sistani K, Mays D, Taylor R. 1999. Development of natural conditions in constructed wetlands: biological and chemical changes. Ecological Engineering, 12: 125-131.

Stauffer A, Brooks R. 1997. Plant and soil responses to salvaged marsh surface and organic matter amendments at a created wetland in central pennsylvania. Wetlands, 17: 90-105.

Surriya O, Saleem S, Waqar K, et al. 2015. Phytoremediation of soils: prospects and challenges. *In*: Hakeen KR, Sabir M, Öztürk M, et al. Soil Remediation and Plants. Utah: Academic Press.

Sydnor R, Redente E. 2000. Long-term plant community development on topsoil treatments overlying a phytotoxic growth medium. Journal of Environmental Quality, 29: 1778-1786.

Terry N, Carlson C, Raab T, et al. 1992. Rates of selenium volatilization among crop species. Journal of Environmental Quality, 211: 341-344.

Thavamani P, Samkumar RA, Satheesh V, et al. 2017. Microbes from mined sites: Harnessing their potential for reclamation of derelict mine sites. Environmental Pollution, 230: 495.

Toomik A, Liblik V. 1998. Oil shale mining and processing impact on landscapes in North-East Estonia. Landscape Urban Planning, 41: 285-292.

USEPA. 2000. Introduction to Phytoremediation. Washington DC :USEPA.

Varara P. 2000. Increased ability of trans-genic plants expressing the bacterial enzyme ACC deaminase to accumulated Cd, Co, Cu, Ni, Pb and Zn. Journal of Biotechnology, 81: 45-53.

Ward S, Slessar G, Glenister D. 1996. Environmental resource management practices of Alcoa in Southwest of Western Australia. *In*: Mulligan D. Environmental Management in the Australian Minerals and Energy Industries-Principles and Practice. Sydney : University of New South Wales Press.

Wiegleb G, Felinks B. 2001. Primary succession in post-mining landscapes of lower Lusatia-chance or necessity. Ecological Engineering, 17: 199-217.

Wilden R, Schaaf W, Huttl R. 2001. Element budgets of two afforested mine site after application of fertilizer and organic residues. Ecological Engineering, 17: 253-273.

Yavari S, Malakahmad A, Sapari NB. 2015. A review on phytoremediation of crude oil spills. Water, Air and Soil Pollution, 226: 279.

Ye Z, Wong JWC, Wong M. 2000. Vegetation response to lime and manure compost amendments on acid lead/zinc mine tailings: a greenhouse study. Restoration Ecology, 8: 289-295.

Yokom S, Axler R, McDonald M, et al. 1997. Recovery of a mine pit lake from aquacultural phosphorus enrichment: model predictions and mechanisms. Ecological Engineering, 8: 195-218.

Zappi M, Rogers BA, Teeter C, et al. 1996. Bioslurry treatment of a soil contaminated with low concentrations of total petroleum hydrocarbons. Journal of Hazardous Materials, 46(1): 1-12.

Zhu Z, Waterman DM, Garcia MH. 2018. Modeling the transport of oil-particle aggregates resulting from an oil spill in a freshwater environment. Environmental Fluid Mechanics, 18(4): 967-984.

7 景观、区域及全球尺度生态恢复

生态恢复总是以生态系统作为基点来加以实施，但是在生态系统水平进行生态恢复，往往没有考虑到大尺度的格局配置，没有形成多个生态系统的功能整合，从而达不到最佳效果。在大尺度上进行生态恢复，一般也是需要分解为生态系统尺度，形成多个不同的生态系统来进行。对于大区域来说，这种分解常常是先将大区域分解为小区域，再到生态系统水平。但在大尺度进行生态恢复时，首先要考虑大尺度下不同生态系统的相互作用关系，考虑景观、区域乃至全球的综合因素，而不仅仅考虑单个生态系统的特征，有时甚至必须忽略个别生态系统的一些特征。

7.1 生态恢复的宏观尺度及其推绎

7.1.1 生态恢复尺度研究的意义

研究表明，评价恢复工作是否取得成功都需要从大尺度来考虑，并且这是很多工作的主要目标。许多生态过程涉及大尺度连通性，整合恢复地与这些景观过程有助于恢复成功。在海岸区盐沼的恢复中显示了景观原理尺度的重要性（Rastetter et al.，1992）。Broome 等（1988）得出恢复地周围环境很重要的原因是附近沙丘能够通过保留水而改变盐度。Haven 等（1995）对不同的恢复盐沼地和受破坏之前的自然盐沼地的动物种群进行研究后得出，研究区动物的分布与小溪流的存在和不同植物的分布密度有关，也与恢复区的大小和形状有关（未调查土壤本底的不同）。英国皇家鸟类保护学会（The Royal Society for the Protection of Birds）也倡议根据不同鸟类的适宜生境空间分布图，通过空间规划来进行景观和区域尺度上的鸟类多样性恢复。

以上证据均表明，生态恢复需要分尺度研究。在生态系统尺度上揭示生态系统退化发生机理及其防治途径，研究退化生态系统生态过程与环境因子的关系，以及生态过渡带的作用与调控等。在景观尺度上研究退化生态系统间的相互作用及其耦合机理，揭示生态安全机制及退化生态系统演化的动力学机制和稳定性机理等。在区域尺度上研究退化区生态景观格局时空演变与气候变化和人类活动的关系，建立退化区稳定、高效、可持续发展模式等。对于退化生态系统的恢复研究在尺度上可以从土壤内部矿物质的组成扩展到景观或生态区域水平，并且多种不同尺度上的生态学过程形成景观上和生态区域上的生态学现象。例如，矿质养分可以在一个景观中流入和流出，或者被风、水及动物从景观的一个生态系统重新分配到另一个生态系统（Langis et al.，1991）。

7.1.2 生态恢复尺度效应

据 O'Neill 等（1992）的等级理论，属于某一尺度的系统过程和性质即受约于该尺度。由于每一尺度都有其约束体系和临界值，外推所获得的结论将很难理解。例如，河流水质指标受景观格局的影响是尺度依赖的：水体与景观格局的关系在较大尺度上的集水区有更为显著的关系，而不是在与水体紧邻的河岸带（Zhou et al.，2012）。但 King（1991）认为，不同等级上的生态系统之间存在信息交流，这种信息交流就构成了等级之间的相互联系，而这种联系使尺度上推和下推成为可能。所以尺度推绎过程中，必须特别重视恢复对象、社会问题和决策过程中的尺度协调。

尺度一致性即在时间和空间上必须同社会、行政和管理中相关的过程保持尺度一致。随着世界经济的发展，农业、环境和自然保护问题的国际管理格局的形成，尺度将越来越大，这些不可避免地需要采用相关科学的研究方法。但是到目前为止，大多数科学研究结果均来源于小尺度（小区、小区域）研究。这些小尺度研究结果，在一定程度上反映了大尺度问题，但是反映在大尺度上的结果具多大程度的准确性还不清楚，所以需要研究选择相关尺度的必要性，研究如何使用可靠的方式把一种尺度的成果推广应用到另一种尺度上（Bell et al.，1997）。

7.2 景观尺度上的生态恢复格局与过程

7.2.1 景观尺度上生态恢复的意义

景观（landscape）是指以一组重复出现的、具有相互影响的生态系统组成的异质性陆地区域。一个景观往往具有空间异质性，并由多个生态系统及多种景观结构（如斑块面积、斑块类型和景观联结度等）组成。景观的结构、功能和动态是景观的三个最主要特征。由于景观是处于生态系统之上，大地理区域之下的中间尺度，许多土地利用和自然保护问题只有在景观尺度下才能有效地解决，全球变化的影响及反应在景观尺度上也变得非常重要，因而不同时间和空间背景下的景观生态过程研究十分必要。

景观恢复地的尺度、空间配置及连通性会影响与恢复稳定性有关的生物与非生物过程。小斑块不能够承载较大规模的种群，可能导致遗传多样性的降低及统计随机性的增加，使得恢复力降低，同时缺乏足够的资源来支持动物类群及相关的生态系统过程。通过廊道将相邻的生态系统连接，能增加新的定植的可能性，同时花粉、种子和动物的行为可增加基因交流。Thiere 等（2009）的研究表明，湿地池塘数量越高，水生物种的多样性越大，这可能是更高的斑块密度有利于景观中的生物流导致的。不同景观要素的空间配置对鸟类的重新定植也可能有一定的影响：从对鸟类、两栖动物、无脊椎动物和鱼类的观察发现，不利于景观连通性的空间配置会影响恢复地区的重新定植。增加连通性虽然可以增加恢复区的物种丰富度、恢复力和生态系统功能，然而也可能产生负面的灾害影响，如促进了害虫、杂草或病原体的扩散，阻碍区域（尤其是较小面积区域）的生态恢复进程（Leite and Rogers，2013）。

退化生态系统的结构和空间格局往往具有明显的不合理性，具体可表现为结构类型单一、空间异质性差、空间连接度低、破碎化程度高等方面，它可以影响景观的结构、功能和动态。Naveh（1994）和 Bell 等（1997）综述了景观水平的生态学过程和退化生态系统恢复之间的关系，并提出在退化生态系统的恢复过程中要考虑到从小尺度（退化岛屿）到大尺度的景观，证实了在解决退化生态系统的恢复问题时，景观生态学的方法在理论和实践上是有效的。为了补偿全球环境的破坏，只要有可能，生态恢复就应该在景观范围上实施，在景观水平利用生态系统的整合性来保存和保护生态系统，进行退化生态系统的恢复。Holl 等（2003）指出，现在需要越来越多景观尺度的方法来解决一些问题，而不是从小样地实验结果来推测大尺度景观的生态响应。

例如，美国俄勒冈州的 Fender 氏蓝蝴蝶种群恢复项目（见二维码拓展内容），就采用了地理信息系统（GIS）技术，通过蓝蝴蝶过去和现在的分布区域，空间定位出最具恢复潜力的区域，对蓝蝴蝶的恢复实践进行了空间优化（Holl et al.，2003）。

景观恢复：从普适性框架到实践方法

景观生态恢复的意义可从自然和社会两方面体现。从自然属性看，大系统比小系统的碎块更具有自我维持能力；斑块的动态功能在景观的水平比在碎块的水平要好，如斑块作为某一特殊物种的源或汇变换时，在景观水平效应更强；如果存在着一批多样化的生境，或者在被恢复地区内有可能形成异质化的生境，种群在景观水平会更有效地进行种子的散布和其他繁殖行为。很多生态恢复的措施在景观尺度下实施，其恢复效果更好。例如，在蒙古的沙漠地区，利用灌木作为护理植物增加区域的植物物种多样性的措施在大尺度下更有效（Yoshihara et al.，2010）。从社会属性看，景观水平比生态系统水平的生态恢复规模效应更强：景观水平的生态恢复行动比那些小斑块的恢复能造成更大的影响以引起公众的关注，通过对退化景观的恢复，可以取得显著的生态、经济和社会效益，从而有助于今后的持续开展与维护。Crossman 和 Bryan（2006）指出，对农业区的生物多样性恢复仅仅依靠小尺度的土地保护收效甚微，必须通过大尺度，如景观尺度的地理空间整型规划（integer programming）来进行有效的生态恢复（图 7.1）。由于空间整形规划能够高效地利用空间并有效降低成本，因而可获得最大的社会效益和恢复效果。

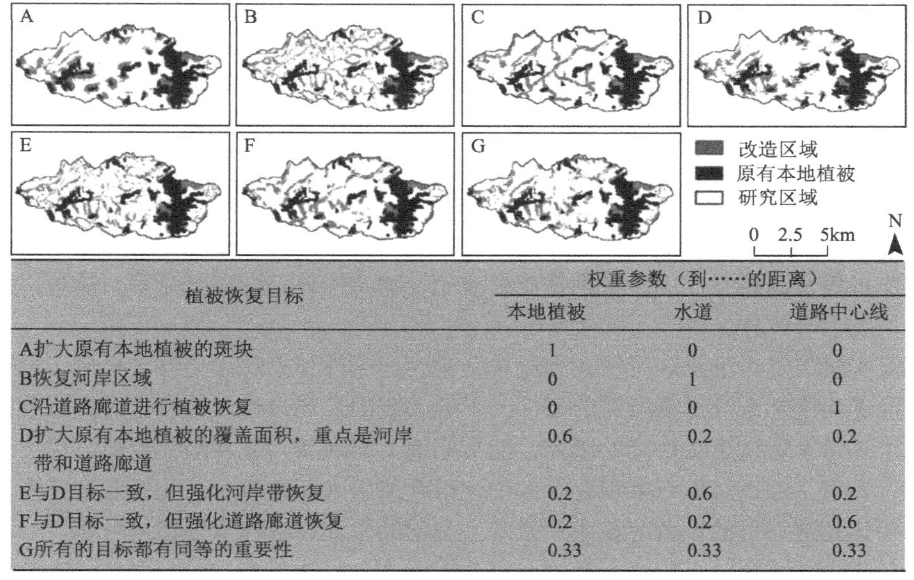

植被恢复目标	权重参数（到……的距离）		
	本地植被	水道	道路中心线
A扩大原有本地植被的斑块	1	0	0
B恢复河岸区域	0	1	0
C沿道路廊道进行植被恢复	0	0	1
D扩大原有本地植被的覆盖面积，重点是河岸带和道路廊道	0.6	0.2	0.2
E与D目标一致，但强化河岸带恢复	0.2	0.6	0.2
F与D目标一致，但强化道路廊道恢复	0.2	0.2	0.6
G所有的目标都有同等的重要性	0.33	0.33	0.33

图 7.1　南澳大利亚某农业区植被恢复的空间整型规划（Crossman and Bryan，2006）

A～G分别为8个不同的植被恢复目标，通过对权重参数进行调整，得出针对不同目标最适宜进行植被恢复的区域

由于景观健康和整合性对于全球生态系统具有非常重要的作用，必须将生态目标和社会目标联系起来广泛考虑退化生态系统的恢复，应该控制人类活动的方式与强度，以补偿和恢复景观生态功能。例如，对土地利用方式的改变，对耕垦、采伐、放牧强度的调节，都将有效地影响到生态系统功能的发挥或恢复。

在景观尺度上进行生态恢复，应该应用景观生态学原理来指导生态恢复的实践。景观生态学中的核心概念为景观系统的整体性和景观要素异质性；景观研究的尺度性（多尺度特征）；景观结构的镶嵌性及其一般原理，如斑块形状、斑块大小、生态系统间相互作用、镶嵌系列等（Fu et al.，2001）。这些概念均与退化生态系统的恢复有着密切的关系。尽管缺乏连续观测技术来验证，但已有的研究都表明景观生态学方法对于退化生态系统恢复具有不容置疑的作用（Bell et al.，1997）。同时，在描述环境与景观结构要素的空间关系问题上，其重要作用已经引起了很多恢复生态学工作者的广泛关注。总之，寓景观生态学思想于退化生态系统恢复过程是重要的新生态恢复途径。

7.2.2　景观尺度上生态恢复的一般过程

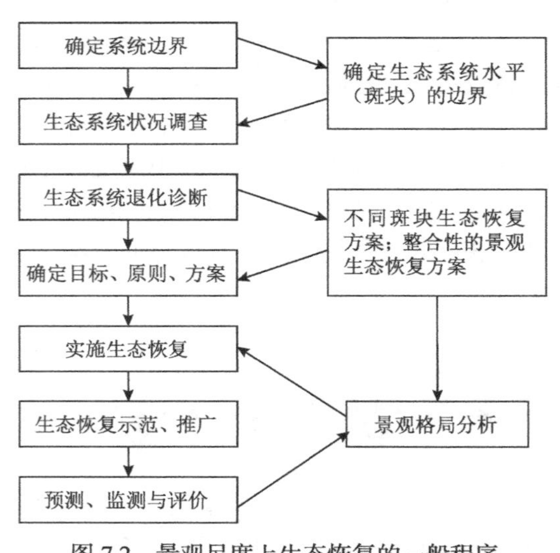

图 7.2　景观尺度上生态恢复的一般程序

景观尺度上生态恢复的一般程序，与一般的生态系统一样，具有共性的框架（图 7.2）。但与生态系统尺度上的生态恢复不同的是，其在具体的环节上具有特殊性。

图 7.2 右边框架说明在生态恢复程序上景观水平与生态系统水平存在明显不同，景观水平的生态恢复有一个尺度分解下降过程，又有一个尺度整合性上升过程。在确定系统边界时，除了确定整个景观的边界外，必须确定景观内不同生态系统（斑块）的边界，同时在调查和诊断时必须分别进行，这可以说是尺度下降的分解过程。在考虑生态恢复方案时，必须综合考虑不同斑块生态恢复的功能过程及其相互作用，特别是能量流动、物质循环和种源交流等，这可以说是一个整合性的尺度上升过程。

在恢复实践中要考虑景观特征，如斑块结构、连通性和景观渗透性，充分了解干扰的程度和性质及退化生态系统恢复所需的条件，了解关键的景观过程及其发生时的影响范围和程度。恢复生态学家通过景观格局的研究，能更好地了解现状，发现潜在规律，提出最佳景观格局的配置方案，通过对原有景观要素的优化组合或引入新的成分，使景观生态恢复发挥最佳功能。要达到这一目的，就应该应用景观生态学的原理，进行景观格局分析。

7.2.3　生态恢复的景观格局调控

7.2.3.1　生态恢复的景观异质性调控

景观生态恢复注重人类活动对景观格局与过程的影响，恢复或重建各种景观要素，使其具有合适的空间构型，从而达到恢复退化生态系统的目的，通过景观空间格局配置构型来指导退化生态系统恢复，使得恢复工作获得成功。

景观异质性是景观的重要属性之一。异质性在生态系统的各个层次上都存在。景观格局是指大小与形状不一的景观斑块在景观空间上的排列，是景观异质性的具体体现，又是各种生态过程在不同尺度上作用的结果（Johnstone，1986）。研究表明，景观异质性越高，会表现出越高的物种多样性及物种更新速率，对恢复地区的物种多样性有很大改善（Osland et al.，2011）。

利用景观生态学的方法，能够根据周围环境的背景来建立恢复的目标，并为选择恢复地点提供参考。这是因为景观中有某些点对控制水平生态过程有关键性的作用，抓住这些景观战略点（strategic points），将给退化生态系统恢复带来高效的和带动全局的结果（Yu，1999）。在退化生态系统的某些关键地段进行恢复措施有重要意义。在异相景观中，有一些对退化生态系统恢复起关键作用的点，如一个盆地的进出水口、廊道的断裂处、一个具有“跳板”（stepping stone）作用的残遗斑块、河道网络上的口及河谷与山脊的交接处（Broome et al.，1988；Weber et al.，2006；van Rossum and Triest，2012），在这些关键点上采取恢复措施可以达到事半功倍的效果。有研究表明，对孤立区域的恢复不如对连接区域恢复所起的作用大（Burrough，1986）。位于景观中央的森林斑块比位于其他地段的森林斑块更易成为鸟类的栖息地（Bunce and Jongman，1993）。Robinson 和 Handel（1991）讨论了城市中垃圾填埋场的植被恢复，而这种恢复依赖于周围植被残余斑块的介入。Hardt 和 Forman（1989）的观察显示，在露天矿的生态恢复过程中，相对于其他地段，林木更易优先占据林缘的凹边部位。

对于退化生态系统恢复是否取得成功，迫切需要从景观生态学角度来评价。由于所需要恢复的退化生态系统具有不同的特性，其描述参数都是不同的。描述斑块恢复是否取得成功的参数很多，但本底不同，其参数是不同的，如对于郊区环境下斑块恢复的描述参数必然与城市的斑块恢复有所不同。

在评价恢复工作时，对于大尺度不同的空间动态和不同恢复类型，都可利用景观指数如斑块形状、大小和镶嵌等来表示。如果将物质流动和动植物种群的发生与不同的景观属性联系起来，那么对景观属性的测定可以使恢复实施者预见到所要构建的生态系统的反应，并且可以提供新的、潜在的、更具活力的成功恢复方案，这在许多生态恢复实践中已得到证明。我国西部地区的各民族人民在长期的生产实践中，已创造出很多成功的生态系统恢复模式，如黄土高原小流综合治理的农、草、林立体镶嵌模式，风沙半干旱区的林、草、田体系，牧区基本草场的围栏建设与定居点“小生物圈”恢复模式等。它们的共同特点是采取增加景观异质性的办法，创造新的景观格局，注意在原有的生态平衡中引进新的负反馈环，改变单一经营为多种经营综合发展（Zhang and Xu，1997）。

景观格局分析主要有如下的技术流程。

（1）从基础信息源获得信息，根据功能和形态对景观类型进行分类（如城市或居住地景观、农田景观、草地景观、林地景观、荒漠景观、水体、冰川积雪等）。

（2）利用景观生态学常用手段对各类型景观的斑块进行处理，计算出各景观格局特征指标。

（3）对各项指标进行分析，得出各景观类型在研究区域内的作用程度、稳定程度、发展可能等定性定量分析结果，结合当地经济、生产和生活现状确立生态规划。

7.2.3.2 生态恢复的景观干扰调控

干扰出现在从个体到景观的所有层次上（Burke，2001）。干扰是景观的一种重要的生态过程，它是景观异质性的主要来源之一，能够改变景观格局，同时又受制于景观格局。不同尺度、性质和来源的干扰是景观结构与功能变化的根据。在退化生态系统恢复过程中如果没有考虑到干扰的影响就会导致初始恢复计划的失败，浪费大量的人力、物力和财力，并得到令人失望的结果（Bond and Lake，2005）。

从恢复生态学角度来看，其目标是寻求符合诸方面需求的景观模式，所以在恢复和重建受害生态系统的过程中必须重视各种干扰对景观的影响。

退化生态系统恢复的投入与其受干扰的程度有关，如草地由于人类过度放牧干扰而退化，如果控制放牧则很快可以恢复，但当草地被野草入侵，且土壤成分已改变时，控制放牧就不能使草地恢复，因而需要更多的投入。在南亚热带区域，顶极植被常绿阔叶林在干扰下会逐渐退化为落叶阔叶林、针阔叶混交林、针叶林和灌草丛等。每越过一个阶段恢复的投入就会变大，尤其是从灌草丛开始恢复时投入更大（彭少麟，2003）。

人类活动的方式与强度，补偿和恢复景观生态功能都会影响退化生态系统的恢复，如对土地利用方式的改变，对耕垦、采伐、放牧强度的调节，都将有效地影响到生态系统功能的发挥或恢复。许多研究表明，在退化生态系统恢复过程中可以适当地采取一些干扰措施以加速恢复，如 Kessler（1994）和 Haven 等（1995）发现对盐沼地增加水淹可以促进动植物利用边缘带，从而加快恢复速率。因此可以通过一定的人为干扰使退化生态系统正向演替来推动退化生态系统的恢复。

7.2.4 景观功能分析

景观功能分析（landscape function analysis）包括两步：一是通过沿样带收集连续的数据进行景观分层（landscape stratification）。数据来自观测区资源运动的主导方向（往下坡或下游），包括运动资源的丢失[源（source）]与积累[库（sink）]。二是在每一类景观区沿一条样带对土壤表面状况进行如表 7.1 所示的 10 个特征的评价分析。具体是将这 10 个田间观测的特征值分成以下 3 类进行数据分析：①抗蚀的稳定性（包括特征 1、3、4、5、6、7、9、10）；②水分的渗透与保存能力（包括特征 3、8、9 和表土质地）；③养分循环状况（包括特征 2、3、4、8）。通过分析便可以了解样带上每个源和库的上述 3 类特征。

表 7.1 土壤表面特征及其用于生态恢复评价的内容（改自 Tongway and Hingly，1995）

序号	土壤表面特征	评价内容
1	土壤覆盖	评价雨溅侵蚀
2	多年生植物的基盖度	了解地下器官对养分循环过程的贡献
3	凋落物盖度与降解程度	评价地表有机质降解与养分循环
4	隐花植物盖度	了解地表稳定性、侵蚀抗性和养分有效性
5	地表（地壳）破碎度	了解松散的地表（地壳）物质遭受风蚀与雨蚀的程度
6	侵蚀特征	评价目前土壤的侵蚀特征，包括侵蚀类型与严重程度
7	沉积物质	识别被冲蚀的土壤成分
8	微地形	用于了解水分渗透、水流受阻及种子聚积的情况
9	地表的抗冲击力	评价土壤受机械干扰后的稳定性
10	松散抗性	评价土壤变湿时的稳定性或松散程度

7.2.5 退化生态系统恢复对景观生态学的意义

景观生态学的发展为恢复生态学研究提供了新的理论基础，而恢复生态学为检验景观生态学理论和方法提供了场所，而且为其发展不断提出新的目标（Naveh，1994；Bell et al.，1997）。

现代生态学所面临的两个基本且重要的理论是大尺度生态系统理论和人与自然关系的

理论。在现代生态学的发展中，生态学家越来越注重数学语言（数理统计、地统计学、分形几何）和科学技术的应用。大尺度生态学随着应用数学、理论物理学、计算机科学和工程技术领域在生态学领域的应用而繁荣。对大尺度生态学理论的检验，进行人工设计的科学实验是关键性的主要途径（Xiao et al.，1997）。正因为恢复生态学可以为这些理论的校验、更新和发展创造一个独特的机会，因此其为生态学理论的验证提供了一个非常恰当的实验场。

恢复生态学作为大尺度实验生态学，具有充分的自然生态系统背景。由于生态恢复是在生态系统受到破坏的基础上进行的，因此它对导致生态系统破坏的主要和次要因素，以及这些因素作用下生态系统退化的全过程较为了解。对人工设计恢复措施有预定的科学依据，对生态系统恢复中的环境、生物参数可以进行经济而且有效的监测和控制。由于它采取人工设计的恢复措施，从而使被破坏生态系统的恢复和重建过程比起天然过程大大加快，同时也使恢复目标有着多种选择的可能性。因此，恢复生态学可以在较短时间内和恰当的空间尺度上方便地认识自然生态系统变化的内在机制，建立定量说明此机制的生物-环境参数系统和逻辑结构，从而更经济有效地发挥其在建立大尺度生态学理论中的实验室作用。除了实际应用外，恢复生态学的实践为解决种群、群落和生态系统过程中的理论问题提供了机会（Naveh，1994）。

利用恢复实践来验证景观生态学理论是比较直接和简单的。恢复地可以作为评价很多景观生态学现象的测试系统，恢复区域可以作为景观生态研究的缩微。在景观生态学朝着更数量化和更具有预测力方向的发展过程中，能够通过一些恢复项目和工程来检验和发展其理论，尤其是一些与生态系统功能和生态系统破碎化问题相关的理论。

从研究发展来看，需要一些创新的方法来评价大尺度生态过程的变化（Rastetter et al.，1992）。从时间上来看，退化生态系统恢复研究可以加速比较慢的自然过程。在恢复过程中，通常植物和动物区系的变化可以在几年中辨明（Fonseca et al.，1996）。而研究景观的变化和景观生态学实验通常都是长期的，因此恢复研究可以使景观变化信息的收集更加方便。此外，恢复研究还可以提供数据以验证景观模型的有效性（如预测干扰扩散模型和抵制病虫害发生模型）。如果恢复实践者和景观生态学家能够设计出解决尺度问题的斑块镶嵌，那么这些模型都可以直接在恢复研究中验证。

7.3 区域尺度上的生态恢复格局与过程

7.3.1 区域尺度上生态恢复的意义

区域既可以在景观尺度以下，如作为景观的基本功能单元的生态区域（ecotope），又可以在景观尺度以上，作为包含多种类型的景观的集合体。在区域尺度上进行生态恢复具有重要的意义。

首先，与景观尺度的生态恢复类似，区域尺度上的生态恢复有助于大尺度自然整合。

退化生态系统恢复模式的试验示范研究还停留在一些小的、局部的区域范围内或单一群落或植被类型上，缺乏从流域整体或系统水平的区域或景观尺度的综合研究与示范，也缺乏对已有恢复模式随着时间推移和经济发展需求而变化的优化调控研究，因而不能很好地揭示系统退化的本质规律，并影响到系统恢复的程度和速度的确定，以及恢复效果的评价和管理技术的选择。显然，区域尺度上的生态恢复，有比生态系统尺度上的生态恢复更进一步的意义。我国的“三北”（西北、华北北部和东北西部）防护林工程就是典型的区域尺度生态恢复案例。“三北”防护林体系工程覆盖长 4480km，宽 560～1460km 的区域，由国务院于 1978 年 11 月 25 日正式批准建设，规划至 2050 年结束，分三个阶段、八期工程进行建设。这项绿化工程是从改善“三北”地区的生态环境出发，建立以农田防护林、防风固沙林、水土保持林及牧场防护林为主体，多林种结合，网-片-带结合，乔-灌-草结合的综合防护林体系，被称为“中国的绿色万里长城”。对控制中国北方风沙危害和水土流失，抵御沙漠南侵，建立良好的生态平衡，具有重要的战略意义。自 1978 年起至第五期工程，“三北”地区沙化土地面积已由 20 世纪末的年均扩展 2460km^2 扭转为年均缩减 1297km^2，实现了土地沙化连续 10 年净减少。在东起黑龙江西至新疆的万里风沙线上，营造防风固沙林 1.2 亿亩，结束了沙化危害扩展加剧的历史。区域常以流域作为其自然范围（Engelen and Kloosterman，1996），而在流域系统范围进行生态重建在世界上尚不多见（Holl et al.，2003；Verweij，2017）。经过欧洲多国长达 50 年的通力合作，莱茵河流域的生态恢复显现出了卓越的成效，并成为全世界流域生态恢复的典型案例（Chase，2011；Silveira and Richards，2013；Verweij，2017）。在巴西圣保罗的大西洋雨林重建项目中，科学家和当地农场主在圣保罗州的 5 个主要集水区同时进行了热带雨林的恢复试点（Wuethrich，2007），由于这 5 个集水区间存在着许多物质流和能量流的交换，同时对这 5 个区域进行森林植被恢复可能起到事半功倍的效果。

在自然流域范围中，尽管有不同的景观和不同的生态系统，然而通常它们具有相似的自然干扰因子，这有助于对流域中不同的景观和不同的生态系统的退化机制的理解，以及进一步进行生态恢复与重建的整合设计与管理（Koebel，1995）。

在区域尺度上进行生态恢复，还有助于针对区域的共性问题进行治理。例如，以水生态因子来分析，中国存在较严重的水土资源组合不匹配的问题，北方地区已出现用水危机。长江、珠江、东南沿海和西南诸河流年径流量占全国的 82%，但土地和耕地面积占全国的 36%。在干旱少雨的北方，淮河、黄河、海河、东北诸河年径流量只占全国的 18%，而耕地面积却占 64%；其中黄河、淮河、海河、辽河四个流域的总人口达 3.3 亿，耕地为 6.4 亿亩，但水资源严重短缺（杨小波等，2002）。那么，在进行生态恢复时，中国南方地区主要应该考虑水污染问题，而北方地区主要应该考虑节水问题。

其次，区域尺度上的生态恢复有助于区域经济发展。

在一个自然本底复杂、生态保护与社会发展矛盾突出的地区进行大规模生态恢复重建，不仅是一个自然过程，也是经济投入与产出、资源开发与管理的社会经济过程。生态恢复过程中的经济行为同样是恢复成功与否的关键。因此，在自然-经济-社会复合生态系统的恢复中如何促进区域（流域）社会经济发展，也是大尺度生态恢复所必须面临的问题。

区域退化的根源，主要是地方资源开发与经济发展过程中的人为干扰。人类活动的过度干扰引发的生态退化不断吞噬与消耗经济建设的成果，大大增加了区域经济建设的成本，造成了巨大的经济损失，加剧了区域贫困程度和封闭程度。就像 20 世纪初的莱茵河流域，沿岸工厂、农田、居民排放的大量废水导致河水污浊不堪，沿岸生态环境和居民健康环境急剧恶化（Verweij，2017）。生态退化已成为区域社会经济可持续发展的重要制约因素。

生态环境保护与经济发展的矛盾尖锐，使生态恢复工作任务复杂而艰巨。主要表现在逆转生态退化过程必须解决一系列生物学、生态学难题，同时还必须满足人民生活和地区经济发展的需要，解决与之相关联的社会学问题。生态恢复若不考虑与区域经济发展相结合，其最终的目标将难以真正实现，尤其是在发展中国家。目前各类生态恢复的目标，主要集中在恢复与重建的生态学过程上，忽视了与区域社会经济发展、脱贫等现实问题的有机整合。在与经济发展相结合方面，“三北”防护林工程也给我们提供了宝贵的成功经验，其在东北、华北、黄河河套等平原农区，营造区域性农田防护林 253 万 hm^2，有效庇护农田 2248.6 万 hm^2，新增农田牧场 1534 万 hm^2，亩均产量由工程实施前的 100kg 提高到现在的 300 多千克。另外，在呼伦贝尔和毛乌素沙地初步建成了以樟子松为主、在新疆绿洲以特色林果为主、在河西走廊以沙生灌木为主的特色产业基地等。在区域尺度上进行生态恢复，由于有大尺度的整合优势，有助于生态建设与区域经济发展相结合；通过不同景观和不同生态系统的配置，有助于把产业链与生态链进行有机整合；根据区域社会经济、自然和社会特点，建立可持续的区域生态产业体系，这是未来生态恢复的一个重要发展方向。

7.3.2 区域尺度上生态恢复的一般过程

区域尺度上生态恢复的一般程序，与其他尺度的生态恢复比较，具有共性的框架，也具有自身的特征。图 7.3 显示区域尺度上生态恢复的一般程序，并说明其过程中的特殊性。

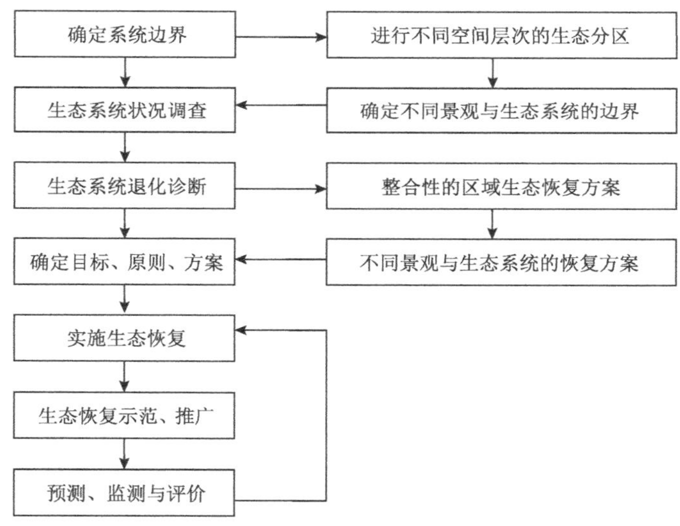

图 7.3 区域尺度上生态恢复的一般程序

图 7.3 右边框架说明生态恢复程序上区域尺度与其他尺度明显不同，其与景观水平的生态恢复有相似的地方，就是既有尺度分解下降的过程，又有尺度整合性上升过程。在确定系统边界时，除了确定整个景观的边界外，必须首先确定不同小区的边界，再确定不同景观和不同生态系统（斑块）的边界；同时在调查和诊断时必须分别进行，这是区域尺度下降的重要分解过程。在考虑生态恢复方案时，必须综合考虑区域内各分区的不同景观和不同生态系统（斑块）生态恢复的功能过程及其相互作用，进行整合性的大尺度上升过程。进一步的生态恢复则与景观和生态系统尺度是一样的。

7.3.3 区域生态恢复的分区

7.3.3.1 区域生态恢复的分区原则

1）选定自然区域进行生态恢复　生态系统的结构和功能是只有自然边界而没有政治

边界的。进行区域的生态恢复最好选定自然生态区域，自然地理区域的统一性决定了生态恢复行动跨越政治边界的必要性。当政治边界穿越选定的自然区域时，生态恢复计划将会面临非常有趣的挑战。这需要在自然区域内建立所包含不同行政区的协作关系，有效的区域或流域的生态恢复往往需要多个行政区以至多个国家的共同参与。

2）应以自然区域的不同空间层次进行分区　选定生态恢复区域后，不管是行政区域还是自然区域，都应该以自然区域的不同空间层次进行分区。我国的生态恢复面临极大的挑战，针对东部沿海高速发展产生的环境问题，西部大开发的生态环境建设问题，在进行生态恢复时，均应进一步以自然区域的不同空间层次进行分区，才有可能进行有针对性的有效生态恢复。

3）不同空间层次的自然区域应以流域作为分区依据　能量流动和物质循环过程在流域中是相对完整的；相对不同流域而言，每一流域又有自身的生态特征，这是较好进行生态恢复的空间区域。作为大的流域，可进一步分解为多个小流域，以对应不同空间层次的自然区域。

7.3.3.2　大区域尺度生态恢复的分区

大区域尺度生态恢复分区的主要依据是区域的雨热条件和植被类型。例如，赵晓英等（2001）将西北地区分为如下 4 个生态恢复区，并提出分区治理的措施。

1）黄土高原区　该区大致位置为贺兰山—乌鞘岭一线以东，榆林—靖边—定边一线以南的广大地区，其西南方向与青藏高原边缘区接壤，大致包括宁夏、陕西大部和甘肃的陇中、陇南，该区降水量在 200mm 以上，最高区可达 800mm 以上，热量与光能条件相对较好，依水分情况可分为干旱和半干旱区两大类，部分地区为半湿润区；依热量条件，其跨越亚热带、暖温带、温带三个气候带（由于温暖、湿润区面积较小，因而也规划到这个区），植被以森林、草原和荒漠化草原为主。

2）青藏高原区　该区包括青海（除柴达木盆地）、甘肃的甘南藏族自治州和天祝县及新疆西南局部，该区降水较少，光能条件优越但热量条件较差。依热量条件跨越寒带和寒温带，依水分条件可分为干旱、半干旱和半湿润三个区。在高原气候条件下，该区形成了一系列适应高寒气候的植被类型——高寒灌丛、高寒草甸、高寒草原和高寒荒漠，也有局部地区分布有针叶林或针阔混交林，构成了特有的高原地带性植被类型。

3）荒漠-绿洲区　该区包括青藏高原区以北、黄土高原以西和以北的广大区域，包括内蒙古阿拉善高原、甘肃河西走廊、青海柴达木盆地、新疆塔里木盆地、准噶尔盆地等大部分区域，以及陕西榆林与宁夏北部的沙漠和毗邻沙漠的边缘区，是西北面积最大的一个生态退化类型区。本区降水量大部分在 200mm 以下，最低处仅 3.9mm，属干旱及极干旱气候类型区，热量条件良好、光照充足，地带性植被以灌木、半灌木灌丛为主，还有大面积的裸露沙地、戈壁和沙漠。

4）中高山地退化生态系统的恢复　这里的中高山地主要是指镶嵌于荒漠绿洲区各大山系的中、上部，如祁连山、天山、阿尔泰山、马鬃山等，这些山地一般都是各内陆河的水源涵养之地，也可称为绿洲区的生态源。其气候呈垂直带分布，山地底部一般温暖干旱，中部寒温半干旱，而其上部寒冷半湿润，部分山地顶部发育有冰川，这些冰川是河流的主要补给水源。

7.3.3.3 小区域尺度生态恢复的分区

进行大区域尺度的生态分区后，实施生态恢复时，有必要对小区域尺度的生态区做进一步的生态分区。例如，可将西北地区的荒漠-绿洲区，进一步分为绿洲生态退化区、绿洲-荒漠过渡带退化区和荒漠区（赵晓英等，2001）。又如，对广东省这一区域，主要以流域为依据，可分为如下的 7 个生态区：北江上中游区域、东江上中游区域、韩江上中游区域、西江中下游区域、珠江三角洲区域、粤西沿海区域及粤东沿海区域。对具体的小流域（区域）进行生态恢复无疑针对性更强，也更有效。

7.3.4 区域退化的生态诊断与退化生态系统类型划分

7.3.4.1 区域生态系统退化的生态诊断

在进行区域生态恢复时，对生态系统退化的原因和机制进行分析是做好生态恢复的基础。

彭少麟（2003）详细分析了南亚热带的气候特征及退化生态恢复的主导生态因子，可作为区域退化生态系统恢复生态诊断的实例。

我国南亚热带位于欧亚大陆的东南端，紧邻太平洋，处于首当其冲季风环境，一年四季均受季风影响，具明显的湿润季风气候。其特点是热量丰富，夏长冬暖，无霜期长，雨量丰沛，降水期长，风向随着季节变化，夏季盛行西南和东南季风且多台风暴雨，冬季盛行东北季风，冬春有冷空气入侵，偶有奇寒。主要气象要素如表 7.2 所示。

表 7.2 高要市（现为高要区）(23°07'N，112°35'E）各气象要素（彭少麟，2003）

气象要素	1月	2月	3月	4月	5月	6月	7月	8月	9月	10月	11月	12月	备注
日照百分率/%	37	24	19	22	35	36	53	53	54	59	53	47	平均 41
气温/℃	11.0	12.5	16.1	20.0	23.4	25.2	25.9	25.6	23.7	20.4	14.6	12.0	平均 19.2
相对湿度/%	77	79	85	84	85	84	80	83	80	77	69	73	平均 79.7
总辐射/（$kcal/cm^2$）	6.7	6.7	6.7	7.6	10.3	10.3	13.2	12.8	11.5	11.0	8.4	7.3	总计 112.5
光合有效辐射/（$kcal/cm^2$）	3.3	3.3	3.3	3.7	5.0	5.0	6.5	6.3	5.6	5.4	4.1	3.6	总计 55.1
降水/mm	34.0	61.0	101.0	221.2	317.1	272.1	240.3	261.4	187.8	145.7	10.8	25.9	总计 1878.3
蒸发力/mm	36.0	33.9	52.3	64.2	102.1	103.7	134.0	128.7	98.7	83.4	47.8	36.8	总计 921.6
台风次数（27 年计，平均每年 3.9 次）					5	12	27	27	24	10	3		总计 108

南亚热带中其他各地与粤中有不同的情况，但基本趋势是相似的。雨季在 4～9 月，降雨量占全年的 74%～80%，雨日占全年的 64%～68%。雨季和热季基本同期，结果一方面加剧了初春低温阴雨过程，另一方面造成季节性秋旱。而雨水的过分集中，往往会形成暴雨和洪涝灾害。例如，广东地区有两个暴雨期，第一个是 4～6 月的锋面暴雨期，第二个是 7～9 月的台风暴雨期，全省年平均暴雨日数（日降水量≥80mm）为 0.6～6 天。暴雨强度很大，出现大暴雨（日雨量≥150mm）和特大暴雨（日雨量≥300mm）的站点，往往造成山洪暴发，以致破坏山林，冲毁农田，造成沿河两岸和河流下游的洪涝灾害。因此，在本地带的水分生态因子中，一方面充足的水分有利于退化生态系统的恢复，另一方面秋旱和暴雨却会加剧退化生态系统的逆向演替，增加退化生态系统恢复的难度。此外，台风也是主要的灾害之一，

这个地带每年有 4 次左右的 8 级以上台风。台风不但可引起机械破坏，如吹断树枝和树干、打落花果等，而且台风夹着暴雨，对植被稀疏或光裸的地表有很大的冲刷。

在已形成的退化生态系统中，由于暴雨常引起严重的水土流失，在本地带的几种主要的土壤侵蚀中，崩岗造成的土壤侵蚀最为严重，崩岗是华南花岗岩地区的特殊严重土壤侵蚀方式，其每年侵蚀模数在 21.48～216.1kg/m^2。严重的水土流失最终导致土地极度贫瘠，因而极度退化的生态系统是无法在自然条件下恢复植被的。

从以上的分析可以看出，在该地带的生态因子中，有光、温、水充裕的有利一面，也有秋旱、台风和暴雨等不利的因素，但总的来说，影响退化生态系统恢复的主导生态因子是土壤因子，主要是土壤肥力和土壤水分。对于极度退化的生态系统，其特点是无植被覆盖，总是伴随着严重的水土流失，土壤极度贫瘠，土壤结构的透水性和保水性差，尽管在雨季阶段，降水量不少，但绝大部分流走或蒸发掉，而土壤真正吸收的水分是不多的，当然植物能够利用的水分就更有限了。雨过天晴后，在强烈的太阳辐射作用下，表土很快呈现干旱现象，对植物的生长发育是不利的。因此，极度退化生态系统的恢复与重建，第一步就是控制水土流失，提高土壤肥力和土壤理化结构，这还需要工程措施和生物措施相结合。

在退化生态系统恢复过程中，主导生态因子并不是不变的，因此重建工作需要根据不同时期分阶段地进行。此外，应特别指出的是，人类不合理的扰动行为对生态环境的破坏后果更为严重。这种自然与人为共同作用的影响在各不同生态类型区不完全相同。

亚马孙雨林被普遍认为是在人类频繁干扰下趋于崩溃的，然而宾夕法尼亚州立大学教授 Christopher Uhl 分析了亚马孙雨林的生态退化原因发现，亚马孙雨林的退化是自然和人为因素共同作用的结果：亚马孙河流域的强风及天然火干扰是导致亚马孙雨林乔木自然死亡的主要原因，过去 6000 年间，亚马孙雨林经历了多次严重的天然火灾（Sanford et al.，1985），然而，火干扰后的林地中，幼苗自我更新的速度是相当可观的（Uhl and Jordan，1984）；相比之下，不合理垦殖或过垦、放牧强度过重、森林砍伐樵采等人类活动，才是引起亚马孙雨林极度退化的主导因素（Uhl，1988）。

不同的生态因子造成生态系统退化的机制有所不同。干旱对生态的影响使植物层和土壤微生物层由于缺乏基本的水分而不能正常发育，如造成植物萌动迟缓、生长不良，甚至死亡。而土壤微生物缺乏水分后活性和存量降低，对残枝落叶枯根分解能力减弱，造成枯枝落叶堆积或土壤有机质含量降低。风沙活动是干旱区特有的不利气候因素，过低的植物盖度和松散的地表物质在大风来临之际形成风蚀–堆积过程，有机质丧失的同时表土丧失。水力侵蚀主要集中于半干旱区，集中的降水往往形成暴雨冲蚀地表，甚至引起崩塌、泻溜、泥石流，不仅使发生区域丧失表土和植被，也对下游地区造成生态破坏。寒冻与冻融作用是青藏高原及区内各大山系特有的不利自然因素：一方面，寒冻使植物生长、发育期缩短，微生物、土壤动物活动期和活性降低，不利于有机物的形成；另一方面，冻融过程中破坏了生草土层结构，往往形成多边形土，在“融”的过程中由于其他营力作用而使生草土层发生侵蚀甚至丧失。强蒸发一方面不利于土壤水分的贮存，另一方面也是灌溉农田次生盐盐渍化的原因。

7.3.4.2 区域生态系统退化类型的划分

区域生态系统退化类型划分是区域生态恢复的重要环节，完成这一步骤后，区域的生态恢复，一方面可以应用生态系统尺度上不同的生态恢复方法来开展，另一方面又可以在景观和区域的尺度上进行整合。例如，可将西北地区退化生态系统划分为退化森林、退化草地、退化灌丛和荒漠四种主要类型（赵晓英等，2001）。

1）退化森林　森林退化通常是一个逐步的过程，由森林—灌丛—草丛逐渐退化形成，是生态系统退化演替的产物。一般森林、灌丛退化形成的草丛中或多或少地伴生有灌木，因此也称为具灌木草丛。这类草丛一般呈斑块或带状分布于退化森林、灌丛之中或上下界，有灌丛残留痕迹，多为亚高山草地，主要草本植物有薹草、鸢尾、风毛菊、火绒草、蒲公英、委陵菜、地榆、唐松草、乌头等，退化时段较早的可能形成适宜稳定的草丛群落，而退化时间不长的地段一般以杂草草丛为主，随环境的变化逐渐向稳定群落演进。

西北地区退化森林主要为落叶阔叶林，也是目前该地区森林退化遗留的唯一痕迹。各类退化的落叶阔叶林的形成与地带性森林类型的种类组成密切相关，通常落叶树常为原生类型中的伴生种，凡喜光耐瘠薄的落叶树种在原生森林破坏之后，只要有种源或其萌生性较强的情况下，都有可能形成一个新的生态系统，它通常很不稳定，若干扰因子进一步持续和加剧，可能退化为灌丛或草地。

2）退化草地　草原是亚湿润及干旱、半干旱气候大区的地带性生态系统，它主要受水分条件制约，在西北地区自东向西依次为草原、荒漠化草原和荒漠，高寒草原一般为垂直地带性类型。退化草地一般分为两大类，一类是由森林退化形成，另一类是由草原退化形成。

草原退化的因素很多，最主要的还是过度利用及人类开垦所引起的草原退化、碱化和沙化。草原退化一般是指草地优质牧草数量的减少，家畜不喜食的杂草及毒草增加，群落覆盖度降低，草丛变矮、变稀，产草量下降；与此同时，土壤板结、干旱、腐殖质减少，出现不同程度的盐化、沙化、土壤侵蚀和裸化等现象。西北地区草地退化非常普遍，各类草地均出现了不同程度的退化，其中宁夏、陕西尤为严重，退化草地约占草地总面积的97%和90%、甘肃退化面积占87%，新疆、青海退化面积在60%以上。西北常见的退化草地有：①高寒草甸退化草地，以莎草科植物为优势种，其退化逐步向草甸草原和高寒草原演变。②草甸草原退化草地，以较喜湿润的中旱生针茅草为代表，其退化以盖度和产草量降低及杂草侵入为主。③典型草原退化草地，主要以针茅草、羊草、冰草、隐子草等组成的草地，其退化主要表现在草地日益干旱化、景观破碎化和群落建群种优势度降低，产草量下降等。④荒漠草原退化草地，是草原–荒漠过渡带的生态系统类型，种类组成除旱生禾草（主要也是针茅属禾草）外，还出现大量的强旱生小灌木。该类草地处于荒漠与干草原的耦合带上，作为农牧交错区或半农半牧区的地带性植被，利用压力较大，其退化表征是裸化和向荒漠方向发展。⑤高寒草原退化草地，由羊茅、针茅、薹草和蒿属植物为主，主要有紫花针茅、座花针茅、羊茅等草地类型，薹草和蒿属小半灌木草原为青藏高原特有类型。沙漠化是高原草地退化的最为主要的表征。

3）退化灌丛　退化灌丛是由森林生态系统退化而形成的，不同气候带分布着不同的灌丛类型。这些灌丛一般为落叶阔叶林下灌丛，森林破坏后形成灌丛。西北地区常见退化灌丛有胡枝子灌丛、绣线菊灌丛、虎榛子灌丛、蔷薇灌丛、黄栌灌丛、荆条灌丛、柳树灌丛等。

4）荒漠　荒漠是发育在降水稀少、强度蒸发、极端干旱生境下的生态系统类型，以干旱、风沙、盐碱、贫瘠、植被稀疏为特征，也是西北面积最大的生态系统类型。荒漠以石质、沙质、砾质及裸土质为主要指征。可按植被划分：①小乔木荒漠，主要组成种有梭梭、胡杨等；②灌木荒漠，由超旱生或典型旱生灌木组成，主要植物有麻黄、霸王、沙拐枣、沙冬青、绵刺、油柴、白刺及锦鸡儿属植物等；③半灌木、小半灌木荒漠，主要组成植物以藜科、桂柳科、菊科植物为主，如珍珠、红砂、猪毛菜、驼绒藜、油蒿、小蓬等；④垫状小半灌木荒漠，主要分布于高寒区域，由驼绒藜、亚菊和茸属植物构成。荒漠退化主要表现为植被衰落，出现大面积流沙、裸露地表等。

7.4 全球变化生态学与生态恢复

7.4.1 生态恢复作为全球变化研究的必要部分

全球变化（global change）作为一个术语，意指在地球环境方面的自然和人为变化导致的所有全球问题及其相互作用。1990 年美国的《全球变化研究议案》，将全球变化定义为"可能改变地球承载生物能力的全球环境变化（包括气候、土地生产力、海洋和其他水资源、大气化学以及生态系统的改变）"。

全球变化包括广泛的内容，主要是指气候变化、大气化学成分的变化导致全球大气环境的变化，生物多样性减少导致生态系统性质的变化，以及土地利用格局与环境质量的改变等（彭少麟和周婷，2009）。

一般认为，全球变化是由于人类对自然资源的过度利用和对生态系统的破坏产生的直接的或间接的后果。人类活动对土地利用格局变化和生物多样性变化的影响是不言而喻的。单就气候变化来说，国际政府间气候变化专门委员会于 2014 年整合全球研究的成果显示，过去 50 年大多数观测到的气候变暖事实主要是由人类活动产生的。生态系统退化和退化生态系统的恢复都意味着土地覆盖的变化，而这个变化又毫无疑问地影响全球变化的另外三个方面，因此全球变化与生态恢复具有密切的相互作用机制（图 7.4）。

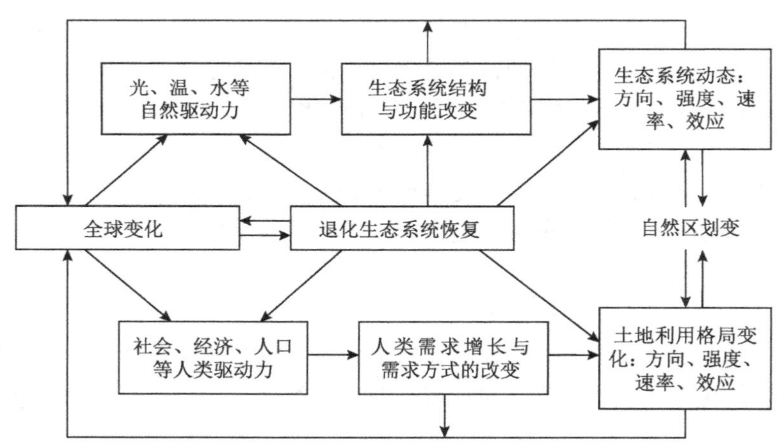

图 7.4 全球变化的主要内容及与生态恢复的相互关系

7.4.2 全球变化的现象

7.4.2.1 大气化学成分的变化

1）大气痕量气体的增加　工业革命以来，大气痕量气体显著增加，其主要是由于人类活动的影响（Hanson et al.，1993）。化石燃料的燃烧或土地利用的改变导致二氧化碳、甲烷、氧化亚氮等温室气体的排放量持续增加，在 2010 年时，总的温室气体排放量达到了（49±4.5）Gt CO_2。其中，二氧化碳的排放量大于其他温室气体（图 7.5），而这些二氧化碳的排放主要来源于化石燃料的燃烧和工业生产，其占所有温室气体排放总量的 78%。据报道，陆地吸收与排放的 CO_2 之比是 1∶2.3。甲烷在温室气体中是增长最快的，现总量排第三，仅次于 CO_2 和水蒸气，而且甲烷分子的增温效应是 CO_2 的 20 倍。有的学者研究表明，大气中甲烷和 NO 结合起来大约占全球变暖原因中的 20%。

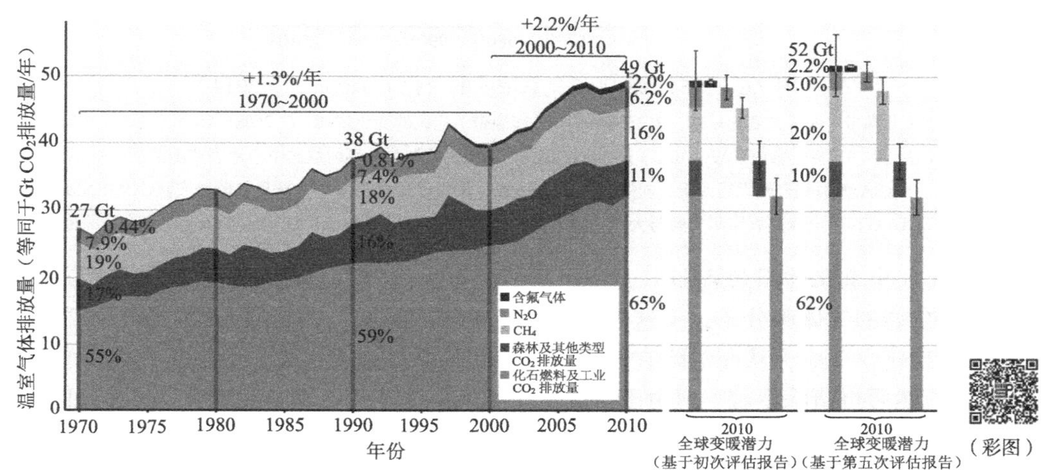

图 7.5 1970～2010 年，化石燃料释放气体浓度的变化规律

引自《气候变化2014综合报告》

2）大气臭氧层的损耗 位于大气平流层的臭氧层能阻止过量的有害短波辐射（主要是紫外辐射）进入地球的表面，是地球上生物的保护伞。由于氟氯烃等物质的使用，平流臭氧层地体积逐渐减少，进而造成紫外辐射持续增强：南极上空的臭氧层破洞，1995 年测定为美国本土面积的 2 倍，1998 年测定大于整个美洲大陆面积，2000 年测定为美国本土面积的 3 倍。北极上空也出现臭氧层破洞，甚至比南极还大，并对挪威、瑞典、芬兰产生影响，约占北极面积的 1/3。但通过最近的监测数据表明：全球范围内的臭氧层自 2000 年开始有逐渐恢复的迹象：北半球中纬度地区的臭氧层在 2008～2012 年的平均体积相较于 1964～1980 年的平均水平大约减少了 3.5%，在南半球中纬度地区大约减少了 6%，而热带地区的臭氧层体积在这两段时间内没有明显变化（图 7.6）。但由于大气层的高度变异性、监测手段的不确定性及其他气候变化因子的影响，我们不能单纯地将臭氧层的恢复归因于臭氧损害物质使用频率的降低。

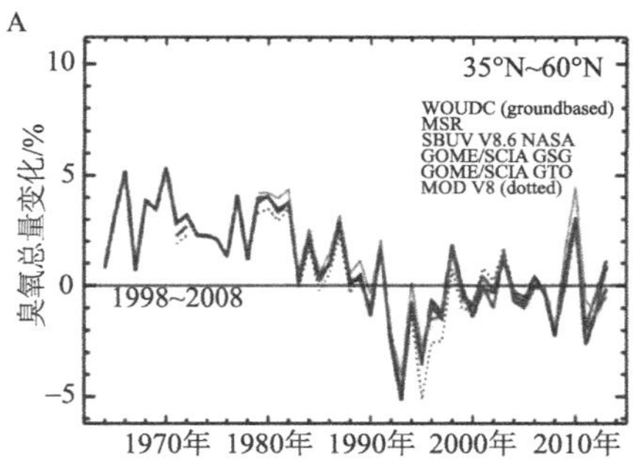

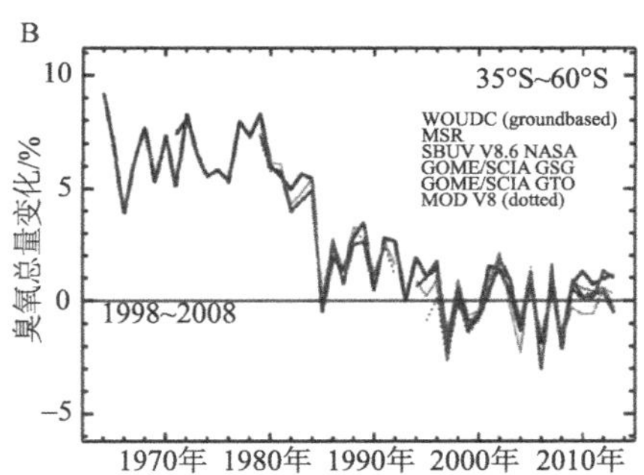

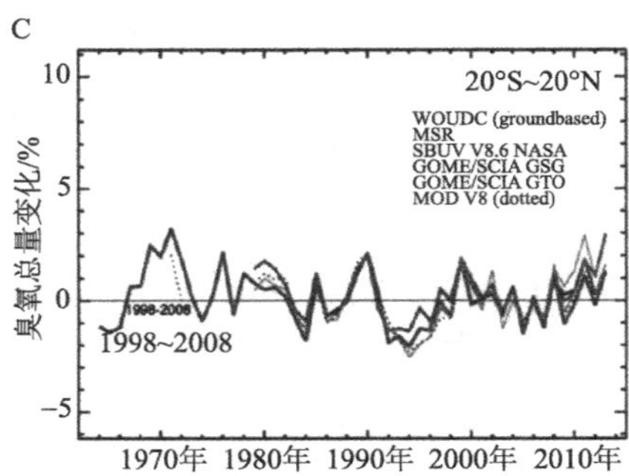

（彩图）

图 7.6　1964～2014 年臭氧浓度的变化（Bais et al.，2014）

A. 35°N～60°N（北温带）地区的变化规律；B. 35°S～60°S（南温带）地区的变化规律；C. 20°S～20°N（热带）地区的变化规律。不同颜色曲线表示不同来源的数据。WOUDC（groundbased）. 世界臭氧与紫外辐射数据中心地表监测数据；MSR.多传感器再分析；SBUV V8.6 NASA.美国航空航天局太阳后向散射紫外线8.6版；GOME/SCIA GSG. 全球臭氧监测实验GOME型臭氧总量数据；GOME/SCIA GTO. 全球臭氧监测实验与大气扫描成像吸收图谱仪联用数据；MOD V8（dotted）. 整合臭氧数据第8版

3）大气中氧化作用的减弱　在正常情况下，大气本身能够通过氧化作用来清除那些干扰现有功能的气体和分子，但这种机能正在减弱。例如，大气的天然“清洁剂”羟基与甲烷和 CO 起化学反应，从而清除它们，由于 CO 的活性强于甲烷，大气首先使用它的羟基来清除 CO，然后再清除甲烷，但由于人类过多地燃烧消费化石燃料和森林，过多地向大气排放 CO，大气中的羟基正在被用光，因此大气就无法清除它所含的甲烷污染物了。大气中氧化作用减弱的最终后果尚未十分清楚，因而常被忽视，但它在某种意义上伤害了大气本身的自动免疫系统，因而是非常严重的。

7.4.2.2　全球气候变化

全球气候变化主要是指全球气候变暖和灾害气候增加两方面。

全球气候变暖的化学与热力学过程是极其复杂的，但对造成全球变暖的温室效应的基本原理已经有清楚的理解，其中最受关注的温室气体是 CO_2 和甲烷，其次是尘粒。大气中化学成分的变化影响到地球调节大气中热量的能力，全球变暖的直接证据是所有低纬度的山区冰川都在融化后退，其中某些冰川融化后退得很迅速，过去 50 年比 1.2 万年间的任何一个其他 50 年都温暖得多。20 世纪全球平均地表温度增加了 0.6℃左右（IPCC，2014），如图 7.7 所示。全球的增温在各区域是不平衡的。我国的增温较为明显，2005 年是连续的第 19 年暖冬，广州地区在 20 世纪 50～90 年代平均温度增加 0.6℃。

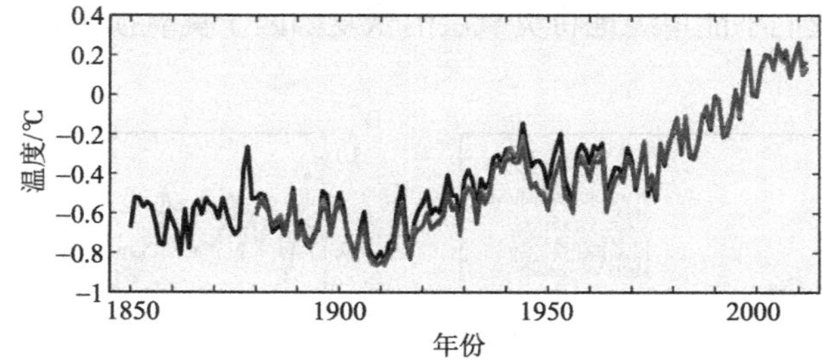

（彩图）

图 7.7　1850～2010 年全球平均温度的变化

引自《气候变化2014综合报告》；彩图中黑色线是实际测定值，蓝色线是结合每10年的变异值的模型拟合结果；褐色线是线性回归拟合的结果

大气中不断增加的热量改变了风、雨、地面气温、洋流与海平面等，从而严重威胁到地球上气候的平衡，气候的改变进而影响人类的健康和安全，也影响动植物的分布。IPCC(2014)的报告表明，全球暴雨、干旱和极端高温等灾害气候均有所增加。北半球中高纬度地区的大暴雨事件增加了2%～4%。亚洲和非洲干旱的频度和强度在最近十年均有所增加。干旱和涝灾交替出现，异常气候发生的频率和范围已呈现出增加的趋势。灾害气候还来自厄尔尼诺和拉尼娜现象。与过去100年相比，自从20世纪70年代以来，厄尔尼诺-南方涛动（ENSO）事件更为频繁、持久，强度也更大，以至它成了全球最重要的气候异常现象。

7.4.2.3 生物多样性的减少

生物多样性包括基因多样性、物种多样性、生态系统多样性和景观多样性，一般所说的是物种多样性。生物多样性与人类的生存密切相关，是人类食物的保证，资源的基础。有40%制药方来源于不同的生物，工业原料也大多数来自生物，人类居住环境与生态环境更是离不开生物多样性。

全球统计与调查结果表明，由于生境破碎化、过度利用、污染等原因，地球动植物正加速灭绝。例如，全球的大部分地区都存在受胁迫的哺乳动物物种，其中以东南亚地区最为严重，如菲律宾和马来西亚部分地区，受胁迫的物种数多达30种；在美洲和亚洲多地，均有两栖类动物受到胁迫（Pimm et al.，2014）。现物种灭绝的速率为“本底灭绝速率”的1000倍（见二维码拓展内容）。生物多样性的减少将极大地改变自然生态系统的结构、功能和动态。

人类导致物种灭绝速率加快了1000倍

7.4.2.4 土地利用格局与环境质量的改变

土地利用格局的变化主要是指森林减少、土地荒漠化与土地退化，以及城市化造成了相应的生态问题。一是生态格局的破坏，生境破碎化趋于更严重；二是城市下垫面的改变影响生态环境，如城市热岛效应对人们居住环境与健康造成影响。

除了土地覆盖变化使环境质量下降外，环境污染也是影响环境质量的重要因素。空气污染、水源污染和固体垃圾污染是环境污染的三个主要方面。环境因素是导致人类生病和非正常死亡的重要原因。

7.4.3 全球变化对生态恢复的影响

越来越多的证据表明，全球变化能够通过改变生态系统的结构和功能，显著影响生态恢复的效果。本小节将以全球变化对陆地和淡水生态系统的结构、功能和动态变化的影响为例，说明全球变化对生态恢复的影响。

7.4.3.1 大气CO_2浓度升高与森林群落结构、功能变化

大气CO_2浓度在逐年递增。按目前的速率估计，至21世纪大气CO_2浓度将增至1983年（340μl/L）的2倍（Prentice et al.，2001）。大气CO_2浓度的升高，改变了大气对太阳辐射的吸收和空气的热对流，从而引起“温室效应”，使气候变暖。因为森林生态系统覆盖着35%的陆地面积，占陆地净生产力的70%，且是陆地生态系统中的优势成分（Meyer and Turner，1992；Melillo et al.，1993），考虑到森林在经济和生态上的重要性、生命周期长的特点，以及森林在全球碳循环中的显著地位，研究和探索全球变化背景下大气CO_2浓度升高对森林群落结构和功能的影响机制日显重要（Schimel et al.，2015）。

C_3植物占据了森林群落组成中的大部分，C_3植物的光合途径在目前的大气CO_2浓度下还是处于一种碳限制的状态，因此CO_2浓度的升高将刺激光合作用，增加森林吸收大气中出现额外增多的碳和将这些碳储存于木质部和土壤有机物质中的潜力，碳通过凋落物分解、根生长、更新和溢泌作用等途径进入根际（Long et al.，2013）。

在CO_2浓度升高背景下，碳向生态系统内的输入明显增加，引发群落内各主要成分之间竞争关系的改变，从而改变森林群落内种类组成的结构，最终导致功能的变化。因此，大气CO_2浓度的上升—植物地上与地下部分生物量分配策略的改变—土壤根系和土壤生物活动的改变—植物群落结构和功能的变化，这一途径越来越引起人们的兴趣。首先，植物群落内具不同光合途径的植物，尤其是不同类型的植物在对大气CO_2升高的光合响应上形成差异，适应性强、具有同化较多额外碳能力的植物，其生长自然会超越其他植物。地上部分表现为群落的冠层结构发生变化，如叶面积指数较少，改变植物种类对光资源竞争的格局；将额外吸收的碳按较大比例分配给根的植物将加快根的生产和周转率，从而使地下部分的共生菌根获益更多；大气CO_2的升高增加有机物向土壤的输入并改变有机物的质量，进而提高微生物的生物量和影响土壤的营养循环；上述因素提高群落中某些植物获取土壤资源的竞争力。与此同时，这些植物出于土壤氮缺乏可能会削弱其对CO_2的反应，群落中某些固氮种类的存在会缓解土壤原有的氮供应（Bloom et al.，2012）。最后，CO_2的升高通过如上机制对竞争关系产生影响，竞争的结果是使群落的结构与功能发生改变。植物群落结构上的变化，反过来通过植物本身的呼吸（主要是向大气返送碳）、土壤微生物的活动、凋落物的分解等许多功能过程，作用于原有的地球生物化学循环，对大气的组成产生影响（图 7.8）。

以上结果表明，在CO_2浓度升高背景下进行森林植被的恢复，要考虑到目标物种对CO_2升高的响应及森林群落对CO_2升高的反馈作用，从而达到理想的恢复效果。

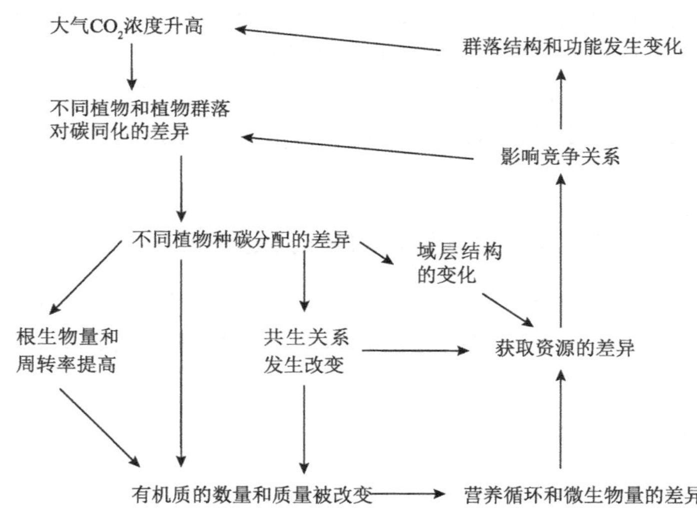

图 7.8　植物对大气CO_2升高的不同响应引起植物群落结构与功能变化机制

7.4.3.2　全球变化与群落的恢复演替

不管是气温上升、大气CO_2浓度倍增，还是氮的输入增加或大气其他痕量元素的增加，对于生态系统而言，同一群落内不同种类的反应会非常不同，植物之间的竞争因此发生改变，而种类组成的改变是全球变化条件下最为关键的变化，它会极大地影响生态系统的功能和生物多样性，进而影响生态恢复与群落演替的发展和进程。例如，在大气 CO_2 倍增的背景条件下，由于被改变的竞争关系，对 CO_2 更加敏感的种类会逐渐成为系统的优势成分，使得群落的演替过程被改变。

不难理解，在正常的群落演替过程中，演替早期的树种由于较适应开阔和阳生的生境很快入侵以多年生草本植物为主的草灌丛先锋群落，并最终取代它们。全球变化背景下，由于环境的变化迅速，如气温持续升高，雨水的分配格局发生变化，演替的进程因此被明显改变，演替后期树种很有可能无法忍受维持较长的时间，而早期种由于具有较宽的生态适应幅度，对环境因子的响应敏感及生理上具有许多耐受力强的特征而成为植被覆盖更加重要的成分，并减缓演替进程。

赵平等（2003）通过对南亚热带森林演替不同代表性阶段的主要种类的生理生态分析，说明全球变化因子影响这些不同生态特性的种类，进而影响演替的进程。季风常绿阔叶林是南亚热带地带性的气候顶极群落，植物种类繁多，总生物量大，占有南亚热带地区生物量库很大的份额。其演替的先锋阶段主要为马尾松、桃金娘和一些旱生草本植物；演替的中间阶段，主要种类有木荷和九节等；而演替的后期主要有黄果厚壳桂、厚壳桂和罗伞树等。在南亚热带季风常绿阔叶林，植物群落的演替经历了从阳生占优势的群落至以中生性和耐阴为主的群落。生长在不同演替阶段的植物对全球变化因子的响应性研究结果阐明，空气 CO_2 浓度升高增加了早期阳生性物种相对于中后期耐阴性物种的竞争优势，从而可能使群落向顶极阶段自然演替的进程减缓（图 7.9，表 7.3）。空气 CO_2 浓度升高会降低气孔的调节作用：在空气 CO_2 浓度升高使细胞间 CO_2 浓度升高，促进叶片光合速率增大的同时，由于气孔导度降低减少蒸腾失水，提高水分利用效率，有利于生长在干旱条件的植物生长。由于阳生性树种具有较大的羧化作用潜力（即 RuBP 饱和速率）和电子传递速率等光合参数，当光合产物库不受限制时，空气 CO_2 增高可使光合速率持续增高，促进阳生性植物生长（赵平等，2003）。

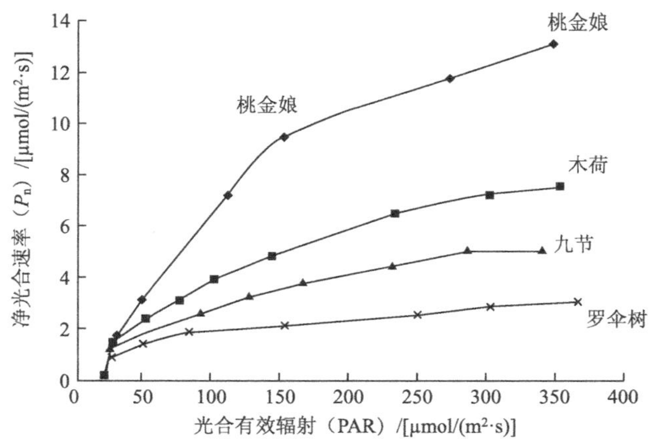

图 7.9 不同林地植物叶片同化作用的 RuBP 再生限制速率的光响应曲线（赵平等，2003）

实验条件：CO_2浓度为700μl/L，温度为25℃

表 7.3 不同演替阶段主要种类对 CO_2 的响应

响应指标	演替早期种	演替中期种	演替后期种
高 CO_2 下对光强的响应	+++	++	+
高 CO_2 下水分利用效率	+++	++	+

续表

响应指标	演替早期种	演替中期种	演替后期种
较高光强下对 CO_2 的响应	+++	++	+
较低光强下对 CO_2 的响应	+++	++	+

注：+++表示响应强；++表示响应中等；+表示响应弱

7.4.3.3 全球变化与物种分布范围变化

气温是决定陆生种群分布范围的重要影响因素。总的来说，在全球变暖的背景下，一个物种可能面临以下 4 种不同结局：灭绝、分布范围收缩、分布范围扩张和分布范围迁移（Walther，2004；Tape et al.，2006；Thomas et al.，2006）。例如，Zhu 等（2018）发现在他们的研究区域中，58.7%的物种的分布范围将会在升温背景下发生分布范围的收缩，20.7%的分布范围向北迁移，而 16.3%的分布范围向南迁移。即使对于同一个物种，不同种群对升温的敏感度和响应也是不同的，因此不同种群也可能面临着灭绝、分布范围收缩、分布范围扩张和分布范围迁移这 4 种不同的结局（Zhou et al.，2016）。

由此可见，全球气候变暖不仅将改变一些陆生物种的濒危程度，也将改变一些陆生物种的保育难度。在生态恢复中，可以利用一些具有较宽的温度生态幅的物种、种群进行生态恢复，从而提高恢复的成功率。

7.4.3.4 全球变化与生态系统的结构和功能变化

全球气候变化，包括气候变暖、CO_2 浓度的上升和极端事件发生的频率上升等，给生态系统带来了巨大的影响。其中，淡水生态系统相比其他生态系统更容易受到全球变化的影响。气候因子对生物个体或种群的影响最终都会对整个群落结构、组成和生态系统功能造成显著改变。例如，Woodward 等（2010）通过对 15 条河流群落结构的调查，发现当温度从 5℃升高至 25℃时，食物链的长度明显增长，棕鲑鱼（*Salmo trutta*）代替了无脊椎动物成为食物链中高级营养级。除此之外，也有少量的研究证明 CO_2 的升高可以改变岩屑或琐屑的碳氮磷比例，从而改变能被消费者直接利用的资源（有机质）的化学计量比（Hladyz et al.，2009）。

紫外辐射同样会导致陆地和淡水生态系统的改变。由于不同生物类群对紫外辐射增高具有不同的响应，在全球紫外辐射增强的背景下，陆地和淡水群落的结构和组成甚至是整个生态系统的结构与功能发生改变。Li 等（2010）以陆地木本和草本植物作为研究对象发现：虽然草本植物和木本植物均受到紫外辐射的负面影响，但仅是草本植物才会在紫外辐射增强的背景下表现出更严重的负面胁迫反应。Peng 等（2017）以浮游植物、浮游动物、鱼类和两栖类作为研究对象发现：紫外辐射升高，淡水生物的存活率和繁殖率严重下降，其中，浮游动物在 4 个分类群中受到的影响最大，伤害最严重（图 7.10）。目前，尽管臭氧层在一定程度上有所恢复，但要恢复到 1980 年之前的水平仍然需要较长的过程。因此，淡水生物群系，尤其是浮游动物面临的威胁会进一步加剧，而这种对个别类群的损害会通过级联效应影响整个系统。

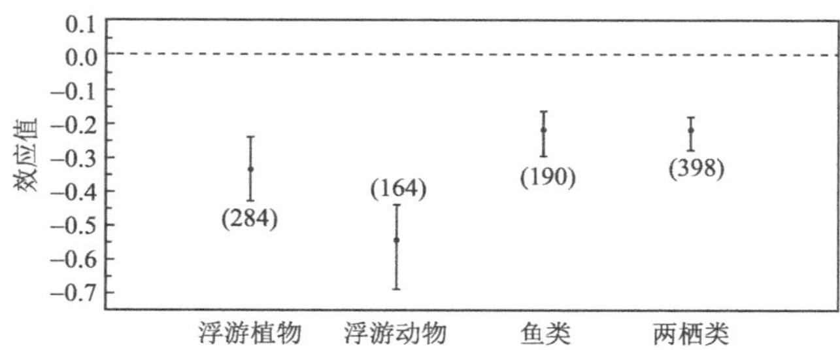

图 7.10 紫外辐射对淡水生态系统主要生物类群的影响的 Meta 分析结果（Peng et al.，2017）

研究数据样本量在括号中标出

7.4.4 生态恢复对全球变化的反馈

7.4.4.1 土壤利用方式变化对土壤碳的影响

土壤是全球最重要的陆地碳汇。生物圈中人类的活动从远古以来，对土壤圈的作用可谓最为深刻。人类活动能极大地影响全球变化，也明显受到全球变化的影响，土地利用的变化可能是环境变化的一种重要驱动力。人类对土壤的经营方式通过改变土壤上的植物及土壤的物理、化学性质等对碳循环发生作用，因此碳循环与土壤经营方式关系密切。CO_2 浓度升高有可能改变植物-土壤系统中碳通量的变化，使输入土壤的碳量增加；另外，地下部分碳通量的增加使土体成为一个潜在的碳库，有可能缓解大气中 CO_2 浓度的升高（Zak et al.，1993；van Ginkel et al.，1997）。

生态系统的利用方式改变导致了土壤温室气体的排放增加，其中包括土壤中 CO_2 的排放和森林砍伐所造成的 CO_2 排放量的增加，陆地农田生态系统 CO_2 排放量的增加是引起大气 CO_2 浓度增加的一个极为重要的原因。土壤中损失的有机碳大部分能够归因于：有机质输入下降；作物残留物分解加快；由于耕作的影响而降低了对分解的物理保护的程度。

人为改变土地利用方式和增大对土地的利用强度，如毁林（草）开辟耕地，森林植被（草甸植被）遭受破坏，会打破土地碳的良性循环，土壤碳储量普遍呈下降趋势，特别是土壤表层的有机碳呈现最明显的下降趋势。Celik（2005）在对土耳其南部的高原森林和草原的研究表明，当草地转化为耕地时，0～20cm 深度耕地的土壤有机质（SOM）库相对于牧场土壤有机质含量平均下降了 49%；其他对草原土地利用改变（如放牧等）条件下，土壤有机碳的含量变化规律研究也表明，放牧改变了生态系统的结构和功能并影响了土壤有机碳（SOC）的储存（Piñeiro，2010）。在热带，森林转变为农用地后，土壤有机质下降已被普遍认为是土壤肥力下降和作物产量下降的主要原因。在巴西的一个研究表明，次生雨林皆伐后，土壤有机质在最初快速下降，第一年有机碳损失 25%（Murdiyarso et al.，1996）。蒋有绪和卢俊培（1991）对中国南方海南岛热带半落叶季雨林的研究表明，由于刀耕火种，林地向大气排放的碳素相当于有机碳每年递减 0.8%。余作岳和彭少麟（1995，1996）基于广东小良的近 50 多年的观测资料，对热带土地恢复过程中土壤有机碳的恢复进行了模拟，结果表明，热带退化土地仅凭自然恢复，其土地有机碳含量恢复到稳定热带森林林地的有机碳水平约需 150 年。由此可见，森林破坏对土壤有机碳减少的影响相当强烈。

中国科学院鹤山丘陵综合试验站在亚热带荒坡上进行生态恢复，构建了林、果、草、渔复合生态系统，对其不同土地利用方式下的土壤进行有机碳含量变化比较研究（图 7.11），结果表明各种土地利用方式下，土壤有机碳含量均随土壤深度增加而降低。土壤深度不同，土地肥力也不同。林地上层土壤有机碳含量显著较高，主要原因是鹤山林、果、草、渔系统保护条件好，因而林下地表凋落物丰富，相应地表现出地表养分的富集。

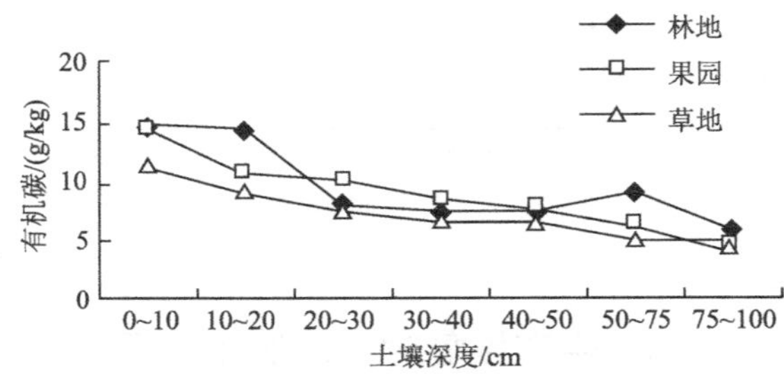

图 7.11　不同土地利用土壤有机碳变化比较（余作岳和彭少麟，1996）

不同土壤利用方式下的土壤容量见表 7.4。不同土地利用方式的土壤碳储量见图 7.12，林地为 125.82t/hm^2，果园为 74.66t/hm^2，草地为 88.53t/hm^2。显然，生态恢复与生态重建过程就是改变土地覆盖与土地利用方式的过程，不同的土地利用方式，将形成不同的土壤碳库，从而影响全球变化的碳平衡。

表 7.4　不同土地利用方式的土壤容量

采样深度/cm	林地土壤容量/（g/cm）	果园土壤容重/（g/cm）	草地土壤容重/（g/cm）
0～10	1.27	0.97	1.30
10～20	1.52	1.01	1.20
20～30	152	1.02	1.50
30～40	1.49	1.02	1.50
40～50	1.52	0.97	1.50
50～75	1.54	0.94	1.50
75～100	1.52	1.02	1.40

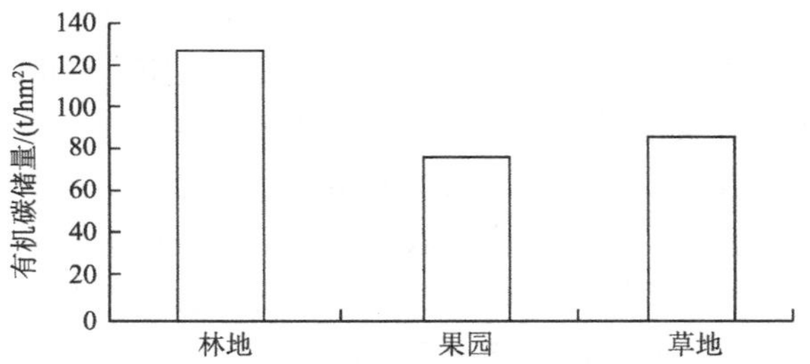

图 7.12　不同土地利用方式的土壤碳储量（余作岳和彭少麟，1996）

7.4.4.2　植被生态恢复对缓解全球变化的贡献

1）对缓解 CO_2 浓度升高的贡献　由于森林具有更大的生产力，森林较农田和草地具有更强的缓解全球温室气体排放和全球气候变暖的能力。通过整合分析全球 519 个森林的碳固定，科学家发现不管是演替早期森林还是成熟森林都有很强的碳固定能力（Luyssaert et al.，2008），其中高多样性的混交林被证实较物种单一的纯林具有更强的碳固定能力（Huang et al.，2018）。

Peng等（2004）研究区域植被生态恢复对碳固定的效应，表明植被生态恢复对缓解全球变化有重大贡献。广东省的森林覆盖率，1979年为26%，通过植被的生态恢复与重建，到1998年增加为53%。基于资源清查数据及相关文献资料，以自20世纪50年代以来长期从事恢复生态学的科学实验数据为基础，综合得出广东省的森林植被面积与结构，如表7.5所示。通过森林植被生物量的增长，计算植物部分的碳固定量（表7.6）、土层碳密度（表7.7）和土壤碳储量（表7.8）。

表7.5 广东省不同时期森林植被面积与结构

森林类型	1979年		1986年		1998年	
	面积/$\times10^4hm^2$	占总面积的百分数/%	面积/$\times10^4hm^2$	占总面积的百分数/%	面积/$\times10^4hm^2$	占总面积的百分数/%
针叶林	238.53	49.84	290.05	48.38	544.71	57.12
阔叶林	112.29	23.46	138.59	23.12	190.75	20.00
混交林	51.28	10.72	60.82	10.14	73.75	7.73
其他	76.46	15.98	110.07	18.36	144.43	15.15
合计	478.56	100.00	599.53	100.00	953.64	100.00

表7.6 广东省不同时期森林C储存及C_2储存

森林类型	1979～1986年		1986～1998年		1979～1998年	
	C储存/Mt	C_2储存/Mt	C储存/Mt	C_2储存/Mt	C储存/Mt	C_2储存/Mt
针叶林	10.96	40.19	158.77	582.14	169.73	622.33
阔叶林	7.30	26.76	42.68	156.50	49.98	183.26
混交林	1.98	7.27	10.40	38.14	12.39	45.41
其他	4.97	18.23	11.68	42.81	16.65	61.04
合计	25.21	92.45	223.53	819.59	248.75	912.04

表7.7 不同时期各林型0～100cm土层碳密度 （单位：kg C/m^2）

森林类型	1979年	1986年	1998年
针叶林	6.92	7.29	7.67
阔叶林	12.91	12.91	12.91
混交林	9.92	10.10	10.29
其他	4.62	4.86	5.12

表7.8 不同时期各林型0～100cm土层碳储量

森林类型	1979年		1986年		1998年	
	碳储量/$\times10^9kg$	占总量的百分数/%	碳储量/$\times10^9kg$	占总量的百分数/%	碳储量/$\times10^9kg$	占总量的百分数/%
针叶林	165.16	41.68	211.40	41.84	417.85	51.34
阔叶林	144.93	36.58	178.96	35.42	246.26	30.26

续表

森林类型	1979 年		1986 年		1998 年	
	碳储量/$\times 10^9$kg	占总量的百分数/%	碳储量/$\times 10^9$kg	占总量的百分数/%	碳储量/$\times 10^9$kg	占总量的百分数/%
混交林	50.85	12.83	61.43	12.16	75.89	9.32
其他	35.29	8.91	53.48	10.58	73.88	9.08
合计	396.23	100.00	505.27	100.00	813.88	100.00

中国每年 CO_2 的排放量为 2.1×10^9 t，约 5.7×10^8 t 碳，其中约 10%由广东省排放，即每年广东省碳排放量为 5.7×10^8 t。根据估算，整个广东省在 12 年里，由于植被的增加，平均碳储量每年约增加 3.12×10^7t，这就是说，广东省重林每年固定了超过广东释放到大气中的 CO_2 总排放量的一半以上。

从实例研究中可以看出，植被生态恢复可能缓解了全球变化导致的大气 CO_2 浓度上升。因此植被的生态恢复不只是一项确保地区经济持续发展的有效方法，而且在缓解全球变化产生的压力方面有着重大贡献。

2）对缓解酸雨危害的贡献　酸雨会增加土壤和水体中的硫化物和含氮化合物（Driscoll et al.，2003），促使土壤和植物中的一些金属离子游离至水体中（Larssen et al.，2006），并造成土壤和水体酸化，以及对土壤和水体中的动植物产生负面的影响（Chen et al.，2010）。在我国，由于低质燃煤的大量使用，酸雨问题尤为严重。尤其西南部地区，在 2000 年前后，降水的 pH 低至 4.0 以下。

森林植被被发现可以减轻酸雨造成的氮沉降。在对中国西南部地区进行为期一年的监测后，研究人员发现，马尾松林和针阔混交林均能够拦截吸收掉大部分酸雨中的 NH_4^+和 NO_3^-，从而可能会缓解酸雨造成的氮沉降（Chen et al.，2010）。特别要指出的是，植被的生态恢复不仅对 CO_2 升高和酸雨这两个全球变化现象具有重要的缓解和改善意义，对其他全球变化因子，如温度的上升、紫外辐射的增加、生物多样性的减少等，均有重要的意义。

思考题

1. 景观尺度上的生态恢复在程序上与生态系统尺度上的生态恢复有什么不同？
2. 阐述景观异质性分析的一般过程与主要指标。
3. 生态区域尺度上生态恢复有什么意义？
4. 生态分区在区域生态恢复中有何意义？如何进行生态分区？
5. 全球变化主要包括哪些方面？其如何影响生态系统退化的？
6. 举例说明退化生态系统恢复对全球变化的反馈机制。

参 考 文 献

蒋有绪，卢俊培. 1991. 中国海南岛尖峰岭热带林生态系统. 北京：科学出版社.

彭少麟，周婷. 2009. 全球变化你感受到了吗？北京：气象出版社.

彭少麟. 2003. 生态系统与生态恢复//余翔林. 科学的挑战. 北京：科学出版社.

杨小波，吴庆书，邹伟，等. 2002. 城市生态学. 北京：科学出版社.

余作岳，彭少麟. 1995. 热带亚热带退化生态系统的植被恢复及其效应. 生态学报，15：1-17.

余作岳，彭少麟. 1996. 热带亚热带退化生态系统植被恢复生态学研究. 广州：广东科技出版社.

赵平, 曾小平, 彭少麟. 2003. 植被恢复树种在不同实验光环境下叶片气体交换的生态适应性特点. 生态学杂志, 22: 1-8.

赵晓英, 陈怀顺, 孙成权. 2001. 恢复生态学: 生态恢复的原理和方法. 北京: 中国环境科学社.

Bais A, McKenzie R, Bernhard G, et al. 2014. Ozone depletion and climate change: impacts on UV radiation. Photochemical and Photobiological Sciences, 14: 19-52.

Bell S, Fonseca M, Motten L. 1997. Linking restoration and landscape ecology. Restoration Ecology, 5: 318-323.

Bloom A, Asensio J, Randall L, et al. 2012. CO_2 enrichment inhibits shoot nitrate assimilation in C_3 but not C_4 plants and slows growth under nitrate in C_3 plants. Ecology, 93: 355-367.

Bond NR, Lake PS. 2005. Ecological restoration and large-scale ecological disturbance: the effects of drought on the response by fish to a habitat restoration experiment. Restoration Ecology, 13(1): 39-48.

Broome S, Seneca E, Woodhouse WJ. 1988. Tidal salt marsh restoration. Aquatic Botany, 32: 1-22.

Bunce R, Jongman R. 1993. An introduction to landscape ecology. *In*: Bunce RGH, Ryszkowski L, Paoletti MG. Landscape Ecology and Agroecosystems. Florida: CRC Press.

Burke A. 2001. Determining landscape function and ecosystem dynamics: contribution to ecological restoration in the Southern Namib Desert. Ambio, 30: 30-36.

Burrough P. 1986. Priniples of Geographic Information Systems for Land Resource Assessment. Oxford: Clarendon Press.

Celik I. 2005. Land-use effects on organic matter and physical properties of soil in a southern mediterranean highland of turkey. Soil and Tillage Research, 83: 270-277.

Chase SK. 2011. There must be something in the water: an exploration of the Rhine and Mississippi rivers' governing differences and an argument for change. Wisconsin International Law Review, 29: 609-641.

Chen J, Li W, Gao F. 2010. Biogeochemical effects of forest vegetation on acid precipitation-related water chemistry: a case study in southwest China. Journal of Environmental Monitoring, 12: 1799-1806.

Crossman N, Bryan B. 2006. Systematic landscape restoration using integer programming. Biological Conservation, 128: 369-383.

Driscoll CT, Whitall D, Aber J, et al. 2003. Nitrogen pollution in the northeastern United States: Sources, effects, and management options. BioScience, 53(4): 357-374.

Engelen G, Kloosterman F. 1996. Hydrological Systems Analysis: Methods and Applications.Berlin: Springer.

Fonseca M, Meyer D, Hall M. 1996. Development of planted seagrass beds in Tampa Bay, Florida, USA Ⅱ Faunal components. Marine Ecology Progress Series, 132: 141-156.

Fu B, Cheng L, Ma K, et al. 2001. The Theory and Application of Landscape Ecology. Beijing: Science Press.

Hanson P, Wullschleger S, Bohlman S, et al. 1993. Seasonal and topographic patterns of forest floor CO_2 efflux from an upland oak forest. Tree Physiol, 13: 1-15.

Hardt R, Forman R. 1989. Boundary form effects on woody colonization of reclaimed surface mines. Ecology, 70: 1252-1260.

Haven K, Varnell L, Bradshaw J. 1995. An assessment of ecological conditions in a constructed tidal marsh and two natural reference tidal marshes in coastal Virginia. Ecological Engineering, 4: 11-141.

Hladyz S, Gessner M, Giller P, et al. 2009. Resource quality and stoichiometric constraints in a stream food web. Freshwater Biology, 54: 957-970.

Holl K, Crone E, Schultz C. 2003. Landscape restoration: moving from generalities to methodologies. Bioscience, 53: 491-502.

Huang Y, Chen Y, Castro-Izaguirre N, et al. 2018. Impacts of species richness on productivity in a large-scale subtropical forest experiment. Science, 362: 80-83.

Johnstone I. 1986. Plant invasion windows: a time-based classification of invasion potential. Biol Rev, 61: 369-394.

Kessler J. 1994. Usefulness of the human carrying capacity concept in assessing ecological sustainability of land-use in semi-arid regions. Agriculture Ecosystem, 48: 273-284.

King D. 1991. Economics: costing on restoration. Restoration and Management Notes, 9: 15-21.

Koebel J. 1995. An historical perspective on the Kissimmee River restoration project. Restoration Ecology, 3: 149-159.

Langis R, Zalejko M, Zedler J. 1991. Nitrogen assessments in a constructed and a natural salt marsh of San Diego Bay, California. Ecological Applications, 1: 40-51.

Larssen T, Lydersen E, Tang D, et al. 2006. Acid rain in China. Environmental Science and Technology, 40(2): 418-425.

Leite RN, Rogers DS. 2013. Revisiting Amazonian phylogeography: insights into diversification hypotheses and novel perspectives. Organisms Diversity and Evolution, 13(4): 639-664.

Li FR, Peng SL, Chen BM, et al. 2010. A meta-analysis of the responses of woody and herbaceous plants to elevated ultraviolet-b radiatio. Acta Oecologica , 36(1): 1-9.

Long Z, Fegley S, Petalerson C. 2013. Suppressed recovery of plant community composition and biodiversity on dredged fill of a hurricane-induced inlet through a barrier island. Journal of Conservation, 17: 493-501.

Luyssaert S, Schulze E, Börner A, et al. 2008. Old-growth forests as global carbon sinks. Nature, 455: 213-215.

Melillo JM, Mcguire AD, Kicklighter DW, et al. 1993. Global climate change and terrestrial net primary production. Nature, 363(6426): 234-240.

Meyer WB, Turner BLI. 1992. Human population growth and global land-use/cover change. Annual Review of Ecology & Systematics, 23: 39-61.

Murdiyarso D, Hairiah K, Husin YA, et al. 1996. Greenhouse gas emission and carbon balance in slash and burn pratices. *In*: van Noorrdwijk M, Thomich TP, Fago AM. Alternatives to Slash and Burn Research in Indonesia. ASB-Indonesia Report 6. Agency for Agricultural Research and Develpoment.

Naveh Z. 1994. From biodiversity to ecodiversity: a landscape-ecology approach to conservation and restoration. Restoration Ecology, 2: 180-189.

O'Neill R, Gardner R, Turner M. 1992. A hierarchical neutral model for landscape analysis. Landscape Ecology, 7(1): 55-62.

Osland MJ, González E, Richardson CJ. 2011. Restoring diversity after cattail expansion: disturbance, resilience, and seasonality in a tropical dry wetland. Ecological Applications, 21(3): 715-728.

Peng S, Liao H, Zhou T, et al. 2017. Effects of UVB radiation on freshwater biota: a meta-analysis. Global Ecology and Biogeography, 26(4): 500-510.

Peng S, Ren H, Zhou X, et al. 2004. Interaction between major agricultural ecosystems and global change in Eastern China. *In*: Milanova E, Himiyama Y, Bicik I. Understanding Land-Use and Land-Cover Change in Global and Regional Context. Florida: CRC Press.

Peng S. 2002. Ecological Restoration in South China and its Importance both in Sustainable Development of Society and Economy and in Reducing Impact of Global Change. The First Korea-China Bilateral Symposium on Recent Advances in Ecological Science in China and Korea.

Pimm S, Jenkins C, Abell R, et al. 2014. The biodiversity of species and their rates of extinction, distribution, and protection. Science, 344: 150-158.

Piñeiro G. 2010. Potential long-term impacts of livestock introduction on carbon and nitrogen cycling in grasslands of southern south America. Global Change Biology, 12: 1267-1284.

Prentice I, Farquhar G, Fasham M, et al. 2001. The carbon cycle and atmospheric carbon dioxide. *In*: Houghton J, Ding Y, Griggs D, et al. Climate Change 2001: The Scientific Basis-PICC. London: Cambridge University Press.

Rastetter E, King A, Cosby B, et al. 1992. Aggregating fine-scale ecological know ledgeto model coarser-scale attribute sofeco systems. Ecological Applications, 2: 55-70.

Robinson G, Handel S. 1991. Forest restoration on a closed landfill: rapid addition of new species by bird dispersal. Conservation Biology, 7: 271-278.

Sanford RL, Saldarriaga Jr J, Clark K, et al. 1985. Amazon rain forest fires. Science, 227: 53-55.

Schimel D, Stephens B, Fisher J. 2015. Effect of increasing CO_2 on the terrestrial carbon cycle. PNAS, 112: 436-441.

Silveira A, Richards K. 2013. The link between polycentrism and adaptive capacity in river basin governance systems: Insights from the river Rhine and the Zhujiang (Pearl River)basin. Annals of the Association of American Geographers, 103: 319-329.

Tape K, Sturm M, Racine C. 2006. The evidence for shrub expansion in Northern Alaska and the Pan-Arctic. Global Change Biology, 12: 686-702.

Thiere G, Milenkovski S, Lindgren PE, et al. 2009. Wetland creation in agricultural landscapes: biodiversity benefits on local and regional scales. Biological Conservation, 142(5): 964-973.

Thomas C, Franco A, Hill J. 2006. Range retractions and extinction in the face of climate warming. Trends in Ecology and Evolution, 21: 415-416.

Tongway D, Hingly N. 1995. Manual for the Assessment of Soil Condition of Tropical Grasslands. Canberra: Canberra CSIRO Wildlife and Ecology.

Uhl C, Jordan CF. 1984. Succession and nutrient dynamics following forest cutting and burning in Amazonia. Ecology, 65: 1476-1490.

Uhl C. 1988. Restoration of Degraded Lands in the Amazon Basin. Washington DC: Biodiversity. National Academy of Sciences.

van Ginkel J, Gorissen A, van Veen J. 1997. Carbon and nitrogen allocation in lolium perenne in response to elevated atmospheric CO with emphasis on soil carbon dynamics. Plant and Soil, 188: 299-308.

van Rossum F, Triest L. 2012. Stepping-stone populations in linear landscape elements increase pollen dispersal between urban forest fragments. Plant Ecology and Evolution, 145(3): 332-340.

Verweij M. 2017. The remarkable restoration of the Rhine: plural rationalities in regional water politics. Water International, 42(2): 207-221.

Walther G. 2004. Plants in a warmer world. Perspectives in Plant Ecology Evolution and Systematics , 6: 169-185.

Weber T, Sloan A, Wolf J. 2006. Maryland's green infrastructure assessment: development of a comprehensive approach to land conservation. Landscape & Urban Planning, 77(1-2): 94-110.

Woodward G, Dybkjær J, Ólafsson J, et al. 2010. Sentinel systems on the razor's edge: effects of warming on Arctic geothermal stream ecosystems. Global Change Biology, 16: 1979-1991.

Wuethrich B. 2007. Reconstructing Brazil's Atlantic Rainforest. Science, 315(5817): 1070-1072.

Xiao D, Bu R, Li X. 1997. Spatial ecology and landscape heterogeneity. Acta Ecologica Sinica, 17(5): 453-461.

Yoshihara Y, Sasaki T, Okuro T, et al. 2010. Cross-spatial-scale patterns in the facilitative effect of shrubs and potential for restoration of desert steppe. Ecological Engineering , 36(12): 1719-1724.

Yu K.1999.Landscape ecological security patterns. Biological Conservation, 19(1): 8-15.

Zak D, Pregitzer K, Curtis P, et al. 1993. Elevated atmospheric CO_2, and feedback between carbon and nitrogen cycles. Plant and Soil, 151: 105-117.

Zhang J, Xu Q. 1997. Basic content and structure of ecological degradation. Bulletin of Soil and Water Conservation, 17(6): 46-53.

Zhou T, Jia X, Liao H, et al. 2016. Effects of elevated mean and extremely high temperatures on the physio-ecological characteristics of geographically distinctive populations of *Cunninghamia lanceolata*. Scientific Reports , 6(1): 39187.

Zhou T, Wu J, Peng S. 2012. Assessing the effects of landscape pattern on river water quality at multiple scales: a case study of the Dongjiang River watershed, China. Ecological Indicators, 23: 166-175.

Zhu Z, Waterman DM, Garcia MH. 2018. Modeling the transport of oil–particle aggregates resulting from an oil spill in a freshwater environment. Environmental Fluid Mechanics, (3): 1-18.

8　受胁迫种群和生境的生态恢复

受胁迫珍稀濒危物种的保护与生态恢复是生物多样性保育的关键，也是恢复生态学的重要组成部分。受胁迫种群生境（动物栖息地或植物生长地）的生态恢复，与种群本身的生态恢复具有同等重要的意义。受胁迫种群的保护和生态恢复，主要是通过原地保护（onsite maintenance）和迁地保护（offsite maintenance）两个途径完成的，对应恢复生态学的自我设计和人为设计理论。种群的遗传多样性恢复对种群的生态恢复具有重要意义，而生物技术是种群遗传多样性研究的有用工具。

8.1　受胁迫种群及其生境概述

8.1.1　受胁迫物种与生物多样性保护

8.1.1.1　受胁迫物种的概念

除了已丧失的物种之外，目前世界上大量现存物种还受到不同程度的威胁，它们称为受胁迫物种（threatened species），主要是指濒危物种（endangered species），而现存可能丧失的生物多样性中，首当其冲的就是受胁迫物种。

濒危物种是指由于物种自身的原因或受到人类活动或自然灾害的影响而有灭绝危险的所有生物种类。从广义上讲，濒危物种泛指珍贵的、面临灭绝危险的或稀有的野生动植物，同时也是《濒危野生动植物种国际贸易公约》附录所列的动植物，以及国家和地方重点保护的野生动植物。

濒危物种具有绝对性和相对性。绝对性是指某些濒危动植物在相当长的一个时期内，其野生种群数量较少，存在灭绝的危险。相对性是指某些濒危动植物野生种群的绝对数量并不太少，但相对于同一类别的其他动植物物种来说却很少；或者某些濒危物种虽然在局部地区的野生种群数量很多，但在整个分布区的野生种群数量很少。

受胁迫物种受到各式各样的威胁，往往是由于其栖息地处于不同程度的破坏之中。因此，保护和恢复受胁迫野生动植物的栖息地和生境，提高自然保护区的建设和管理水平，成为中国生物多样性保护的迫切问题。

8.1.1.2　受胁迫物种的濒危度划分

1）珍稀濒危保护物种的标准　　要有效地保护生物多样性，首先必须保护好稀有濒危生物，它们最容易因干扰而灭绝。因此，确定物种受胁迫的程度对生物多样性保护具有重要意义。

早在 20 世纪 80 年代，在当时的国家环保局（现为国家生态环境部）和各级地方政府的支持下，我国曾先后启动了多部动植物红皮书的编写和出版。各有关机构先后颁发了多个珍稀濒危动植物保护物种名录，主要有 1987 年国家环保局和中国科学院植物研究所公布的《中国珍稀濒危保护植物名录》及 1992 年出版的《中国植物红皮书——稀有濒危植物》；1987 年国家中医药管理局公布的《药用动植物资源保护名录》；1992 年林业部公布的第一批《国家珍贵树种名录》;《濒危野生动植物种国际贸易公约》的附录所列物种;《中国生物多样性保护行动计划》中优先保护的生物；1999年国务院公布的《国家重点保护野生植物名录》等，但很多名录多年未有更新，不能准确反映当前的实际情况。

各有关机构所颁发的珍稀濒危动植物保护物种名录，主要依据4条标准：①数量极少、分布范围极窄的濒危种；②具有重要经济、科研、文化价值的濒危种和稀有种；③重要作物的野生种群和有遗传价值的近缘种；④有重要经济价值，但因过度开发利用而使资源急剧减少的种。

世界自然保护联盟（IUCN）于1994年和2001年先后通过了修订后的濒危等级标准（2.3版和3.1版），为物种评估提供了一种量化度量方法，从而提高了物种评估结果的客观性和科学性。新标准发布后，很快得到了国际自然资源保护学界的认可。

2）珍稀濒危保护物种的等级　世界自然保护联盟研发和推广的《物种红色名录等级和标准》是目前世界上使用最广的物种濒危等级评估体系。IUCN等级依据评估标准将物种分为如下等级。

（1）绝灭（extinct，EX）。如果没有理由怀疑一分类单元的最后一个个体已经死亡，即认为该分类单元已经绝灭。

（2）野外绝灭（extinct in the wild，EW）。如果已知一分类单元只生活在栽培、圈养条件下，或者只作为归化种群生活在远离其过去的栖息地时，即认为该分类单元属于野外绝灭。

（3）地区绝灭（regional extinct，RE）。如果没有理由怀疑一分类单元在某一地区内的最后一个个体已经死亡，即认为该分类单元已经地区绝灭。

（4）极危（critically endangered，CR）、濒危（endangered，EN）、易危（vulnerable，VU），这三个等级统称为受威胁等级（threatened categories），绝灭的风险由高到低。具体标准参照IUCN物种红色名录濒危等级和标准（3.1版）（*IUCN Red List Categories and Criteria，Version3.1*）和IUCN物种红色名录濒危等级和标准应用指南（3.0版）（*Guidelines for Application of the IUCN Red List Criteria at regional levels，Version3.0*）。

（5）近危（near threatened，NT）。当一分类单元未达到极危、濒危或易危标准，但在未来一段时间内，接近符合或可能符合受威胁等级，该分类单元即列为近危。

（6）无危（least concern，LC）。当一分类单元被评估未达到极危、濒危、易危或近危标准，该分类单元即列为无危。广泛分布和种类丰富的分类单元都属于该等级。

（7）数据缺乏（data deficient，DD）。当缺乏足够的信息对一分类单元的绝灭风险进行直接或间接的评估时，那么这个分类单元属于数据缺乏。

3）珍稀濒危保护物种的几个相关概念　在保护生物学中还常应用如下的概念（IUCN，1985）。

（1）灭绝种。灭绝种（extinct species）是指一个物种在野外已经确定有50年没被发现。

（2）稀有种。稀有种（rare species）是指在世界范围内数量很小的类群，但现在尚不属于濒危种。这些类群常分布在有限的地理区域，或是稀疏地分布在较广阔的范围内。

（3）未定种。未定种（species indeterminate）是指无充分资料说明它究竟应属于上述“濒危种”“易危种”，还是“稀有种”中的任何一类的物种。

关于濒危物种的等级划分，尚有待进一步研究。目前所划分的类型，主要是定性的，有一定主观性，因此受威胁等级的划分还需要加强研究。

8.1.1.3 生物多样性的概念与层次

生物多样性（biodiversity）是指各种生命形式的资源，包括数百万种的植物、动物、微生物，以及各个物种所拥有的基因和由各种生物与环境相互作用所形成的生态系统及其生态过程。

关于生物多样性的概念所包括的层次，国际上公认的三个层次是基因、物种和生态系统，这也是物种组建的三个基本层次与水平。

基因多样性或遗传多样性代表生物种群之内和种群之间的遗传结构的变异。每一个物种包括由若干个体组成的若干种群。各个种群由于突变、自然选择或其他原因，往往在遗传上不同。不仅同一个种的不同种群遗传特征有所不同，即存在种群之间的基因多样性；在同一个种群之内也有基因多样性——在一个种群中某些个体常常具有基因突变。

物种多样性是物种水平上的多样性。所谓物种（species）是指一类遗传特征十分相似、能够交配繁殖出有繁育能力后代的有机体。地球表面动物、植物、微生物的物种数量，据科学家的估计有 500 万～3000 万种。

生态系统多样性（ecosystem diversity）是指生物圈内生境、生物群落和生态过程的多样化及生态系统内生境、生物群落和生态过程变化的多样性。此处的生境主要是指无机环境，如地形、地貌、气候、水文等在不同区域的变异。生境多样性是生物群落多样性的基础。生物群落的多样性主要是指群落的组成、结构和动态（包括演替和波动）的多样性。生物圈内生境、生物群落和生态过程的多样化以及生态系统内生境差异、生态过程变化的多样性，主要包括物种流、能量流、水分循环、营养物质循环、生物间的竞争、捕食和寄生等。

不少学者还认为生物多样性的第 4 个层次是景观多样性。王伯荪等（2005）认为，严格地说它不应该属于生物多样性的范畴，而应是生物多样性的另类表述。景观多样性主要研究组成景观的斑块在数量、大小、形状和景观的类型分布及其斑块之间的连接度、连通性等结构和功能上的多样性，它与生态系统多样性、物种多样性和基因多样性，无论在研究内容和研究方法上均存在不同，明显有异于生物多样性的概念和内涵。它是地理-生态的综合概念，属景观生态学范畴，应是另类的多样性。因此，把景观多样性作为第 4 个层次的生物多样性显然是不确切的。

8.1.1.4 生物多样性保护的必要性和紧迫性

当今世界面临着人口、资源、环境、粮食与能源五大危机，这些危机的解决都与地球上的生物多样性有着密切关系。生物多样性丰富的国家绝大多数是发展中国家。发展中国家由于经济和人口的压力及缺乏对生物多样性保护的意识，造成生物多样性严重锐减，生物资源受到严重破坏。

引起生物多样性丧失的原因是多方面的，主要包括栖息地丧失和片段化、掠夺式的过度利用资源、环境污染、农业和林业的品种单一化及外来种的引入等。其中每一个因素无一例外地都源于人类的活动。在这些因素中，生境片段化或“岛屿”化是当前生物多样性大规模丧失的主要原因。Wilson（1988）估计，在过去的 2 亿年中，自然界每 27 年就有 1 种植物物种从地球上消失，每 100 年就有 90 多种脊椎动物灭绝，自然灭绝速率大约是每年 1 种。随着人类活动的加剧，物种灭绝的速度不断加快。例如，由于人类的过度捕食，世界自然保护联盟将黄胸鹀（俗称禾花雀）的评级由十几年前的“无危”状态调整为 2017 年的“极危”等级，现在已与大熊猫处于同一级别。尽管He和Hubbell（2011）报道了生态学者对物种灭绝速度存在高估，实际灭绝速度仅有现有研究结果的40%，但不可否认的是由于人类的干扰，物种的灭绝速度远远高于正常速度。根据2017年世界自然保护联盟发布的《濒危物种红色名录》，现存的5600余种哺乳动物中，濒临灭绝的占20%；现存的10 000余种鸟类中，濒临灭绝的占12%；已知的近10万种木本植物中，濒临灭绝的约占12%。21世纪后半叶，将有1/3～2/3的物种从地球上消失。

中国自然生态环境的形势在总体上是严峻的（表8.1）。中国是生物多样性特别丰富的国家（megadiversity country）之一，居世界第8位，北半球第一位；同时，中国又是生物多样性受威胁最严重的国家之一。据统计（王德辉，2003），全国共有濒危或接近濒危的高等植物4000～5000种，占总数的15%～20%，野生植物，如苏铁、珙桐、金花茶、桫椤等已濒临灭绝。目前，中国已经灭绝的大型野生动物有高鼻羚羊等，濒临灭绝的有华南虎、蒙古野驴、普氏原羚等。在2017年《濒危物种红色名录》列出的世界上14 010种濒危动植物物种中，中国有570个物种。

表8.1 中国主要生物类群的濒危物种数目

类群	物种总数	EX物种数	EW物种数	RE物种数	CR物种数	EN物种数	VU物种数	NT物种数	LC物种数	DD物种数
哺乳类	673	0	3	3	58	53	67	153	262	74
鸟类	1 372	0	0	3	15	51	80	190	876	157
爬行类	461	0	0	2	34	37	66	78	175	69
两栖类	408	1	0	1	13	46	117	76	102	52
内陆鱼类	1 443	3	0	1	65	101	129	101	454	589
小计	4 357	4	3	10	185	288	459	598	1 869	941
苔藓植物	2 494	1	0	0	12	44	61	94	1 761	521
蕨类植物	2 177	5	1	5	28	57	66	67	1 053	895
裸子植物	249	0	0	0	28	39	60	12	93	17
被子植物	29 530	21	9	10	515	1 157	1 700	2 550	21 389	2 179
小计	34 450	27	10	15	583	1 297	1 887	2 723	24 296	3 612
合计	38 807	31	13	25	768	1 585	2 346	3 321	26 165	4 553

注：数据摘自《中国生物多样性红色名录——高等植物卷》（2013年发布）和《中国生物多样性红色名录——脊椎动物卷》（2015年发布）

很多物种未被定名即已灭绝，大量的基因丧失，不同类型的生态系统面积锐减。无法再现的基因、物种和生态系统正以人类历史上前所未有的速度消失。如果不立即采取有效措施，受胁迫物种加速灭绝，人类将面临能否继续以其固有的方式生活的挑战。生物多样性的研究、保护和持续、合理地利用亟待加强，刻不容缓。

8.1.2 受胁迫种群生境的退化

对野生动植物，尤其是对珍稀濒危物种生境的研究是分析这些物种濒危原因的重要手段，同时还能为制定合理的保护策略提供依据。生境的减少、退化与破碎化是生物多样性面临的最重要的威胁。

8.1.2.1 生境的概念

生境（habitat），又称栖息地（动物学）或生长地（植物学），是指生物赖以生活的空间和其中全部生态因子的总和，包括某个体或群体生物生存所需的生物和非生物环境。一个特定濒危物种的生境，是指该物种所占有的资源（如食物、隐蔽物、水土资源、空间资源等）、物理化学因子（温度、湿度、盐度、雨量等）及生物之间的相互作用（濒危物种和其他物种间的捕食和竞争关系等）等使这个物种能够存活和繁殖的空间。近几个世纪以来，人类活动，尤其是对动植物生存环境的破坏，如自然资源开发、土地利用的改变、野生生物生境的占用与破碎化等，成为生物物种灭绝速度加快的主要原因。人类的过度开发直接或间接地摧毁了许多物种赖以生存的环境，此外，污染、疾病及全球气候变暖等也是造成大量物种濒临灭绝的原因。

一个物种是否需要保护取决于该物种可利用生境的状况、个体的行为与种群动态的状况。在各个地质年代里，外界压力导致物种的进化及新物种的产生，野生动植物总是通过自然选择在形态、生理、行为上产生适应周围环境的变化，不断地适应其生境。但人类的干扰迅速改变了野生动植物的生境，使得它们来不及通过自然进化适应改变的环境从而濒临胁迫甚至灭绝。

8.1.2.2 生境片段化是种群受胁迫的重要原因

片段化的生境形成了各自的生境特点，并影响到群落与生态系统，最终还影响到种群，包括种群的遗传变异（王伯荪和彭少麟，1997）。理解生境片段化的原因、特点及影响，对生境恢复具有重要的作用。

1）生境片段化及其特点　生境片段化（fragmentation）是指一个面积连续的生境变成很多面积较小的小斑块，而斑块之间被与过去不同的背景基质所隔离。包围着生境片段的景观，对原有生境的物种并不适合，物种不易扩散进去。残存的斑块则成为生境“岛屿”，对群落片段来说，它是孤立的，如果背景基质能够支持来自原有生境的很多种群，或者斑块之间的散布力很强，在片段生境中的群落可以代表区域的动植物区系，但通常片段化生境只容纳了区域小部分动植物区系。这对自然保护生态来说，面对连续生境被破坏的事实，应尽可能保护在这些片段化生境中生存的物种库。

生境片段化是形成生境“岛屿”的重要原因之一。生境片段化包括两个方面：一是总生境面积降低，这直接影响种群的大小和灭绝率；二是剩余地区重新分布为非连续碎片或斑块，这主要影响种群的散布和迁入率。生境片段化对物种的影响取决于物种利用生境的行为，生境片段化最普遍的结果是生境异质性的损失，单个碎片或斑块缺少原来未受破坏生境的异质性，当某一物种需要几种生境类型时，片段化使物种不能迁移，甚至造成物种的灭绝。生境片段化的另一结果是生境碎片或斑块之间的生物作用导致物种灭绝，如小生境中的鸟巢被其他生物破坏及遭受寄生虫病侵害的可能性增大，而对于受胁迫种群来说，片段化生境无疑增加了受胁迫的程度。

2）生境片段化与群落和生态系统　生境发生片段化后，生境“岛屿”的物理、化学和生物学因素都会发生一系列变化。

（1）片段化生境的能量平衡。片段化生境的能量平衡与连续生境的明显不同。森林被砍伐后，剩余斑块边缘的温度升高，虽然对“生境岛屿”边缘太阳辐射增加和温度升高的生物学效应还不清楚，但有的物种可能很快侵占边缘，从而改变其物种组成。例如，热带雨林片段化后，边缘 10～25m 的条带内藤本植物蔓延。养分循环过程也在生境片段化的过程中由于湿度升高、土壤微生物区系变化、土壤无脊椎动物活性降低和群落物分解速率等的改变而改变。

（2）片段化生境中的生态关系。生境片段化能改变群落中许多重要的生态关系，如捕食-猎物、寄生-寄主、植物-传粉者、竞争、共生等，它们会因生境片段化而改变。一般认为，温带群落比热带群落抵抗片段化的能力要强，因为温带群落中物种的密度大、分布范围广、扩散力强，这些属性使温带物种能在较小的生境下生存和维持。虽然温带物种的局部灭绝率较高，但是这种较高漫游性（vagility）的特点，有助于物种的再迁入。此外，温带生境的破坏甚至比人类对它的认识还早，很多物种早已不复存在，从而造成现存物种受片段化影响很小的假象。生境片段化的另一明显作用是片段化生境受风的影响加大，风的直接影响包括对植被的机械损伤和增加植被的蒸散。风对植被还产生间接影响，如外来种的传播体可能通过风的携带而进入剩余斑块内，从而产生难以估量的潜在影响。

（3）片段化生境中的水分循环。生境片段化能够影响群落和生态系统的水分循环。由于蒸腾和蒸发率的改变和植被截留雨量的减少，土壤水分含量的变化幅度加大，地表径流增加，表土的流失可能导致河流的淤积。水分循环的改变还能引起外来物种的侵入，影响凋落物的分解速度和土壤动物的活动等。

（4）生境片段化影响物种的生存与发展。生境片段化影响物种的迁入率和灭绝率。生境片段化主要通过影响生物的生存空间、高度片段的占据率、个体增补率（recruitment）等影响种群的灭绝（Wiens，1985）。Picton（1979）通过对美国落基山脉北部 24 个半隔离陆地“岛屿”上 10 种主要食草动物的分布研究发现，草食性动物的灭绝同生境的片段化有关。物种对生境片段化的响应敏感性是不同的，对生境专性要求强的物种一般只占据某个地区的部分斑块类型，如果这些物种的主要活动是在斑块的内部，那么由于片段化生境的边缘效应（edge effect），适宜这些物种生长的生境会越来越小。因为物种个体需要较大的生活空间，并且它们的繁殖率一般相对较低，所以单位面积内的个体数目较少。对于定居型物种（sedentary species），传播距离近的物种或个体增补率（recruitment rate）低的物种在发生局部灭绝后，斑块再度被占据的频率就降低了。另外，在片段化后，生境专性化（habitat specialization）程度的提高和物种密度的降低还会进一步降低斑块的被侵占率。

生境专性化、随机因素及物种丰度的降低都会使物种灭绝的风险增大。有些物种的局部灭绝可能通过涟漪效应（ripple effect）导致与其有相互作用的其他物种丢失。例如，大的捕食动物的灭绝将使猎物的种群密度增加，而猎物之间竞争强度的增加又导致猎物的灭绝（Hansen et al.，1991；Wiens，1985）。在 20 世纪 70 年代，巴西政府曾规定，在亚马孙地区热带雨林的所有者可以只保留 50%的森林不受破坏，其余 50%的森林可以在砍伐后改为农场或草场，这样一来就形成了许多 1～10 000hm^2 森林“岛屿”。森林“岛屿”面积越小，物种消失得就越快。物种消失的主要原因是森林片段化后产生的边缘效应。森林片段化后所形成的“岛屿”内，生态环境变得日趋恶劣，如风的影响使林内变得干燥，森林深处喜湿的蝶类迁出，取而代之的是喜光、喜热型的蝶类。为植物传花授粉的多种蜜蜂甚至在面积为 100hm^2 的“岛屿”上也难以找到，许多鸟的密度在 1～10hm^2 的“小岛”中减少，虎猫（*Felis weid*）、美洲豹（*Felis onca*）、美洲狮（*Puma concolor*）等大型哺乳动物不见了；而大型哺乳动物和鸟类的消失使得依靠这些动物粪便为生的甲虫也不能生存。由此可见，由于物种在食物链中的特殊地位，一个物种的消失必然导致许多物种的灭绝。

3）生境片段化与种群遗传变异　生境片段化导致种群变小，而种群变小将直接影响种群的遗传变异，这种影响对受胁迫种群来说比对一般种群更甚。例如，大熊猫栖息地存在的重大问题之一就是植被破坏造成种群隔离，使位于不同栖息地的大熊猫之间很难进行基因交流，从而造成近亲繁殖并最终导致种群衰退。

种群遗传变异的改变 V 为

$$V=[1-1/(2N)]\times 100\%$$

式中，N 表示现存种群的个体数。

如果某一大种群降低到只有 10 个个体，则其变异只是原种群的 95%；如果降到 50 个个体，其变异则是原种群的 99%。种群小型化将使得物种发生近交的可能性增加。所谓近交（inbreeding），是指亲属之间的交配使共同的基因在后代中集中表现的过程。因为后代可能从祖先接受完全相同的等位基因，近交的结果是后代遗传变异减少，降低了杂合性（heterozygosity）及引起有害隐性等位基因的表达，从而降低其适合度。近交衰退的程度主要取决于潜在有害基因、内禀杂合性（intrinsic heterozygosity）、种群生存的环境条件、物种的繁殖能力等因素。一般来说，繁殖率高、繁殖速度快、选择压力大、潜在有害基因少的种群抵抗近交衰退的能力较强。

8.2　受胁迫种群生态恢复的基本理论与方法

8.2.1　受胁迫种群生态恢复的相关理论

8.2.1.1　灭绝生物学

受胁迫濒危种群的保护和生态恢复的根本目的是避免这些脆弱的生物遭受灭绝的厄运，能够持续地生存发展下去，其中一个重要内容是关于生物灭绝的研究，预报灭绝，解释导致灭绝的原因和防止灭绝的发生，根据过去灭绝的模式推测其原因，并指出与未来灭绝的关系，这又称为灭绝生物学（extinction biology）（Diamond，1989）。

灭绝的主要原因是生境的消失和片段化导致“岛屿”生物脆弱性增加及食物链断裂，这是对受胁迫种群的最大威胁。人类活动造成的物种灭绝是从局域灭绝开始的，其后果会导致物种的最终灭绝。栖息地破碎化和地理隔离是导致物种灭绝的一个重要因素，而加大栖息地面积已被认为是保护物种多样性的最有效途径。然而研究结果表明，不能突然大幅度地增加栖息地面积，要针对物种是否适应生存环境来考虑，分期、分步、逐渐地增加保护区的面积，以期所有的脆弱物种种群能逐步适应新的环境，在激烈的竞争中得以续存。反之，则会导致弱小物种的灭绝，特别是受胁迫物种的灭绝。

灭绝的预测带有一些难以解答的问题，如“岛屿”化生境中的物种是否像海洋生物一样漫游，能否假定森林物种是饱和的；森林的丧失率范围是多少；是处于生态学危机抑或生物种危机；在更新世的大灭绝中是否有未知的大量物种的灭绝。为了预测未来，诸如此类的问题必须继续深入研究。

8.2.1.2　进化的潜能

受胁迫的濒危种容易灭绝，其中的一个原因是种群丧失了进化的潜能（evolutionary

potential），这是物种及其生态系统长期受损害的累积结果。人工种群栽培时重视繁殖和远缘杂交，都会降低物种的适应性和进化潜能。进行物种保护应了解物种的基本分类情况、基因状况、基因多样性、种群大小、生殖结构、交配方式和最小繁殖种群（minimum viable population，MVP）。应该通过种群生存力分析（population viability analysis，PVA），从遗传、种群到环境和生活之间的关系，综合而系统地探讨种群灭绝的可能性。

8.2.1.3 群落与生态系统

物种的丧失，以及物种的丰度、生态的和行为的变化，都表现出对群落（community）和生态系统（ecosystem）有一个适应极限（far-reaching）。澄清和解释一些群落与生态系统多样性和稳定性的现象和理论，对于受胁迫种群的生态恢复、保护和管理都有重要意义。例如，非洲塞伦盖蒂（Serenget）平原的草只有被动物采食，并接受动物的尿液后，才能保持旺盛生长，这种群落只有利用动物尿液的氮保持土壤肥力才不至于退化，保持其生物多样性和产量。人类必须尽力保持那些复杂的群落和生态系统，使许多物种特别是受胁迫种群能够共生存，保护和管理应保持群落和生态系统的内部过程，促进多样性和持续性。

8.2.2 受胁迫种群生态恢复的相关方法

8.2.2.1 生境的恢复

生境的恢复（habitat restoration）是一项长期而艰巨的工作，受胁迫种群的保护和生态恢复，首先依赖于生境的恢复。生境的恢复包括土地退耕、土地的合理使用、物种回归自然（species reintroduction）、圈养繁殖（captive propagation）等。而生境片段化的消除是生境恢复最重要的内容。

8.2.2.2 生物技术

生物技术（biotechnology）在受胁迫的珍稀濒危物种的保护与生态恢复中发挥越来越重要的作用。生物化学家和计算机专家将对数百万未知物种的定名和描述发挥作用，以完成生物多样性的种类调查（Wilson，1988）；分子生物学家、免疫学家和流行病学家在解决外来种（exotic species）问题，应用基因工程技术解决保护遗传学家提出的在小种群中近亲繁殖退化和基因多态性丧失问题方面发挥重要作用。例如，物种和群落的超低温冻存、冷冻保护（cryopreservation）技术的应用，即人们设法建立一种“拉链式冷藏袋”（zip-lock freezer bag），把整个生物群落，包括传粉昆虫、土壤动物和寄生虫，都冷冻起来，以备未来恢复和重建生态系统用。

8.3 受胁迫种群生态恢复和生境恢复的整合

8.3.1 受胁迫种群生态恢复的主要途径

生物多样性的保护与经济社会的可持续发展密切相关。保护生物多样性的目标是通过不减少基因和物种多样性、不毁坏重要的生境和生态系统的方式，来保护和利用生物资源，以保证生物多样性持续发展。达到这一目标有一个过程，且这个过程可分为三个基本部分：挽救生物多样性，研究生物多样性，持续、合理地利用生物多样性。

在实践中，保护生物多样性有两种基本途径：一是原地保护（onsite maintenance），二是迁地保护（offsite maintenance）。前者是依据自我设计理论，在自然生境中保护具体的种群或整个群落和生态系统，使其达到能够自我组织更新的稳定发展状态，主要是以自然保护区的方式实现；而后者则主要是依据人为设计理论，运用人工技术手段把生物以种质（germplasm）或完整活体的形式异地贮存，或进行物种的异地培养保护。受胁迫种群的保护主要也是通过这两种途径，在保护的基础上才能真正实现生态恢复。

8.3.2　受胁迫种群的原地保护与自然保护区

8.3.2.1　原地保护与自然保护区概述

原地保护，也称为就地保护，是物种、群落与生态系统保护的主要方式，按照自我设计理论，通过适当技术的运用使被保护地进入自我组织更新的持续发展状态。原地保护途径对于受胁迫的种群来说尤其重要——由于原自然的生境（包括生物部分）得到了保护，受胁迫种群的生存与持续发展才能得到保障。

原地保护多以自然保护区的形式来实现。许多自然保护区是专门针对受胁迫的珍稀濒危种建立的，如我国针对熊猫的陆地保护区和针对中华白海豚的海洋保护区，以保护这些受胁迫的珍稀濒危种，并恢复它们的种群。兰科等重点保护植物的原地保护研究成为中国生物多样性原地保护研究的特色领域之一，也取得了相对较为丰富的研究成果（马建章等，2012；Qin et al.，2012）。

自然保护区（natural reserve）顾名思义是指特定的受到保护的自然地区。然而，目前自然保护区通常仍具有双重含义。一种含义是狭义的，仅指各种类型保护区中的一种特定类型，它有明确的性质，即国家用法律形式确定的长期保护和恢复的自然综合体和自然资源整体而划定的一定的空间范围，包括地域或水域，在其所属范围内，严禁任何直接利用自然资源的经营性生产活动，这种狭义的保护区，即国际上通常所指的自然保护区。另一种含义是广义的，是对各类保护区的统称，即所有具有保护自然环境和自然资源功能性质的空间的泛称。国际上通常对这种广义的自然保护区，用保护区（reserve）或保护地（protected area）概称。

自然保护区及与其一样具有保护自然的性质的地域种类繁多，不同的国家或在不同的历史时期对同一种保护区有可能有不同的称谓，对其在科学上的含义也有不同的理解，各国习惯用的名称也不尽相同，或名实各异。

世界自然保护联盟（IUCN）、联合国环境规划署（UNEP）和联合国教科文组织（UNESCO）于 1980 年共同收集了国际上常用的保护区名称，供各国应用参考（表 8.2）。

表 8.2　国际上常用的保护区名称

中文名称	英文名称	缩写
人类学保护区	Anthropological Reserve	A.R.
生物保护区	Biological Reserve	Bi.R.
生物圈保护区	Biosphere Reserve	B.R.
鸟类保护区（禁猎区）	Bird Sanctuary	B.S.
保护（地）区	Conservation Area	C.A.
保护公园	Conservation Park	C.P.
实验生态保护区	Experimental Ecological Reserve	E.E.R.
国家（联邦）生物保护区	Federal Biological Reserve	F.B.R.

续表

中文名称	英文名称	缩写
动植物保护区	Fauna and Flora Reserve	F.F.R.
动物保护区	Faunal Reserve	F.R.
森林和动物保护区	Forest and Faunal Reserve	Fo.F.R
森林保护区（禁伐区）	Forest Sanctuary	Fo.S.
狩猎动物保护区	Game Reserve	G.R.
狩猎动物禁猎区	Game Sanctuary	G.S.
受控自然保护区	Managed Nature Reserve	M.N.R.
资源经营管理区（受控资源区）	Managed Resource Area	M.R.A.
多种经营管理区	Multiple Use Management Area	M.U.A.
国家动物保护区	National Faunal Reserve	N.F.R.
国家狩猎动物保护区	National Game Reserve	N.G.R.
国家自然保护区	National Nature Reserve	N.N.R.
国家公园	National Park	N.P.
国家公园及等效保护区	National Park and Equivalent Reserve	N.P.E.R.
国家公园及有关保护区	National Park and Related Reserve	N.P.R.R.
自然区	Natural Area	N.A.
自然生物保护区	Natural Biotic Reserve	N.B.R.
自然景物保护区	Natural Landmark	N.L.
自然纪念物保护区	Natural Monument	N. M.
自然（保护）的保护区	Natural Conservation Reserve	N.C.R.
自然公园	Natural Park	N.P.
自然保护区	Natural Reserve	N.R.
公园	Park	P.
保护性景观	Protected Landscape	P.L.
保护地区	Protected Region	P.R.
省（州）立公园	Provincial Park	P.P.
保护区	Reserve	R.
自然资源保护区	Resource Reserve	R.R.
科研保护区	Scientific Reserve	S.R.
州立公园	State Park	S.P.
绝对自然保护区	Strict Reserve	St.R.
野生生物经营区	Wildlife Management Area	W.M.A.
野生生物保护区（禁猎区）	Wildlife Sanctuary	W.S.
原野地	Wildness Area	W.A.
世界遗产地（自然历史保护区）	World Heritage （Site）	W.H.S.

根据 1985 年 IUCN 对保护区的分类和保护目标，加上根据《保护世界文化和自然遗产公约》建立的世界历史遗产保护地和根据“人与生物圈”计划而建立的生物圈保护区，共包括如下十大类保护区。

1）科学保护区/严格保护区　这类保护区不受人类干扰。使所保护的各类生态系统能保证维持其正常的自然生态过程，并可作为遗传资源基因库。这类保护区以进行科学研究、环境监测和教育服务为目的。

2）国家公园　国家公园是指由国家批准设立并主导管理，边界清晰，以保护具有国家代表性的大面积自然生态系统为主要目的，实现自然资源科学保护和合理利用的特定陆地或海洋区域。这类保护区面积较大，不因人类活动而改变自然风貌，其内不允许有商业性的资源消耗活动。世界上最早的国家公园是 1872 年建立的美国黄石国家公园，我国在前期调研和试点工作的基础上于 2017 年制定了《建立国家公园体制总体方案》，明确指出建立国家公园体制是党的十八届三中全会提出的重点改革任务，是我国生态文明制度建设的重要内容，对于推进自然资源科学保护和合理利用，促进人与自然和谐共生，推进美丽中国建设，具有极其重要的意义。

3）自然遗迹保护区　这类保护区面积较小，主要是保护和维持具有国家意义的特殊自然风貌。

4）人工维持的自然保护区/野生生物保护区　为了保护重要的物种、分类群、生物群落或环境自然特征，必须对其加以人工控制才能保证它们所需的自然条件，并允许对某些资源进行控制利用。

5）景观保护区　景观保护区涉及范围较广，包括自然的和半自然的文化性景观，尤指那些反映民族风俗习惯、宗教信仰及其土地利用方式而具有特殊景观的保护区。这类保护区通常可以为社会提供旅游场所。

6）自然资源保护区　为了未来能够综合利用当地的资源而对自然资源丰富的地方加以保护的区域。

7）人类学保护区　为维持当地人类社会的生活方式不受现代技术干扰的保护区。

8）多种经营管理区/资源经营管理区　这类区域的目标是提供可持续的产品，如水、木材、野生生物、牧草及娱乐活动。

9）世界历史遗产保护地　世界历史遗产保护地是根据《保护世界文化和自然历史遗产公约》建立的，它的保护对象是在地质年代中由各阶段生物进化以及人与自然环境相互作用而形成的著名地区，这些独特、稀有或绝无仅有的保护地具有异常的条件和关键因子，具有重要的国际意义。

10）生物圈保护区　生物圈保护区侧重于教学、监测、科研和生态系统保护等方面，以支持保护与发展为目的。目前，生物圈保护区已被广泛接受，有不少国家公园和自然保护区也加入生物圈保护区，截至 2016 年，世界生物圈保护区包含分布于全球 120 个国家的 669 个生物圈保护区，其中有 14 个属于跨国界保护区。中国的长白山、鼎湖山、武夷山、卧龙山、梵净山、锡林郭勒、博格达峰、神农架、盐城、西双版纳等 28 个自然保护区也已成为生物圈保护区。

8.3.2.2　自然保护区的功能

自然保护区是多功能、多用途的，其功能可概括归纳为以下 9 个方面。

1）保护自然生态系统　自然保护区能保护在各种自然带保留下来的具有代表性的自然生态系统，它们是丰富多彩的自然界本质，这种原始性或多样性的自然生态系统是生物与环境在长期历史发展过程中相互作用的产物。因此，在这个意义上，自然保护区可以说是一个活的自然博物馆，是认识和探索大自然奥妙的天然实验室。

2）涵养水源、环境保护　自然保护区具有维持生态平衡、改善人类的生存和生活环境、调整气候、保持水土等方面的功能和作用。

3）物种的天然基因库或贮存库　自然保护区能保存各种具有代表性的和珍稀濒危的物种，或拯救濒危物种，以最大限度地保护全球的遗传多样性。

4）保护文化景观　文化景观是指人类在各种文化和生产活动中所创造的具有特殊价值的遗产，如万里长城、大运河、庙宇、宝塔、桥梁、陵墓等。

5）保护自然景观　自然保护区能够保存优美的自然景观或具特色的地域，如瀑布、冰川、火山口、陨石区、石灰岩景观、洞穴等。

6）保护历史和考古地域　自然保护区能保护具有历史和考古价值的建筑物或地域，如古墓、猿人化石区、古建筑等。

7）提供多种用途的场所　自然保护区可以为科学研究、环境监测、专业教育、疗养、旅游等提供重要场所。

8）为合理利用土地提供示范及一定量的产品　自然保护区并不是一个绝对封闭的不可进入的禁区，在某种程度上，它应是开放的，虽然自然保护区的主要功能是保护，但在不违反保护的前提下，对自然保护区进行适当的开发，既是在为开发而保护自然，同时也是为自然保护而开发。因此，应合理地利用保护区的资源为社会提供一定的产品。

9）保护未知的东西　保护自然界是一个为将来留有选择权的举措，以便解决将来不得不面临的不可预测的问题。自然保护并不是利他主义，归根结底是为了人类的生存。尽管人类已经进入伟大的信息时代，但依然不知道还将失去什么、需要什么、热爱什么，何况人类对自然的感知又是因人而异的。

8.3.2.3 建立自然保护区的原则

一般来说，自然保护区选划的原则或标准，应是根据现存的自然环境及自然资源情况、保护的对象及其功能的不同而有所不同。但是，国际上通常是依据下列准则来评价和确定一个自然保护区。

1）多样性　多样性（diversity）主要是指物种多样性、群落和生态系统的多样性，以及自然环境的多样性。

2）稀缺性　稀缺性（rarity）主要是指生物物种的稀有和珍贵程度。

3）潜在价值　潜在价值（potential value）主要是指潜在的生态价值、科学价值、经济价值等。

4）脆弱性　脆弱性（fragility）主要是指易受破坏而难以恢复原貌，或易丧失再生的能力。

5）典型性或代表性　典型性（typicalness）或代表性主要是指具有独特的或具代表意义的性状。

6）自然性　自然性（naturalness）是指未受或很少受人类活动的影响。

7）有效性或尺度　有效性（validity）或尺度（size）是指作为一个保护单位面积的大小应足够有效地表达该保护区的特性。

确切地说，自然保护区选划的准则并不限于这几项，同时这几项准则也并不是单一的或孤立的，而是互相补充、相互联系的，而有的却又是相互矛盾、不能并用的。因此，评价一个自然保护区必须综合分析，一般来说，自然性、稀缺性、典型性、多样性等在评价自然保护区时具有更为重要的意义。

8.3.2.4 自然保护区的保护对象

自然保护区是多功能、多用途的，类型及所保护的对象也是多种多样的。目前国际上自然保护区所保护的自然对象主要可归纳为如下几类。

1）特殊地带性生态系统　具有代表不同自然地带典型的自然综合体及其生态系统，或已遭到破坏而又亟须恢复和更新的同类地区。

2）特殊物种或基因库　具有本国（或本地区）特有的或世界稀有物种，或具有重要经济意义而濒临灭绝的生物物种的地区，或典型的重点基因库所在的地域或水域。

3）特殊意义的地区　具有其他特殊意义的地区，如自然历史遗产所在地或从科学教育及文化传承的角度有必要保护的地方。

4）特殊的历史与人文景观　具有自然历史遗迹、名胜风景、革命历史圣地等的外围自然环境和文化景观地区。

《世界自然保护大纲》（1980）明确规定，应优先保护受威胁的物种和独有的生态系统，而特有种和濒危种应与受威胁种放在同等重要的位置上。从这个意义上说，保护区的原地保护是受胁迫种群保护和恢复的有效途径。

8.3.2.5 自然保护区的面积与形状

任何一个自然保护区都应有足够大的面积范围。一般来说，大面积的保护区比小面积的保护区好，因为大保护区在动态平衡中能保存更多的物种，物种消失率会比较低，如果把这一原理进一步延伸，一个大保护区通常比总面积与它相等的几个小保护区更好。由于保护区的隔离作用，保护区内的物种数量可能超出保护区的承载力，从而使有些物种灭绝，这种现象称为“物种松弛”（species relaxation），而小“岛屿”上物种密度较大是由缺少物种之间的竞争造成的。关于是大的保护区较好还是几个小保护区较好，或称为“一大或几小”的（single large or several small，SLOSS）问题曾是20世纪70年代争论的焦点之一。

一般来说，那些完全依赖于当地植被、在群落中个体密度较低的物种很容易在小的保护区内灭绝。但是，小保护区虽然容易发生种的局部灭绝，却能在总体上使物种在相当大的范围内得到保护，因为如果将一个保护区分成许多面积较小的保护区，有利于提高生物避免灾难性突发事件的能力。小的“岛屿”具有生境多样性，保护的物种会更多，在异质区域的每个小保护区可能有利于不同生物种群的生存，即使在同质区域中，分散的小保护区也可能在一组相似的替代种中拯救更多的物种，而在一个保护区内，其中一个替代种终究会排斥其他的物种。另外，在栖息地交界处兴旺的某些“边缘种”（edge species）将更喜好几个较小的保护区或周长与面积比例较高的保护区。相反，难耐边缘物种（edge-intolerant species）在几个小保护区内将表现出不同程度的恶化状况，当保护区过小时，它们将难以存活，分散的许多小保护区对无扩散能力的物种，常因不能越过保护区之间的不适宜栖息地（或理解为“海洋”），而不能从一个保护区扩散到另一个保护区，所以注定最后要灭绝。相反，有扩散能力的物种能从一个保护区扩散到另一个保护区，加上迁入率足够高和消失率足够低，它们就能够借助于局部消失和迁入之间的动态平衡而持久存活。

自然保护区最适面积的生态原则是：保护区面积需要多大，才能维持一般群落及其物种组成的整体性；以及在这一范围内需要保持多少类似的群落，才能保证所有遗传物质的延续遗传。国际生态学界一直都在从生态学角度探索这个原则，以探求确定保护区面积的理论依据。近年来则试图基于植被生态学的物种多样性-稳定性模式，以及“岛屿”生物地理学理论进行探索。所谓稳定性是指物种在有干扰的情况下，能维持生态系统平衡的整体性，而群落遗传稳定性随群落所包含物种增加，有赖于物种多样性或组成物种的内部组织结构，或二者兼而有之。物种多样性包括了数量的丰富度和均匀度。“岛屿”生物地理学理论探索保护区的适宜面积是依据“物种-面积”的关系，而最小动态面积（minimum dynamic area）也可为确定保护区面积提供某种参考（Pickett and Thompson，1978）。所谓最小动态面积，是指能包括较复杂的生境类型和植被演替阶段，并能满足受保护物种及与其相互作用物种正常活动的保护区的面积。

关于自然保护区的形状，如果条件允许的话，任何特定的自然保护区都应尽可能地保持圆形，因为理论上，单位周长最大的面积是圆形，这样自然保护区的面积（S）对周长（L）的比例保持最大，从而使自然保护区内的扩散距离保持最小，从而能保持最大的有效面积，有利于物种的扩散分布，并且受外界的自然影响最小。减少边缘效应，同时在某种程度上，还可以避免“半岛效应”（peninsular effect）（通常由于半岛效应，从保护区中心向周围的扩散率过低，以致局部不断消失，从而降低保护区的有效面积）。保护区的形状对真正的“岛屿”可能并不重要，如果狭长的保护区包含复杂的生境和植被类型，狭长形保护区或许更好。

8.3.2.6 自然保护区的规划

自然保护区可根据群落和生态系统的类型及保护的对象和需要而合理地进行规划或分区。通常至少应规划为核心区（core zone）或自然区（natural zone）、控制区（manipulative zone）或缓冲区（buffer zone）、改造区（reclamation zone）或恢复区（restoration zone）或实验区（experiment zone）等几个部分。核心区是原生生态系统和物种保存最好的地段，应严格保护，严禁任何狩猎和砍伐。核心区的主要任务就是保护，维持基因和物种的多样性，并可用于研究生态系统的基本规律。缓冲区一般应位于核心区的周围，可以包括一部分原生生态系统类型和由演替类型所占据的受过干扰的地段。缓冲区一方面可防止对核心区的影响和破坏；另一方面可用于某些实验性和生产性的科学研究，但不应破坏其群落环境，可进行植被演替和合理采伐更新试验，以及野生经济生物的栽培或驯养等。在缓冲区周围还要划出相当的面积作为实验区，保护部分原生或次生生态系统类型。主要用作发展本地特有的生物资源；也可作为野生生物就地发展和繁育的基地；还可根据当地经济发展的需要，建立各种类型的人工生态系统，为本区域生物多样性恢复进行示范。

在进行自然保护区的规划设计时，必须确定保护区内应有足够复杂的生态类型，保证关键种（key species），特别是关键互惠共生种（keystone mutualist species）和流动连接种（mobile links species）的存在。关键互惠共生种通常是支持流动连接种的植物，而流动连接种通常是指为不同的植物传粉和传播种子的动物，它们是关键互惠共生种完成其生活史不可或缺的部分。由于关键互惠共生种是流动连接种重要的食物来源，因此它们的丢失必将导致流动连接种的灭绝。

值得注意的是，如果保护区是原始植被的剩余斑块，则应尽可能多地将其周围人们已经利用的部分（如农田、草地等）规划在保护区内。保护区建成后，通过减少或终止人为的干扰，这些部分会逐渐恢复为地带性植被，因为原始植被的破坏并不是一个随机过程。土壤肥力条件和植被生长好的地方一般最先被破坏和利用。同时，保护区内不同大小和不同演替阶段的斑块，特别是保护区内微生境“岛屿”的大小分布和时间、空间变化动态在规划时应充分考虑。

8.3.2.7 自然保护区的分布格局

由于各地的气候、植被、动植物区系和地形、地貌条件差异很大，再加上不同地区经济发展程度不一，人类干扰对生物多样性的影响各不相同，因此应对原地保护的主要形式——自然保护区和国家公园进行总体规划。可以在森林、草原、荒漠、内陆湿地、海岸带和海洋及农业区对自然保护区进行合理布局，也就是说，自然保护区要选择建立在那些有代表性及有重大科学意义或实践意义的地段。

为了实现保护世界自然生态系统的目的，联合国教科文组织的人与生物圈计划（MAB）建议，将生物物种分布地区与生态系统分布相结合，以生物地理省为基本单位，保护那些已基本与世界主要生态系统相符合的生物群落，其最终目的是使每一个生物地理省中都有一个生物圈保护区（王伯荪等，1997），并把这些保护区按照生态学原则形成一个国际生物圈保护区网，为比较和研究生态系统和环境问题提供一个极其难得的机遇。国际生物圈保护网的主要目的之一，就是把自然界生态系统里面的动植物群落的多样性和完整性保存下来，以供现在和将来使用，同时也保障植物的遗传多样性。这一规划的实施，无疑将大大地推动自然保护事业的发展。随着人们对自然保护的重视，自然保护区如雨后春笋般建立，这又导致了另外的问题——自然保护区重叠，既浪费了资源，也不利于保护地的建设。研究发现我国鲁中山区、太行山、大别山、天目山-怀玉山、皖江等生态功能区的自然保护地重叠最为严重，且在多省交界处保护区重叠更易发生（马童慧等，2019）。

8.3.3 受胁迫种群的迁地保护

8.3.3.1 迁地保护的措施

迁地保护以人为设计参考系作为标准对濒危物种进行人工保护，通过建立植物园、动物园、水族馆、种质库和基因库等达到保护的目的。生物多样性保护应以原地保护为主；对受胁迫的珍稀濒危物种而言，迁地保护也是必不可少的手段。例如，我国对长江江豚、麋鹿等的迁地保护都极大地壮大了濒危物种的种群数量，取得了良好的保护效果。

迁地保护作为挽救植物物种的重要举措，已被世界上越来越多的植物园所应用。植物园已成为进行稀有濒危植物迁地保护和研究的最理想基地。据不完全统计，现在我国共有 200 余个植物园，其中中国科学院的 14 个植物园引种保存了约 2 万种高等植物，占全国植物园收集植物的 90%左右（贺善安和张佐双，2010）。植物园作为生物多样性迁地保护的场所，在对珍稀濒危物种进行迁地保护时，一定要考虑种群的数量，特别是对稀有和濒危物种引种时，要考虑引种的个体数量，因为保持一个物种，必须以种群最小存活数量为依据。群落在珍稀濒危物种的迁地保育中是很重要的，很多植物园的某些物种形成小片林地或草地，就很有意义。对某一个受胁迫种群进行迁地保护和恢复时，引种几株个体，对保存物种的意义有限，只有形成群落，哪怕是小群落，才能使物种持续地生存与发展。

对受胁迫种群进行迁地保护时，引种的个体最好来自不同的地区，以丰富物种的遗传多样性。种内的遗传多样性较高对种群的恢复是非常重要的。迁地保护的物种最终还应回归大自然，这是在迁地保护过程中应注意和探讨的问题。

朱鹮曾是世界上最濒危的鸟类之一，也是我国一级保护野生动物，被列入《濒危野生动植物种国际贸易公约》附录 I 加以严格保护。历史上，朱鹮曾广泛分布于我国长江以北地区，以及日本、朝鲜半岛和西伯利亚东部地区，但是受自然环境变化和人类活动的影响，野生朱鹮曾非常罕见，在 20 世纪 80 年代初曾被认为已经灭绝。1981 年，我国科学家在陕西省洋县发现了 7 只野生朱鹮，国家立即开展了拯救保护行动，先后在陕西省洋县成立了朱鹮保护观察站，并设立了专门自然保护区和 4 处繁育基地，深入研究朱鹮人工繁育技术。经过 20 多年的努力，我国终于突破了朱鹮繁育和疫病控制等技术难关。自 2004 年以来，国家林业局（现为国家林业和草原局）组织开展了朱鹮野外放归研究，至 2017 年，已在安康市宁陕县、铜川市耀州区、宝鸡市千阳县、河南省罗山县、浙江省德清县、咸阳市旬邑县及日本建有 7 个朱鹮野化放飞地，目前朱鹮已摆脱灭绝的威胁。

8.3.3.2 迁地保护的生态因子调控

对受胁迫种进行迁地保护，必须首先引种培育，进而促进种群的生态恢复。在这一过程中必须关注迁育地的生态因子及其相互作用特征。

1）生态因子的综合作用　环境中各种生态因子不是孤立存在的，而是彼此联系、互相促进、互相制约的，任何一个单因子的变化，都必将引起其他因子不同程度的变化及其反作用。生态因子对生物的作用不是单一的，而是综合的。

2）主导生态因子作用　在诸多环境因子中，有一个对生物起决定性作用的生态因子，称为主导因子（leading factor）。主导生态因子发生变化会引起其他因子的变化。

3）生态因子的直接作用和间接作用　区分生态因子的直接作用和间接作用，对认识生物的生长、发育、繁殖及分布都很重要。环境中的地形因子，其起伏程度、坡向、坡度、海拔、经纬度等对生物的作用不是直接的，但它们能影响光照、温度、雨水等因子的分布，因而对生物产生间接作用，这些地方的光照、温度、水分状况则对生物类型、生长和分布起直接的作用。

4）生态因子的阶段性作用　生物在生长发育的不同阶段对生态因子的需求是不同的，因此生态因子对生物的作用也具有阶段性，这种阶段性是由生态环境的规律性变化造成的。

5）生态因子的不可替代性和补偿作用　环境中各种生态因子对生物的作用虽然不尽相同，但都各具重要性，尤其是主导生态因子，如果缺少，便会影响生物的正常生长发育，甚至造成其生病或死亡。所以从总体上说，生态因子是不可代替的，但是在局部可以补偿。

6）限制因子　生物的生存和繁殖依赖于各种生态因子的综合作用，其中控制生物生存和繁殖的关键性因子就是限制因子（limiting factor）。任何一种生态因子只要接近或超过生物的耐受范围，就会成为这种生物的限制因子。

8.3.3.3 迁地保护的生理生态学研究

生理生态学（包括个体生理生态与群体生理生态）是受胁迫种群结构与功能关系研究的重要内容之一，它可为对受胁迫种群进行有效的迁地保护提供可靠的科学依据。

在迁地保护中，通过评价受胁迫种群的生理生态特性，明确它们的生态适应幅度；通过光合生产力的研究方法，研究受胁迫植物种群及植被生产力的大小；研究植物的蒸腾作用，揭示已恢复森林群落的蒸发及生态系统水量平衡；提供生态系统模拟模型所需的基参数及变量（或函数参数），如光合作用及呼吸作用，是碳平衡的重要生理过程，而碳平衡又是很多生态模拟的中心环节。

8.3.3.4 原地保护与迁地保护相结合

原地保护与迁地保护各有优缺点，把这两种方式结合起来对受胁迫种群进行保护可减少各自的不足，从而增加对受胁迫珍稀濒危种的保护效率（表 8.3）。

表 8.3 原地和迁地生物多样性保护途径范例

原地保护		迁地保护	
生态系统保护	物种保护	活体收藏	种质贮藏
自然公园	农业生态系统	动物园	精、卵、胚胎库
天然研究区	野生动物庇护区	植物园	种子和花粉库
海洋保护区	原地基因库	野外收藏	微生物培养收藏
自然资源发展区	禁猎公园和保护区	园内繁殖	组织培养收藏
强调自然过程		人为因素增加	

8.3.4 受胁迫种群的生态恢复程序和生境恢复模型

8.3.4.1 受胁迫种群生态恢复的一般程序

受胁迫种群的生态恢复既有生态恢复的一般程序，又有其自身的特殊性（图 8.1）。受胁迫种群处于濒危状态既有种群自身退化的原因，也可能是生境受损造成的，因此通过生态调查弄清楚种群受胁迫的主要原因是生态恢复的关键步骤，然后根据种群的濒危程度及自然栖息地的受损等级确定保护途径（原地保护和迁地保护）及相关技术手段，受胁迫种群生态恢复的最终目标是该种群在自然状态下的种群结构能够稳定健康地维持，因此种群恢复过程中的生态监测是一个长期而重要的过程。只有种群能够自然地增长并维持稳定的结构才意味着生态恢复的成功。

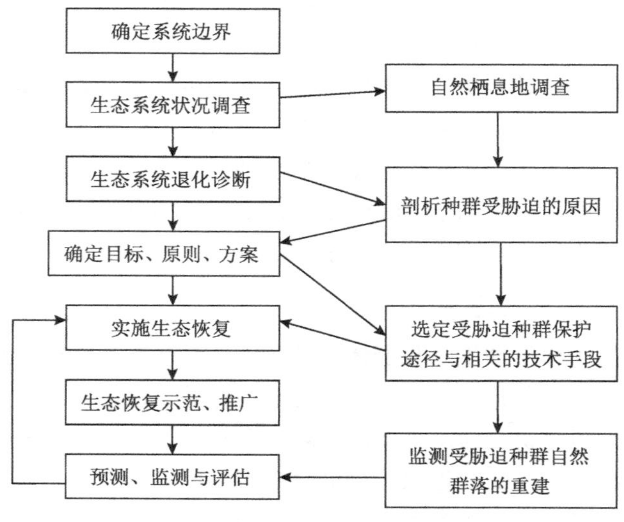

图 8.1 受胁迫种群生态恢复的一般程序

8.3.4.2 受胁迫种群的生境恢复模型

生境恢复是保护受胁迫种群最重要的环节，在进行受胁迫濒危物种的生境生态恢复时，首先要对生境退化的原因进行诊断，对生境的历史与现状进行分析，建立生境生态恢复的参照系，再有步骤地进行生境恢复。图 8.2 是大熊猫栖息地退化的一般模型及可能的恢复途径，这对其他受胁迫种群的栖息地生态恢复具有借鉴意义。

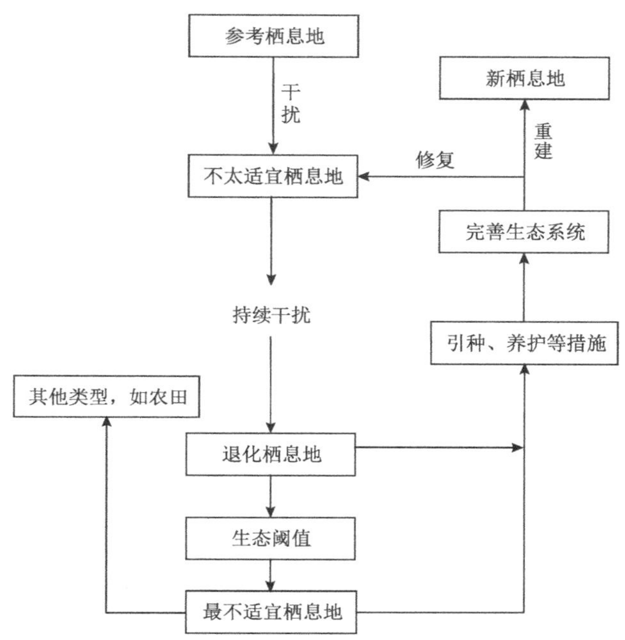

图 8.2 大熊猫栖息地退化的一般模型及可能的恢复途径（刘金根等，2011；申国珍等，2002）

在对受胁迫濒危物种的生境进行生态恢复时，要注意到有些濒危物种具有特定的生态需求。例如，候鸟水禽的生存需要恢复重要途经地的湿地植被。热带的食果类动物（如长臂猿）需要封闭的林冠才能够在其家园范围内穿梭，才能采食不同果树上的果实。这些树木结果的时间应该是交错的，这样才能保证长臂猿在一年四季都可以找到食物。但是这只有在相当复杂的、种类丰富的常绿森林中才有可能。长臂猿无法在人工纯林或没有食物的森林里生存。同样，食肉动物也不能居住在孤立的小森林里，因为这里没有足够大的捕食基地可以养活一个能自我维持的种群。因此，要种植可以用作野生动植物栖息地的森林，必须考虑栖息地斑块的大小和物种混合的程度。

在濒危物种栖息地的恢复过程中，连通性原则非常重要，既要关注各景观元素在空间结构上的联系，也要注意如何有利于实现这些分割的斑块之间的连通性。生境片段化的恢复将有助于不同“岛屿”生境的受胁迫种群之间进行基因交流，对种群的生态恢复有重要的意义。

在濒危物种栖息地的恢复过程中，还要集中力量恢复受胁迫生物最需要的生境指标。例如，大熊猫生境恢复的主要指标是地形因子、主食竹更新的森林群落因子和主食竹特性因子。也就是说，这 3 个方面的指标因子是指示大熊猫栖息地退化程度并指导恢复退化的主要指标。这 3 个方面做好了，其生境恢复也就基本成功了。

8.4 受胁迫种群恢复动态监测

对受胁迫种群的保护和恢复要进行动态的监测，不论是依据自我设计参考系还是人为设计参考系，只有掌握种群的实时动态，才能依据具体情况采用相应的保护措施，更加有效地开展受胁迫种群的保护和恢复工作。模型演绎是掌握受胁迫种群动态的有效手段。

8.4.1 种群动态模型监测

传统的种群生态模型多侧重于同质生境中的种群行为，在数学上多为确定型的。合理地引入随机变量以反映种群的统计学特征（demographic characteristics）和环境的变异，会增加模型的合理性和预测能力。在研究片段景观时，种群动态模型还须包括生境异质性（habitat heterogeneity）。一般而言，生境异质性可表现为在空间或时间上，或同时在时间和空间上物理因素（如资源、气象条件等）和生物因素（如植被条件、竞争作用、捕食作用、寄生作用等）的连续性或离散性（discrete）变化。这种斑块性（patchiness）在自然界是极为普遍的。同一个物种在若干离散生境斑块中的种群的总和称为“复合种群”或“超种群”（meta-population）。实际上，绝大多数物种是以复合种群的形式出现的，即由 2 个或多个亚种群（sub-population）或斑块种群（patch population）组成。

斑块系统中复合种群动态的模型研究是种群动态研究的热点之一，无论从数学上还是从生态学上这都是一个富有挑战性的课题。认识复合种群及其斑块种群的动态规律和机制是保护日益片段化生境中的生物多样性的基础，同时也是自然保护科学理论的重要组成部分（Gilpin and Hanski，1991；Merriam et al.，1991；Taylor，1990；Gilpin，1987）。

复合种群动态的数学模型有两种主要类型（Wu et al.，1990）。“斑块占有率”模型（patch-occupancy models）采用种群（或其他分类单元）所占据生境斑块的百分率作为主要状态变量，一般不考虑斑块的面积和隔离程度对种群动态的影响。最简单的斑块占有率模型是单种群在同质性生境斑块系统中的动态模型，即 Levins 模型，一般形式为

$$\mathrm{d}p/\mathrm{d}t= mp\,(1-p)-ep$$

式中，p 为所研究物种的生境斑块占有率；m 和 e 分别为与种迁入能力（clonizing ability）和灭绝率有关的拟合常数。

这类模型已广泛用于研究多种种群组成的斑块系统动态（如竞争、捕食等种间作用）对斑块种群及复合种群行为格局和稳定性的影响。由该模型得出：平衡状态时，p 的平衡值$=1-e/m$，其将随 e/m 的减少而上升，只要 $e/m<1$，复合种群就能持续生存下去（$p>0$）。

另一类复合种群动态模型是扩散-反应模型（diffusion-reaction model）。这类模型以梯度扩散微分方程为基本构架，具有一套较为系统的建模和分析方法，一般模式有

$$N(x,\ t)/t=Nf(N)+[DN(x,\ t)]/x$$

式中，$N(x,\ t)$ 为与空间位置（x）有关的种群密度；D 为种群中个体的扩散率；$f(N)$ 为种群增长率。

这类模型因为以种群的大小或密度为主要状态变量，并易于考虑异质生境的空间格局及

其变化而为许多学者所推崇。扩散-反应模型又可分为连续模型和离散模型。连续模型假定生境的变化是连续的，而离散模型则只考虑有限个相互之间有明确物理界限的斑块所组成的系统。

当然，由于考虑影响因子的不同，上述模型还可以进行一定的变形来满足不同的需求，如在 Levins 模型中，所有的斑块都是相同的，这种假设有不符合现实的成分。例如，大陆-岛屿复合种群，这样的复合种群有一个或几个非常大的大陆种群，它们几乎没有灭绝风险，其余的种群则为小斑块生境的岛屿种群，存在极高的灭绝风险，在这种情况下，来自大陆的个体向空斑块的迁入能力有可能加强，因此将 Levins 模型修改为

$$dp/dt = (m_m+m)\,p\,(1-p) - ep$$

式中，参数 m_m 是来自大陆的个体对空斑块的迁入能力。此时，只要 $m_m>0$，p 的平衡值一定大于 0，即复合种群不会灭绝（宋卫信，2009）。

8.4.2 种群遗传学模型监测

基于种群遗传学原理的数学模型通常考虑了奠基种效应（founder effect）、瓶颈效应（bottleneck effect）、近交衰退（inbreeding depression）和基因漂变（genetic drift）对种群动态及种群持久性（species persistence）的影响。根据这些模型所预测的有效种群大小（effective population size）在自然保护中具有显而易见的实用价值。有效种群的大小（N_e）是种群遗传学中的一个基本概念，它通常用来估算随机遗传漂变速率，有时也用来估测近交衰退效应。一般来说，有效种群比实际种群要小，后者可以通过一些数学公式由前者相应求得。影响有效种群大小的因素很多，如种群的性比（sex ratio）、繁殖系统（breeding system）、年龄结构（age structure）、种群涨落（population fluctuation）等特征。N_e 通常是通过数学公式求得的。

由于种群遗传学和生态学方面的实例研究资料不足，以及受所涉及的数学复杂性的限制，现有种群遗传模型往往不同时考虑上述几种遗传学效应。此外，这类模型常忽视种群统计学特征对种群持久性的影响。对于自然保护来说，适用而可靠的数学模型应同时考虑种群遗传和种群统计学特征两个方面的因素。

8.4.3 最小存活种群与种群脆弱性分析

种群的局部性灭绝（local extinction）往往是景观斑块或生境“岛屿”中的主导过程。种群的存活时间或从某一生境中消失所需的时间常常和种群的大小有关（牛文元，1990）。Shaffer（1987，1981）把最小存活种群（minimum viable population，MVP）定义为：在考虑种群的统计随机性（demographic stochasticity）、环境随机性（environmental stochasticity）、遗传随机性（genetic stochasticity）和自然灾变（natural catastrophe）的情况下，能够保证有 99%的概率存活 1000 年的最小种群。最小存活种群的概念将种群大小与种群存活概率或灭绝概率直接联系在了一起，这对自然保护有着重要的实践和理论意义。

种群统计随机性是指种群个体在繁殖和生存特征（包括出生率、死亡率、性比等）方面的随机变异性（牛文元，1990）。环境随机性是指气象条件、资源供应及捕食者、竞争者、寄生种群等方面的随机性变化，它进而会导致种群在繁殖和生存特征上的随机性变化。种群统计随机性是种群在个体水平上的现象，而环境随机性以同一方式同时作用于整个种群的全部个体，为了正确地使用数学模型模拟这两种随机性对种群动态的影响，理解这一点极为重要；

奠基种效应、遗传漂变和近交衰退可引起种群遗传结构方面的随机性变异，进而影响种群个体的繁殖和生存能力，这一现象即称为遗传随机性；影响种群动态和持久性的第 4 种随机性因素是偶发性自然灾变（如洪水、火灾、干旱等），自然灾变也可视为环境随机性的极端情形。

一般而言，上述 4 种随机性对种群动态和持久性前景的影响程度随种群的减小而增加。近年来的有关研究进一步表明，种群统计随机性只对小种群（通常个体数在几十到几百）才有显著作用。但环境随机性对多数种群的存活有重要影响。根据不同物种的种群增长速度，克服环境随机性对种群持久性的威胁常常需要种群的个体数达到几百至几百万，有时甚至更高。遗传随机性通常也只对小种群产生明显副作用，尤其是对那些规模比相应的遗传学有效种群小的物种种群。由于近交衰退和基因漂变，种群的遗传多样性和变异性减小，适度随之减小，进而导致种群灭绝概率增加，存活时间缩短。自然灾变通常对种群持久性的影响极为重要，其出现频率和强度往往决定了种群存活时间的上限。Shaffer（1987）用图形描述了不同随机性（遗传随机性除外）对种群持久性和种群大小（或生境面积）之间关系的影响。若只考虑种群的统计随机性，种群的持久性随种群的大小呈指数增长，并表现出某一永久性存活种群的大小。若只考虑环境随机性时，种群的持久性与种群大小表现出线性函数关系，种群不再表现出任何阈值特征。若只考虑自然灾变时，种群持久性随种群大小的增加大致呈对数增长趋势，但当种群大小达到某一阈值时，种群持久性不再有明显的改变。必须清楚地认识到，在自然界中，几乎所有物种的种群都同时经历着前述 4 种随机性。但随机因素可能以多种不同的方式相互作用，对种群的动态和持久性的影响要复杂得多。此外，由于生物学和生态学方面的差异，不同物种种群 MVP 的大小可能迥然不同。

Gilpin 等（1986）提出了估计最小存活种群的一般性概念构架和途径，并将此过程称为种群脆弱性分析（population vulnerability analyses，PVA）。PVA 是目前自然保护生物学中的重要课题之一，也代表着自然保护科学在理论和实践方面的一个重要的、富有挑战性的发展方向。

数学模型方法，尤其是计算机模拟，是进行 PVA 研究的最基本的途径之一。传统的生死过程模型（birth-death process model）常用来研究种群存活时间和种群大小及其生活史特征之间的关系（牛文元，1990）。一般可表达为

$$T(N)=\sum_{x=1}^{N}\sum_{y=x}^{N_m}\frac{1}{yd(y)}\prod_{z=x}^{y-1}\frac{b(z)}{d(z)}$$

式中，$T(N)$ 为具有 N 个个体的种群的存活时间；$b(z)$ 和 $d(z)$ 分别为种群个体数为 z 时个体的出生率和死亡率的平均值；N_m 为种群最大值或种群上限（population ceiling）。通过扩充和改进，这类模型可用来估测种群统计随机性和环境随机性，以及自然灾变事件对种群持久性的影响。

保护生物多样性（包括遗传多样性、物种多样性、生态系统多样性和景观多样性）是自然保护的基本内容。在生物多样性的各个层次中，群落与生态系统的层次是保护的着眼点，因为物种的生存需要相应的生态系统，或者说物种的保护必须是以生态系统的保护为前提；而物种的保护应是自然保护的着手点。种群脆弱性分析因而也成为自然保护研究的热点，并成为自然保护生态学中的重要发展方向之一。借助电子计算机的模拟模型方法（simulation modeling approach）必然有助于这方面模型的发展。未来综合集成模拟模型将会大大地深化

这方面的研究，并对自然保护科学的理论与实践发挥积极的作用。

8.5 遗传多样性的恢复

8.5.1 种群遗传多样性的恢复及其意义

8.5.1.1 遗传多样性的概念

遗传多样性是物种多样性和生态系统多样性的基石。广义的遗传多样性是指地球上所有生物携带的遗传信息的总和，也就是各种生物所拥有的多种多样的遗传信息。狭义的遗传多样性主要是指种内个体之间或一个群体内不同个体的遗传变异总和。在物种内部因生存环境不同也存在着遗传上的多样化，如各种家养动物及其地方品种都拥有异常丰富的遗传多样性。基因是由亲代遗传下来的生物化学团，它决定子代的物理和生化特征。一个物种虽然大部分基因相似，但有些基因也会有细微变化，有些为隐性遗传，即表型相同，基因型不同，有些为显性遗传，即表型不同，基因型也不同。

种的遗传多样性，既包括同一种的不同种群的基因变异，也包括同一种群内的基因差异。遗传多样性对于任何物种的维持和繁衍、适应环境、抵抗不良环境与灾害都是十分必要的。遗传多样性是生物多样性的基础。

8.5.1.2 遗传多样性丧失对种群行为的影响

1）对种群结构的影响　种群结构是指同种生物的个体之间、种群之间的遗传、生态方面的一切关系的总和，它是种群最基本的特征。

由于生境破坏和破碎化已经将越来越多的动植物物种限制在小的和隔离的种群中，因此在隔离种群中，遗传漂变可能最终会减少遗传差异，使低遗传差异的种群结构简单化及种群结构脆弱化，降低种群对环境变化的适应潜力，最终导致物种灭绝。

比较20世纪50～90年代滇池物种香农-维纳多样性指数的变化，草海的物种多样性指数由60年代的2.36降到90年代的0.29，滇池的物种多样性指数由60年代的1.08降到90年代的0.67，因此可以认为，滇池水环境退化与物种多样性丧失呈双向恶化效应，群落发生了根本性的变化：建群种、特有种、敏感种的多样性大大降低，能够适应富营养化和重污染环境的物种向简单化、单一化的方向发展，导致种群结构发生变化，物种多样性重建是滇池生态恢复的重要指标（表8.4）（罗民波等，2006；刘鸿亮，1997）。

表8.4　20世纪50～90年代滇池物种香农-维纳多样性指数（H'）

年代	H'值（草海）	H'值（滇池）
20世纪60年代	2.36	1.08
20世纪70年代	1.98	0.88
20世纪80年代	1.02	0.74
20世纪90 年代	0.29	0.67

此外，动植物生存赖以改进的基因库没有得到很好的管理，大量重要遗传基因的丧失，加剧了种群遗传多样性的丧失，对种群的生存和进化造成严重的后果。种群遗传多样性的降低，使得种群的结构变得单一，抵抗各种环境压力的能力下降。

2）*对种群分布的影响*　　种群的遗传多样性对于物种的生存与发展是非常重要的，是物种适应环境变化的前提条件和遗传基础，对于生物的种群分布起着重要的作用（王峥峰和彭少麟，2003）。

栖息地的片段化已成为物种和生物多样性的最大威胁，片段化对鸟类基因库的影响随种类而异，边缘种种群密度较高，有利于基因的交流和传播。而对于中心种，由于鸟类的种群减少，鸟类的近交可能性增加，遗传多样性下降，使得有害隐形等位基因表达，降低了孵化率，种群数量下降，使种群数量分布发生变化（钱迎倩和马克平，1994）。然而，并不是所有的研究都表明片段化将导致遗传多样性的下降。在片段化的水平上存在一个距离极限，在此极限之下，片段化并不会引起遗传变异的丧失。

遗传多样性低使得种群对病虫害和恶劣环境的敏感性增加，从而影响种群的分布。美洲栗原来的分布范围很广，由于种群内和种群间遗传多样性的降低，在感染一种锈病后，分布范围和数量急剧减少，成为濒危植物。而遗传变异程度较高的中国栗对这种病害的抵抗力较强，就没有受到多大影响（Huang et al.，1994）。

3）*对种群遗传进化的影响*　　一般认为，种群内的遗传多样性对种群适应环境变化和物种的持久性都是十分重要的。没有适当的遗传多样性的物种被认为是没有能力适应环境变化的物种，从而会影响种群的生存和进化。

种群由于自然因素或人为因素成为小种群，就会产生小种群效应，通过近交和遗传漂变对种群的遗传变异起作用。近交是指近亲个体之间的交配，包括自交和亲缘个体间的异交。近交可以降低种群的杂合度和引起近交衰退。近交降低种群的杂合度与有效种群的大小有关，种群越小，杂合度降低的速度越快。近交衰退可以使后代生活力降低，但在不同物种中，其程度相差较大。遗传漂变是指种群内等位基因频率在世代间的随机变化，同样也降低了种群的杂合度，使种群内的纯合个体数量增加，导致种群遗传多样性减少（陈小勇等，2002）。而种群遗传多样性减少易使种群趋于灭亡（张大勇和姜新华，1999）。

8.5.1.3　遗传多样性恢复对种群恢复的意义

种群遗传多样性的恢复对种群的恢复起着重要的作用，应用遗传学的理论指导种群的恢复、实现种群多样性的恢复是目前解决种群多样性丧失及全球生态环境恶化的主要途径之一。在动植物种群恢复中，尤其是对受胁迫的珍稀濒危物种保护和恢复，物种遗传组成的遗传分析对物种保护、保护区的规划和保护措施的选择有重要的应用价值。保护珍稀濒危物种，防止其迅速灭绝，最重要的是防止其遗传多样性的丧失，使物种保持进化的潜力和丰富的遗传信息。

濒危物种的保护要加强对种群遗传资源和遗传多样性的研究，包括对自然野生种群和人工栽培（驯化）种群的研究。野生种群是物种种群复壮的重要遗传资源，应对其进行严格保护，有计划、有目的地把一些目前栽培（驯化）中没有的基因型个体，移入人工栽培（驯化）的种群中进行基因交流，使其所携带的稀有等位基因得到迅速扩增，种群间适当的基因流对于增加局部种群的有效种群大小和维持一定的种群间分化是很重要的。同时，对种群中表现为稀有遗传型的个体应采取特别的保护繁殖措施，避免因遗传漂变造成等位基因的丢失。

遗传多样性的恢复对退化生态系统恢复与重建也有重要的意义。生态系统恢复与重建总是以物种的构建开始的。用以生态恢复的种类，总比这些种类在其分布中心的种群遗传多样性要低得多（Peng et al.，2003；李丹和彭少麟，2001，2000）。对一些重要的建群种，进行遗传多样性恢复是必要的。

在实施动植物种群恢复时，要求了解一些有关物种（尤其是优势种或建群种）的种群遗传特性，如遗传多样性在种群内和种群间的分布、基因流、选择强度等因素，应用遗传学的理论作为指导，针对不同物种的种群遗传学特性选择不同的恢复方法和措施，将有助于动植物种群的恢复，增强种群生存和进化能力。

8.5.2 种群遗传多样性恢复的方法

8.5.2.1 种间基因交流恢复种群遗传多样性

1）原产地分布中心种群的引入　近年来，随着人口的增长和对自然生态系统的过度利用，生境片段化成为普遍现象。野生动物丧失了栖息地，被人为地分割成许多孤岛状的小种群，致使许多物种数量减少、遗传多样性降低、繁殖力低下，到了濒危的地步。例如，新疆虎和野马等已经灭绝或者在我国境内绝迹；毛脉蕨等野生植物也早已绝迹；金丝猴、大熊猫、人参、银杉等野生动植物的分布区域明显减少，种群数量骤减，处于濒危的状态。

为了保护野生动植物资源，国家和地方先后建立了一些自然保护区，以及濒危动植物繁育、救护中心，专门从事濒危动植物的繁殖和救护工作，是保护、发展和合理利用濒危动植物资源的一条有效途径。例如，国家为拯救大熊猫、扬子鳄、东北虎、珙桐、银杉等极度濒危的动植物，建立了多处人工繁殖基地。但是，在人工繁殖工程中，由于所选用繁殖个体的亲本数量有限，如大熊猫、东北虎、朱鹮等现存数量较少，存在一定程度的近亲繁殖，在人工繁殖状态下，个别适应于野外生活的基因可能会逐步丢失，遗传多样性减低，进而危及其生存，甚至导致其灭绝。同样，在人工育苗造林过程中也存在类似的问题，随着克隆林业的发展，必须对林木育种赖以生存的基因库进行科学的管理，以增加森林的遗传多样性，提高抗性和稳定性。

为了恢复种群的遗传多样性，可以将原产地分布中心的种群引入，与人工繁殖的个体进行基因交流，这样既可增加种群的数目，又可提高种群的遗传多样性。种群内和种群间的遗传多样性格局对种群的恢复和再引入有重要的指导作用。

2）野生种群与栽培（驯化）种群的杂交　野生种群的遗传多样性是物种自身生存和未来进化的资源，其自身的遗传变异还会给种群带来适合度方面的优势。许多野生种群基因对于栽培种的品质改良是十分重要的。栽培种的遗传多样性与野生种的遗传多样性是有区别的，与野生种相比，栽培种受人类的生活和文化影响更大。

就某些栽培种而言，由于人类的取向、生产成本、作物潜在的产量和性能等方面的原因，每种作物只拥有仅对人类有意义的很少的优良品质，作物的遗传结构由此变得脆弱，作物的遗传多样性大大下降。除了植物个体在栽培（驯化）过程中或多或少地会在形态、生理及其他方面发生变化外，在遗传多样性方面，野生祖先和由其驯化而来的后代之间产生了很大的差异。在发达国家，由于引入现代栽培品种和对传统耕作系统的改变，原有的地方品种几乎都消失了。然而，野生亲缘种能够为栽培种的品质改良提供必需的遗传资源，以提高栽培种的产量、性能或对抗包括疾病在内的各种环境压力，其重要性日益受到人们的关注。例如，我国水稻育种专家袁隆平受水稻天然杂种的启发，产生了改良水稻品种的愿望。他首先提出了利用“不育系、保持系、恢复系”三系法培育水稻杂种优势的设想，并进行科学实验。但由于栽培水稻的亲缘关系比较近，不容易获得质核互作的雄性不育株。于是，袁隆平和他的助手开始寻觅雄性不育株，终于在海南发现一株花粉败育的雄性不育株野生稻（“野败”）。通过杂交试验，“三系法”配套取得了关键性的突破。之后，我国首创的“二系法”杂交水稻获得成功，使水稻的生产周期更短，杂种优势更强，增产潜力更大，产生了巨大的社会效益和经济效益。

恢复种群的遗传多样性可以在了解种群遗传多样性的基础上，有计划、有目的地进行野生种群与栽培（驯化）种群的杂交，提高栽培（驯化）种群的遗传多样性，增加适应性，以提高种群抵抗各种疾病和不良环境的能力。

3）迁地保护和回归引种　迁地保护是为了保护生物多样性，把由于生存条件不复存在、物种数量极少或难以找到配偶等原因，生存和繁衍受到严重威胁的物种迁出原地，移到植物园、动物园、水族馆等，进行特殊的保护和管理。但由于构建的种群规模较小且数量有限，迁地保护往往导致种群遗传多样性丧失，同时还会因迁移地与原生境的差异而导致种群丧失自我维持与扩增的能力，增加了种群近亲繁殖的机会和灭绝的概率。为了保护植物多样性和应对可能的物种灭绝，各种各样的种子库在世界各地纷纷建立起来，比较著名的有英国的“种子银行”和挪威的“末日粮仓”。中国也建立了中国西南野生生物种质资源库，倡议创立这座“种子保险库”的是已故著名植物学家吴征镒院士。中国野生植物资源丰富，“一个物种影响一个国家的经济，一个基因关系到一个国家的兴盛”。“数百年后科技可能会很发达，但很多物种灭绝、很多基因发生了变化，再想寻求几百年前的基因就很难了。”带着这份紧迫的使命感，“追种子的人”——著名生态学者钟扬教授从藏北高原走到藏南地，从阿里无人区走到雅鲁藏布江边采集西藏地区特有植物种子。每年光样本一项，就至少要收集 600 个，而且每一个样本都要收集 5000 颗种子，不同的样本种群所在地相隔的直线距离还不能少于 50km。

回归引种具有重建种群数量多、规模大的特点，它与种群重建的理论与方法在有效保护物种的遗传多样性方面有重要的应用价值。陈芳清等（2005）通过对三峡濒危植物疏花水柏枝的回归引种和种群重建研究，以疏花水柏枝的回归引种与种群重建为基础，对濒危植物种群恢复与重建的生态学原理和方法开展了研究与探讨；美国学者以栗树的成功回归引种与恢复为基础提出的概念框架给濒危植物保护的研究提供了参考依据（Jacobs et al.，2013）。

依据遗传多样性在种群内和种群间的分布、基因流、交配系统及选择强度等因素，针对物种的种群遗传学特性选择相应的生态恢复方法，并采取相应的措施，将有助于增强种群的长期存活能力。

8.5.2.2　提高种群遗传变异的特性

遗传变异是物种适应环境变化的基础，是影响种群长期存在的主要因素，在种群恢复中起着积极的作用。从种群角度来看，种群恢复的最终目标是使种群恢复到具有生长、繁殖和适应进化变化的能力，尤其是群落中的优势种或建群种，具有高遗传变异的种群有助于实现这一目标。

遗传变异具有增加种群生态幅度（ecological amplitude）的潜力，使种群能够在较广的环境条件下生存繁殖，并且能够适应局部和全球环境的变化。当环境条件发生变化时，具有较高遗传变异的种群中，一部分个体因具有较高的适合度（adaptability），能适应新的环境，种群得以延续；否则，种群因不适应环境而被逐渐淘汰。

种群遗传变异也影响着种群的适合度，当种群内遗传变异较低时，可能引起种群内的近交，由于近交降低了种群的杂合度而导致近交衰退。近交衰退可以降低种群的适合度，从而影响种群短期内的生存和发展。

此外，要防止来自不同种群的个体之间的远交衰退。当遗传距离或空间距离较远的种群集中在一起时，不同种群个体之间可能会杂交，在杂交后代中可表现出适合度的下降，有时在杂交子一代可能显示一定的杂交优势，但在随后世代的个体中则表现出衰退的现象。多样性恢复的效果还与样地的退化程度和管理的力度、时间等有关（Zedler and Linding-Cisneros，2013）。在动植物种群恢复时，要加强对种群的遗传特性和遗传多样性的认识，运用遗传学理论指导实际工作时做到扬长避短。

8.5.3 生物技术在种群遗传多样性研究中的应用

生物技术已经成为遗传多样性研究的重要工具。物种遗传多样性涉及的范围很广，无论从形态特征、细胞学特征等宏观方面，还是从蛋白质、基因位点及 DNA 序列特征等微观方面，都表现出多样性特征。现代生物技术（如蛋白质标记、DNA 分子标记、基因工程、细胞和组织培养技术等）为植物和动物种群遗传多样性的鉴定和恢复提供了非常有用的工具。藏羚羊是青藏高原的旗舰物种之一，在 20 世纪曾遭受严重的种群瓶颈。过去 10 余年中，尽管藏羚羊种群规模经历了瓶颈后的持续增长，但其遗传多样性丧失或恢复缺乏及时、有效的评估。郭松长课题组基于自主开发的微卫星引物，对 15 个微卫星座位的遗传变异进行了分析。结果显示，在遭受严重的种群瓶颈后，藏羚羊种群仍具有丰富的遗传多样性；且在较短的 11 年的时间范围内，藏羚羊遗传多样性呈显著上升态势。研究首次明确了藏羚羊遗传多样性恢复这一态势，提示藏羚羊保护措施与努力为时未晚（Du et al.，2016）。另外，生物技术对生物遗传多样性也产生一些负面影响，如大量转基因作物侵入自然系统会带来很大的风险、克隆个体的产生减少了通过进化适应所产生的遗传多样性等。

8.5.3.1 蛋白质标记

蛋白质标记是在蛋白质多态性的基础上发展起来的分子标记形式，其中应用较多的蛋白质分子标记是等位酶（allozyme）电泳图谱。等位酶是同一基因位点上不同等位基因编码的同种酶的不同分子形式，由于不同等位酶电荷性质的差异，在一定的电泳系统中可以将不同基因编码的酶蛋白分开。因为等位酶的组成是由遗传决定的，所以可以对植物的基因型进行分析，表现为基因型的差异。

Sharma 等（2001）利用等位酶图谱研究了澳大利亚西部翼柱兰属（*Pterostylis*）6 个物种的遗传多样性和系统发生情况，根据这些等位酶标记清楚地区分了不同的物种，同时还获得了物种间的遗传距离和遗传多样性信息，分析物种的亲缘关系和系统进化。

8.5.3.2 DNA 分子标记

1）限制性片段长度多态性标记 限制性片段长度多态性（restriction fragment length polymorphism，RFLP）标记是一种 DNA 分子标记技术，利用限制性内切核酸酶位点的专一性，将不同的 DNA 样本用相同的限制性内切核酸酶完全消化后，所产生片段的数目和大小的差异就构成了限制性片段长度多态性。目前被广泛应用于属内种间水平、科内属间水平物种的遗传变异、亲缘关系等的研究。

Prentice 等（2003）利用 RFLP 结合聚合酶链反应（polymerase chain reaction，PCR）技

术对西班牙石竹科一种珍稀植物 *Silene hifacensis* 的叶绿体 DNA 进行研究，得出了该物种在大陆和岛屿上不同群体之间的遗传多样性特征。

2）随机扩增多态性 DNA 标记　随机扩增多态性 DNA（random amplified polymorphic DNA，RAPD）标记技术可用于检测中下水平遗传多样性、探索物种种属间的亲缘关系等。其基本原理是建立在聚合酶链反应的基础上，通常以 2 个随机合成的寡核苷酸（一般为 10 个碱基）为引物，分别与 DNA 的 2 条单链结合，在 DNA 聚合酶的催化下，对植物基因组特定区域的 DNA 进行扩增，扩增的产物可以通过琼脂糖凝胶电泳进行检测。由于这些 DNA 扩增产物在不同品种之间的分子质量可能会有差异，在电泳中产生不同带型，因此可作为一种分子标记（Peng et al.，2003）。

RAPD 技术在研究遗传多样性恢复方面已有许多成功应用的实例，如张恒庆等（2004）对凉水国家自然保护区的天然红松（*Pinus koraiensis*）种群在时间尺度上的遗传多样性变化和遗传分化应用 RAPD 技术进行了分析，选择树龄为 1～100 年的红松个体，每 10 年为 1 个龄级，共采集了 245 个样本。用 10 个随机引物共检测到 61 个位点，其中多态位点 50 个，所占比例为 81.97%。香农指数龄级间遗传多样性占总多样性的 16.43%，Nei 指数龄级间遗传分化为 13.64%，结果显示，红松在时间尺度上的遗传分化比空间尺度的低，红松的遗传变异主要存在于龄级内。研究还证明，凉水保护区内的红松遗传多样性在近 100 年内出现过大小 2 次波动，目前该地区的红松遗传多样性正处于上升时期；历史上小规模的采伐虽暂时降低了红松的遗传多样性，但由于保护区的及时建立，红松的遗传多样性得到了有效的恢复。

3）扩增片段长度多态性标记　扩增片段长度多态性（amplified fragment length polymorphism，AFLP）标记又称为限制片段选择扩增技术（selective restriction fragment amplification，SRFA），是一种选择性地扩增限制片段的方法，其基本原理是对基因组总 DNA 酶切后经 PCR 进行选择性扩增，随后将特定的接头连接在这些 DNA 片段的两端。接头序列和邻近的限制性内切核酸酶切位点序列作为引物结合位点，然后用特定引物进行 PCR 扩增，最后通过聚丙烯酰胺凝胶电泳分离扩增的特异限制片段。AFLP 标记是共显性标记，具有多态性高、无复等位效应、用样量少、灵敏度高、高效快速等优点。

邸宏等（2006）采用 RAPD 和 AFLP 两种方法分析了 71 份中国各地马铃薯的主要品种，均可将其完全区分，并可对其进行分子鉴定。结果表明，中国马铃薯主要品种在遗传组成上的差异较小，遗传多样性较差。但不同的标记方法在马铃薯遗传多样性研究中存在差异，聚类结果从分子水平上反映出，中国现有主要马铃薯品种遗传基础狭窄。

4）简单重复序列标记　简单重复序列（simple sequence repeat，SSR）标记，又称微卫星 DNA（microsatellite DNA），是由 2～6 个核苷酸组成的核心单元串联重复形成。微卫星广泛分布于真核生物的整个基因组中，同一座位上，由于核心单元的重复数不同而在群体中表现出多态性。微卫星 DNA 具有等位基因数目多、重复性好、呈共显性等特点，而且侧翼序列具有保守性，可根据其两侧序列设计引物通过 PCR 的方法检测其在群体中的多态性，因而已广泛应用于不同群体的划分、亲缘关系鉴定、基因定位、种群遗传多样性分析等多方面的研究（Zhang et al.，2003）。

遗传多样性是生物多样性的重要组成部分，它衡量的是生物所携带遗传信息的变异程度，而 DNA 是遗传信息的载体，所以 DNA 的变化直接反映了物种的遗传变异程度。陈金平等（2004）利用 12 对微卫星引物分别对黑龙江、绥芬河和乌苏里江的大麻哈鱼种群遗传多样性进行了研究。结果表明，3 个大麻哈鱼洄游种群的平均基因杂合度分别为 0.5995、0.6917 和 0.6732，种群遗传多样性分别为 0.6511、0.7616 和 0.7082，为中国大麻哈鱼种群提供遗传学背景资料，同时为大麻哈鱼的人工增殖放流提供参考依据。

叶绿体微卫星（cpSSR）是一种新型高效的分子标记技术，由于具有微卫星标记共显性、高多态性、分布广泛性等优点，又兼顾叶绿体基因组结构简单、相对保守、单亲遗传等特点，目前广泛用于植物群体遗传分析及系统发育分析研究。Xu 等（2002）调查了从不同亚洲国家收集到的 326 份野生和人工栽培的大豆种的 cpSSR 差异。在大豆材料检验中发现 6 个 cpSSR 位点存在 23 个差异，表明了野生大豆具有相当高的遗传多样性。表达序列标签微卫星标记（expressed sequence tags-SSR，EST-SSR）相比于基因组 SSR 具有更好的通用性，能更准确地鉴别基因型、反应遗传差异及亲缘关系（申鹏龙等，2019）。

5）单核苷酸多态性标记　单核苷酸多态性（single nucleotide polymorphism，SNP）标记是由于单个核苷酸改变而导致的核酸序列多态，它不再以 DNA 片段的长度变化作为检测手段，而直接以序列变异作为标记。SNP 具有遗传稳定性、检测和分析易实现自动化等优点。在林木遗传育种、系统进化和种群遗传学、高密度林木遗传图谱的构建等方面具有广阔的应用前景，但目前 SNP 分析的检测技术仍不够成熟，有关应用仍处于探索阶段。

6）简单重复序列间扩增（ISSR-PCR）技术　ISSR-PCR 技术是由 Zietkiewicz 等于 1994 年创建的一项新型分子标记技术，其分子生物学基础是基因组中存在的 SSR，但无须预先克隆和测序 SSR 两端的碱基序列即可用引物进行扩增，极大减少了多态性分析的预备工作；同时具有操作简单、重复性好、多态性高、适合大样本基因组 DNA 的检测等优点，已在多种动植物的种质鉴定、遗传作图、基因定位、遗传多样性等研究方面得到应用。此外，ISSR-PCR 标记技术在不能获得多态位点的情况下及绝大多数缺乏分子遗传学研究背景的濒危动植物遗传多样性水平评价中发挥重要作用（黎小正等，2010）。

7）DNA 条形码技术　DNA 条形码技术可以利用一段特殊的 DNA 序列，快速准确地辨别物种，许多时候还可以用于研究近缘种之间的进化分析（杨帆等，2012；关申民和高邦权，2008）。由于线粒体细胞色素氧化酶 I 号（CO I）基因的序列进化速度快，密码子的保守性高而且引物的通用性强，可以如实反映物种之间的真实进化关系，因此这一特定基因被用来做动物 DNA 条形编码，并且已确立其在动物物种识别中的作用（杨帆等，2012；Hebert et al.，2004）。

8.5.3.3　高通量测序技术

高通量测序技术（high-throughput sequencing）又称“下一代”测序技术（“next-generation” sequencing technology），以能一次并行对几十万到几百万条 DNA 分子进行序列测定和一般读长较短等为标志。随着高通量测序技术的发展，公共数据库中的测序序列数据大量增加，使得数据库查找法成为最主要的微卫星标记筛选方法之一（王娟娟等，2016）。

8.5.3.4　其他方法

可以利用基因工程、培育和原地栽培系统有目的地改变生物的靶序列，以提高农作物的产量和疾病抵抗力等。通过 DNA 指纹来鉴定土壤微生物，它们在氮固定、矿物质分解和污染物降解等方面具有重要的作用。在植物中通过体外培养、准性杂交等手段来克服种间和属间的生殖隔离，以便产生有优势的杂交种。利用细胞或组织培养技术对植物进行快速、高效的无性繁殖。

思考题

1. 受胁迫种群的生态恢复对生物多样性保护有什么意义?
2. 受胁迫种群保护与生态恢复的主要途径是什么?
3. 为什么生态系统的观点对受胁迫种群的保护和生态恢复非常重要?
4. 为什么生境片段化对珍稀濒危种群的胁迫更大?
5. 遗传多样性恢复的主要方法是什么?
6. 试阐述生物技术在遗传多样性恢复研究中的应用。

参 考 文 献

陈芳清, 谢宗强, 熊高明, 等. 2005. 三峡濒危植物疏花水柏枝的回归引种和种群重建. 生态学报, 25: 1811-1817.

陈金平, 董崇智, 孙大江, 等. 2004. 微卫星标记对黑龙江流域大麻哈鱼遗传多样性的研究. 水生生物学报, 28: 607-612.

陈小勇, 陆慧萍, 沈浪, 等. 2002. 重要物种优先保护种群的确定. 生物多样性, 10: 332-333.

邸宏, 陈伊里, 金黎平. 2006. RAPD 和 AFLP 标记分析中国马铃薯主要品种的遗传多样性. 作物学报, 32: 899-904.

关申民, 高邦权. 2008. CO Ⅰ序列: 影响动物分类学与生态学的 DNA barcode. 生态学杂志, 27: 1406-1412.

贺善安, 张佐双. 2010. 2010 年全国植物园学术年会.

黎小正, 童桂香, 韦信贤, 等. 2010. ISSR-PCR 技术及其在水产生物遗传多样性研究中的应用. 西南农业学报, 23: 959-964.

李丹, 彭少麟. 2000. 马尾松地理种源遗传变异规律研究的综合分析. 应用生态学报, 11: 293-296.

李丹, 彭少麟. 2001. 三个不同海拔梯度马尾松种群的遗传多样性及其与生态因子的相关性. 生态学报, 21: 415-421.

刘鸿亮. 1997. 治理滇池草海水环境的成套技术. 环境科学研究, 10: 1-6.

刘金根, 薛建辉, 王磊, 等. 2011. 江苏大丰麋鹿自然保护区栖息地退化特征. 生态学杂志, 30: 1793-1798.

罗民波, 段昌群, 沈新强, 等. 2006. 滇池水环境退化与区域内物种多样性的丧失. 海洋渔业, 28: 71-78.

马建章, 戎可, 程鲲. 2012. 中国生物多样性就地保护的研究与实践. 生物多样性, 20: 551-558.

马童慧, 吕偲, 雷光春. 2019. 中国自然保护地空间重叠分析与保护地体系优化整合对策. 生物多样性, 27: 758-771.

牛文元. 1990. 岛生物地理原理及生态保护//马世俊. 现代生态学透视. 北京: 科学出版社.

钱迎倩, 马克平. 1994. 生物多样性研究的原理与方法. 北京: 中国科学技术出版社.

申国珍, 李俊清, 任艳林, 等. 2002. 大熊猫适宜栖息地恢复指标研究. 北京林业大学学报, 24: 1-5.

申鹏龙, 董诚明, 夏伟, 等. 2019. 不同产地连翘 EST-SSR 标记遗传多样性研究. 北方园艺, 13:140-147.

宋卫信. 2009. 集合种群动态和续存的数学模型及模拟研究. 兰州: 甘肃农业大学博士学位论文.

王伯荪, 彭少麟. 1997. 植被生态学. 北京: 中国环境科学出版社.

王伯荪, 王昌伟, 彭少麟. 2005. 生物多样性刍议. 中山大学学报(自然科学版), 44: 68-70.

王德辉. 2003. 中国履行《生物多样性公约》的进展. 环境保护, 10: 5-9.

王娟娟, 赵明, 韩雨威, 等. 2016. 微卫星 DNA 标记开发技术进展及其在经济植物研究中的应用. 生命科学研究, 20: 260-266.

王峥峰, 彭少麟. 2003. 植物保护遗传学. 生态学报, 23: 158-172.

杨帆, 何利军, 雷光春, 等. 2012. 中国东南沿海弹涂鱼科常见鱼类的遗传多样性和 DNA 条形码. 生态学杂志, 31: 676-683.

张大勇, 姜新华. 1999. 遗传多样性与濒危植物保护生物学研究进展. 生物多样性, 7: 31-37.

张恒庆, 刘德利, 金荣一, 等. 2004.天然红松遗传多样性在时间尺度上变化的 RAPD 分析.植物研究, 24(2): 204-210.

Diamond J. 1989. Overview of recent extinctions. *In*: Western D, Pearl MC. Conservation For the Twenty First Century. Oxford: Oxford University Press.

Du Y, Zou X, Xu Y, et al. 2016. Microsatellite loci analysis reveals post-bottleneck recovery of genetic diversity in the Tibetan antelope. Scientific Reports, 6: 35501.

Gilpin M, Hanski I. 1991. Metapopulation Dynamics: Empirical and Theoretical Investigations. London: Academic Press.

Gilpin ME, Soule ME. 1986. Minimum viable populations: processes of species extinction. *In*: Soulé ME. Conservation Biology: The Science of Scarcity and Diversity. Massachusetts : Sinauer Sunderland.

Gilpin ME. 1987. Spatial structure and population vulnerability. *In*: Soule ME. Viable Population for Conservation. Cambridge: Cambridge University Press.

Hansen A, Spies T, Swanson F, et al. 1991. Conserving biodiversity in managed forests. Bio Science, 41: 382-392.

He F, Hubbell SP. 2011. Species-area relationships always overestimate extinction rates from habitat loss. Nature, 473: 368-371.

Hebert PDN, Stoeckle MY, Zemlak TS, et al. 2004. Identification of birds through DNA barcodes. PLoS Biology, 2: e312.

Huang H, Dane F, Norton J. 1994. Allozyme diversity in Chinese, Seguin and American chestnut (*Castanea* spp). Theoretical and Applied Genetics, 88: 981-985.

Jacobs DF, Dalgleish HJ, Nelson CD. 2013. A conceptual framework for restoration of threatened plants: the effective model of American chestnut(*Castanea dentata*)reintroduction. New Phytol, 197: 378-393.

Merriam G, Henein K, Stuart-Smith K. 1991. Landscape dynamics models. *In*: Turner MG, Gardner RH. Quantitative Methods in Landscape Ecology. New York: Springer-Verlag.

Peng S, Li Q, Li D, et al. 2003. Genetic diversity of Pinus massoniana revealed by PAPD markers. Silvae Genetica, 52: 45-48.

Pickett S, Thompson NJ. 1978. Patch dynamics and the design of nature reserves. Biological Conservation, 13: 27-37.

Picton H. 1979. The applications of insular biogeographic theory to the conservation of large mammals in the northern Rocky mountains. Biol Conserv, 15: 73-79.

Qin W, Jiang M, Xu W, et al. 2012. Assessment of *in situ* conservation of 1334 native orchids in China. Biodiversity Science, 20: 177-183.

Shaffer ML. 1981. Minimum population sizes for species conservation. Biology Science, 31: 131-134.

Shaffer ML. 1987. Minimum viable populations coping with uncertainty. *In*: Soule ME. Viable Population for Conservation. Cambridge : Cambridge University Press.

Sharma I, Jones DL, Yong A, et al. 2001. Genetic diversity and phylogenetic relatedness among six endemic Pterostylis species (Orchidaceae; series *Grandiflorae*) of Western Australia, as revealed by allozyme polymorphisms. Biochemical Systematics and Ecology, 29: 697-710.

Taylor A. 1990. Metapopulations, dispersal, and pred-ator-prey dynamics: an overview. Ecology, 71: 429-433.

Wiens J. 1985. Vertebrate response in environmental patchiness in arid and semiarid ecosystems. *In*: Pickett STA, White PS. The Ecology of Natural Disturbance and Patch Dynamics. New York :Academic Press: 169-193.

Wilson E. 1988. Biodiversity. Washington DC: National Academy Press.

Wu J, Barlas Y, Vankat J, et al. 1990. Modelling patchy ecological systems using the system dynamics approach. *In*: Andersen DF, Richardson GP, Sterman JD. System Dynamics, Vol Ⅲ, Proceedings of 1990 International System Dynamics Conference. Cambridge: The System Dynamics Society, MIT: 1355-1369.

Xu D, AbeJ, Gai J, et al. 2002. Diversity of chloroplast DNA SSRs in wild and cultivated soybeans evidencefor multiple origins of cultivated soybean. Theor Appl Genet, 105: 645-653.

Zedler JB, Linding-Cisneros R. 2013. Restoration of biodversity, overview. *In*: Simon AL. Encylopedia of Biodiversity. Pittsburgh: Academic: Press: 453-460.

Zhang W, Yu YH, Shen Y. 2003. Advances on genetic analysis of microsatellite DNA in protozoology. Acta Hydrobiologica Sinica, 27: 185-190.

9　城市地区的生态恢复

在城市地区进行生态恢复，首先必须了解城市生态系统的特征及其主要的生态环境问题。在影响城市生态环境质量的因素中，“三废”[废水（waste water）、废气（exhaust gas）和废渣（exhaust residue）]污染是最主要的因素。废气流动性大，对不同生态系统都可产生影响。废水影响最大，除了导致湿地生态系统的退化外，也污染其他类型的生态系统。城市废弃物主要是城市垃圾，当前垃圾填埋仍然是主要的处理形式，垃圾填埋地的生态恢复也是城市地区生态恢复的重要关注点。另外，城市越来越严重的热岛效应，也引发了一系列生态问题。通过城市森林恢复，可以有效地缓解上述问题，提高城市居民的生活质量。城市森林有不同于一般森林的含义，其生态恢复也有自身的特征。

9.1　城市生态系统退化的主要生态环境因子

9.1.1　城市生态系统与城市化进程

9.1.1.1　城市生态系统及其特征

城市生态系统（urban ecosystem）是指人类集中居住或建筑物及各种人工基础设施大面积占据土地表面的区域，是社会、经济、生态的复合系统，是市民（包括常住的和流动的）与城市自然-人工环境系统和城市社会-经济系统相互作用而形成的多功能开放系统（open ecosystem）。城市生态系统可看作一个生态系统，也可看作由不同生态系统类型组成的城市景观（毛齐正等，2015）。随着越来越多的人口居住在城市中（已占世界人口的一半以上），城市的健康发展受到了广泛关注。城市生态系统健康（urban ecosystem health）是指城市人居环境的健康，即人地关系和谐，社会稳定发展，经济不断进步，城市生态系统内人类与周围环境、各群落之间通过生产生活进行物质和能量交换所形成的持续良性循环，以及系统内人类种群的健康（秦趣等，2014）。随着城市生态学学科的发展，人们逐渐认识到城市生态系统不仅限于生物物理成分和过程，而且社会运作和实践也是这些生态系统结构和功能的组成部分（Pickett et al.，2011）。具体而言，城市生态系统具有以下特性。

1）城市生态系统的复合性　　城市生态系统的组分，除了自然生态系统的生产者、消费者和分解者外，还有复杂的社会结构和经济结构。

城市生态系统的社会结构和经济结构，有不同于自然生态系统的结构特征，城市生态系统的性质，主要是由其社会结构和经济结构决定的。

2）城市生态系统的多功能性

（1）自然功能方面。市民与城市自然-人工环境系统的相互作用，形成了与其他自然生态系统一样的能量流动和物质循环功能过程。

（2）非自然功能方面。市民与城市社会-经济系统的相互作用，形成了与其他自然生态系统不一样的特有的能量流动和物质循环功能过程。

3）城市生态系统功能的特殊性　　城市社会-经济系统中能流和物流非常复杂，能流通常以货币作为度量单位。

城市生态系统的功能显现特殊的空间特征，能流和物流往往是跨越系统的，不仅跨越相邻的系统，还可以跨越超远距离的系统。例如，资金的流通可以在城市生态系统范围内，也可以是国家间的注入与流出。

与自然生态系统不同，城市生态系统的能流和物流等功能过程，主要不是以自然规律作为发展导向的，而是以社会和经济发展作为导向。

4）城市生态系统的开放性

（1）城市市民的开放性。作为城市生态系统的市民，其数量、结构和空间分布（含社会性分工）均是流动变化的。

（2）城市系统的开放性。城市的自然环境系统，包括大气、水体、土壤、岩石、矿产资源、太阳能等非生物系统和动物、植物、微生物等生物系统，人工环境系统包括人工建造的物质环境系统，如各类房屋建筑、道桥及运输工具、供电、供能、通风和市政管理设施及娱乐休憩设施等，它们都是开放和变化的。

（3）城市社会-经济系统的开放性。城市社会-经济系统中，这些非物质系统（包括城市经济、文化与群众组织系统，社会服务系统，科学文化教育系统等）更有显著的开放特征。

9.1.1.2 城市化进程及其生态与社会问题

城市化（urbanization）是人类社会发展的必然趋势和经济技术进步的必然产物，是一个国家或地区走向现代化的必经阶段。

城市化的重要特征是城市人口与乡村人口比例的改变，随着城市化进程的加速，城市人口也急剧增加。1800 年世界城市人口约占总人口的 2.4%，到 1925 年占到 21%，1950 年增加到 29.2%，至 1990 年激增到 42.6%，2000 年世界有一半的人口居住在城市里，而且发展中国家城市人口增长的速度要比发达国家更快（刘耀彬等，2005）。2018 年，全世界的城市居民已达到 55%，预计到 2050 年全球将会有 68%的人口居住在城市。2011 年中国城镇人口占总人口的比重，数千年来首次超过农业人口，达到 50%以上。大多数人将在城市生态系统中度过一生，目前大约有 80%的北美人口和超过半数的世界人口居住在城市（贺丹，2017）。

城市化过程的另一个重要特征是空间的扩展，造成城市面积和农村面积比例的改变。城市化的发展往往伴随着区域城市空间结构的变革。从全球城市区域视角来看，城市的发展将会跳出单个城市的行政边界和单一核心的城市区域，逐步形成多核心、多中心的经济联系紧密的城市区域，其最重要的特点就是区域城市间经济联系不断增强，行政边界逐步模糊，逐步压缩为一个整体（张鹏和汪建丰，2017）。特别是导致超大城市的出现，也就是人口超过 1000 万的城市。而超大城市更是一个时代经济和区域扩张方式的表现，具有更大规模的人口数量和更高的社会、文化、经济水平，其形成与发展对区域生态环境、资源分配以及人们的生活质量都产生更为显著的影响。据联合国统计：1950 年，全球只有纽约和东京两个超大城市；2014 年，超大城市的数量达到 29 个；预计 2030 年，全球超大城市将超过 40 个。城市化一般是通过以下 3 种方式来进行空间扩展的。

1）大中城市的继续扩大　大中城市是经济与社会发展的重要承载体，经济与社会的发展必然导致大中城市的不断扩大，如广州市把番禺市变为广州市区等。

2）小城市升格　小城市在经济与社会发展的推动下，扩大形成中大城市。

3）新建城市　农村经济集中区的发展，促进新的城镇和小城市的形成，甚至是大城市的新建，如中国深圳特区的城市建设。随着经济的高速发展，中国的城市化进程处于高速发展过程中。

城市化的空间扩展可以认为是城乡边缘效应的结果。世界城市化给全人类带来经济和社会效益的同时，也带来许多问题，尤其是给城乡带来一系列生态环境问题。城市化为解决农村的就业压力、缓解农民劳动力过剩、增加农民收入做出了巨大的贡献。但是，城市化进程中对农村土地资源的侵占和对农村生态环境的破坏也是巨大的。城市作为集中的污染源，也加重和加速了农业文明时代已经开始的土地资源的破坏和丧失。城市中化学工业生产的各种农用化学生产资料，提高了农业综合生产能力，却降低了土地的自然生产力，造成了过去从未有过的土地和农产品的污染。城市工业生产和居民生活排出的大量固体废弃物侵占了城市及其周边地区的大面积农田，城市工业排放的废气酿成大范围的酸雨，城市工业产生的废水、废液流入江河湖泊，严重污染和破坏了广大地区的农田、水域、草原和森林（杨小波等，2002）。这种破坏如果不考虑生态的代价，可能我们今天的发展是对明天恢复生态的预支，甚至明天还要付出更大的代价去恢复生态。

9.1.2　“三废”对城市生态系统的影响

9.1.2.1　城市是“三废”的主要产生地区

城市排放的有害物质，无论其性质和种类有多大差别，从其物理形态上来观察，大体上都以气体、液体和固体的形式排出。城市（特别是大中城市）是工业生产和人民生活集中的地域载体，也是生态环境矛盾的焦点。在人为的调控下，自然界供给和输入大量的生活物质和工业原料以维持城市的运转需要，但在城市运转过程中，工业生产与城市居民生活排出的大量废弃物，又常常超出城市区域生态系统的自然净化能力，产生大量的“三废”。相对而言，城市是“三废”的主要产生地区，“三废”治理问题是城市最大的环境问题。从国家环保总局发布的《2015 年中国环境状况公报》可以看出，在调查统计的 41 个工业行业中，化学原料和化学制品制造业，造纸和纸制品业，纺织业，煤炭开采和洗选业，电力、热力生产和供应业，非金属矿物制品业，黑色金属冶炼、有色金属冶炼和压延加工业，非金属矿采选业属于严重污染行业，其中大部分都属于化工行业（付从梅和王富，2017）。

必须指出，“三废”仅仅是从形态上进行分类，这并不能充分说明有害物质的性质，而且形态也不是一成不变的，当条件改变时，气态的物质可以向液态转化，固态的物质也能够转变成为气态。同时，无论是废气、废水还是废渣，都不是单一的物质，而是由多种物质组成的。

随着城市工业的发展和人口的增加，以及城区园林和郊区农业对农药、化肥和复合饲料的大量使用，城市生活“三废”和工业、农业、养殖业的“三废”大幅度增加，大量土地被占用，水污染和大气污染日趋严重。与此同时，城市铺设的路面和密集的建筑物等构成的人工物理环境，破坏和降低了城市自然生态系统的调节净化能力（杨小波等，2002）。这两方面的动态结果使城市生态系统的良性发展受到严重影响，生态平衡失调，城市环境质量下降，从而威胁着人们的生存和经济的持续发展。据统计，全球每年由于环境污染导致的死亡多达 900 万人，占全球年均死亡人数的 16%，是艾滋病、肺结核和疟疾导致的死亡人数总和的 3 倍以上，2015 年，全球死亡人数中 1/6 的原因在于污染。可见，环境污染已成为人类第一杀手。

9.1.2.2 大气污染

大气污染（air pollution）是环境污染中最突出的问题。2016 年，中国人民大学环境政策与环境规划研究所利用北京市第六次人口普查数据及第四次全国卫生服务调查数据，计算出大气污染导致北京市居民平均工作年限损失 11.3 年，预期寿命损失约 11 年。针对城市大气污染问题，世界卫生组织以全球 53 个国家 200 多个城市为研究对象，进行了大气测定。严重污染城市中，我国多个城市榜上有名。近年来，城市大气污染问题产生了一系列不良影响，因大气污染每年超额死亡人数高达 178 000 人。通过分析研究可见，城市大气污染的主要污染源为煤气燃烧污染、工业废气、工地扬尘、汽车尾气等，而汽车尾气排放污染最为突出（高伟丽，2017）。

城市废气可分为气体状污染物和气溶胶状污染物两大类，包括烟尘、黑炭、臭味和刺激性气体及有害气体等。大气污染物主要有氮氧化物（NO_x）、二氧化硫（SO_2）、二氧化碳（CO_2）、一氧化碳（CO）、非甲烷碳氢化合物（NMHC）、总悬浮颗粒物（TSP）、降尘和氯氟碳化物等。我国大气污染物呈现出明显的时空分布特征（Han et al.，2018）。我国 $PM_{2.5}$、PM_{10}、SO_2 和 CO 年际变化特征总体呈逐年下降趋势，其中 $PM_{2.5}$ 年均值超过我国空气质量二级标准，而 NO_2 和 O_3 则呈先下降后上升趋势，O_3 上升幅度较大。$PM_{2.5}$、NO_2、SO_2 和 CO 年变化均呈 U 形曲线，6～8 月达到谷底；O_3 年变化则正好相反，呈倒 U 形曲线，5～6 月达到峰值；PM_{10} 则呈双峰型曲线，分别在 3 月和 12 月出现峰值。季节变化除 O_3 呈现夏秋明显高于冬春，其余污染物均呈冬春高于夏（赵毅，2018）。

细颗粒物是指环境空气中空气动力学当量直径小于等于 2.5μm 的颗粒物。它能较长时间悬浮于空气中，其在空气中含量浓度越高，就代表空气污染越严重。虽然 $PM_{2.5}$ 只是地球大气成分中含量很少的组分，但它对空气质量和能见度等有重要的影响。与较粗的大气颗粒物相比，$PM_{2.5}$ 粒径小，面积大，活性强，易附带有毒、有害物质（如重金属、微生物等），且在大气中的停留时间长、输送距离远，因而对人体健康和大气环境质量的影响更大。2013 年，中国相继发生数次大范围和长时间的空气污染事件，使整个社会对于空气污染问题尤其是细颗粒物的关注程度日益升高（张殷俊等，2015）。研究表明，细颗粒物对人体健康（Samet et al.，2000）、能见度（Watson，2002）和气候变化（Ramanathan et al.，2001）均具有重要影响，因此开展 $PM_{2.5}$ 相关研究至关重要。2000～2014 年，中国城市人口密度和 $PM_{2.5}$ 浓度快速增加，特别是在东部和中部大城市（Han et al.，2018）。Shi 等（2019）以 250 个中国城市为研究对象，发现城市总的斑块数量与中型和大型城市的 $PM_{2.5}$ 浓度有显著的正相关关系，也就是说，如何协调城市扩展与人口规模的关系是合理城市规划、降低 $PM_{2.5}$ 集中度的重要前提，未来通过城市规划和空间优化来构建合理的城市形态是降低中国 $PM_{2.5}$ 浓度的理想方法之一。

氮氧化物（NO_x）对人体的毒性很大。大气中 NO_x 浓度达到 0.3～0.48mg/L 时，可使人在半小时内死亡，当浓度大于 2.2mg/L 时，人会即刻死去。NO_x 的污染主要发生在交通干道沿线，特别是交通路口，那里由于受机动车辆排气影响，NO_x 的浓度较高。

一定浓度的 SO_2 能形成酸雨，使森林、植被死亡，使土壤和水体酸化，还会腐蚀建筑物和历史文物。酸雨主要发生在燃烧高硫煤的城市，其降雨的年平均 pH 在 4.5 以下。在人口特别集中的城区，SO_2 的污染也比较严重，我国 SO_2 最严重的地区是那些燃烧高硫煤和大气扩散能力差的城市，广东、广西、四川盆地和贵州大部分地区形成了我国西南、华南酸雨区，已成为与欧洲、北美并列的世界三大酸雨区之一（肖士恩和雷家骕，2011）。我国北方城市冬季燃煤量增多，此时的气象条件也往往不利于污染物的扩散，所以大气中 SO_2 的污染也处在较高的水平。

总悬浮微粒，又称总悬浮颗粒物（total suspended particulate，TSP）和降尘超标使空气质量大为下降，不仅使城市失去蓝天，加剧了温室效应（greenhouse effect），还会带来疾病。TSP 和降尘的来源除燃烧和风沙外，还有工业粉尘。这些颗粒物含有大量的有毒物质（如有毒金属和有机物），特别是有机致癌物。可以认为大气颗粒物是大气主要污染物之一。此外，大气中 CO_2 浓度增高，温室效应增强，全球气候变暖，也带来一系列环境破坏和生态破坏问题。

特别值得一提的是，近几年居室装饰装修材料散发出的甲醛、苯乙烯等芳香族及有机卤化物、放射线等大大超过标准，严重危害人体健康；大量不合规格标准的玻璃幕墙、高层建筑外墙粘贴的陶瓷墙面砖成为潜在的杀手；大面积的混凝土或沥青路面停车场造成热岛效应（朱美荣，1999）。

20 世纪 90 年代，我国参加全球大气监测的北京、上海、西安、沈阳、广州因严重的大气污染而被列入全球污染最严重的十大城市之列，这件事足以说明目前中国城市大气污染的严重程度。

9.1.2.3　水污染

据相关数据显示，我国每年污水排放量在 400 亿吨以上，其中 200 亿吨左右为工业废水，其他主要为生活污水。水污染将对水体使用功能造成严重影响，甚至会诱发疾病，浪费水资源。根据相关部门发布的信息分析，每年我国水污染事故已超过 1600 起（高伟丽，2017）。城市生活废水和工业废水中含有各种各样的有害物质，流入水体后即出现不同程度的污染。它们有些是有颜色的，有些则是透明的，难以从颜色上分辨。

废水大体上可以归纳为如下几种类型：①含有机物的废水；②含无机物的废水；③含有毒物的废水；④含悬浮物的废水；⑤含热废水；⑥含色和臭味的废水；⑦含多种成分的废水。按照中国社会科学院徐嵩龄等对 20 世纪 90 年代前期中国环境经济损失的计算，在 1100 亿元污染破坏的总损失中，水污染占 52.38%，大气污染占 44.56%，固体废物污染占 3.06%（朱美荣，1999）。污染造成的破坏显然是巨大的，其中又以水污染为最甚。

在城市生活污水和工业废水的处理过程中，会产生大量处理渣，一般称为污泥。一个日处理 $1.0\times10^5m^3$ 的城市污水处理厂，每天产生的污泥达 $230m^3$ 左右（杨士弘，1997）。这些污泥中集聚了大量的污染物，如果处理不当，会对环境造成二次污染。目前对污泥采用的处理方式有投海、填坑、焚烧等。这几种处理方法不仅需要很大的投资，而且会污染土壤和大气。近年来，开始采用污泥施肥，但污泥除了含有农作物需要的营养元素外，还含有十分有害的物质，如有机毒物、重金属和病原微生物等，大量或长期连续施用污泥，会引起土壤和农作物的污染。

水源污染趋向有机污染型（朱美荣，1999），以化学耗氧量（COD）及氨、氮污染最为突出；局部河段的酚、氰化物、3，4-苯并芘毒理性指标呈增加趋势，有的内河挥发酚、六价铬、汞等含量严重超标；生活污水中（含医院排污）大肠杆菌等细菌学指标也严重超标，大大危及市民的健康和生命安全。

大量超标废水的排放，使本已不足的淡水资源质量严重恶化，从而加剧了淡水资源的危机。许多城市出现了不同程度的缺水，中国有 180 多个城市缺水，严重缺水的城市达 40 多个，有些城市连饮用水都出现短缺。

9.1.2.4 废弃物污染

城市废弃污染物的种类多样，按废弃污染物的不同来源，主要可以分为：①城市生活垃圾；②矿业废渣、冶炼废渣；③工业垃圾；④建筑工程及污水处理场等排出的固体废弃物。在工业生产过程中排出的固体废渣，主要有冶金渣、燃料渣、化工渣等。采矿工业中，采矿废石、选矿尾矿数量都很大，这些废渣废矿往往含有各种重金属等有毒有害物质。这些物质的堆积存放不仅占用土地，而且风吹雨淋时到处飞扬，污染大气，冲入江河湖海，污染水体，淤塞河道，影响环境。有不少废渣堆放引起的滑坡和火灾事故，造成了巨大损失和危害。

居民生活废弃的各种消费品数量正在逐年增加，造成危害。例如，美国城市居民废弃物每人每日平均为 2kg，日本、英国、法国、德国等在 0.8～1kg（杨士弘，1997）。城市垃圾成分非常复杂，其中有的有机物会变质腐烂，发生恶臭，招引和滋生苍蝇；有的患者用过的废弃物，乃至排泄物，如果任意堆放，病原微生物就会随着雨水渗入地下，污染地下水源，造成水污染；有的飘尘飞扬，污染大气，造成传染病的传播和流行，甚至破坏城市生态环境。因此，寻求和实施各种有效的固体废弃物处置方法，力求达到无害化要求，使其尽可能减少或充分地资源化，已成为人们广泛关注的问题。截至 2018 年底，全国城市生活垃圾无害化日处理能力达 72 万吨，无害化处理率达 98.2%；北京、天津、上海、江苏、山东、广西、海南和四川 8 个省（自治区、直辖市）通过农村生活垃圾治理验收，100 个农村生活垃圾分类和资源化利用示范县（市、区）中，75%的乡镇和 58%的行政村启动垃圾分类工作；全国排查出的 2.4 万个非正规垃圾堆放点中，47%已完成整治任务（中华人民共和国生态环境部，2018）。

9.1.3 城市热岛效应

9.1.3.1 城市热岛效应的概念与影响

人类在很早以前就发现城市的大气环境与乡村及山区具有不同的特点。英国科学家 Lake Howard 于 1818 年首次提出伦敦城市中心的温度比郊区高的重大发现，Gordon Manley 于 1958 年首次提出城市热岛（urban heat island，UHI）的概念（陈云浩等，1999）。现在普遍认为，城市热岛效应是指当城市发展到一定规模，城市下垫面性质的改变、大气污染及人工废热的排放等使城市温度明显高于郊区，形成类似高温孤岛的现象。热岛效应是城市气候最显著的特征之一，也成为科学界、管理者以至民众广泛关注的焦点。

不断加速的城市化对城市气候产生了深远影响，最重要的影响之一就是城市热岛出现。由于全世界范围内城市规模不断扩大，农村及欠发达地区的人口不断向城市集中，人为热源迅速增长，城市建筑物猛增等，城市热岛现象从一般的气象问题成为影响城市生态环境的一个重要因素。从全球变化的趋势来看，全球 CO_2 浓度的增高导致温室效应加剧，从而使城市热岛效应影响更为严重，尤其是对城市居民生活质量的影响更为明显。

随着城市化的扩展，农村人口进一步向城市集中，城市热岛现象变得越来越严重，对城市生态环境的影响也是多方面的。热岛强度最大值纪录依次为德国柏林（13.0℃）、美国亚特兰大（12℃）、加拿大温哥华（11℃）、中国北京（9℃）、中国广州（7.2℃）、中国上海（6.9℃），其强度之高令人震惊（彭少麟等，2005）。热岛效应不仅会带来酷热的天气，还会造成各种异常城市气象，如暖冬、飙风及暴雨等，对城市气候、工业生产和居民生活产生很大的影响。城市热岛不仅对城市环境质量及市民健康非常不利，同时也给城市生活带来很大的经济负担。持续的高温会使城市工商业用电、居民用电等能耗剧增，造成电力紧张，居民感到不适和烦躁，甚至会引起各种疾病，特别是使心脏、脑血管和呼吸系统疾病的发病率增加。

热岛效应还提高城市空气污染程度，特别是对大气层中臭氧的破坏。由于热岛效应，城市用于空调的耗能量（包括建筑物内、交通工具内等）会上升，从而导致温室气体排放大量增加，温室气体排放的增加又直接加速全球变暖，全球变暖反过来又加重了热岛效应，二者之间已形成恶性循环。

9.1.3.2　城市热岛的主要形成机制

热量平衡是城市热岛形成的能量基础，城市化改变了下垫面的性质和结构，增加了人类活动排放的热通量，从而影响城市热量平衡（彭少麟等，2005）。

1）城市下垫面性质发生改变　城市下垫面（地面、屋顶面等）多为水泥、柏油、混凝土等硬质铺砌，硬质下垫面的面积占城市下垫面的 70%～80%及以上，绿地和水面相对较少，而郊区则农田密布，城乡下垫面性质的差异十分明显。城市下垫面颜色较深，对太阳辐射的反射率比郊区绿地小（即吸收率比郊区绿地大），加上其比热容和热导率也比郊区绿地的大，所以在相同的太阳辐射条件下，城市下垫面能够吸收更多的热量。另外，城市的建筑物参差不齐，使城市的墙壁与墙壁、墙壁与地面之间对太阳辐射进行多次反射和吸收，为城市热岛的形成奠定了能量基础。城市下垫面由于贮热多、温度高，因此以长波辐射的形式供给大气的热量也多。加上城市近地面大气中的温室气体浓度较高，它们又吸收了地面发射的大部分长波辐射，同时又以长波辐射的形式向地面发射辐射，从而使地表面及近地表的空气保持较高的温度。城市下垫面性质的改变导致下垫面的物理和生物学特性发生改变，对城市、地区甚至是全球范围内的气候都有较为显著的影响。

2）人为热源和大气污染　城市人为热源，即人类活动产生的废热，主要来自机动车辆、工厂车间、空调运转、居民烹饪及建筑物向外发射或热辐射等，它们在城市热岛的形成中起着十分重要的作用。人为热排放对城市热岛具有双重影响：一方面，人为热源直接增加了城市的热量，特别是在夏季和冬季；另一方面，城市人为热源排放热量的同时，也排放大量的煤灰、粉尘及各种污染气体，其中较多的是 CO_2、N_2O、CH_4、氯氟氰等温室气体，形成覆盖在城市上空的“尘罩”与“气罩”，加重了城市热岛的强度。据测定，城市冬季人为热源释放的热量很大，甚至比太阳净辐射还要大，如美国旧金山冬季的人为热排放最高达到 $75W/m^2$（Sailor et al.，2004）。城市内大量的人为热源释放引起城市地区局部升温，从而在温度空间分布图上出现一个个高温中心。1984 年上海城区每平方千米上空所获得的人为热相当于郊区的 3.2 倍，如果再加上空调排热等其他的人为热，市区与郊区人为热的差异更大（赵可新，1999）。

城市热岛效应与人口密度的关联是很明显的。研究表明，即使是 1000 人的小城镇也能在长时间温度记录中观测到热岛效应的存在，城市人口越多、规模越大，热岛效应越明显。据研究，一个 10 000 人口的城市，其热岛强度达到 0.11℃，10 万人口则为 0.32℃，100 万人口则为 0.91℃（Karl et al.，1998）。

在人为热源排放热量的同时，还有大量污染气体排放至空气中，其中CO_2废气能大量吸收地面发射的长波辐射，并能增加大气对地面的长波逆辐射，从而加剧城市热岛强度。

3）城市规模、形状和所处的地理位置　城市建成率（built-up ratio）、几何形状与热岛强度之间存在明显的相关关系。如果街道走向设计或几何形状不合理，则密不通风或风速小，热量不易散发，温室气体也难以迅速扩散，导致局部气温过高。

城市地貌也是引起城市热岛的主要因素。例如，广州市地处低纬度，高温、多雨、湿度大，风向以北和北东及东和东南方向为主，具有通风不良和静风频率高、近地层的逆温频率高、热岛效应强等特点；而重庆市周围高山环绕，长江与嘉陵江交汇于市中心，冬季云多，阴雨天多，直接太阳辐射大为减弱，因而热岛强度没有那么大。Kim 和 Baik（2004）研究发现，沿海城市与内陆城市的热岛特征在以下几个方面存在差异：①沿海城市日平均最大热岛强度的增加速率要比内陆城市慢；②沿海港口城市的热岛强度出现一个显著的年际循环变化，而内陆城市的则不明显；③某些气象因子的变化对日最大热岛强度的控制作用在不同的沿海港口城市具有相似性。

4）其他因素　城市热岛效应的维持，除了城市本身的内部原因以外，还需要外部的气象条件配合，如气压场必须稳定，气压梯度小，静风或微风，天气晴朗少云或无云，大气层结构稳定，无自动对流上升运动等。我国大部分地区夏季受副热带高压控制，以下沉气流为主，多静风天气，近地面热量不易散发，这会进一步加剧城市的热岛效应。

城市湿地在调节城市热岛效应方面具有特殊的意义。受城市化的影响，城市湿地形成分布不均匀、面积较小、孤岛一样的湿地斑块，斑块之间的连接度下降，湿地内部生境破碎化。即便是这种已破碎化的斑块，也可能会因城市土地开发而被侵占，挪做他用。对城市土地利用假设情景的模拟结果显示，若西湖和西溪湿地被城市建设取代，杭州市年平均气温将上升0.5℃（Shen et al.，2016）。在英国，这种从林地到柏油表面的变化则会使日最高气温上升3.2℃（Skelhorn et al.，2014）。事实上，随着城市化的进程，城市湿地与水体的面积急剧下降，其调节城市气候与热量收支平衡的生态服务功能已大大削弱。城市湿地与水体的保护需要城市管理部门下大决心，花大力气，采取果决措施，对不能动用的城市湿地与水体坚决予以保护。

总之，热岛的形成除区域气候条件外，还主要与城市化程度、人口密度、下垫面性质改变及大气中污染物浓度的增加有密切关系，并且这些影响因子以一种极其复杂的方式交织作用于城市气候。

9.1.3.3 城市热岛的时空分布特征

城市热岛强度随时间的变化主要表现出两种周期性的变化，即日变化和年变化。在晴朗无风的天气条件下，日变化表现为晚间强，昼间弱；年变化表现为秋冬季强，夏季弱。城市热岛强度不但有周期性变化，还有明显的非周期性变化。引起热岛强度非周期性变化的原因主要与当时的风速、云量、天气形势和近地面气温直减率有关，主要表现为风速越大，云量越多，天气形势越不稳定，低空气温直减率越大，热岛强度就越小，甚至不存在热岛，反之则热岛强度就越大。

城市热岛强度随空间的变化也很明显。城市热岛的水平分布表现在热岛出现在人口密集、建筑物密度大、工商业集中的地区，而郊区则有较好的植被覆盖或者农田密布，因此热岛强度较小。热岛的空间分布因高度的不同而有所差别，表现在白天城郊差别不明显；夜晚城郊热岛强度差别大,并且强度的这种差别随高度的升高而下降,到一定的高度还会出现“交叉”现象。

9.1.3.4　中国热岛效应的时空格局及其驱动力研究

Peng 等（2019）对中国 155 个城市 30 年的实测气温资料（包含 310 个气象观测站）进行整理，绘制了中国主要城市的热岛效应格局图，证明在大尺度下，中国热岛效应表现出逐年增强的趋势，夏季的热岛效应最强，春秋其次，冬季最弱。其中，夏季热岛效应最强，可能与全球气候变暖、极端高温频发现象形成多重胁迫，共同制约城市的发展。从空间格局来看，地处内陆、暖温带、中高山地形的城市热岛效应更强。这种格局是自然因素和人为因素共同作用的结果，其中，自然因素是大尺度热岛效应的主导因素，人为因素的影响相对次要。产业结构是影响我国热岛效应空间分布的主要人为因素。

9.1.3.5　城市热岛与生态系统的关系

城市热岛除了对城市人文环境过程产生影响外，由于其改变了温度生态因子，特别是影响极端高温，从而影响生态系统的各个方面。城市生态系统的生物地球化学循环，各个环节均受温度的影响，如植物的光合作用和呼吸作用、土壤呼吸、凋落物的分解等过程，均会因为城市热岛改变温度而变化。温度是生物生理生态过程的关键因子之一，城市热岛也影响城市生态系统生物的生理生态过程。城市热岛还影响生物的物候，已有报道城市的植物物候早于邻近自然生态系统（彭少麟等，2005）。

城市生态系统在缓解热岛效应中也起到积极的作用：①城市绿地有利于缓解城市热岛效应。植被可通过夏季遮蔽房屋和冬季降低风速，大幅度减少城市地区供暖和空调的能源消耗。此外，还可通过改变反照率，提高植物遮阴度和改变潜热通量等降低城市温度。城市绿化覆盖率越高，降温效应越明显，而在绿化覆盖率相当的情况下，大面积集中的绿地的降温效应明显高于面积小的绿地。②与植被覆盖的绿地相似，具有开放水面的湿地也是缓解城市热岛效应的主要贡献者，且同样具有显著的季节和昼夜差异。Steeneveld 等（2014）通过对鹿特丹市的气象测定数据分析发现，城市开放水域有利于抑制水体上方及附近的昼夜温差和季节变幅，有利于抑制城市极端高温（徐洪和杨世莉，2018）。

尽管城市热岛对全球气候的影响还存在争议，但其对局地气候的影响已成为共识。研究发现，在城市化发展迅速的地区，城市热岛对局地增温的贡献从 10%～40%（Jin et al.，2015）提高到 80%（Ren et al.，2007）。在全球气候变暖的大背景下，城市热岛效应也可能变得更加严重，尤其是在特大城市，伴随着快速的城市扩张，加剧的热岛效应对城市居民来说，无疑是不可忽视的环境风险问题。因此，在评估热岛效应和制定减缓措施时，需充分考虑生态系统的调节和降温作用，增加绿地、水体、湿地的面积，并进行合理化布局；此外，在改进建筑材料的同时，强化屋顶绿化的作用，有效地发挥其生态效应，为改善热环境、提高空气质量和城市宜居性服务（徐洪和杨世莉，2018）。城市湿地面积、形状及其水文连通性的增加可显著增加城市湿地的降温效应；而城市湿地周围建筑密度与高度与其降温效应呈现出显著负相关（图 9.1）。

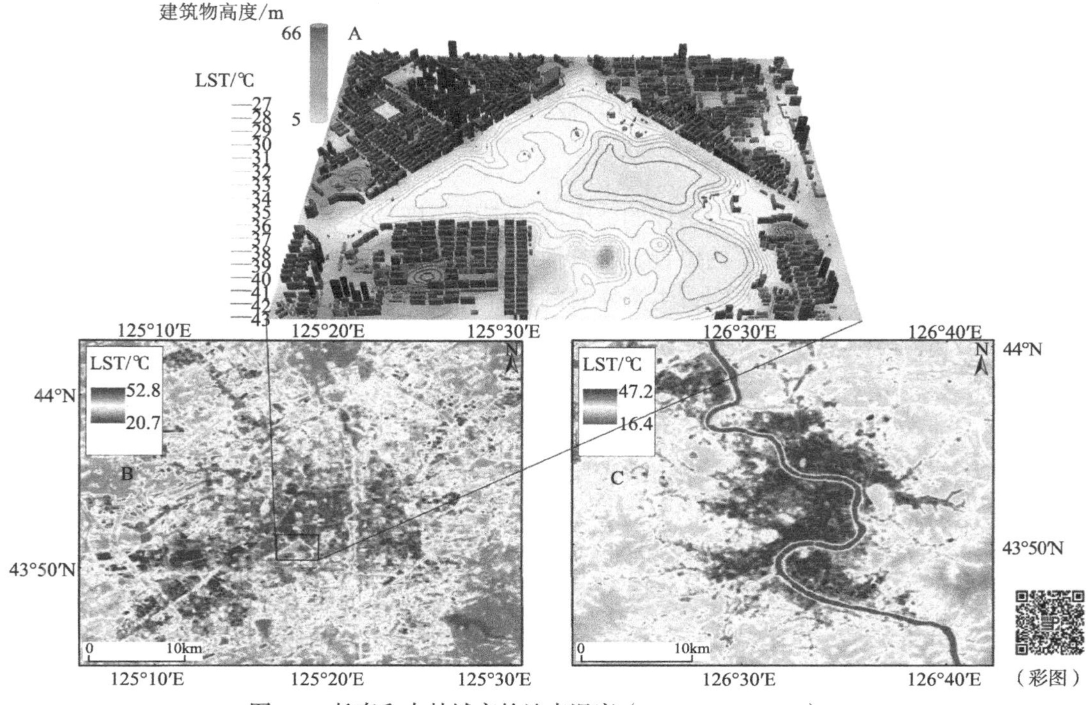

图 9.1 长春和吉林城市的地表温度（Xue et al.，2019）

A.热岛效应的峰值主要出现在被大楼紧密环绕的空地；B.长春地表温度在20.7～52.8 °C；C.吉林地表温度在16.4～47.2 °C。LST为地表温度

9.2 城市生态恢复的特点、标准与程序

城市生态恢复是提升城市生态系统调节、供给、生命承载及文化与精神等服务功能的过程（俞孔坚，2016；顾晨洁等，2017）。城市生态恢复的过程和机理研究，需要在不同的空间尺度上来进行。宏观尺度上主要研究城市生态系统的结构恢复，通过绿楔、绿道、绿廊等结构性绿地加强城市绿地、河湖水系、山体丘陵、农田林网等自然生态要素的衔接连通，构建区域宏观生态安全格局（俞孔坚等，2010）。

9.2.1 城市生态恢复的特点

9.2.1.1 服务于城市环境质量的提高

城市生态系统是社会-经济-生态的复合系统，但本质上属于人工生态系统。人是城市的主体，无论是住宅、学校、商店、办公大楼，还是汽车、飞机等，无不是服务于人的生活、学习和工作。城市生态恢复，首要目的就是要通过各种环境恢复技术，提高城市的环境质量，让人们能够健康舒适地学习、工作和生活。

城市生态恢复虽然以人为本，但必须以生态原理为基础，在不违背生态原理的前提下，尽可能考虑人们的意愿。

9.2.1.2 以目标设计为主

城市生态恢复通常服务于某个具体的目标，如城市森林公园的构建或城市退化河流的恢复，都有具体的指标要求，所以城市生态恢复总是以目标设计为主。

由于城市是一个特殊的生态系统，其空间布局有严格的管理，因此城市生态恢复与城市规划的衔接非常重要，或者说，城市生态恢复是在城市规划的框架下开展的。

9.2.1.3　人文美学原则有重要的位置

由于城市生态系统是以人为主体的，因此城市生态恢复必须体现人的意愿。人文美学原则在城市生态恢复中占有重要的位置。与其他退化生态系统类型的生态恢复相比，城市生态恢复的构建更注重景观美学原则，生态恢复的设计更注重城市历史文化和人们的精神思想理念，生态恢复的效益更注重对人们健康的影响。

9.2.2　生态城市建设的标准

城市生态恢复应该围绕生态城市建设的标准来开展，特别是在进行生态恢复评价和建立城市生态恢复参照系时。

我国的生态城市研究起源于 19 世纪 80 年代，王如松等参与“人与生物圈计划”中的城市生态项目，在天津开展生态城市及城市生态学研究。此后，国家不同部门发起过园林城市、森林城市、绿色城市、生态城市、低碳城市、海绵城市等一系列生态城市相关的建设项目。绿色、低碳、弹性等只是生态城市的一个维度，而可持续发展是生态城市的目标，这些名称都可以囊括在生态城市的概念之下。2004 年左右，在国际生态城市建设热潮中，上海崇明东滩生态城、唐山曹妃甸生态城、天津中新生态城等先后开始规划建设。2013 年，住建部发布《“十二五”绿色建筑和绿色生态城区发展规划》，明确要实施 100 个绿色生态城区示范建设（含规划新区、经济技术开发区、高新技术产业开发区、生态工业示范园区等）。2017 年，住建部出台《绿色生态城区评价标准》（GB/T51255—2017），包含土地利用、生态环境、绿色建筑、资源与碳排放、绿色交通、信息化管理、产业与经济、人文 8 类指标，对规划和运营两个阶段进行评价。该标准于 2018 年 4 月 1 日正式实行，对国内生态城市的建设提供明确的指导（杨琰瑛等，2018）。

生态城市的发展，将原本线性单向的发展模式转化为以能够进行循环利用发展作为生态城市的发展本质。智慧生态城市是将智慧智能和绿色生态两个发展理念结合而成，强调城市建设要注重智慧化和生态化。智慧生态城市的目标就是将城市智慧化和生态化进行最有效、最完善的融合，达到经济效益、社会效益和生态效益的统一，从而促进城市的可持续发展（张佳丽等，2019）。生态城市中生态住宅作为重要的体现方式，受到越来越多的关注。生态住宅与生态系统相呼应，除了要求住宅住区建设的各个环节节能与环保外，还要求所建设的住宅区形成全新的生态系统，这个系统具有相对完整的生态代谢过程，包括物质循环和能量流动等过程，同时该系统能够为人类提供优质的生态系统服务功能（陈宝明等，2016）。

城市是社会-经济-自然复合生态系统，生态城市建设的标准应该同时考虑社会、经济和生态 3 个方面。国家环境保护总局关于生态城市的标准分为经济发展、社会进步和环境保护 3 类共 28 项。因此，生态城市的建设应坚持整体性。一般认为生态城市主要有以下 8 个方面的标准（蒋雯，2005）。

1）*布局合理*　不仅在城市的建筑物布局上有良好宜人的空间环境，建筑物充分体现文化品位和城市个性特征，而且在产业布局上也要体现以人为本的原则。

2）基础设施完善　不仅城市的生活、交通、生产等基础设施完善，而且文化教育、体育、卫生等设施也齐备完善。另外，整个城市具有高效动态的生态调控管理和决策系统。

3）经济持续发展　生态城市的经济不仅表现为经济增长速度要高于全国相应地区的平均水平，而且贯彻绿色 GDP 的原则，持续稳定地发展。

4）产业结构合理　生态城市产业结构中，三大产业的比例关系变化要符合世界范围产业结构演化规律，即第一产业比重下降，第二、第三产业比重上升。另外，必须以不破坏生态平衡为产业发展前提。坚持适度开发，资源高效利用，发展低耗、高效、少排污的新型工业。

5）环境质量高　生态城市不仅要求空气、水、声等环境质量达标，还要有数量可观的城市森林和生态公园，既有点、线、面的绿化美景，也有立体空间的秀色景观，另外还有体现城市个性特色的人文和自然景点。城市应该到处呈现树木苍翠、花繁草茂、舒适宜人的景象。

6）绿色消费模式　生态城市实施文明消费，严控废弃物产生，一旦产生废弃物，就要按设定的方案进行回收、再生和再利用，提高物质消费效率。

7）社会环境稳定　生态城市不但要有良好的自然环境、生态环境，还必须要有一个平等、自由、公正、伦理和有道德的稳定社会环境。

8）居民生态环境意识较强　生态城市的居民要有较强的保护环境的意识，公众保护环境、倡导生态平衡、自觉参与环境管理的意识和比例都较高。

此外，通过对国际、国内案例的分析比较，结合《城市与区域规划国际准则》和《绿色生态城区评价标准》，我国生态城市要符合以上标准，在建设与管理过程中应做到以下四点（杨琰瑛等，2018）。

第一，规划要有远见，短期目标要适宜且可考核。根据城市的自然、经济、文化的发展情况，提出现阶段合理的目标和长期发展路线图。做好应对气候变化和未来发展的长期规划，建设“公正、安全、健康、方便、可负担、有抵御能力和可持续”的生态城市。

第二，以人为本，完善公共服务，提升城市的包容性。城市的核心是人。居民是城市的建设者和维护者，只有居民的支持才能建设真正的生态城市。在城市规划和基础设施的配置上，要考虑居民的生活和出行习惯，考虑人的安全和便捷。

第三，建立系统思维，加强本土技术创新，促进产业发展转型。复合生态系统理论提供了建设生态城市的系统思维，辨识城市生态系统中各个组分之间的关系，调控时、空、量、构、序。把城市湿地、绿地、生态廊道等绿色设施与城市给排水系统、道路、交通及各种污染物排放口等灰色基础设施联系起来，形成一个有机网络，增加城市的弹性。

第四，完善保障机制，提供公众参与渠道。生态城市的建设既需要自上而下的政府规制，也需要公众自下而上的参与。完善相关建筑和规划法，制定技术标准和评价准则，将生态规划和绿色建筑的细节落实到设计图纸和建设合同中，使得生态城市的建设有标准可考核，有法规可追责。

刘则渊和姜照华（2001）则从可持续发展的角度提出生态建设的 40 项量化标准（表 9.1），其对评价城市生态建设和可持续性发展有参考价值。

表 9.1　生态城市建设标准（刘则渊和姜照华，2001）

指标范畴	序号	指标内容	标准值
经济可持续指标	1	人均 GDP/（购买力评价，美元）	2
	2	第三产业增加值与 GDP 之比/%	55
	3	就业率/%	95
	4	投资率/%	33.1
	5	物价变动率/%（绝对值）	131
	6	万元产值能耗	500
	7	旅游收入与 GDP 之比/%	10
社会可持续指标	8	人均受教育年限	14
	9	科技投入与 GDP 之比/%	2
	10	恩格尔系数/%	35
	11	基尼系数/%	35
	12	每万人拥有医生数	30
	13	每万人案件发生率/%	2
	14	平均预期寿命/年	76
	15	每百人拥有电话/部	51
	16	城市化率/%	75
	17	人均居住面积/m^2	20
	18	人均道路面积/m^2	15
生态可持续指标	19	人均水资源/（m^3/年）	6 500
	20	清洁饮用水普及率/%	100
	21	污水排放处理达标率/%	100
	22	淡水抽取量与水资源总量之比/%	31.7
	23	废水年排放量/（t/km^2）	100
	24	废气年排放量/（m^3/km^2）	0.05
	25	固体废弃物年排放量/（t/km^2）	50 000
	26	废弃物回收利用率/%	70
	27	环境噪声/dB	50
	28	悬浮物浓度/（$\mu g/m^3$）	25
	29	SO_2浓度/（$\mu g/m^3$）	14
	30	NO_x浓度/（$\mu g/m^3$）	14
	31	绿化覆盖率/%	50
	32	人均公共绿地/m^2	15
	33	（环保投入/GDP）/%	15
	34	燃气普及率/%	100
	35	垃圾无害化处理率/%	100
	36	集中供热率/%	95

续表

指标范畴	序号	指标内容	标准值
生态可持续指标	37	水土保持率/%	70
	38	土地储备率/%	30
	39	耕地率/%	5
	40	自然保护区面积占土地面积的比例/%	10

除了指标体系法，城市的生态与可持续发展评价还有多种方法，如陆宏芳等（2003）利用能值评价指标，研究了珠江三角洲的可持续发展状况与趋势，取得良好的效果。

9.2.3 城市地区生态恢复的程序

总的来说，城市生态恢复应做到以下几方面：①生态修复过程中实现外部正效应，即在实施修复的过程中不产生任何长期危害因素及危害作用；②生态系统改善度，即生态修复后生态系统所表现的优化及改善状态，且这种优化与改善是可测量及可表征的；③生态系统弹性提升度，表现在生态系统抗外部干扰能力增强，自组织能力比修复前更加强大（沈清基，2017）。

城市地区的生态恢复必须根据城市生态系统的特点来进行。与其他生态系统相比，导致城市生态系统在自然属性上退化的是城市的“三废”污染源，其改变城市的环境质量。因此，实施城市生态恢复时，应该把影响城市生态环境质量的污染源调查了解清楚，有针对性地开展生态恢复。

城市的生态恢复是在城市规划的框架下开展的，城市生态恢复与城市规划的衔接非常重要。在完成生态系统退化诊断这一步骤后，城市的生态恢复项目设计必须与城市的生态建设项目衔接起来。城市地区生态恢复的程序如图 9.2 所示。

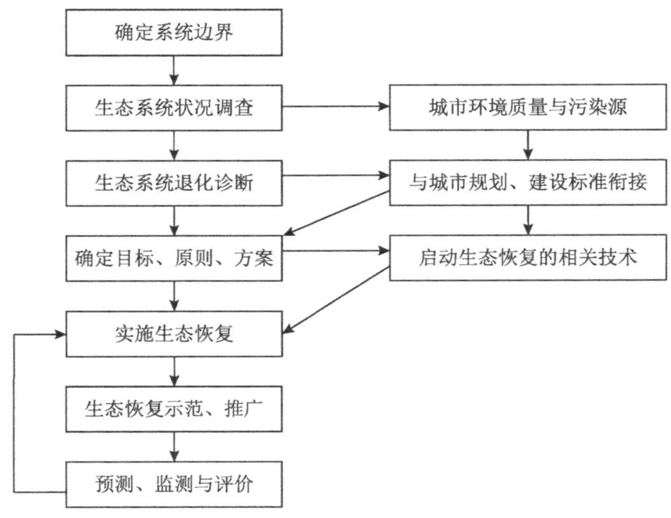

图 9.2 城市地区生态恢复的程序

9.3 城市森林的生态恢复

城市森林研究和管理的许多重要领域仍然是没有涉及的，如城市景观中最适合的战略规划和城市森林可持续经营的空间尺度仍没有明确答案。城市景观是高度异质的，其特征是社会和生物物理过程之间特别复杂的相互作用（Grove et al.，2006；Cadenasso et al.，2007）。中国森林城市建设的一个主要背景是城市化。随着城市规模和人口不断增加，环境问题也日益突出，改善环境的呼声越来越高，国家和各级政府加快城市生态环境建设的行动也越来越主动和有力度，以国家森林城市创建为标志的城市森林生态系统建设取得了巨大成效（王成，2016）。世界上其他国家许多市政府正在投资于发展城市森林战略，以寻求保护和扩大城市森林资源（Ordonez and Duinker，2013）。因此，城市森林的生态恢复是城市恢复的第一要务。

9.3.1 城市森林及其意义

9.3.1.1 城市森林的概念

城市森林（urban forest）的名词最早见于1962年美国肯尼迪政府的户外娱乐资源调查报告中；1965年加拿大多伦多大学Erik Jorgensen教授给学生讲授城市森林课；1968年美国官方承认了“城市森林”，并先后在33座高等院校森林系开设了城市森林课；1970年美国成立了PinChot环境森业研究所，专门研究城市森林；1972年美国国会通过了《城市森林法》。其他国家针对城市森林的问题也先后开始研究并进行实践。1989年，中国林业科学研究院开始研究国外城市林业发展状况。这些趋势不仅反映了社会发展与自然的互动，更反映了城市生态系统为城市提供可持续效益这一事实，正逐渐被人们重视。越来越多的城市居民认识到，城市森林对提升城市生活的品质具有重要的价值（Duinker et al.，2015）。

城市森林目前尚未形成统一的定义，各国林学家说法不一。其中，以美国林业工作者协会城市森林组所下的定义较为完整，其内容是：城市森林是森林的一个专门分支，是一门研究潜在的生理、社会的经济福利学的城市科学，目标是城市树木的栽培和管理，任务是综合设计城市树木和有关植物并培训市民。1994的10月，中国林学会成立城市林业专业委员会，将“城市林业、城市森林、城郊型森林、城乡绿化、都市林业、城市国土绿化”等名词统一为“城市森林”，以便指导各城市正确处理城市建设和绿地保护之间的关系，进而推动我国城市林业的学科建设和应用。广义上讲，城市森林包括城市水域、野生动物栖息地、户外娱乐场所、园林设计、城市污染水再循环、树木管理和木质纤维素生产。

国家林业局城市森林研究中心率先提出较为完整的森林城市群概念，森林城市群是指在城市群区域范围内，通过保护、建设、管理以森林、湿地为主体的绿色基础设施，充分发挥其优化城市格局、缓解热岛效应、净化环境污染、调蓄雨洪资源、保护生物多样性、应对气候变化、满足休闲游憩、传播生态文化等多种功能，实现城市协调、区域一体、人与自然和谐共生的城市群发展方式。简单地说，森林城市群就是具有总量适宜、格局优化、功能完备的森林湿地生态系统的城市群（王成，2016）。

一般认为城市森林有 3 个基本范围（彭镇华，2003）：①城市中心建成区森林；②近郊区（城乡交错带）的近郊森林；③远郊区的远郊森林。对于城市中心建成区森林包括的内容，不同的学者说法有些不同。总的来说，郊区森林、国家森林公园一般不在城市中心建成区，城市中心建成区森林应该包括公园、花园、花坛、植物园、动物园、城市街道和路旁的树木及其他植物，河、湖、塘、池边树木及其他植物，居民区、公共场所、机关、学校、厂矿、部队等庭院绿化，街头绿地，林带，片林草地等。概括地说，凡是城市范围内的树木及其他植物，以及在该地域内的野生动物、必需的设施等均应列在其内。

有学者认为，被城市利用的防护林、水源涵养林、风景林、生产林地及城市所依托的森林很多在城市管辖范围之外，但在城市防灾减灾、城市供水、休憩和旅游、调节气候、维护城市生态环境等方面作用巨大，因此也属于城市森林中的近郊森林。

城市森林管理研究，主要研究生物、非生物因子和人为干扰对城市森林产生的影响；采用评价树冠和根系的方法对树木的活力和健康做出科学评价；同时用地理信息系统、航测和遥感技术等方法获取城市森林的本底资料，建立数据库，并用于规划管理和监测；城市绿地的恢复和转变、提高管理质量标准等也是研究方向之一。

9.3.1.2 城市森林的生态意义

随着城市化进程的加速，城市里人口剧增、能源紧张、资源短缺、环境污染等环境问题日益严重，已成为人类社会最为关切和迫切需要解决的问题。国际社会普遍认为，森林在生态平衡和改善环境中有重要的意义，是全球生态环境的核心。城市森林由于具有生态服务功能，对维护和改善城市生态环境起着重大作用，已成为现代城市不可或缺的公益设施，许多国家已经将城市绿化定为城市可持续发展战略的一个重要内容。城市森林的生态服务功能包括防风固沙、水源涵养、调节气候、净化空气、防毒除尘、降低噪声等。城市森林除了产生生态效益外，还有明显的社会效益和经济效益。

城市森林的生态恢复可以有效地减少城市的热岛效应（彭少麟等，2005）。大量研究表明，城市植被、水体及湿地是城市生态系统的重要组成部分，它们可减缓城市的环境压力，减轻热岛效应，最终实现城市生态系统的良性循环。城市森林对调节城市小气候具有明显的作用，城市植被通过蒸腾作用，从环境中吸收大量的热量，降低环境空气温度，增加空气湿度；同时，大量吸收空气中的二氧化碳，抑制温室效应。另外，植物还能滞留大气中的粉尘，减少城市大气中总悬浮颗粒物的浓度。当一个区域的植被覆盖率达到30%时，城市绿地对热岛效应即有较明显的削弱作用，相反，植被减少则是城市热岛形成的首要贡献因子。城市绿地和水体具有明显的“恒温效应”和“绿洲效应”，在热量和水分方面对周边小气候环境进行调节。城市绿地覆盖率越高，降温效应越明显。而不透水面比例提高则会增强城市热岛效应（Xiao et al.，2007；Imhoff et al.，2010）。研究表明，在绿地覆盖率相当情况下，大斑块绿地降温效应明显高于小斑块绿地（陈辉等，2009），但是绿地和水体对气温的调节作用往往存在一个阈值，只有在该阈值范围内的景观才能发挥出最大的气温调节功能（朱春阳等，2011；Sun et al.，2012）。除斑块面积外，绿地和水体斑块的形状也会影响热岛效应的强弱（Chang et al.，2007；Cao et al.，2010）。张科平（1998）研究表明，城市绿化覆盖率与热岛强度成反比，绿化覆盖率越高，热岛强度越低。绿化覆盖率每增加 10%，实际的气温最高可比理论上气温低 2.6%左右，夜间则表现更为强烈。据统计，每公顷绿地平均每天可从周围环境中吸收 81.8MJ 的热量，相当于 189 台空调的制冷作用；平均每天吸收 1.8t 二氧化碳，显著降低了温室效应的影响。此外，每公顷绿地可以年滞留粉尘 2.2t，将环境中的大气含尘量降低 50%左右，有效抑制大气升温。

城市绿地可以提供多种生态服务功能，然而这些功能经常被忽略或低估，城市绿地在减缓气候变化中所起的作用更是未引起人们的重视。随着城市化的快速推进，城市绿地经历了剧烈的变化，但目前有关城市化对城市绿地碳储量的影响仍存在一定的争议与不确定性，且城市绿地空间格局是否在其碳储量变化中起着一定的作用也尚不明确。Sun 等（2019）基于 SPOT-6 遥感数据与城市绿地样方调查，明确城市化过程中城市绿地碳储量的变化规律及其关键影响因素，为解决在城市化过程中合理规划设计城市绿地应对气候变化提供理论支持。研究表明：城市绿地空间格局与其碳密度呈现出显著相关性，且这种关系随着城市化强度的变化而变化。当城市化强度大于 25%时，城市绿地覆盖度与城市绿地碳密度呈现出显著正相关；当城市化强度大于 35%时，高聚集度的城市绿地一般具有比较高的城市绿地碳密度；城市绿地斑块形状指数与城市绿地碳密度关系不稳定，仅在城市化强度为 25%～30%时表现为显著；城市绿地平均斑块面积与城市绿地碳密度仅在城市化强度为 35%～40%和 45%～50%时表现为显著。

9.3.2　城市森林生态恢复规划与可持续发展的整合

在城市森林生态恢复的功能和目标研究中，很多研究集中在城市森林和绿地系统的规划与设计上，包括公园和绿地的规划设计，这是由城市森林生态恢复的特点所决定的。城市的用地性质及其动态管理有严格的要求，这就需要城市森林的生态恢复与城市社会的可持续发展规划有机地结合起来。

城市森林生态恢复规划，首先要考虑城市森林的功能、目的、效果和对应设施，要在城乡总体规划的控制下，结合城乡其他部门的规划，综合考虑，全面安排。城市森林规划，必须从实际出发，因地制宜，充分考虑均衡分布，满足居民生存、生活和休息游览的需要，既要有远景目标，也要有近期安排。

城市森林规划的内容有：市区城市森林规划（包括公共绿地、防护绿地、生产绿地、居住区绿地、单位附属绿地，以及街道、广场绿化规划等）、郊区乡镇城市森林规划（包括建制镇、镇和村庄绿化规划）、通道绿化规划（包括公路、铁路、河道附近的平原、丘陵和山地绿化规划）、风景名胜区和森林公园规划、历史文化名胜古迹景观规划、古树名木保护规划、城市森林的树种规划及分期建设规划等。城市森林规划要素具体见表 9.2。

表 9.2　城市森林规划要素（王义文，2004）

功能	目的	效果	对应设施
心理功能	提高文化修养、美化环境，提升舒适感	热爱家乡，建设城市，建设家乡，建设村镇，爱护林木，精神愉快	城市公园、居住区公园、儿童公园、村镇公园，村镇森林、街道通道绿化、工厂绿化
防灾功能	不受灾害、少受灾害	防止噪声、防震动、防火灾、防水灾、防其他灾害	街道通道绿化、工厂绿化、缓冲绿地、防护林、城市园林
卫生功能	净化空气、净化水体	防尘、防烟、防灾、供给氧气、空气对流、保温、降温、水体净化	自然公园、城市公园、行道树、缓冲绿地、城市街头绿地
体育保健功能	运动、娱乐	体育保健、修养、娱乐	城市公园、学校绿化、城市修养区、绿化的街道广场和自行车道

赵人镜等（2018）结合不同尺度城市森林主导功能、场地周边用地类型、总体规划定位三大要素对城市森林功能类型进行探讨。在划分生态、生活、生产 3 个一级分类的基础上，

提出了“留白增绿”背景下的城市森林功能类型划分体系（图 9.3）。

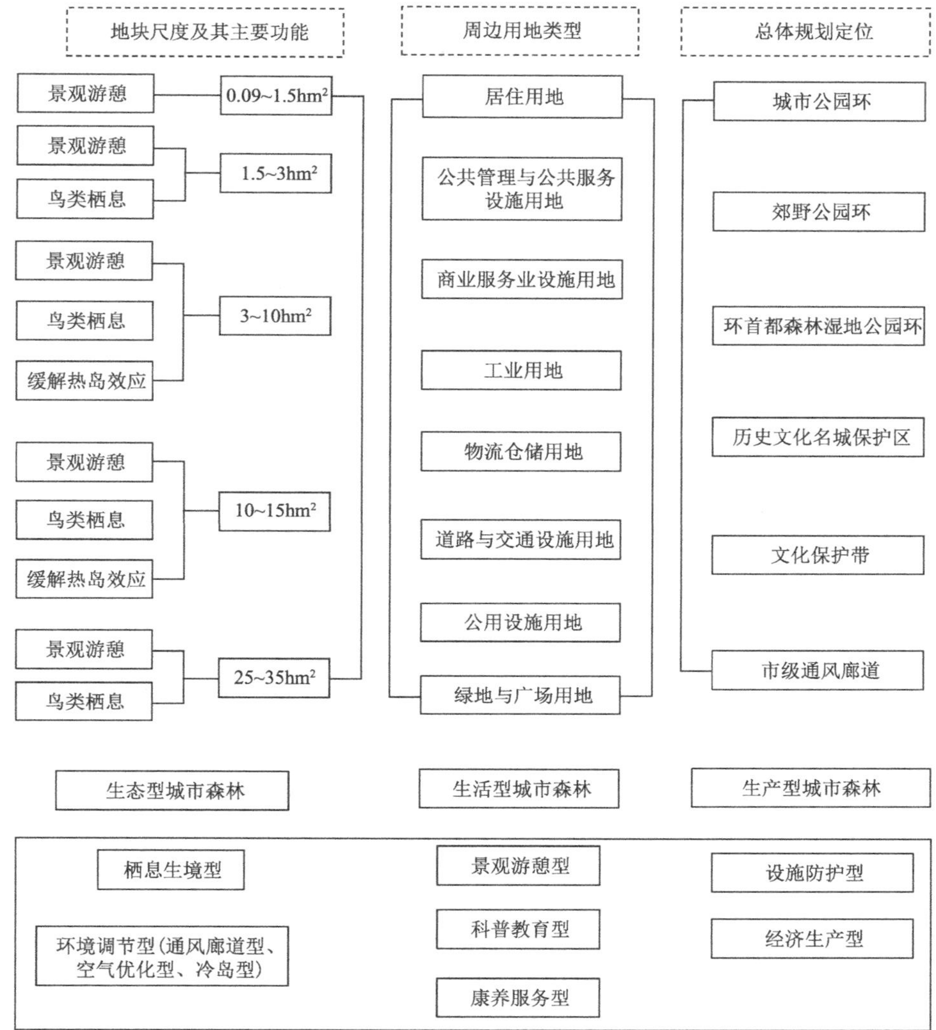

图 9.3 “留白增绿”背景下的城市森林功能类型划分（赵人镜等，2018）

城市森林规划的要素，总体上应该包含城市森林的数量（如覆盖率）、城市森林发展及其分布格局、城市森林的类型、城市森林发展的重点工程及资金安排等。但森林规划的重要前提是能够支撑城市生态的可持续发展。

城市森林的数量建设是发挥城市森林功能的基础。不同的城市和城市所处的不同地理位置影响着城市森林覆盖率的规划，但其基本点是能够保障城市的生态环境质量。

城市森林发展及其分布格局的规划，应该根据具体情况因地制宜，但应该特别强调符合生态学原理。例如，在深圳市生态风景林体系总体规划与布局的研究中，其空间规划采取各种类型相对集中连片和带、片、网、点相结合的方式，充分发挥风景林的规模效益和生态网络功能，总体布局依据用地性质、特点和林种的主导功能，大尺度上采用规模片状分布、带状走廊格局和网络结构，小尺度上以点状散落布局为主（孙冰等，2004）。

城市森林的类型规划，除了考虑城市森林的不同类型外，更重要的是考虑城市森林的景观格局。例如，在深圳市生态风景林体系总体规划与布局研究中，根据景观类型、景观要素和频率高低，规划了城市背景型森林景观区、远山型森林景观区和道路原野型森林景观区等；在植被类型布局中，规划了水源涵养林、水土保持林、道路防护林、沿海防护林和特种用途林等。在城市森林类型规划中，应该特别注意近自然植被类型。近自然植被类型具有较高的生态效益，在日常管理与维护中更能省时、省力，是应该特别提倡的植物群落类型。

在制订城市森林发展规划时，很大程度上应该考虑其功能过程。而在考虑其功能时，往往必须考虑与其他功能的整合。例如，在考虑控制城市热岛效应的控制功能时，就同时启用生态合理的能源规划、城市开发模式、交通规划、绿地系统规划，调节城市产业结构；使用新型建筑材料，提高对太阳光的反射率；使用能降温、节能、减缓热岛强度的户外建筑材料；提倡渗透性的地面铺装材料等。

监测人类活动对城市植被的影响，是评估城市公园和森林可持续性的一个重要工具。树木健康也可作为一个评价指标，以评估人类活动对城市植被的影响（Feghhi et al.，2017）。城市生态系统中的树木以公园和行道林的形式存在，代表着人类与自然共存以及对自然过程和季节变化的理解。另外，树木在城市生态系统中影响地上碳储量的数量增加，主要是通过将非森林变为城市森林，进而影响了土地利用碳的转变。了解城市公园结构和物种组成对生态系统功能有重要影响（Peckham et al.，2013；Timilsina et al.，2014）。

在规划中，考虑城市森林发展的重点工程及资金安排，对城市森林恢复来说是至关重要的。生态恢复是一种公益性的事业，若能通过社会发展规划来保障实施，将是非常好的。例如，广东省林业发展“十三五”规划和中长期规划中，确定了广东省林业发展的11项重点建设工程，第一项就是珠三角国家森林城市群建设工程，见专栏9.1。实施国家森林城市、森林小镇、森林生态屏障提质增效、森林进城围城、绿色生态水网、生态景观林带完善提升、绿道网提升、沿海防护林、生态文化科普基地这9个方面的重点建设内容。这11项重点工程分别为：①珠三角国家森林城市群建设工程；②雷州半岛生态修复工程；③森林资源保护工程；④森林可持续经营工程；⑤湿地保护与恢复工程；⑥重点区域生态治理工程；⑦野生动植物保护和自然保护区建设工程；⑧绿色生态产业建设工程；⑨生态文化宣教示范工程；⑩林业基础设施及能力建设工程；⑪智慧林业建设工程（广东省林业厅，2016）。这11项重点项目均有资金安排，若按规划实施，无疑将能极大地促进广东省林业生态省的建设，从而保障社会的可持续发展。

专栏 9.1 珠三角国家森林城市群建设工程建设重点

国家森林城市创建：按照国家森林城市评比条件，查漏补缺，规划期内9个城市全部达到国家森林城市标准，形成类型丰富、布局均衡、结构稳定的森林绿地体系。

森林小镇建设：按照推进城镇综合发展、加强森林生态建设、打造宜居生活环境、实现生态服务均等、体现鲜明地方特色等原则，规划期建设200个森林小镇。

森林生态屏障提质增效：新增4.1万hm^2高质量的碳汇林，林相改造面积32万hm^2。

生态景观林带完善提升：改造提升生态景观林带6000km，新建主干道生态景观林带450km，新建江河绿化景观带180km。

森林进城围城建设：建设森林公园299个，带状森林（公园）794hm^2，街心公园450处。

绿色生态水网建设：新建湿地公园 88 个，总数达到 155 个；建设湿地保护小区 300 处，营造红树林 1000hm^2。

绿道网建设提升：改造提升绿道 1080km，打造绿道“升级版”。规划再建设 720km，绿道总里程数达到 12 000km。

沿海防护林建设：建设沿海基干林带 4110hm^2，其中，人工造林面积 950hm^2，封山育林面积 660hm^2，林带修复面积 2500hm^2；建设沿海纵深防护林 41 300hm^2，其中，人工造林总面积 2400hm^2，封山（沙）育林面积 38 900hm^2。

生态文化科普基地建设：规划建设 900 个具有引领示范作用的自然生态文化教育场所。新建广州森林博物馆、惠州南昆山森林体验中心、肇庆竹文化科教馆、珠海湿地科普园、深圳兰科植物博物馆、中山树木园、江门红树林科教馆 7 处具有引领示范作用的区域自然生态文化科普场馆。

首届“亚太城市林业论坛”于 2016 年 4 月在中国南方城市——珠海市成功举行，核心成果是发表了“珠海宣言”，其中的亮点表述是“亚太地区城市林木对于城市及居民的三大益处为美化城市环境、消减大气污染、提供休闲场所；亚太地区城市林业发展的三大挑战为用地冲突、管理薄弱、决策者相关专业知识与技能的不足。亚太地区城市森林发展的三大首要任务为良好的管理、充足的投资/资金、城市林业人才。在亚太地区城市林业发展中，中国森林城市建设提供了可借鉴的模式和经验”。第二届“亚太城市林业论坛”于 2017 年 9 月在韩国首都——首尔市成功举行，核心成果是提出了“首尔行动计划”，规划出未来 10 年左右亚太地区城市林业发展的路线图，提出 8 个具体目标，即构建 “更绿色、更清洁、更凉爽、更健康、更包容、更多样、更富裕、更安全的城市”，并就可能产出、关键方案、指标/目标、主要角色、基金来源、时间安排，以及与联合国“可持续发展目标”相关条款的关联等做了较细化的表述（裴男才等，2017）。

9.3.3 城市森林生态恢复的方法

针对不同类型的城市森林，进行改造时有不同的观点。

1）以演替的观点改造自然式城市森林　在城市森林的 3 个基本范围中，除了城市建成区森林外，近郊区森林和远郊区森林大多是国家森林公园或是公益林，植被主要是自然次生林类型，如广州市区的白云山、广州市郊从化的流溪河森林公园、北京的十三陵库区等均属于这一类型。这些森林由于靠近人口集中的城市，除少数保护良好外，大多数由于历史上受干扰较大而形成次生林，其生态恢复的方式，最有效和最省力的是顺从生态系统的演替发展规律来进行，促使其逐步向地带性植被演化。

森林演替（forest succession）是一个动态过程，是一些树木取代另一些树木、一个森林群落取代另一个森林群落的过程。在自然条件下，森林的演替总是遵循客观规律，从先锋群落经过一系列演替阶段而形成中生性顶极群落，通过不同的途径向着气候顶极和最优化森林生态系统演替。接近地带性顶极群落植被类型的城市森林景观，具有生物多样性高、结构复杂、生态效益高、生态功能和抗逆性强、人工养护少等特点，既能发挥生态环境保护功能，也能兼顾生态经济效益。城市近郊森林和远郊森林的生态恢复，就是在保护的基础上，通过林地的林分改造，加速这些森林群落向地带性顶极类型演替的进程（王伯荪和彭少麟，1989，1996）。

2）用生态原理改造城市中心建成区森林

（1）以生物多样性观点改造城市中的娱乐性公园。城市中娱乐性公园的生态恢复与改造，除考虑公园的园林艺术与结构外，在功能上应该依据生物多样性原理来进行，不仅应考虑栽种多种植物，如乔木、灌木、草本、藤本等，还应考虑到其他有益动物的栖息需求，提高生物多样性，以有利于发挥公园的生态功能，如调节小气候、净化空气、减轻病虫害等。广州的云台花园、越秀公园，以及北京的景山公园、北海公园均属于这一类型。

（2）以群落学的观点建设植物园和动物园。生物种群只有形成群落，或是单优种群群落，或是混合种群群落，种群才有繁育发展的可能。群落学观点在这里有3层意思：①有一定的空间，使种群能够繁殖形成维持种群发展的群落。②有一定的伴生种，如熊猫需要竹子作为食物，而阴生性的植物需要上层树形成群落才能生存与发展。③有相适应的生境，生物与环境不可分割，不同的生物有不同的生境要求，如不同的植物对酸碱土壤生境的要求是不同的。植物园和动物园是城市森林的组成部分，它们既有生物多样性迁地保护的功能（因为所引进或引育的动植物多为珍稀濒危物种），同时又是一道景观，成为城市中市民的休闲娱乐场所。在迁地保护过程中，特别是珍稀濒危物种的培育中，群落学观点特别重要。

（3）以景观生态格局的观点建设城市绿地。城市绿地也是城市森林的重要组成部分，它是以小的斑块出现的，以市民休闲区和街边景观为主要形式。应根据植物的生活型与生态型原理，结合植物的生理生态特征构建城市绿地。例如，珠江三角洲地处南亚热带季风气候区，其地带性植被类型是季风常绿阔叶林，从长远来说，构建森林比草地更容易维护，而前者的生态效益也比后者高得多（Peng et al.，2000）。

（4）以生态美学的观点进行城市行道林的建设。城市行道林建设选取植物时，应进行树种选择研究和栽培技术研究。在选择城市行道林树种时，要以生态美学的观点，综合考虑植物的形态学特征（如植物的花、果、叶、干和根）；同时研究树木对病虫害、城市气候和污染物的抗性等。树木种植技术研究包括栽植方法、树木保护、栽植容器和基质、融冰剂对树木根系及生长的影响等。

（5）以生态系统的观点建设绿色生态住宅。建设生态住宅，提高人民生活质量，这是城市市民对住宅建设的要求，也是住宅建设的方向。“生态住宅”要求在能源、水、气、声、光、热环境、绿化、废弃物处理、建筑材料这9个方面符合国家有关标准。生态住宅的大环境、小环境和室内环境的质量，均与城市森林相关，应以生态系统学的观点来建设。生态住宅大环境是指住宅周围的环境，应该有相应的生态绿地环境依托；小环境是指住宅的旁边环境，应该建设成绿色小区；室内环境是指住宅内的环境，在通气、采光、聚（散）热量等方面，均应该以生态系统能量流动和物质大循环的原理作为指导。

3）通过立体空间布局增加绿地面积　城市绿化（urban greening）是城市森林的重要组成部分，是一个受大众普遍关注的课题。城市绿化对城市生态环境的改善具有极其重要的作用。众所周知，城市绿化用地一直有很大的局限性，而城市立体绿化在一定程度上缓和了这种紧张情况，并提高了城市绿化覆盖率。然而，大多数城市绿化主要是考虑城市水平方向的绿地覆盖，城市三维绿化即立体绿化却处于起步阶段。城市立体绿化是城市绿化的发展方向，除了水平方向的绿化外，还包括屋顶绿化和墙体、立交、边坡等的垂直绿化。

屋顶绿化或屋顶花园的概念最早起源于欧洲，其作用已被众多的研究所证实。屋顶花园具有多方面的功能，如缓解城市热岛效应、贮藏降雨、增加休闲或其他经济价值的空间、空气和水质净化等。屋顶花园自著名的巴比伦空中花园以来，一直为人们所熟知，基于对环境问题日益恶化的担忧，人们对屋顶花园的重要意义开始重新认识。2004 年 10 月 22 日，在瑞典的马尔默（Malmö）城召开主题为“国际绿色屋顶研究”的学术研讨会，来自瑞典、瑞士、德国和英国的学者就屋顶绿化的研究现状进行了研讨。屋顶绿化是增加绿化面积或者总体绿量较为有效的方法之一，特别是在城市用地紧张，建筑密度比较大的情况下，显得更为重要。在这方面，美国芝加哥市政府启动屋顶绿化工程来降低城市温度，日本对新建筑或重新翻新的旧建筑强制进行屋顶绿化的做法值得借鉴。

轻型绿色屋顶（extensive green roof，EGR）构造简单、种植基质较浅且荷载轻、管理粗放；植物种类较为单一，要求能在屋顶严酷的环境中生长和自然更新换代。所以，EGR 的植被是处于变化当中的。人们对绿色屋顶的群落长期动态的研究很少，而 EGR 植被变化会影响群落的功能和外貌。Thuring 和 Dunnett（2019）在 *Landscape and Urban Planning* 上发文，对建植 20 年的 EGR 群落的功能结构和植物繁殖策略进行研究，探究了绿色屋顶群落演替机制，验证了多层混播结构的 EGR，在多年后物种多样性丰富，有良好的景观表现，并且可以保护本土植物和群落。多种选择策略类型种类搭配可维持群落长期的多样性。

城市垂直绿化是城市绿化的重要组成部分，国际上对城市垂直绿化越来越关注，已成为城市生态恢复的重要方面，并形成了自身的特点，也取得了很好的效果（表 9.3）。

表 9.3 不同国家的城市垂直绿化（王义文，2004）

国家	城市	垂直绿化的特点
巴西	巴西利亚	围墙用空心砖砌成，砖上附有树胶和肥料，上面种上草籽，只要气候适宜，小草便从里面生长出来，绿满墙面。巴西利亚人均绿地近 $100m^2$，居世界第一，那一条条四季常青的绿墙起了重要作用
新加坡	新加坡	新加坡法律规定，凡有花园的住宅不得砌筑围墙，花木让路人共赏者，可减交房地产税；住宅楼须距马路 1.5m 以上，绿地应占 65%以上。国民兴建绿篱不建围墙，连天桥、候车棚、电线杆都攀上藤蔓植物
尼日利亚	阿布贾	阿布贾市公布取缔围墙，拆除 10 多个单位擅自修建的围墙。今日砖石围墙均已绝迹，处处绿树成荫，视野开阔，万紫千红的花墙、郁郁葱葱的树墙、多变的藤蔓墙等比比皆是
南非	博茨瓦纳	该市桑尼塔斯镇的“生态墙”令人叫绝，外墙突出一列列空心砖，砖内置土，种上花卉和蔬菜，施以肥水，保持常年碧绿，有效利用空间
突尼斯	突尼斯市	选用矮胖的仙人掌属龙牙树作为围墙。该树具有强大的生命力，寿命数百年，花叶丛密，有很高的观赏价值。剪去顶部，抑制生长，使底部越长越胖，终于成为几乎没有空隙的“实墙”。几乎所有的公宅、私宅均由这种绿墙所包围，既挡了风沙，又成为产权的分界线
美国	华盛顿	近年来，华盛顿流行绿墙、绿门，砌墙垒门的材料里填满泥土的塑料砖。砖的孔洞向外，内植花草蔬菜。苗木出土后，伸出沿外，趋光向上生长，怒放各色花朵，结出玉米、向日葵、辣椒、丝瓜、葫芦等，一墙青菜，满门鲜花。凡是构筑绿门、绿墙的服务单位，宾客盈门，生意格外兴隆

随着城市化进程的加快，城市规模扩大了，城市立交和高速公路也迅速发展，这增加了城市的裸露地面，改变了城市的下垫面状况，影响了城市的美观。城市立交和高速公路几乎都是由混凝土堆砌而成，这种下垫面铺装材料反射率较低，它能吸收大量的太阳辐射，加剧城市热岛效应。因此，为了减缓城市热岛效应、美化环境，极有必要对城市立交和高速公路进行绿化。然而，关于城市立交和高速公路边坡绿化的研究较为薄弱，多数城市在这方面的建设处于起步阶段，部分市民出于对交通安全的考虑对立交绿化也持怀疑态度。

另外，在立体绿化的植物配置模式与培育技术、立体绿化的布局等方面都缺乏深入的研究。由于城市地理位置的差异，不同城市的立体绿化模式和格局分布都有其自身的特点，应因地制宜，探索出适合城市发展的立体绿化模式和植物培育技术，以实现城市“绿岛效应”，减缓城市“热岛效应”，营造良好的城市绿色生态空间。

9.3.4　城市森林生态恢复对城乡发展的纽带作用

城市和农村是社会发展进步的两个轮子。城市和农村的发展是互补式的发展，是比翼齐飞的发展，最终城市经济与农村经济将连为一体。城市生态恢复在联系农村和城市的协调发展过程中起着重要的纽带作用。

9.3.4.1　城市森林恢复需要郊区农村的促进

农村是城市社会经济发展与生态环境的重要依托，城市的生态恢复需要农村提供支持。城市作为政治、经济、科学技术、文化教育的中心，担负着各种复杂的综合功能，但其最基本的特点是，城市是人群高度集中的地区，是一个多功能、多层次的复杂生态系统。由于城市工业密集、人口集中，所排放的污染物已大大超过其自身环境承载力，而农村和郊区的植被覆盖比城市要高，能够吸纳城市所排放的污染物，从而减轻对环境的影响。受工业污染地区的恢复工作同样要依靠农村地区的支持。

研究表明，全球大气中 CO_2 浓度的增高导致温室效应加剧，城市热岛效应影响更为严重（彭少麟等，2005）。而城市附近的植被可减缓城市的环境压力，减轻热岛效应。例如，香港从 1977 年至 2017 年划定了 24 个郊野公园和 22 个特别地区，保护了全港超过 40%的土地、60%的林区、55%的灌木林，被视为“最具前瞻性的规划措施之一”（叶林等，2017）。这些地区远离市区，除了可以为市民提供休闲游憩的场所之外，也为生态保育提供了必要的条件（张骁鸣，2004）。据了解，香港郊野公园的建设除了考虑生态效应外，还有一个重要的社会效应，那就是因为提供了户外活动（远足、登山等）场所，有利于减轻青少年的身心压力，从而间接地降低了青少年的犯罪率。

城市森林公园、植物园、动物园、绿地园林的生态恢复有利于提高、改善城市居民的生活水平和生活环境，有利于城市的可持续发展。这些城市森林营造优美舒适的环境主要是利用绿地、山体、水体、道路廊道等景观，使自然生态景观再现于城市景观之中。而这丰富的植物群落中较多的植物品种（如乔木、灌木和地被植物）均需要靠农村地区提供。

9.3.4.2　郊区农村生态环境保护需要城市的支持

在城市森林的生态恢复中，近郊森林和远郊森林均处于郊区和农村地区。这些森林植被要很好地受到保护，也依赖于这些地区经济的可持续发展，这离不开城市的促进作用。郊区及农村地区的经济发展和生态环境保护都需要城市的重视及参与。

乡村旅游在发达国家农村地区迅速开展，对推动经济不景气的农村地区的发展起到了非常重要的作用（傅德荣，2006）。乡村旅游是指在环境优美的乡村地域内，以近郊森林、远郊森林和农村特色为依托，利用乡村自然景观、田园风光、农林牧渔业生产、农耕文化、民俗文化、历史人文、古村风貌、农家生活等综合因素构成的资源环境，通过科学规划设计，开发包装，为城市的人们提供观光、休闲、度假、娱乐、感悟、健身、购物等新型的旅游活动，从而形成一种具有乡村特色的休憩产业区（recreational business district）。城市无疑是乡村旅游的重要经济来源，但是必须特别注意要避免过度开发而导致生态系统受损、生物多样性下降及环境污染等问题。对乡村地区的环境保护和生态恢复需要城市的大力协助。

城市和农村的发展相辅相成，生态恢复在城市和农村的发展过程中不可或缺。从总体上看，我国的农村建设已经到了以工促农、以城带乡的发展阶段，要顺应这一趋势，促进农村生态文明建设。城市化为解决农村的就业压力、缓解农民劳动力过剩、增加农民收入做出了巨大的贡献。我国西部是经济发展较为落后的区域，有大量的贫困农村，因此在我国西部做好这一工作具有非常重要的意义。

国际上普遍认为，干旱区、半干旱区适宜的人口密度为 1 人/km^2，而我国干旱、半干旱区的人口密度却超过了 2 人/km^2。解决这些地区生态环境问题的根本出路在于人要主动撤离这些地区，集中到城（镇）中去。目前，美国约有 80%的人生活在城市里，韩国 1/4 的人口集中在首尔，埃及的尼罗河流域集中了全国 99%的人口，其余地区处在自然状态，生态退化很少发生。没有人口压力的地区，生态的恢复只是一个时间问题，按照一般规律，沙地草地恢复需要 1～3 年，草原恢复需要 3～5 年，森林地区恢复需要 5～10 年，荒漠恢复需要 10～15 年，至于湿地等则更容易实现自然的生态修复。所以，今后我国生态恢复的重点必须是释放这种自然力。

人口从农村严重退化地区向外转移主要有以下 3 种模式（蒋高明，2003）。

1）人口向大城市转移　中国 100 万以上人口的大城市有 34 座，这些城市的发展需要大量的廉价劳动力，而这些劳动力主要来自农村。大城市是农村人口转移的主要地方。

2）人口向局地的中小城市转移　国内 587 座 50 万人以下的中小城市承担着接收退化地区迁移人口的重要任务，这些城市宜定位在现有的地级市和县级市，因为在城市化发展过程中，许多城市还有更多的容纳空间，尤其是在原来人口非常分散的西部地区。因为那些以能源型为主的城市更具备潜力，所以西部的经济战场不是在地上，而是在地下。

3）人口由分散式向乡镇转移　在中国由农业大国向工业化推进的过程中，农村城镇化的作用非常重要。现在全国共有建制镇 19 692 个。然而在现有的建制镇中，72%分布在经济发达的东部和较发达的中部地带，而经济落后的西部，其比重只有 28%。因此，需要迅速提高西部的城镇化，并结合生态恢复，加速该过程。发达国家的城镇化率在 70%以上，而我们只有 40%，因此生态恢复的潜力在于城镇化（蒋高明，2003）。

例如，内蒙古阿拉善盟现有人口中，城镇人口为 13 万人，城镇化率达到 68%，农牧区人口只有 6 万多人。即使如此，全盟现有的耕地面积尚可搬迁安置牧民 1.6 万人，而农牧区人口中，从事草原畜牧业的人口只有 3 万多人，需要搬迁的人口数量并不多。因此，可以用较少的投入，获得最大的生态和社会效益，目前，全盟已成功搬迁转移牧民人口 1.7 万人，进入镇区的牧民将以从事矿产开发业、服务业等第二、第三产业等为主。这些措施无疑大大促进了阿拉善盟 270 000km^2荒漠的生态保护（伏来旺，2001）。

9.3.4.3 通过边缘效应促进城乡生态恢复的发展

城市本质上是一类特殊的人工生态系统，乡村则是保留一定程度自然景观的复合生态系统。城市与乡村两者是社会-经济-生态的复合体，是组成现代社会整体的两个部分，而这两者又是不可分割的整体。城市对周围乡村的森林、农田、淡水、空旷地及海洋等有着极大的依赖性，即城市不可能脱离周围乡村而独立存在，它们之间有着千丝万缕的密切联系，两者之间无时无刻不在进行着物质循环、能量流动和信息传递等。因此，城市与其周围乡村本质上是一个不可分割的复合生态系统（王伯荪和彭少麟，1986）。

城市与乡村之间的交界处，无疑成为城市与乡村联系的纽带，是城乡能量交流的通道，它与城市和乡村既有物理方面的联系，也有经济方面的联系，不仅是城乡系统不可分割的组成部分，也是维持城乡系统稳定的重要因素；它绝不是城乡的连续，而是城乡系统中的一个特殊构成部分，有着自己的结构、功能及演变规律，是城乡系统的一个子系统。

城市化是世界范围的现象，我国的城市化进程随着社会经济的高速发展而不断加速。这一过程中，其自然生态环境总是遭受较大的影响，而整个复合生态系统的能量流动和物质循环等功能过程有着边缘效应特征。因此边缘效应的理论和城乡边缘效应的研究，无论对原有城市的改造、延伸，卫星城市的建立，新城市的建设及小城镇的发展等，都将提供必要的依据。城市生态环境恢复与建设，在某种意义上说，就是要对以人类为主体的城市环境系统，围绕人类的动植物，空气、水、土壤等周围部分进行恢复与建设。城乡边缘效应的研究，显然也应从这几方面入手，研讨城乡环境及其动植物、人类的结构和动态，研讨城乡的代谢，物质和能量的收支和转化等。当然，这些研究内容也应根据研究的具体目的和要求而有所不同。同时，还必须研究城乡交界处或结合处的地域范围、结构、动态、环境及物质、能量和信息的传递、流动和转化等。

边缘效应，尤其是城市边缘效应还是一个尚待探讨的课题（王伯荪和彭少麟，1986）。有关边缘效应或城乡边缘效应的原理、规律、生态含义、研究方法、实践应用等，都还需要全面而深入的研究和探索。

9.4　城市垃圾填埋地的生态恢复

9.4.1　城市垃圾填埋地的形成及其环境问题

9.4.1.1　城市垃圾填埋地的形成

垃圾是城市的必然产物。城市是人口最为密集的地方，由于城市生活水平相对较高，城市居民生活垃圾产出量较大，当前，我国城市垃圾每年产量已经接近 2 亿吨，平均每人每年生产垃圾达到 500kg，而且增长势头不减，近几年来基本上是以 10%的增速在增长（李辉，2014）。城市垃圾处理已成为世界性的问题。随着我国工业化和城市化进程的加快，城市垃圾问题正变得日益严重。在可以预见的将来，垃圾问题将成为城市发展的巨大阻碍（杨坪等，2017）。在城市发展过程中，垃圾处理得当极为重要。据专家统计分析，我国 75%的城市都被垃圾环带包围。伴随国民经济的不断增长，城市居民生活水平越来越高，其生活习惯也从原有的节约型逐步转变为抛弃型，进而大大增加了垃圾产量。目前我国城市垃圾每年正以 8%～10%的速度快速增长，且在世界平均增速以上（高伟丽，2017）。

城市生活垃圾主要由居民生活垃圾、街道保洁垃圾和集团垃圾三大类组成。垃圾的主流处理方式有填埋、堆肥、焚烧等。由于以填埋方式处置生活垃圾的技术工艺较简单、投资少、处理量大、运行费用低，目前在众多的垃圾处理方法中，填埋法被世界上绝大多数国家采用（屈超蜀等，1993）。

目前填埋处理也是我国生活垃圾的主要处理手段，占我国生活垃圾处理总量的 80%以上（蔡博峰等，2013）。我国早期的城市垃圾填埋较为随便，一般选择地方集中填埋，多为不规范的垃圾填埋场（landfill）。2015 年，根据中国城市建设统计年鉴，内地城市共计 656 个，城市生活垃圾清运量为1.91亿吨，生活垃圾无害化处理率达94.1%；各类生活垃圾处理设施有890座，其中填埋场有640座，焚烧厂有220座，其他处理设施有30座；各类生活垃圾处理设施日处理能力为57.7万吨，其中卫生填埋处理能力为34.4万吨，焚烧处理能力为21.9万吨，其他处理设施处理能力为1.4万吨；无害化处理量约为1.80亿吨/年，其中卫生填埋处理量为1.15亿吨/年，焚烧处理量为0.62亿吨/年，其他处理设施处理量为354万吨/年（中国环境保护产业协会城市生活垃圾处理专业委员会，2017）。我国已陆续建设了一批生活垃圾填埋场，这对改变城市生活垃圾的无控处置状态、缓解城市生活垃圾危机起到了重要作用。但是，由于投资的限制或对填埋场气体和渗滤液造成的环境污染问题认识不足等，能真正满足环境卫生标准的填埋场不多，由此造成生活垃圾的二次污染严重。因此，垃圾填埋地的生态恢复具有重大的社会需求。

9.4.1.2 城市垃圾填埋地的生态环境问题

城市垃圾填埋是大量消除城市生活垃圾的主要处置方法之一，但从环境角度考虑，采用这种方法必须有后续的生态恢复整治措施。城市垃圾填埋地除了占用大量的土地资源外，主要产生的生态环境问题是填埋场气体和渗滤液产生的二次污染（黄立南和姜必亮，1999；黄懂宁和钟善锦，2000），影响环境和人类健康。

1）填埋场气体及其危害　在城市生活垃圾中，厨房垃圾（厨余）占生活垃圾的50%～70%。因此，投入填埋场的垃圾中，含有相当丰富的有机物质。垃圾一旦进入填埋场，微生物的分解过程就开始了。垃圾在填埋场内分解时，首先进行好氧分解，接着进行厌氧分解，按照占优势的微生物活动的类型对填埋场的厌氧分解过程进行假定的阶段划分，具体包括好氧、厌氧无甲烷、厌氧产甲烷不稳定及厌氧产甲烷稳定4个阶段（黄懂宁和钟善锦，2000）。微生物消耗填埋场中的氧气，发酵细菌将各种多糖、脂类和蛋白质降解成相对分子质量较小的中间产物，产生大量的热；大部分有机物被兼性及专一性的微生物（统称为产烷细菌）降解，产生CH_4、CO_2、H_2、N_2和O_2及一些微量气体（表9.4），并形成恶臭，这些气体会对环境和植物生长造成不同程度的负面影响（Kim and Owens，2010）。填埋场微量气体产生的途径包括垃圾的挥发、垃圾的降解、垃圾挥发和降解的共同作用及其他机理等。

表9.4　垃圾填埋场气体主要成分（体积分数/$\times10^{-2}$）（唐翔宇，1997）

成分	好氧和厌氧降解阶段产气组成	厌氧降解阶段产气组成
CH_4	0～70	40～70
CO_2	0～90	30～50
H_2	0～90	微量
N_2	<2.0	—
O_2	<1.0	—
微量气体	<5	<5

注："—"为测不出含量

填埋场散发一定强度的恶臭，并向大气扩散从而影响周围的环境卫生。恶臭来源于微量气体中的某些组分。场内的恶臭强度达4～5级，臭味影响半径达1～5km（唐永銮，1997）。

填埋场释放的气体多达上百种，对人体的毒性取决于这些气体化合物的累积效应。微量气体中的 H_2S 和 RSH（硫醇）会强烈刺激人的眼睛和呼吸系统。黄焱歆等（1996）研究发现，人对 H_2S 的嗅觉最低值为 0.005×10^{-6}～0.025×10^{-6}，当 H_2S 在空气中的体积分数大于 20×10^{-6} 时，会对人的结膜或角膜造成伤害；当 H_2S 体积分数达 400×10^{-6}～700×10^{-6} 时，会使人发生水肿甚至引发生命危险；当 H_2S 体积分数高于 700×10^{-6} 时，则会使人呼吸中枢麻痹并猝死。人体如果反复吸入 H_2S 等一些具刺激性且易溶解于水的气体，就有可能发生细胞变异（增殖和突变），那些不具刺激性且不溶于水的气体到达肺部再进入血液后，最终在某些重要器官中积累起来，也会危害人体健康。

填埋场中大量的 CH_4 和 CO_2 是温室气体不可低估的源，而且当空气中的 CH_4 含量较高时，会引起爆炸事故。硫化物气体还会导致酸化作用。

2）填埋场渗滤液及其对环境的影响　填埋场垃圾渗滤液是指垃圾在填埋、堆放等过程中，由于垃圾中游离水、有机物分解、降水的淋溶和冲刷、地表水和地下水的浸泡等作用，产生多种代谢物质和水分，共同形成含高浓度悬浮物和高浓度有机或无机成分的液体（李鸥和高德堂，2016）。填埋场内渗透过固体废弃物层的水（通常来自降水）带走有机及无机的降解中间产物和最终产物，便形成填埋场垃圾渗滤液。其成分复杂，污染物含量极高、含有较多有毒物质，对地下环境和生物具有极大危害，因此填埋场的防渗处理显得尤为重要（姜丹，2016）。

垃圾渗滤液的主要来源如图 9.4 所示（王宗平等，1999）。

来源
- 降水
  - 降雨：数量；强度；频度；持续时间
  - 降雪：温度；风速；雪块特性；场地情况；先前情况
- 地表流走水：遮盖物；植物；渗透性；先前土壤及垃圾含水情况；降雨量
- 地下水入浸情况：地下水流向；速率及地点
- 灌溉水：流率及流量
- 垃圾分解：有效水分及酸碱度；温度；氧的存在；时间、成分；颗粒大小；垃圾混堆情况
- 液体废弃物混合处理：型态及数量；含水量；含水体积；压积度

图 9.4　垃圾渗滤液的主要来源

引起渗滤液污染负荷的原因主要有微生物的厌氧分解作用和降雨的淋溶作用。垃圾渗滤液不仅是一种高浓度的有机废水，而且其水质和水量的变化很大，水质成分也较复杂，含有多种污染物，包括高浓度有机物、大量植物营养物（主要是 NH_4^+-N）及多种金属离子（表 9.5）。渗滤液的成分变化很大，主要取决于所填埋垃圾的组成、时间长度、深度、微生物环境等，渗滤液的量还与当地的气候、最终覆土层的性质及填埋场的地理概况等因素有关（黄立南和姜必亮，1999）。广州大田山垃圾填埋场渗滤液的分析结果表明，渗滤液中的有机污染物多达 77 种，其中萘、荧蒽、十八烷、苯酚、十四烷、二十烷已被确认为可疑致癌物、促癌物和辅致癌物。此外，还有 5 种被列为我国环境优先污染物的“黑名单”（郑曼英和李丽桃，1996）。

表 9.5　渗滤液中污染物的组分及其浓度变化范围（沈耀良和王宝贞，1999）

组分	浓度/（mg/L）	组分	浓度/（mg/L）
COD	100～90 000	Na^+	0～7 700
BOD_5	40～73 000	K^+	28～3 770
TOC	265～8 280	Mn	0.07～125

续表

组分	浓度/（mg/L）	组分	浓度/（mg/L）
TS	0～59 200	Fe	0.05～2 820
SS	10～7 000	Mg	17～1 560
TP	0～125	Zn	0.2～370
NH_4^+-N	6～10 000	Cu	0～9.9
SO_4^{2-}	1～1 600	Cd	0.003～17
Cl^-	5～6 420	Cr	0.01～8.7
Ca^{2+}	23～7 200	Pb	0.002～2

由于渗滤液内含多种污染物，且各种污染物的浓度变化范围很大，一般的废水处理方法难使其水质达到国家污水综合排放标准，因此必然会污染填埋场附近的农田和水体。

渗滤液对地表水的污染是以 BOD、COD 表征的有机污染和 N、P 污染为主，这是由渗滤液的特性所决定的。饮用受渗滤液污染的地表水，会危害人体健康；用受渗滤液污染的水体灌溉农田会引起富营养化、毒理和生态毒理效应，对农作物造成不良影响，如使水稻出现贪青徒长现象，以及空穗率和秕谷率增加，导致减产 50%～70%（郑曼英等，1998）。由于渗滤液中的微量重金属元素在自然环境中不易于分解或降解，在地表水径流中大多沉积在土壤中，并不断累积，因此它们的潜在性危害不可忽视。

渗滤液对地下水的污染是潜在的，特别是不易降解的有机污染物和微量重金属元素的影响确实存在，因此必须予以足够的重视。渗滤液污染地下水的途径主要是通过场基进入地下含水层，污染强度取决于基底的水文条件及是否采取了防渗措施。目前，应用于我国填埋场垂直防渗的常见形式有高压喷射注浆、水泥土搅拌桩、塑性混凝土连续墙（垂直开槽置换法）、灌浆法垂直防渗帷幕以垂直开槽埋设高密度聚乙烯膜（high density polyethylene impermeable membrane，HDPE）等（叶盛华等，2013）。

3）其他因素　垃圾在填埋场内发生厌氧分解释放出热量，这些热量加快了垃圾的化学氧化过程，而持续的化学氧化又能提高填埋场的温度。在已关闭的填埋场表面以下 20cm 和 30cm 深处基质的温度可以比正常的土壤温度分别高出 20℃和 15℃（Ettala，1988）。

垃圾不断的厌氧分解会使填埋场的表面慢慢下沉。老式填埋场由于没有对所填埋的垃圾采取压缩措施，这种情况尤为严重。地表沉降会改变渗滤液的流动及填埋气体的运动，从而对地表植物的生长更加不利；另外，现代填埋场由于采用了先进的压缩技术而导致最终覆土层具有很大的容量，从而也会限制植物根系的穿透及土壤中气体的正常交换。

9.4.2 城市垃圾填埋地的生态恢复程序

与其他退化生态系统恢复比较，垃圾填埋地的生态恢复有其自身的特点。其在制定目标时，需要与生活垃圾填埋场的再利用规划相结合。以美国的拜斯比公园为例，其设计者哈格里夫斯将生态恢复、景观与艺术融合到一起，打造场所精神，提升了场地的艺术价值。生态修复技术与再利用规划技术在时间维度相结合，宜整合成一个高度相关的系统（表 9.6）。通过整合生态修复技术与再利用规划技术，达到生物能源的再利用、物质的循环、生态系统的健康发展及空间资源的合理利用（图 9.5）。

表 9.6　生态修复技术与再利用规划技术一览（陈金平，2018）

时间	生态修复技术	再利用规划技术
0～5 年	雨洪管理技术；植被重建技术，如种植土覆盖技术、建植技术、植物筛选技术等	用地性质：农业用地、林业用地、生产防护绿地 用途：苗圃基地、草场、农田、草原
6～10 年	生态改善技术：生物群落丰富技术、绿色技术设施构建技术、土壤污染物萃取技术	用地性质：农业用地、林业用地、公园 用途：郊野公园、高尔夫球场、农牧用地、野营、野炊场、风力太阳能发电区
11～20 年	动态监测技术、生物群落完善技术、引入湿地系统技术	用地性质：康体用地、公园 用途：网球场、足球场、自行车训练场、青少年环保教育基地
20 年以上	陈垃圾再利用技术、引入湿地系统技术	用地性质：康体用地、娱乐设施用地、公园 用途：各种体育运动场、各种球类的比赛场地及各种有固定舞台表演的场地和新的垃圾填埋场的土壤覆盖层

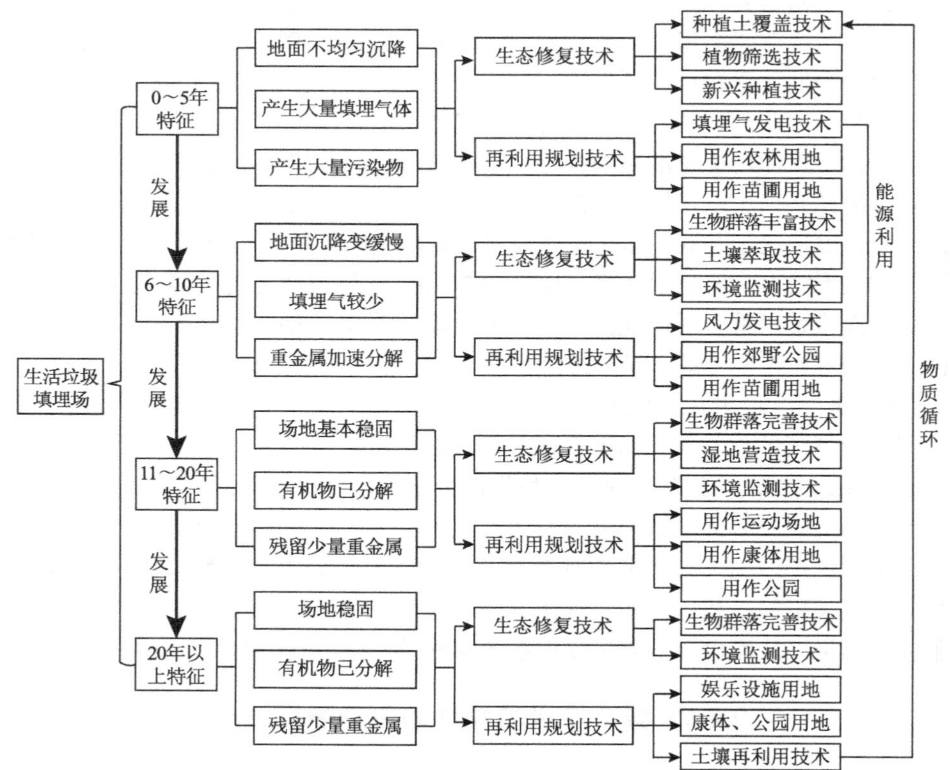

图 9.5　生态修复技术与再利用规划技术整合框架图（陈金平，2018）

全世界的环境科技工作者很早就开展了这方面研究。美国环境保护管理局早在 1983 年就专门公布了已关闭的垃圾填埋场植被重建的标准步骤（图 9.6）。

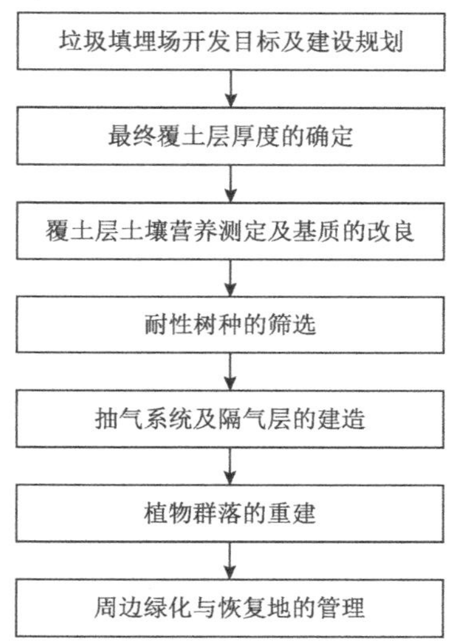

图 9.6　已关闭的垃圾填埋场植被重建的标准步骤（Gilman et al.，1983）

9.4.3　城市垃圾填埋地的污染控制综合技术

9.4.3.1　渗滤液污染控制

渗滤液污染控制通常采用减少地表水及地下水的入渗、渗滤液的回灌处理和渗滤液的合并处理等方法（邹莲花等，1996；胡允良，1999），以及生物法和物理化学法（邹长伟等，2001）等来控制。

1）减少地表水及地下水的入渗　　避免地表水及地下水对垃圾体的直接冲刷和浸泡是减少渗滤液产生的重要措施。特别是在我国的南方地区，简易填埋场大多为山谷型填埋场，通常具有较大的汇水面积，又往往存在防洪系统不完善或排过水能力不足的问题，雨季渗滤液产生量大，导致污水外溢造成污染事故。

因此，做好地表水和地下水的导排，如设置导流渠、导流坝、截洪沟及地下排水沟，可以大幅度减少渗滤液的产生量。这些措施易于实施且效果明显，应优先考虑。

2）渗滤液的回灌处理　　渗滤液回灌是一种行之有效的减轻渗滤液污染的方法，其原理是利用填埋场中垃圾层及覆土层的物理吸附作用及微生物降解作用来净化渗滤液，让垃圾填埋层起到“生物滤床”的作用。这种方法能适应渗滤液水质水量变化大的特点，具有投资低、操作管理简单、能克服重金属污染扩散等优点。

至于使用多年的简易填埋场，其垃圾层中的水分已逐渐析出，渗滤液的回灌可以增强垃圾中微生物的活性，加快有机物进一步降解，缩短填埋场的稳定化进程（胡允良，1999）。不过，由于简易填埋场一般不是分单元填埋，因此渗滤液回灌宜在封场后进行。

但回灌法在实际应用中还存在以下问题（邹长伟等，2001）：①不能完全消除渗滤液。喷洒或回灌的渗滤液受填埋场特性的限制，仍有大部分渗滤液需外排处理。②通过喷洒循环后的渗滤液仍需处理后排放，尤其是渗滤液在垃圾层中循环时，NH_4^+-N 会不断积累，甚至最终使其浓度远高于其在非循环渗滤液中的浓度。③回灌处理技术在国内工程上缺乏理论依据及设计参数，运用较少。

3）渗滤液的合并处理　　垃圾渗滤液是一种高浓度、难降解的有机污水，需要采用生物化学处理加物理化学处理的组合工艺进行深度处理才能达标排放，建设投资与运行费用均十分昂贵（通常是城市生活污水的数倍甚至数十倍）。采用场内预处理与城市污水合并处理的方法是目前较为经济可行的途径，这样可以节省单独修建处理厂的投资及高昂的运行费用。

现有简易填埋场大多已使用多年，其渗滤液属于晚期渗滤液，可生化性较差，BDO_5/COD 的值较低，NH_4^+- N 浓度较高（表 9.7）。

表 9.7　垃圾填埋场晚期渗滤液水质浓度（邹莲花等，1996）

项目	浓度范围	典型值
pH	7.5～8.5	8.3
COD/（mg/L）	2000～4000	3000
BOD_5/（mg/L）	300～800	500
NH_4^+-N/（mg/L）	800～1400	1000
总磷/（mg/L）	10～30	15
总碱度/（mg/L）	5500～8000	7000

渗滤液与城市污水合并处理，COD 浓度会增高，特别是 NH_4^+-N 浓度将有较大幅度的提高，过高的 NH_4^+-N 浓度会抑制微生物的正常生长。因此，在合并处理时，要注意渗滤液水质、水量与污水厂处理规模的匹配，避免高浓度渗滤液的加入对城市污水处理厂正常运行的冲击。

渗滤液处理系统对不同时间的渗滤液的处理效果是不同的，而且差异相当明显（张国平和周恭明，2004）。应充分考虑到填埋场老龄化后，渗滤液的处理效果。如有可能可以做一些试验研究，尽量选取处理面较广的处理单元组合，即使不能完全克服这一问题，也应尽量选取在填埋场老龄化后，只需较小规模的改动就可符合处理工艺的要求，以最大限度地减小后期的费用，满足填埋场在达到一定使用年限或封场之后的渗滤液处理要求。

4）生物法　　生物法常有好氧处理、厌氧处理、厌氧-好氧处理等方法。但高浓度的渗滤液无论采用单项处理还是采用厌氧-好氧生物处理工艺均难以达到排放标准，通常还需辅加物理化学法深度处理。

（1）好氧处理。好氧处理是常用的生物处理法。例如，徐迪民等（1989）采用低氧-好氧两段活性污泥法对浸出液进行处理试验，进水 COD_{cr} 浓度为 6446mg/L，BOD_5 浓度为 3502mg/L，pH 为 5～6.4，出水 COD_{cr}浓度为 226.7mg/L，BOD_5浓度为 13.3mg/L，pH 为 6.5～7.5，效果良好。但是，该法由于对脱磷效果很好，从而会影响营养元素磷不足的渗滤液中氮的去除，凯氏氮的平均去除率仅为 67.5%，法国某垃圾渗滤液直接用好氧塘处理，COD 去除效率在 70%左右，BOD_5 去除效率在 80%左右（胡允良，1999）。

（2）厌氧处理。厌氧处理有许多优点，表现为有机负荷高，占地面积比较小，能耗少，操作简单，投资及运行费用低。厌氧滤池适于处理溶解性有机物。加拿大哈里法克斯市公路（Halifax Highaway）填埋场渗滤液平均 COD 为 12 850mg/L，BOD_5/COD 的值为 0.7，pH 为 5.6。将此渗滤液先经石灰水调节 pH 至 7.8，沉淀 1h 后进厌氧滤池（此工艺还起到去除锌等重金属的作用），当负荷为 4kg COD/（m^3·d）时，COD 去除率可达 92%以上；当负荷再增加时，去除率急剧下降（Alkalay，1998）。

（3）厌氧-好氧处理。虽然实践已经证明，厌氧生物法对高浓度有机废水处理的有效性，但单独采用厌氧生物法处理渗滤液也很少见。对高浓度的垃圾渗滤液采用厌氧-好氧处理，既经济合理，处理效率又高。邹莲花等（1996）采用厌氧—吹脱—脱氧—好氧—混凝沉淀流程对深圳市玉龙坑生活垃圾填埋场的生活垃圾进行了处理试验，当渗滤液 COD 浓度为 25 000mg/L，BOD_5 浓度为 15 000mg/L，NH_3-N 浓度为 1000mg/L 时，出水各项指标均低于排放标准。在三峡工程生活垃圾填埋场渗滤液模拟处理试验中，采用“上流式厌氧污泥床（UASB）+好氧塘”工艺，COD 去除率达 90%，BOD 达 80%；Thirumurthi 等（1986）发现用厌氧-好氧处理工艺处理渗滤液，BOD 的去除率达 99%，COD 的去除率达 97%，COD 从 22 300mg/L 降为 700mg/L。

5）物理化学法　混凝法是常用的一种物理化学法。例如，利用铅矿混凝及吸附方法对垃圾渗滤液进行处理，结果表明，48.93%的有机物完全被去除，其他有机化合物的去除率为 50%～70%；法国某地采用混凝法处理渗滤液的结果表明，无论对何种水样、采用何种混凝剂，投加量为多少，有机物（COD_{cr} 或 TOC）的去除率都相近，为 52%～70%（张兰英等，1998）。“机械压缩蒸发+离子交换”工艺是一种深度处理的方法，先让渗滤液通过过滤器，来对其内大部分细小纤维进行去除，后进入到自动控制的蒸发装置内，将渗滤液原液内的水进行蒸发，蒸汽冷凝后形成蒸馏水而排出，此时蒸馏水内含有的氨通过离子的交换系统会进一步被处理和排放，此时出水是脱盐的蒸馏水，其能够当作生产和绿化的用水。

6）城市垃圾渗滤液处理技术发展　由于渗滤液内存在复杂的成分，且还受到诸多因素影响而导致水质和水量存在巨大差异，往往通过单一的工艺并不能够对其内有害成分实现有效的处理，因此未来其技术需要朝着多样化发展。同时，在处理的同时要注重回收再利用，如在垃圾的渗滤液内含有各种可以被再利用的重金属和有机物等，在其渗滤液的处理中就需要注重对其内成分的再利用，这也是其未来发展的重点。

9.4.3.2 填埋气污染控制及其回收利用

简易填埋场大多没有完善的填埋气导排系统，填埋气排放处于无控状态，存在火灾、爆炸等安全隐患。特别是在封场后，顶部覆盖层将抑制填埋气的散发，填埋气在垃圾堆体中积聚，危险性进一步加大。

填埋气中非甲烷类有机物对人类健康和生态环境危害极大，国外的环境标准将非甲烷类有机物的排放量作为填埋气是否造成污染及是否应对其进行控制的依据（Ministry of Environment of Canada，1993），我国的环境标准中尚未对填埋气中污染物的排放做出具体限制，但对其危害性已有一些研究。无论从安全保证还是从污染控制的角度，加强填埋气排放的控制十分必要。简易填埋场均应建立填埋气导排气系统，将气体有序地集中导出，燃烧后排空，以消除污染与安全隐患。根据国外经验，对垃圾填埋量大于 100Mt 且填埋深度达 10～15m 及以上的大、中型垃圾填埋场，填埋气都有回收利用的价值，应考虑填埋气的回收利用（Arigala et al.，1995）。

9.4.4 城市垃圾填埋地的生态恢复技术

9.4.4.1 简易填埋场的封场

我国绝大部分城市采用卫生填埋法处理城市垃圾。当垃圾堆体高度达到设计标准后，对停止填埋作业的垃圾填埋场必须实施封场工程，通常包括堆体整形与处理、填埋气体收集与处理、封场覆盖、地表水控制、渗滤液收集处理、封场工程施工与验收、封场工程后续管理等（张嘉琦等，2018）。简易填埋场大多已位于或靠近城市的人口密集区，封场与生态恢复的要求较高，在一些城市还存在场地回用的问题。生活垃圾填埋场在封场后，其内部的物理、化学条件处于动态变化之中，生活垃圾填埋场的植被修复也应当适应这种变化，并在生态监测的帮助下，结合每个阶段的不同特点，进行相应的调整，实现生活垃圾填埋场高效合理的生态恢复（表 9.8）。

表 9.8　不同阶段生活垃圾填埋场的封场特征、覆土厚度与植被重建方式一览

对比项	早期	中期	远期
封场年限/年	＜3	3～20	＞20
堆体沉降/（m/年）	大，＞0.25	中，0.1～0.2	小，＜0.05
填埋气标准（CH_4）/%	5～10	1～5	＜1
封场覆土厚度/m	＞0.6	＞0.9	＞1.2
主要植被修复方式	地被+灌木	群落重建	湿地引入

1）腐熟垃圾的回收利用　我国城市生活垃圾中易腐成分较多，腐熟期较短，一般填埋 10～15 年及以上可基本稳定。廖利等（1999）的分析表明，腐熟垃圾中的营养物质含量较高，可作绿化用肥料及填埋场封场的表层营养土。我国城市生活垃圾历年堆存量达数十亿吨，占用了大量土地，特别是城区内或近郊的填埋场，土地增值潜力大，直接对腐熟垃圾加以回收利用，可减少垃圾堆存占地面积，恢复土地利用价值，具有良好的社会效益和经济效益。

腐熟垃圾回收利用的关键是对垃圾腐熟度的评价，应尽快建立评价体系及配套管理措施，同时加强相关作业机具的开发及工程示范。

2）封场　简易填埋场由于填埋垃圾的压实密度较低，降解后沉降变形较大，因此封场时应注意防止顶部覆盖的开裂和坍塌失稳。顶部表层营养土是填埋场复垦植物生长的基质，其物理化学性质是植被生长的重要因素之一。不同的植被类型要求最终覆土层的厚度也不相同，应根据所种植的植被类型决定最终覆土层的厚度。通常草本植物需 60cm 左右的覆土层厚度，而树木则需要 90cm 以上。

设计中要考虑填埋场封场后的利用价值，在做好生态恢复的同时，需考虑填埋场的远景规划，并与城市的总体规划相一致，作为城市发展的备用土地资源，发挥其潜在的价值。

填埋场的沉降度与填埋场的初期填埋高度有一定的关系，并随压实情况和时间而变化（张国平和周恭明，2004）。影响填埋场场地沉降的因素有：①最初的压实程度；②垃圾的性质和降解情况；③被压实垃圾产生的固结作用；④最终覆盖层的高度。一般填埋场场地沉降要持续 25 年以上，其总沉降量为填埋场初期填埋高度的 25%～50%，其中 90%发生在封场后的第一年。设计中需考虑填埋场的沉降问题，避免产生场区地质变化或水、气泄漏等危险事故。

9.4.4.2　垃圾填埋场的植被重建

为了解决垃圾填埋场的占地问题并兼顾城市的美观，垃圾填埋场在关闭后常常被建议开发成公园、高尔夫球场或其他露天娱乐场所。英国伦敦市区就有通过生态恢复，将市区垃圾山改造成的森林公园。但是开发和利用它们的前提是对它们进行植被的重建，因此垃圾填埋场的植被恢复与重建的重要性是不言而喻的。

1）植被生长的限制因子　　植物在填埋场上生长时要面临填埋气、渗滤液以及最终覆土层的高温等环境压力。Flower 等（1987）曾在美国境内调查了接近 100 个已关闭的垃圾填埋场，发现试图在那里生长的植物，特别是具有深根系的木本植物种类，面临着相当大的生存压力。许多国家和地区在垃圾填埋场的植被复垦过程中先后遇到了诸如植物生长不良、高死亡率、植株矮化、生理失调等问题。一般认为，填埋场植物生长最主要的限制因子是土壤中的填埋气体（黄立南和姜必亮，1999）。

在土壤填埋气体中，甲烷占 60%以上。甲烷是一种无味气体，被普遍认为对植物是惰性的，到目前为止还没有任何证据表明甲烷对维管束植物能产生直接的生理上的影响。但甲烷确实对植物产生间接的影响，它可以通过直接的气体置换作用或通过产甲烷细菌对氧气的消耗（或者二者兼而有之）而降低植物根际的氧气水平，并能在无氧条件下促进乙烯的形成（Spreull and Cullum，1987）。

虽然少数植物对 CO_2 具有较高的耐受性，且中等水平的 CO_2 对植物的生长有良好的刺激作用，但一般来说，浓度在 15%或 20%以上的 CO_2 对植物是致命的（Chang and Loomis，1945）。CO_2 对不同植物产生抑制效应的阈值差异极大。

填埋场土壤（最终覆土层）是一种特殊的生境，其极低的 O_2 水平是因为气体的替换而非通常的水浸所致。虽然少数植物因拥有特殊的适应机制从而能忍耐很低的氧气水平，但一般植物要求土壤氧气维持在较高的浓度才能正常生长。填埋气中还有其他一些微量成分，如 H_2S、H_2、NH_3、N_2、CO、C_2H_4、环状碳氢化合物、有机硫化合物等。这些微量气体的组成取决于所填埋的垃圾的性质及其他气体的浓度，大部分被认为具有植物毒性。

其他的限制因子包括最终覆土层过薄、养分过低、水分缺少、干旱、高温、过度致密及填埋气体的扩散等。

2）垃圾填埋场植被重建　　在确定垃圾填埋场的再开发目标及其建设规划后，首先必须根据生态恢复的目标确定覆土层的厚度。根据所种植的植被类型决定最终覆土层的厚度，这样可以将填埋场的建设费用大大降低。

然后，必须对覆土层的土壤营养状况进行测定，根据测定结果进行基质改良（黄立南和姜必亮，1999）。测定包括主要的营养物水平、电导率、土壤容重及有机物含量等，以决定要添加的肥料、石灰和（或）有机物的量。改良起码包括覆土层表面以下 15cm 的范围。最终覆土层土壤的物理化学性质被认为是影响固体废弃物填埋场植被生长的重要因素之一，特别是在填埋气体较少的地方，土壤矿质氮素的含量与植被的干重之间有显著相关关系，这表明在对填埋场进行复垦时有必要施用氮肥，也可施用堆肥，因为基质（最终覆土层）的有机物对植物生长具有促进作用。此外，填埋场的最终覆土层在施工过程中被填埋设备频繁地压缩，从而严重制约了植物根系的生长。应该适当翻松最终覆土层表层，并酌情添加有机质以改善其物理特性。

最重要的环节是耐性树种的筛选。很多研究报告都强调了筛选耐性树种的重要性。实践证明，浅根系的草本植物更能在填埋气体较多的地方生长（Wong et al.，1992）。选择耐性树种，并注意不同类型植物（草-灌-乔）的合理搭配，才能达到较好的复垦效果。乔木和灌木最好在种草后的 1～2 年之后再开始种植，因为如果草本植物因填埋气体的大量释放而无法生长时，其他深根系的植物类群就更加难以幸免（Lan and Wong，1994）。选择耐性树种时还要充分考虑到填埋场复垦后的最终用途、地理位置、所填埋的固体废弃物的种类及树种各方面的特性等。

成功的填埋场植被重建还有赖于抽气系统的建立，因为它能最大限度地减少溢入最终覆土层并抑制植物根系生长的填埋气体的量。美国国家资源回收中心建议在固体废弃物填埋场内建立管道网，以导出填埋气体及排出渗滤液，而这些富含甲烷的气体则可以作为周围地区的能源（Inc，1974）。但是，即使有商业性的抽气系统在运作，填埋气还是可以扩散进入表土层。最好的办法是在最上方的废弃物层上盖上不透气的土层（如黏土层）或人造薄膜，以防止气体进入最终覆土层，而且可阻止雨水的渗滤。

林学瑞等（2002）对广东省中山市一个关闭了5年左右的垃圾卫生填埋场（狗仔坑垃圾填埋场）进行植被恢复的调查研究，调查内容包括土壤、填埋气和植物自然定居与植被恢复等方面，证明了高浓度的填埋气是垃圾填埋场植被恢复的主要限制性因素；提出要对垃圾填埋场进行植被恢复，首先要按规范建设垃圾填埋场，铺设收集填埋气的管道以减少填埋气对植物生长的限制作用；封场时要对最上一层的垃圾进行覆土处理，覆土层过厚或没有覆土都会影响植物的生长，必要时要在覆土层里添加肥料；开始时，要选用合适的先锋种，如类芦（*Neyraudia reynaudiana*）、加拿大飞蓬（*Erigeron canadensis* L.）、胜红蓟（*Ageratum conyzoides* L.）等先锋植物种植，待先锋植物生长起来后，再种植狗牙根、蟛蜞菊［*Wedelia chinensis*（Osbeck.）Merr.］、田菁和苦楝（*Melia azedarace* L.）等植物，进一步加快植被的恢复进程。

3）周边绿化　在填埋场周围种植抗性乔木和灌木绿化隔离带，树种可选用抗 CH_4 能力强的乡土植物，绿化隔离带可有效减少填埋场的污染，同时起到美化环境、改善填埋场景观的作用。修复植物的选择对垃圾填埋场的植被恢复具有重要意义。虽然有垃圾填埋场自然植被恢复的例子，但是自然植被恢复所需时间长，且主要以草本植物为主，这样的植被恢复仅满足于填埋场内有植被覆盖，对于填埋场及周边生态环境改良作用较小。考虑到垃圾填埋场特殊的生境条件，在选择修复植物时，一方面应尽可能地选择抗逆性强、易于养护，且对有害物质具有较强吸附或吸收能力的本土植物；另一方面为营造良好的自然景观，在植物的群体配置上要适当种植耐性强的建群植物种，设计乔、灌、草的复层绿化模式，增加植物群落的多样性和稳定性，如苦楝-紫穗槐-画眉草、女贞-紫花苜蓿等群落类型（周良，2012）。另外，“宫胁造林法”可以指导解决乡土种和地带性植被选择问题。通过对上海地区垃圾填埋场的植被调查和乡土植被的野外适应性评价发现：①上海地区垃圾填埋场和乡土植被共有的植物为189种，其中乡土种为172种，占90%；②主要群落为香樟、女贞和构树群落，这符合上海地区潜在地带性植被特点，还发现加拿大一枝黄花可作为修复前期的先锋植物；③狗牙根、葎草、构树等植物抗污染性强，可进行植被修复。在此基础上，总结出上海地区垃圾填埋场植被重建推荐植物名录，这有助于“宫胁造林法”在垃圾填埋场植被选择应用上加以完善（赖泓宇和金云峰，2017）。

思考题

1. 城市生态系统有什么特点？
2. 简述城市的主要生态环境问题。城市生态恢复有什么特点？
3. 何谓城市热岛效应？如何减缓城市热岛效应？
4. 城市森林的含义是什么？简述城市不同森林类型的恢复办法。
5. 为什么城市森林恢复是城乡发展的纽带？
6. 城市垃圾污染主要包括哪几个方面？如何进行生态恢复？

参考文献

蔡博峰, 刘建国, 曾宪委, 等. 2013. 基于排放源的中国城市垃圾填埋场甲烷排放研究. 气候变化研究进展, 9: 406-413.

陈宝明, 陈伟彬, 周婷, 等. 2016. 生态文明建设背景下的生态住宅评价与住区绿化. 生态环境学报, 25: 1082-1087.

陈辉, 古琳, 黎燕琼, 等. 2009. 成都市城市森林格局与热岛效应的关系. 生态学报, 29: 4865-4874.

陈金平. 2018. 生活垃圾填埋场生态修复与再利用规划的技术整合研究. 规划师, 34: 126-130.

伏来旺. 2001. 在西部大开发中努力做好民族工作. 内蒙古统战理论研究, 3: 4-6.

付从梅, 王富. 2017. 化工企业的环境保护与三废治理. 山东化工, 46: 181-182.

傅德荣. 2006. 国外乡村旅游的发展现状和趋势. 环球博览, 7: 97-98.

高伟丽. 2017. 我国城市环境污染现状及防治措施. 技术与市场, 24: 334-336.

顾晨洁, 王忠杰, 李海涛, 等. 2017. 城市生态修复研究进展. 城乡规划, 3: 46-52.

广东省林业厅. 2016. 广东省林业发展“十三五”规划.

贺丹. 2017. 世界人口发展版图. 人口与计划生育, 6: 64.

胡允良. 1999. 法国垃圾渗透液的性质及其处理方法. 上海环境科学, 18: 37-40.

黄懂宁, 钟善锦. 2000. 生活垃圾填埋处置的环境问题. 环境科学动态, 2: 34-36.

黄立南, 姜必亮. 1999. 卫生填埋场的植被恢复重建. 生态科学, 18: 68-74.

黄焱歆, 郭静, 杨秀云. 1996. 生物膜法控制硫化氢气体污染的试验研究. 城市环境与城市生态, 9: 15.

姜丹. 2016. 国内外垃圾渗滤液研究现状及未来展望. 辽宁化工, 45: 865-868.

蒋高明. 2003. 退化生态系统的恢复与管理: 兼论自然保护区在其中发挥的作用. 植物学通报, 20: 373-382.

蒋雯. 2005. 论生态城市建设与可持续发展的关系. 环境保护科学, 31: 35-37.

赖泓宇, 金云峰. 2017. 基于宫胁法的垃圾填埋场植被重建研究. 中国城市林业, 15: 16-19.

李辉. 2014. 城市垃圾: 现状与出路. 生态经济, 30: 10-13.

李鸥, 高德堂. 2016. 填埋场垃圾渗滤液处理技术研究进展. 清洗世界, 32: 32-35.

刘耀彬, 李仁东, 张守忠. 2005. 城市化与生态环境协调标准及其评价模型研究. 中国软科学, 5: 140-148.

刘则渊, 姜照华. 2001. 现代生态城市建设标准与评价指标体系探讨. 科学与科学技术管理理论与方法, 4: 61-63.

毛齐正, 黄甘霖, 邬建国. 2015. 城市生态系统服务研究综述. 应用生态学报, 26: 1023-1033.

裴男才, 陈步峰, 史欣, 等. 2017. 从生态学角度浅析森林城市群的建设与研究. 中国城市林业, 15: 1-5.

彭少麟, 周凯, 叶有华, 等. 2005. 热岛效应研究进展. 生态环境, 14: 574-579.

彭镇华. 2003. 扬州现代城市森林发展. 北京: 中国林业出版社.

秦趣, 朱士鹏, 代稳. 2014. 六盘水市城市生态系统健康动态评价研究. 环境科学与技术, 37: 185-191.

屈超蜀, 唐炜柏, 代贵. 1993. 城市生活垃圾处理工程. 重庆: 重庆大学出版社.

沈清基. 2017. 城市生态修复的理论探讨: 基于理念体系、机理认知、科学问题的视角. 城市规划学刊: 30-38.

沈耀良, 王宝贞. 1999. 垃圾填埋场渗滤液的水质特征及其变化规律分析. 污染防治技术, 12: 10-13.

孙冰, 尹光天, 廖绍波, 等. 2004. 深圳市生态风景林体系总体规划与布局研究. 城市林业, 4: 8-11.

唐翔宇. 1997. 垃圾卫生填埋场微量气体的产生及环境影响. 上海环境科学, 16: 34-36.

唐永銮. 1997. 深圳市垃圾及其处理的研究. 重庆环境科学, 19: 30-32.

王伯荪, 彭少麟. 1986. 鼎湖山森林群落分析 X 边缘效应. 中山大学学报(自然科学版), 4: 52-56.

王伯荪, 彭少麟. 1989. 森林演替与林业的经营和发展. 中国科学院华南植物研究所集刊, 4: 253-258.

王伯荪, 彭少麟. 1996. 植被生态学. 北京: 中国环境科学出版社.

王成. 2016. 关于中国森林城市群建设的探讨. 中国城市林业, 14: 1-6.

王义文. 2004. 谈城市森林的构建技术. 城市林业, 4: 24-27.

王宗平, 陶涛, 金儒霖. 1999. 垃圾填埋场渗滤液处理研究进展. 环境科学进展: 33-40.

肖士恩, 雷家骕. 2011. 中国环境污染损失测算及成因探析. 中国人口·资源与环境, 21: 70-74.

徐洪, 杨世莉. 2018. 城市热岛效应与生态系统的关系及减缓措施. 北京师范大学学报(自然科学版), 54: 790-798.

杨坪, 姜涛, 李志成, 等. 2017. 填埋场防渗处理及渗漏检测方法研究进展. 环境工程, 35: 129-132, 142.

杨士弘. 1997. 城市生态环境学. 广州: 中山大学出版社.

杨小波, 吴庆书, 邹伟, 等. 2002. 城市生态学. 北京: 科学出版社.

杨琰瑛, 郑善文, 逯非, 等. 2018. 国内外生态城市规划建设比较研究. 生态学报, 38: 22.

叶林, 邢忠, 颜文涛. 2017. 城市边缘区绿色空间精明规划研究: 核心议题、概念框架和策略探讨. 城市规划学刊: 30-38.

叶盛华, 但汉波, 陶如钧, 等. 2013. 垂直防渗在现代卫生填埋场中的应用. 环境工程, 31: 510-512,584.

俞孔坚, 王思思, 李迪华, 等. 2010. 北京城市扩张的生态底线: 基本生态系统服务及其安全格局. 城市规划, 34: 19-24.

俞孔坚. 2016. 人类世生态系统与生态修复. 景观设计学, 4: 6-9.

张国平, 周恭明. 2004. 我国卫生填埋场设计的一些指导建议. 环境卫生工程, 12: 49-51.

张佳丽, 王蔚凡, 关兴良. 2019. 智慧生态城市的实践基础与理论建构. 城市发展研究, 26: 4-9.

张嘉琦, 郝培尧, 董丽, 等. 2018. 北京市正规垃圾填埋场恢复植被特征. 山东农业大学学报(自然科学版), 49: 76-81.

张兰英, 韩静磊, 安胜姬, 等. 1998. 垃圾渗滤液中有机污染物的污染及去除. 中国环境科学, 18: 184-188.

张鹏, 汪建丰. 2017. 高速铁路对我国城市化发展影响的研究综述. 特区经济, 10: 63-67.

张骁鸣. 2004. 香港郊野公园的发展与管理. 规划师, 20: 90-94.

张殷俊, 陈曦, 谢高地, 等. 2015. 中国细颗粒物($PM_{2.5}$)污染状况和空间分布. 资源科学, 37: 1339-1346.

赵可新. 1999. 城市热岛效应现状与对策探讨. 中国园林, 15: 44-45.

赵人镜, 戈晓宇, 李雄. 2018. “留白增绿”背景下北京市栖息生境型城市森林营建策略研究. 北京林业大学学报, 40: 102-114.

赵毅. 2018. 我国主要城市空气污染的预测预警及健康效应研究. 兰州: 兰州大学硕士学位论文.

郑曼英, 李丽桃, 邢益和, 等. 1998. 垃圾浸出液对填埋场周围水环境污染的研究. 重庆环境科学, 20: 17-20.

郑曼英, 李丽桃. 1996. 垃圾渗滤液中有机污染物初探. 重庆环境科学, 18: 41-42.

中国环境保护产业协会城市生活垃圾处理专业委员会. 2017. 城市生活垃圾处理行业 2017 年发展综述. 中国环保产业: 9-15.

中华人民共和国生态环境部. 2018. 2018 中国生态环境状况公报.

周良. 2012. 垃圾填埋场生态修复技术发展现状及思考. 环境科技, 25: 71-74.

朱春阳, 李树华, 纪鹏, 等. 2011. 城市带状绿地宽度与温湿效益的关系. 生态学报, 31: 383-394.

朱美荣. 1999. 跨世纪中国城市环境问题和城市环保战略思考. 经济地理, 19: 76-78.

邹莲花. 1997. 城市生活垃圾填埋场渗滤液水质影响因素分析及水质预测.给水排水, 07:57-60.

邹莲花, 王宝贞, 居德金, 等. 1996. 城市生活垃圾填埋场渗滤液处理的试验研究. 给水排水, 22: 13-14.

邹长伟, 徐美生, 黄虹, 等. 2001. 垃圾填埋场渗滤液的处理技术. 环境与开发, 16: 23-25.

Alkalay D. 1998. Anaerobic treatment of municipal sanitary landfill leachates: the problem of refractory and toxic components. World Journal of Microbiology & Biotechnology, 14: 309-320.

Arigala S, Tsotsis T, Webster I, et al. 1995. Gas generation, transport, and extraction in landfill. J Envir Engrg, 121: 33-44.

Cadenasso ML, Pickett STA, Schwarz K. 2007. Spatial heterogeneity in urban ecosystems: reconceptualizing land cover and a framework for classification. Frontiers in Ecology and the Environment, 5: 80-88.

Cao X, Onishi A, Chen J, et al. 2010. Quantifying the cool island intensity of urban parks using ASTER and IKONOS data. Landscape and Urban Planning, 96: 224-231.

Chang CR, Li MH, Chang SD. 2007. A preliminary study on the local cool-island intensity of Taipei city parks. Landscape and Urban Planning, 80: 386-395.

Chang H, Loomis W. 1945. Effect of carbon dioxide on absorption of water and nutrients by roots. Plant Physiology, 20: 220-232.

Duinker PN, Ordonez C, Steenberg JWN, et al. 2015. Trees in Canadian cities: indispensable life form for urban sustainability. Sustainability, 7: 7379-7396.

Ettala M. 1988. Short rotation tree plantations at sanitary landfills. Waste Management & Research, 6: 291-302.

Feghhi J, Teimouri S, Makhdoum MF, et al. 2017. The assessment of degradation to sustainability in an urban forest ecosystem by GIS. Urban Forestry & Urban Greening, 27: 383-389.

Gilman E, Flower F, Leone I. 1983. Standardized procedures for planting vegetation on completed sanitary landfills.Waste Management & Research, 3(1): 65-80.

Grove JM, Troy AR, O'Neil-Dunne JPM, et al. 2006. Characterization of households and its implications for the vegetation of urban ecosystems. Ecosystems, 9: 578-597.

Han LJ, Zhou WQ, Li WF, et al. 2018. Urbanization strategy and environmental changes: an insight with relationship between population change and fine particulate pollution. Science of the Total Environment, 642: 789-799.

Imhoff ML, Zhang P, Wolfe RE, et al. 2010. Remote sensing of the urban heat island effect across biomes in the continental USA. Remote Sensing of Environment, 114: 504-513.

Inc NC RR. 1974. National Center for Resource Recovery Inc. 1974. Sanitary Landfill. Toronto: Lexington Books.

Jin K, Wang F, Chen D, et al. 2015. Assessment of urban effect on observed warming trends during 1955-2012 over China: a case of 45 cities. Climatic Change, 132: 631-643.

Karl T, Diaz H, Kukla G. 1998. Urbanization: its detection and effect in the United States climate record. Journal of Climatology, 1: 1099-1123.

Kim KR, Owens G. 2010. Potential for enhanced phytoremediation of landfills using biosolids a review. Journal of Environmental Management, 91: 791-797.

Kim Y, Baik J. 2004. Daily maximum urban heat island intensity in large cities of Korea. Theoretical and Applied Climatology, 79: 151-164.

Lan C, Wong M. 1994. Environmental factors affecting growth of grasses, herbs and woody plants on a sanitary landfill. J Environ Sci, 6: 504-513.

Ordonez C, Duinker PN. 2013. An analysis of urban forest management plans in Canada: implications for urban forest management. Landscape and Urban Planning, 116: 36-47.

Peckham SC, Duinker PN, Ordonez C. 2013. Urban forest values in Canada: views of citizens in Calgary and Halifax. Urban Forestry & Urban Greening, 12: 154-162.

Peng S, Feng Z, Liao H, et al. 2019. Spatial-temporal pattern of, and driving forces for, urban heat island in China. Ecological Indicators, 96: 127-132.

Peng S, Zhao P, Zhang J. 2000. Restoration ecology and restoration of degraded ecosystems in Subtropical China. Science Foundation in China, 8: 25-29.

Pickett STA, Cadenasso ML, Grove JM, et al. 2011. Urban ecological systems: Scientific foundations and a decade of progress. Journal of Environmental Management, 92: 331-362.

Ramanathan V, Crutzen PJ, Kiehl JT, et al. 2001. Atmosphere-aerosols, climate, and the hydrological cycle. Science, 294: 2119-2124.

Ren GY, Chu ZY, Chen ZH, et al. 2007. Implications of temporal change in urban heat island intensity observed at Beijing and Wuhan stations. Geophysical Research Letters, 34: 1-5.

Samet JM, Dominici F, Curriero FC, et al. 2000. Fine particulate air pollution and mortality in 20 US Cities, 1987-1994. New England Journal of Medicine, 343: 1742-1749.

Shen T, Chow DHC, Darkwa J. 2016. Simulating the influence of microclimatic design on mitigating the Urban Heat Island effect in the Hangzhou metropolitan area of China. International Journal of Low-Carbon Technologies, 11: 130-139.

Shi K, Wang H, Yang Q, et al. 2019. Exploring the relationships between urban forms and fine particulate ($PM_{2.5}$) concentration in China: a multi-perspective study. Journal of Cleaner Production, 231: 990-1004.

Skelhorn C, Lindley S, Levermore G. 2014. The impact of vegetation types on air and surface temperatures in a temperate city: a fine scale assessment in Manchester, UK. Landscape and Urban Planning, 121: 129-140.

Spreull W, Cullum S. 1987. Landfill gas venting for agricultural restoration. Waste Management & Research, 5: 1-12.

Steeneveld GJ, Koopmans S, Heusinkveld BG, et al. 2014. Refreshing the role of open water surfaces on mitigating the maximum urban heat island effect. Landscape and Urban Planning, 121: 92-96.

Sun RH, Chen A, Chen LD, et al. 2012. Cooling effects of wetlands in an urban region: the case of Beijing. Ecological Indicators, 20: 57-64.

Sun Y, Xie S, Zhao SQ. 2019. Valuing urban green spaces in mitigating climate change: a city-wide estimate of aboveground carbon stored in urban green spaces of China's Capital. Global Change Biology, 25: 1717-1732.

Thuring CE, Dunnett NP. 2019. Persistence, loss and gain: Characterising mature green roof vegetation by functional composition. Landscape and Urban Planning, 185: 228-236.

Timilsina N, Escobedo FJ, Staudhammer CL, et al. 2014. Analyzing the causal factors of carbon stores in a subtropical urban forest. Ecological Complexity, 20: 23-32.

Watson JG. 2002. Visibility: science and regulation. Journal of the Air & Waste Management Association, 52: 628-713.

Wong M, Cheung KC, Lan C. 1992. Factors related to the diversity and distribution of soil fauna on Gin Drinker's Bay landfill, Hongkong.

Waste Management & Research, 10: 423-434.

Xiao RB, Ouyang ZY, Zheng H, et al. 2007. Spatial pattern of impervious surfaces and their impacts on land surface temperature in Beijing, China. Journal of Environmental Sciences, 19: 250-256.

Xue ZS, Hou GL, Zhang ZS, et al. 2019. Quantifying the cooling-effects of urban and peri-urban wetlands using remote sensing data: case study of cities of Northeast China. Landscape and Urban Planning, 182: 92-100.

10 生态恢复的社会、经济和文化

生态恢复不仅属于自然科学范畴，而且牵涉社会、经济和文化等领域。从哲学的角度上看，实施生态恢复实际上是生态道德与生态伦理的要求。从社会的角度上看，成功的生态恢复需要全社会的参与和支持，而实施生态恢复反过来能够有效地支撑社会的可持续发展。从经济的角度上看，生态恢复需要资金投入，而生态恢复通过提高生态系统服务功能也能产生巨大的生态经济效益。

10.1 生态恢复的社会学

10.1.1 生态恢复的哲学和道德

10.1.1.1 生态恢复与生态哲学

生态哲学（ecological philosophy）是在对启蒙理念、工业社会、现代性的反思、批判中渐渐生成的，是用生态学的基本观点观察现实事物和解释现实世界的理论。现代社会高速发展酿下的生态灾难，逼迫原本是自然科学的生态学转向对人类自身行为的关注，生态学研究领域因此得以空前扩展，很快覆盖了人类社会的各个方面，产生了一种引导人与自然和谐共处的新的世界观，即生态哲学（鲁枢元，2019）。它是用生态系统整体性的观点来研究人类与自然的相互依赖和相互作用，讨论生态伦理学的一些基本问题（余谋昌，1995）。生态学发展并形成人类生态学分支，是把人类与自然的相互关系作为基本问题进行研究。这表明生态学已进入哲学领域，这就是生态哲学，是关于人与自然关系的理论，并为生态伦理提供了哲学基础。生态恢复的哲学，则是生态哲学的重要组成部分。

生态学的弹性思维是生态哲学的方法论之一，是审视千变万化世界的新生态哲学观，是应对错综复杂社会的新行为方法论。生态学的弹性思维是社会-生态复合系统管理的哲学思想基础。生态系统为我们的生活提供了物质和服务功能，然而地球的资源正在日益减少，而我们的人口却在继续膨胀。大多数地区采取更多控制、更多强制手段和更高效率的应对措施来“有效利用资源”，这种做法却往往导致生态系统进一步恶化。因此，从可持续发展生态学的视角，现行的不少生态保护与管理方式并不是可持续发展的。如何用生态哲学观提升国家与区域的生态保护、管理与恢复能力是极其重要而迫切的需求。生态学的弹性思维提供了理解周围世界和管理自然资源的一种不同的方式。它不仅解释了为什么盲目提高效率本身不能解决我们的资源问题，它还提供了一种建设性的可供选择的办法，即弹性思维与方法。

弹性思维的一个核心思想就是：社会-生态系统有多个被不同阈值分割开来的态势（稳定状态）。我们可以用球-盆体模型来形容这一系统模式。“球”就是社会-生态系统现阶段的状态，“盆”则是系统可能会出现的一系列可能的状态，在这些状态中，系统仍可以保持原有的结构和功能。当系统超越了一定的界限（“盆”的边缘），驱动整个系统的反馈效应就会发生变化，系统会向下一个平衡状态发展。在新“盆体”中，系统便具有了不同的结构和功能，此时的系统（“球”）就可以被认为是跨越了某个阈值而进入了一个新的更具“引力”的盆体（引力域)。依据这一比喻，弹性就是指球与盆体边缘(阈值)的距离以及引力域的形状和规模。

弹性思维的另一个基石是适应性循环。这一理念旨在阐释从正向循环(快速生长到稳定守恒)进入逆向循环(释放到重组)的过程中，社会-生态系统是如何随着时间而运动发展的。正向循环圈具有资本及资源缓慢积累、潜能缓慢积集、稳定性和存储能力强等特点，而逆向循环具有不确定性、新颖性和实验性等特点。不同的循环在不同尺度上运转，尺度之间的连接就显得尤为重要(彭少麟等，2010)。

10.1.1.2 生态恢复与生态伦理学

生态伦理(ecological ethics)是协调人与自然系统关系的原则和规范的总称，是指人们在处理与环境关系时应尊重自然界及其他生物(动物、植物、微生物)生存和发展的权利，遵循人与自然协调发展的道德原则和道德规范，强调人对自然的道德责任和义务，主张人要对自然界进行道德关怀(刘怀庆，2011)。生态伦理学是伦理学知识的一部分，它以生态道德为对象，提出了人类对待生物和自然界的道德态度问题，是一种新的社会意识形态。

生态伦理学把保护生物、保护自然、恢复被破坏的和已退化的生态系统作为人类的道德责任或道德义务，对生命和自然界给予必要的道德关心，在开发和利用自然资源过程中避免对自然界造成损害，并不断做出补偿，恢复良性的生态平衡，行使人类保护生命和自然界的道德责任。这种道德责任在本质上就是要促使将可持续发展作为人类活动的准则。

当人类破坏绿色植物、破坏群落的生态系统时，实际上是在破坏自然界创造生态价值的机制，很明显这涉及生态道德及生态伦理学。生态恢复将被破坏的生态系统重新恢复与重建，实际上是生态道德与生态伦理的要求。

10.1.2 生态恢复的社会维度

如何衡量一个生态恢复项目是否成功？虽然生态学家更多关注于生态因子，如物种多样性、植被结构和生态过程来评估成果(Ruiz-Jaen and Aide，2005)。但值得注意的是，生态恢复的成功也取决于社会因素，如生态恢复的示范效应及受民众认识利用的程度(Brooks et al.，2013a，2013b；Wortley et al.，2013)。自然资源管理的偏好、使用和其他人文方面在城市环境中尤其重要，因为大量居民在自然区域附近居住或娱乐，但可能缺乏保持自然群落的技术手段。管理人员如果不考虑公共利益相关者，就无法实施修复，甚至损害生态目标、减弱恢复区域的潜力，无法为民众提供福祉。生态恢复的成功应该从一个多层面的社会-生态角度来考量(Gobster et al.，2016)。生态环境治理不再仅仅依靠政府作为单一的治理主体，而是向政府与民众互动作用下的协同治理模式转变。只有基于政府治理为主导力量、民众积极参与、政府与民众互动机制作用下的协同治理模式，最终才能实现绿色、科学、可持续的生态环境治理效果(张敬苓，2019)。

生态恢复的投入受到生态和社会优先事项和制约因素的影响。已有大量研究证明，民众对恢复及其他环境管理具有支持作用。民众积极或消极的恢复态度与对结果的认同感、价值观、对恢复的客观认知和感受及环境活动的参与管理有关(Bright et al.，2002)。美国亚利桑那州北部和中部的黄松森林恢复中，民众的支持受恢复目的影响，且因城乡居民、教育程度不同而有差异(Ostergren et al.，2008)。美国科罗拉多的居民对大松树甲虫爆发后不同森林经营方案的选择显著受到了社会生态观念、性别、政治取向的影响(Kooistra and Hall，2014)。通过收集 699 个网站的数据，评估美国加利福尼亚中部海岸修复项目的分布情况，发现在水质受损、人口密度高、支持环境投票的高选区及受过高等教育人口的亚流域，各种河流恢复成效是最高的。在本地鱼类丰富程度较高的集水区，生态恢复和数据收集也较多。研究结果表明，恢复活动与生态需求是一致的（Stanford et al.，2018）。上海交通大学民意与舆情调查研究中心的调查显示，就民众对政府治污表现的评价而言，多数民众（57%）对政府在环境污染治理方面表现是满意的；就城市政府环保信息公开问题而言，54.4%的民众给出了肯定回答；就民众对于政府解决环境污染问题的信心而言，民众给出了差序信任的回答，民众对中央政府的信心更高（71.1%），民众对地方政府的信心为66%，民众对于中央和地方政府在环境治理方面的信心均有较大提高（李玉，2017）。

1）生态恢复的社会生态学观　从社会生态学观来认识环境问题，则发现环境问题存在着生态维度和社会维度（刘耳，2001）。从维护社会生态系统平衡的角度来说，经济、政治相互交织的社会发展问题是影响生态系统整体平衡的关键因素。因此，要从根本上维护生态系统平衡，就需要在进行自然修复的同时关注社会生态系统失衡状态的修正（吴鹏，2016）。

（1）环境问题的生态维度。对此维度的认识，重点在于弄清人类的各种活动对自然生态系统会产生什么样的影响，这主要是自然科学，特别是生态学与环境科学的任务。

（2）环境问题的社会维度。对此维度的认识，重点在于弄清人类社会的规章、制度、政策和体系对自然生态系统会产生什么样的影响，这主要是社会科学的任务。

深化对生态恢复社会维度的认识，是有效开展生态恢复的基础。生态破坏影响人类的生活，最终也危及人类的生存，因此必须进行生态恢复。然而，迄今为止，仍有许多地方从政府到民众，虽然认识到这些道理，却仍未能开展有效的生态恢复，甚至继续进行生态破坏，这不能不从社会维度上来考虑。

罗尔斯顿（2000）建立了一个价值分类框架，并提出了一个在不同类型的价值有冲突时决定各种价值优先顺序的模型。他认为，荒野地承载着多种生态与文化价值，并就各种具体情形下该如何决定是否应该保护荒野地及以何种方式进行保护进行了论述。他在用实例研究是否应该通过开发美国现存仅占国土陆地面积 2%的荒野地来使人们受益时指出，虽然满足人们的基本需要也是一种重要的价值，但开发荒野地并不能有效地满足这种需要，美国的贫困问题主要是由于社会分配制度的不合理，开发荒野地是把社会矛盾转化为对环境的压力，而且能起到的作用最多是暂时缓解一下这个社会矛盾，因为荒野地本已不多，在无节制的开发下很快便会全部开发，而如果社会的分配制度不加以改革，那时贫困问题也还会继续存在。这一模型实际上有更为深远的意义，表明在社会维度上思考生态问题非常重要。

在许多情形下，在社会维度上解决社会问题，实际上是解决生态恢复问题的重要前提。例如，贵州威宁的草海自然保护区在刚刚建立时，保护区的工作人员常与当地农民发生冲突，因为保护区的建立使农民失去很多土地，农民为生活所迫，常常违反规定进入保护区大量捕鱼，甚至打死保护区的黑颈鹤（*Grus nigricollis*）等珍稀鸟类作为食物。后来，国际鹤类基金会与草海自然保护区开展合作项目，用小额贷款帮助当地农民搞多种经营，使他们逐渐摆脱了贫困。在此过程中，农民也逐渐认识到自然保护与自己的利益并不矛盾，因为保护区建设好了，能促进当地旅游业的发展，让农民从中获益（刘耳，2001）。

从社会生态学的视角来研究生态恢复问题，探讨生态恢复与社会规章制度、与现代社会人们注重物质享受的价值观及与社会的组织和运行方式的关系，从而通过立法，在社会维度上解决生态恢复的相关问题，是有重要意义的社会科学与自然科学交叉课题。

2）生态恢复的社会参与　生态恢复的社会参与，一般可以通过社会和民众的直接参与及通过研究模式的示范促进社会和民众的参与来进行。公众参与是环境治理过程中的一项重要原则。生态恢复中的公众参与是指在公共当局（主要是政府及其管理机构）和有关企事业单位所进行的与生态恢复相关的活动中，利益相关的个人、团体和组织[如环境非政府组织（NGOs）]获得相关信息，参与有关决策，并督促有关部门有效实施相应的生态恢复政策，以保障自身的权利并促进生态环境改善的所有涉及生态恢复问题的活动。公众参与生态恢复既是一项基本的人权，也是促进民主政治发展、更加有效达到生态恢复目的的一条重要途径。从审议民主视角来看，公众参与也是实现公民环境权的一种主要体现方式。国家必须创设有效的制度和参与渠道来保障生态恢复中的有效公众参与,以最终实现生态问题的有效解决（李慧明，2011）。进入 21 世纪以来，公众逐步成为生态环境保护的主要推动者和主导力量，公众生态参与成为克服生态保护中政府失灵和市场失灵的有效机制。学术界也以生态伦理观、可持续发展观、环境正义论等论证生态环境保护中公众参与的理论基础（陈开琦，2010）。

要加强生态恢复过程中的公众参与，公共当局和有关企事业单位可通过向社会宣传生态恢复的计划，取得社会和民众的理解和支持，使社会和民众能够直接参与或以其他多种形式来支持生态恢复计划（如志愿者对某项生态恢复的参与或某些基金会对生态恢复计划的支持等）。随着全面深化改革和依法治国的深入推进，社会力量参与生态治理的热情和积极性越来越高，参与的方式与途径也越来越多，其意见和建议的影响力也越来越大，能够被规整到政府正面的宏观意见综合考量中，甚至已经对各级政策的综合决策施政产生了较大的影响。在逐步深入的互动中，已形成下列社会力量参与生态治理的一些形式，如组建民间环境保护组织、社会资本形式参与生态治理、社会舆论形式介入生态治理（查金，2017）。西方国家公众参与的方式较为广泛，各种不同的参与方式都能够实现公众参与政府决策的目标。有西方学者将旨在直接参与政策决策的公众参与手段分为 8 类，即全民公决、听证、民意调查、谈判式规则制定、共识会议、公民陪审团、公民咨询委员会和焦点小组会议。这些参与方式在环境政策领域都在某种程度上得以应用，甚至产生了一些创新性的公众参与机制。从地方到国家层次，针对问题的差异，政府可以选择合适的参与方式。全民公决、听证会、民意调查等应用广泛，为人所熟知（任丙强，2010）。

通过研究多种生态恢复模式的构建，以及生态恢复结构和功能过程的比较，筛选出优化的生态恢复模型，向社会示范推广应用，能促使生态恢复具有最佳的生态、经济和社会效益。例如，中国科学院鹤山定位站在对广东省丘陵荒坡的生态恢复过程中，构建了 8 种人工植被生态系统类型，通过长期的比较研究，筛选出优化的混交林生态系统。通过对这种优化混交林系统的大面积推广，使之成为广东最大的联片混交林，为广东省的林分改造做出了贡献；而构建的林-果-草-鱼复合生态系统在全市的大面积推广应用，也获得了巨大的社会、经济和生态效益，有力地促进了地方经济的发展。

3）生态恢复中的制度及条例　我国现有的与生态恢复相关的制度主要包括《中华人民共和国水土保持法》《土地复垦条例》《退耕还林条例》《中华人民共和国环境保护法》《中华人民共和国水污染防治法》《中华人民共和国海洋环境保护法》《中华人民共和国土地管理法》《中华人民共和国野生动物保护法》《中华人民共和国草原法》《中华人民共和国水法》《中华人民共和国防沙治沙法》《中华人民共和国森林法》等法律法规（吴鹏，2016）。其中，生态补偿是与社会可持续发展密切相关的一项条例。

2007 年，国家环保总局在《关于开展生态补偿试点工作的指导意见》中将“生态补偿”表述为：“以保护生态环境、促进人与自然和谐为目的，根据生态系统服务价值、生态保护成本、发展机会成本，综合运用行政和市场手段，调整生态环境保护和建设相关各方之间利益关系的环境经济政策。”而在 2013 年，国家发改委在《关于生态补偿机制建设工作情况的报告》中，进一步将“生态补偿”定义为，“在综合考虑生态保护成本、发展机会成本和生态服务价值的基础上，采取财政转移支付或市场交易等方式，对生态保护者给予合理补偿，是使生态保护经济外部性内部化的公共制度安排”。《环境科学大辞典（修订版）》（2008 年）明确界定：生态补偿的原则是维护、恢复或改善生态系统服务功能，调整相关利益者的环境利益及其经济利益分配关系，以内化相关活动产生的外部成本为原则的一种具有经济激励特征的制度。

建立生态补偿条例，目的在于通过调整相关利益主体的利益分配关系，达到激励生态保护行为的目的。生态补偿主要利用经济手段来调整相关主体之间的利益关系，并且这种调整必须通过制度化的形式表现出来。生态补偿的付费和补偿的原则主要包括：破坏者付费，使用者付费，受益者付费，以及保护者得到补偿。其中，“生态保护受益者或生态损害加害者”同为从生态保护或者开发自然过程中的经济利益获益者，现实中具体指从维护和创造生态系统服务价值等生态保护活动中受益，或者开发利用环境和自然资源损害生态环境的个人、单位和地方人民政府。“生态保护者或因生态损害而受损者”则同为因保护生态或他人利用资源而使其经济利益招致损失者，现实中具体指为维护和创造生态系统服务价值投入人力、物力、财力或者发展机会受到限制，或者因生态损害遭受损失的个人、单位和地方人民政府。

从条例（立法）的角度来看，生态补偿包含三方面含义：第一，中央人民政府或者地方各级人民政府为了实施生态保护措施，以金钱、物质或其他方式弥补因此受到损失的主体；第二，合法开发利用自然资源的主体，向政府缴纳治理、恢复生态系统费用；第三，合法开发利用自然资源的主体，向保护该自然资源的主体支付费用。

根据 2013 年第十二届全国人大常委会第二次会议的《国务院关于生态补偿机制建设工作情况的报告》，我国生态补偿制度的建设已取得初步成果，包括建立了中央森林生态效益补偿基金制度，草原生态补偿制度，建立水资源和水土保持生态补偿机制，矿山环境治理和生态恢复责任制度等内容。另外，发展改革委组织开展了祁连山、秦岭-六盘山、武陵山、黔东南、川西北、滇西北、桂北 7 个不同类型的生态补偿示范区建设。除此之外，全国各地还主动积极推进重点领域生态补偿实践，包括森林、草原、湿地、流域和水源地、矿产资源开发、海洋、重点生态功能区等多个方面（汪劲，2014）。

专栏 10.1　我国生态补偿制度建设的重要时间线

1997 年，原国家环保总局发布《关于加强生态保护工作的意见》，首次提出生态补偿概念。

2005 年，党的十六届五中全会《中共中央关于制定国民经济和社会发展第十一个五年规划的建议》首次提出，“按照谁开发谁保护、谁受益谁补偿的原则，加快建立生态补偿机制”。

2007 年，原国家环保总局发布《关于开展生态补偿试点工作的指导意见》，将在 4 个领域（自然保护区、重要生态功能区、矿产资源开发、流域水环境保护）开展生态补偿试点。

2008 年，党的十七大报告中再次强调，"实行有利于科学发展的财税制度，建立健全资源有偿使用制度和生态环境补偿机制"。

2010 年，由国家发展改革委牵头的《生态补偿条例》起草工作正式启动。

2011 年，十一届全国人大四次会议审议通过的"十二五"规划纲要就建立生态补偿机制问题做了专门阐述，要求研究设立国家生态补偿专项资金，推行资源型企业可持续发展准备金制度，加快制定实施生态补偿条例。

2013 年，发展改革委会同有关部门起草了《关于建立健全生态补偿机制的若干意见》征求意见稿和《生态补偿条例》草稿，提出了建立生态补偿机制的总体思路和政策措施。

2015 年，我国修订实施后的《中华人民共和国环境保护法》明确规定：国家加大对生态保护地区的财政转移支付力度。有关地方人民政府应当落实生态保护补偿资金，确保其用于生态保护补偿。

2016 年，国务院办公厅正式印发《关于健全生态保护补偿机制的意见》，指出生态保护补偿机制对于促进生态保护者和受益者良性互动，调动全社会保护生态环境的积极性具有重要作用。

10.1.3　文化、文学艺术和宣传教育角度上的生态恢复

世界各地的生态系统都有悠久的土著文化的应用和管理，但环境的退化也会使重要的文化资源消散。生态恢复的目标是修复人类活动对生态系统造成的损伤。全球范围内，各区域的恢复目标不同。例如，在北美是以保护为主，而亚洲与非洲则着重于恢复文化价值。1995～2014 年，提及文化价值或应用的研究仅占所有恢复生态学研究中很小的一部分（图 10.1）。

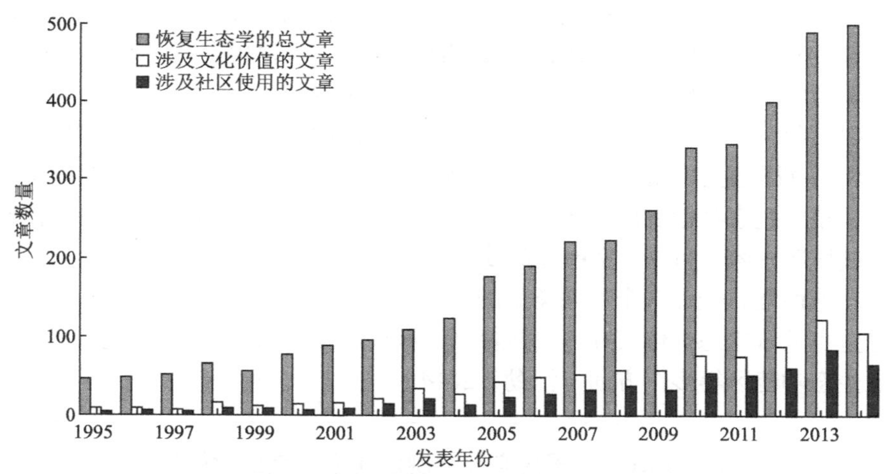

图 10.1　恢复生态学发表文章中提及文化价值或应用的数量变化趋势（Wehi and Lord,2017）

10.1.3.1　生态恢复实践产生文化与文学艺术

民族生活的历史进程决定着民族文化的历史变迁。在民族文化历史变迁的进程中，许多文化形态凝固在历史的轨迹上，许多文化形态消匿在历史的迷雾中。优秀的文化形态总伴随着民族的生活进程而前行，体现出强盛的生命力。一种传统文化形态的生命力，本质上取决于置身这种文化传统之中的民众的生活需求。

文化总是通过各种文化形态来体现的。文学艺术是文化的重要内容和组成部分，同时又是文化的形式和载体。文学艺术总是来源于生活而高于生活，从这种意义上来说，好的文学艺术，其功能的普适性和形态的生长性，总是根植于生活之中。

自然资源是文化的基础，更是音乐、艺术和宗教仪式的根本（Haberl et al.，2006）。人类自我认同与集体认同更是与自然环境紧密联系。研究人员逐渐开始认识到文化、语言和生物多样性对自然和文化的重要影响（Clark et al.，2014）。对于体现生态恢复的文学艺术来说，自然生态环境在一定程度上是民间艺术创造的重要基础，同时这种文学艺术又深刻体现了人类与自然生态和谐的伦理观念；另外，文学艺术的创造不仅是对自然生态环境的被动适应与遵循，同时又是对自然生态环境、社会环境、意识形态、生产技术等相关因素的文化整合。它们通过直接鲜明地表现民俗信仰、伦理情感、真善美统一的审美创造，来直接或间接宣传生态恢复的主题。

生态恢复是人们依据生态学原理改造自然，将被破坏的自然生态系统恢复或重建为高效益的生态系统的过程。古今中外的生态恢复实践，均有许多感人的事例，这是生态文化的重要组成部分，也是文学艺术的重要源泉。应该大力发展这方面的文化，鼓励文学艺术家宣传这方面的内容，使生态恢复的意识深入社会的各个层面。受外来文化的强烈影响，目前世界上少有将本土文化价值与应用纳入生态恢复项目中的，因而难以为当地居民的语言和文化的传承提供保障（Maffi，2005）。在恢复实践中，景观可持续恢复应当将千百年来塑造生态的传统纳入考量，也通过社会的支持来帮助恢复项目成功（Wehi and Lord，2017）。大多数恢复项目的失败，都是将功利主义的价值观与本土世界观的互惠原则相结合，而研究结果表明，积极的社区参与和资源的使用增加了恢复项目的长期成功。例如，保有高度传统习俗的藏族村民对保护的态度更积极，也积极参与恢复项目（Shen et al.，2012）。

10.1.3.2 文学和艺术促进生态恢复的实践

生态恢复是全社会的事情，只有全社会支持，才能很好地开展和实施生态恢复的计划。因此，通过各种方式的宣传教育，动员全社会参与是开展生态恢复活动必须下大功夫做的重要事情。

通过大众传媒、出版物（如报纸、电视、广播等）等新闻媒体舆论进行定期或不定期的宣传，特别是公益宣传，在电视节目的黄金时段滚动播放警句或画面，并配以轻快柔和的音乐和公益广告词，提高市民的生态恢复与环境保护意识，同时树立法制观念。

10.1.3.3 教育有助于生态恢复的开展

把生态恢复作为环境保护教育的一部分，渗透到中小学基础教育中。例如，把生态恢复的知识写入中小学有关课程的教材里；利用学校的黑板报、宣传栏等多种渠道对学生进行生态恢复的知识教育，让学生从小了解生态恢复与环境保护，更好地树立生态恢复与环境保护的意识。家庭教育在人们的自觉生态教育养成中不可或缺，家庭在生态文化教育中起到基础性作用（杜昌建，2016；雷兆玉，2016），家庭教育对于个人而言是终身性的，所以在家庭的生态文化教育中，要把生态文化理念与日常生活相结合，要注重孩子良好习惯的养成，做好榜样的示范作用。

10.1.3.4 生态恢复活动

生态恢复活动多种多样，重要的是要通过各种方式动员全社会民众参加生态恢复活动。例如，举办一些群众参与性强的生态恢复公益活动；积极鼓励志愿者和社会团体参与生态恢复教育，建立志愿者运行机制，吸收大量高素质人员参与生态恢复的教育管理和服务；通过网站广泛宣传生态恢复的重要性，从而使全社会关注和支持生态恢复的工作。我国每年的植树节是一个很好的契机，可在植树节前后开展这些活动，特别是要组织政府领导参加，起到示范带动作用。

10.2 生态恢复对可持续发展的贡献

10.2.1 可持续发展概述

10.2.1.1 可持续发展的概念

可持续发展（sustainable development）是指既满足当代人的需求，同时又不损害后代人满足其需求的能力；既要保证适度的经济增长与结构优化，又要保护资源的永续利用和生态环境的优化，从而做到生态环境与经济相协调，实现持续共进、有序发展。换句话说，可持续发展是指在发展经济的过程中，保护自然资源总量和总体上的生态完整，以实现社会持续进步。

长期以来，发达的资本主义国家和一些发展中国家，先后经历了较长的经济高速增长时期，创造了经济发展的奇迹。但是，这种单纯追求产量和产值增长的资源型发展模式，是以资源巨大损耗、环境严重污染和生态日趋恶化为代价的，它不利于人类社会的持续进步和永续发展。20 世纪 60 年代起，世界性的环境问题日趋严重，使人们开始审视和反思工业经济中普遍奉行的“高增长、高消耗、高污染”的“不可持续”发展战略，研究和探索人类社会可持续发展的道路。直到 20 世纪 90 年代初，“可持续发展”理论才逐渐得到国际上的公认。可持续发展的理论最早起源于 1980 年由联合国环境规划署、世界野生生物基金会和国际及自然资源保护同盟共同制定的《世界自然保护大纲》，而 1987 年，世界环境与发展委员会提出的《我们共同的未来》的报告则正式解释了“可持续发展”的定义，同时提出和阐述了“可持续发展”战略理论。1992 年在联合国环境与发展大会上通过的《里约环境与发展宣言》和《21 世纪议程》则正式确立了“可持续发展”战略是当代人类发展的主题。

联合国于 2012 年 6 月在巴西里约召开联合国可持续发展大会（即“里约+20”峰会），围绕“可持续发展和消除贫困背景下的绿色经济”“可持续发展的机制框架”两大主题，最终通过文件《我们期望的未来》，明确提出了发展绿色经济、制定全球可持续发展目标、构建新的全球可持续发展治理机制等战略举措。

2015 年联合国可持续发展峰会在纽约总部召开，一致通过联合国大会第六十九届会议提交的决议草案——《变革我们的世界：2030 年可持续发展议程》，正式通过了 17 个可持续发展目标，携手所有国家和所有利益相关方在人类、地球、繁荣、和平和伙伴关系五大领域采取兼顾可持续发展三个方面（经济、社会和环境）的行动。从 2016 年 1 月起，联合国 2030 议程中的“可持续发展目标”（Sustainable Developments Goal，SDG）已取代 21 世纪初联合国确立的“千年发展目标”（Millennium Development Goal，MDG），成为世界各国领导人与人民之间达成的社会契约（叶江，2016）。

10.2.1.2 可持续发展的战略目标

《我们共同的未来》（1987）指出，可持续发展旨在保护生态的持续性、经济的持续性和社会的持续性，强调各社会经济因素与生态环境之间的联系和协调，寻求人口、经济、社会、资源、生态、环境等各要素之间的相互协调发展。

联合国《变革我们的世界：2030年可持续发展议程》（2015）明确提出了17个可持续发展目标：在全世界消除一切形式的贫困；消除饥饿，实现粮食安全，改善营养状况和促进可持续农业；确保健康的生活方式，促进各年龄段人群的福祉；确保包容和公平的优质教育，让全民终身享有学习机会；实现性别平等，增强所有妇女和女童的权能；为所有人提供水和环境卫生，并对其进行可持续管理；确保人人获得负担得起的、可靠和可持续的现代能源；促进持久、包容和可持续的经济增长，促进充分的生产性就业和人人获得体面工作；建造具备抵御灾害能力的基础设施，促进具有包容性的可持续工业化，推动创新；减少国家内部和国家之间的不平等；建设包容、安全、有抵御灾害能力和可持续的城市和人类住区；采用可持续的消费和生产模式；采取紧急行动应对气候变化及其影响；保护和可持续利用海洋和海洋资源以促进可持续发展；保护、恢复和促进可持续利用陆地生态系统，可持续管理森林，防治荒漠化，制止和扭转土地退化，遏制生物多样性；保护、恢复和促进可持续利用陆地生态系统，可持续管理森林，防治荒漠化，制止和扭转土地退化，遏制生物多样性的丧失；创建和平、包容的社会以促进可持续发展，让所有人都能诉诸司法，在各级建立有效、负责和包容的机构；加强执行手段，重振可持续发展全球伙伴关系。

10.2.1.3 可持续发展的基本原则

（1）发展只能建立在可再生资源的基础上，按照其可再生的频率来利用与开发，以便于废弃物和排泄物能够为自然所分解和消化。

（2）提高经济增长速度，改善经济增长质量，改变以破坏生态、环境和资源现状为代价的发展状况，把生态环境和发展问题落实到政策、社会和政府决策之中。

（3）放慢人口增长速度，以减轻人口对自然资源的压力，要把人口控制在可继续发展的水平。

（4）环境成本内在化，要求清洁或更清洁的工艺流程，以便减少有害物质的流出和危险废弃物的处理，使得人类的生活方式在资源破坏和污染两方面都发生变化。

10.2.2 自然承载力的恢复

人类对环境的压力在空间和时间上正在发生变化，对地球的生物多样性和人类经济产生了深远影响。目前广泛应用于区域生态承载力评估领域的方法是生态足迹法（ecological footprint），即估算要维持一个人、地区、国家的生存所需要的地域面积或者指能够容纳人类所排放的废物、具有生物生产力的地域面积。1993～2009年，虽然世界人口增加了23%，世界经济增长了153%，但人类足迹只增加了9%。尽管如此，75%的地球表面正在经历极大的人类压力。此外，在生物多样性高的地方，压力异常激烈、广泛和迅速加剧。在最富有的国家和那些对腐败有严格控制的国家，环境压力在减小。显然，地球上的人类足迹正在改变，但仍然具有极大的获得生态恢复的机会（Venter et al.，2016）。

10.2.2.1 环境承载力论

保持环境的承载力（carrying capacity）是可持续发展的基础。环境承载力论认为，环境一方面为人类活动提供空间及物质能量，另一方面容纳并消化其废弃物。随着人类活动的范围及强度日益加大，环境资源日见稀缺。人类活动超出环境承载力限度，也就是超过环境系统维持其动态平衡的抗干扰能力时，就产生种种环境问题。

环境承载力论认为，环境承载力具有两个主要的特点。

1）环境承载力具有绝对性和相对性　环境承载力的绝对性是指在一定的环境状态下环境承载力是客观存在的，可以衡量和把握其大小；相对性是指在一定的环境状态下环境承载力因人类社会行为的内容而异，而且人类在一定程度上可以调控其大小。

2）环境承载力具有区域性和时间性　在同一时间，不同地区的环境承载力是不同的；在同一地区，不同时间的环境承载力也不相同。这些特点造成环境承载力研究的复杂性。环境承载力论要求在社会经济生活中，深入研究环境承载力状况，从而合理、有效地配置环境资源，实现人口、资源、环境与发展相协调，达到环境资源的永续利用和生态的良性发展。

10.2.2.2　自然承载力的恢复

退化生态系统的恢复和重建即自然承载力的恢复。在生态系统被干扰和破坏而退化时，其自然承载力是在不断下降的。在退化生态系统恢复的过程中，生态系统的生产力、生态系统对生物的支撑能力、生态系统的生物多样性等都逐渐恢复与发展。

热带、亚热带退化生态系统的恢复实践表明（彭少麟，1995），退化生态系统恢复植被后使土壤物理化学特性得到改善，无论是土壤含水量、最大毛管持水量，还是饱和持水量，均得以改善（表 10.1）；而对植被恢复过程的土壤肥力动态进行的长期追踪研究表明，随着林龄的增长，土壤肥力的各项指标都呈现出持续、稳定发展的趋势（表 10.2）。这些结果表明，随着生态恢复的进程，林地生产力得以提高。

表 10.1　小良人工植被恢复后对土壤水分物理性状的改善（彭少麟，1995）

类型	深度/cm	比重/（g/cm）	含水量/%	最大毛管持水量/%	饱和持水量/%
光板地	0～10	1.7	12.3	18.9	21.8
	10～20	1.8	13.5	20.8	23.1
	20～30	—	14.2	—	—
	30～40	1.8	12.5	22.0	24.5
桉树林	0～10	1.6	13.2	22.6	26.2
	10～20	1.7	14.1	22.5	25.5
	20～30	1.7	14.9	21.7	25.5
	30～40	1.8	16.5	22.8	24.8
混交林	0～10	1.5	15.0	33.1	37.2
	10～20	1.5	16.2	30.1	33.8
	20～30	1.6	16.7	28.9	32.2
	30～40	1.6	17.1	28.3	30.8

注："—" 为无数据

表 10.2　小良不同林龄阔叶混交林的土壤肥力动态（彭少麟，1995）

主要土壤肥力指标	光板地	5 年生人工林	8 年生人工林	15 年生人工林	25 年生人工林	100 多年生自然次生林
有机质/%	0.64	1.34	2.07	2.40	2.68	4.18
全氮/%	0.031	0.076	0.109	0.141	0.135	0.215
全磷/%	0.006	0.012	0.020	0.033	0.022	0.054
速效质/（mg/100g）	痕迹	0.11	0.10	0.13	0.16	0.78

10.2.3　生态恢复是可持续发展的重要措施

从可持续发展的概念与原则可以看出，生态恢复是实现可持续发展的重要措施。

1）生态恢复是可持续发展的基础　　恢复与重建业已被破坏的生态系统，提高了资源可利用量，改善了生态环境，从而有利于生态的可持续发展。

2）生态恢复是可持续发展的动力　　生态恢复提高了生态系统的生产力，同时为社会提供了良好的经济发展环境，从而有利于经济的可持续发展。

3）生态恢复符合可持续发展的根本目标　　生态恢复提高了生态系统的服务功能，为社会提供了良好的生活环境，从而有利于社会的和谐和可持续发展。

生态恢复对可持续发展无疑具有重大的贡献。生态恢复的长期目标应是生态系统自身可持续性的实现（Parker，1997），用可持续性作为评价生态系统恢复成果的标准之一，即在人类的管理下，重建的系统能否越过不稳定阶段达到可持续性发展（Ewel，1987）。具体来讲，就是采取一系列措施将退化的系统恢复至健康状态（Palmer and Filoso，2009），这种状态是具有生态系统保护和生产服务功能的，而且是美观的或者对保护生物学有价值的，长期发展来看是可持续的（Hobbs and Norton，1996）。这些观点也与国际恢复生态学会（SER）对生态恢复的定义相吻合，认为生态恢复是针对退化的、受损的或者被破坏的生态系统，采取措施去启动或加速生态恢复，这种恢复关注于生态系统的健康性、完整性和可持续性。

周婷等（2013）提出了可持续性恢复生态学（Sustainable Restoration Ecology，SRE）的理念（图 10.2）：首先整合可持续性科学和恢复生态学为核心指导思想；其次以保护生物学、景观生态学、景观建筑学、生态工程学和生态经济学的理论和实践作为重要支撑；最后结合一些基础生态学知识，如个体生态学、群落生态学、生态系统生态学、全球变化生物学、土壤生态学、水文学作为补充内容。使得恢复对象能够实现自我更新和演替，在符合生态健康的同时满足社会经济发展的需求。

（彩图）

图 10.2　可持续性恢复生态学的概念框架

10.3　生态恢复的经济学

10.3.1　生态恢复的生态经济学意义

10.3.1.1　生态恢复的生态价值

生态价值是指地球生物圈作为生命保障系统或人类生存系统的价值，或称为生存价值（existence value）。它涉及自然界的消遣价值、美学价值、生命价值和科学价值等。因此，它是自然界价值的主体，是生态伦理学的主要基础之一。

一个生态系统的恢复过程是一个或多个价值的升值过程，也就是说它不仅是一个生态环境得到恢复的过程，也是经济损失、经济投入、价值恢复及资源开发与管理的社会经济过程，生态系统恢复与经济价值的联结将有助于生态系统恢复工作的成功。联合国环境规划署也表明，生态系统恢复是促进经济增长和消除贫困最有益的一项公众投资（Nelleman and Corcoran，2010；Suding，2011）。退化生态系统在恢复过程中，其生态价值是不断增加的。生态价值主要是自然界在生物生产过程中创造的，其根本的能源是太阳辐射。太阳辐射不断输入群落和生态系统，绿色植物通过光合作用不断进行着自然界的物质生产过程，生态价值也随时间的推移而不断地增值。但是随着人类经济社会的发展，人类对生态价值的利用不断增加，群落与生态系统可能出现两种发展趋势：如果人类对自然资源的利用超过一定的生态阈值或生态限度，对不可再生资源的开发利用超过它的再生或恢复速度，那么就会导致“生态赤字”（ecological deficit）。这时生态价值就会呈递减趋势，甚至完全崩溃；而如果人类改变了对待自然资源的策略，不断投入资金和劳动，建设资源产业，保护群落和生态系统，恢复被破坏和业已退化的群落和生态系统，就会促进生态价值的增值。

生态价值因其不可代替性而被视为最高价值。地球生命保障系统通过绿色植物把太阳辐射能转变为可直接利用的有效能量，通过能量流动为包括人类在内的所有生命提供所需要的能量。至今人类还没有找到可替代这一生态过程的有效途径。

可持续发展的观点与生态价值观是相辅相成的，创造高的生态价值才有可能真正实现可持续发展，而同时只有可持续发展才有助于创造高的生态价值。因此，通过生态恢复创造的生态价值多少，是区域可持续发展的重要评价指标。

10.3.1.2　生态恢复的经济动态评估

为了能够更好地进行生态恢复管理工作和实施生态系统可持续管理，应建立一门“生态恢复经济学”学科（虞依娜和彭少麟，2009），从而形成一个系统的生态恢复经济理论框架。扩展恢复生态科学的内涵，使人们对于生态恢复问题的认识增添了经济分析这个极为重要的视角；另外，实现经济科学在比较现实与客观的基础上得到发展，增强经济学对社会现象与人类行为的解释力，为人类进行生态恢复的现实行动提供帮助。

由于地球资源的有限性和人类与社会发展的极限性，如果人们持续地以不合理的方式开发资源并不断地破坏环境，超过了地球的承载极限，其结果必然是人类社会突然地、不可控制地瓦解。从生态恢复的研究角度来看，它主要包括两个过程：生态系统的退化和恢复过程。而生态恢复经济学则包括 3 个过程：生态系统退化的经济损失、生态系统恢复项目的成本费用及退化生态系统恢复过程中的经济价值。

1）生态系统退化的经济损失评估　　生态系统退化过程的经济损失，包括生态系统由于退化而产生的生态资本减少，以及生态价值-生态服务功能（如表土的价值、固定 CO_2 和释放 O_2 的价值、净化污染价值等）降低所造成的生态经济损失。

直接经济损失，是生态系统中的生态资源作为生产要素价值的损失，这个价值是由市场决定的，并可用经济价格计量出来。

间接经济损失，是生态系统中生态资源的非生产要素价值丧失所隐含的经济损失。

2）生态恢复的经济投入评估　　退化生态系统的恢复与重建是需要成本的，生态恢复的经济投入量与生态退化程度和恢复设计目标相关。

生态退化程度直接决定生态恢复的经济投入。退化生态系统有其临界阈值（Hobbs and Norton，1996）。在亚热带区域，顶极植被常绿阔叶林在干扰下会逐渐退化为落叶阔叶林、针阔叶混交林、针叶林和灌草丛，这每一个阶段就是一个阈值，每越过一个，恢复的投入就会更大，尤其是从退化至演替的早期阶段的灌草丛，开始恢复时投入就更大（彭少麟，1996；王伯荪和彭少麟，1996）。

关于生态恢复项目的效益评估与度量，直接的经济效益是容易评价的，难的是间接经济效益的评估与度量，特别是对生态价值（ecological value）的评估与度量。

3）生态恢复产生的生态经济效益评估　　生态恢复产生的生态经济效益，同样包括生态系统直接生态资本增加造成的经济增值，以及由生态恢复产生生态价值-生态系统服务功能价值的增加。退化生态系统经过恢复与重建，能够产生良好的生态效益、经济效益和社会效益。通过改善生态系统的结构和功能、增加生态系统群落的多样性和稳定性、促进退化植被及生境土壤的恢复和发展、改善小气候环境等，能够产生良好的生态效益，增加直接经济价值和间接经济价值，带动周边社区的协调稳定发展，提高社会效益。退化生态系统在不断恢复期间，生态系统的服务功能将不断发生变化，其经济价值将不断增值。退化生态系统的恢复是一个长期的恢复过程，在不同的恢复时期将会产生不同的经济价值；退化生态系统经过长期的恢复，经济价值的发展过程将会在某一个时期达到稳定状态。同时，在恢复期间将产生社会效益，改善周边社区居民生活，促进经济发展。

10.3.2 恢复生态学的生态经济内容

10.3.2.1 恢复生态学的生态经济内容

恢复生态学的研究对象是在自然或人为干扰下形成的偏离自然状态的退化生态系统。生态恢复的目标包括恢复退化生态系统的结构与功能，其长期目标是通过恢复与保护相结合，实现生态系统的可持续发展。因此，生态恢复经济学研究需要从经济学角度出发，以生态恢复理论作为研究基础，来确定生态恢复经济流程。首先，对退化生态系统进行现状评估，在不同尺度上考虑对恢复对象的投资需求，估算固定的和动态的管理成本和运行费用；其次，确定优先恢复领域，制定合理的投资结构，把目前无法实现的恢复资金需求，通过时间分解实施；再次，随着社会经济和恢复对象的发展，考虑在扩大恢复范围的要求下所需投资，及时调整恢复对策，提出相应的动态规划和经济对策。最后，还要考虑评估退化生态系统恢复后的经济价值和社会效益。生态恢复经济管理流程详见图 10.3。

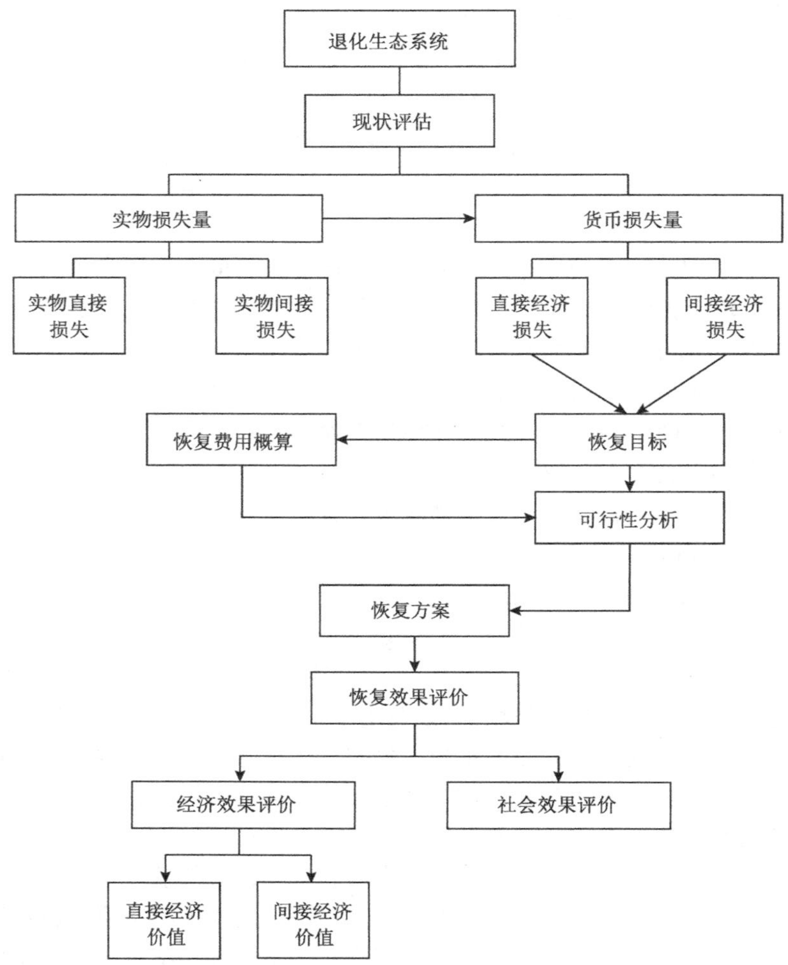

图 10.3　生态恢复经济管理流程图（虞依娜和彭少麟，2009）

当经济与生态支持系统变得越来越相互依赖的时候，迫切需要建立新的学科作为研究界面去了解自然和社会的关系。人们已经认识到，生态系统与人类福利有着千丝万缕的联系，仅靠传统的经济学和生态学已不能解决全球共同关心的问题，因此迫切需要用新的标准去衡量财富、价值、生产，以及由健康环境所提供的自然资本和生态服务（Peters et al.，1989）。生态系统服务功能及其与人类福利之间的联系可用图 10.4 来表示（赵士洞和张永民，2004）。生态经济学就是这样一个新的研究界面，它把自然界和人类社会作为一个统一的、相互依赖的系统而进行研究（余作岳和彭少麟，1996）。

对生态系统进行资本评估，最基本的是要评估生态系统的生态资产。生态系统的生态资产主要包括以下 6 个部分：①生态系统立地平台的价值；②活的生物量的价值；③土壤泥炭及有机质的价值；④生态系统贮水量及其价值；⑤特有物种的基因信息价值，如果某物种并非本地独有，可根据其占全球分布面积的比例进行换算；⑥生态系统的服务功能价值。恢复生态学的生态经济内容，主要包括生态系统恢复与重建成后，生态系统的各种生态资产的增量。

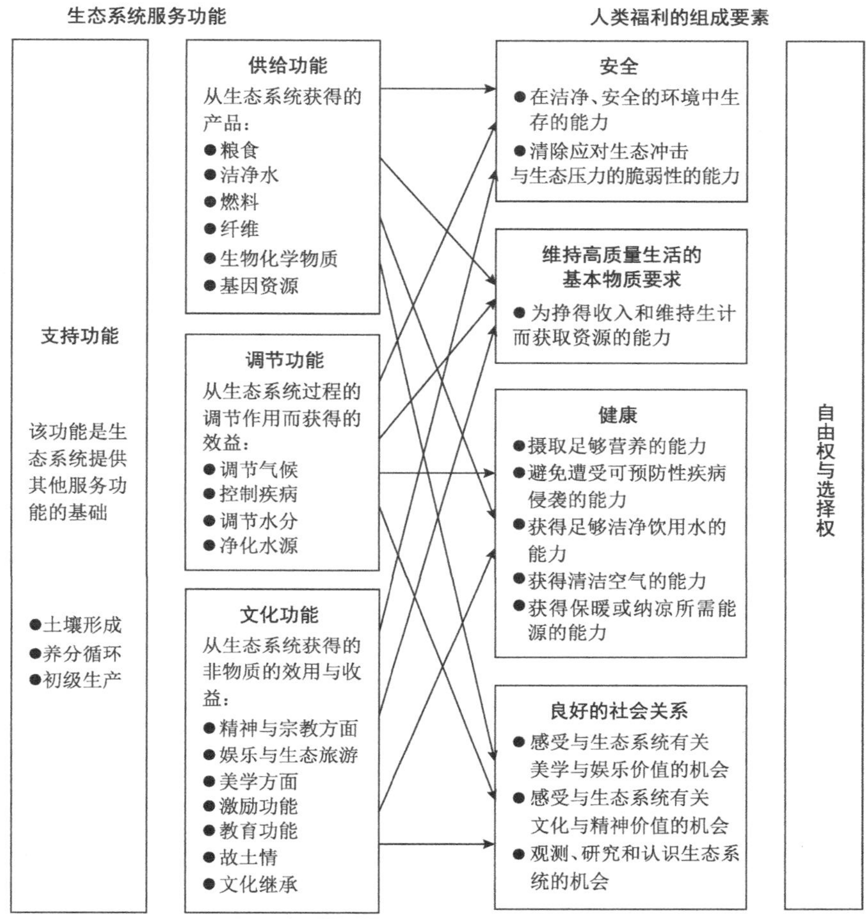

图 10.4　生态系统服务功能及其与人类福利之间的联系（赵士洞和张永民，2004）

10.3.2.2　生态恢复的资产评估

一种是根据自然资本的内涵，分别评估生态系统有直接价值的有形资产，以及生态系统的生态价值-生态服务功能等隐形资产，然后对二者之和进行评估；另一种就是基于能值理论的自然资本评估。

进行生态恢复的生态经济价值评估，其核心内容主要是比较生态恢复前后生态系统的生态资产变化状况。生态系统生态经济价值评估的有机构成如图 10.5 所示。

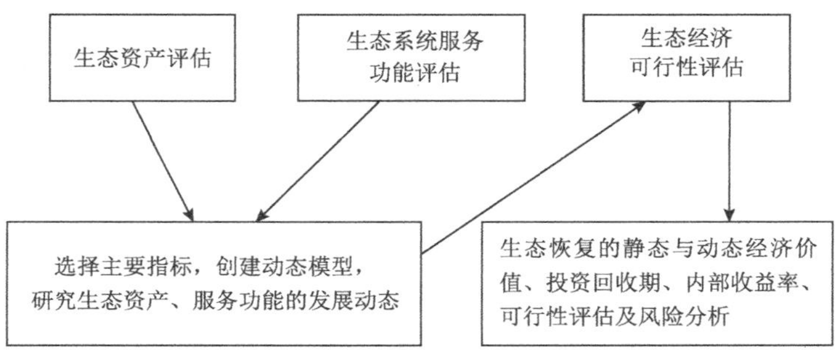

图 10.5　生态经济价值评估的有机构成

10.3.3 恢复生态学的生态经济测度

10.3.3.1 退化生态系统恢复的生态经济测度概述

退化生态系统恢复的生态经济测度，主要是测度退化生态系统恢复前后的生态经济变化情况。以退化森林生态系统恢复为例，森林不仅为人类提供木材和林副产品，更重要的是提供多种效益，特别是生态效益和社会效益。生态经济测度的重点是对森林的各种效益进行经济核算。

为了比较退化生态系统生态恢复的生态经济动态，需要有退化生态系统恢复与重建的长期定位数据。中国科学院小良人工林生态系统定位研究站与小良水土保持试验推广站协作，从 1959 年开始在小良地区（110°54′18″E，21°27′49″N）的热带侵蚀地上开展植被恢复与重建试验，并对恢复过程进行了长期连续的动态监测。其研究数据对评价我国北热带地区极度退化生态系统的植被恢复过程的经济结构动态有重要的价值（杨柳春等，2003；虞依娜等，2007；虞依娜和彭少麟，2009）。

10.3.3.2 森林实物资源价值的测度

森林的实物价值就是森林的直接效益所表现出的经济价值，包括林地价值（分为有林地、无林地、疏林地、灌木林地、未成材造林地等）、林木价值（森林所提供的木材、薪炭材等）、经济林产品（果品等）和药材等林副产品的价值。

林木是森林资源的主要组成部分。森林实物资源广义上包括森林活立木、动植物、微生物等。狭义上是指森林中的活立木。活立木潜在的价值是森林生产效益的重要组成部分。最初的活立木价值核算是和森林管理工作结合在一起的。1788 年，奥地利税务局出于税收目的提出奥地利官方评价法，后来又有了费用价值法、期望价值法、买卖价值法。目前，活立木价值核算的常用方法有收益法、成本法、市场价倒算法等。孟全省提出了 3 种不同的林木计价方法，即理论价格、市场价格和按实际成本计价（孔繁文等，1994）。市场价格法是较常用的方法，它由产品的市场价格间接地对林木进行核定，如根据当地林区森林资源统计资料和主要树种的活立木市场价，计算活立木蓄积年增长量价值（V_d）为

$$V_d = \sum S_i G_i P_i$$

式中，S_i 为各林分的分布面积（hm^2）；G_i 为各林分的年净生长率（m^3/hm^2）；P_i 为各类活立木的价值（元/m^3）。

林地价值有多种核算方法，如市场资料比较法、成本地价评估法、土地收益地价评估法等。林地和林木一样，在价值核算时都应考虑资金的时间价值，选用适当利率或投资收益率将预期收益折现，如收益现值法、年金资本化法、期望收益法等。对于薪炭林可计算出当地平均产薪材量，再折算成标准煤（如中国华南区杉木折算系数为 0.571），按当地标准煤价格计算出其货币价值。对经济林产品、药用植物、食用菌等资源可按当地市场价格来估算其收益。

依据市场价值法估算出小良恢复生态系统不同阶段的林木经济价值，如图 10.6 所示（杨柳春等，2003）。从图中可以看出，随着小良生态系统的不断恢复，其经济价值不断上升。0～5 年林龄期，由于林木栽植时间较短，生长在水土流失严重、土壤贫瘠地区，其生物量增加速度较慢，因此其林木经济价值增加缓慢。随着环境的不断改变，特别是当林龄在 15 年左右，平均树高 9～10m，林冠较茂密，郁闭度在 85%左右时，林木生物量迅速增加，其林木经济价值也开始迅速增加，到 30 年左右林龄时，其林木经济价值达到 16 180.84 元/（hm^2·年）。

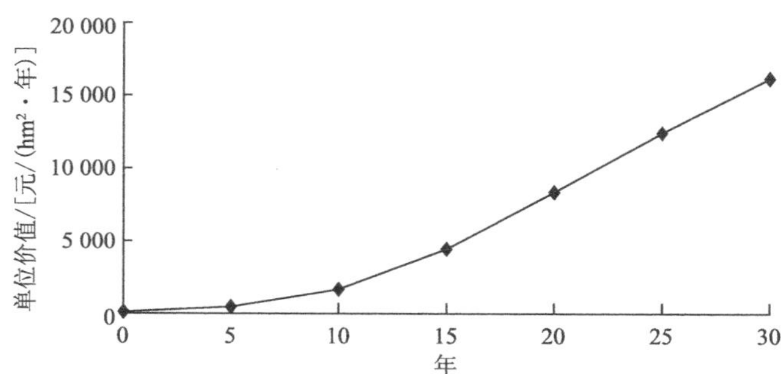

图 10.6 直接（林木）经济价值动态趋势（杨柳春等，2003）

10.3.3.3 涵养水源效能评估

国内外提出的评估方法主要分为两大类：①通过河川调节径流，降低洪枯比等对灌溉、发电等部门增加的效益；②达到与森林涵养水源同等作用的其他措施（如修建水库）所需的费用。涵养水源的价值还体现在净化水质上。

目前对涵养水源效能评估基本上采用“替代工程法”，即把其他措施可以产生同样效益的费用作为森林涵养水源的货币值。例如，森林减缓洪水功能的经济评估可用水库蓄洪工程投资费用来代替，若水库蓄水拦洪 $100m^3$ 平均占有工程费 30 元，那么，森林含蓄减缓 $100m^3$ 洪水也相应为 30 元。以此数据作为指标，可计算出某一林区相比无林地区，其潜在调节量的经济价值。

目前，涵养水源实物量主流核算方法有水量平衡法、降水储存量法、林冠截留量法、多因子回归法和地下径流增长法等（袁继安等，2018）。其他方法还有土壤蓄水估算法、水量平衡法、地下径流增长法、多因子回归法、采伐损失法等。例如，用森林土壤蓄水估算法计算森林涵养水源价值（V_w）为

$$V_w = QP$$

式中，Q 为森林涵养水源量（t）；P 为单位蓄水费用（元/m^3）。

另外，侯元兆等（1998）提出以森林降水量与蒸发量的差值法来计算森林涵养水源的价值；肖寒等 （2000）使用影子价格法定量评价海南岛森林涵养水分功能的价值；魏天兴等（1999）应用水平衡法测算出森林生态系统的涵养水源能力，再运用影子工程法评价森林生态系统涵养水源的间接经济价值。袁继安等（2018）引入成本会计学理论和账面价值概念，把森林蓄水视同企业制水，制水成本的账务处理结果表现为成品水的账面价值，即为森林的蓄水价值。

在中国小良热带人工林退化生态系统恢复过程中的长期连续动态监测资料基础上，依据影子工程法和机会成本法估算出小良恢复生态系统在不同阶段涵养水源经济价值的动态趋势图，如图 10.7 所示（虞依娜等，2007）。

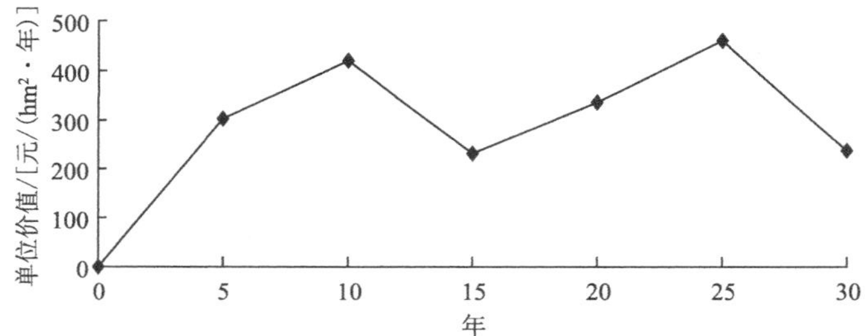

图 10.7 涵养水源的经济价值动态趋势（虞依娜等，2007）

从图 10.7 中可以看出，在 0～10 年林龄期间，在水土流失严重、土壤贫瘠的林地上种植了林木，混交林内生物多样性指数增高，地表存在大量活的和死的地被物，这一方面避免了地表土壤因裸露而难以形成击实层，另一方面也改善了土壤表层的物理性质，使水分容易下渗，地表径流减少。由于环境的改变，小良恢复生态系统涵养水源能力增强，其涵养水源的经济价值呈迅速上升的趋势。

涵养水源的绝对值在一定程度上受当年降雨量的影响。从图 10.7 可以看出，15 年和 30 年林龄时涵养水源的经济价值减少不能说明任何问题，这主要是由 15 年和 30 年林龄的降水量异常减少造成的，分析 15 年和 30 年林龄的降水资料可以发现，降到混交林的大气降水只有 1281.3mm 和 1314.9mm，平均降水量为 1498mm，最高降水量达到 232mm。降雨量的减少使涵养水源的经济价值呈下降调整趋势，从整个动态趋势图的走向来看，随着时间的推移，涵养水源的经济价值逐渐上升，说明随年度增大的趋势是比较稳定的。

10.3.3.4　保土保肥效能评估

1）评估方法一　按有林地比无林地每年减少土壤侵蚀量中氮、磷、钾的含量，再按市场化肥平均价格折算其带来的间接经济效益（V_s）。计算公式为

$$V_s = S_i(D_0 - D_i)K_iP_i$$

式中，P_i 为某类森林年保土效益（元/hm^2）；S_i 为某类森林的面积（hm^2）；D_0 为无林地上土壤侵蚀模数（t/hm^2）；D_i 为某类林地上土壤侵蚀模数（t/hm^2）；K_i 为土壤中氮、磷、钾的含量（%）；P_i 为氮、磷、钾的价格（元/t）。

2）评估方法二　根据有林地会比无林地减少对河川和水库的淤积，由此减少这方面的损失费用，可以按水利工程设施修建费用换算。核算方法有影子价格法、机会成本法、替代工程法、经济效益法等。肖寒等（2000）运用机会成本法和市场价值法分别计算了因土壤侵蚀而导致的土地废弃、泥沙淤积所造成的损失，即土壤保持价值，其核算方法如下。

（1）减少土地废弃价值量估算：根据土壤保持量和土壤表土平均厚度 0.6m，来推算因土壤侵蚀而造成的废弃土地面积，再用机会成本法计算每年因土地废弃而失去的年经济效益，即

$$V_{es} = A_c \times B / (0.6 \times 10\,000 \times \rho)$$

式中，V_{es} 为减少土地废弃的经济效益（元/年）；A_c 为土壤保持量（t/年）；B 为林业年平均收益（元/hm^2）；0.6 为土壤表土平均厚度（m）；ρ 为土壤容重（t/m^3）。

（2）减轻泥沙淤积价值评估：按照我国主要流域的泥沙运动规律，全国土壤侵蚀流失的泥沙有 24%淤积于水库、江河、湖泊，因此可根据蓄水成本来计算生态系统减轻泥沙淤积灾害的经济效益。

$$V_{en} = 0.24 \times A_c \times C / \rho$$

式中，V_{en} 为减轻泥沙淤积的经济效益（元/年）；A_c 为土壤保持量（t/年）；C 为水库工程费用（元/m^3）；ρ 为土壤容重（t/m^3）。

3）评估方法三　该方法是以“土壤侵蚀量减少比例”为核心指标的水土保持治理工程保土效益评价方法。该方法基于美国通用水土流失方程（USLE），借助遥感卫星和无人机等手段，获取研究区基础影像资料及数字高程模型，借助 ENVI 和 Arc Gis 软件，提取研究

区 USLE 各关键因子（植被、坡度、坡长和水土保持措施因子），基于研究区不同时空尺度的基础资料，计算得到治理工程不同时空尺度的保土效益值。该方法确定了治理工程保土效益计算的关键指标和公式，构建了保土效益计算工作流程。该研究可为水土保持治理工程实施、管理及长期效益评估提供重要技术手段。其计算流程如图 10.8 所示（亢庆等，2018）。

4）小良土壤保持的经济价值　根据中国小良热带人工林退化生态系统恢复过程中的长期连续的动态监测资料，应用机会成本法和替代花费法，计算小良恢复生态系统在不同阶段保持土壤经济价值的整个动态趋势，如图 10.9 所示（虞依娜等，2007）。

从图 10.9 中可以看出，随着生态系统的恢复，其经济价值不断上升，林龄 20 年左右时林木土壤保持的经济价值增长趋势放缓，并逐渐趋于稳定。随着环境的改善，小良恢复生态系统保持土壤的能力逐渐增强，其保持土壤的经济价值呈迅速上升趋势。随着环境的不断改变，特别是当混交林林龄 15 年左右时，平均树高 9～10m，林冠较茂密，郁闭度在 85%左右，土壤肥力增加，土壤侵蚀量降低为 0，土壤保持经济价值增长速度减缓，到 20 年林龄后土壤保持经济价值增长趋势平缓，逐渐趋于稳定。这表明生态系统在恢复到一定的林龄后，土壤保持的经济价值将呈现稳定趋势。

10.3.3.5 固碳制氧效益评估

固碳制氧的经济核算是一项比较新的研究。在陆地生态系统中，森林生态系统是对碳吸收贮存最为有效的方法，森林参与大气中的碳循环，主要是植被（林木）、腐殖质（枯枝落叶）、森林土壤及林产品的贮存与释放。目前计算固碳量的方法主要有光合法、实测法和模型法 3 种。其中光合法最为简便、易行，故被普遍采用。

1）光合法　光合法是根据光合作用和呼吸作用方程式来计算固定 CO_2 的量。根据光合作用的过程可知，林木每生产 1t 干物质就可固定 1.63t CO_2，释放 1.2t O_2。考虑到枯枝落叶每年分解消耗的氧气与枝叶形成所释放的氧气大致相等，故可根据树干部分的生物量来计算某一地区森林每年可固定 CO_2 和释放 O_2 的量，再按森林固定 CO_2 和释放 O_2 的成本（我国分别为 273.3 元/t 和 369.7 元/t）计算出该区森林固碳制氧的成本：

$$V_0 = 1.63 \times P \times G_i \times D_i$$

式中，V_0 为某森林的固碳效益（元）；P 为固碳成本（元/t）；G_i 为某类树种的年生长量（m^3）；D_i 为该树种木材绝对干密度（t/m^3）。

2）实测法　实测法是用实验测定森林每年固定 CO_2 的量。Adger 等（1995）用森林固碳功能价值来计量温室效应损失，共分为两个步骤：先估算森林的碳储量；然后确定碳吸收的经济价值。计算公式为

$$V_{CO_2} = Q \times P$$

式中，V_{CO_2} 为森林固碳价值；P 为碳释放的影子价格，P=20 美元；Q 为碳释放量（或称碳通量）。

Adger 等（1995）在运用温室效应损失法时存在一个问题：温室效应造成的损失，其分布是不均衡的，它可能给有的地区带来损失，也可能给另外一些地区带来益处。所以，运用此法估算森林的固碳价值时，首先要判定该区是温室效应的受损区还是受益区，只有受损区才能运用它。

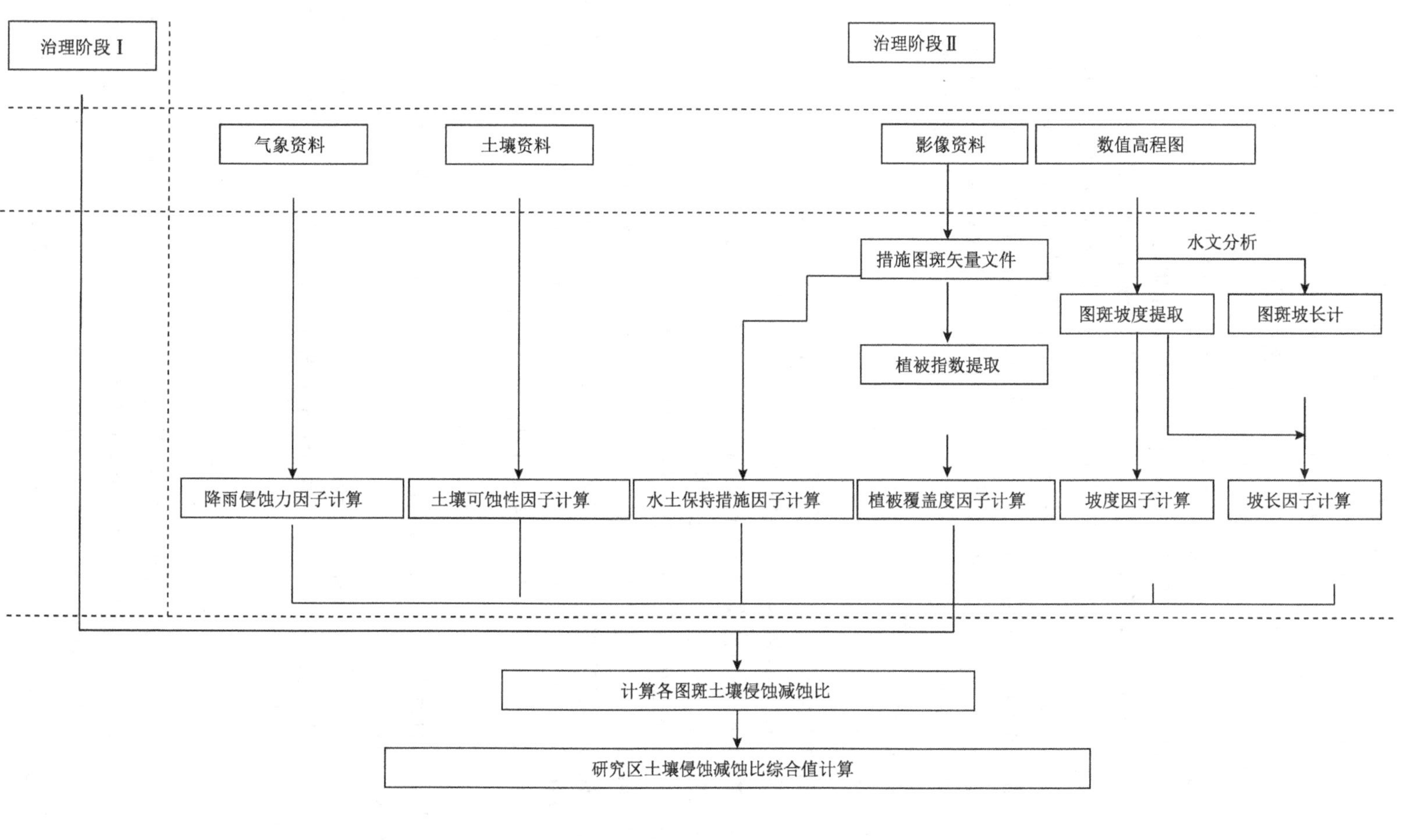

图10.8 水土保持治理工程保土效益计算流程

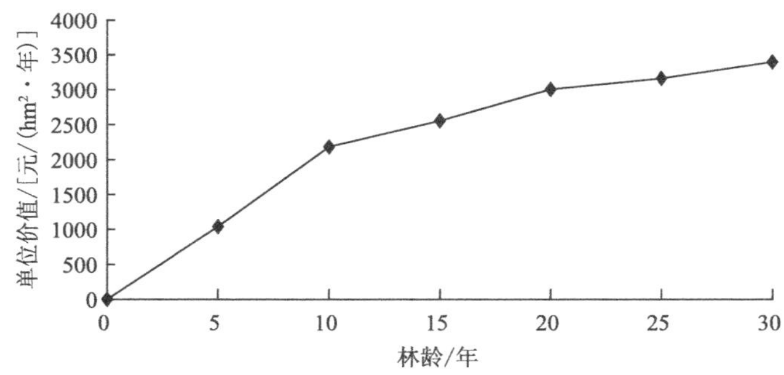

图 10.9　土壤保持经济价值动态趋势（虞依娜等，2007；唐佳等，2018）

3）模型法　根据数学模型来估算森林每年固定 CO_2 的量，之后再进行固定 CO_2 的价值核算。具有代表性的方法有人工固定 CO_2 成本法、造林成本法、碳税法、避免损害费用法。常用于森林释放氧气的价值核算方法还包括造林成本法和工业制氧法，也有基于能值的森林生态系统固碳释氧价值估算（唐佳等，2018）。

（1）造林成本法。该方法的基本步骤是：第一步，求出单位森林蓄积的吐氧量，进而求出每放出 1t O_2 需要多少森林蓄积量（Q）；第二步，求出单位森林蓄积的平均造林成本（P）；第三步，确定氧碳分配系数（A）；第四步，确定权重系数 β；第五步，计算森林的吐氧功能价值（V）。

（2）工业制氧法。该法的基本思路是：采用工业生产费用（成本）来代替森林的吐氧价值。运用此法的关键，一是确定森林的吐氧量；二是确定工业制氧的成本。

4）研究实例　李金昌（1999）提出了 3 种方法（温室效应损失法、造林成本法、碳税法）来评估固碳和制氧的效益。在运用造林成本法和碳税法核算森林的固碳价值时，计算出中国造林成本为每吨碳 260.90 元（1990 年不变价）。瑞典碳税为每吨碳 150 美元。

根据中国小良热带人工林退化生态系统恢复过程中长期连续的动态监测资料，采用造林成本法估算出小良恢复生态系统固定 CO_2 的经济价值动态趋势，如图 10.10 所示（虞依娜等，2007）。

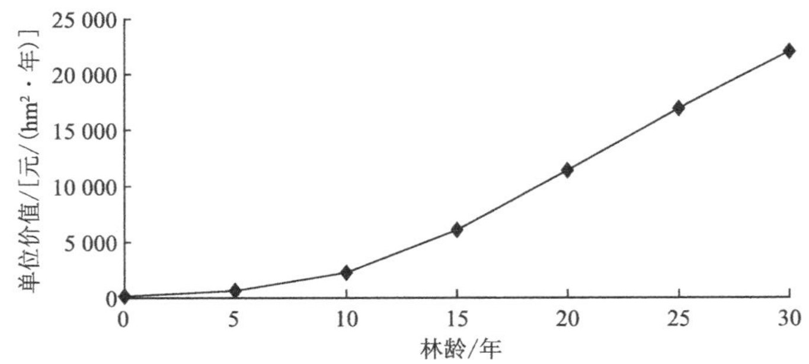

图 10.10　固定 CO_2 的经济价值动态趋势（虞依娜等，2007；唐佳等，2018）

从图 10.10 中可以看出，随着生态系统的不断恢复，其经济价值不断上升。0～5 年林龄期间，由于林木栽植时间较短，生长在水土流失严重、土壤贫瘠地区的林木生物量增加速度较慢，因此其固定 CO_2 的量也增加缓慢。随着环境的不断改善，特别是当林龄 15 年左右时，平均树高 9～10m，林冠较茂密，郁闭度 85%左右，林木生物量迅速增加，其林木固定 CO_2 的经济价值也开始迅速增加，到约 30 年林龄时，其固定 CO_2 的经济价值达到

2061.34 元/（hm^2·年）。

采用造林成本法和替代花费法估算出小良恢复生态系统释放 O_2 的经济价值动态趋势，如图 10.11 所示。

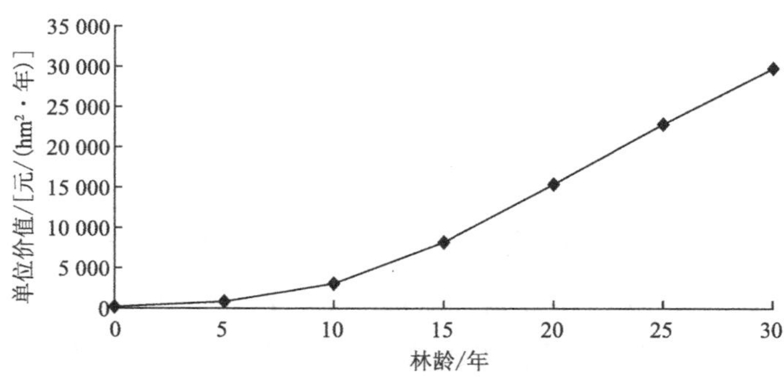

图 10.11　释放 O_2 的经济价值动态趋势（虞依娜等，2007）

从图 10.11 中可以看出，随着生态系统的不断恢复，其释放 O_2 的经济价值不断上升。0～5 年林龄期间，由于林木栽植时间较短，生长在水土流失严重、土壤贫瘠地区的林木生物量增加速度较慢，因此其释放 O_2 量的增加也相应缓慢。随着环境的不断改善，特别是当林龄 15 年左右时，平均树高 9～10m，林冠较茂密，郁闭度 85%左右，林木生物量迅速增加，其释放 O_2 的经济价值也开始迅速增加，到约 30 年林龄时，其释放 O_2 的经济价值达到 29 775.26 元/（hm^2·年）。

10.3.3.6　净化环境功能价值评估

森林生态系统净化环境的价值主要是对有毒气体的吸收、滞尘、灭菌、降低噪声等进行估算。依据林业行业标准《森林生态系统服务功能评估规范》，从提供负离子、吸收二氧化硫、吸收氟化物、吸收氮氧化物、滞尘、滞纳 PM10 和滞纳 PM2.57 个方面进行评估（刘胜涛等，2019）。主要采用市场价值法来衡量。

1）净化 SO_2 的价值评估　　净化 SO_2 的价值根据《中国生物多样性经济价值评估》（薛达元，1997）中采用的平均 SO_2 治理费用评估公式来计算：

$$V_{so_2} = W(q_1S_1 + q_2S_2)$$

式中，V_{so_2} 为森林净化 SO_2 的价值；W 为治理费用（元/t）；S_1 和 S_2 分别为阔叶林和针叶林面积（hm^2）；q_1 和 q_2 为吸收 SO_2 的能力（t/hm^2）。

2）杀灭病菌的价值　　杀灭病菌的价值（V_j）评估可按如下公式计算：

$$V_j = aTqA(1/x - 1)$$

式中，a 为森林灭菌价值占森林成本比例系数（%）；T 为林价（元/m^3）；q 为林木单位蓄积量（m^3）；A 为主要市区森林总面积（hm^2）；x 为森林直接实物性使用价值占森林有形和无形总价值比例系数（%），一般 x 取 10%。

3）其他净化环境的价值评估　　净化粉尘和降低噪声的价值和净化 SO_2 的价值核算方法相似。此外，森林还有防风固沙等生态效能，其评估主要是根据提高农作物的产量来估算。

4）森林净化环境的价值评估　　综合以上各项，森林净化环境的价值（C）为

$$C = D_0 \sum f_i W(W_{i1}, W_{i2})$$

式中，C 为森林净化环境的总价值；f_i 为第 i 项森林净化环境功能的价值；W_{i1} 为第 1 项森林净化环境功能的价值在总体中的价值权重；W_{i2} 为其他因素对第 i 项净化环境功能的权重；W 为权重系数，是 W_{i1} 与 W_{i2} 之间的函数关系；D_0 为与总价值有关的参数调整变量。

5）研究实例　依据市场价值法估算出中国小良热带人工林退化生态系统恢复过程中不同阶段调节气候的经济价值，如图 10.12 所示。

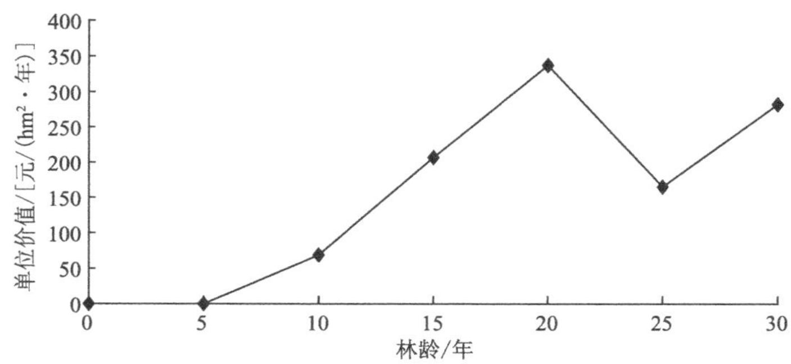

图 10.12　调节气候的经济价值动态趋势（虞依娜等，2007）

从图 10.12 可以看出，在 0～5 年林龄期间，由于林木栽植时间较短，生长在水土流失严重、土壤贫瘠地区的植株较矮小，林冠稀，郁闭度小，加之试验地处低纬度的中国广东电白沿海地区，全年太阳辐射都较强，林内得到的太阳辐射也较多，以至混交林和光板地的温度基本相同，森林调节气候的作用不明显。随着混交林郁闭成林，林龄 15 年的混交林平均树高 9～10m，林冠较茂密，郁闭度在 85%左右，在林冠的作用下，到达林内的太阳辐射比林外少，从而出现混交林的年平均温度比光板地要低，森林调节气候的经济价值逐年上升，林龄上升到 20 年时，混交林调节气候的经济价值不再直线上升，而开始呈现上下波动的稳定趋势，这说明生态系统恢复到一定林龄后，其调节气候的经济价值将处于上下波动的稳定趋势发展。

10.3.3.7　生物多样性价值评估

生物多样性的经济价值是指生物多样性所包括的生态复合体及与此相关的各种生态过程所提供的具有经济意义的价值。世界各国学者针对物种资源价值计量研究的理论基础大多采用劳动价值论和效用价值论，两种理论各有优劣。劳动价值论能够较容易地计算出物种资源价值，但没有从根本上摆脱资源无价的理念；效用价值论能够把效用和稀缺性结合起来，但主要参考了个人主观心理，因此很难从数量上加以准确计量（石小亮等，2018）。由于其量化具有一定的难度，因此目前只是提出一些探索性的价值核算方法，如直接市场价值法、替代花费法、生产成本法、防护费用法、支付意愿法、条件价值法等。

20 世纪 80 年代以来，世界各国纷纷开展了森林资源核算，森林生物多样性的价值才被人们所认识。例如，美国在列举森林资源贡献时建议采用最优控制技术核算森林生物多样性中遗传基因多样性的价值；芬兰采用森林多样性的机会成本来核算多样性的价值（Hoffren，1997），其维持森林生物多样性的成本价值大体为 1.7 亿芬兰马克；马来西亚在计算生物多样性价值时，采用生物多样性的存储值乘以新灭绝物种的单位价值；澳大利亚没有直接核算森林生物多样性的价值，它们使用了消费价法、生产价法和非消费价法直接核算了所有生物多样性的价值。

我国制定了森林生物多样性的价值核算标准，估算了不同地区增加生物多样性价值的增加值，如在华南区森林生物多样性价格为 5.94 万元/hm^2。目前，在世界各国进行的 24 个森林生物多样性评估中，仅有 5 个案例明确对森林生物多样性的价值进行了核算，且核算的方法各不相同。

10.3.3.8 社会效益评估

某一地区森林生态系统生态效益和经济效益的充分发挥，可为当地工农业生产的稳定、高产和社会发展等提供更好的环境条件。同时，林业的发展能够解决该地区的部分就业问题，提高当地的人均林业纯收入，从而大大提高人民的物质文化生活水平。

森林社会效益包括的指标很多，有些评估指标目前还难以定量化从而无法进行核算。例如，关于森林游憩价值计算方法，从 20 世纪 50 年代国外开展森林游憩经济价值评估研究至今，已提出了许多评估的具体方法，其中应用最广泛的有费用支出法、旅行费用法、条件价值法、收益成本法等。意愿调查法因方法简单而广泛应用于各种“公共商品”的无形效益的核算。

生态旅游产生的经济价值是社会效益的重要体现。由于小良生态系统恢复到 20 年林龄时才开发了生态旅游，因此对其生态旅游经济价值进行估算的时间从 20 年林龄开始，并设未开发前的生态旅游价值为 0。通过旅游成本法估算得出小良恢复生态系统生态旅游经济价值的动态趋势，如图 10.13 所示。

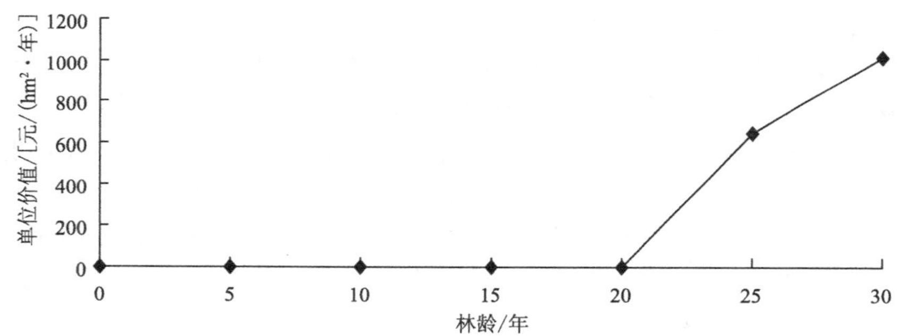

图 10.13 生态旅游的经济价值动态趋势（薛达元，1997；虞依娜等，2007）

从图 10.13 中可以看出，随着恢复生态系统的完善，小良恢复生态系统从约 20 年林龄时开始，其生态旅游经济价值呈上升趋势。

10.3.3.9 经济价值总量

在上述 10.3.3.2～10.3.3.8 的各方面的分析中，只有 10.3.3.2 的“森林实物资源价值的测度”是属于直接经济价值，而 10.3.3.3～10.3.3.8 的总和则是间接经济价值总量。

间接经济价值总量=涵养水源价值+保水保肥价值+固碳制氧价值+净化环境功能价值+生物多样性价值+社会效益价值

经济价值总量=直接经济价值量+间接经济价值总量

在小良的案例中，小良退化生态系统恢复过程的间接经济价值总量的计算公式为

间接经济价值=涵养水源的经济价值+保持水土的经济价值+固定 CO_2 和释放 O_2 的经济价值+调节气候的经济价值+生态旅游的经济价值

小良退化生态系统恢复过程的间接经济价值动态趋势如图 10.14 所示。

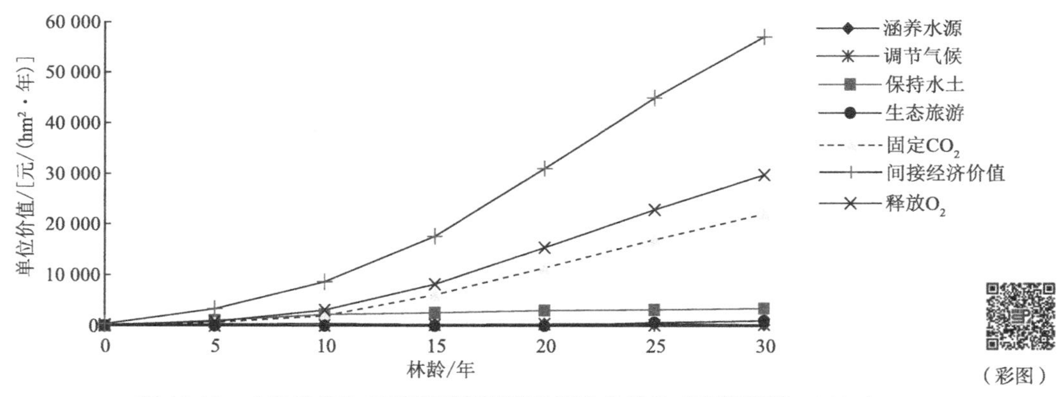

图 10.14 小良恢复生态系统间接经济价值动态趋势(虞依娜等,2007)

图 10.14 表明,小良恢复生态系统的间接经济价值动态趋势在 0～5 年林龄期间增加速度较慢,这是因为林木栽植时间较短,生长在水土流失严重、土壤贫瘠地区的植株较矮小,林冠稀,郁闭度小,因此给人类提供福利的间接服务功能较小,即间接经济价值较小。随着环境的不断改善,特别是当林龄 15 年左右时,平均树高为 9～10m,林冠较茂密,郁闭度在 85% 左右,林木生物量迅速增加,间接经济价值也开始迅速增加,到约 30 年林龄时,其间接经济价值达到 57 128.44 元/(hm^2·年)。

在小良的案例中,退化生态系统恢复早期(0～10 年林龄),林木经济价值、固定 CO_2 经济价值、释放 O_2 经济价值、涵养水源的经济价值、保持土壤的经济价值和调节气候的经济价值均呈缓慢上升趋势;当恢复到中后期(10～20 年林龄)时,这 5 个指标的经济价值呈快速上升趋势;当恢复到末期(20 年林龄后)时,其林木经济价值、固定 CO_2 经济价值、释放 O_2 经济价值继续呈快速上升趋势,而涵养水源的经济价值、保持水土的经济价值和调节气候的经济价值 3 个指标开始发生变化,它们随着环境的不断改变而逐渐趋于稳定态势。生态旅游经济价值指标由于具有特殊性,在恢复后期开发后,其经济价值呈快速上升态趋,并且发展前景较好。

10.3.3.10 生态恢复服务价值评估

生态系统服务功能的研究是近几年迅速兴起的生态学研究领域之一。作为森林生态系统的产品是可以为市场所度量的,这类产品一般是有形产品,可以通过在市场上交易而实现其经济价值;而作为森林生态系统功能的间接价值,这类无形产品难以为货币直接度量。森林生态系统的间接价值是对人类、社会和环境有益的全部效益与服务功能,是森林生态系统中生命系统的效益、环境系统的效益、生命系统与环境系统相统一的整体综合效益(刘世荣等,2015)。

关于生态系统服务价值评估,目前主要采用的方法有物质量评价法、价值量评价法和能值评价法。对生态恢复进行价值量评估可以估算退化生态系统恢复的生态服务功能,所得的结果是货币值;通过货币价值可以对不同退化生态系统所恢复的同一项生态服务功能进行比较,同时也可以将某一退化生态系统所恢复的各单项服务功能综合起来。通过对退化生态系统恢复过程中服务价值功能的货币比,可充分引起人们对退化生态系统恢复价值足够的重视,更好地促进生态系统的可持续利用。

10.3.4 自然资源资产和资源环境承载力的量化评估

探索编制自然资源资产负债表和建立资源环境承载力监测预警机制是十八届三中全会

做出的重大决定。这两项工作相比以往生态文明建设及环境保护评估的各种方法，有极大的优势：一方面，其覆盖的面很广，不仅仅局限于以往的生态旅游、生态补偿、低碳生活、企业管理、产业调整与升级和自然保护区建设等相关方面，还涉及生产生活的各个方面，因此，是对自然资源与环境质量的一个全局的把控；另一方面，它促使全国从上到下，在不同行政区域尺度内有一个共同的标准、一张自然资源资产负债表（图 10.15）、一个生态承载力评估现状与预警结果（图 10.16），就基本上反映了当地资源环境状况。而从更大的社会尺度——历史尺度分析，这些举措关系着社会生态文明建设与社会的可持续发展。

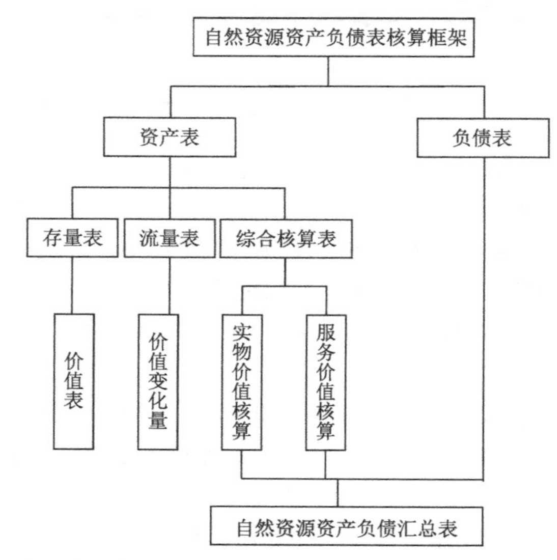

图 10.15　自然资源资产负债表核算体系构建技术路线（周婷等，2018）

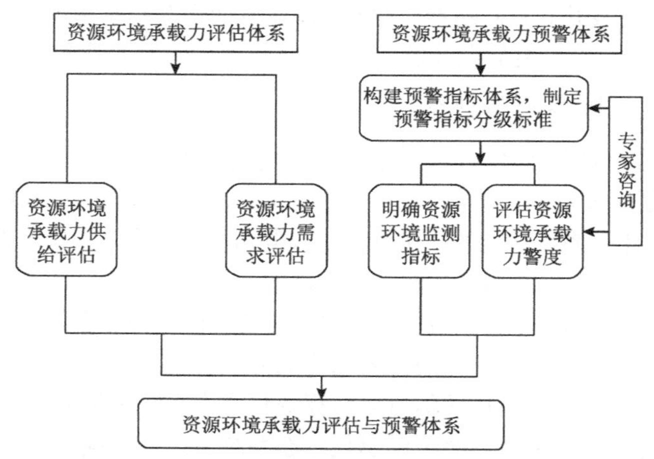

图 10.16　资源环境承载力评估与预警体系构建技术路线（周婷等，2018）

自然资源资产负债表的编制工作分为清查和编制两个阶段。在清查阶段，需要根据已有的研究资料和数据，确定研究地基本的气象气候、水文土壤等自然条件和动植物资源的组成结构，然后借助遥感技术和现场勘查方法采集一手的测量值。在编制阶段，借助生态学中的生物物理过程模型及计量经济学方法确定各资产量化的核算公式，再结合经验价值转移方法及清查阶段获取的实际值估算公式中的系数并完成计算。其中“实物性分类账户”的编制对象为有形资产，而“服务性分类账户”的编制对象为无形资产，而“负债表”的编制兼而考虑对系统主动的维护和管理成本及被动的治理和恢复成本。

资源环境承载力评估与预警体系由“评估”和“预警”两部分构成（图 10.16），评估是预警的基础和前提，预警是评估的目标和应用途径，前者关注当下，后者瞩目未来。“评估体系”又可分为“供给”和“需求”两方面，而这两者的平衡正是维系资源环境可持续性的关键。那么，如何判断失衡了呢？预警，是一种确定系统某种状态偏离预警线的状态并发出预警信号的过程，为此在原有的供给能力和需求水平上划出不同的参考线来表征失衡的程度，或严重或轻微。

思考题

1. 为什么生态恢复并不仅仅属于自然科学范畴？
2. 如何理解生态恢复的社会维度？
3. 简述生态恢复的社会参与方式和意义。
4. 如何进行生态恢复的社会宣传？
5. 阐述生态恢复与社会的可持续发展的相互关系。
6. 论述对生态恢复的生态经济测度方法和生态经济动态过程。

参考文献

查金. 2017. 社会力量参与生态治理的形式、意义和规范. 生态经济, 33: 215-218.
陈开琦. 2010. 公民环境参与权论. 云南师范大学学报(哲学社会科学版), 42: 61-67.
杜昌建. 2016. 绿色发展理念下的家庭生态文明教育. 中共山西省委党校学报, 39: 96-98.
傅钰, 任继勤, 李广. 2017. 我国超大城市绿色低碳发展评价体系的构建及实证研究. 中国商论, 21:137-139.
亢庆, 黄俊, 金平伟. 2018. 水土保持治理工程保土效益评价指标及方法探讨. 中国水土保持科学, 16: 121-124.
孔繁文, 戴广翠, 何乃蕙, 等. 1994. 森林环境资源核算与政策. 北京: 中国环境科学出版社.
雷兆玉. 2016. 生态涵养发展背景下生态文化的理论巡视与教育架构. 重庆行政(公共论坛), 17: 93-95.
李慧明. 2011. 环境治理中的公众参与: 理论与制度. 鄱阳湖学刊: 43-54.
李玉. 2017. 上海交大发布 2017 年《中国城市居民环保意识调查》报告.
刘耳. 2001. 论环境问题的社会维度. 自然辩证法研究, 12: 27-30.
刘怀庆. 2011. 科学发展观视野下生态伦理干预机制的构建. 郑州大学学报(哲学社会科学版), 44: 23-26.
刘胜涛, 牛香, 王兵, 等. 2019. 宁夏贺兰山自然保护区森林生态系统净化大气环境功能. 生态学杂志: 1-14.
刘世荣, 代力民, 温远光, 等. 2015. 面向生态系统服务的森林生态系统经营: 现状、挑战与展望. 生态学报, 35: 1-9.
鲁枢元. 2019. 生态哲学: 引导人与自然和谐共处的世界观. 鄱阳湖学刊, 58: 2, 7-13, 125.
彭少麟. 1995. 中国南亚热带退化生态系统的恢复及其生态效应. 应用与环境生物学报, 1: 403-414.
彭少麟. 1996. 南亚热带森林群落动态学. 北京: 科学出版社.
任丙强. 2010. 西方国家公众环境参与的途径及其比较. 东北师范大学学报(哲学社会科学版): 1-6.
石小亮, 陈珂, 鲁晨曦, 等. 2018. 生物多样性价值评估研究进展. 中国林业经济: 104-108.
唐佳, 陈芝兰, 方江平. 2018. 基于能值的西藏森林生态系统固碳释氧价值估算. 高原农业, 2: 519-525.
汪劲. 2014. 论生态补偿的概念: 以《生态补偿条例》草案的立法解释为背景. 中国地质大学学报(社会科学版), 14: 1-8.
王伯荪, 彭少麟. 1996. 植被生态学. 北京: 中国环境科学出版社.
吴鹏. 2016. 论生态修复的基本内涵及其制度完善. 东北大学学报(社会科学版), 18: 628-632.
薛达元. 1997. 生物多样性经济价值评估. 北京: 中国环境科学出版社.
杨柳春, 陆宏芳, 刘小玲, 等. 2003. 小良植被生态恢复的生态经济价值评估. 生态学报, 23: 1423-1429.
叶江. 2016. 联合国“千年发展目标”与“可持续发展目标”比较刍议. 上海行政学院学报, 17: 37-45.
余谋昌. 1995. 惩罚中的醒悟: 走向生态伦理学. 广州: 广东教育出版社.
余作岳, 彭少麟. 1996. 热带亚热带退化生态系统植被恢复生态学研究. 广州: 广东科技出版社.
虞依娜, 彭少麟. 2009. 生态恢复经济学. 生态学报, 29: 4441-4447.

虞依娜, 杨柳春, 叶有华, 等. 2007. 小良热带植被生态恢复过程土壤保持的经济价值动态特征. 生态学报, 27: 997-1004.

禹丝思, 孙中昶, 郭华东, 等. 2017. 海上丝绸之路超大城市空间扩展遥感监测与分析. 遥感学报, 21:169-181.

袁继安, 田大伦, 康文星, 等. 2018. 森林涵养水源价值核算的新方法: 账面价值法. 林业经济, 40: 112-116.

张敬苓. 2019. 生态环境治理中政府与民众互动机制的障碍与突破. 湖北文理学院学报, 40: 21-26.

张淑琴, 张绅, 李晓杰, 等. 2020. 城市垃圾渗沥液处理技术和发展探析. 低碳世界, 10:41-42.

赵士洞, 张永民. 2004. 生态系统评估的概念、内涵及挑战: 介绍《生态系统与人类福利: 评估框架》. 地球科学进展, 19: 650-657.

周婷, 彭少麟, 邬建国. 2013. 可持续性恢复生态学的概念框架及在华南地区的应用. 北京: 科学出版社.

Walker B, Salt D. 2010. 弹性思维: 不断变化的世界中社会-生态系统的可持续性. 彭少麟, 陈宝明, 赵琼, 等译. 北京: 高等教育出版社.

Adger W, Brown K, Cervigni R, et al. 1995. Total economic value of forests in Mexico. AMBIO, 24: 286-296.

Aguilar AG, Ward PM, Smith CB. 2003. Globalization, regional development, and mega-city expansion in Latin America: Analyzing Mexico City's peri-urban hinterland. Cities, 20:3-21.

Bright AD, Barro SC, Burtz RT. 2002. Public attitudes toward ecological restoration in the Chicago Metropolitan Region. Society & Natural Resources, 15: 763-785.

Brooks J, Waylen KA, Mulder MB. 2013. Assessing community-based conservation projects: A systematic review and multilevel analysis of attitudinal, behavioral, ecological, and economic outcomes. Environmental Evidence, 2: 1-34.

Clark NE, Lovell R, Wheeler BW, et al. 2014. Biodiversity, cultural pathways, and human health: a framework. Trends in Ecology & Evolution, 29: 198-204.

Ewel JJ. 1987. Restoration is the ultimate test of ecological theory. *In*: Jordan WR, Gilpin ME, Aber JD. Restoration Ecology: A Synthetic Approach to Ecological Research. Cambridge : Cambridge University Press: 31-33.

Gobster PH, Floress K, Westphal LM, et al. 2016. Resident and user support for urban natural areas restoration practices. Biological Conservation, 203: 216-225.

Haberl H, Winiwarter V, Andersson K, et al. 2006. From LTER to LTSER: conceptualizing the socioeconomic dimension of long-term socioecological research. Ecology and Society, 11. (2): 13.

Hobbs RJ, Norton DA. 1996. Towards a conceptual framework for restoration ecology. Restoration Ecology, 4: 93-110.

Hoffren J. 1997. Finnish Forest Resource Accounting and Ecological Sustainability. Helsinki : Finland Hakapaino Oy.

Kooistra CM, Hall TE. 2014. Understanding public support for forest management and economic development options after a mountain pine beetle outbreak. Journal of Forestry, 112: 221-229.

Maffi L. 2005. Linguistic, cultural, and biological diversity. Annual Review of Anthropology, 34: 599-617.

Nelleman C, Corcoran E. 2010. Dead Planet, Living Planet: Biodiversity and Ecosystem Restoration for Sustainable Development. Nairobi : United Nations Environment Programme.

Ostergren DM, Abrams JB, Low KA. 2008. Fire in the forest: public perceptions of ecological restoration in North-Central Arizona. Ecological Restoration, 26: 51-60.

Palmer MA, Filoso S. 2009. Restoration of ecosystem services for environmental markets. Science, 325: 575-576.

Parker VT. 1997. The scale of successional models and restoration objectives. Restoration Ecology, 5: 301-306.

Peters C, Gentry A, Mendelsohn R. 1989. Valuation of an Amazonian rainforest. Nature, 339: 655-656.

Ruiz-Jaen MC, Aide TM. 2005. Restoration success: How is it being measured? Restoration Ecology, 13: 569-577.

SER. 2004. The SER International Primer on Ecological Restoration.

Shen XL, Li S, Chen NM, et al. 2012. Does science replace traditions? Correlates between traditional Tibetan culture and local bird diversity in Southwest China. Biological Conservation, 145: 160-170.

Stanford B, Zavaleta E, Millard-Ball A. 2018. Where and why does restoration happen? Ecological and sociopolitical influences on stream restoration in coastal California. Biological Conservation, 221: 219-227.

Suding KN. 2011. Toward an era of restoration in ecology: successes, failures, and opportunities ahead. Annual Review of Ecology, Evolution, and Systematics, 42: 465-487.

Venter O, Sanderson EW, Magrach A, et al. 2016. Sixteen years of change in the global terrestrial human footprint and implications for biodiversity conservation. Nature Communications, 7: 12558.

Wehi PM, Lord JM. 2017. Importance of including cultural practices in ecological restoration. Conservation Biology, 31: 1109-1118.

Wortley L, Hero JM, Howes M. 2013. Evaluating ecological restoration success: a review of the literature. Restoration Ecology, 21: 537-543.